杭州酒文化研究

沈 珉／著

ZHEJIANG UNIVERSITY PRESS
浙江大学出版社

图书在版编目(CIP)数据

杭州酒文化研究 / 沈珉著. —杭州:浙江大学出版社,
2019.10

ISBN 978-7-308-19563-8

Ⅰ. ①杭… Ⅱ. ①沈… Ⅲ. ①酒文化—研究—杭州
Ⅳ. ①TS971.22

中国版本图书馆 CIP 数据核字(2019)第 206489 号

杭州酒文化研究

沈　珉　著

策划编辑	吴伟伟	
责任编辑	陈　翩	
责任校对	沈巧华　　郭琦波	
封面设计	春天书装	
出版发行	浙江大学出版社	
	(杭州市天目山路 148 号　邮政编码 310007)	
	(网址:http://www.zjupress.com)	
排　　版	杭州朝曦图文设计有限公司	
印　　刷	杭州杭新印务有限公司	
开　　本	787mm×1092mm　1/16	
印　　张	25.5	
字　　数	500 千	
版 印 次	2019 年 10 月第 1 版　2019 年 10 月第 1 次印刷	
书　　号	ISBN 978-7-308-19563-8	
定　　价	88.00 元	

出 版 说 明

　　杭州市哲学社会科学重大课题杭州学人文库、杭州研究文库、创意城市文库收录最新杭州市哲学社会科学标志性学术成果。其中，杭州学人文库为杭州籍学者的研究成果，杭州研究文库为杭州研究专题成果，创意城市文库为创意城市研究专题成果。

　　文库论题选择体现历史性、现实性和预期性。注重各类历史问题研究，提炼文化精髓，提升人文精神。重视实际研究，更强调实践问题的学理性阐释。坚持面向世界、面向未来，融通各种学术资源，体现前瞻性和可承续性，以人文关怀和生态和谐为基本价值目标。

　　文库体现原创性、时代性和系统性。关注集成创新，更重视原始创新。不限学科，不限方向，不限方法，突出问题意识。强调独立性、独特性和个性化，强调有效价值和新颖程度，强调观点、话语和理念更新，强调察今观古、见微知著，鼓励引入前沿学科、新兴学科和交叉学科，鼓励学术质疑和学术批判，在突破传统领域和既有思维方面有所作为。3个系列各成系统，展示杭州学术成就的多面向。

　　文库项目每年向社会公开征集，通过专家评审机制严格遴选。选入项目为文库专属，独列于其他系统之外。

我解杭酒文化之韵

——《杭州酒文化研究》序

两年前，浙江工商大学中国饮食文化研究所受任于市府撰写一套杭州饮食研究方向的丛书，我被委以主编一职，定了选题、体例等相关原则。各分册著者都是名实相当的人选，沈珉教授曾先后撰写过《品味黄酒》（与孟祖平合著，天津社会科学院出版社，2009）、《天之美禄——浙江黄酒文化研究》（中国文联出版社，2012），且在《中国黄酒》上连载黄酒文化研究的专题文章，作为知名专家理所当然地分担了《杭州酒文化研究》的撰写任务。然而，由于种种原因，丛书的出版计划被搁浅，这让我常有歉疚之意。但正如俗谚所说，"酒香不怕巷子深"，《杭州酒文化研究》被邀纳"杭州学人文库"，付梓之际，沈教授嘱余为序，故难为辞。

为《杭州酒文化研究》作序，亦因余于酒文化并不生疏。20 世纪 80 年代初，余主讲中华饮食史，"酒文化"为其中之一，余亦曾撰写过海内外学界关注的酒文化与酒史的相关论文，也有出版社特邀撰写的《中华酒文化》一书出版（中华书局，2012）。2018 年 12 月 20 日，又受中央电视台《国家宝藏》节目邀请，以"专家"身份为观众解读山东博物馆藏临淄张家庄出土的"战国青铜套装酒宴具"（馆定名"铜餐具"）。笔者喜酒，然仅偶饮而不嗜。喜酒之为物，欣赏黄酒、葡萄酒、露酒、啤酒、香槟酒、果酒、米酒、乳酒等各种酒之色泽，蒸馏酒之空明绝净；闻香，观流，品味，感觉酒体流经舌本之细微变化，落肚穿肠后之血脉呼应、心神波荡。唯因既腹无蕉叶之量，而又钟情敏思，故读古人酒文即渐入微醺之境，一杯在手，把玩胜于呷抿。又每逢招饮难却之际，有壁上观他人长饮之耐性。余曾将中文记载之中华三千年史上酒人依酒德、饮行、风藻，评定出上、中、下三等九级，自以为身在上等之下级，即"酒贤""酒董"列，跻孔子左侧。

800 年多前同邑先贤稼轩先生《贺新郎·题傅岩叟悠然阁》感慨人生世事曰："天下事，可无酒?"其传世的 400 余阕词往往明暗有酒，词言志，酒润词色，先生可谓慷慨豪迈酒人，亦与至圣侪。酒之与人类文化文明结缘，不知酒，不得饮之三昧者，不足与道。沈教授女士，人谓文雅深沉，余识荆几近廿载，未曾多语，虽曾所内聚餐几度，然未得酬酢，不知品户。女士论酒，且文雅深沉；女士论酒，抑或如"酒有别肠"，当见解独到。

既览《杭州酒文化研究》，信然。考察既详，审鉴亦精，沈君多角度思忖，对酒文化阐释颇有性味。若非物质文化遗产着意考察，地域文化剔透解析，沈君前两酒著已然获誉读者在先。《杭州酒文化研究》则入手生态学的研究方法，于物质、行为、制度、精神文化层面缕述精微，神思妙语一再。

书中涉及酒文化之八个方面，分别是物质文化、技术文化、营销文化、消费文化、民俗文化、精神文化、心理文化与制度文化，从而建构了酒文化之立体阐释体系。此种基于生态学考察建构的从物质生产到社会文化、精神信仰的梯级阐释方法，既易于酒文化内容的系统表述，亦有助于酒文化的理性梳理。

既是杭州酒文化研究，沈君在杭州地域之内的精挖细耕，颇有创获。良泉佳酿，水好始能酒好，沈君广泛阅读明清的文人笔记并采撷传说，指出萧山、绍兴两地酒之差异主要在水。对于酒的消费，沈君则区分了市民文化与市井文化两个层面，分析了宋代理学对市民文化的影响以及运河文化对市井文化的影响。在"酒事与社会现象""酒与文人创作形式"诸节，沈君的史事逸闻论述又慧眼只具，别有见地。

尤著者，沈君认为杭州当代饮食文化明显的文人气质与历史上杭州文人对饮食文化品格的塑造相关，为此专章详细分析。书中指出：杭州文人，特别是宋代文人不嗜酒但论酒者大有人在，若苏轼、范成大等。在杭州文人眼中，酒不仅是审美的媒介，也是审美的对象。在宋代精致而不失简淡的美学的观照下，酒与素食文化、香文化得到了宜洽的融合，酒的品格也从奔放走向内敛，从浓郁走向清淡，从抒情走向内省。饮酒环境之美、酒具之精、酒俗之宜、酒趣之雅，与文人气质很好地结合在一起，影响了地方饮食文化的品格。

杭州酒，杭州人饮酒，在杭州饮酒，是为杭州酒文化。杭州酒，系中华传统酿造技术之"黄酒"，乃名副其实之"国酒"。黄河流域酿之以黍，长江流域酝之以糯，为北、南两大品流。白香山醉卧湖舟，苏东坡品饮湖月，杯中皆是杭州酒，酒人流连曲院，风荷送醅，此景此情，唯个中人灵犀神会。明代以降，"绍酒"或"老绍酒"誉溢海内外，杭绍同源流。东坡先生谓"天下酒宴之盛，未有如杭城也"。"酒色"——湖光山色中把盏杭州酒，"酒食"——杭州佳肴下酒，微醺境界，果然天堂人间，文雅深沉。沈君论酒，胜似苏子美灯下《汉书》，值得一读。

赵荣光

乙亥蒲月规于诚公斋

文化整体观观照下的酒文化考察
（代序）

　　美国人类学家朱利安·斯图尔德（Julian Steward）1953 年在题为《进化和过程》的著作中第一次提出了"文化生态"的概念，他把人类适应环境的生存活动和经济行为这部分文化称为"文化的内核"，而文化的内核决定着社会组织和文化价值。"人类都生存于一个具体的时空之中，这种时空用另一个术语来表达那就是生活于具体的环境中，而且，每一个地区、每一个民族、每一个国家都有自己不同的环境，这种环境的特点或个性在原始社会时期对人类的文化起着决定性的影响，并铸造着一种特色文化；而这种特色文化与环境一道又对今后的文化发展起着规定的作用。"[1] 这一论点，将人类生产与实践的整个活动纳入了完整的文化框架内加以考虑，点明从基本的物质生产到高级的精神运转其实都有内在的发展逻辑。

　　酒文化不是孤立的文化现象，只有在文化整体观的观照下才能解读其价值。在常见的酒文化分析中，阐释框架围绕着对象本身展开，其他相关内容虽然得到一定程度的观照，但其内在的逻辑没有得到更流畅的疏通。文化生态学以生态学运用于文化学研究，它研究文化存在与发展的内部和外部的环境的适应性问题，并寻求文化发展的原则、规律等。其突出的特点是把外部环境（包括自然环境、社会环境与人文环境）纳入文化研究之中，把梳理文化子系统之间的关系作为基本的分析方法，文化内涵的解读因此得到加深与扩衍。文化生态学理论虽然着眼于文化整体的研究，但其提供的方法也为文化子项的研究带来新的视角。下面即是笔者将生态学运用于酒文化研究的情形，以请教于大方之家。

---

　　[1] 陈华文：《文化学概论》，上海文艺出版社 2001 年版，第 127 页。

一、生态文化的整体观运用于酒文化的研究

文化生态学以生态的观念进行文化研究，它认为文化是不可分割的整体，因此，每个文化因子的生存发展都不是孤立的，构成文化生态系统的诸个文化因子与其系统外环境发生联系，每个文化因子与整体之间以及因子相互之间也有着纵横交错的联系。这一观照的视野，有助于更加宏观地把握酒文化的内涵与外延，从而更加全面地确定酒文化的边界。

（一）有利于酒文化内外系统的梳理

文化生态学的引入，使笔者对酒文化边界有了更理性的思考。酒文化的内涵与外延是什么？哪些又是与之产生关系的值得讨论的文化因子？讨论延伸的尺度以及结构空间是怎样的？

无疑，对于酒文化内外系统的梳理必须围绕酒文化的定义展开。对于"文化"的界定，学界众说纷纭，这里引用较为普遍的文化结构"三层次说"来解释。这种观点认为：文化的外层是物质的部分，即马克思所说的"第二自然"，或对象化了的劳动；中层是心物结合的部分，包括自然和社会的理论、社会组织制度等；核心层是心的部分，即文化心理状态，包括价值观念、思维方式、审美趣味、道德情操、宗教情绪、民族性格等。酒文化又是什么？酒文化就是人类在酿酒和饮酒实践中所展示的各种社会生活以及反映这种社会生活的各种意识形态。它包括物质文化和精神文化两个层面。从物质文化上说，酒是一种有机化合的物的饮料，它是酿酒技术发展的产物。在漫长的酿造过程中，不仅形成了色香味各异的不同类型的酒，产生了不断发展与演变的酒具，而且在生产与销售领域，也产生了生产的规范、贩运的程序与管理的制度。而酒又是一种特殊的物质载体，它能产生巨大的能动作用，使其物质文化直接导向其精神文化，对人类的宗教、伦理、政治、经济、法律、文学和艺术等造成巨大影响，从而形成了多角度、多线条的复杂文化现象。中国酒以黄酒为代表，黄酒文化又是酒文化的一个分支，其通过对酿造器具的限定，使生产工艺、地缘以及相应的社会内容与精神属性得到更为精准的描述。

酒文化作为一种特殊的文化形式，在传统的中国文化中有其独特的地位。首先，历史上，中国是一个以农业立国的国家，因此一切政治、经济活动都必须以农业发展为立足点。酒生活紧紧依附于农业，成为农业经济的一部分；同时，酒业也与其他社会经济紧密联系。酒的生产规模与状况，可以视为一个朝代、一个时代社会富足程度的晴雨表：如果粮食生产丰收，那么酒业就得到发

展，从事酒业生产与销售的人员便增加，商业经济也得到扩张；相反，如果农业生产收缩，那么酒业的生产同样受到抑制，国家无法从酒业中得到税收，社会经济生活也受到影响。历史上，各朝统治者都会根据粮食的收成情况，通过发布酒禁或开禁，来调节酒的生产，从而确保百姓的基本生活需要。

而酒也与国家政策紧密相关。自汉武帝时期实行国家对酒的专卖政策以来，从酿酒业收取的专卖费或酒的专税就成为国家财政收入的主要来源之一。酒税收入在历史上还与军费、战事有关，关系到国家的生死存亡。有的朝代，朝廷为了解决军费问题，允许军队从事酒的酿制与销售。有的朝代，酒税（或酒的专卖收入）还与徭役及其税赋形式有关，成为与百姓生活息息相关的重要社会内容。除此之外，酒业因其厚利往往又成为国家、商贾富豪及民众争夺的肥肉。历代酒榷制度所体现的是各种阶层力量的对比与权势的较量，表现出丰富的政治内容。

另外，酒的社会功能还大大影响了百姓的生活。中国古人将酒的作用归纳为三类：酒以治病，酒以养老，酒以成礼。从作为贵族特权标志的"天之美禄"，到作为民间承欢忘忧的催化剂，从作为人际交往中心意的寄托物，到作为人生百态上演时的道具，酒与社会、民俗的关系不可谓不深。酒穿梭于中国历史之间，见证了同仇敌忾的豪举，目睹了伤身败体、亡家灭国的悲剧，体验了浪漫无比的诗情……中国酒文化中的丰富内涵，给人们带来乐趣和启示。

在此以黄酒为例，梳理黄酒文化的内系统。

物质层面：不同品质的水、曲、米，不同品质的酒，不同类型的酒具，等等。

技艺层面：酿造技术。

行为层面：饮酒类型。

社会层面：饮酒习俗、酒事、酒政等。

精神层面：饮酒观念、信仰、传说等。

这一基于文化层面的分析又与文化生态学的开拓者斯图尔德从技术、社会到文化的分析程序不谋而合，体现出科技史与人文史相结合的考察视角。在以上诸层面，黄酒文化都与其他文化因子产生作用，如物质层面中水、曲、米与地质结构、植被分布、气候、水利工程、农业生产等相关；而在技艺层面则与制陶技术、冶炼技术相关；在社会层面，与政治、军事以及国家制度产生折射的关系；在精神层面，则与审美追求以及信仰等相关。遵循"环境—技术—行为方式—观念形态"这一内在的分析模式，我们可以通过"自然环境—经济环境—社会环境"的文化生态框架来诠释黄酒文化的文化背景。

自然环境：水利工程、农业生产、植被分布、地理资源等。

经济环境：农业制度、军事制度、商业制度、制陶工艺等。

社会环境：社会习俗、审美风尚、政治制度等。

只有将这样的环境描述作为黄酒文化阐释的背景，并将与之关系较为紧密的文化因子作为论述的对象，才能从文化整体的观念对黄酒文化进行梳理，黄酒文化的陈述才从勾勒转为晕染，材料才会厚重。

（二）有利于描绘以酒文化为核心的文化共生现象

梳理酒文化的核心文化因子，能使酒文化的内涵得到充分体现，而对文化的外部环境的进一步考察，则能够从文化整体的视野加以审视。有别于以往以酒事、酒典叙述为主的泛泛而谈的酒文化作品，本书将酒酿造工艺史与自然环境、民俗风尚以及文化传统结合起来，使酒史有一定容量而成为一部文化史。

而在整体的考察中，酒文化与山水文化以及茶文化都产生了有趣的交集。在技艺层面扩大至木工业以及度量衡工具的制作等，行为文化层面涉及社会阶层的分布，社会文化层面则延伸至对国家制度以及社会风尚的解读。其在精神层面又与仙道文化有关。外部的环境也可以从物质到文化进行排列。通过对地域酒文化的解读，有理由认为，浙江酒文化是浙江山水文化的延伸，山水文化是酒文化产生的物质基础，又使酒文化具有了精神层面的特殊内涵。比如，浙江黄酒文化分布密集区域与浙江茶文化分布区域相重合，与道教文化在地理上出现有趣的交集。将黄酒文化与茶文化进行了历时性追溯及比较研究，分析"茶酒共生"的文化意义也就是文化整体思维下的一种探索性论述。而酒文化在发展过程中，又与当地的民情民风相结合，形成了丰富多彩的酒俗。这就把本不属于酒文化系统的文化因子纳入考察视域，从而分析文化的同化、涵化现象，为酒文化的研究拓宽了思路。

二、文化生态学的动态性与开放性对酒文化研究的启示

文化生态学的一项重要任务是提示文化与环境之间的关系，强调系统会因外部及内部的变化而处于不断的动态变化之中，从而使自身必须加以改变来适应环境的变化，进而探索文化发生、发展的规律。这样，文化生态学强调了文化与环境之间的互动性，将单向度的适应解释为一种或然性，因此文化生态学否定了"文化是由环境制约而形成的必然结果"这一结论，而把文化还原到更为复杂的原境之中，探索了文化发展的多种情态。斯图尔德文化网的观念即让具体文化研究的触角更加活跃，更加关注于文化因子之间的能量流动以及相互作用，由此静态的、平面的描述酒文化的方式变为动态以及立体化的描述方法。

（一）酒文化的特征在动态描述中得到彰显

为了强调动态描述，研究采用了对比的方法：相较于其他地区的酒文化的特征描述，比如上古中原讲规范与仪式而以酒表礼，吴越地区冒险轻死以酒表性的差异性存在；又如，杭州黄酒的文化品格在宋以后由文人主导的特征较为明显，这也与饮食文化品格的文人主导特征相匹配，却与北京饮食的宫廷气息、淮扬的商业气息不同，黄酒"五味之和"的品质，也因文人的肯定得到了张扬。这些细节，在之前的酒类著作中没有展开，而在文化生态学的框架之中成为一个重要的阐释内容。

（二）文化因子间能量流动的表述

由于能量的流动，文化因子之间相互作用，这既表现为首先引起内系统的变化以适应外部环境的需要，也表现为文化各因子之间的作用与相互调适。

内系统的变化，比如酒形态的变迁。通常认为在魏晋之前的黄酒酿造为原始酒的形态，食材的选择、酿造的技艺都相对简单，经过过滤才能得到品质较好的酒。而魏晋以后，黄酒的形态进入继生状态，国外优质稻米品种的引入与大量栽种，使得酿酒原料的品质得到了大幅度的提高；各种曲如白曲、红曲等的运用，使得酿造酒的功能与口感更加丰富。而酿造工艺的提高，特别是双套酒、加饭酒、香雪酒的酿造，说明了生产者对酿酒方式的创新，创造出多种可能性。又如酒器的变化，不同造型的酒器用于不同的场合，满足不同的需要，如上古时期有爵、觥等饮器，满足不同阶层的人士饮酒的需要。随着酒生产的扩大，酒在民间普及，酒器的造型以及材质表现出不同时代的特征，如酒器由铜器发展到陶器、再发展到瓷器这一过程，即表现了生产技术的发展与社会风尚的变迁。

文化各因子之间的交流与调适，则表现出更为广阔的文化场景，比如历次南北文化交流融合对酒文化的影响，体现为酒文化中越文化与吴文化、楚文化以及秦文化相交融。所以，考察酒的产量、技术发展以及普及程度等内容，也可以从侧面考察文化系统中其他文化因子的发展情况，而酒文化的丰厚内涵由此可见。

三、结论

虽然文化生态学是整体的文化研究，但也为我们提供了一个从微观切入而窥视文化整体的方法。就目前而言，在个案研究方面，笔者只见到唐建军以文化生态学为理论指导所做的风筝文化研究。毋庸置疑，文化生态学不仅为研究文化历史提供了一个新的角度，也为文化的当代历新提供依据。比如作为整体文化的一个部分，酒文化也需要针对当代的文化环境做出调适，从这个层面上讲，酒文化的创新是必然的。新的黄酒品牌比如帝聚堂、石库门、老台门等的创立均是黄酒文化适应当代文化并做出相应变革的体现。有理由认为，以文化生态学的角度研究酒文化不仅能够更加充分地剖析历史，也能为当下的文化创新提供思路。

目　录

第一章　杭州酒文化概说

第一节　酒起源的说法探源

李时珍说，"酒，天之美禄也"。酒是上天赐予人类的上佳礼物吗？自古以来，我们的先祖对酒这种神秘的液体充满了好奇和猜想。关于酒的起源历来有多种传说，"古猿造酒""酒星造酒"就是对酒神秘起源的丰富想象，而"仪狄造酒"和"杜康造酒"则显示了人类在酿酒业历史上的成就。另外，还有其他的传说，比如"哑食酿酒"的传说与"酒虫生酒"的传说等，前者接近民俗，后者则为仙话。

一、果酒生产传说中折射的地理差异

"古猿造酒"的说法多流传于南方一带，比如明代李日华《紫桃轩又缀》记载黄山猿猴春夏采杂花果酝酿成酒，清代李调元《粤东笔记》记载琼州（今海南岛）上猿以稻米杂百花造酒，清代徐珂《粤西偶记》记载粤西平乐（今广西壮族自治区东部，西江支流桂江中游）猿猴善采百花酿酒。猿猴多出现于南方，这是地理环境所赐。而猿猴只是自然界水果发酵的见证者。这些传说说明酒不是有意识地发明的，而是偶然被发现的。

稍北地区的造酒传说中少了猿猴的身影。杭州最早的果酒生产传说应是余杭的仙姥百花酒传说。据说，仙姥看花神迷，不觉昏睡好几天，发现锅里的饭已和花一起发酵，酿成了好酒。这则传说有很浓厚的地方特色：米酒与果酒同时出现了。

宋代周密《癸辛杂识》中记载了梨酒酿造之法，是将数百个山梨放入大缸

近半年而酿熟。他的记录值得回味的是最后两句:"回回国葡萄酒止用葡萄酿之,初不杂以他物。始知梨可酿,前所未闻也。"[1] 周密是宋末人,从他的记载可知即使是在酒业发达的宋代,果酒还是不太普及的。金代元好问《蒲桃酒赋》中记录的葡萄酒也是自然酿成的。北方人的务实,在此也有了表现。而杭州的造酒传说颇为奇特,兼采北方人的务实与南方人的爱幻想。

二、米酒生产中体现的地理差异

东汉许慎《说文解字》中记:"古者仪狄作酒醪,禹尝之而美。"[2] 西汉刘向所著《战国策·魏策》记载:"昔者,帝女令仪狄作酒而美,进之禹,禹饮而甘之,遂疏仪狄,绝旨酒,曰:'后世必有以酒亡其国者。'"[3] 这则传说透露出两条信息。其一,酒的产生较早,在原始社会就已露端倪,而且酒一出现就与政治有了关联,大禹因怕耽酒误政而颁布了最早的禁酒令。其二,女性是酿酒的主角,这反映出当时社会的分工情况。这与我们在《礼记》中看到的女性的职掌情形是一致的。

另有一种说法是"仪狄作酒醪,杜康作秫酒",引出了男性酿酒祖师——杜康,而且出现了上古的两种不同的酒:酒醪和秫酒。

先说人。仪狄的身份可能比较明确,为大禹时代的人,那么杜康为何时何地人?说法不一。杜康,事见于《世本》《吕氏春秋》《战国策》《说文解字》等书。有的说他是西周人:"杜氏系出于刘累,在商为豕韦氏,武王封之于杜,传国至杜伯,为宣王所诛,子孙奔晋,遂以杜为氏者,士会亦其后也。"[4] 据乾隆《白水县志》和有关碑文记载:杜康,字仲宁,汉代康家卫人,其卒葬之墓在白水故乡(即现在陕西省东北部)。[5] 曹操的《短歌行》里称其为酒名。也有的说杜康即是大禹的五代孙少康:"古者少康初作箕帚、秫酒。少康,杜康也。"少康是夏朝中兴之君,但在得到王位前曾逃亡到有虞氏的部落(今河南省虞城东),担任过管理膳食的工作。不管是"少康"还是"杜康","作秫酒"这一点起码是一致的。

再说酒。"醪",《广韵》称其为浊酒。徐灏笺云:"醪与醴皆汁滓相将,醴一

---

〔1〕 (宋)周密:《癸辛杂识》,王根林校点,上海古籍出版社 2012 年版,第 71 页。
〔2〕 张章主编:《说文解字(上)》,中国华侨出版社 2012 年版,第 335 页。
〔3〕 (清)吴楚材、吴调侯选编:《古文观止注评》,王英志等注,凤凰出版社 2015 年版,第 153 页。
〔4〕 窦苹:《酒谱》,见王缵叔、王冰莹:《酒经·酒艺·酒药方》,西北大学出版社 2008 年版,第54 页。
〔5〕 (清)梁善长纂修:乾隆《白水县志》卷 4《杂志·别传》,民国十四年(1925)铅印本。

宿熟，味至薄，醪则醇酒味甜。"也就是说将糯米发酵酿成的"醪糟儿"，洁白细腻，稠状的糟糊可当主食，上面的清亮汁液颇近于酒。什么是"秫"呢？《说文解字》中解释："秫，稷之黏者也。"指粟米之中黏糯者，现又称黄米、糯秫、糯粟、黄糯。传说杜康将未吃完的剩饭放置在桑园的树洞里，剩饭在树洞中发酵，有芳香的气味传出。于是发明了酒。这个传说还透露出若干信息：米酒的原料有两种，即糯米与秫米，糯米酒是长江中下游流域的稻作文化圈的产物，秫米酒是黄河中下游流域的旱作文化圈的产物。以上只是传说，在《黄帝内经》中有醴酪的记载，而《淮南子》中有"清醯之美，始于耒耜"之说。"仪狄作酒醪，杜康作秫酒""天有酒星，酒之作也"，古人以为"皆不足以考据，而多其赘说也"[1]。"饭置树洞"而造酒的说法，则是结合了生产生活实践的酒起源之说。随着农业技术的发展，谷物的存量增加，由于没有存放谷物的经验，一些堆于潮湿之地的谷物或发芽，或受到微生物的侵蚀而发霉，这种发霉的谷物就是天然的曲蘖。

不难看出，不管是粮食酒还是果酒，最早都是大自然的赐予，而非人力所为。酿酒活动在古代中国一直持续，但是其原理并不为人所知。晋代江统《酒诰》记云："酒之所兴，肇自上皇。或云仪狄，一曰杜康。有饭不尽，委余空桑；郁积成味，久蓄气芳；本出于此，不由奇方。"[2]宋代《桯史》中也有酿酒过程的记录，但酿酒的科学性一直没有得到揭示。

这些传说虽然都不足信，却反映了古人对这一神秘液体的敬意。

第二节 杭州的地缘特征勾勒

每个地区社会经济的发展，都要受到诸多因素的制约和影响，其中包括地貌、气候状况、物产资源等自然条件。而自然条件也制约人的行为，形塑人的思维，从而决选了这一地区的文化。研究杭州的酒文化，首先要弄清杭州的地理特征，以及杭州与其他地理区域的关系，从而以文化整体的眼光来看待杭州在时间与空间上的酒文化发展。

[1] 窦苹：《酒谱》，见王赛时、王冰莹：《酒经·酒艺·酒药方》，西北大学出版社2008年版，第54页。
[2] 沈道初、荣翠琴、夔宁等：《中国酒文化应用辞典》，南京大学出版社1994年版，第77页。

一、杭州行政地理归属及发展

杭州市位于浙江省北部，东临杭州湾，南与绍兴、金华、衢州三市相接，北与湖州、嘉兴两市毗邻，西与安徽省交界。由于杭州地处浙西中低山丘陵向浙北平原的过渡地带，与周边地区构成多种地缘关系；同时，杭州历史上行政区划变更较多，表现出多样态的地缘关系特征。

明末清初顾祖禹《读史方舆纪要》中记：杭州，"《禹贡》扬州之域。春秋为越国之西境，后属楚。秦汉并属会稽郡，后汉顺帝以后属吴郡。三国吴分置东安郡，寻罢。晋属吴兴及吴郡。宋、齐、梁因之。陈置钱唐郡。隋平陈，废郡置杭州。炀帝大业三年改曰余杭郡。唐复为杭州，天宝初曰余杭郡，乾元初复曰杭州。五代时吴越都于此。宋仍为杭州，建炎三年升为临安府。元曰杭州路。明改杭州府，领县九"[1]。可见，历史上杭州的隶属多变，因而与诸多边缘区域形成了复杂的关系。本书从政治学意义出发，以其在政治格局中的地位为视角来阐释。

(一) 亚文化单元时期

春秋时期，杭州处在吴越两国的拉锯之中。初属越，周敬王二十六年（前494）属吴，周敬王三十年（前490）复属越。战国末期，楚国控制了浙江北部地区，并设立菰城（今浙江湖州市南）等县邑。秦王嬴政二十五年（前222），秦灭楚，并在地方推行郡县制，浙江地区分属会稽、鄣、闽中三郡，杭州地域内有钱唐县、余杭县，同属会稽郡。西汉建立后，郡县制与封国制并行。汉高祖五年（前202）正月至六年（前201）春，钱唐县境属楚王国，六年春属荆王国。高祖十一年（前196），荆王刘贾为英布所杀，刘濞封吴王，十二年（前195）钱唐县属吴王国。景帝前元四年（前153），吴王刘濞因发动"七国之乱"被废，钱唐县复属会稽郡，隶江都国。武帝元狩二年（前121）江都国除，会稽郡西部都尉治（郡级治安军事机构）从山阴县（今浙江省绍兴市）迁治钱唐县。元封五年（前106），汉武帝为了加强对各地官员的监察和控制，将全国分为13州刺史部，会稽郡隶扬州刺史部，今属杭州的余杭、钱唐属会稽郡。平帝元始四年（4）改钱唐县为泉亭县，王莽新朝（8—23）因循。东汉初复钱唐县旧名，光武帝建武六年（30）并入余杭县。汉顺帝永建四年（129），根据阳羡令周嘉的提议，将会稽郡一分为二，以今钱塘江为界，江之东仍为会稽郡，治山阴

---

[1] 陆鉴三选注：《西湖笔丛》，浙江人民出版社1981年版，第9—10页。

（今属浙江绍兴市），江之西为吴郡，治吴（今属江苏苏州市）。余杭属吴郡。灵帝光和二年（179）复置钱唐县。从这一时期的变动来看，杭州更多与钱塘江对岸的绍兴发生联系。

三国时，浙江地区成为孙吴政权的统治腹地，到了孙吴后期，今杭州部分分属吴兴郡与吴郡。具体而言：今湖州和杭州部分地区属吴兴郡（析吴郡和丹阳郡置，治乌程），设乌程、永安、余杭、临水、故鄣、安吉、原乡、於潜等8县；今浙北嘉兴和杭州的部分地区属吴郡，设禾兴（原由拳县改置，后改称嘉兴）、海盐、盐官（析嘉兴县置）、钱唐、富春、桐庐（析富春县置）、建德（析富春县置）、新昌（析富春县置）、新城（析富春县置）等9县。可见，这一时期，由于东吴的崛起，政治的中心在江苏一带。

从秦汉起，杭州一带从隶属于会稽到吴郡之治，政治地位不断上升。虽然较多受到越文化与吴文化的影响，但由于地理位置而在文化中心之外，属于亚文化单元。从具体的地理位置看，杭州的核心区域在不断调整中。钱唐在秦和西汉时只是一个户不满万的小县，其县城规模也相当有限，加上此期今杭州市区所在的冲积平原尚未完全形成，江潮高涨时，仍是一片汪洋。为免遭江潮冲击，钱唐城设在今杭州城南的灵隐山谷地中。[1] 郦道元《水经注》卷40《浙江水》载："浙江又东经灵隐山。山在四山之中，有高崖洞穴，左右有石室三所。又有孤石壁立，大三十围，其上开散，状如莲花……山下有钱唐故县。"同书又引刘道真《钱唐记》云："昔一境逼近江流，县在灵隐山下，至今基址犹存。"[2]东汉时，郡议曹华信发动民众创筑防海大塘，有效地防止了江潮对沙洲平原的冲击。同时，今西湖以东的沙洲平原也进一步形成和扩展。于是，钱唐城开始由山谷向沙洲地带迁移。

进入六朝，钱唐城址虽又有所变动，但基本上是在山麓地带与沙洲平原间来回迁移，且随着沙洲平原的不断延伸而向江边移动。虽然城市也在不断地壮大之中，但其重要性显然比不过湖州，也比不过绍兴。

（二）成为独立的文化单元

宋人王明清说："杭州在唐，繁雄不及姑苏、会稽三郡，因钱氏建国始盛。"[3] 此言有差。杭州不断地从姑苏与会稽两郡的影响下挣脱出来，唐代时，

---

[1]　关于秦和西汉时期钱唐县城故址，历来有"灵隐山说""钱湖门外说""转塘说"等许多不同说法。

[2]　（北魏）郦道元：《水经注（下）》，史念林等注，华夏出版社2006年版，第755页。

[3]　（宋）王明清：《投辖录 玉照新志》，上海古籍出版社2012年版，第101页。

已经与隔岸的会稽相与颉颃。到了五代时期，杭州完成了华丽的蜕变，政治地位超出会稽，成为独立的文化单元。杭州走向独立文化单元的历史其实可以追溯至两晋时期。

从两晋开始，由于政局的变动颇大，杭州开始成为局部小政治单位的中心地带。两晋时期，部分恢复封国制，浙江境内有郡置5个，到了东晋末期，有7个郡50个县，其中余杭、临安（原临水县）、武康等属吴兴郡，钱唐属吴郡。南朝时期，浙江地区的行政建置屡有变动。孝武帝大明三年（459），以扬州所统6郡为王畿，吴郡属之，钱唐县隶王畿。大明八年（464），罢王畿，吴郡和钱唐县复属扬州。齐武帝永明四年（486），唐寓之以钱唐县为中心建立政权，国号吴。这一政权是以富阳为中心，远及金华。梁武帝太清三年（549），以吴郡置吴州，侯景升钱唐县为临江郡（寻废），隶吴州。陈后主祯明元年（587）共有8郡48县，其中钱唐郡辖钱唐、富阳、新城、於潜，隶吴州，而余杭属吴兴郡。

作为行政中心的钱唐，最迟到南朝时，已完全坐落于今西湖以东、凤凰山麓及其以北的沙洲平原上。当时，这一地区称柳浦，其主要港渡称柳浦埭。唐寓之率众起义，在攻下富阳县城后，随即进攻邻近的钱唐，次年正月"于钱塘僭号，置太子，以新城戍为天子宫，县廨为太子宫"[1]。这里所说的"新城戍"原本为兵营所在，位于当时钱唐城北部，即今天的鼓楼一带。清代学者倪璠在《神州古史考》中认为，"今钱塘门内教场，唐县治，疑即新城戍"[2]。这时的杭州相当于一个县的编制。但是这一地理位置的确定，使杭州的经济出现了新的气象。

首先，政治中心由山中谷地向沿江沙洲平原的迁移，为城市发展提供了良好地理条件和拓展空间；其次，内河运输和海上运输的发展，推动了城市经济的兴起。东晋时期，浙东运河的开凿，横贯当时经济发达的会郡山阴、会稽两县并将钱唐与号称江东大都会的山阴城连接起来，钱唐由此成为联系浙东与全国其他地区的咽喉。在此基础上，钱唐的内河运输与海上贸易日趋活跃，逐渐由原来的山中小县城发展成为具有一定地域影响力的港口城市，各种货物的进出、转运数量很大。随着钱唐城在沿江沙洲地带的确立，城市港口建设也不断加快，相关设施日趋完备。东晋时，在柳浦港建筑樟林桁，并设置官吏进行管理。樟林桁即是用木头作桩、上铺木料的码头，以供吃水较深的大船停靠。这一设施，就是唐宋以后时常见诸诗文的"樟亭驿"，或称"浙江亭"。它是渡钱

〔1〕 徐克谦译注：《南齐书选译》，凤凰出版社2011年版，第135页。

〔2〕 （清）倪璠：《神州古史考》，齐鲁书社1996年版。

塘江的重要码头。到南朝时，为防止江潮涌入内河，造成河床淤积，乃至冲毁河堤，危及两岸居民，又在内河与钱塘江交汇处构筑堰坝，用牛拖拽船只入河或出江，称为"牛堰"。这样，既稳定了内河水位，又便于船只往来和停泊。[1]这些港口设施的完善，有力地促进了钱唐内河运输和海上航运的兴旺。设在钱唐城郊的柳浦及隔江相对的西兴、浦阳等数处牛堰税（商品过路税），每年收入就高达400多万。至于海外贸易，虽规模有限，在钱唐的港口活动中不占主要地位，但也已经起步，与日本国等有了一定的贸易往来。

隋灭陈后，裁并各地郡县，浙江地区的郡县数量也大幅度减少，调整为5个。其中，余杭郡于开皇九年（589）由钱唐郡改置，初称杭州，共置5县，其中钱唐县新入桐庐、新城，另有原隶吴郡的盐官（今海宁市）、隶吴兴郡的余杭及富阳、於潜。州治始设余杭县，次年迁钱唐县。文帝仁寿二年（602）置杭州总管府，湖州武康县划属杭州。炀帝大业三年（607）罢总管府，改杭州为余杭郡，郡治钱唐县，辖钱唐、余杭、富阳、於潜、盐官、武康6县。大业七年（611），自京口（今属江苏镇江市）至杭州的江南运河开挖完毕，全长800余里，宽10余丈。至此，纵贯南北的大运河全线开通。杭州作为运河南端起始点，不仅是江南漕运的枢纽，其地位进一步上升，而且沟通与北方各地区的联系，这对杭州城市的发展产生了巨大的影响，从此杭州城进入兴起阶段。大业十四年（618），析钱唐县复置新城县，属余杭郡。

而这时的杭州（钱唐）才开始登上历史舞台。经济的发展，使得逼仄的城池难以适应实际需要。开皇十二年（592），隋廷命杨素主持杭州城的营建工程，城址选在柳浦西（今江干凤凰山麓一带）。所筑之城的规模相当宏大，周围达36里，分设12座（一说13座）城门，远远超过了以往钱唐城的规模。这是杭州城市史上第一次有确切记载的大规模筑城活动，基本上奠定了后世杭州城的基本格局。《乾道临安志》卷2《城社》引《九域志》云："隋杨素创州城，周回三十六里九十步，有城门十二：东曰便门、保安、崇新、东青、艮山、新门；西曰钱湖、清波、丰豫、钱塘；南曰嘉会；北曰余杭。有水门五：东曰保安、南水、西水；北曰天宗、余杭。"[2]

唐初罢郡为州，高祖武德四年（621），改余杭郡置杭州，为避国号讳改钱唐县为钱塘县。另以武康县置安州，后改武州。武德七年（624）盐官并入钱塘县，

---

〔1〕《昭明文选》载南朝齐人沈约《早发定山》诗："凤龄爱远壑，晚莅见奇山。标峰彩虹外，置岭白云间。倾壁忽斜竖，绝顶复孤圆。归海流漫漫，出浦水溅溅。野棠开未落，山樱发欲燃。忘归属兰杜，怀禄寄芳荃。眷言采三秀，徘徊望九仙。"此诗为作者赴任东阳路经钱唐时所作。定山位于钱唐城外浦阳江和浙江（钱塘江旧称）交汇处，为江上船舶往来于钱唐和浙西南地区的要隘处。

〔2〕（宋）周淙：《乾道临安志（附札记）》，中华书局1985年版，第24页。

新城并入富阳县，又于於潜置潜州，复置临水县，属潜州。太宗贞观元年（627），分全国为 10 道，并改州为郡，杭州属江南道。治钱塘，领钱塘、余杭、临安、富阳、於潜、盐官、新城、唐山等 8 县。而治辖略有变动：武后垂拱二年（686）析於潜县置紫溪县，垂拱四年（688）析於潜、余杭县置临水县，万岁通天元年（696）析紫溪县置武隆县，杭州辖县增至 9 个。天宝元年（742），改诸州为郡，杭州复为余杭郡，郡治钱塘县，辖钱塘、富阳、余杭、於潜、盐官、新城、紫溪、临水、唐山（武隆县更名）9 县。肃宗乾元元年（758），再改余杭郡为杭州。同年，江南东道分置浙江东道、浙江西道，杭州属浙江西道。代宗大历二年（767），唐山、紫溪并入於潜县；穆宗长庆元年（821），复置唐山县。昭宗乾宁五年（898），钱镠自润州移镇海军治于杭州。光化二年（899），升杭州为都督府。光化三年（900）复改临水县为临安县，桐庐县由睦州划属杭州。唐末杭州辖钱塘、富阳、余杭、於潜、盐官、新城、临安、唐山、桐庐 9 县。唐中后期，杭州已完全超越了浙江地区传统的著名商贸城市越州（隋以前为会稽郡城山阴），与被誉为"江南第一城"的苏州呈并驾齐驱之势，以至时人有"知君暗数江南郡，除却余杭尽不如"（白居易《答微之夸越州州宅》）、"进即湮沉退却升，钱塘风月过金陵"（徐夤《寄两浙罗书记》）之类的赞叹。开元年间，杭州的居民增加到 86258 户。李华在《杭州刺史厅壁记》中说杭州是"咽喉吴越，势雄江海""郊海门，池浙江，三山动摇于掌端，灵涛喷激于城下，水牵卉服，陆控山夷，骈樯二十里，开肆三万室"。[1] 白居易也说："江南列郡，余杭为大。"[2] 杜荀鹤《送友游吴越》诗云："去越从吴过，吴疆与越连。有园多种橘，无水不生莲。夜市桥边火，春风寺外船。此中偏重客，君去必经年。"杭州的工商业也得到了发展，城市工商业繁荣，列为上州。在城区商业经济的带动下，杭州城北和城南的近郊逐渐形成了两个大规模的具有不同特色的附郭草市。如城南郊，"鱼盐聚为市，烟火起成村"（白居易《东楼南望八韵》），主要为农贸市场。同时，杭州对外贸易也十分发达，杜甫诗云"商胡离别下扬州，忆上西陵故驿楼"（《解闷十二首》）。西陵即今之萧山西兴，是当时海舶出入必经之地。西陵既有胡商，其目的地必在杭州。到唐宪宗时，杭州户口增至 10 万，税钱 50 万缗。当时全国一年的财政收入只有 1200 万缗，而杭州的商税就占二十四分之一。

早在六朝时，钱唐就因有独特的钱江潮吸引了不少外地的人们前来观看。进入唐代，西湖作为旅游胜地开始闻名于世，更是吸引了来自全国各地的大批

---

〔1〕 （唐）李华：《杭州刺史厅壁记》，《全唐文》卷 316。

〔2〕 （唐）白居易：《中国古代名家诗文集·白居易集（二）》，黑龙江人民出版社 2009 年版，第 522 页。

游客。文人墨客纷纷前来，或吟诗，或赋词，或作文，留下了大量脍炙人口的文字。这不仅大大丰富了人们的文化生活，而且使旅游业成为杭州城市经济的一部分。当时在城内的娱乐场所，还流行一种起源于西北少数民族的歌舞大曲《柘枝》。白居易在《柘枝妓》一诗中对当时杭州乐妓表演柘枝舞的情景作了生动的描述："平铺一合锦筵开，连击三声画鼓催。红蜡烛移桃叶起，紫罗衫动柘枝来。带垂钿胯花腰重，帽转金铃雪面回。看即曲终留不住，云飘雨送向阳台。"

吴越政权建立前后，几次对杭州城进行大规模的扩建。唐末大顺元年（890）九月，时任杭州刺史的钱镠就开展了杭州城的扩建工程。"筑新城，环包氏山，洎秦望山周回，凡五十余里，皆穿林驾险而版筑焉。"[1]唐昭宗景福二年（893），已升任镇海军节度使的钱镠又进行了第二次大规模的杭州城扩建工程。他征发民工20余万人，构筑罗城，自秦望山东亘江干，西薄钱塘湖、霍山、范浦一线，周围达70里；将原城东和城北外的广阔地带都包融在内，并开设龙山、竹车、南土、北土、宝德、北关、西关、新门、盐桥、朝天等10个城门。[2]经过两次扩建，原杭州城外的南、东、北三面形成了更为广阔的城区，隋时所筑的州城成为内城。后梁开平元年（907），封钱镠为吴越王，次年升杭州为大都督府。到了后梁开平四年（910），钱镠进行了第三次扩建，将罗城又扩大30里，杭州城区的范围更为广阔。龙德二年（922），分钱塘、盐官两县各半及富春县之长寿、安吉两乡置钱江县，与钱塘县同城设治。此时，浙江地区的行政规划大致定型，共有11州，其中，杭州领钱塘、钱江（析钱塘县置）、安国（原临安县改置）、盐官、余杭、富春（富阳县改名）、桐庐、於潜、新登（原新城县改称）、金昌（唐山县改名，后又改名唐山、横山、吴昌县）、武康等11县。后梁末帝龙德三年（923），钱镠被正式册封为吴越国王，"镠始建国，仪卫名称多如天子之制，谓所居曰宫殿，府署曰朝廷，教令下统内曰制敕，将吏皆称臣，惟不改元"[3]。

可以说，作为钱塘江北岸杭嘉湖平原的一个州，杭州此时得益于迅速发展的经济和水陆交通的便利，显得格外重要。会稽郡由于其地理环境的幽僻，政治地位反而显得不那么显赫了。这就是唐宋时期浙江的中心开始转移的背景。当然，这一过程较为漫长。在政治地位此起彼消的过程中，会稽得益于其优越的人文环境继续发挥着浙江重镇的功能。而杭州，隋时人口仅1.5万户，即使一

---

〔1〕（清）吴任臣：《十国春秋》卷77《吴越一》。

〔2〕（宋）钱俨：《吴越备史》卷1；（明）郎瑛：《七修类稿》卷6《钱氏杭城门名》。

〔3〕（宋）司马光：《资治通鉴》卷272《后唐纪一》，吉林大学出版社2009年版，第157页。

家按五口计算，整个杭州地区也只有7.5万余人。到了唐代贞观年间，增至3.5万户；至开元年间，更增加到8.6万余户。吴越时杭州的城市布局经历了从坊市制向坊巷制的过渡，坊巷与官府、酒楼、茶馆、商铺、寺观杂处，坊巷布局由封闭转为较开放，从而促进了经济和文化的发展。在吴越三代、五帝共85年的统治下，经过劳动人民的辛勤开拓，杭州发展成为全国经济繁荣和文化荟萃之地。欧阳修在《有美堂记》中有这样的描述："钱塘自五代时知尊中国、效臣顺。及其亡也，顿首请命，不烦干戈，今其民幸富完安乐。又其俗习工巧，邑屋华丽，盖十余万家。环以湖山，左右映带，而闽商海贾，风帆浪舶，出入于江涛浩渺、烟云杳霭之间，可谓盛矣！"[1] 王明清《玉照新志》说"杭州在唐，繁雄不及姑苏、会稽三郡，因钱氏建国始盛"[2]，不无道理。

（三）江南名城时期

宋代杭州变成综合性的城市，它既是政治中心，又是军事中心，还有发达的工商业与文化业，经济结构呈立体化与完整性。其地位之高，功能之全，影响之大自然远非其他城市所能比。

宋太宗太平兴国三年（978），吴越王纳土归宋，杭州复降为州。同年，从杭州划武康县还属湖州，划桐庐县还属睦州。太平兴国四年（979），改钱江县为仁和县。宋朝在地方实行路、州（府、军、监）、县三级行政体制。太宗淳化四年（993），分全国为10道，宋在原吴越王领地设置两浙路。杭州为路治，州辖钱塘、仁和、余杭、富阳（富春县复名）、於潜。宋神宗熙宁七年（1074），分两浙路为两浙东和两浙西两路，不久合并，熙宁九年（1076）再分，次年又合。北宋名臣蔡襄言："杭州，二浙为大州，提支郡数十，而道通四方，海外诸国，物货丛居，行商往来，俗用不一。"[3] 吴越纳土称臣，使杭州免去了战争之难，经济有了长足发展。

这种较为平稳的政权更迭（表1-1），使浙江地区避免了大规模战乱和社会动荡，唐以来社会经济持续发展的进程得以保持。尤其是农村经济，在长期开发的基础上走向全面高涨，有力地推动了城市的繁荣。这一时期的京杭运河在内陆经济中起到极大的作用。杭州控运河之南端，在全国的商贸地位居前列。同时，杭州又拥有对外贸易港口，大量的海外货物源源不断地输入。

---

〔1〕（宋）欧阳修：《有美堂记》，见郭预衡、郭英德主编：《唐宋八大家散文总集·欧阳修（一）》，河北人民出版社2013年版，第1167页。

〔2〕（宋）王明清：《投辖录 玉照新志》，上海古籍出版社2012年版，第101页。

〔3〕（宋）蔡襄：《杭州新作双门记》，见《蔡襄全集》，陈庆元等校注，福建人民出版社1999年版，第560—561页。

表 1-1　由隋至宋的杭州行政区划变化

年代	行政中心	辖区
隋大业三年（607）	余杭	钱唐、富阳、於潜、盐官、武康、余杭
唐元和十五年（820）	杭州	钱塘、富阳、余杭、於潜、盐官、余杭、新城、唐山
吴越时期	杭州	钱塘（钱江）、富春、於潜、盐官、新登、余杭、唐山（横山）、武康、南新、桐庐
宋代	杭州	杭州（钱塘、仁和）、余杭、临安、富阳、於潜、新城、盐官、昌化

资料来源：（唐）魏徵等：《隋书》卷 31《地理志下》。（唐）李吉甫：《元和郡县图志》卷 25《江南道一》。（宋）王存：《元丰九域志》卷 5《两浙路》。李志庭：《浙江通史（隋唐五代卷）》，浙江人民出版社 2005 年版，第 296—299 页。

　　宋室南渡后，再置两浙东路和西路，以钱塘江为界：江之西杭州（临安府）、润州（镇江府）、苏州（平江府）、常州、秀州（嘉兴府）、湖州（安吉州）、睦州（严州、建德府）等府（州）为浙西路；江之东越州（绍兴府）、明州（庆元府）、台州、温州（瑞安府）、衢州、婺州、处州等府（州）为浙东路。宋高宗建炎三年（1129），升置临安府，领 9 县，即钱唐、仁和、余杭、临安、富阳、於潜、盐官、新城、昌化。其中，仁和系太平兴国四年（979）由钱江县改置；临安于太平兴国四年升置顺化郡，次年复为县。宋室南渡后，绍兴八年（1138），于临安建行都，大兴土木，营建宫殿。临安府治所钱塘、仁和两县升赤县（京都），辖余杭、富阳、临安、於潜、新城、盐官、昌化 7 县为京畿县。《建炎以来系年要录》说："四方之民，云集两浙，百倍于常。"[1] 杭州城内五方杂处，商贾毕集，街衢喧闹，方言纷歧。市内增设了许多新店铺，大多挂的是东京（开封）老招牌。[2]"自大街及诸坊巷，大小铺席连门俱是，即无空虚之屋。"[3] 杭州的人口大增，北宋嘉祐年间城市居民仅 10 万多户，南宋乾道年间增至 26 万户。南宋末年，杭州人口也迅速增长到百万之众。海外的政府官员、商人、僧侣也纷至沓来，杭州成为一个国际性的城市，设有市舶司管理国际商贸事宜。

　　南宋时，就城市规模而言，仅城内九厢，就南北长约 14 里，东西宽约 5 里。扩展到城东 3 里、城南 5 里、城西南 25 里、城北 9 里的郊区，分为城南左厢、城北右厢和城东厢、城西厢。除了发达的工商业外，服务业、娱乐业、园艺业和城郊经济作物种植业也日显活跃，成为城市经济的重要组成部分。服务业既是商业的一种延伸，也是手工业的一种补充。宋代，浙江城市服务业的普遍兴盛，固然与城市人口的大幅度增加和居民社会结构与生活方式的多样化有关，但更是城市工商业发展到一定程度所必然出现的产业分工的产物。商业的发展引发服务性商业与流通商业和销售商业分离而走上专业化的道路，也推动了为商业服务的相关行业的兴起与发展；手工业的发展引发了与人们日常生活相关的简单手工活动与专业技术要求较高的制造业、加工业的分离，并与商业结合，构成了较完整的服务业体系，进而成为城市经济中相对独立的产业形式。宋代，浙江地区的城市服务业发展有两个突出特点：一是行业种类繁多，包括餐饮、旅店、租赁、典质等不同类型，其活动涉及城市居民生活的方方面面；二是分工精细，经营灵活，每个服务行业往往又根据经营内容或服务对象的不同进行具体分工，并呈现出多样化的经营方式。以各级城市中最为普遍的餐饮业为例，大致可分为两类：一类是固定网点，包括分布于大街小巷的各种酒楼、饭馆、面店、茶肆、点心铺等，构成了餐饮业的主体；另一类是流动摊贩，沿街兜售吃食。

自端平元年（1234）南宋与蒙古联合灭金以后，双方就开始长达40余年的战争。咸淳十年（1274），元军以伯颜为统帅，发大军20万征讨南宋，德祐二年（元至元十三年，1276）二月，元军攻下南宋首都临安。祥兴二年（元至元十六年，1279），广东崖山一役，南宋灭亡。元军进入临安后，即设立两浙都督府，至元十四年（1277），改临安府为杭州；十五年（1278），改为杭州路，领八县一州（钱塘、仁和、余杭、临安、新城、富阳、於潜、昌化和海宁州）。至元二十一年（1284）二月，江淮行省治所自扬州迁杭州；二十八年（1291），改江淮行省为江浙等处行中书省（简称江浙行省），杭州仍为其治所。

宋元时期，城市的发展呈现出引人注目的新变化，特别值得一提的是南宋杭州的"都市圈"。《汉书·地理志》中提到"都市圈"，指以京畿为中心，四周五百里称"甸服"。甸服由近及远区分层次，周边城市构成群落，承担不同的分工，拱卫中央，提供后勤。如西汉长安的首都网分直辖区与外围区。由"京兆尹"所辖12县，面积达8599平方千米，19万余户，68万余人。京兆之外设"三辅"45县；整个首都圈域囊括全部关中地区，合称"天府"。其中"三辅"是都市的物资供应地区。所以南宋迁都杭州后，直辖临安府9城，辅翼有绍兴、嘉兴、吴兴（安吉州）、严州、庆元等州府。即是以杭州为核心，京畿数百里各府县为外围，遵循着历来"首都圈域"的模式兴治。这对于杭州湾南北两块平原城乡整合发展，起了重要的作用。[1] 其突出表现是：第一，城市发展的空间

---

〔1〕 邹身城主编：《金砖四城：杭州都市经济圈解析》，杭州出版社2013年版，第130页。

格局发生重大变化。早期郡县城市的发展重心主要集中在以黄河流域为中心的北方地区，虽然魏晋以后南方城市有显著发展，但在总体水平上仍与北方有一定的差距。到北宋时期，出现了黄河流域和长江流域城市平衡发展的格局。此期形成了四个相对独立的地域城市群体，即以汴京开封为中心的北方黄河中下游地区城市群，以杭州、苏州为中心的东南地区城市群，以益州（今成都）、梓州（今四川绵阳市三台县）、利州（今四川广元市）为中心的西南地区城市群和以永兴军（今西安）、太原、秦州（今甘肃天水市）为中心的西北地区城市群。[1] 迨至南宋，随着政治中心的南移和南方社会经济的全面高涨，南北方之间城市发展的平衡格局被打破，南方地区尤其是江南地区城市的发展水平超过了北方地区。从此，全国城市发展的重心转向南方。第二，城市经济空前繁荣。早期郡县城市在性质上主要属于不同层次的政治和军事中心，工商业是附属形态。进入宋代，随着社会经济的迅猛发展和商品流通的空前活跃，城市商业全面繁荣，手工业十分发达，各种服务业蓬勃发展，市场活跃，产业体系趋于完整，由此推动城市经济和社会功能不断增强，许多城市成为本地区乃至跨地区的商业和市场中心。于是，"凡州县皆置务，关镇亦或有之"。[2] 到宋代，工商业活动扩散到城市的各个角落，市场活动的时间和空间限制不复存在。同时，城市活动越出城墙，向郊区扩张，出现了城郊都市化现象。城市的社会生活丰富多彩，文化和教育兴盛，娱乐业活跃，不少城市出现了各具特色的娱乐区。市民阶层全面兴起，各种市民组织大量涌现。城市的管理也发生巨大变化，由原来的坊市分离制转变为厢坊两级制，许多城市进而形成了较为系统的物资调运与储备、防火救灾、抚恤赈济、街衢整治、环境卫生、居民生活设施建设等体系和相应的治安管理。

虽然元代统治者吸取了奢侈误国的教训，对行在（杭州）的治理政策是严格抵制奢侈之风，但元代杭州路还是一个经济繁荣的都市。元代杭州路有居民360850户、1834710人，杭州市区人口也在100万左右，再加上商旅等，可达120多万人，城市规模之大可以想见。由于经济的辐射力量，不断有海舶驶入杭州，停于钱塘江边。基于此，在至元二十一年（1284），元政府在杭州设立市舶都转运司，管理杭州的对外贸易活动。至元三十年（1293），杭州市舶都转运司由行省泉府司中分离出来，并入杭州税课提举科。意大利的马可·波罗（Marco

---

〔1〕 戴均良主编：《中国城市发展史》，黑龙江人民出版社 1992 年版，第 217 页。

〔2〕 （元）脱脱等：《宋史》卷 186，中华书局 2000 年版，第 3043 页。

Polo，1254—1324)、鄂多立克[1] (Friar Odoric，约 1286—1331)、马黎诺里[2] (Giovanni dei Marignolli，生卒年不详，1342—1346 年在华)，以及摩洛哥人伊本·白图泰 (Ibn Battuta，1304—1377) 来过杭州，并记录下了杭州的富庶。[3] 比如，马可·波罗在游记中说：杭州城内有大市场十所，大多"呈正方形，每方约有半里。大道通过其间，此道每四里必有大市一所，每市周围二里，每星期有三日为市集，有四五万人来此贸易，各色物品，应有尽有。十市场周围，建有高屋，屋之下层则为商店，售卖各种货物，其中有香料、首饰、珠玉、百货等等，还有酒肆，专卖香味米酒，售价低廉"[4]。元朝的手工业也很发达，"杭民借手业以供衣食"，据《马可·波罗行纪》记述，"这个城市有十二个不同的手工业行会 (twelve guilde of the different crafts)，每一行会有一万两千所容纳手工工匠的房屋 (houses)，每所房屋至少有十二人，有的有二十人和四十人左右——这些人并不全是老板，里面有为老板们做工的短工 (journey-men)"[5]。说明工匠人数是不少的。马可·波罗还观察到，当地土人习饮米酒，不喜饮葡萄酒。[6] 意大利的鄂多立克这一时期也来到杭州，他的记录不多，但也提到杭州。他说："若有人想谈谈该城的宏大和奇迹，那整卷的纸都写不下我所知的事。因为它是世上所有最大和最高贵的城市，而且是最好的通商地。"[7] 相较之下，马可·波罗的记录最为详细。

元顺帝至正二十四年 (1364) 正月，朱元璋自立为吴王，二十六年 (1366) 改杭州路为杭州府，隶浙江等处承宣布政使司。

虽然与其鼎盛时期相比，明代杭州的经济已经下滑，但还是保持着东南第一州的地位。明代杭州的经济发展又分成两期：从明初至正德末，经济水平没有达到南宋的水平；嘉靖以后才逐渐恢复和发展，万历以后，在全国属于靠前水平。波斯人阿里·阿克巴尔 1615 年左右所著《中国纪行》中写道："它非常大，十五个游览过杭州的人，其中的一个说：我们早上从杭州的一头开始走，到了晚上才到城的中间，就在那里留宿过夜，第二天早上再走，到晚上才走到

———————————

〔1〕 鄂多立克，罗马天主教方济各会苦行者，1318 年 (一说 1314 年) 左右离开意大利东游，1324 年前后从印度经海路到达中国广州，然后经过泉州、福州到达杭州，再北上经运河到达北京。最后在北京停留三年后经河西走廊到达西亚，回到意大利。回国后将其游历写成游记《鄂多立克东游录》。

〔2〕 马黎诺里，意大利人，元顺帝至元四年 (1338) 作为特使随罗马教皇出使元朝廷。

〔3〕 季元杰：《元代浙江杭州的对外往来——兼谈外国旅行家游记杭州评述》，见王松林主编：《徐霞客在浙江·续四》，中国大地出版社 2008 年版，第 481 页。

〔4〕 转引自周峰：《元明清名城杭州》，浙江人民出版社 1990 年版，第 6 页。

〔5〕 转引自周峰：《元明清名城杭州》，浙江人民出版社 1990 年版，第 6 页。

〔6〕 沙海昂：《马可·波罗行纪》，冯承钧译，商务印书馆 2012 年版，第 325 页。

〔7〕 [意大利] 鄂多立克：《鄂多立克东游录》，何高济译，中华书局 1981 年版，第 669 页。

它的另一头。"[1]

明中后期，杭州"舟航水塞，车马陆填，百货之委，商贾贸迁"[2]，是工商业发达的大都市。杭州这一时期的纺织业较为发达，相比之下酤酒业远不如越州。"杭州省会，百货所聚。其余各郡邑所出，则湖之丝，嘉之绢，绍之茶、酒，宁之海错，处之瓷，严之漆，衢之橘，温之漆器，金之酒，皆以地得名。"[3] 可见当时的产酒之地是绍兴与金华，而杭州只是酒品的流通地。张瀚在《松窗梦语》卷6"异闻纪"中叙述了其祖上放弃酿酒转经营丝织业发家的情况："毅庵祖家道中微，以酤酒为业。成化末年，值水灾，时祖居傍河，水潦入室，所酿酒尽败，每夜出倾败酒濯瓮。一夕归，忽有人自后而呼，祖回首应之，授以热物，忽不见。至家燃灯烛之，乃白金一锭也。因罢酤酒业，购机一张，织诸色纻币，备极精工。每一下机，人争鬻之，计获利当五之一。积两旬，复增一机，后增至二十余。商贾所货者，常满户外，尚不能应。自是家业大饶。后四祖继业，各富至数万金。夫暮夜授金，其事甚怪。"[4] 这一记录也折射出当时杭州的丝织业兴盛而酿酒趋微的情况。

在经济发展的同时，明神宗时期开始的奢侈之风遍及全国，杭州市民生活的奢侈化体现在各个方面。"民间首饰、衣裤、器用、文轴、榇题，多用涂画，岁糜不赀。"[5] 士大夫阶层受到性灵之说的影响，纵情歌酒、放浪于山水，从另一角度开始对杭州酒文化的品格塑造。杭州的酒，在西湖的游船之中，在城市的大小酒肆之中，在豪门的别墅宴集之中，在文人的聚会高歌之中，在城郊的脚店夜市之中……这一时期的酒，阿里·阿克巴尔敏锐地感知到其与中亚酒的不同："中国的葡萄没有味道。所有的酒都是米做的。他们可以用米酿出十种酒。"[6] 他又描述了中国酒的味道："在皇宫里和第二道门里有一个大理石做的容器，上有九个孔，容器上加盖，中国十二个省运来的酒都从上面五个孔倒入，另四个孔是出酒，这容器里的酒要供一千人饮用。世界各地来的成千客人，宫里的几千名太监、宫女和文武大臣都可享用。米酒的特点是使人喝了会发胖，

---

〔1〕[波斯] 阿里·阿克巴尔：《中国纪行》，张至善编，生活·读书·新知三联书店1988年版，第99页。

〔2〕万历《杭州府志》卷33《城池》。

〔3〕（清）陆以湉：《冷庐杂识》，上海古籍出版社2012年版，第301页。

〔4〕《中华野史》编委会：《中华野史》卷8《明朝卷中》，三秦出版社2000年版，第6984页。

〔5〕万历《杭州府志》卷19《风俗》。

〔6〕[波斯] 阿里·阿克巴尔：《中国纪行》，张至善编，生活·读书·新知三联书店1988年版，第105页。

但身体健康，从各地运来的酒色味一样。"[1]

清仍袭明制，杭州府隶浙江等处承宣布政使司。康熙元年（1662），改浙江等处承宣布政使司为浙江行省。杭州为省会，又是杭嘉湖道治和杭州府治所在，仍辖钱塘、仁和、富阳、余杭、临安、於潜、新城、昌化8县和海宁州。

民国前期，废除府、厅、州制，实行省、道、县三级地方行政体制。民国元年（1912），钱塘、仁和两县合置杭县，为浙江省省会所在地。民国三年（1914）省以下设道，以清杭嘉湖道范围置钱塘道，道尹行政公署驻杭县，辖杭县、海宁、富阳、余杭、临安、於潜、新登、昌化等20县。民国十六年（1927），废道为省、县二级制，撤销钱塘道，各县直属于省；同年五月，划杭县所属城区等地设杭州市；同年十月，市下设城区、西湖、江干、会堡、湖墅、皋塘6区。民国十九年（1930），杭州市改为13个区（第一区至第十三区）。民国二十三年（1934），合并为8个区（第一区至第八区）。民国二十四年（1935），浙江省设行政督察区，杭县属第二行政督察区，专署设嘉兴（后迁德清），杭州市仍为省直辖。民国二十六年（1937）日本侵略军占领杭州后，原8个区改为7个区。民国三十四年（1945）抗日战争结束后，杭州市政府、杭县县政府迁回杭州，杭州市恢复8个区。民国三十六年（1947），杭县改省直属。

1949年5月3日杭州解放，杭州市设为浙江省直辖市，并为浙江省省会。经多次变动，今天，杭州市辖10区（上城区、下城区、江干区、拱墅区、西湖区、滨江区、萧山区、余杭区、临安区、富阳区）、2县（桐庐县、淳安县），代管1个县级市（建德市）。

（四）总结

从行政位置上看，杭州以历史上的钱塘与余杭为核心区块，同时与周边的行政单位产生关联。这当然首先是因为杭州地处钱塘江北岸，历史上属于吴国，与同岸的临安、建德、於潜等有着较为亲密的关系，与历史上的严州、湖州、海宁等也出现过或并或分的情况。而杭州在历史上与宁绍平原一些行政单位的合并，也反映出上古吴越边界的推移以及人群迁徙的动态轨迹。

从整个浙江省的情况考察，整个浙江的经济发展呈阶梯状分布，其中今属浙江北部的杭嘉湖地区以及浙江东部的宁绍平原一带经济明显优于其他地区，而浙江中部及西南的金衢地区处于第二个阶梯，浙东南和浙南地区则相对落后。今杭嘉湖和宁绍地区是春秋战国时期越国和吴国的统治中心，其社会发展水平

---

〔1〕［波斯］阿里·阿克巴尔：《中国纪行》，张至善编，生活·读书·新知三联书店1988年版，第105页。

明显高于浙江其他地区。杭州曾置于湖州的影响之下，应该说这一现象在唐代时还很明显。反映在酒文化上，是湖州一带的酒率先闻名于世。宋以后，作为东南没有遭受战争之苦的大郡，杭州的地位明显提升，而南宋定都临安，在杭州历史上写下了辉煌的一页。元代以降，地区工商业的发展得到强化，杭州的酒业明显弱于隔江的越州，名气也在越酒之下。而作为丝织业的代表，杭绸在市场上声名远扬。

综上，讨论杭州酒文化，不应该只把眼光集中于杭州当下的行政区划，而应该关注历史上曾纳入同一行政区域的地区，作整体的考察。

二、杭州的自然地理环境

酒文化是在地理环境等区域因素的影响下创造和传承的。离开了杭州独特的地理环境，杭州的酒文化也将失去赖以存在的物质基础和精神旨趣。从物质基础上看，所处的地域不同，采用的原料与酿制方法也有所不同，生产的方式也有历时性的变化；而从精神旨归来说，不同的地域与时代，也让酒文化带上不同的色彩。[1]

以历史最为悠久的黄酒为例。从黄酒的分布来看，浙北地区以绍兴与嘉兴为代表。绍兴黄酒主要是采用糯米为原料，以天然生麦曲作为糖化剂，工艺以淋饭法与摊饭法为主。嘉兴地区大多是采用粳米为原料，以麦曲为糖化剂，近年来多采用麦曲与酶制剂配合，工艺采用喂饭法。浙西地区以金华与衢州为代表，金华一带原料大多采用糯米，采用乌衣红曲作为黄酒的糖化剂。衢州对曲的改良走在全国前列，衢州江山黄酒是以籼米制黄酒的代表。浙东的宁波、舟山一带以粳米作为黄酒的主要原料，用麦曲与酶制剂作为糖化剂，工艺上使用喂饭法。浙东的台州与温州现生产籼米酒。那么杭州酒的特征呢？杭州的黄酒现多是仿绍酒，也就是在酿造工艺与品种上模仿绍兴黄酒。至今流传于萧山湘湖一带的民间故事《仿绍酒》隐约透露出这样的信息：宋代以降，萧山境内的黄酒便引入了绍酒的制作工艺。[2]

那么，为什么杭州酒会有这样的特点呢？在宋以前，杭州酒是否也采用这样的工艺？如果查阅宋代《酒经》以及其他资料，就会得出如下结论：当下绍酒的酿造技艺并非绍兴一地的专属，早在1000多年前，黄酒的酿造方法已经完善，当时杭州的制酒业也具有相当的工艺水平，品质不低于隔岸的绍酒。因此，

---

〔1〕　周膺、吴晶：《杭州史前史》，中国社会科学出版社2011年版。
〔2〕　赵宝穗：《仿绍酒》，见吴桑梓等：《湘湖文苑·湘湖民间传说》，浙江人民出版社2006年版。

完全可以认为，黄酒品牌的创造史，不只是技艺提升史，更是文化传播史。要分析酒品，起点便是了解酿酒的物质基础。

（一）杭州的地理格局

从历史上看，浙江省最早产名酒的地区是钱塘江两岸的绍兴与湖州地区，这两个区域正好是处在浙江最大的两块平原——杭嘉湖平原与萧绍宁平原之上。这里不仅农业发达，而且水资源丰富。这可能就是名酒产生的前提条件。而杭州在地理上正位于两者之间。湘湖的仿绍酒传说，也正是这种地理关系的自然反映。

具体而言，杭州所处的钱塘江流域是江南古陆南部边缘、长江三角洲南翼。地貌复杂多样。主要地势呈西高东低，主要地貌单元分为低山丘陵区、山麓沟谷区和滨海平原区，自西向东地貌结构的层次和区域过渡性十分明显。杭州的大部分地区属浙西平原，小部分地区属浙北平原，海拔仅 3～6 米，河网密布，有典型的"江南水乡"特征。

杭州地势最高点在浙皖交界的清凉峰，海拔为 1787 米，最低处在东北部余杭的东苕溪平原，海拔为 2～3 米。其中市中心处在浙西中低山丘陵向浙北平原的过渡地带，午潮山、老焦山耸立于西，半山、皋亭山蜿蜒于北，屏风山、五云山绵亘于南，钱塘江奔流于东，吴山和宝石山又夹峙西湖，构成"三面云山一面城""乱峰围绕水平铺"的山、水、城融合体。全市山地丘陵占总面积的65.6%，平原占 26.4%，江、湖、水库占 8.0%，故有"七山一水二分田"之说。从地质成分上说，杭州西部、中部和南部浙西中低山丘陵按岩性类型及地貌形态（海拔高程）等可细分为剥蚀岩浆岩低山地貌、侵蚀剥蚀岩浆岩丘陵地貌、侵蚀剥蚀沉积碎屑岩丘陵地貌、侵蚀碳酸盐岩岩溶不发育的丘陵地貌和侵蚀碳酸盐岩岩溶发育的丘陵地貌等。

杭州的主干山脉有南北两支，北支有天目山、白际山以及与之直交的昱岭；南支有千里岗和龙门山，山高沟深，多座山峰海拔在 1500 米以上。山地和丘陵都有喀斯特发育和带状平原分布，南、北两支主干山脉之间为一阔带状的中低山地，即临安—淳安山地。天目山位于杭州市西北部，呈北东—南西走向。西起浙皖边界的龙王山（海拔 1587 米），东止临安、余杭区界的窑头山（海拔1095 米），长 40 千米，宽 20 千米，多数山峰海拔在 1000 米以上，其中西天目山海拔 1507 米，东天目山海拔 1479 米。主脉由早白垩世安山岩、流纹岩、火山碎屑岩、燕山期花岗岩及花岗闪长岩构成，两侧主要为早古生代石灰岩、砂岩和泥质岩构成的丘陵。白际山位于临安区和淳安县西部。其中北段百丈峰（海拔 1344 米）处在临安昌化镇西北角，又独自成为一条北东向的山脉，有龙塘山

（海拔 1586 米）等多座山峰海拔在 1500 米以上。中段起始于临安昱岭关，大部分在淳安县境内，高度比北段略低，一般海拔约 1000 米。岩性为震旦纪—寒武纪白云岩、不纯石灰岩，山脊线与区域构造线方向一致。南段越出杭州市境伸入衢州开化县。昱岭位于临安区、桐庐县与淳安县的交界线上，是一条北西向，由震旦纪—奥陶纪石灰岩、志留纪砂岩和燕山期花岗岩构成的山脉。

天目山在龙门山越过浦阳江后整体降为丘陵，并成为萧山区和绍兴市两地的自然分界线。山地丘陵中的小块河谷平原见之于天目溪、昌化溪、分水江两岸，其中临安市西天目—绍鲁—於潜—龙冈—昌化—河桥、富阳区渌渚—新登—胥口、萧山区河上—楼塔几片河谷平原面积较大，表层为全新世冲积成因的灰黄色砂砾石层、砂层、亚砂土层。其次为桐庐县洪积扇和分水江河谷平原，表层为晚更新世砂砾石和全新世灰黄色砂砾石层、砂层、亚砂土层。淳安县中部也有大片河谷平原，在新安江水库修建后部分没入水中，仅汾口一带还存在一片狭长平原。河谷平原在钱塘江沿岸尤多发育，形态为自然堤、河漫滩、江心洲、阶地等。桐庐县至富阳区有较长的带状河谷平原，其中桐庐县桐君街道的下杭埠、上洋洲、下洋洲为自然堤，江南镇的孙家、徐家、罗家是块河漫滩，富阳区的大桐洲、小桐洲和洋涨沙等是大片小片的江心洲。桐君街道至富阳场口镇表层均为全新世冲积成因的灰黄色砂砾石层、砂层、亚砂土层，富阳富春街道附近表层为全新世冲海积成因的灰黄色粉细砂层、亚砂土层。河流阶地主要分布于新安江、富春江两侧，分为三级。一级滨海平原区地貌主要可分为冲海积平原、冲湖积平原、湖沼积平原和钱塘江河口平原等，主要位于钱塘江、浦阳江、东苕溪附近。滨海冲海积、冲湖积平原分布于钱塘江、富春江两岸及钱塘江河口段，分别称为钱塘江平原和富春江下游平原。表层为全新世中、晚期冲海积亚黏土层、粉砂层。湖沼积平原分布于滨海平原内侧，分别称东苕溪平原和浦阳江下游平原。由古代湖沼、河流及海相沉积形成，地面高度 2～6 米，表层为全新世中、晚期冲湖积亚黏土层、黏土层，塘荡密布、河流纵横。东苕溪平原主要位于市区古荡—留下一线以北、武林门—半山一线以西，已完全水网化，河网密度高。浦阳江下游平原为准水网化平原，由浦阳江、湘湖、白马湖等沉积形成。钱塘江河口地貌比较特殊。沿滨江区西兴—浦沿—富阳区渔山段呈北东流向，地质构造上受球川—萧山区深断裂控制，而九溪—闻堰段北西流向，受孝丰—三门湾大断裂控制，故呈"之"字形。市区段以下属强潮河口，平面呈喇叭状，口门在海盐澉浦镇一带，宽约 21 千米。以下为杭州湾。杭州湾为独特的三角湾，湾口宽 100 千米。挟带较多泥沙的强劲潮流进入口门后，挟沙能力降低，沉积作用加强，由此形成钱塘江河口沙坎。海宁市大尖山至盐官镇一带（对岸为萧山区义蓬镇至赭山）破裂潮波汹涌，形成举世闻名的"钱塘江潮"。这是杭州山水的主要分布格局。杭州的平原处于杭嘉湖平原。杭嘉湖平原是浙江最大的堆积平原，面积约 7600 平方千米，是长江三角洲的组成部分，平原地势低平，平均海拔 3 米，与苏南环太湖区是一个相对完整的整体。平原上河网密布，河道四通八达，历史文化积淀非常丰厚，马家浜文化、良渚文化等新石器时代的文化都出自该地区。

如果把这些文化遗址纳入环太湖文化区域之中，结合浦江上山遗址（2004年被发现，距今约 1 万年）、萧山跨湖桥遗址（2006 年被发现，距今 7000～8000年）、宁波余姚市河姆渡遗址（发现于 1973 年夏，距今 5000～7000 年）、上海青浦区崧泽遗址（1958 年被发现，距今 5300～6000 年）等文化遗存进行考察，就能梳理江南稻作文化发展的顺序，以及可能作为酒器使用的陶器的形态和种类。在河姆渡遗址中发现的陶器敞口，束颈，前有冲天嘴，敞口放进食物，冲天嘴可以流出食物，应是盛放流质或半流质食物的器具。有学者认为是饮器，但似乎没有必要花费如此精力来制作专门的饮水用具，况且数量极少；也有学者认为，是盛酒的酒器，因为在一些陶器的内底上发现了乳白色的沉淀物，估计是酒糟一类的物质。在崧泽遗址中，出土有大口尖底的大口缸，与大汶口遗址出土的酿酒器有相似之处。

良渚遗址出土的器物中有一件漏斗形流滤酒器（图 1-1），高 8 厘米，口径 7厘米。其器为黑皮陶质，器外有朱红色彩绘，图案不清。器型由冲天的漏斗形流与圈足钵状过滤器组成。流口外敞，外表有三周瓦楞形的凸棱，下端与钵形容器相通。出土时流的上部还有一件过滤钵，钵上还有一个子母扣的半球形器盖，过滤钵底部有一小孔，高 2.5 厘米，口径 6.2 厘米，正好套在流嘴中。这可能就是当时常见的过滤器。结合上古文献中"桀为酒池，可以运舟，糟丘以望十里，一鼓而牛饮者三千人"[1] 的记载，酒与糟可能已实现分离。良渚遗址出土了这样的器物，表明在江南一带也有过滤酒的做法，当然，过滤后的酒是比较珍贵的。良渚遗址还出土了典型的酿酒用大口缸，尖底大口，质地为灰陶，大口微侈，深弧腹，内坡，成较尖的圆底，器形特大，所以也做瓮或缸。这与大汶口遗址中带有南方稻作文化特色的酿酒工具相似。

图 1-1　漏斗形流滤酒器（蛙形器）
李加林/摄

可以说，杭州附近一系列古文化遗址

〔1〕　杜泽逊、庄大钧译注：《韩诗外传选译》，凤凰出版社 2011 年版，第 111 页。

的发掘，使得杭州一带的文化地理得到新的展现。由一系列的考古发现可以得知，杭州湾两岸至太湖周围地区，是我国的稻作起源地，也是世界稻作起源地之一。（图 1-2）[1] 从生活状态来说，杭州湾一代先民是适应热带与亚热带沼泽环境的农作先民。他们居住于干栏式房屋，种植水稻，并发明了一些耕作工具来提高农业生产效率。妇女从事陶器生产，作为副业。当时的杭州也具备了黄酒生产的条件。

图 1-2 杭州湾一带新石器遗址分布图 吴维棠/绘制

（二）杭州的水系特征

杭州市内有西湖，外有钱塘江、东苕溪与京杭大运河等，以天目山为界，分属于钱塘江、太湖两大水系。其中京杭大运河为隋朝以来开凿的人工河，但利用了原有的自然水系，部分反映了古水文环境。钱塘江为浙江省最大的河流，也是长江三角洲南翼最大的河流和中国名川之一。钱塘江发源于安徽省休宁县西南皖赣两省交界的怀玉山主峰六股尖（海拔 1630 米）的东坡（一说源出浙皖赣边境的莲花尖），开始形成水流的标高为海拔 1350 米，源头为冯村河。河水由西南向东北流动，沿率水、新安江、桐江、富春江、钱塘江，在河口（海盐县澉浦镇长山东南嘴与慈溪市西三闸的连线处）注入杭州湾，全长 605 千米。钱塘江流域面积 48887 平方千米，其中浙江省境内 42265 平方千米，分布于杭州、衢

---

〔1〕 转引自吴维棠：《从新石器时代文化遗址看杭州湾两岸的全新世古地理》，《地理学报》1983 年第 2 期。

州、金华、绍兴、丽水等市，流经杭州市域的淳安县、建德市、桐庐县及市区，流域面积 13227 平方千米，约占全市总面积的 80%，水域面积约占全市水域面积的 84%。古钱塘江经杭州市留下街道、彭埠镇、义蓬镇和海盐县澉浦镇、秦山镇，呈北东 60～80 度弧线形进入上海市金山卫镇南的古杭州湾。古钱塘江南岸的萧山区及绍兴市一带发育古湖泊，杭州湾则形成边滩、天然堤及泥质坝。这是杭州最主要的交通动脉。[1]

西湖是潟湖，早期是与钱塘江相连的海湾，由于泥沙的淤积而与海湾分离。在宋代，西湖之水也用以酿酒[2]。但从酒文化的角度来看，杭州酒的生产更依赖于太湖水系，其中苕溪是杭州酒业的母亲河。根据权威部门对绍酒的分析，"绍兴黄酒'多仰给于鉴湖、若耶溪等河水，不用井水'。因为浸渍米，用水硬度须稍低；而造酒之水，硬度须高。绍兴之水正符合此需要：水味较各处浓厚，因其含有盐类多，即其硬度高。酿造之时，硬水优于软水，因为硬水供给酿造必要的微生物的营养品多，使微生物发酵优良，所造之酒，就能优于他处"，采水的原则是"水道广阔、行船较少之处，汲取其水，只求水质清冽透澈，无夹杂物、臭味、苦味、盐味，即足为造酒用矣"。[3] 这一用水原则完全可以复制到杭州酒的生产之中。

天目山是众多水流的发源地，其中苕溪对杭州有着极重要的意义。苕溪为浙江八大水系之一，有东、西两源，分别称东苕溪、西苕溪。《大清一统志》载："苕溪有二溪。一曰东苕，出天目山之阳，东流经杭州府临安、余杭、钱塘县，又东北经湖州府德清县为余不溪，北至湖州府城中，谓之霅溪。一曰西苕，出天目山之阴，东北流经孝丰县又北经安吉州，又东经长兴县至湖州府中，两潭合流由小梅、大钱两湖口入太湖。"[4] 苕溪属于太湖水系，其中东苕溪是浙江省第五大河流，干流全长 165 千米，西苕溪干流全长 145 千米，虽然有过两次改道，但它曲折流淌于杭州之边，以丰富的水域资源养育了杭州的一方百姓。从历史上看，苕溪一带是文明进程中发育较早的地区。

早在旧石器时代，苕溪一带就有人类生息繁衍。在新石器时代，苕溪一带

〔1〕 周峰主编：《南北朝前古杭州》，浙江人民出版社 1997 年版。

〔2〕《梦粱录》卷 12 "西湖条"有宋御史劾奏内臣陈敏等包占水池，甚至濯秽洗马，认为"灌注湖水，一经酿酒，不得蠲洁而亏歆受之福，次以一城黎元之生，俱饮污腻浊水而起疾疫之灾"，故劾奏。由此可见西湖水是酿酒之用。

〔3〕 钱茂竹、杨国军：《绍兴黄酒丛谈》，宁波出版社 2012 年版，第 71 页。

〔4〕 转引自王庆：《西溪丛语》，杭州出版社 2012 年版，第 15 页。

是良渚文化的中心地。故鄣郡[1]、乌程县[2]、余杭县，是苕溪流域最早开发的地区。余杭在隋唐前，一直是东苕溪中游和钱塘江北岸的人口和经济中心。乌程县地处东、西苕溪两大水系合流而成的河川水域带，为后来成为流域经济圈中心提供了必然性和可能性。而故鄣郡地处二省交界，长期以来一直是西苕溪上游的行政中心。[3]春秋战国时期，苕溪一带较早就得到开发，农业、渔业以及酿酒业都有发展。《史记·货殖列传》说："楚越之地……通鱼盐之货，其民多贾。"至少在春秋战国时期，苕溪的渔业就已经十分发达，至今这一带都留有许多关于范蠡养鱼的传说和遗迹，如蠡塘、蠡山漾、范庄等。在秦汉时期，苕溪流域已经形成了一定规模的城市群。如乌程县治在东通往江苏平望的古驿道，设有欧阳亭，亭既然是治安机关，当不会设在偏僻之处。余杭县治，在东汉熹平年间曾设有县市。乌程的余不乡因沈戎家族的徙居，逐渐繁荣，后遂置县。余杭在隋唐前的中心地位，正是得益于乌程是东西两大水系合成的河川水域区。而秦置乌程县即以善酿酒的乌巾氏、程林氏而命名的，说明其时苕溪流域的酿造业已相当发达。

如果对杭州的酒史作一简单扫描，可知史载酿酒水源多分布在西湖的西区即西溪一带。西溪的水源主要有两个：一是天目诸水，而苕溪是其主要水源之一，它孕育了西溪的优良水质；二是西溪两岸群山之中的小股溪流，山中丰富的微量元素使水的品质得到提升。因此，杭州的地理环境即"七山一水"的格局使得其水质多为硬水，且富含微量元素，是酿酒的极好水源。

杭州城之西部，众山环抱之中，有诸多潺潺溪泉、清冽井湖。据《西溪百咏》《西溪志》统计，明清时就有二十多处，"如流香溪、梅花溪、法华泉、永兴湖、安乐泉、梅花泉、长流涧、白沙涧、钟乳泉、碧沙泉、裂泉、凿泉、蓑衣泉、仰盂泉、一勺泉、源泉、万斛泉、养珠泉、兔儿泉、菩萨泉、澧泉、圣泉、杨树泉、金沙泉、银沙泉、福泉、子午泉、冷水泉、龙池、金莲池、玛瑙池、御临池、方井、双井、金鱼井、龟儿井、白公茶井等"[4]。至今，西溪一带的水井湖泉还流传着与酒相关的动人传说。

---

〔1〕 秦分会稽郡西部地区设鄣郡，辖境约今安徽、江苏长江以南，江苏茅山以西，浙江新安江以北，郡治在鄣县，即今安吉县递铺镇古城村。据《重修浙江通志稿》，鄣郡乃浙省有郡治所之始，也就是说，浙江境内最早的省会就在安吉。

〔2〕 今湖州境内，秦设置，后并于吴兴县。相传该地居有乌、程二姓，善酿美酒，故名。后遂将产于此处的酒称为乌程酒。晋张协《七命》："乃有荆南乌程，豫北竹叶。"

〔3〕 陆建伟：《走出封闭的世界——苕溪流域开发史研究》，吉林人民出版社 2004 年版。

〔4〕 单金发：《西溪的水》，杭州出版社 2012 年版，第 81 页。

西湖以西的山峦如玉泉山、桃源岭、秦亭山等也颇为有名，龙井水与玉泉[1]等优质水源均出自此区域。西溪一带的山，明清时多有酱作，杭州酒厂亦在桃源岭一带，即是此处水质极佳的证明。《梦粱录》中所列杭州的泉池，在古杭城的西部，水质清冽，不少是煮敬的好水，比如六一泉、真珠泉、涌泉、安平泉、武安泉、冷泉等。

而如果放宽视野，则可发现佳泉灵水在苕溪水域的分布是极广泛的，比如：筲箕泉，"在杭州府赤山之崖。味甘宜茶"，筲箕泉水"主清熟润肺，益脾和胃，消酒食积，解丹石毒"；杭州府法相寺的定光泉，余杭天柱山的丹泉，余杭西北径山偃松泉，於潜县双溪的霪泉，於潜县西五十里鹫峰山丁东洞水，以及更远处海宁境内的乌龙井、灵泉等。[2]

（三）杭州的气候与土壤特征

杭州地区属于亚热带季风气候，有利于喜温、喜湿农作物的生长。

西溪水域不仅有着良好的水质，而且也有丰富的土壤类型，催生了杭州的农业发展。西溪土壤类型多，分布复杂，性质特征各异，多数土层深厚，土质良好，多宜利用。西溪的土壤主要是水稻土、红壤、红黄壤、潮土、岩性土等。其中水稻土、红壤占90%以上。这些土壤在分布上具有一定的规律，其中东南丘陵河谷以红壤和红黄壤为主，西部水网平原以水稻土为主。丰富的土壤资源，为农业经济的全面发展和多种名优特产生产，提供了极有利的条件。湿地原来富含分布面积很广的不连续泥炭层，这是一种表征沼泽性征的土壤层，是沼泽地表有机质在过湿条件下微生物活动受到强烈抑制而不能彻底分解所形成的粗有机质泥层。泥炭是一种宝贵的自然资源，有机质组分很丰富，有良好的物理学、化学或生物学特性，既是优良的天然有机肥料，利用现代科学技术还可加工生产各种有机肥料、土壤改良剂、生长激素等，并在能源、化工、医疗、环保等诸多领域有重要的应用价值。[3]

而所谓的水稻土，是指发育于各种自然土壤之上、经过人为水耕熟化、淹水种稻而形成的耕作土壤，具有耕层、犁底层、渗渍层与演积斑状潜育层的水稻土才是典型的水稻土。天然的水稻土是可能种植水稻的土壤。土壤学家徐琪先生将太湖地区水稻土的发展划分为四个阶段：第一阶段，从史前到汉代，这

---

〔1〕 杭州有三大名泉，是为虎跑、龙井、玉泉。虎跑因地处群山之低处，地下水随岩层向虎跑渗出，由于水量充足，所以虎跑泉大旱不涸。虎跑泉水矿化度不高，水质无菌，饮后对人体有保健作用。

〔2〕（明）姚可成汇辑：《食物本草（点校本）》，达美君、楼绍来点校，人民卫生出版社1994年版，第174—175页。

〔3〕 王庆：《西溪丛语》，杭州出版社2012年版，第13页。

一时期"火耕水耨"，水稻土尚未形成；六朝到唐代为第二阶段，这一时期有系统的圩田网络，只种一季水稻，冬天积水，为冬沤的水稻土；第三阶段是稻麦两熟阶段；第四个阶段在中华人民共和国成立后。[1] 由此我们就理解了宋代水利以及农耕技术发展的背景下太湖流域的水稻何以得到高质大面积的耕种，水稻的品种质量何以得到提高，这也是宋代酒业兴盛的原因。

第三节　杭州酒史勾勒

在全世界范围内，酒的品种主要有果酒、奶酒与粮酒之分，另外还有配制酒。我国的奶酒种类少，果酒品种较多但不占主流，粮酒是我国的主要酒类。我国的粮酒中，最有代表性的莫过于黄酒和烧酒，近代以后才有啤酒。黄酒是以大米、黍米为原料的一种酿造酒，一般酒精含量为 14%～20%。烧酒是经过蒸馏设备和技术提高酒精的含量，改善和丰富酒的口味。烧酒的蒸馏技术，臻于金元之季[2]。从杭州酒史看，宋代是果酒、配制酒尤其是黄酒的生产高峰期。而明清以后，因为教会城市地位的奠定、商业的发展，杭州的酒业呈衰落之势。尽管如此，杭州依然是酒的集汇地与交流地。

一、果酒与配制酒的生产

所谓果酒，就是以葡萄、梨、橘、荔枝、山楂、杨梅等各种果品和野生果实为原料，经发酵而酿成的各种低度饮料酒。配制酒是以发酵原酒、蒸馏酒或优质酒精为酒基，加入花、果成分或动植物的芳香物料或药材，有的再配以其他呈色、呈香及呈味物质，采用浸泡、蒸馏等不同工艺调配而成的饮料。果酒与黄酒不同。其一是材质的不同。如《法苑珠林》卷88《戒相部第四》所记："酒有二种：谷酒、木酒。谷酒者，以诸五谷杂米作酒者是。木酒者，或用根茎叶果，用种种子果草杂作酒者是。"[3] 其二是发酵方法的差异。果酒出于天然，而无须人工。如南宋周密《癸辛杂识》"梨酒"条载："有所谓山梨者，味极佳，意颇惜之，漫用大瓮储数百枚，以缶盖而泥其口，意欲久藏，旋取食之。久则

---

〔1〕 王建革：《水乡生态与江南社会（9—20世纪）》，北京大学出版社2013年版，第365页。

〔2〕 烧酒的起源，有汉代、唐代、宋代与元代之说。如明代李时珍在《本草纲目》中说："烧酒非古法也，自元时起始创其法。"又有资料提出"烧酒始于金世宗大定年间"等。但烧酒在元代开始在北方得到普及，则可明确。

〔3〕（唐）释道世：《法苑珠林校注》，周叔迦、苏晋仁校注，中华书局2003年版，第2528页。

忘之。及半岁后，因至园中，忽闻酒气熏人，疑守舍者酿熟，因索之，则无有也。因启观所藏梨，则化而为水，清冷可爱，湛然甘美，真佳酝也，饮之辄醉。"[1] 南方地区果酒较多就是因为自然条件较好，杭州一带的酒则多为配制酒，需要人工加工。

从中国的历史上看，用植株的某些部位来浸泡酒的做法很早就出现了。《楚辞》中记载当时就有郁金香酒。但是，用植物浸泡的酒，很多属于药用，而较少有日常饮用的。另外，一些果品如葡萄等，也由于中原的少产或者不产而无法用于酿造业。《史记·大宛列传》载："（大）宛左右以蒲陶为酒，寓人藏酒至万余石，久者数十岁不败。"这种酒就非常昂贵。在东汉时，扶风人孟佗，给大宦官张让送去一斛自酿的葡萄酒，竟得凉州刺史之职。唐代，随着西域交通畅通，西域果酒也引入中原。果酒被总称为异域酒。唐李肇《唐国史补》记三勒浆酒，"法出波斯。三勒者，谓庵摩勒、毗梨勒、诃梨勒"。这时葡萄酒也经高昌（今吐鲁番）传入宫廷。王城之内也尝试葡萄酒的酿造。

但从宋代窦苹的《酒谱》的记录来看，宋代人并不把这些当成正宗，窦苹只是在"异域酒"篇中记录了三勒浆酒、柳花子酒、葡萄酒等。有学者分析了宋代果酒不发达的原因："一是除葡萄酒外，其他果酒品种的生产规模很小，多限于个别地区或个别家庭，远不如谷物酒类那样形成社会性批量生产。二是生产技术水平低，虽然宋代的谷物酿酒法取得了辉煌的成就，但是用谷物酿酒法酿制葡萄、黄柑、荔枝一类的果酒，破坏了果酒的原有风味，这大致是宋代果酒生产不能取得大发展的主要原因。至于依靠自然发酵来酿制椰子酒、梨酒、石榴酒、橄榄酒的方法，更是处在较原始的低级状态。由这两点而论，宋代的果酒生产还是很不发达的。"[2]

但是从《武林旧事》等反映南宋风情的资料来看，当时运用植物的果实、花株酿酒，却不少见。那么这些酒用于什么场合呢？配制酒令人想到酒的另一种用途，即以酒为药，商代的鬯酒、春秋时期的郁金香酒就是药酒。约在汉代成书的《神农本草经》中记载："药性有宜丸者，宜散者，宜水煮者，宜酒渍者。"[3] 用酒浸渍，一方面可以使药材中一些药用成分的溶解度提高，另一方面也增加了疗效。在杭州历史上出现的若干果酒，其实也是药酒。比如艾酒、菖蒲酒、椒酒、柏酒、桂花酒、菊花酒、茱萸酒、屠苏酒等都有一定的药用价值。

---

〔1〕 （宋）周密：《癸辛杂识》，王根林校点，上海古籍出版社2012年版，第71页。
〔2〕 孙家洲、马利清主编：《酒史与酒文化研究（第一辑）》，社会科学文献出版社2012年版，第179页。
〔3〕 华辰编：《天工开物 神农本草经》，远方出版社2007年版，第119页。

除此之外，这些有特殊香味的酒还有其他用途，比如醒酒等。

　　具体来说，古代果酒的酿制方法，主要有以下两种。一种是通过果子本身的糖分进行自然发酵。如北宋乐史所撰《太平寰宇记》："琼、崖州有酒树，似安石榴，其花著瓮中，即成美酒，醉人。"[1] 宋赵汝适《诸蕃志》卷下载："无曲蘖，以安石榴花酝酿为酒。"《宋史·蛮夷列传三》载：黎峒"又有椒酒，以安石榴花著瓮中即成酒"。另一种是在果汁里加酒曲，其法如酿制糯米酒。南北朝吴均在《续齐谐记》一书中记有饮菊花酒之事：东汉人桓景，遵方士费长房之嘱，九月初九率领全家，系茱萸于胳膊，登山，饮菊花酒，以躲避灾祸。这本是个传说故事，但却成了后来重阳节时登高饮菊花酒习俗之滥觞。据《西京杂记》（多记西汉时遗闻逸事），菊花酒之酿造，是在菊花舒开时，并采茎、叶，和黍米一起酿造，陈放到来年九月初九饮用。宋朱肱[2]在所著《北山酒经》中说到"葡萄酒法"，是用米、杏仁和葡萄一起加酒曲酿造。还有一种就是将发酵后的酒入甑蒸馏，成为烧酒型的果酒。此方法在明代时已出现了，如明代高濂[3]的《饮馔服食笺》一书中写道："用葡萄子取汁一斗，用曲四两，搅匀，入瓮内封口，自然成酒，更有异香。"[4]

　　除了用发酵的方法来制果酒外，还有更为方便的方法，即配制之法。《唐书》中记有宪宗皇帝用"酴醾酒"赏赐宰相李绛的事。据古籍载，酴醾酒即用酴醾花渍酒制成，即是以酴醾花悬于酒中，浸泡而成的酒。按现代配制酒的分类方法，宋代配制酒可分为芳香植物、花类配制酒和滋补型药酒两大类，品种近百。唐宋以前制作香酒，多将香料浸入酒中制成，宋元时期则出现新的方法，使得酒品更加馥郁芬芳。其一是使用了熏香法。比如茉莉花酒，其法是取茉莉花数十朵，以线系蒂，悬酒瓶中距酒液约一指处，再将瓶口封固，十日后，酒即香透。《居家必用事类全集》："菊花酒法：以九月菊花盛开时，拣黄菊嗅之香

---

　　[1] 雒启坤、韩鹏杰主编：《永乐大典精编》第 4 卷，九州图书出版社 1998 年版，第 3461 页。

　　[2] 朱肱（1050—1125），字翼中，号无求子，晚号大隐翁，浙江吴兴人。元祐三年（1088）进士，历任雄州（今属河北）防御推官、知邓州（今河南邓州）录事、奉议郎，故后人亦称朱奉议。崇宁元年（1102）日蚀，上疏讲灾异，指摘执政章淳过失，忤旨罢官，侨居杭州大隐坊，酿酒著书，自号大隐翁。政和四年（1114），朱肱被征为医学博士。次年，因直言时事，书苏东坡诗获罪，触犯党禁，被贬于达州（今四川达州）茶场。同贬者陈弁、余应求、李升、韩均，时称"五君子"。政和六年（1116），以朝奉郎提点洞霄宫，召还京师。

　　[3] 高濂，字深甫，号瑞南道人，浙江钱塘人，生活于万历年前后。曾任鸿胪寺官（职掌朝祭礼仪之赞导），明万历年间居杭州。著有《遵生八笺》等，其中的《饮馔服食笺》是研究饮馔的参考文献。《饮馔服食笺》中列有《酝造谱》等 6 种。《酝造谱》正文前题"酝造品，古杭高撰"，全文分述酿造建昌红曲、香雪酒、五香烧酒等酒类，以及制遂列白曲、莲花曲、红白酒药、东阳酒曲、蓼曲等方，是研究明代酒及酒曲的重要文献。

　　[4] （明）高濂：《遵生八笺》，巴蜀书社 1988 年版，第 728 页。

尝之甘者，摘下晒干。每清酒一斗，用菊花头二两，生绢袋盛之，悬于酒面上，约离一指高。密封瓶口。经宿，去花袋。其味有菊花香，又甘美。如木香、腊梅花一切有香之花，依此法为之。盖酒性与茶性同，能逐诸香而自变。"[1] 宋胡仔[2]《苕溪渔隐丛话》引《文昌杂录》云："京师贵家，多以醆醿渍酒，独有芬香而已。近年方以榠楂花悬酒中，不惟馥郁可爱，又能使酒味辛洌。"[3] 还有"捣莲花"制的"碧芳酒"，投龙脑入酒的"龙脑酒"，另如"柳花酒"等。二是以多种香料混合制作香酒的方法。比如《居家必用事类全集》所记的长春法酒、鸡鸣酒、满殿香酒、蜜酿透瓶香等都是用多种香料混合制作的香酒。如长春法酒，其方所用原料有："当归、川芎、半夏、青皮、木瓜、白芍药、黄芪（蜜炙）、五味子、肉桂（去粗皮）、熟地黄、甘草（炙）、白茯苓、薏苡仁（炙）、白豆蔻仁、缩砂、槟榔、白术、橘红、枇杷叶（去毛炙）、人参、麦蘖（炒）、藿香（去土）、沉香、木香、草果仁、杜仲（炒）、神曲（炒）、南香、桑白皮（蜜炒）、厚朴（姜炙）、丁香、苍术（制）、石斛（去根）。"[4] 宋代林洪《山家清供》中记有"胡麻酒"，就是以赎麻子煮熟，加以生姜、龙脑、薄荷，同入砂器研细，煮酒五升混入，然后去粗而饮。其功能就是醒酒。三是出现了和露技术。当时最好的一种菊花酒被称为"金茎露"，要先把菊花蒸成花露，再用花露配制成酒，因而酒体内菊香清爽，口味绝妙。宋代刘辰翁《朝中措·劝酒》云："炼花为露玉为瓶。佳客为频倾。耐得风霜满鬓，此身合是金茎。"[5] 四是出现了香曲技术，宋朝前后，人们发明了以添加香料制成的酒曲来酿造香酒的办法（此前已有草曲和曲中添加药材的做法）。宋代朱肱《北山酒经》第一次全面记载了用官桂、川芎、砂仁、白附子、白芷、草果、木香、豆蔻等香料与面粉、酒药一起制作香泉曲、香桂曲、瑶泉曲、金波曲、滑台曲、豆花曲、小酒曲等香酒酒曲的方法。《居家必用事类全集》所记"满殿香酒曲方"用到了白面、糯米粉

〔1〕（元）无名氏：《居家必用事类全集》，邱庞同注释，中国文史出版社 1986 年版，第 46 页。《居家必用事类全集》是一部古代家庭日用手册，元代无名氏编撰，全集 10 集（亦有 12 集的版本），是世界上最丰富多彩的烹饪文献宝库。明《永乐大典》编纂时，曾引用此书，今有北京图书馆特藏的明刻本，为研究我国宋元以来民族饮食烹饪技术的重要文献。书中记载了造红曲法和天台红曲酒方法。

〔2〕 胡仔（1110—1170），字元任。安徽绩溪人。北宋宣和年间寓居泗上，以父荫补将仕郎，授迪功郎，监潭州南岳庙，升从仕郎。绍兴六年（1136），随父任去广西。为广西经略安抚司书写机宜文字，转文林郎、承直郎，就差广西提刑司干办事。居岭外 7 年。绍兴十三年（1143），其父遭秦桧陷害，遂隐居浙江湖州之苕溪，"日以渔钓自适"，自号苕溪渔隐。著《苕溪渔隐丛话》，前集 60 卷，成书于绍兴十八年（1148），后集 40 卷，成书于乾道三年（1167）。（宋）胡仔：《苕溪渔隐丛话前集》，见《笔记小说大观》第 1 册，江苏广陵古籍刻印社 1983 年版，第 142 页。

〔3〕（宋）胡仔：《苕溪渔隐丛话后集》，人民文学出版社 1983 年版，第 277 页。

〔4〕（元）无名氏：《居家必用事类全集》，邱庞同注释，中国文史出版社 1986 年版，第 41 页。

〔5〕（宋）刘辰翁：《须溪词》，刘宗彬等笺注，江西高校出版社 1998 年版，第 64 页。

木香、白术、白檀、甜瓜、缩砂、甘草、藿香、白芷、丁香、莲花和广苓苓香，白酒曲方则使用了当归、缩砂、木香、藿香、苓苓香、川椒、白术、官桂、檀香、白芷、吴茱萸、甘草和杏仁等。[1]

所以说，杭州的果酒作为有特别用途与使用场合的饮品，是酒生产的重要组成部分。

二、酿造黄酒的生产

历史上，"黄酒"一词出现于宋代。"借职崔克明将酸黄酒入已"[2]，但黄酒也没有成为酿造米酒通用的名称，当时只是根据季节与工艺分成大酒和小酒。"自春至秋，酝成即鬻"，即谓小酒，又称清酒或生酒；"腊醇蒸鬻，候夏而出，谓之大酒"。[3] 杨万里所谓"生酒清于雪，煮酒赤如血"（《生酒歌》）即是。上古之时，许多酒名只是对具体酒品的描述，而不是对其性质的综合定义。唐代，酒的命名方式变得多样，或按地名命名，或按其喻义命名，或者由其生产者命名，等等。李白好酒，其诗中却不见黄酒之名。但需要指出的一点是，在蒸馏酒未出现前，大部分的酒都是米酒。南宋时期，政治、文化、经济中心的南移，使得黄酒的生产盛于南方数省，特别是绍兴，酒名日盛，但"黄酒"一词还是没有通行。元之后，北方的米酒生产逐渐萎缩，而南方的米酒生产得以持续。明代李时珍在《本草纲目》中把当时的酒分为三大类：酒、烧酒、葡萄酒。其中的"酒"都是谷物酿造酒。这时"酒"既是所有酒的统称，又是谷物酿造酒的专称，说明历史上应有一个专指谷物酿造酒的酒类名词。明代戴羲《养余月令》卷11云："凡黄酒白酒，少入烧酒，则经宿不酸。"[4] 这里可以明显看出黄酒、白酒和烧酒三者的不同。黄酒是指酿造时间较长的老酒，白酒是指酿造时间较短的米酒（一般用白曲即米曲做糖化发酵剂），而烧酒指蒸馏酒。但是在明代，黄酒这一名称的专指性还不是很强，虽然不能包含所有的谷物酿造酒，但起码南方各地酿酒规模较大的，在酿造过程中经过加色处理的酒，都可以纳入黄酒范畴。到了清代，各地的酿造酒的生产虽然持续着，但绍兴的"老酒""加饭酒"风靡全国。这种行销全国的酒，质量高，颜色一般较深，与"黄酒"这

---

〔1〕（元）无名氏：《居家必用事类全集》，邱庞同注释，中国文史出版社 1986 年版，第 45、47 页。

〔2〕（清）徐松辑：《宋会要辑稿·刑法四》，刘琳、刁忠民、舒大刚校点，上海古籍出版社 2014 年版，第 8485 页。

〔3〕（元）脱脱等：《宋史》卷 185，中华书局 2000 年版，第 3026 页。

〔4〕（明）戴羲：《养余月令》，中华书局 1956 年版，第 117 页。

一名称的最终确立可能有一定的关系。清代皇帝对绍兴酒有特殊的爱好，当时已有所谓"禁烧酒而不禁黄酒"的说法。到了民国时期，黄酒作为谷物酿造酒的统称已基本确定下来。黄酒属于土酒类（国产酒称为土酒，与作为舶来品的洋酒相对应）。

结合史实，我们可以认为，一部长达六千年的酒文化史，黄酒是其中当之无愧的主角。杭州发达的黄酒文化，不仅表现在它经过漫长时间所沉淀的文化丰厚性上，也表现在它的典型性和区域性上。

在真正意义上的黄酒出现之前，吴越一带酒还有一段很长的饮用"醴""醪"等甜酒的时期——从公元前一直到魏晋。醴是去滓的清酒，不去滓则称"醪醴"或"醪酒"。醪是浊酒，醪糟即醪醅，就是现今的甜酒娘（酿）。后世所说的醴泛指酒，并不严格限于甜酒。《庄子·盗跖》中说："今富人耳营钟鼓筦籥之声，口嗛于刍豢醪醴之味。"

吴越之地酒事记载最早是在春秋战国时期。在《楚辞》中，酒是一种供贵族享用的饮品。《楚辞·景差大招》中说："四酎并熟，不涩嗌只。清馨冻饮，不歠役只。吴醴白蘖，和楚沥只。"意思是，四重的酎酒，一般仆役无资格品尝；吴国醴酒，掺入楚国的清酒，也是美酒。"越王句践五年五月，与大夫种、范蠡入臣于吴，群臣皆送至浙江之上。临水祖道，军阵固陵。大夫文种前为祝，其词曰：'皇天佑助，前沉后扬。祸为德根，忧为福堂。威人者灭，服从者昌。王虽牵致，其后无殃。君臣生离，感动上皇。众夫哀悲，莫不感伤。臣请荐脯，行酒二觞。'越王仰天太息，举杯垂涕，默无所言。种复前祝曰：'大王德寿，无疆无极。乾坤受灵，神祇辅翼。我王厚之，祉佑在侧。德销百殃，利受其福。去彼吴庭，来归越国。觞酒既升，请称万岁。'"（《吴越春秋·句践入臣·外传第七》）这是"酒"字在史籍中的首次出现。在吴三年，句践忍辱负重，取悦吴王。吴王纵酒于文台，句践上酒辞"奉觞上千岁之寿""觞酒既升，永受万福"。吴王放句践归国，句践卧薪尝胆，以期东山再起。他采取鼓励民间多生子女的措施，凡妇女生男孩的，奖给酒两壶、狗一头；生女孩的，奖给酒两壶、小猪一头。终于磨成复仇之剑，准备挥师伐吴时，越地父老乡亲争相向他敬献好酒。句践把酒全部倾到在河的上游，与诸将士迎流共饮。此段典故史称"箪醪劳师"。于是士卒感奋，英勇赴战，一举灭吴。至今，绍兴城内仍保留着这条"投醪河"。这可能是吴越酒最早的史实记载。

战国四公子之一的春申君黄歇，于楚考烈王十五年（前248）在其封地（吴越交界一带）内筑菰城县，由地多菰草、城西溪泽菰草弥望而得名。公元前223年，秦改"菰城"为"乌程"。当时就有佳酿"乌程酒"名世。

西汉在秦大乱之后，减轻赋役，与民休养，农业发展迅速，生活水平提高，酒的消费也扩大。整个汉代之酒事，湘楚、吴越、巴蜀，都有美酒闻世，酒已经成为当时重要的社会内容。秦汉时期饮酒之风长盛不衰。汉代的酒名十分丰富，西汉邹阳的《酒赋》曾记载了当时的名酒："其品美，则沙洛渌鄢，程乡若下，高公之清，关中白薄，青渚萦停。"参照汉代酒的命名方式[1]，"程乡若下"当是湖南资信一带的酒，具体产地则不明确。周天游先生注称："高公之清"，即"会稽稻米清中之精品。高公，生平不详"。[2] 私酒的兴起正是酒业发展壮大的重要标志。

吴越酒业在汉时迎来第一个发展期。吴越不产稷粟，向来以稻米为酿酒的原料，当时所产之酒无疑也是上乘之酒。贾奎《周礼注疏》引马融注云："今之宜城、会稽稻米清。"东汉，会稽人郑弘应举赴洛，亲友送别若耶溪，因无酒可沽，乃以水代酒。顺帝永和五年（140），会稽太守马臻围成鉴湖，为山会平原种粮酿酒提供优质水源。

汉末至三国，北方战乱，西蜀灾荒，先后禁酒。会稽属东吴，局势较稳定，吴主孙权常以米酒联络下属，激励将士，酒业有所发展。魏晋时期，名门望族迁到江阴，士人为逃避现实，纵酒佯狂，酿酒、饮酒之风极盛。史载，石崇请客令美人劝酒，客人酒饮不尽，则斩美人，一次竟连斩三人。东晋大诗人陶渊明到彭泽任县令，"悉令公田吏种秫，曰：'吾常得醉于酒足矣！'"[3] 于是专种秫米五十亩以酿酒。另据《晋书》载，有山阴人孔群，"性嗜酒……尝与亲友书云：'今年田得七百石秫米，不足了曲蘖事。'"[4] 意思是一年收了700石糯米，还不够他制酒，耽酒之深可想而知。当时酒事最著的是穆帝永和九年（353）三月初三日，王羲之与名士谢安、孙绰等在会稽山阴兰亭举行"曲水流觞"的盛会，乘酒兴写下《兰亭集序》，成为千古流传的佳话。这一时期，吴越文化进入交流的密切时期。黄河两岸以及大江南北的好酒众多。《齐民要术》中记载了黄河中下游地区的酒的生产，而《荆楚岁时记》则记载了南方岁时的用酒如椒酒、柏酒、屠苏酒、菖蒲酒、菊花酒等。

六朝之后，杭嘉湖平原得到开发，经济得到发展。如果说隋代以前的经济与文化中心在黄河流域，那么因隋代大运河的开掘，杭州与北方的交通畅通，唐宋的官员又重视兴修水利，南宋时杭州（当时为临安）成为政治中心，吴越

[1] 余华青、张廷皓在《汉代酿酒业探讨》一文中将汉代酒类命名分为原料类、配料类、酿造时间和方法类、色味类四类，并讨论了冠名地方的酒。见余华青、张廷皓：《汉代酿酒业探讨》，《历史研究》1980年第2期。

[2] （晋）葛洪：《西京杂记》，周天游校注，三秦出版社2006年版，第187页。

[3] （宋）洪迈：《容斋随笔》，崇文书局2012年版，第74页。

[4] 许嘉璐主编：《晋书》第3册，汉语大词典出版社2004年版，第1755页。

得到天时地利之机。唐宋时期，浙江黄酒进入全面发展的阶段。唐开元年间，江南粮食充裕。唐代的酒产地遍及全国各地，唐李肇在《唐国史补》卷下中记载了全国的 14 种名酒，"郢州之富水，乌程之若下，荥阳之土窟春，富平之石冻春"等为唐之名酒，其中"若下"即为乌程名酒。曾任杭州刺史的白居易在《杭州春望》一诗中说"红袖织绫夸柿蒂，青旗沽酒趁梨花"，说明杭州城里也有酒店旗帜飘扬。得益于农业的发展，杭州的粮食种植促进了酿酒业的发达。咸通年间在明州（今宁波）城内卖药沽酒的王可交，即言药则壶公所授、酒则余杭阿母相传。余杭酒声名远播。到了唐末，杭州已经出现红曲制酒。如褚载《句》诗云："相逢多是醉醺然，应有囊中子母钱。有兴欲沽红曲酒，无人同上翠旌楼。"即是明证。

杭州当时为富庶之地，城市里酒香扑鼻，令人流连忘返："绊惹舞人春艳曳，勾留醉客夜徘徊"（白居易《花楼望雪命宴赋诗》），"借问连宵直南省，何如尽日醉西湖"（白居易《湖上醉中代诸妓寄严郎中》）。唐穆宗长庆年间，元稹和白居易正好居官于钱塘江两岸，元为越州刺史兼浙江东观察使，白为杭州刺史。两位诗人兼地方行政长官相互传书，引治中之胜自夸。白居易《初领郡政衙退登东楼作》称城内建筑装饰豪华精致、高楼林立："直下江最阔，近东楼更高。"元稹《和乐天重题别东楼》云："唤客潜挥远红袖，卖炉高挂小青旗。"元稹尝赋《酬乐天喜邻郡》诗曰："老大那能更争竞，任君投募醉乡人。"白居易和诗曰："醉乡虽咫尺，乐事亦须臾。"（《和微之春日投简阳明洞天五十韵》）白居易的《钱湖州以箬下酒李苏州以五酘酒相次寄到无因同饮聊咏所怀》将唐代的几种名酒做了极富情趣的介绍："劳将箬下忘忧物，寄与江城爱酒翁。铛脚三州何处会，瓮头一盏几时同。倾如竹叶盈樽绿，饮作桃花上面红。莫怪殷勤醉相忆，曾陪西省与南宫。""箬下忘忧物"指杭州的"箬下酒"，"五酘酒"是五次酝酿后得到的好酒，"瓮头"指瓮头春酒，是刚酿好的酒。诗以酒名串联，回忆了与友人的相处场所，也道出了彼此的友情。

宋代杭州的酒业发展到了历史的最高点。早在北宋时，杭州的商业活动就已逐渐冲破传统坊市分离制下的地域空间和时间限制，向城区各个角落扩展。宋代城市的繁荣为酿酒业提供了巨大的发展空间，遍布城镇各个角落的酒楼、酒店成为宋代城市一道浓墨重彩的景观。唐宋时期，杭州奢侈之风弥漫，百姓沉醉于物质享乐之中，杭州甚至一度被称为"酒肉地狱"。

宋酒琳琅满目，酒名美不胜收。张能臣《酒名记》罗列了皇亲贵族家酿的好酒名单、知州公库的好酒名单、私酿的好酒名单以及在临安市面上可见的全国各地的公库与私酿的好酒名录。比如宋东京开封有：香泉、甜醇、醽醁、琼酥、瑶池、坤仪、瀛玉、庆会、膏露、亲贤、琼腴、兰芷、五正位、椿令、重酿、玉沥、诗字、公雅、成春、献柳、香琼、瑶琼、清醇、褒公、光忠、嘉义、美诚。又如南宋临安有：竹叶青、碧香、梨花酒、蔷薇露、流香、思堂春、凤泉、宣赐、有美堂、中和堂、雪醅、珍珠泉、皇都春、皇华堂、齐云清露、留都春、锦波春、秦淮春、丰和春、琼华露、蓬莱春、蓝桥风月、万象皆春、紫金泉等。[1]《武林旧事》中"诸色酒名"列有："蔷薇露、流香（并御库）、宣赐碧香、思春堂（三省激赏库）、凤泉（殿司）、玉练槌（祠祭）、有美堂、中和堂、雪醅、真珠泉、皇都春（出卖）、常酒（出卖）、和酒（出卖并京酝）、皇华堂（浙西仓）、爱咨堂（浙东仓）、琼花露（扬州）、六客堂（湖州）、齐云清露、双瑞（并苏州）、爱山堂、得江（并东总）、留都春、静治堂（并江阃）、十洲春、玉醅（并海阃）、海岳春（西总）、筹思堂（江东漕）、清若空（秀州）、蓬莱春（越州）、第一江山、北府兵厨、锦波春、浮玉春（并镇江）、秦淮春、银光（并建康）、清心堂、丰和春、蒙泉（并温州）、萧洒泉（严州）、金斗泉（常州）、思政堂、龟峰（并衢州）、错认水（婺州）、谷溪春（兰溪）、庆远堂（秀邸）、清白堂（杨府）、蓝桥风月（吴府）、紫金泉（杨郡王府）、庆华堂（杨附马府）、元勋堂（张府）、眉寿堂、万象皆春（并荣邸）、济美堂、胜茶（并谢府）。"[2] 宋代相关文献记载了宋代名酒280余种。另外，在一些笔记文献中也有零星的酒名出现。比如陆游《老学庵笔记》卷7："寿皇时，禁中供御酒，名蔷薇露。赐大臣酒，谓之流香酒。"[3] 南宋范成大[4]撰《吴郡志》（又名《吴门志》）则记载了一种以黄柑为原料酿成的果酒"洞庭春色"，苏轼为之作《洞庭春色并引》。羊羔酒在宋元时风靡一时，《东京梦华录》卷2载："街南遇仙正店，前有楼子，后有台，都人谓之'台上'。此一店最是酒店上户，银瓶酒七十二文一角，羊羔酒八十一文一角。"[5] 南宋宫廷在冬日也以羊羔酒为御寒与滋补之用。宋代对酒的称呼，除了有酒名，也有较为含糊的称法，比如有"新酒""老酒""小酒""大酒"之别。老酒，"以麦曲酿酒，密封藏之，可数年。士人家尤贵重，每岁腊中，家家造酢，使可为卒岁计。有贵客则设老酒、冬酢以示勤，

〔1〕 孙家洲、马利清主编：《酒史与酒文化研究（第一辑）》，社会科学文献出版社2012年版，第179—180页。

〔2〕 （宋）周密：《武林旧事》，浙江人民出版社1984年版，第101—102页。

〔3〕 （宋）陆游：《老学庵笔记》，见王国平主编：《西湖文献集成（第13册）：历代西湖文选专辑》，杭州出版社2004年版，第78页。

〔4〕 范成大（1126—1193），字致能，石湖居士。吴郡（今江苏苏州）人。绍兴二十四年（1154）进士，官至礼部员外郎。

〔5〕 （宋）孟元老：《东京梦华录》，中国商业出版社1982年版，第13页。

婚娶亦以老酒为厚礼"[1]；"新酒"则是新酿的酒；"小酒"是一种春秋两季随酿随售的酒。《宋史·食货志下》载："自春至秋，酝成即鬻，谓之'小酒'，其价自五钱至三十钱，有二十六等。"小酒，唐代即有，戎昱《骆家亭子纳凉》诗云："生衣宜水竹，小酒入诗篇。"比小酒质高味醇的称为"大酒"。"大酒"之名，唐人亦称。如杜甫《严氏溪放歌行》诗云："费心姑息是一役，肥肉大酒徒相要。"大酒的酿造之法，《宋史·食货志下》载："腊酿蒸鬻，候夏而出，谓之'大酒'。自八钱至四十八钱有二十三等，凡酝用粳、糯、粟、黍、麦等及曲法、酒式，皆从水土所宜。"

元代以后，杭州黄酒生产继续，但是有名者不多。元代《居家必用事类全集》记有长春法酒、神仙酒、天门冬酒、枸杞五加皮三骰酒、天台红酒、鸡鸣酒、满殿香酒、蜜酝透瓶香、羊羔酒、菊花酒、南番烧酒、白酒等。其中的天台红酒是吴越地区的红曲酒，而其他酒的生产地则不属于吴越。此一时期是杭州经济下行的时期。

明代的酒品种大盛，且南北方饮酒分化较为明显。黄酒退守于长江一带，而烧酒则流行于黄河一带。明代顾起元《客座赘语》记录吴越地区的酒云：吴越第一的酒是"湖州南浔所酿"，说的应该是"三白酒"。谢肇淛《五杂组》记云："江南之三白，不胫而走，半九州矣"；"士大夫所用惟金华酒，味甘而殢舌，多饮之，地杳不可耐。后始有市苏之三白酒者，迄今宴会犹用之，味殊辣，而使人渴且眩，或云其曲以药糁之使勿败，又云瓶以乌头或人言拭口方可致远，理或然也"[2]。其他品在下者之酒尚有兰溪之金盘露酒、绍兴之豆酒。谢肇淛认为"雪酒、金盘露，虚得名者也，然尚未堕恶道，至兰溪而滥恶极矣"[3]。顾起元、谢肇淛都是南方的文人，他们记录了全国的酒品，而都对杭州附近的"三白酒"较为推崇。

明代杭州人高濂所撰的《遵生八笺》中提到了一系列的酒：香雪酒、桃源酒、碧香酒、腊酒、建昌红酒、五香烧酒、山芋酒、葡萄酒、黄精酒、白术酒、地黄酒、菖蒲酒、羊羔酒、天冬门酒、松花酒、菊花酒、五加皮酒等。明代冯时化编的《酒史》（见于石印本丛书《宝颜堂秘笈》）介绍了金花酒在内的12种酒，包括其名称、产地、酿造方法和评价。其中载明："金花酒，浙江省金华府造。近时京师嘉尚语云：晋字金华酒，围棋左传文。"[4] 同在明代，汪颖在《食

---

〔1〕 （宋）范成大：《桂海酒志》，见（宋）朱肱等：《北山酒经（外十种）》，任仁仁整理校点，上海书店出版社 2016 年版，第 75 页。

〔2〕 （明）谢肇淛：《五杂组》，上海古籍出版社 2012 年版，第 204—205 页。

〔3〕 （明）谢肇淛：《五杂组》，上海古籍出版社 2012 年版，第 204—205 页。

〔4〕 转引自王赛时：《中国酒史》，山东大学出版社 2010 年版，第 316 页。

物本草》中写道："入药用东阳酒最佳，其酒自古擅名。"对东阳酒的称赞还见于明代的《事林广记》一书。和《本草纲目》同时写于明代的《金瓶梅》一书中，"金华酒"出现十多次。该书第72回把"金华酒"又称为"浙江酒"和"南酒"，说明这一时期的酒的原料及生产的差异。虽然这些酒都不产于杭州本土，但是明代杭州还是仰仗其都市的地位，汇集了国内的名酒。日人策彦周良于嘉靖年间来中国，其所写游记《策彦和尚初渡集》记嘉靖十八年（1539）十一月初一到杭州城里的情形，他提到的酒就有河清老酒、金华老酒、短水白酒、罗浮春、洞庭春色、上色清香高酒、瑶池玉液、紫府琼浆等，可见明代杭州商业氛围之下酒业的发展程度较高。他的记载，与明代到达中国的朝鲜人崔溥的记载可互证。"东南一都会。接屋成廊，连衽成帷。市积金银，人拥锦绣。蛮樯海舶，栉立街衢。酒帘歌楼，咫尺相望。"[1]

明清以降，酒业进入集大成的时代，除了黄酒、白酒、啤酒等空前完备，酒品不胜其数。相对来说，杭州的酒业没有得到发展。酒生产多为店后坊的小作坊制，同时在产品上是酱与酒同时生产。清代中叶以前，杭州仍产佳酿。据载，仁宗嘉庆年间品酒名家梁晋竹游韬光，遇老僧相招饮酒（按：此酒产自杭州巢枸坞一带，用灵隐寺附近的山泉水酿制）。"泥瓮新开，酒香满室"，一杯入口，甘芳清洌。问老僧，得知"此本山泉所酿也，陈五年"，梁晋竹在痛饮后赞不绝口，称此"韬光酒"为"平生所尝第一好酒"[2]。又如真珠酒，为宋代名酒。明小说中记载，"韦美收拾了许多干菜、豆豉、酱瓜、盐笋、珍珠酒、六安茶之类，叫人挑着，自己送上船去"[3]，说明这种名酒一直流传到明代。

清代杭州的工业区集中在三桥址、营门口、涌金门一带，以丝织业为主。与之相应，这一带茶楼酒肆很多，异常热闹，故有"闹市口"之名。主要商业区集中在东河两岸、中河两岸、小河之东清河坊以及旗营一带。吴敬梓在《儒林外史》中说杭州有"三十六家花酒店，七十二座管弦楼……肴馔之盛，品种之丰，更是可观"。其中饮食业较有名的王润兴饭店，地在清河坊，为清道光间宁波人王润兴所创办。老聚胜面店，地在中河之西丰乐桥堍。奎元馆面店，创于清同治六年（1867），地在小河之东官巷口，为安徽人所开设。状元馆，同治七年（1868）宁波人王尚荣在盐桥开设。三雅园茶店，在驻防营内。传此楼有乾隆间广东梅县名士叶莲新旧作一联："为公忙，为私忙，忙里偷闲，吃碗茶去；求名苦，求利苦，苦

---

〔1〕崔溥：《漂海录》卷2"二月十二日"条。转引自葛振家主编：《崔溥漂海录研究》，社会科学文献出版社1995年版，第19页。

〔2〕（清）梁绍壬：《两般秋雨庵随笔》，见王国平主编：《西湖文献集成（第13册）·历代西湖文选专辑》，杭州出版社2004年版，第78页。

〔3〕（清）西周生：《醒世姻缘传》第94回，华夏出版社2013年版，第855页。

中作乐，拿壶酒来。"在太平军攻破杭州后，杭州酿酒业开始衰落。

清代杭州一带的酒有瓶儿酒、晚作酒、无灰酒等。这些酒从名称看或可说明清代杭州的酒没什么特色可言。袁枚[1]在《随园食单》中记录了他喝过的好酒，江南一带有绍兴酒、金华酒，还有一种南浔酒，是杭州附近地区的酒，他评价为"味似绍兴，而清辣过之"，评价金华酒"有绍兴之清，无其涩；有女贞之甜，无其俗"。[2] 行文中袁枚以绍兴酒的品质作为基本的标准，这似乎也印证了当时"绍酒行天下"的格局。檀萃《滇海虞衡志》记录了绍兴酒在滇南的起源："（浙江吴兴进士）孙潜村居五华，知滇之吴井水似若邪，因以绍兴之酿法为之，真绍兴酒也。"[3] 说明绍兴酒是江南酒的代表，而酿造者则是杭州附近的文人。

清代酱作与酒作通常一体。凡经营酱园，必先出资向盐运使衙门申领缸数，配给官盐，始能营业。其时杭州有"十大酱园"，即：江干春和酱园，湖墅同福泰酱园，正兴复酱园，望江门鸿吉祥酱园，清波门乾发酱园，涌金门惟和酱园，清泰门元泰酱园，庆春门恒泰酱园，钱塘门永昌酱园，艮山门全茂酱园。其中，同福泰酱园始创于清同治三年（1864）。"酱园之格式，前为店堂，后有大园，排列大酱缸多只，覆以竹箬所制之尖顶大罩。其生产分酱作、酒作、磨作、乳作。一般仅有酱作、酒作。规模较大者，如湖墅同福泰则四作并起。除制酱、酿酒外，制作各种酱菜、腐乳，名目繁多，各有特色。"[4]

民国时期，酱作业承清制，多以酱油酿造为主，兼酿酒。比较有名的除同福泰酱园外，还有留下俞大兴酱园与德昌酱园。据民国时期的史料记载，当时的酿造业主要集中于市东南与市北一带，以合资或者独资为主要经营方式（表1-2）。[5]

表 1-2　民国时期杭州重要酿造业一览表

名称	地址	组织形式	资本/元	工人数	营业额/元
同福泰	紫荆街	合资	120000	54	190000
春和	洋泮桥里街	独资	142000	50	405000

---

〔1〕 袁枚（1716—1798），字子才，号简斋，晚号随园老人，浙江钱塘（今杭州）人。乾隆四年（1739）进士。曾任溧水、江浦、沭阳、江宁等县知县，颇有政绩。袁枚在任江宁知县时购得隋氏废园，建随园。

〔2〕（清）袁枚：《随园食单》，万卷出版公司 2016 年版，第 216 页。

〔3〕（清）檀萃：《滇海虞衡志校注》，宋文熙、李东平校注，云南人民出版社 1990 年版，第 87 页。

〔4〕 王国平主编：《西湖文献集成（第 11 册）：民国史志西湖文献专辑》，杭州出版社 2004 年版，第 619 页。

〔5〕 杭州市地方志编纂办公室编印：《杭州地方资料（第一、二辑）：民国杭州市新志稿专辑》，内部资料，1987 年版，第 126—127 页。

续　表

名称	地址	组织形式	资本/元	工人数	营业额/元
乾发	里舌咀	合资	10000	16	115000
正兴	光华桥	合资	18000	25	95000
鸿吉祥	望江门直街	合资	10000	36	86000
惟和	闹市口	合资	20000	32	50000
恒泰	彰埠直街	合资	10000	22	50000
黄源兴	笕桥	合资	8000	15	50000
鸿吉祥分号	章家桥	合资	1000	5	50000
元泰	清泰路	合资	10000	17	50000
正兴	夹城巷	独资	5000	18	43200
广义	清朝寺	独资	16000	24	38000
恒记	清朝寺	独资	1500	6	36000
恰和	闸口塘	独资	2500	10	32000
德茂泰	河埠上	独资	8000	15	30000
惟和西号	灵隐	合资	1000	5	29000
乾发四号	清波门	合资	4800	7	26000
萧恒裕	大同街	独资	1200	9	25000
春和北号	南星大街	独资	1000	9	25000
新大昌	延龄路	独资	4500	7	215000
广义	卖鱼桥	独资	800	12	21000
祥和	海月桥	独资	1000	7	20000
罗永和	清和闸	独资	5000	18	20000
章全茂	东街路				19660
徐德昌	下仓桥				10000

由表 1-2 可见，当时的酱作园有一定规模的不多。年营业额超 10 万元的只有 4 家。

1949 年以后，同福泰等 13 家酱园中的酿酒作坊合并改组成为杭州西湖酒厂，厂部设在东街路 932 号，并在望江街、叶家弄、紫荆街、联桥分设 4 个车间。这是杭州市第一家专业的酿酒工厂。1960 年 8 月，西湖酒厂更名为庆春酒厂，1968 年改名为杭州酒厂。到 90 年代，生产 60 多个品种。主要产品有桂花酒、状元红、双加饭酒、百花酒、虎跑泉酒、西湖美酒、紫竹玉佛酒、紫竹青酒、百寿酒等。其中桂花酒、状元红酒、双加饭酒是名酒。2000 年该厂改制为民营企业，更名为杭州金谷酒业有限公司，经营业务和经营范围不变。

三、蒸馏酒的生产

蒸馏酒又称烧酒，这里主要指白酒。我国的白酒是世界上独有的一种蒸馏酒。何谓蒸馏酒？《简明大不列颠百科全书》是这样定义的："乙醇浓度高于原发酵产物的各种酒精饮料"，"蒸馏酒的生产原理是利用酒精与水的沸点差，将原发酵液加热至酒精的沸点（78.5℃）与水的沸点（100℃）之间，馏出沸点低的酒精，收集、冷凝后即获得酒精含量较高的液体"，蒸馏的基本设备包括：（1）加热发酵醪的蒸馏釜或甑；（2）冷却器，使蒸汽冷凝；（3）收集冷却的蒸馏液的受器。蒸馏酒的问世是酿酒工艺具有革命性的突破。那么我国是从什么时候开始生产白酒的？过去一直沿用李时珍《本草纲目》的说法，即"烧酒，非古法也，自元时始创其法"。河北秦皇岛青龙满族自治县曾出土一件制作年代最迟不晚于金代的铜质蒸酒器，器形与现代壶式冷却器几乎完全一致。[1] 檀萃记："盖烧酒名酒露，元初始入中国。"[2] 也认为元代始有白酒。

现在一般认为，宋代确有白酒生产。《居家必用事类全集》载：

> 南番烧酒法（番名"阿里乞"）：右件不拘酸甜淡薄，一切味不正之酒，装八分一瓶，上斜放一空瓶，二口相对。先于空瓶边穴一窍，安以竹管作嘴，下再安一空瓶，其口盛住上竹嘴子。向二瓶口边，以白磁碗碟片遮掩令密，或瓦片亦可。以纸筋捣石灰厚封四指。入新大缸内坐定，以纸灰实满，灰内埋烧熟硬木炭火二三斤许，下于瓶边，令瓶内酒沸。其汗腾上空瓶中，就空瓶中竹管却溜下所盛空瓶内。其色甚白，与清水无异。酸者味辛甜，淡者味甘。可得三分之一好酒。此法腊煮等酒皆可烧。[3]

元代尊奉蒸馏酒为法酒，尤以葡萄酒烧制者最为名贵。所谓法酒，即按法定规格酿造的酒，亦称"官法酒"或"官酝"。既被奉为法酒，其烧制得到官方的赞许，推广普及自然较快，但若仅用葡萄酒蒸馏，必定受到自然条件的限制，

[1] 方心芳：《关于中国蒸酒器的起源》，《自然科学史研究》1987 年第 2 期。
[2] （清）檀萃：《滇海虞衡志（附校勘记）》，商务印书馆 1936 年版，第 27 页。
[3] （元）无名氏：《居家必用事类全集》，邱庞同注释，中国文史出版社 1986 年版，第 47 页。

所以当是普遍采用粮食发酵原汁酒作为原料，烧酒才能迅速发展。但据马可·波罗的观察，杭州人似乎并不爱好烈性的烧酒。

四、啤酒生产

啤酒是外来的品种。晚清以后，西方列强纷纷在中国沿海地区设立企业，啤酒厂也在那时创建。直到中华人民共和国建立，中国的啤酒生产厂家只有七家。中华人民共和国成立后，啤酒生产得到了发展。杭州啤酒是在这一时期兴办的。如杭州啤酒厂，厂址在北高峰下桃源岭北麓，原名桃源岭啤酒厂，1957年11月开始筹建，1959年建成投产；1966年改名杭州啤酒厂。

生产啤酒需要好麦、好酒花与好水。啤酒专用大麦有二棱、四棱及六棱之分。所谓棱的差异，是指大麦穗轴周围麦粒排列的不同，如六棱大麦穗头上呈六行排列。一般说，好麦的外观颗粒大而饱满，粒形短，色较浅，皮较薄。皮厚的大麦，成品酒色泽较深，口味较涩，非生物稳定性也较差。我国啤酒专用大麦的主要品种为盛产于江浙的早熟3号二棱大麦，以及六棱的邯郸大麦。早熟3号二棱大麦原产日本，1973年前已在上海、浙江大面积推广种植。一般每穗20粒左右，千粒重约40克。籽粒淀粉含量高，制麦芽质量好。我国的酒花为亚洲系统的律草种，又名蛇麻花，是蔓藤性雌雄异株植物。制啤酒用的酒花为未受精的雌花。啤酒接有几十片鳞状叶片，花瓣基部的黄色粉末含有酒花树脂，使啤酒有特殊香气和爽口苦味，还具有一定的防腐能力，并有健胃、利尿、镇静等功效。易挥发的酒花油附着于花粉上，酒花油中的芳香化合物，对啤酒的香味形成也有一定作用。

杭州啤酒厂的生产用水是沉积碎屑岩构造裂隙水。杭州啤酒厂所处的桃源岭在西溪路西头，位于城市之边，空气清新。厂里有五口生产井，稳定开采总量达800米^3/天。生产的杭州啤酒为杭州主要的啤酒品牌。

五、其他酒生产

利用黄酒生产所余下的酒糟进行再加工，就是糟酒，宋代称"猥酒"。《北山酒经》卷下记猥酒的制作方法是："每石糟，用米一斗煮粥，入正发醅一升以来，拌和糟，令温。候一二日，如蟹眼发动，方入曲三斤、麦糵末四两，搜拌，盖覆。直候热，却将前来黄头并折澄酒脚倾在瓮中打转，上榨。"[1]

糟酒用于制作菜肴别有风味。自唐宋以来，糟酒被用于菜肴的烹饪之中（见本书第二章第五节）。北宋《物类相感志》云"糟酒酱蟹，入香白芷，则（蟹）黄不散"，即记录了糟蟹的烹饪方法。现在，杭州附近的湖州有名产酒糟酒蛋，富阳民间有酒酿馒头等。

---

〔1〕（宋）朱肱等：《北山酒经（外十种）》，任仁仁整理校点，上海书店出版社 2016 年版，第 37—38 页。

第二章 技艺文化角度下的考察

第一节 杭州酒生产的物质条件

在蒸馏酒未流行以前，酿造酒是杭州酒类中当之无愧的头牌。酒之酿，需有一定的物质条件，所谓"酒之肉""酒之血"与"酒之骨"，即是对酿造材质中的米、水与曲的形象化描述。"秫稻必齐，曲蘖必时，湛炽必洁，水泉必香，陶器必良，火齐必得"（《礼记·月令》），是自古流传的酿造秘诀。反观杭州的物质条件，此说法诚然不虚。

一、酒之肉——杭州的稻米生产

《淮南子·说林训》中说："清醯之美，始于耒耜。"黄酒之酿，粮食是基础，其中首选糯米。糯米是长江稻作文化圈的产物。

商代的"稻"字，只有类似"臼"字的字形，后来周代种稻较为普及了，就加上了如稻穗挺立般的"禾"字。在金文中，"臼"的上面加上了"爪"，形如迎风打稻，用手舂米之状。东汉许慎《说文解字》中说："米，粟实也。象禾实之形。"《周礼·职方氏》说："东南曰扬州……其谷宜稻。"《穀梁传·襄公五年》："……会吴于善稻。吴谓善伊，谓稻缓。号从中国，名从主人。"这说明了稻与南方的关系。《说文解字》："秏，稻属。伊尹曰：'饭之美者，玄山之禾，南海之秏。'""秏"与今云南傣族"稻"的发音完全相同，说明早在商代，南海地区即有优良的稻谷作物。《山海经·海内经》："西南黑水之间，有都广之野。……爰有膏菽、膏稻、膏粟、膏稷，百谷自生，冬夏播琴（殖）。"说明在史前时期，南方各地就有比较广泛的原始种植活动。

从考古的结果来看，全国稻作遗址不断发现：20 世纪 70 年代只有 30 多处，到 80 年代便增至 70 多处，至 90 年代已超过 80 处。其中，"长江中下游稻作遗址已达 123 处，占全国稻作遗址 156 处的 70%。各地稻作遗址的年代距今 4000～10000 年，时间跨度约 6000 年"[1]。龙山文化的稻作距今 4000～7000 年，可见长江中下游稻作文化的历史远早于中原一带。

其中最早的遗址是浙江萧山跨湖桥遗址，距今 7000～8000 年。浙江余姚河姆渡遗址发现有近 400 平方米的稻草及谷粒堆积层，厚达 10～80 厘米。假定其中 1/4 为稻谷，估计这里的稻谷可达 120 吨。经抽样鉴定，河姆渡遗址发现的稻谷遗存包括籼稻、粳稻以及籼稻的过渡类型。其中籼稻占 60.32%～74.56%，粳稻占 20.59%～39.68%，籼稻的过渡类型占 3.60%～4.41%。游修龄先生经鉴定认为属于栽培稻的籼亚种中的晚稻型水稻。后浙江桐乡罗家角遗址（马家浜文化的早期类型）发现大量的稻谷遗物，其年代距今约 7000 年。[2]

除河姆渡遗址和桐乡罗家角遗址外，中国南方古代百越地区经现代考古发现史前水稻遗迹的主要遗址还有江苏无锡仙蠡墩遗址、南京庙山遗址、吴县草鞋山遗址，上海青浦崧泽遗址，浙江吴兴钱山漾遗址、杭州水田畈遗址，安徽潜山薛家岗遗址，等等。这些遗址发现的稻谷等遗存，经鉴定分析大致有粳稻和籼稻两种。从稻谷的种类分析，籼稻和粳稻是亚洲地区水稻的两个最基本的亚种。一些农学家认为，籼稻是亚洲稻的基本型，粳稻则是在栽培稻演化过程中由于地理、气候等方面的因素而发生的变异的气候生态型稻种。有学者根据有关考古发现的资料，认为中国栽培稻在距今 8000 年前首先在长江中游和淮河上游被驯化成功，在距今 6000～7000 年扩展到长江下游和淮河中下游。易言之，这两种稻种在中国南方新石器时代早中期就已经存在。[3]

虽然种植时间很早，但是水稻的种植方法史书中往往概括为"火耕水耨"。所谓"火耕水耨"，就是先用火把田中的杂草烧掉，然后种上稻，当稻苗和杂草同时长出来的时候，便放水灌溉。在淹水的条件下，稻还能正常生长，杂草则难以生存。这种稻作技术虽然原始，但是巧妙地运用了水稻不怕水淹的这一特性。这也与南方多沼泽、多雨水的环境有关系。

到了大禹时期，土地的耕种方式更加精细。大禹率领古越民率先从事海涂

〔1〕 游修龄、曾雄生：《中国稻作文化史》，上海人民出版社 2010 年版，第 431 页。
〔2〕 游修龄、曾雄生：《中国稻作文化史》，上海人民出版社 2010 年版，第 431 页。
〔3〕 林蔚文：《中国百越民族经济史》，厦门大学出版社 2003 年版。

开发——"教民鸟田"〔1〕。《越绝书》载："神农尝百草，水土甘苦，黄帝造衣裳，后稷产穑，制器械，人事备矣。"种子、农具等人事俱备，缺少的就是能够种植水稻的农田。绍虞水网平原有数百座被海水、湖泊包围的孤丘，也就是广阔的海涂平原。"禹至此者，亦有因矣，亦覆釜也。覆釜者，州土也，填德也。禹美而告至焉。"（《越绝书》）这些海涂，形状像"覆釜"，是海水四面包围的"州土"，由江水和海水冲击而成（即"填德"而成）的冲积层。大禹看到这一片片的海涂十分高兴，就"告至"越民开发利用，并亲自率领越民，"教民鸟田"。这是世界历史上对滨海涂地进行农业开发的首次记载，是在海涂从事农耕活动的伟大开端。《越绝书》记载了这段光辉的历史："大越海滨之民，独以鸟田，小大有差，进退有行，莫将自使。"采取制一丘、荒一丘的轮荒制耕作方法，以后古越民就自发地开发海涂。"兴鸟田之利"遂成为古越农业的独有特色。但是到了春秋早期，农业生产基本上还是处于草莱初辟的阶段，"仓廪不设，田畴不垦"（《越绝书》），"人民山居……随陵陆而耕种，或逐禽兽而给食"（《吴越春秋》），倚天仗地，生产被动。

商周时期，居于今江浙地区的吴越人，在当地先民发达的水稻种植基础上，充分利用优越的自然地理条件，让水稻种植业有了更大的发展。《吴越春秋·句践阴谋外传》说于越"春种八谷，夏长而养，秋成而聚，冬熟而藏"。吴王夫差曾盛赞于越的稻种"甚佳"。当时吴越间的稻谷借贷、贡献动辄就是万石，这些都足以反映当地水稻种植广泛，稻谷产量高。从考古资料来看，当时吴越地区越人墓葬中随葬稻谷也很普遍。如江苏镇江等地的吴国墓葬中，大大小小的陪葬陶罐中往往盛有谷物等；句容浮山果园一号土墩墓出土大坛 6 个、大盆和罐11 个，金坛鳖墩一号墓随葬品共 54 件，其中大坛 10 个、大罐 11 个。这些器物中多装满谷物随葬，大坛腹径和高度均在 40 厘米以上，每只可装谷物 50 斤以上。据此推算，当时一座大墓内随葬的稻谷多达千斤。1982 年在浙江定海县蓬莱新村发现的战国炭化谷物遗存，谷粒形状、大小与现代栽培稻基本相同，有的谷粒上还留有清晰的谷芒。经鉴定，有粳稻和籼稻两种，其中又以粳稻为多。这表明，当时即使远在沿海岛屿，农业生产中的水稻种植业也已普及。《史记》《汉书》等史籍对南方的水稻种植活动记载更多，如"饭稻羹鱼""民食鱼稻"，儋耳人"男子耕农，种禾稻苎麻"等。

春秋后期，尤其是在吴王夫差和越王句践分别治理吴越两国的这一历史时期，吴越地区加强了农业生产。如越人统治者认为，只有"荒无遗土"，才能

〔1〕鸟田即岛田，就是海水包围中的涂田。古代"岛"写为"鸟"。《辞源》"鸟夷"条载：古"岛"字写作"鸟"，读为"岛"。

"百姓亲附"（《吴越春秋》），"五谷睦熟，民乃蕃滋"（《国语·越语下》）；吴国的伍子胥与谋国政，"立城郭，设守备，实仓廪，治兵库"（《吴越春秋》）。两国重视农业生产，开垦荒地、开辟水田，出现了"农夫作耦，以刈杀四方之蓬蒿"（《国语·吴语》）和"垦草创邑，辟地殖谷"（《战国策·秦策三》）的热闹景象。在不长的时间内，太湖流域和宁绍平原等地分别出现了大批新开垦的农田。田种稻粟，陂植葛麻，各种作物种植面积明显扩大。据《越绝书》和《吴越春秋》记载，至越王句践和吴王夫差治理吴越中期，两地已有为数可观的塘田、练田与畯田。所谓塘田与练田，大致是在旱田的基础上修筑塘陂而灌溉成为水田。《越绝书·外传记地传》："富阳里者，外越赐义也。处里门，美以练塘田。"《越绝书·外传记吴地传》载吴国"蛇门外塘波洋中世子塘者，故曰王世子造以为田"。所谓畯田，是在把荒地开垦成农田以后开沟引水灌溉的水田。此外，《说文解字注》释"畯"为"谓焚其草木而下种，盖治山田之法为然"。这当是指山区新垦的田地。《越绝书·外传记吴地传》说吴越地区有许多田，如"大畯""胥主畯"等。由于广开荒地，至春秋末期，吴越地区的水田面积增多，吴、越统治者分封贵族功臣的良田动辄就是几百顷，农业生产随之得到新的发展。[1]处于吴越中间带的杭州地区农业与渔业有了发展。现在传说的西施由吴入越的路线中，沿途有采桑业与捕鱼业的记录。

到了汉以后，农业生产得到发展。首先是生产工具的改进，推广牛耕以及斧、镰、锄、犁等生产工具，耕作技术也得到了革新。北方劳动人民不断南迁，既提供了大批的劳动力，也带去了先进的生产工具和生产技术。南北劳动人民相互学习，辛勤劳动，改变了"遏长川以为陂，燔茂草以为田"的原始耕作方法。农业的经营方式也得到了发展。大兴元年（318），晋元帝下令徐扬二州推广种麦。"徐、扬二州，土宜三麦，可督令燥地，投秋下种，至夏而熟，继新故之交，于以周济，所益甚大。"（《晋书·食货志》）吴兴郡出现了区种法，除了水稻外，还种植麦、粟、菽等杂粮。由于吴兴郡湖田多而山田少，到刘宋时，开始实行稻、麦二轮作，荒洼种豆，也有豆粟作物与稻轮作，提高了复种指数，农业生产由粗放经营进入精细耕作。

唐宋以后，随着水利工程的展开与水利灌溉技术的进步，耕作方式也更为成熟。在农耕工具方面，以曲辕犁、铁搭等为代表的综合性钢刃熟铁农具大量使用。曲辕犁也称江东犁，最早出现于唐代后期的江南地区，是江南农民在长期生产实践中对传统直辕犁不断加以改进的产物，宋代在浙江等地得到全面推广。与直辕犁相比，曲辕犁缩短了辕臂长度，增加了犁壁、犁箭等附件，在土

---

〔1〕 林蔚文：《中国百越民族经济史》，厦门大学出版社 2003 年版。

性黏重的水泽田也能深浅宽窄运用自如，且节省牛力、人力，从而大大提高了耕垦功效。铁搭又名带齿镬，是一种用人力耕地的工具。元代王祯《农书》卷13说："铁搭，四齿或六齿，其齿锐而微钩，似耙非耙，劚土如搭，是名铁搭。"[1] 铁搭的广泛使用，被一些学者称为是南方农业史上铁农具的一次重大变革。此外，还有插秧用的秧马、耘田用的耘荡、灌溉用的新型水车等，都使得农耕效率提高。[2]

在施肥和田间管理方面，宋代特别注重有机肥的使用和灌溉、除草、耘田等环节。秦观称"今天下之田称沃衍者为吴越闽蜀"，究其原因，是"培粪灌溉之功也"[3]；南宋学者陈傅良也说，"闽浙之土，最是瘠薄，必有锄耙数番，加以粪溉，方为良田"[4]。在此基础上，精耕细作的生产方式趋于成熟。宋人高斯得在比较了浙蜀两地的耕作之后说："及来浙间，见浙人治田比蜀中尤精。土膏既发，地力有余，深耕熟犁，壤细如面，故其种入土，坚致而不疏。苗既茂矣，大暑之时，决去其水，使日曝之，固其根，名曰靠田。根既固矣，复车水入田，名曰还水。其劳如此。还水之后，苗日以盛，虽遇旱暵，可保无忧。"[5] 水利事业的兴盛和耕作技术的进步推动了粮食品种的增加和产量的提高。

丰富的粮食储备是酒生产的一个前提，而优良的稻米则是酒质的保证。一般来说，对米质的评价，多参考以下几个方面：

> 一是米的物理性状，包括其外观、纯度、形状和精白度。与其他品种相比，糯米的性质软而白，易于糊化。
>
> 二是米的化学性质，包括含水量、可溶性无氮物的含量、粗蛋白质含量、脂肪含量、纤维与灰分含量等。一般而言，水分少，米较易保存，不易生霉变质；相反就难以保存了。可溶性无氮物的含量与米身的精白程度有关，米越精白，可溶性无氮物的含量越高。[6]

优良的米是酒质量的保证，那么用于制酒的稻有无讲究呢？南北方所用的原料是否一致呢？游修龄先生认为，在《诗经》中出现的"稻"，不是籼稻或者

〔1〕（元）王祯：《农书译注（下）》，缪启愉、缪桂龙译注，齐鲁书社 2009 年版，第 459 页。

〔2〕杨宽：《我国历史上铁农具的改革及其作用》，《历史研究》1980 年第 5 期。

〔3〕（宋）秦观：《淮海集》卷 15《财用下》。

〔4〕（宋）陈傅良：《止斋集》卷 44《桂阳军劝农文》。

〔5〕（宋）高斯得：《耻堂存稿》卷 5《宁国府劝农文》，见曾枣庄、刘琳主编：《全宋文》第 344 册，上海辞书出版社 2006 年版，第 155 页。

〔6〕北京轻工业学院：《黄酒酿造》，轻工业部科学研究设计院 1960 年版，第 23 页。

粳稻这样的非糯稻，而是指糯稻。[1]《诗经》中提到"稻""稌"的地方不少：《豳风·七月》云"八月剥枣，十月获稻"，《小雅·白华》云"滮池北流，浸彼稻田"，《周颂·丰年》云"丰年多黍多稌，亦有高廪，万亿及秭。为酒为醴，蒸畀祖妣"。醴即是用米酿的甜酒。《尔雅注疏》卷8《释草第十三》："依《说文》，稌、稻，即糯也。江东呼稬，乃乱切。"《说文解字》："稬，稻也，沛国谓稻曰稬。"《字林》云："糯，黏稻也；粳，稻不黏者。然粳、糯甚相类，以黏不黏为异。"《证类本草》卷26引左太冲《蜀都赋》云："粳稻漠漠。益知稻即糯，共粳并出矣。然后以稻是有芒之谷，故于后或通呼粳糯，总谓之稻。孔子曰：食夫稻。周官有稻人之职，汉置稻田使者。此并指属稻、糯之一色，所以后人混糯，不知稻本是糯耳。"[2]《礼记·内则》中有"陆稻"，《管子·地员》中有"陵稻"，二者都是旱稻。《说文解字》中还有"秫"，指稷之黏者。北魏贾思勰《齐民要术·水稻》云："有秫稻。秫，稻米，一名糯米，俗云'乱米'，非也。"[3] 上古时候的"稻"，有时是总称，有时是个称，比较混乱。比如在《诗经》中有时指糯稻，有时指粳稻，有时又可能指谷的总称。但是通过一些具体的称谓，还是可以区别的。另外，当时作为特殊粮食品种的糯稻已经得到繁殖和栽培，并且通过交流传到了北方。这种品种，江东呼"稬"，北方多称为"稌"。稻有时也用于称糯米。这也说明《史记·夏本纪》中所载禹"令益予众庶稻，可种卑湿"是可信的。

从品种培育上说，糯稻更难，因为"糯稻在遗传上是隐性基因，在自然界里一般不大出现，除非纯合的隐性基因同时存在，才出现糯稻。出现以后，如不单独予以繁殖，又会被显性基因所掩盖"，"糯稻是原始农业时期人们不断观察、发现的单株，加以留种，人们认为这是神所赐予，所以要单独栽培繁殖，收获以后，首先要敬神，报答神的恩赐"。[4] 理解了这点，我们也可以理解上古时对酒有神性认知的来源。

中国农业史上，糯米是长江文化圈的产物。北方糯米的总体生产水平不高。孟元老《东京梦华录》回忆北宋首都开封城的各式各样的点心，种类繁多，但其中用糯米制成的食品只有端午的粽子，春社、秋社及重午、重九的社糕，还有最热闹的马行街铺席供应的糍团、团子等数种；而南宋京城临安（杭州）的糯米点心，琳琅满目，有丰糖糕、乳糕、镜面糕、重阳糕、枣糕、拍花糕、糖

---

〔1〕 游修龄：《长江流域的水稻文化》，http://www.agri-history.net/scholars/yxl/yxl83.htm。

〔2〕 （宋）唐慎微：《证类本草》，尚志钧等校点，华夏出版社1993年版，第597页。

〔3〕 （北魏）贾思勰：《〈齐民要术〉选注》，广西农学院注，广西人民出版社1977年版，第97页。

〔4〕 游修龄：《长江流域的水稻文化》，http://www.agri-history.net/scholars/yxl/yxl83.htm。

蜜糕、裹蒸粽子、栗粽、巧粽、金铤裹蒸茭粽、蒸糍、元子、汤团等，有数十种之多。说明宋代江南的糯米食品是占主流的。以糯米酿酒，则标志着中国酿酒原料的重大转折。

据资料统计，宋代作为主要粮食的水稻，有籼稻、粳稻类140多种，糯稻类50多种，其中有相当一部分属于当时的优良品种。如宋真宗时从海外引入的占城稻，因其"不择地而生"、生长期短的优点，在浙江各地迅速得到推广，并进一步分化为"早占""晚占"等一系列品种。《重修政和经史政类备用本草》卷26"稻米"条引寇宗奭[1]《本草衍义》云："稻米，今造酒者是此，水田米皆谓之稻，前既言粳米，即此稻米，乃糯稻无疑。温，故可以为酒。酒为阳，故多热。"[2] 糯米酒的风味有了新的提高，如时人《越酿》所歌云：

> 扬州之种宜稻兮，越土最其所宜。糯种居其十六兮，又稻品之最奇。自海上以漂来兮，伊仙公之遗育。别黄籼与金钗兮，紫珠贯而累累。酒人取以为酿兮，辨五齐以致用。湑镜流之香洁兮，贮秘色之新瓮。助知章之高兴兮，眼花眩乎水底。侑谢傅之雅游兮，陶丹府而哦诗。集群贤以觞咏兮，浮罚觥乎子敬。指鸣蛙为鼓吹兮，畅独酌于稚珪。斯越酒之酝藉兮，非宜城中山之比。[3]

糯米酒不仅品质优良，而且数量增长很多。南宋时，随着北方人口的大量迁入，麦的种植也日趋广泛。"……西北流寓之人遍满。绍兴初，麦一斛至万二千钱。农获其利，倍于种稻，而佃户输租，只有秋课。而种麦之利，独归客户。于是竞种春稼，极目不减淮北。"[4] 至南宋时，更有"大率淮田百亩所收，不及江浙十亩"[5] 之说。当时，在浙江主要产粮区，部分上等田亩产谷一般在5石以上，折算成米在3石以上。如北宋中后期，明州广德湖地区亩产谷6～7石；南宋后期，湖州等地的上等田亩产谷5～6石，多数中等田亩产谷为4～5石，折算成米2～3石。南宋中期，绍兴地区每亩得米2石；嘉定二年（1209），湖州

---

〔1〕 寇宗奭，籍贯及生卒年均不详。曾任澧州（今湖南澧县）县吏。深知药性、功用及药材性状，为宋代著名药学家。

〔2〕 （宋）唐慎微：《重修政和经史证类备用本草（下）》，陆拯、郑苏、傅睿校注，中国中医药出版社2013年版，第1387页。

〔3〕 （明）萧良幹修，（明）张元忭、孙鑛纂：《万历〈绍兴府志〉点校本》，李能成点校，宁波出版社2012年版，第27页。

〔4〕 （宋）庄绰：《鸡肋编》卷上，上海书店1990年版。

〔5〕 （宋）秦观：《淮海集》卷15《财用下》；（宋）虞俦：《尊白堂集》卷8《使北回上殿札子》。

"变草荡为新田者凡十万亩，亩收三石"。[1]与此相对应，同期全国水稻的平均亩产仅为谷 1.5 石。[2]《梦粱录》中所记杭州的好稻品种就有早占城、社糯、光头糯、蛮糯等。

粮食产量的提高，意味着农村可以向市场提供更多的商品粮，小农家庭也可以进一步开展多种经营，从而促进商品经济的发展。仅酒业而言，宋代浙江的酿酒业十分发达，几乎各地都有自己的特色名酒。如杭州的思堂春、流香酒、碧香酒、玉练酒、蔷薇露、竹叶清（青）、珍珠泉酒、兰桥风月，秀州（今嘉兴）的月波酒、清若空酒，湖州的六客堂、茅柴、箬下春、百花春，明州的金波酒、双鱼酒，越州的蓬莱春酒、东浦酒，台州的蒙泉酒、吴江风月，婺州（今金华）的金华酒、错认酒、谷溪春，衢州的龟峰酒、石室酒，严州（今建德）的萧泗泉、酿泉酒，温州的丰和酒，处州（今丽水）的金盘露、谷廉酒，等等。可以推想，江南的酒是以优质的糯米酿造而成，因而比黄河流域以黍、粟、秫等酿成的酒品质优良许多。宋代是中国黄酒生产的高峰时期。而之后，随着蒸馏酒的兴起，黄酒的生产开始萎缩。

二、酒之血——水资源的改善

水是酒之血，好酒离不开好水。

从制酒角度来说，对水质的评估可以参考以下三个方面。

第一，水的物理性质。这又分成几个层次。一是清洁的水不含任何臭味，而被污染的水往往有不正常的臭味，这有可能是天然水体中的绿色藻类和原生动物类发出的腥气，也可能是水中有机体分解或者矿物质散发出的气味。二是水的味道。水体中不同成分的物质都会具有不同的味道，有的甜，有的咸，有的则有苦味。三是悬浮物和沉淀物。由于水体暴露于自然之中，自然会带悬浮物和沉淀物，但最有害的是工业废水和生活污水带来的混浊。四是色度。水的颜色与纯度、深度都有关系。纯水在浅层时是无色的，在深层时则为浅蓝色。水中如有杂质，则颜色即变化。

第二，水的化学性质。描述水的化学性质有几个参数：总固体、烧灼损失、氢离子浓度、硬度、氮素化合物含量、耗氧量、氯化物含量、磷酸盐含量、钙镁含量、铁含量等。这些化学成分的产生原因不同，相互的作用和结果不同，对水质的影响也不同。

---

〔1〕（宋）朱熹：《朱子大全》卷 16《奏救荒事宜状》；（清）徐松辑：《宋会要辑稿·食货六》。

〔2〕唐启宇：《中国农业史稿》，农业出版社 1985 年版，第 652 页。

第三，水的微生物学性质。水源的地点不同，接触微生物的机会和微生物含量也会不同。一般来说，近河边和小河道的水，有机杂质和微生物的含量会大一些，而远离村落人群的河心水、湖心水、地下水，微生物的含量会少一些。

什么是好水呢？一般来说，有以下标准[1]：

（1）酿造用水应无色、无味、无臭，水质清澈。

（2）一般地面水硝酸铁含量在 1.0 毫克/升以下，亚硝酸盐含量在 0.1 毫克/升以下，氨氮微量，蛋白性氮在 0.1 毫克/升以下。

（3）铁含量最好 0.5 毫克/升以下。

（4）耗氧量以 1 升水，在严格的规定条件下氧化时所用的过锰酸钾以毫克来表示，应在 7.0 以下。

（5）酿造用水硬度在 2～6 度为宜。

（6）氯含量应在 20～60 毫克/升。

（7）水中总固体一般在 100～500 毫克/升，最好能在 100 毫克/升以下。

（8）磷酸盐在 3～10 毫克/升。

（9）pH 值应在中性或微酸性范围内。

古人云：“夫民之所生，衣与食也；食之所生，水与土也。”自古以来，水利就是农业生产的命脉所系，水质也影响到黄酒的生产。由地缘分布可知，在长江中下游文化中，越地文化的代表是浦江上山文化、嵊州小黄山文化、萧山跨湖桥文化和余姚河姆渡文化，地理上围绕浦阳江、曹娥江和姚江等展开。吴地文化代表为钱水漾、苕溪一带的良渚文化、马桥文化，地理上围绕太湖展开。良渚文化中的苕溪连接了钱塘江和太湖，成为两种地域文化过渡带。

杭州的水资源主要有三处：一是苕溪，二是西湖，三是钱塘江。相较之下，杭州的好酒主要出现在苕溪沿岸。

那么，这些水系怎样形成的呢？在水利建设的过程中是否有丰富的文化内涵呢？

从历史上看，商及西周时期，吴越之地已有一定的水利设施。《文选·江赋》李善注引《墨子》曰：“禹治天下，南为江汉淮汝，东流之，注五湖之处，以利荆楚、干越与南夷之民。”所谓“五湖”，是指洞庭、彭蠡、震泽、巢湖与鉴湖，基本在百越区域之内。《周礼·职方氏》谓：“其泽薮曰具区，其川三江，其浸五湖。”郑玄注：“大泽曰薮，具区、五湖在吴南。浸，可以为陂灌溉者。”《汉书·地理志》：“川曰三江，浸曰五湖。”颜师古注：“川，水之通流者也。浸，谓引以灌溉者。五湖在吴。”《史记·货殖列传》等也常有“三江五湖之利”之

---

〔1〕 印明善等：《应用微生物学》，甘肃科学技术出版社 1989 年版，第 101—105 页。

说，说明早在商周时期，吴越及洞庭洞、巢湖等地已有一定规模的水利设施。错综复杂的水网，不仅是农业生产的保证，也满足了交通的需要，而良好的水质更是酒生产的前提条件。水资源的维护与水质的改善则仰赖于不同历史时期的水利工程。

（一）杭州市区的水利工程

历史上的杭州，有几件值得一书的水利工程：一是筑海防大塘，二是疏浚西湖及内河，三是兴建居民饮用水工程。

筑海防大塘，既是向海洋争夺土地，也是为了改善水质。杭州历史上有三次筑海防大塘的大工程。《太平寰宇记》卷 93 引《钱塘记》云："郡议曹华信乃立塘以防海水，募有能致土石者，即与钱。及成，县境蒙利，乃迁此地。"从此，钱唐由山中小城向港口城市发展。唐代时，由于杭州城地势低，钱塘潮又特别汹涌，海堤屡修屡坏。杜牧任杭州刺史时，因为浙江"涛坏人居，不一焊锢，败侵不休"，故"诏与钱二千万，筑长堤以为数十年计"。[1] 会昌六年（846），刺史李播再次大规模修筑御潮堤，绵延数十里，费钱二千万。堤成之后，数十年间，鲜有江海潮患。吴越天宝三年（910）八月，吴越王钱镠为保护杭州地区而下令修筑捍海石塘。这次的海塘，是以竹笼装巨石，以巨木为栏，并以铁杆相连做成塘基，比较坚固。

杭州内河的治理，比较大的工程有沙河疏浚工程与西湖疏浚工程。唐前期，由于江沙淤积，连接杭州城与钱塘江的诸河道逐渐淤积，有的甚至成为平地，严重影响舟船进出。唐景龙四年（710），宋璟在城区南部利用旧有河道开挖沙河，于是"水陆成焉"。[2] 但时间一久，沙河又渐渐淤积，致使"潮水冲击钱塘江岸，奔逸入城，势莫能御"[3]。于是在咸通二年（861），刺史崔彦曾对沙河再次进行大规模的整治。《唐书·地理志》记："咸通二年，刺史崔彦曾开三沙河以决之，曰外沙、中沙、里沙。"这些河段，相当于现代的建国门外的帖沙河、庆春门之外的通向赭山的沙河以及中河。此后相当一段时间内，城区很少遭受江潮冲击。如果说沙河疏浚工程是从交通运输方面着眼，那么西湖的疏浚则与杭州百姓的生活更相关。唐穆宗时，白居易任杭州刺史，开启了西湖整治工程。西湖既是周边大片农田的灌溉源，也是杭州城区居民的饮水源。白居易不顾当

〔1〕（唐）杜牧：《中国古代名家诗文集·杜牧集》，黑龙江人民出版社 2009 年版，第 141 页。

〔2〕（宋）程大昌：《演繁露续集》卷 4《沙河塘》。

〔3〕（宋）潜说友：咸淳《临安志》卷 38，见浙江省地方志编纂委员会：《宋元浙江方志集成》第 2 册，杭州出版社 2009 年版，第 762 页。

地官吏、豪强的反对，率领民众挖去葑田，增高湖堤，提高蓄水量，保障江南运河通航水位，并灌溉良田；又作《钱塘湖石记》，颁布管理办法。西湖整治，不仅使西湖附近千余顷农田由此得免凶年，保证了城市的用水需要，而且也促进了西湖作为旅游胜地的发展。后唐天成二年（927）起，钱镠专门建立由1000名士兵组成的"撩浅军"，派专职官员管理，负责对西湖的日常治理。苏轼在任职杭州期间，也很重视西湖的疏浚。其《杭州乞度牒开西湖状》中即言："天下酒税之盛，未有如杭者也，岁课二十余万缗。而水泉之用，仰给于湖，若湖渐浅狭，水不应沟，则当劳人远取山泉，岁不下二十万功。此西湖之不可废者，五也。"〔1〕西湖之水是百姓酿制黄酒的原料，杭州酒税居全国前几位，西湖功不可没。明代王穉登在《重修白公堤疏》中说："若夫白公堤者，据彩云之名里，实吴会之通逵。山郭近而轮鞅喧，水村深而帆樯集。……买鱼沽酒，行旅如云；走马呼鹰，飞尘蔽日。"〔2〕明代的西湖，又被侵占淤积。"以山为岸者，去山日远。……六桥之西，悉为池田桑埂。里湖两岸亦然。中仅一港通酒船耳。孤山路南，东至城下，直抵雷峰塔，迤西皆然。"〔3〕明代对西湖的疏浚也有多次，规模最大的一次是正德三年（1508）郡守杨孟瑛上疏开浚西湖。此工程二月动工，计"为佣一百五十二日，为夫六百七十万，为直银二万三千六百七两，斥毁田荡三千四百八十一亩，除豁额粮九百三十余石，以废寺及新垦田粮补之，自是西湖始复唐宋之旧"〔4〕。此次修复，北起岳湖，南至小南湖，浚湖所筑之堤称为"杨公堤"。杨孟瑛疏浚西湖是对西湖的挽救。此次疏浚之后，西湖又显旧日的热闹，城市发展再次向前。田汝成由衷赞曰："西湖开浚之绩，古今尤著者，白乐天、苏子瞻、杨温甫三公而已。"〔5〕到了万历年间，"今天下浙为诸省首，而杭又浙首郡，东南一大都会也。其地湖山秀丽，而冈阜川原之所襟带，鱼盐粳稻、丝绵百货于是乎出，民生自给，谭财赋奥区者，指首屈焉"〔6〕。雍正年间，李卫对西湖再次疏浚。从雍正二年（1724）开始，直到雍正四年（1726）全部完工，历时近两年，费银37629两。将里湖、外湖3122亩淤浅、葑滩之处，全部挖深、开浚。湖深至少三四尺，一般五六尺。疏浚面积占当时西湖总面积的36%。疏浚保证了杭州的水源，也保护了西湖的风光。

---

〔1〕 （宋）苏轼：《中国古代名家诗文集·苏轼集（三）》，黑龙江人民出版社2009年版，第768页。

〔2〕 王稼句：《苏州山水名胜历代文钞》，上海三联书店2010年版，第153页。

〔3〕 （清）丁丙等：《杭城坊巷志》。又见施奠东主编：《西湖志》，上海古籍出版社1995年版，第43页。

〔4〕 （明）田汝成：《西湖游览志余》，浙江人民出版社1980年版，第6页。

〔5〕 （明）田汝成：《西湖游览志余》，浙江人民出版社1980年版，第375页。

〔6〕 （明）徐拭：万历《杭州府志序》。

　　杭州城地处钱塘江口冲积平原，濒临海岸，水质咸苦，自重建州城后，居民饮水一直十分困难，成为制约城市发展的一个瓶颈。唐德宗建中年间（780—783），李泌出任杭州刺史。他发动民众，采取"开阴窦"（阴窦即暗渠）的办法，在西湖靠城沿岸设置水闸，引湖水入城，并于城区人口稠密地带打造六口竖井，供居民汲用。由此基本解决了长期困扰全城居民的饮水问题，对杭州城市的发展起了巨大的作用。苏轼称赞说："杭之为州，本江海故地，水泉咸苦，居民零落。自唐李泌始引湖水作六井，然后民足于水，井邑日富。"[1] 唐穆宗时，白居易任杭州刺史。他到任时，看到当地百姓的生活实状，立下豪言："若令在郡得五考，与君展覆杭州人。"（《醉后狂言酬赠萧殷二协律》）他发起的造福杭州百姓的水利工程，除上述疏浚西湖与修理海塘江堤外，还有浚治六井，使这一饮水工程继续发挥其作用。《新唐书》对其政绩作了高度的概括："始筑堤捍钱塘湖，钟泄其水，溉田千顷；复浚李泌六井，民赖其汲。"吴越时期，全面恢复唐代时的引水设施，并先后在城区开凿了近百口井，保证了日益增多的城区居民的用水需要。

　　据今人的考证，古代杭州人的饮水依赖水井与西湖之水。水源的保证，使杭州的民生处于稳定的状态，也间接为经济的发展打下基础。

（二）苕溪流域的治理

　　苕溪是我国东南沿海和太湖流域唯一没有独立出海口的南北向的天然河流。苕溪流域发源地天目山是暴雨中心，每年5月中旬至7月上中旬为梅汛期，8月至9月为台汛期，汛期降雨量约占年降水量的75％，且东西苕溪大暴雨基本上同步出现，降水量也较为接近。中下游地区地势低洼，三角洲平原是在上古形成的。在很长一段时期内，河网密布、地势低洼成为该区的一个重要特点。水利建设一直是苕溪流域地方政府的首要任务。早在良渚文化时期，苕溪先人就开始了对沼泽平原的改造。他们凭借孤丘的地势，围堤筑塘，在平原上建立聚落。良渚遗址群内的塘山遗址是一道隆起的土冈，其东西直线走向全长近5000米，宽20～50米，北距天目山余脉山脚仅100米，被视为防备天目山洪水泛滥的防洪堤，也是良渚遗址群内规模最大的土建工程之一。

　　吴、越两国大兴水利，在苕溪流域迄今还留下许多吴越水利工程。浙江省"有文字记载的早期水利工程则为春秋吴越时期长兴的胥塘、蠡塘和绍兴一带的

〔1〕（宋）苏轼：《乞开杭州西湖状》，见高海夫主编：《唐宋八大家文钞校注集评·东坡文钞（上）》，三秦出版社1998年版，第4851页。

吴塘、富中大塘、山阴水道等"[1]。

胥塘在今西塘。相传周敬王六年（前 514），吴国伍子胥出于伐楚的军运之需而在今南河上游高淳境内向西开挖了胥溪运河，同时凿通东坝一带的冈阜，形成一条连接太湖和青弋江、水阳江两流域的运河，使"东南连两浙，西入大江，舟行无阻"[2]。胥溪运河是历史上记载的最早的跨流域的人工运河之一。

蠡塘由范蠡修筑，现称里塘。（《吴兴山墟名》云："昔越相范蠡所筑。"）其址在浙江北端的长兴沿太湖周围，《永乐大典》卷 22756 引《吴兴志》云："蠡塘在长兴县东三十五里。"

除此之外，长兴县西的西湖，为吴王阖闾与其弟夫概在西吴修建长城（今长兴县西南）时同时修筑的。孙吴后期（约 264—280 年），又引方山泉注西湖，设水门 40 所，溉田 3000 顷。据嘉泰《吴兴志》载，西湖周围 70 里，有水门 24 所。唐贞元十三年（797），湖州刺史重修并用以灌溉农田。元和元年（806），长兴县令权达命人开通方山泉水源，同时掘掉西湖的围堤田塍，恢复蓄水灌溉。咸通元年（860），湖州刺史源重与长兴县令潘虔重浚方山泉，并修复西湖。但现已淤废成田。

历史上，苕溪也经过多次治理，涌现出几位重要的治水者：东汉时余杭县令陈浑、唐文宗时余杭县令归珧和北宋徽宗时余杭县令杨时。

始筑于东汉年间的南湖，可能是苕溪流域在两汉时期最著名的水利工程。

南湖的修筑者为陈浑。陈浑（约 140—？），字子厚，桐庐人，富阳侯陈硕之子，封余杭侯。东汉熹平元年（172）为余杭县令，多惠政。其治水利、迁城埠，功尤大。因东苕溪流至余杭扇形地，襟带山川，地势平彻，易成洪涝，所以余杭堤防之设，比他邑尤为重要。余杭之人视水如寇盗，视堤防如城郭。余杭县令陈浑亲自勘察地势，用工以十万计，在县南辟南湖以蓄泄溪水，筑堤以防苕水泛滥。湖分上下，沿溪为南上湖，塘高一丈四尺，周回三十二里；依山者为南下湖，塘高一丈四尺，周回三十四里。湖面四百余公顷，统称南湖。在湖西北凿石门涵，导溪流入湖，湖东南建泄水坝，使水安徐而出。又于沿溪增置陡门堰坝数十处，遇旱涝可蓄可泄。当时，受益田千余顷。

陈浑于德清至余杭段建起今南上湖、南下湖的水利工程，即最早的西险大塘。水利工程修成后，可对东苕溪进行有效的分洪。至今，东苕溪流域南部（自杭州至嘉兴一带）仍受其益。陈浑在任内，将县城从溪南迁至溪北，筑城浚

〔1〕　徐乾清主编，王向东等撰：《中国水利百科全书·地方水利分册》，中国水利水电出版社 2004 年版，第 48—49 页。

〔2〕　（清）胡渭：《禹贡锥指》，邹逸麟整理，上海古籍出版社 2006 年版，第 161 页。

濠，卫民固围；在苕溪上建通济桥，桥今存，县人称之为"百世不易，泽垂永远"。陈浑被尊为当地的土地神，人们在南湖塘建祠以祀。后唐长兴三年（932），陈浑被钱元瓘追封为太平灵卫王。

唐代归珧（生卒年不详）在宝历元年（825）任余杭县令。"时水利失修，南湖湮塞严重。珧到任后，循汉代陈浑所开南湖旧迹，浚湖修堤，恢复蓄泄之利，民得以富实。又于仇溪之北开辟北湖，塘高1丈，周围60里，蓄泄调节中、北两苕溪水，受益田地1000余顷。时县北一带坑洼不平，逢雨，山水骤至，常淹害行旅。归珧取开湖之土，筑西北甬道百余里，使路人免受溺水之苦。堤甫成，即毁于洪水。珧发誓道：'民遭此水溺不能拯救，某不职也。'再筑而就，众称'归长官塘'。湖成，归珧卒。县人又称'归珧誓死筑湖'。"[1]

宋代杨时于崇宁五年（1106）任余杭县令。杨时的功绩是反对权贵蔡京，避免了百姓的一场劫难。史料载，当时，蔡京葬母于南湖之侧，按方士的说法，欲浚南湖潴水，以壮形胜。杨时不畏权势，竭力阻止，蔡京才停止这一打算。杨时在水利上的最大功劳是开挖湘湖。政和二年（1112），时任萧山县令的杨时以山为界，筑土为塘，建成了一个人工水库——湘湖。用湘湖的蓄水，灌溉9乡14万亩稻田，"水能蓄潦容干涧，旱足分流达九乡"（宋魏骥《咏湘湖》）。湘湖的历史可以推至跨湖桥文化遗址，是浙江重要的文化原点之一。

在杨时之后，历代地方官都为治水竭心尽力：宋代章得一、江帙，元代常野先，明代戴日强，清代张思齐、龚嵘、张吉安等，均有功于南湖。历史上，南宋时期，在东苕溪分段筑塘、闸，名为"十塘五闸"。十塘为黄鄱塘、烂泥湾塘、化湾塘、羊山塘、压沙塘（今鸭沙塘）、上林陵塘、中林陵塘、下林陵塘、唐家渡塘（今唐家塘）、大云寺湾塘（今大云湾塘），总长约17.5千米；五闸为化湾陡门、角窦陡门、安溪陡门、乌麻陡门（今五马陡门）、奉口陡门。元代以后对东西苕溪多有修筑加固，如明永乐二年（1404），户部尚书夏原吉和大理寺少卿袁复创筑瓦窑塘，以防水患；万历年间（1573—1620）重筑瓦窑塘；万历三十六年（1608）五月，化湾塘闸冲毁，钱塘县令聂心汤主持先筑备塘，后修水闸；万历三十九年（1611），余杭险要地段900丈，用木桩、块石加固堤脚，挑土培厚，次年完成。

西晋年间，吴兴太守殷康开荻塘，连接了苕溪与黄浦江，是浙江与江苏相通的重要水道。荻塘，因沿塘丛生芦荻，故名。"在城者谓之横塘，城外谓之荻

〔1〕 杭州市地方志编纂委员会编：《杭州市志（第十卷）》，中华书局1999年版，第458页。

塘。"〔1〕又名颛塘（因唐刺史于颛重筑，故名），位于湖州市东门二里桥向东迤
逦，经升山、塘南、晟舍、苕南、东迁各乡至南浔镇。获塘后又多次整修。如
明万历十六至十七年（1588—1589），乌程知县杨应聘又花了两年时间，组织民
众整修。明万历三十六年（1608），湖州知府陈幼学以青石修筑堤岸，塘岸面貌
大为改观，为水利建设一壮举。韩奕《湖州道中》诗云："百里溪流见底清，苕
花蘋叶雨新晴。南浔贾客舟中市，西塞人家水上耕。岸转青山红树近，湖摇碧浪
白鸥明。棹歌谁唱弯弯月，仿佛吴侬子夜声。"即是对苕溪一带风光的描写。清
雍正六年（1728），湖州知府唐绍祖重修。塘两侧阡陌交错，桑林遍野，盛产鱼
米蚕丝。

得益于历代的治理，苕溪成为经济生产的一个重要地区，农牧渔业有了一
定的发展，农业生产萌发出商品化趋势。东汉、三国时，东林以盛产绫绢出名，
故有"吴绫蜀锦"之称。苕溪流域地处河湖交错地带，鱼类资源非常丰富。而
酿酒业的产生又非常早。据传，秦置乌程县即以善酿酒的乌巾氏、程林氏而命
名。苕溪支流众多，众川汇聚，纳入太湖，其中箬溪因"夹溪生箭箬"而名。
"上箬下箬，二箬皆村名，村人取下箬水酿酒，醇美胜于云阳，俗称下箬酒。"〔2〕
即后来的"箬下春"。箬溪之水质，今已不可恢复，推想唐代之前，应该是优异
无比，且有箬叶之清香，故宜于制酒。

我们可以认为，酒文化在某种程度上是水文化的分支，而水文化是人类通
过实践、认知、感悟并用以记录、诠释、评价、讴歌、自娱和指导一切涉水行
为的社会意识形态，也是古代先民在恐水、避水、辨水、用水、防水、治水、
品水、亲水、赏水、玩（弄）水等生产生活实践中形成的工程、教育、科技、
文学、艺术、哲学等方面的知识和设施。酒文化则体现在用水、品水、赏水诸
方面，展现了人适应环境、改造环境的一个完整过程。

（三）杭州的交通

早在春秋时，吴越两国的人民就以船为主要交通工具，相互间贸易往来等。
杭嘉湖平原与宁绍平原河网密集，水流缓慢，水深无险，非常适合水上航行。
便利的水上交通促进了本区的商业发展，而商业的发展又带动了本区的经济，
并为文化的繁荣提供了丰厚的物质基础。浙东运河的开挖虽然没有给杭州带来

---

〔1〕 嘉泰《吴兴志》卷19，见浙江省地方志编纂委员会编著：《宋元浙江方志集成》第6册，杭州
出版社2009年版，第2823页。

〔2〕 嘉泰《吴兴志》卷5，见浙江省地方志编纂委员会编著：《宋元浙江方志集成》第6册，杭州
出版社2009年版，第2541页。

直接的影响，但是经由钱塘江这一交通动脉，杭州可与南北沟通。而杭州又有内河航运十分发达的太湖水域作为另一主要航道。依托此两者，杭州的商业流通在早期就占有优势。

隋炀帝于大业年间（605—617）开凿了以洛阳为中心，北起涿郡（北京）、南到余杭（杭州）的大运河。这一交通动脉是广大北方地区及长江下游地区通往岭南乃至海外的必经之路，也是福建、广东以及海外商人北上中原的最顺达的通路。这一通道的打开，使得沿钱塘江、大运河两岸的经济发展速度加快。杭州是京杭运河的南部起点。以此为起点，可以一直向北到达津京。而转过钱塘江则一直可以到达浙东，沿着"唐诗之路"直往天台或者出海。南宋定都临安，就与临安位于大运河起点有很大关系。可以说，如果没有京杭大运河的开凿，就没有近世时期浙江在全国的经济、文化的先进地位。从酒史上说，也推动了明清"绍酒行天下"格局的形成。

目前杭嘉湖一带的水系依然是西靠东苕溪、东接黄浦江、北临太湖、南濒钱塘江的格局，是典型的格状水系。丰富的水资源，满足了一方百姓生活的需要。[1]

三、酒之骨——曲的生产

这里对曲的生产作一梳理，从中可看出杭州酒曲生产的地位。黄酒是以糯米、大米或黍米为主要原料，经蒸煮、糖化、发酵、压榨而成的液体。因此，它是由自然界中的霉菌、酵母、细菌等共同发酵而成的一种酿造原酒。黄酒为低度（15%～18%）原汁酒，色泽金黄或褐红，含有糖、氨基酸、维生素和多种浸出物，营养价值高。成品黄酒用煎煮法灭菌后以陶坛盛装封口。酒液在陶坛中越陈越香，故又称为老酒。

（一）米曲的生产

1. 曲的生产意义与分类

最早的酒应该是谷芽酒，然后发展到曲酒。潮湿的气候使窖存的谷物常常浸水，吸水的粟或黍借地温而发芽，活化了其中的淀粉酶，使淀粉变成糖，与窖中水融合，在酵母的作用下就变成酒，称之为自然酒。

在制酒的过程中，关键要解决的是糖化与发酵的问题。用含淀粉的谷物酿

---

〔1〕 许有鹏等：《长江三角洲地区城市化对流域水系与水文过程的影响》，科学出版社 2012 年版。

酒，要经过两个阶段：一是水解淀粉，使之分解成葡萄糖等的糖化阶段；二是利用酵母菌将葡萄糖等转化成酒精的酒化阶段。酿酒加曲，是因为酒曲上生长有大量的微生物，还有微生物分泌的酶（淀粉酶、糖化酶和蛋白酶等），酶具有生物催化作用，可以加快谷物中的淀粉、蛋白质等转变成糖、氨基酸的速度。糖分在酵母菌的酶的作用下，分解为乙醇，即酒精。蘖也含有许多这样的酶，具有糖化作用。可以将蘖本身含有的淀粉转变成糖分，在酵母菌的作用下再转化为乙醇。同时，酒曲本身含有淀粉和蛋白质等，也是酿酒原料。也就是说，酒曲这一神奇物质将两个过程结合了起来。

酒曲，是用谷物制成的发酵剂、糖化剂或糖化发酵剂，含有大量微生物。其中有能起糖化作用的黄曲霉菌、黑曲霉菌等，有既能起糖化作用又能起酒化作用的根霉菌、红曲霉菌等，而且一般都含有能进行酒化作用的酵母菌。用它酿酒，可以使糖化和酒化两个阶段结合起来，使淀粉一边糖化，一边酒化，连续交叉地进行，而不是按先糖化再酒化两个步骤酿造。今天我们称这种酿造法为"复式发酵法"，它是我们祖先在酿酒工业中的伟大发明。

酒曲大致可分为麦曲、米曲、草木曲、红曲。杭州一带，米曲、草木曲、红曲较多。

2. 曲的生产梳理

根据考古发掘，我们的祖先早在殷商武丁时期就掌握了微生物"霉菌"生物繁殖的规律，已能使用谷物制成曲药，发酵酿造黄酒。《尚书·说命》载："若作酒醴，尔惟曲蘖。"《说文解字》释为："蘖，牙米也。"刘熙《释名》又载："蘖，缺也；渍麦覆之，使生芽开缺也。""曲蘖"可能就是早期的酒曲。武丁时期约在公元前1200多年，也就是说在距今3200多年前，我国先民已成熟地用曲蘖来酿酒了。它比用糖化再加酵母发酵的酿造工艺要先进得多。在西方，虽然古埃及人很早就能酿造啤酒，但西方各国主要的谷物酒如威士忌、伏特加等，一直沿用麦芽糖化加酵母的方法。直到19世纪90年代，法国人卡尔梅特（A. Calmette）从我国的酒曲中，分离出糖化力强并能起酒化作用的霉菌菌株，用在酒精生产上，名曰"阿米诺法"，才突破了西方酿酒的糖化剂非用麦芽不可的状况。相比之下，中国掌握微生物"霉菌"生物繁殖规律要早得多了。

到了西周，农业的发展为酿造黄酒提供了完备的原始资料，酿造工艺有了进一步的发展。晋代江统《酒诰》中的相关论述可能道出了酒曲产生的原理。微生物专家方心芳先生对此作了具体的描述："在农业刚开始的朝代，贮藏谷物的方法粗放，粮食发霉发芽更常出现。这种发霉发芽的粮食，就是天然曲蘖。

发霉发芽的粮食浸到水中，就会发酵成酒，这就是天然酒。"[1]

从天然曲蘖和天然酒到人工曲蘖和人工酒，这个过程很早就结束了。在周代，曲的概念得到了细化。例如《左传》中记有"麦曲"的名称，在"曲"前加"麦"字限制，可见已不止一种曲。据有的学者研究，当时的散曲中一种叫黄曲霉的菌占有显著的优势。黄曲霉是酿造工业中常见的菌种，目前人们发现它的某些菌株能产生黄曲霉毒素，对人、畜的肝脏造成重大侵害，长期食用则会致癌。但令人感到惊讶的是，我们的祖先用以酿酒的黄曲霉，竟不是致癌的菌株。黄曲霉有较强的糖化力，用它酿酒，用曲量较之过去有所减少。有趣的是，由于黄曲霉呈现美丽的黄色，周代王室也许认为这种颜色很美，所以以黄色制作了一种礼服，就叫"曲衣"。如《周礼·天官》云："内司服曲衣。"郑玄注："曲衣，黄桑服也。色如曲尘，象桑叶始生。"

到了汉代，制曲技术得到了很大的发展，不仅出现了用不同的谷物制的曲，而且由使用散曲变为使用块曲。散曲，即呈松散状态的酒曲，是用被磨碎或压碎的谷物，在一定的温度、水分和湿度情况下，微生物（主要是霉菌）生长其上而制成的。块曲，人们叫它"饼曲"，是具有一定形状的酒曲，其制法是将原料（如面粉）加入适量的水，揉匀后，填入一个模具中，压紧，使其形状固定，然后在一定的温度、水分和湿度情况下培养微生物。东汉许慎的《说文解字》中注释为"饼曲"。东汉的《四民月令》中还记载了块曲的制法。这说明，在东汉时期，成型的块曲已非常普遍。

从松散的曲到成块的曲，变化的不只是形式。因为饼曲外面和内部接触空气面不一样，外面有利于曲霉的增长，内部有利于根霉和酵母菌的繁殖。根霉菌有很强的糖化力，也有酒精发酵力，它能在发酵中不断繁殖，不断地把淀粉分解为葡萄糖，使酵母菌繁殖好后再将葡萄糖变为酒精。东汉时代，有种叫"九酝酒法"的酿酒法，用曲量仅及原料的百分之五，这表明当时的曲已是根霉为主，且曲的作用也从糖化发酵剂变成了需要微生物繁殖的菌种。从散曲到饼曲是酒曲发展史上的一个重要里程碑。

北魏时期的贾思勰著有《齐民要术》，书中记有九例制曲法，表明我国的酒曲无论在品种上还是在技术上都达到了较为成熟的水平。他提出曲和"五色衣"的概念，并认识到二者的相关性。"五色衣"是指酒曲中霉菌的菌丝体和分生孢子的混合物，呈现黑、白、黄、绿等色。

到了宋代，制曲方法更加先进。首先，宋代制曲酿酒工艺理论有较大发展。据编写《胜饮编》的清代人郎廷极的统计，宋代是中国历朝编撰酒经（制曲酿

[1] 方心芳：《对〈我国古代的酿酒发酵〉一文的商榷》，《化学通报》1979年第3期。

酒工艺理论）最多的一个朝代，如苏轼《东坡酒经》、林洪《新丰酒经》、朱肱《北山酒经》（三卷）、李保《续北山酒经》、窦苹《酒谱》、范成大《桂海酒志》等。李保《续北山酒经》中又加记了多种曲的名称，有以酒名来命名的曲法，如银波曲法、玉浆曲法、玉露曲法、清白泉曲法、真珠曲法、玉醅曲法、玉液曲法、琼浆曲法、碧香曲法；有以原料命名的曲法，如绿豆曲法、莲花曲法、香药曲法、姜曲法、麦曲法；有以产地或者酿者命名的曲法，如石室曲法、石室郑家曲法、蓝桥曲法、知州公库白酒曲法、南安库宜城曲法、醉乡奇法；还有以酿造方法命名的曲法，如三枡曲法。如果把这些曲法与宋代名酒加以对照，就会发现有宋一代的制曲与酿造之法真是大同小异而各有千秋，因此酒品繁多。

　　而《北山酒经》是宋代制曲酿酒工艺理论的代表作。它全面、系统地总结了自南北朝以来的制曲酿酒工艺方面的新贡献：制干酵、由人工从旧曲上选育菌种、加热灭菌法、运用酒母（酵母）以及红曲的制作和广泛应用。[1]

　　从《北山酒经》对酒曲的介绍中可见当时曲的制作相当复杂。书中列举了十三种酒曲，并将它们分为罨曲、风曲、醺曲三类。顿递祠祭曲、香泉曲、香桂曲、杏仁曲四种为罨曲；瑶泉曲、金波曲、滑台曲、豆花曲四种为风曲；玉友曲、白醪曲、小酒曲、真一曲、莲子曲五种为醺曲。制曲的原料基本上是经过加工处理的小麦、糯米、粳米和豆类，再加上种类繁多的中草药曲。在制曲的阐述中，朱肱发展了发酵的理论，于发酵的概念、发酵的方法都有创见。同时，他也对之前的不正确看法加以批判。比如宋代有一种观点，认为用"刷案水"就能发酵，朱肱对此进行了分析："北人不用酵，只用刷案水，谓之信水""凡酝不用酵，即酒难发，醅来迟则脚不正"。[2]

（二）草曲的生产

　　晋代的文字资料中又出现了一种新的制曲法，即在酒曲中加入草药。晋代人嵇含在《南方草木状》中就记载有制曲时加入植物枝叶和汁液的方法。这样制出的酒曲中的微生物长得更好。曲中加草药，既能提高曲质量，又能提高酒质量。用这种曲酿出的酒，也别有风味。今天，我国有不少名酒酿造用的小曲中，就加有中草药植物，如白酒中的白董酒、桂林三花酒、绍兴酒等。

　　"草曲，南海多美酒。不用曲蘖，但杵米粉，杂以众草叶，治葛汁，涤溲

---

　　〔1〕 孙家洲、马利清主编：《酒史与酒文化研究（第一辑）》，社会科学文献出版社 2012 年版，第177 页。

　　〔2〕 （宋）朱肱等：《北山酒经（外十种）》，任仁仁整理校点，上海书店出版社 2016 年版，第 16 页。

之，大如卵，置蒿蓬中，荫蔽之，经月而成。用此合糯为酒。"[1] 也就是说，用草药做的酒，南方很多，做酒不用传统的曲蘖，只要把米舂成粉，添加各种草叶，准备葛草的汁（辣蓼草之类的植物），一起混合搓成鸡蛋大小，用蒿蓬盖好（保温，让微生物繁育），隔一个月就成熟了，用它与糯米混合做成酒。这段记载说明了中国制曲技术上的一项重大改进。唐代刘恂《岭南录异》、房千里《投荒杂录》中有关草曲的记载，方法与嵇含所说大致相同。《东坡酒经》中也有记载："南方之氓，以糯与粳，杂以卉药而为饼，嗅之香，嚼之辣，揣之枵然而轻，此饼之良者也。吾始取面而起肥之，和之使姜液，蒸之使十裂，绳穿而风戾之，愈久而益悍，此曲之精者也。"[2]

《北山酒经》中列举了草曲多例。用草典酿造之酒，还有强身健体等功效。明代《天工开物》里也有对草曲的记载："凡造神曲所以入药，乃医家别于酒母者。法起唐时，其曲不通酿用也。造者专用白面，每百斤入青蒿自然汁、马蓼、苍耳自然汁，相和作饼，麻叶或楮叶包掩，如造酱黄法。"[3] "神曲"，即药曲，用以消食开胃等。陈寅恪《柳如是别传》记一则逸事："比游钟山，遇异人，授百花仙酒方。采百花之精英以酿酒，不用曲蘖，自然盎溢。"[4] 这说明直接用植物促进发酵来酿酒的做法到清代江南还有传人。

综上所述，南方稻精草盛，曲药的材料极佳，加之气候温暖湿润，利于草曲的制作。

而绍兴酒（黄酒）的生产中要加入蓼草，这已经成了一种常识。

（三）红曲的生产

红曲又名红曲米、赤曲、红米、福米。在《辞海》中解释为："大米的微生物发酵制品之一。中国特产。将红曲霉接种在稻米上，培养而成。"红曲的菌种是红曲霉，它是一种耐高温、糖化能力强，又有酒精发酵力的霉菌。红曲是红曲霉寄生在粳米上而成的曲。红曲霉虽然耐酸，耐较浓的酒精，耐缺氧，但生长得慢，只有在较高的温度下才能繁殖，所以成为我国南方福建、广东、台湾一带酿酒的重要酒曲。东汉末王粲（177—217）《七释》曰："西旅游梁，御宿素粲，瓜州红曲，参糅相半。软滑膏润，入口流散。"说明东汉时已有红曲的使用。红曲问世后即入浙江。金华一地创造了以红、白双曲兼用的"府酒"工艺，

〔1〕（晋）张华等：《博物志（外七种）》，王根林等校点，上海古籍出版社 2012 年版，第 142 页。

〔2〕（宋）苏轼：《中国古代名家诗文集·苏轼集（三）》，黑龙江人民出版社 2009 年版，第 1256 页。

〔3〕（明）宋应星：《天工开物译注》，潘吉星译注，上海古籍出版社 2016 年版，第 315—316 页。

〔4〕陈寅恪：《柳如是别传（上）》，生活·读书·新知三联书店 2015 年版，第 102 页。

成为一种新的黄酒品种。五代时吴越王岁岁进贡的即是金华双曲所酿的金华府酒。到了宋代，红曲大量使用。钱塘人褚载《句》诗云："相逢多是醉醺然，应有囊中子母钱。有兴欲沽红曲酒，无人同上翠旌楼。"胡仔《苕溪渔隐丛话前集》记载："江南人家造红酒，色味两绝。"〔1〕李之仪《姑溪居士后集》中描述了"红糟炒笋"。以上文献均阐明了红曲可以用来调味、着色、酿酒的食用价值。

元代虽然短暂，但是制曲技术又有提高，对红曲的认识更加深化。食疗家韩奕在《易牙遗意》中详细地记载了红曲用法："每曲一酒盏许，隔宿浸酒，令酥，研如泥，以肉汁解薄倾下。"〔2〕该书还记载了"大熝"的制法，其中也有用红曲的记录："又次下末子细熝料在肉上，又次下红曲末，以肉汁解薄倾在肉上。文武火烧滚令沸，直至肉料上下皆红色，方下宿汁……"元代的《居家必用事类全集》〔3〕中有"造红曲法"：

　　　　凡造红曲，皆先造曲母。〔4〕

有"造曲母"：

　　　　白糯米一斗，用上等好红曲二斤。先将秫米淘净，蒸熟，作饭，用水升合，如造酒法。搜和匀，下瓮，冬七日，夏三日，春秋五日，不过，以酒熟为度。入盆中，擂为稠糊相似。每粳米一斗，只用此母二升。此一料母，可造上等红曲一石五斗。〔5〕

有"造红曲"：

　　　　白粳米一石五斗，水淘洗，浸一宿，次日蒸作八分熟饭，分作十五处。

〔1〕（元）韩奕：《易牙遗意》，邱庞同注释，中国商业出版社1984年版，第18页。

〔2〕（元）韩奕：《易牙遗意》，邱庞同注释，中国商业出版社1984年版，第17页。

〔3〕《居家必用事类全集》是一部古代家庭日用手册，元代无名氏编撰，全集10集（亦有12集的版本），是世界上最丰富多彩的烹饪文献宝库。《永乐大典》编纂时，曾引用此书。今有北京图书馆特藏的明刻本。该书为研究我国宋、元以来民族饮食烹饪技术的重要文献。书中记载了造红曲法和天台红曲酒酿造方法。

〔4〕（元）无名氏：《居家必用事类全集》，邱庞同注释，中国商业出版社1986年版，第38—39页。

〔5〕（元）无名氏：《居家必用事类全集》，邱庞同注释，中国商业出版社1986年版，第38—39页。

每一处入上项曲二斤，用手如法搓操，要十分匀，停了，共并作一堆。冬天以布帛物盖之，上用厚荐压定，下用草铺作底，全在此时看冷热。如热，则烧坏了，若觉太热，便取去覆盖之物，摊开。堆面微觉温，便当急堆起，依元覆盖。如温热得中，勿动。此一夜不可睡，常令照顾。次日日中时分作三堆，过一时分作五堆，又过一两时辰，却作一堆，又过一两时辰，分作十五堆。既分之后，稍觉不热，又并作一堆。候一两时辰，觉热，又分开。如此数次。第三日用大桶盛新汲井水，以竹箩盛曲，作五六分，浑蘸湿便提起来，蘸尽。又总作一堆。似稍热，依前散开，作十数处摊开。候三两时，又并作一堆。一两时又散开。第四日，将曲分作五七处，装入箩，依上用井花水中蘸，其曲自浮不沉。如半沉斗浮，再依前法堆起，摊开一日。次日再入新汲水内蘸，自然尽浮。日中晒干，造酒用。[1]

又有"天台红酒方"：

> 每糯米一斗，用红曲二升，使酒曲一两半或二两亦可。洗米净，用水五升，糯米一合，煎四五沸，放冷，以浸米。寒月两宿，暖月一宿。次日漉米，炊十分熟。先用水洗红曲，令净。用盆研或捣细亦可。别用温汤一升发起曲，候放冷，入酒。曲不用发，只捣细，拌令极匀熟，如麻糍状，入缸中。用浸米泔拌，手擘极碎，不碎则易酸。如欲用水多，则添些水。经二宿后一一翻，三宿可榨，或四五宿可以香。更看香气如何。如天气寒暖，消详之榨了，再倾糟入缸内。别用糯米一升，碎者用三升，以水三升煮为粥，拌前糟。更酿一二宿，可榨。和前酒饮。如欲留过年，则不可和，若更用水拌糟浸作第三酒亦可。[2]

吴瑞所著的《日用本草》中云红曲"酿酒，破血行药势"[3]。约在同时代的饮膳太医忽思慧在《饮膳正要》中说，红曲"健脾，益气，温中"[4]。

到明代时，李时珍的《本草纲目》和宋应星的《天工开物》都有红曲制法和应用的记载。红曲用于酿酒以后，酒类品种大大增加了。福建、浙江、台湾等地酿造的红曲黄酒，用红曲霉、黑曲霉与酵母共生而制成的乌衣线曲和黄衣

---

〔1〕（元）无名氏：《居家必用事类全集》，邱庞同注释，中国商业出版社1986年版，第38—39页。

〔2〕（元）无名氏：《居家必用事类全集》，邱庞同注释，中国商业出版社1986年版，第44页。

〔3〕 转引自（明）李时珍：《本草纲目》，山西科学技术出版社2014年版，第700页。

〔4〕（元）忽思慧：《饮膳正要译注》，张秉伦、方晓阳译注，上海古籍出版社2014年版，第448页。

红曲所酿造的酒，风味各异。当时酒类品种，仅《本草纲目》记载就有70多种。红曲制作工艺难度较高，稍有不慎红曲霉就会被繁殖迅速的其他菌种污染。无怪乎李时珍赞美说："此乃人窥造化之巧者也。"[1]

明代高濂《居家必德》记建昌红曲制法：

> 用好糯米一石，淘净，倾缸内，中留一窝，内倾下水一石二斗。另取糯米二斗煮饭，摊冷，作一团放窝内。盖讫，待二十余日饭浮，浆酸，漉去浮饭，沥干浸米。先将米五斗淘净，铺于甑底，将温米次第上去，米熟，略摊，气绝，翻在缸内中，盖下。取浸米浆八斗、花椒一两，煎沸，出锅待冷。用白曲三斤，捶细，好酵母三碗，饭多少如常酒放酵法，不要厚了。天道极冷放暖处，用草围一宿。明日早，将饭分作五处，每放小缸中，用红曲一升，白曲半升，取酵，亦作五分，每分和前曲饭同拌匀，踏在缸内，将余在熟尽放面上，盖定，候二日打扒。如面厚，三五日打一遍。打后，面浮涨足，再打一遍，仍盖下。十一月，二十日熟；十二月，一月熟；正月，二十日熟。余月不宜造，榨取澄清，并入白檀少许，包裹泥定。头糟用熟水，随意副入，多二宿便可榨。[2]

关于红曲性味和功效，除《本草纲目》有记载外，《饮膳正要》《本经逢源》《本草经疏》《得配本草》《要药分剂》《本草备要》《本草衍义补遗》等都有记载。

清代著名医家张璐[3]所著《本经逢源》记：

> 神曲（酒曲，红曲，女曲），甘微苦辛平，无毒。……神曲入阳明胃经，其功专于消化谷麦酒积。陈久者良。但有积者，能消化，无积而久服则消人元气。……酒曲亦能消食去滞气，行药力，但力峻伤胃。

---

〔1〕（明）李时珍：《本草纲目》，山西科学技术出版社 2014 年版，第 700 页。

〔2〕（明）高濂：《遵生八笺》，甘肃文化出版社 2004 年版，第 500 页。

〔3〕张璐（1617—？1700），字路玉，号石顽，江苏长洲（今苏州）人。《本经逢源》成书于清康熙三十四年（1695），是张璐众多著作中唯一的药物学著作。《本经逢源》共 4 卷，参照《本草纲目》将药物分水、火、土、金、石、卤石、山草、芳草、隰草、毒草、蔓草、水草、石草、苔草、谷、菜、果、水果、味、香木、乔木、灌木、寓木、苞木、服器、虫、龙蛇、鱼、介、禽、兽、人等 32 部，收集药物 700 余种。每种先记其性味、产地、炮制，然后引《神农本草经》原文，非《神农本草经》所收药物则直接阐述其功效、主治等。

红曲乃粳米所造，然必福建制者为良。活血消食，有治脾胃营血之功。[1]

纵观整个黄酒的制曲史，从开始的米曲霉到后来的黄曲霉，从根霉到加草药根霉，从蘖到饼曲，从熟料到生料，技艺不断深入。杭州一带既是制曲技艺较高的地区，又是酒理论出现密集之地，还是红曲的生产与实践之地。

第二节　曲与酿造技术的发展

黄酒可以进行多种分类，如按原料和酒曲分，可分为：糯米黄酒，即以酒药和麦曲为糖化发酵剂，主要产于中国南方地区；黍米黄酒，即以米曲霉制成的麸曲为糖化发酵剂，主要产于中国北方地区；大米黄酒，即以米曲加酵母为糖化发酵剂，主要产于中国吉林和山东；红曲黄酒，即以糯米为原料，红曲为糖化发酵剂，主要产于中国福建和浙江。可以说，从酒诞生开始，制曲工艺的改革一直未停止，而杭州是重要的工艺革新地区。

一、南曲的生产中心

南方是以大米为原料，以大米或米粉制成以根霉为主的曲，即小曲；北方则是以黍为主要原料，用小麦制成以根霉为主的曲，即大曲。小曲在发酵期间仍然繁殖，产生大量菌丝，增加了糖化酶的生成，能发挥巨大的糖化作用。用大小曲来酿酒，即使原料一样，口味也有差异。比如《湖北通志》记载其地所产之汾酒、南酒，原料都是高粱，以大曲配制的汾酒味较醇厚，而南酒专用小曲，故酒皆清辣。宋寇宗奭《本草衍义》中称"南酒""北酒"，其起源就是在春秋战国时期。越王句践投于河与士卒共饮的酒，就是大米小曲。

《齐民要术》反映的是黄河流域的制曲技术。《齐民要术》中记载的酒曲是以根霉为主要微生物的饼曲，共计九种，其中八种以小麦为原料，另一种以粟为原料。用小麦制作的曲分为神曲五种、笨曲两种、白醪曲一种，其原料的处理方法可以归纳为蒸麦、炒麦、生麦三种。粟曲则是用各占一半的粉碎蒸粟及生粟制成的饼曲。以上各种曲都是生熟料兼用，直到宋代，生料制曲才成为主流。

宋代的制曲理论中心转移到了长江流域，特别是杭州一带。如此多的酿酒

---

〔1〕（清）张璐：《本经逢源》，山西科学技术出版社 2015 年版，第 156 页。

理论研究出现在杭州不是一件偶然的事情，它充分反映了在经济发展、物质生活得到保障后，人们向更高的精神领域探求的实践。《北山酒经》是酿酒理论的集大成者。李保《续北山酒经》记曰：

> 大隐先生朱翼中，壮年勇退，著书酿酒，侨居西湖上而老焉。属朝廷大兴医学，求深于道术者为之官师，乃起公为博士，与余为同僚。明年，翼中坐书东坡诗贬达州。又明年，以宫祠还。未至，余一旦梦翼中相过，且诵诗云："投老南还愧转蓬，会令净土变夷风。由来只许杯中物，万事从渠醉眼中。"明日理书帙，得翼中《北山酒经》，发而读之，盖有"御魑魅于烟岚，转炎荒为净土"之语，与梦颇契。[1]

朱肱曾在杭州开办酒坊，有丰富的酿酒经验。清人徐乃昌更指"北山"即杭州西湖边的北山。据资料记载，朱肱在杭州的寓所在大隐坊一带，在被朝廷复用之前，他在杭州研究酿酒与医学。《北山酒经》的材料取自当时杭州一带应该是没有异议的。

朱肱能在杭州写出酒史上的巨著也是得天时地利之合。唐宋以后，江南的经济迅速发展，且承平日久，无战争之祸，吴越一带是当时黄酒生产的中心地带，而杭州的酿酒业非常发达。因此，朱肱的酿酒知识应该与当地的酿酒经验密切相关。

在《北山酒经》中，朱肱行文从容不迫，不仅讲求数字上的精准，而且讲究感官上的体验，读来有"进乎技矣"的感触。试看制曲的"总论"：

> 凡法，曲于六月三伏中踏造。先造峭汁。每瓮用甜水三石五斗，苍耳一百斤，蛇麻、辣蓼各二十斤，锉碎、烂捣入瓮内。同煎五七日，天阴至十日。用盆盖覆，每日用耙子搅两次，滤去滓以和面。此法本为造曲多处设，要之，不若取自然汁为佳。若只造三五百斤面，取上三物烂捣，入井花水，裂取自然汁，则酒味辛辣。内法酒库杏仁曲，止是用杏仁研取汁，即酒味醇甜。曲用香药，大抵辛香发散而已。每片可重一斤四两，干时可得一斤。直须实踏，若虚，则不中。造曲水多则糖心，水脉不匀，则心内青黑色。伤热则心红，伤冷则发不透而体重。惟是体轻、心内黄白，或上面有花衣，乃是好曲。自踏造日为

〔1〕（宋）朱肱等：《北山酒经（外十种）》，任仁仁整理校点，上海书店出版社 2016 年版，第 42 页。

始，约一月余，日出场子，且于当风处井栏垛起，更候十余日，打开心内无湿处，方于日中曝干，候冷乃收之。收曲要高燥处，不得近地气及阴润屋舍，盛贮仍防虫鼠秽污，四十九日后方可用。[1]

《北山酒经》强调了曲的干燥，"用曲"有如下要求：

> 凡用曲，日曝夜露。《齐民要术》：夜乃不收，令受霜露，须看风阴，恐雨润故也。若急用，则曲干亦可，不必露也。受霜露二十日许，弥令酒香。曲须极干，若润湿则酒恶矣。新曲未经百日，心未干者，须擘破炕焙，未得便捣，须放隔宿，若不隔宿（谓先一日焙过，待火气过，乃用之），则造酒定有炕曲气。[2]

二、制曲工艺的进步

酒曲的生产技术在北魏的《齐民要术》中第一次得到全面总结。书中总结了制蘖和浸曲之法。第一阶段是渍麦阶段，每天换水一次；第二阶段是等待麦芽根长出之后即进行发芽，为维持水分，每天还要加入一定的水；第三阶段是干燥阶段，是为了抑制麦芽过分生长，尤其不让麦芽缠结成块。

古代用曲的方法最早是将水、曲、饭全部投入，称为"一酘法"。后来则是将酒曲捣碎成细粉后，直接与米饭混合制成醪或醅进行发酵。这又可以分成三种。（1）浸曲法。其法最初是将饼曲破碎，加以浸渍，将酶浸出。后来逐步发展到将曲中酵母扩大培养，成为培养酒母的工艺。曹操上书汉献帝的"九酝春酒法"就是使用了浸曲法。这也是汉到魏晋时期常用的方法。《齐民要术》描述浸曲法是：先将酒曲泡在水中，待酒曲发动后（即待曲中的酶制剂都溶解出来并活化后），过滤曲汁，再投入米饭开始发酵。（2）酸浆酒母法。即使用部分大米浸水制成酸浆，利用所产生的乳酸，促进酵母增殖，然后再投饭。《齐民要术》"笨曲饼酒"篇引用《食经》中的"冬米明酒法"，即采用了酸浆酒母法。（3）浓缩酸浆酒母法。将制成的酸浆加以浓缩，再培养酵母，最后再投酸饭进

---

[1]（宋）朱肱等：《北山酒经（外十种）》，任仁仁整理校点，上海书店出版社 2016 年版，第 17 页。

[2]（宋）朱肱等：《北山酒经（外十种）》，任仁仁整理校点，上海书店出版社 2016 年版，第 28 页。

行酒精发酵。浓酸酸浆的制作是在高温加热下利用高浓度的乳酸抑制杂菌的侵入，防止酸败。这是现在加乳酸制备酒母法的远祖。

现代湖州非物质文化遗产中的官药配方取自《北山酒经》。这个工艺流程包括：籼米粉—拌药料—切块—上筛着衣—入缸—保温培养—出缸转气—成药—晒干—成品。技术上基本上延续了宋代的做法：

> 按祖传官药配方称药打规堆，磨粉备用。（白药只用一味辣蓼草）用辣蓼草加水煎汤，保持微沸，备用。按比率取官药粉加入籼米粉中抹匀。在籼米粉中加入一定量的微沸的辣蓼草水，使粉团能黏合，将黏合的粉团置于石臼中，用木槌捣击发韧。将粉团放入专用木框中用手压平实，用方形切坯棒均匀切成酒药坯。顺着方形切坯棒的翻身，将药坯纵横切成正方块药丸。将酒药丸放入单线悬挂的大竹圇中稍加滚圆，撒上上年留存的优良药种粉末，进一步筛圆。将大缸杀菌，在大缸里加入一半晒干的砻糠，在砻糠上铺上刷光的稻草，把酒药丸均匀摆放在稻草上，不叠不碰，盖上草缸盖保温。12小时后有香味，开始长菌丝，24小时后菌丝基本长好，品温上升到34℃～35℃，将草缸盖略揭一条缝，控制品温继续上升。48小时后酒药成熟，揭去草缸盖养窝一天，即可出窝。出窝后第一天在烈日下晒2～3小时，第二天将其彻底晒干。选大坛，坛底部放有7～8厘米厚的石灰，上面铺上塑料纸，将酒药放入大口坛中，上口密封。备用。[1]

《北山酒经》中所记制曲工艺的提高表现在以下几个方面。

第一，对制曲的质量标准有了直观的可操作性的陈述。"直须实踏，若虚，则不中。造曲水多则糖心，水脉不匀，则心内青黑色。伤热则心红，伤冷则发不透而体重。惟是体轻，心内黄白，或上面有花衣，乃是好曲。"[2] 技术要求更高了。为了增加曲的功效，提出了干燥曲的方法，如曲不干，使用救急之法"焙曲"，即把心未干的酒曲捣碎，放在火炕上烘干。同时，要求曲的大小与四季呼应：

> 四时曲粗细不同。春冬酝造日多，即捣作小块子，如骰子或皂子大，则发断有力而味醇酽。秋夏酝造日浅，则差细，欲其曲米早相见

[1] 丁伟江口述：《乾昌黄酒轮缸酿制技艺》，见湖州市政协文史资料委员会：《守望：湖州市非物质文化遗产传承人纪事》，杭州出版社2013年版，第339—340页。
[2] （宋）朱肱等：《北山酒经（外十种）》，任仁仁整理校点，上海书店出版社2016年版，第17页。

而就熟。要之，曲细则味甜美，曲粗则硬辣。若粗细不匀，则发得不齐，酒味不足。大抵寒时化迟不妨，宜用粗曲，暖时曲欲得疾发，宜用细末。[1]

第二，在制醅技术上提出了更有效的方法。其一，宋人制曲，重视酸浆酒母酿造法。"酝酿须酴米偷酸""自酸之甘，自甘之辛，而酒成焉"。[2] 因此，酸浆酒母的制备受到重视。"造酒最在浆，其浆不可才酸便用，须是味重。酴米偷酸，全在于浆。大法，浆不酸即不可酝酒。盖造酒以浆为祖。"[3] 宋代发展成为曲与饭同时落缸，在低温下令低温乳酸菌先繁殖起来，即"吹饭冷，同曲搜拌入瓮"[4]。曲的糖化酶使淀粉分解出大量的糖分，为酵母的迅速增殖提供了营养成分和能源，也为酵母进行酒精发酵提供了基质。这种曲、饭同时落缸进行酒母培养，而后再分批投饭的工艺，标志着酒母培养技术的一大进步。其二，宋人制曲，还使用了一种叫"传醅"的方法，即选用优良老曲，碾成粉末，涂在用粮食做的曲坯外面。这实际是曲中微生物的传种，与今天的接种操作相似。

另外，曲的成分中除了糙米之外，吴越一带的黄酒曲中还加入常见的植物辣蓼草[5]。"南方之氓，以糯与粳，杂以卉药而为饼。嗅之香，嚼之辣，揣之枵然而轻，此饼之良者也。"[6] 苏轼的《酒经》中提到了江南药曲中添加的一种草药。

在传统黄酒的酿造中，酒药是一种重要的糖化发酵剂。新早糙米粉、水及当年采收的新鲜干辣蓼草粉，按一定比例混合后，再经上白、上框压平、切块、滚角、接种、入缸保温培养、出缸入匾、上蒸房、晒药入库等十多道工序制作

〔1〕 （宋）朱肱等：《北山酒经（外十种）》，任仁仁整理校点，上海书店出版社2016年版，第29页。

〔2〕 （宋）朱肱等：《北山酒经（外十种）》，任仁仁整理校点，上海书店出版社2016年版，第15页。

〔3〕 （宋）朱肱等：《北山酒经（外十种）》，任仁仁整理校点，上海书店出版社2016年版，第24页。

〔4〕 （宋）朱肱等：《北山酒经（外十种）》，任仁仁整理校点，上海书店出版社2016年版，第28页。

〔5〕 初夏时节，盛开在农家院前的紫红色束状小花就是辣蓼草。根据《江苏植物志》（陈守良、刘启新主编，江苏科学技术出版社2012年版）记载，辣蓼草为蓼科植物柳叶蓼的全草，又名绵毛酸模叶蓼。味辛，性温。一年生草本，高50～250厘米，多分枝，节部膨大，茎红色或青绿色。叶互生，披针形，长5～7厘米，上面中脉两旁常有人字形黑纹，揉之有辛辣气味。花淡红色，顶生或腋生总状花序。果小，熟时褐色，扁圆形或略呈三角形。花期初夏，果期秋季。辣蓼草在我国南北各地均有广泛分布，多生长于近水草地、流水沟中或阴湿处。具有消肿止痛，治肿疡、痢疾、腹痛等功效。

辣蓼草早就用于医疗实践。《本草纲目》中记载（辣蓼）果实、苗叶"辛，温，无毒"。《别录》中记载：蓼叶"归舌，除大小肠邪气，利中益志"。《唐本草》中记载："主被蛇伤，捣敷之；绞汁服，治蛇毒入腹心闷；水煮浸脚捋之，消脚气肿"。《本草拾遗》中记载："蓼叶，主疬癣，每日取一握煮之；又霍乱转筋，多取煮汤及热捋脚。叶，捣敷狐刺疮，亦主小儿头疮"。《岭南采药录》中记载："敷跌打，洗疬疥，止痒消肿"。

〔6〕 （宋）苏轼：《东坡酒经》，见（宋）朱肱等：《北山酒经（外十种）》，任仁仁整理校点，上海书店出版社2016年版，第10页。

而成酒药。辣蓼草粉的加入，作用有三。

一是促进微生物生长。传统绍兴酒药中的微生物以根霉最多，酵母次之。根霉菌为需氧型微生物，而酵母菌虽然为兼性厌氧微生物，但在有氧条件下有利于酵母菌的生长繁殖。因此，无论是根霉还是酵母菌，在有氧条件下均有利于其生长繁殖。早籼米粉颗粒较细，若不添加辣蓼草粉制作酒药，其结构比较致密，不利于氧的通透性，对曲心的微生物生长繁殖不利。因此，在酒药中添加一定比例的辣蓼草粉后，大大增加了酒药的疏松性，提高了酒药的透气性，使得根霉菌及酵母菌等微生物在酒药表面及其内部均能较好地生长繁殖，从而大大提高了酒药的质量。

二是利用其抗病原性的功能来杀虫。传统绍兴酒药一般在农历六月天气最炎热的时候制作，等到立冬前后天气较为凉爽时，制作淋饭酒母时作为糖化发酵剂使用。在酒药制作完成到使用这长达 3 个月左右的存放时间里，由于气温较高，病虫害较多，且酒药中含量丰富的淀粉、蛋白质等物质是病虫的主要食物之一，因此，制作完成的酒药如果自身没有防虫功能，很容易受到病虫的侵害。而蓼属植物大多具有杀虫、拒食、驱避活性的功能，因此辣蓼在很早就被人们用作杀虫剂。

三是用以抗氧化。"氧化是自然界中一类比较常见的化学反应。制作酒药的主要原料早籼米粉的主要成分是淀粉，另外还含有丰富的蛋白质、脂肪等物质，这些物质都是微生物赖以生长繁殖的基础。酒药一旦发生氧化反应，不仅会使酒药外观发黄，产生不愉快的异味，更为严重的是，将破坏酒药中的正常营养成分，进而影响到酒药中微生物的正常生长繁殖。例如，米粉中的脂肪类物质被氧化后产生脂肪酸，会破坏酒药中的酸度环境，在一定程度上将抑制微生物的生长繁殖。"辣蓼草中含量丰富的黄酮类等活性物质具有较强的抗氧化能力，能较好地抑制糙米粉中脂肪等物质的氧化，从而能较长时间地保持酒药中营养成分不受破坏，有效保证了酒药在贮存过程中不变质。[1]

另外，元代画家倪云林所撰《云林堂饮食制度集》中记录了吴地的"郑公酒法"，其制曲之法是：

> 白面三十斤，绿豆一斗，烂煮，退砂木香一两为末，官桂一两为末……捣辣蓼自然汁，和前拌匀，干湿得中，用布包，脚踏之，令实。用二桑叶包裹，麻皮扎，悬透风梁上。一月后取出，去桑叶，刷曲净，

---

[1] 沈斌：《辣蓼草在传统绍兴酒药中的作用初探》，《华夏酒报》2010 年 5 月 7 日。

日晒夜露，约一月，入瓦土瓽中密封。[1]

这与现在环太湖流域许多黄酒厂制作小曲、挂曲、草包曲的方法一致。[2]也可见南曲的制作水平。

除了《北山酒经》所记之外，应该说，红曲的应用也是宋代制曲酿酒的一个重大发展。因为红曲是红曲霉寄生在粳米上而产生的曲，所以它的制作在南方比较盛行。陶谷[3]《清异录》中"酒骨糟"条载："孟蜀尚食掌食典一百卷，有赐绯羊，其法：以红曲煮肉，紧卷石镇，深入酒骨淹透，切如纸薄，乃进。"[4]可见五代十国时期的后蜀，就用红曲煮羊肉。宋代王十朋的《买鱼行》中描述了烹饪鱼时以红曲调味："止将烟水作生涯，红曲盐鱼荷裹鲊。舟人争买不论钱，我亦聊将荐杯斝。烹庖入坐气微腥，钉饾登盘色如赭。"宋代庄绰[5]《鸡肋编》卷下载："江南闽中公私酝酿，皆红曲酒，至秋尽食红糟，蔬菜鱼肉，率以拌和，更不食醋。信州[6]冬月，又以红糟煮鲮鲤肉卖。"[7]另外，《居家必用事类全集》中记"造红曲法"、明代李时珍《本草纲目》记"红曲"、宋应星《天工开物》记"丹曲"。方心芳先生说，宋代"已经知道用新鲜的酒糟作引子可制成好曲，便用含红曲霉越来越多、黑曲霉越来越少的酒糟连续传下去，最后就得到了红曲"[8]。红曲由福建首产，然后进入浙江，金华一带至今仍产红曲酒，曲称"土曲"。周立平则在实地考察的基础上提出，福建的"土曲"与浙江的"乌衣红曲"制法基本一致。[9]

现代酒曲仍广泛用于黄酒、白酒等的酿造。在生产技术上，由于对微生物和酿酒理论知识的掌握，酒曲的发展跃上了一个新台阶。由上述历史回顾可见。宋代是中国黄酒酿造的高峰期。这一时期，曲的种类已经十分丰富。而不同曲

〔1〕（元）倪瓒：《云林堂饮食制度集》，邱庞同注释，中国商业出版社1984年版，第19页。

〔2〕边文刚、钱裕良、邱鑫江：《环太湖流域黄酒历史考证及酿造技术的发展》，见赵光鳌主编：《第七届国际酒文化学术研讨会论文集》，中国纺织出版社2010年版，第427页。

〔3〕陶谷（903—970），字秀实，邠州新平（今陕西彬州）人。著有《清异录》2卷。

〔4〕（宋）陶谷：《清异录》，中国商业出版社1985年版，第31页。

〔5〕庄绰，生卒年不详，字季裕。著名文史考证学者余嘉锡在著《四库提要辨证》时，经多方考证，确定庄绰为泉州惠安人。庄绰博物洽闻，学问渊博，多融逸闻旧事。所著《鸡肋编》3卷，后人推为与周密《齐东野语》相埒。

〔6〕信州，今江西贵溪以东、怀玉山以南地区。

〔7〕（宋）庄绰、（宋）张端义：《鸡肋编 贵耳集》，上海古籍出版社2012年版，第75页。

〔8〕《生物学史专辑》编纂组：《科技史文集（第4辑）：生物史专辑》，上海科学技术出版社1980年版，第147页。

〔9〕周立平：《中国的米曲——乌衣红曲与红曲》，见赵光鳌主编：《第七届国际酒文化学术研讨会论文集》，中国纺织出版社2010年版，第305—310页。

的加入，丰富了酒的口味与颜色，使得宋人对酒的选择空前多样。而这一时期的制曲工艺，也称为传统的制曲方式。

第三节　酿造技术的发展

我国酿酒技术的发展可分为两个阶段。第一阶段是自然发酵阶段，也可称为手工酿制阶段。人们主要是凭经验，结合当地实际情况，选材选时，进行酿酒，生产规模一般不大。第二阶段可称为机械酿制阶段。民国时期，由于引入西方的科技知识，尤其是微生物学、生物化学和工程学知识，人们懂得了酿酒微观世界的奥秘，酒业生产的机械化水平提高，劳动强度大大降低，酒的质量更有保障。

一、宋代以前酿造技术概说

商代关于酒的文字虽然有很多，但从中很难找到完整的酿酒过程的记载。至于周代的酿酒技术，也只能根据文献中的只言片语加以推测。

从1973年长沙马王堆西汉墓中出土的帛书《养生方》和《杂疗方》中可看到我国迄今为止发现最早的酿酒工艺记载。《养生方》中有一例"醪利中"，制法共包括十道工序。这是我国最早的较为完整的关于酿酒工艺的文字记载，而且书中反映的都是先秦时期的情况，具有很高的研究价值。其大致过程如图2-1所示。

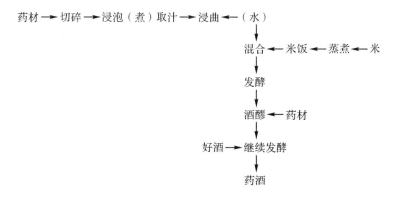

图2-1　《养生方》"醪利中"记载的酿酒工序

可以看出，先秦时期的酿酒有如下特点：采用了两种酒曲；酒曲先浸泡，再取曲汁用于酿酒；发酵后期，在酒醪中分三次加入好酒，这就是古代所说的

"三重醇酒"即"酎酒"的特有工艺技术。

1974年和1985年，考古人员在河北藁城台西商代遗址中发现了一处完整的商代中期的酿酒作坊。其中的设施情况与大汶口文化遗址类似。

从酿酒器具的配置情况来看，远古时期，酿酒的基本过程有谷物的蒸煮、发酵、过滤、贮酒。经过蒸熟的原料，便于微生物的作用，制成酒曲，也便于被酶分解，发酵成酒，再经过滤，滤去酒糟，得到酒液（也不排除制成的酒醪直接食用）。这些过程和这些简陋的器具是酿酒最基本的要素。酿酒器具的组合中，都有煮料用具（陶鼎或将军盔），说明酿酒原料是煮熟后才酿造的，进一步可推测，在五千年前，用酒曲酿酒可能是酿酒的方式之一。因为煮过的原料基本上不再发芽，将其培养成酒曲则是完全可能的。当然，根据酿酒器具的组合，也不排除用蘖法酿醴这种方式。

《黄帝内经·灵枢》中有一段话也说明，远古时代酿酒，煮熟原料是其中的一个步骤。其文云："酒者，熟谷之液也。"[1]《黄帝内经·素问·汤液醪醴论》记载："黄帝问曰：'为五谷汤液及醪醴奈何？'岐伯对曰：'必以稻米，炊之稻薪。稻米者完，稻薪者坚。'"[2] 这也说明，酿造醪醴，要用稻薪蒸煮稻米。总之，用煮熟的原料酿酒，说明用曲是很普遍的。曲法酿酒后来成为我国酿酒的主要方式之一。当然，《黄帝内经》是后人所作，其中一些说法是否真的能反映远古时期的情况，还很难确认。

山东诸城前凉台汉墓出土的一块汉代画像石上绘有一幅庖厨图（图2-2）：一人正跪着捣碎曲块，旁边有一口陶缸，应为浸泡曲末，一人正在劈柴，一人正在加柴烧饭，一人在甑旁拨弄着米饭，一人负责将曲汁过滤到米饭中，并把发酵醪拌匀。有两人负责酒的过滤，还有一人拿着勺子，大概是要把酒液装入酒瓶。下面是发酵用的大酒缸，以上都安放在酒垆之中。大概有一人偷喝了酒，被人发现，正在挨揍。酒的过滤大概是用绢袋，并用手挤干。过滤后的酒放入小口瓶，继续陈酿。该图把当时酿酒的全过程都表现出来了，这可能是最早的酿造过程实证。根据此图可以整理出东汉时期酿酒的工艺流程（图2-3）。

---

〔1〕（战国）佚名：《黄帝内经》，中国医药科技出版社2013年版，第201页。
〔2〕（战国）佚名：《黄帝内经·素问》，中国医药科技出版社2016年版，第31页。

图 2-2　庖厨图（局部）　　　　图 2-3　东汉时期酿酒的工艺流程

这一酿酒工艺流程可以说是汉代及其以前很长一段历史时期酿酒的主要操作法。汉代酿酒配方中粮与酒的比例也有明确的记载。《汉书·食货志》载："一酿用粗米二斛，曲一斛，得成酒六斛六斗。"这是我国现存最早用稻米曲药酿造黄酒的配方。出酒率 220％，可以看出酒曲的用量很大（占酿酒用米的 50％），这说明酒曲的糖化发酵力不高。

东汉末期，曹操将"九酝春酒法"献给汉献帝。这个方法是酿酒史上乃至发酵史上具有重要意义的补料发酵法。这种方法，现代称为"喂饭法"，也就是将糯米原料分成几批。第一批以淋饭法做成酒母，然后再分批加入新原料，使发酵继续进行。用此法生产之黄酒与"淋饭法"及"摊饭法"所产之黄酒相比，发酵更深透，糖化与酒化的过程更均衡，原料利用率较高。这是中国古老的酿造方法之一。《齐民要术》中记载的酿酒法就普遍采用了这种方法（图 2-4）。

图 2-4　《齐民要求》中记载的酿酒法

《齐民要术》中记录有 40 余例酿酒法。它收录的实际上是汉代以来各地区（以北方为主）的酿酒法，是我国历史上第一部系统的酿酒技术总结。《齐民要术》中的补料法除了"递减补料法"外，还有"递增补料法"。如"法酒第六十七"中记"粳米酒法"：第一次加料三斗三升，第二次加六斗六升，第三次加一石三斗二升，第四次加料二石六斗四升。汉代开始采用"喂饭法"。从酒曲的功能来看，《齐民要术》中神曲的用量很少，说明酒曲的质量提高了。这可能与当时普遍使用块曲有关。块曲中根霉菌和酵母菌的数量比散曲中的相对要多。由于这两类微生物可在发酵液中繁殖，因此，曲的用量没有必要太多，逐级扩大培养就行了。喂饭法从本质来说也具有逐级扩大培养的功能。《齐民要术》中记录的白醪酒即是以糯米酿造黄酒的例子。《齐民要术》的酿酒工艺分为三个方面，即原料处理、制醪技术和"酘"法。

《齐民要术》所记酿酒法中，对米的处理要求"绝令精细"，舂得极精白。使用"再馏弱炊"来蒸煮酿酒的米，将米粒处理多次。"再馏"即再蒸法，蒸气初透出饭面，浇上水，再蒸，使得米粒软硬一致，生熟均匀，彻底糊化；"弱炊"即烧得软熟，使米粒充分软化。另外还有"沃馈"和"一馏饭"。所谓"沃馈"，是以热水浸泡使其熟烂；"一馏饭"即事先浸米一宿，只蒸一次使其糊化。用曲一般要经过净曲、判曲、曝曲的处理。

制醪技术。主要有两种：一种是水、曲、饭一起全部投入的方法，称为"一酘法"；一种是先制酒母后酘饭的方法，因酒母的不同而有多种方式，包括浸曲酒母、酘浆酒母、浓缩酘浆酒母三种制醪法。

"酘"即投饭，也即现在酿酒工业的制醪。多使用喂饭法，对投饭的次数与数量都有了较详细的说明。

唐代流传下来的有完整酿酒技术记载的文献资料较少，但不少史籍中有零星的记载。如汝阳王李琎的《甘露经》、王绩的《酒经》、刘炫的《酒孝经》《贞元饮略》、胡节还的《醉乡小略》《白酒方》、徐炬的《酒谱》、侯台的《酒肆》等。

二、宋代的酿造技术

宋代有关酿酒技术的文献不仅数量多，而且内容丰富，具有较高的理论水平，如朱肱的《北山酒经》、李保的《续北山酒经》、苏轼的《酒经》、田锡的《曲本草》、张能臣的《酒名记》、窦苹的《酒谱》、宋伯仁的《酒小史》、范成大的《桂海酒志》等。其中，《续北山酒经》分经文、酝酒法两部分。酝酒法部分记述了酿制各种曲和酒的方法。

（一）苏轼的《酒经》

苏轼的《酒经》一文言简意赅，仅三百字左右，对黄酒酿造的各个环节做了准确而科学的描述。

《酒经》中记载的黄酒酿造要点如下：

（1）以大米（糯米或粳米）为原料。

（2）以草药制成药汁，再和面粉、姜汁，制成曲或酒药。

（3）采用三次投料的喂饭法。

（4）酒糟经重酿，再利用，以充分利用酒精中的微生物和原料，达到节约原料和酒曲之目的。

（5）反映了当时的出酒率：五斗米最后酿出五斗酒。

（6）酿造生产周期为三十天。

（7）酿造过程中各环节生产工艺之变化及检验标准和方法。

《酒经》所记黄酒酿造特点有三。第一个特点在于所用曲有饼曲和风曲两种。饼曲是用大米制成的以根霉为主的酒药，用来制备酒母；风曲是以蒸熟面粉制成的以米曲霉为主的曲，从微生物学来讲，即属于根霉和米曲霉的范畴。第二个特点是采用三次投曲法，将风曲、饭及制醪用水均分为三次投入。第三个特点是使用饼曲和风曲进行混合发酵。使用熟面粉制米曲霉风曲别具匠心，与后世使用米曲霉散曲的绍兴黄酒工艺同出一辙，同样属于根霉和米曲霉的范畴，取得了非常成功的混合发酵效果。

因此，这一方法是使用酒药在低温条件下成功地制作酒母，并进行低温发酵，之后的《北山酒经》中亦记有这种方法。至今江南一带仍非常广泛地使用这种大米制成的酒药去培养酵母，充分证明酒药制酒母的优越性和苏轼的用心。如果对照现代黄酒生产工艺技术，可以发现许多相近之处：

（1）以精白糯米为主要生产原料。

（2）以辣蓼草为药剂，并和以面粉，制成小曲酒药。

（3）淋饭法，或摊饭法、喂饭法。

（4）酒糟的重复利用。

（5）出酒率：元红酒，米、酒之比为 1∶1.96；加饭酒，米、酒之比为 1∶1.75；善酿酒，米、酒之比为 1∶2.05；香雪酒，米、酒之比为 1∶2.30。（古越龙山黄酒标准）

（6）酿造生产周期：机械化，三十天；纯手工，一百天。

（7）酿造过程中各环节的检测标准和方法：采用现代仪器仪表和经验作业法。

（二）朱肱《北山酒经》记载的宋代杭州酿酒工序

《北山酒经》描述的宋代酿酒工序不仅步骤清晰，而且可操作性很强。同时，朱肱所记酿酒工序建立在古法与北法相比较的基础上，说明问题很有针对性，也具有客观性。《北山酒经》记录的酿酒过程如图 2-5 所示。

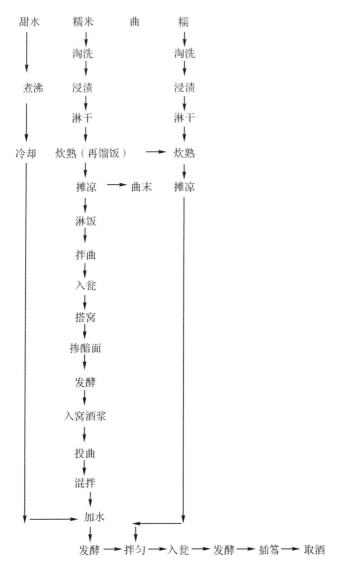

图 2-5　《北山酒经》所记酿酒过程

对照现代黄酒生产工艺过程，《北山酒经》所记酿酒过程与现代酿酒工艺是
极为相似的，这说明宋代的黄酒酿造工艺已经十分成熟，其中酸浆的普遍使用
是特别显著的特点。据湖州乾昌黄酒轮缸酿制技艺非遗继承人丁伟江介绍，今
天湖州乾昌黄酒的工艺就是沿用了《北山酒经》的技术，"其制作工艺就有拣米
过筛—浸米—蒸饭—淋饭—拌药搭窝—放水—酒药制备—翻酿—加曲—第一次
喂饭—第二次加曲喂饭—开耙—生曲制备—灌醅—堆醅后酵—卸醅—上榨—压
榨—出榨—澄清—割脚—勾兑—煎酒—堆桩储存等流程"，"细分起码有几百个操

作名称，譬如煎酒工段中的上榨，略算就有以下操作：拆醅、挑醅、卸醅、灌袋、进榨、闷头、架榨担、挂蝴蝶、压榨石、脱箱、转榨、折袋、清榨筛、分缸、打道、澄清、割脚、灌道壶等几十道工序"。[1]

《北山酒经》强调了酸浆的重要性以及制作的方法。造酒看浆是大事，古谚云：看米不如看曲，看曲不如看酒，看酒不如看浆。所谓"浆"，即浸米后的浆水，它含有丰富的淀粉及蛋白质、维生素B、维生素A，并具有一定的酸度。这些成分在发酵酿造中，既增加酒体的营养成分，强化成品酒的醇厚感，又给酵母以充分的营养要素和微酸环境，促使酵母发酵旺盛，达到以酸抑酸的目的。

> 六月三伏时，用小麦一斗，煮粥为脚，日间悬胎盖，夜间实盖之。逐日侵热面浆，或饮汤不妨给用，但不得犯生水。[2]

> 如早晨汤米，晚间又搅一遍；晚间汤米，来早又复再搅。每搅不下一二百转，次日再入汤又搅，谓之"接汤"。

> 接汤后渐渐发起泡沫，如鱼眼、虾跳之类。大约三日后必醋矣。寻常汤米后第二日生浆泡，如水上浮沤；第三日生浆衣，寒时如饼，暖时稍薄；第四日便尝，若已酸美有涎，即先以笊篱掉去浆面，以手连底搅转，令米粒相离，恐有结米，蒸时成块，气难透也。夏月只隔宿可用，春间两日，冬间三宿。

> 要之，须候浆如牛涎，米心酸，用手一拈便碎，然后漉出，亦不可拘日数也。惟夏月浆、米热，后经四五宿渐渐淡薄，谓之"倒了"。盖夏月热后，发过罢损。况浆味自有死活，若浆面有花衣，浡白色明快，涎黏，米粒圆明利，嚼着味酸，瓮内温暖，乃是浆活；若无花沫，浆碧色不明快，米嚼碎不酸，或有气息，瓮内冷，乃是浆死。盖是汤时不活络。善知此者，尝米不尝浆；不知此者，尝浆不尝米。大抵米酸则无事于浆，浆死却须用杓尽撇出元浆，入锅重煎再汤，紧慢比前来减三分，谓之"接浆"。依前盖了，当宿即醋。或只撇出原浆，不用漉出米，以新水冲过，出却恶气。上甑炊时，别煎好酸浆泼馈，下脚亦得。要之，不若接浆为愈。然亦在看天气寒温，随时体当。[3]

---

[1] 丁伟江口述：《乾昌黄酒轮缸酿制技艺》，见湖州市政协文史资料委员会：《守望：湖州市非物质文化遗产传承人纪事》，杭州出版社2013年版，第339页。
[2] （宋）朱肱等：《北山酒经（外十种）》，任仁仁整理校点，上海书店出版社2016年版，第24页。
[3] （宋）朱肱等：《北山酒经（外十种）》，任仁仁整理校点，上海书店出版社2016年版，第26—27页。

观察之仔细、操作务实介绍之详细，非个中能手所能胜任。

《北山酒经》强调酿好酒必须选用优质的糯米。现在酿酒择米，其经验在于"看""咬""蒸"。"看"，判别米的品种，粳糯为上，色为蜡白，"阴粳"次之，籼糯最差。"咬"，通过牙齿检验米的含水量。若发出清脆断裂声，其水分含量低，则适用；若断裂声轻且硌牙、黏牙，其水分含量高、淀粉比例低，则尽量不用。"蒸"，看饭熟后的黏糯性，愈黏愈好。

《北山酒经》津津乐道于淘米的过程：

> 凡米不从淘中取净，从拣中取净，缘水只去得尘土，不能去砂石、鼠粪之类。要须旋春簸，令洁白，走水一淘，大忌久浸。盖拣簸既净，则淘数少而浆入。但先倾米入笟，约度添水，用杷子靠定笟唇，取力直下，不住手急打斡，使水米运转，自然匀净，才水清即住，如此则米已洁净，亦无陈气。仍须隔宿淘控，方始可用。盖控得极干，即浆入而易酸，此为大法。[1]

此记法，已有庖丁解牛的神韵。

《北山酒经》中的蒸米，也是颇有法度。这里强调的是南北技术上的不同，即"南蒸北煮"。蒸和煮是两个意义不同的字，但人们习惯于将蒸和煮连在一起说。在黄酒酿造工艺上，"蒸煮"二字，南方理解为蒸，北方理解为煮。事实上，南方酿酒以大米为原料，是只蒸不煮，因为糯米煮则烂，不宜用来酿酒。而北方酿酒以黍米为原料，是只煮不蒸，因为黍米黏性弱，不易糊。因此，以大米为原料酿造黄酒的"蒸煮"，确切说来应该是"蒸饭"。大米经过蒸煮，原料内部的淀粉膜破裂，内容物流出，变成可溶性淀粉，这一过程叫糊化。整个蒸煮糊化过程，可分两步进行：第一步是淀粉颗粒吸收水分而膨胀；第二步是当加热到一定温度时细胞破裂，内容物流出面糊化。蒸煮压力、热度、时间对糊化率的影响很大。蒸饭要求达到：①饭粒疏松不糊，透而不烂，没有团块；②成熟均匀一致，蒸煮没有死角，没有生米；③蒸煮熟透，饭粒外硬内软，充分吸足水分，内无白心。如果饭蒸得不熟，饭粒里面就有白心或硬粒。这些白心就是生淀粉，这部分半生半熟的淀粉颗粒，最易导致糖化不完全，还会引起不正常的发酵，使成品酒的酒度降低或酸度增加，不仅浪费粮食，而且影响酒的质量。米蒸得糊烂了也不好。米饭糊烂黏结成饭团以后，成为烫饭块。即使经过水淋，也不易冷却，既不利于发酵微生物的发育和生长，又不利于糖化和发酵。

---

〔1〕（宋）朱肱等：《北山酒经（外十种）》，任仁仁整理校点，上海书店出版社 2016 年版，第 24 页。

同时这些发糊的饭块，有一部分在发酵后期成为僵硬的老化回生饭块，这些老化回生的饭块，即使再经过一次蒸煮，仍旧不容易蒸透，不易糖化，日后榨酒时，会造成堵泵，堵塞管路或滤布，不仅增加榨酒困难，也会降低酒的质量和出酒率。所以，对蒸饭的质量，要求达到饭粒疏松、不糊不烂。

现代多用蒸饭机，而古法用甑筒蒸，这里有许多技巧与细节。在《齐民要术》中，最常用的方法是"再馏弱炊"，是将米粒糊化与软化的方法。而《北山酒经》的记录则更详细，比如考察饭是否熟透时，"更候大气上，以手拍之，如不黏手，权住火，即用枚子搅斡盘折，将煎下冷浆二斗，便用棹篦拍击，令米心匀破成麋"〔1〕。避免白心的办法，对于糯米，要注意在浸米时多吸收水分，还要在蒸饭的饭面上用浇水壶浇淋适量温水，如果米已浸透或米质过黏，就不必再浇水；对于粳米和籼米，则必须采用"双淋、双蒸"的蒸饭操作法来解决。

传统的冷却方法按其用途可分成淋饭冷却和摊饭冷却。淋饭冷却即用清洁的冷水从米饭上面淋下。用淋饭冷却法降低品温的优点是快速而方便，不论天气冷暖都可以灵活掌握，使米饭达到所需的品温。在冬天，淋饭冷却则是为了适当增加米饭含水量和使热饭表面光滑，颗粒间能分离和通气，有利于拌入酒药和搭窝的手工操作。摊饭冷却就是将蒸熟后的糯米饭，摊放在阴凉通风场所的竹簟上，竹簟须事先洗净晒干。在倒饭入簟前，先在竹簟上洒以少量冷水，以免饭粒粘于竹簟上；随即用木楫或木把摊开，并翻动拌碎，使饭温迅速下降至符合下缸所需要的品温。因为发酵缸内是自然温度的冷水，要靠摊饭的品温来调节发酵醅的温度。《北山酒经》中有"曝酒法"，是我国黄酒淋饭酒操作法的远祖。其方法，"平旦起，先煎下甘水三四升，放冷，着盆中。日西，将衡正纯糯一斗，用水净淘，至水清，浸良久方漉出，沥令米干。炊再馏饭，约四更饭熟，即卸在案卓上，薄摊，令极冷。昧旦日未出前，用冷汤二碗拌饭"〔2〕，淋去黏物质，令饭粒松散，互不粘连，以利通风，促进乳酸菌及酵母增殖。同时，由于淋水饭粒含水量增加，使饭温达到了要求温度。

《北山酒经》中说宋代用曲与古法不同，采取的是从浸曲到米曲的同时落缸法，但是要视情况具体操作。"曲有陈新，陈曲力紧，每斗米用十两，新曲十二两或十三两。腊脚酒用曲宜重，大抵力胜则可存留，寒暑不能侵。米石百两，是为气平。十之上则苦，十之下则甘，要在随人所嗜而增损之。"比照《齐民要

---

〔1〕（宋）朱肱等：《北山酒经（外十种）》，任仁仁整理校点，上海书店出版社 2016 年版，第 27—28 页。

〔2〕（宋）朱肱等：《北山酒经（外十种）》，任仁仁整理校点，上海书店出版社 2016 年版，第 35—36 页。

术》的曝曲之法，《北山酒经》区分了不同情形的处理方法及其用量、时间，并指出，酿酒人应该根据口味来调整用曲用米的数量："或醅紧恐酒味太辣，则添入米一二斗；若发太慢，恐酒甜，即添曲三四斤，定酒味全此时，亦无固必也。供御祠祭用曲，并在酴米内尽用之，酘饭更不入曲。一法，将一半曲于酘饭内分，使气味芳烈，却须并为细末也。唯羔儿酒尽于脚饭内着曲，不可不知也。"[1]

《北山酒经》点明北方人造酒用不上酵母，而南方有传醅的方法。

> 北人造酒不用酵。然冬月天寒，酒难得发，多撧了，所以要取醅面正，发醅为酵最妙。……欲搜饭，须早辰先发下酵，直候酵来多时，发过方可用。盖酵才来未有力也。酵肥为来，酵塌可用。又况用酵四时不同，须是体衬天气，天寒用汤发，天热用水发，不在用酵多少也。不然，只取正发酒醅二三杓拌和，尤捷。酒人谓之传醅，免用酵也。[2]

也就是说，宋时北方人已经发现酒醅（未经过滤处理的酒）的微生物酶化效力最强，因此注意收集一定的酒醅，控干后拌以酒母经湿匀再阴干制成"干酵"，这样使得酵母菌的保存时间更长。而南方人使用了"传醅"之法——"以旧曲末逐个为衣"和"更以曲母遍身糁过为衣"，即把优质的旧曲碾碎成粉后，均匀地抹在曲坯表面，将旧曲的菌种接到新曲之上，这样就缩短了曲块的生长周期，也保证了制曲过程中的卫生，显示了人工对制曲的掌控。[3]

《北山酒经》对酘米的记述甚详：

> 酘醾最要厮应，不可过，不可不及。……北人秋冬酘饭，只取脚醅一半于案上，共酘饭一处搜拌令匀，入瓮却以旧醅盖之。（缘有一半旧醅在瓮）夏月脚醅须尽取出案上搜拌，务要出却脚麋中酸气。一法，脚紧案上搜，脚慢瓮中搜，亦佳。寒时用荐盖，温热时用席。若天气大热，发紧，只用布罩之，逐日用手连底掩拌。务要瓮边冷醅来中心。寒时以汤洗手臂，助暖气，热时只用木杷搅之。不拘四时，频用托布抹汗。五日已后，更不须搅掩也。如米粒消化而沸未止，曲力大，更

---

〔1〕（宋）朱肱等：《北山酒经（外十种）》，任仁仁整理校点，上海书店出版社 2016 年版，第 28—29 页。

〔2〕（宋）朱肱等：《北山酒经（外十种）》，任仁仁整理校点，上海书店出版社 2016 年版，第 29—30 页。

〔3〕赵匡华、周嘉华：《中国科学技术史·化学卷》，科学出版社 1998 年版，第 541—542 页。

酘为佳。若沸止醅塌,即便封泥起,不令透气。夏月十余日,冬深四
十日,春秋二十三四日,可上槽。大抵要体当天气冷暖与南北气候,
即知酒熟有早晚,亦不可拘定日数。酒人看醅生熟,以手试之,若拨
动有声,即是未熟;若醅面干如蜂窠眼子,拨扑有酒涌起,即是熟也。
供御祠祭,十月造,酘后二十日熟;十一月造,酘后一月熟;十二月
造,酘后五十日熟。[1]

《北山酒经》的上槽、收酒、煮酒之法一直延续下来,当下土法酿酒工艺之
中仍见使用。[2]

综上所述,传统黄酒工艺的主要特征是以小曲、麦曲或红曲作为糖化发酵
剂,酿造而成的一种低酒度的发酵原酒。在传统工艺中,主要有淋饭法、摊饭
法、喂饭法三种生产方式,生产的酒分别称为淋饭酒、摊饭酒和喂饭酒。淋饭
酒是因将蒸熟的米饭采用冷水淋的操作而得名的。这种酒的味道淡薄,不及摊
饭酒醇厚。所以,淋饭酒除了生产摊饭酒时做酒母用外,很少单独出售。所谓
摊饭酒,就是将蒸好的饭摊在竹簟上进行冷却,然后将冷却后的饭和曲及酒母
混合直接进行发酵而成的产品。绍兴加饭酒、元红酒是摊饭酒的代表,仿绍酒、
红曲酒都是采用摊饭法生产的。所谓喂饭酒,是在黄酒发酵过程中分批加饭,
进行多次发酵酿造而成的酒。浙江嘉兴黄酒是喂饭酒的代表之一。在黄酒生产
中也有将摊饭法与喂饭法相结合的,如寿生酒、乌衣红曲酒等。

随着技术进步,出现了新工艺黄酒。新工艺黄酒是在传统工艺基础上发展
起来的,它最明显的特点表现在设备上的改革,如大罐浸米、蒸饭机蒸饭、大
罐发酵、压榨机榨酒、物料运输管道化等。在工艺上,采用自然曲和纯种酒母
及纯种曲相结合的办法进行生产,以适应大容器发酵的要求。它是摊饭法、喂
饭法和淋饭法三者相结合的产物。由于发酵工艺和设备的改变,酒品也具有自
己的风格,故称新工艺黄酒。新工艺黄酒的生产方法解决了传统工艺耗费体力
劳动的问题,为实现黄酒生产的机械化和自动控制创造了条件,是黄酒工业发
展的方向。而通过对宋代酒酿造技术的分析,不难发现,宋代米酒酿造工艺和
技术其实就是黄酒的酿造工艺和技术,而且与当代的黄酒酿造要素几乎相同。

---

[1] (宋)朱肱等:《北山酒经(外十种)》,任仁仁整理校点,上海书店出版社 2016 年版,第
32—33 页。

[2] 但后来又有"火迫酒"法超之,见本书第三章相关内容。

三、宋以后的酿造技术

宋以后也有一些涉及酿造的文献，比如成书于元代的《居家必用事类全集》，成书于元末明初的《易牙遗意》和《墨娥小录》，另外还有周达观的《真腊风土记》、马端临的《文献通考》、忽思慧的《饮膳正要》等。

清代绍兴酒的酿造技术在《调鼎集》[1]中得到了全面的体现。此书卷8"茶酒部"下有"酒谱"条，关于"酒谱"条的写作动机，作者写道："余生长于绍，戚友之藉以生活者不一。山，会之制造，又各不同。居恒留心采问，详其始终，节目为缕述之，号曰'酒谱'。盖余虽未亲历其间，而循则，而治之，当可引绳批根，而神明其意也。"[2] "酒谱"条的可贵之处在于酿酒实践的纪实性，下设40多个专题，内容包含与酒有关的所有内容，如酸法、用具、经济。有关酿造技术的内容主要有：论水，论米，论麦，制曲，浸米，酒娘（酒母），发酵，发酵控制技术，榨酒，作糟烧酒，煎酒，酒糟的再次发酵，酒糟的综合利用，医酒，酒坛的泥头，酒坛的购置、修补，酒的贮藏，酒的运销，酒的蒸馏，酒的品种，酿酒用具，等等。考虑到明清以后江南一带的酿酒以绍酒为样板的现实，也可以说这一时期杭州一带酒的生产大致维持在较高的水平。

第四节 酿酒工艺技术的提高

从《齐民要术》《北山酒经》以及其他文献资料中可以看到，宋代的酿造技术在原料处理、制醪技术、配制方法上都有进步。而宋代的酒类著作集诞生于杭州，因此，宋代酒业酿造技术的进步，也就从侧面反映了杭州酿酒工艺的发展。

---

[1] 《调鼎集》原书是手抄本，现收藏于国家图书馆善本部。书作者无具名。内容丰富，以饮食烹饪内容为主。卷8"茶酒部"下"茶酒单"条，收录各种酒。关于绍兴酒的内容主要见卷8"茶酒部"下"酒谱"条。值得庆幸的是，唯独这部分内容的作者留有其名。作者是乾隆年间江南盐商童岳荐。他自称是会稽人。

[2] （清）童岳荐：《调鼎集》，张廷年校注，中州古籍出版社1991年版，第80页。

一、菌种扩大培养技术的应用

（一）酸浆的使用

《齐民要术》中的四十例酿酒法中仅有三例提到了酸浆的使用。《北山酒经》多处提到酸浆的重要性，"酝酿须酴米偷酸""自酸之甘，自甘之辛，而酒成焉"，甚至认为"造酒以浆为祖"。[1] 不仅如此，书中还总结了三种酸浆的制法：一种是用小麦煮粥而成，效果最好；一种是用水稀释醋制成的；最常用的则是将浸米水煮沸后用葱椒煎熬而成。《北山酒经》对制备酸浆时的煎浆、烫米操作法做了详细的记载，是《齐民要术》以来生产经验的总结。

> 假令米一石，用卧浆水一石五斗。（卧浆者，夏月所造酸浆也，非用已曾浸米浆也，仍先须子细刷洗锅器三四遍。）先煎三四沸，以笊篱漉去白沫，更候一两沸，然后入葱一大握（祠祭以薤代葱）、椒一两、油二两、面一盏，以浆半碗调面，打成薄水，同煎六七沸。煎时不住手搅，不搅则有偏沸及有糊着处。葱熟即便漉去葱、椒等。如浆酸，亦须约分数以水解之，浆味淡，即更入酽醋。要之，汤米浆以酸美为十分，若用九分味酸者，则每浆九斗，入水一斗解之，余皆仿此。寒时用九分至八分，温凉时用六分至七分，热时用五分至四分。大凡浆要四时改破，冬浆浓而涩，春浆清而涩，夏不用苦涩，秋浆如春浆。造酒看浆是大事，古谚云："看米不如看曲，看曲不如看酒，看酒不如看浆。"[2]
>
> 一石瓮埋入地一尺，先用汤汤瓮，然后拗瓮，逐旋入瓮。不可一并入生瓮，恐损瓮器。便用棹篦搅出火气，然后下米。（米新即倒汤，米陈即正汤。汤字，去声切。倒汤者，坐浆汤米也。正汤者，先倾米在瓮内，倾浆入也。其汤须接续倾入，不住手搅。）汤太热则米烂成块，汤慢即汤（去声切）。不倒而米涩，但浆酸而米淡。宁可热，不可冷。冷即汤米不酸，兼无涩生。亦须看时候及米性新陈，春间用插手汤，夏间用宜似热汤，秋间即鱼眼汤（比插手差热）。冬间须用沸汤。若冬月却用温汤，则浆水力慢，不能发脱。夏月若用热汤，则浆水力

---

[1]　（宋）朱肱等：《北山酒经（外十种）》，任仁仁整理校点，上海书店出版社 2016 年版，第 15、24 页。

[2]　（宋）朱肱等：《北山酒经（外十种）》，任仁仁整理校点，上海书店出版社 2016 年版，第 25 页。

紧，汤损，亦不能发脱。所贵四时浆水温热得所。[1]

通过《北山酒经》中煎浆、烫米的详细叙述，不难看出，酸浆的制备就是为了制醅时用它调整 pH 至酸性以利酒母的培养。现代绍兴酒也是在制醅时使用酸浆来调节 pH 后添加酒母制酒，与《北山酒经》所记酸浆制法的不同在于低温浸米，主要利用低温乳酸菌制备酸浆。

《北山酒经》中的"冷泉酒法"是一种典型的酸浆酒母酿酒法。

> 每糯米五斗，先取五升淘净，蒸饭。次将四斗五升米淘净，入瓮内。用梢箕盛蒸饭五升，坐在生米上，入水五斗浸之。候浆酸饭浮（约一两日）取出，用曲五两拌和匀，先入瓮底。次取所浸米四斗五升，控干，蒸饭，软硬得所，摊令极冷。用曲末十五两，取浸浆，每斗米用五升，拌饭与曲令极匀，不令成块，按令面平（毋浮饭在底，不可搅拌），以曲少许糁面，用盆盖瓮口，纸封口缝两重，再用泥封纸缝，勿令透气。夏五日，春秋七八日。[2]

南宋陈元靓撰《事林广记》中有"酒曲秘方"，所记酸浆酒母酿酒工艺与"冷泉酒法"基本相同，可见宋代制酸浆的普及性。

（二）"酴米""合酵"和"传醅"

《北山酒经》创造了"酴米""合酵""传醅"等名词。"酴米"就是酒母生产，"合酵"就是菌种的扩大培养，"传醅"是菌种扩大的新方法，这说明宋人将精细的菌种扩大培养技术掌握得炉火纯青。"北人造酒不用酵，然冬月天寒，酒难得发，多撅了，所以要取醅面正发醅，为酵最妙。"[3] 人们取出部分发酵旺盛的酒醅，干燥后制成干酵母制剂，称之为"干酵"，用来接种酵母。其具体做法是：用酒瓮发醅，撇取面上浮米糁，控干，用曲末拌令湿匀，透风阴干。至于其使用方法，《北山酒经》中有较详细介绍：

> 凡造酒时，于浆米中先取一升已来，用本浆煮成粥，放冷，冬月微温。用干酵一合，曲末一斤，搅拌令匀，放暖处，候次日搜饭时，

───────────

〔1〕（宋）朱肱等：《北山酒经（外十种）》，任仁仁整理校点，上海书店出版社 2016 年版，第 25 页。

〔2〕（宋）朱肱等：《北山酒经（外十种）》，任仁仁整理校点，上海书店出版社 2016 年版，第 40 页。

〔3〕（宋）朱肱等：《北山酒经（外十种）》，任仁仁整理校点，上海书店出版社 2016 年版，第 29 页。

入酿饭瓮中同拌，大约申时欲搜饭，须早辰先发下酵，直候酵来多时，发过方可用。[1]

这种做法颇具科学性，首先体现在用酸浆煮成粥放冷，微混进行扩大培养。由于是酸浆，pH 低，可抑制杂菌污染，也适合酵母增殖的要求。同时拌入曲末，进行糖化并提供酵母生长所需营养成分，等到发酵多时，酵母增殖到一定程度后，才与酿饭拌和入瓮。因为酵母还未达到一定数量时，发酵无力，不能使用。使用干酵，因四时而不同，"天寒用汤发，天热用水发，不在用酵多少也"[2]。特别要注意，务必使酵母得到充分繁殖。干酵之外，常用的还有"传醅"法，《北山酒经》中记云："不然，只取正发酒醅二三勺拌和，尤捷。酒人谓之'传醅'，免用酵也。"[3]

关于酵的使用原则，《北山酒经》"总论"中也有记述：

> 用酵四时不同，寒即多用，温即减之。酒人冬月用酵紧，用曲少；夏日用曲多，用酵缓。天气极热，置瓮于深屋，冬月温室多用毡毯围绕之。《语林》云"抱瓮冬醪"，言冬月酿酒，令人抱瓮速成而味好。大抵冬月盖覆，即阳气在内，而酒不冻；夏月闭藏，即阴气在内，而酒不动。非深得卯酉出入之义，孰能知此哉？[4]

《北山酒经》使用曲、饭同时落缸进行酒母培养，而后再分批投饭，这样，曲的糖化酶使淀粉分解出大量的糖分，为酵母的迅速增殖提供了营养成分和能源，也为酵母进行酒精发酵提供了基质。现代绍兴淋饭酒母的生产工艺（图2-6）就是在这个基础上发展起来的。

---

[1] （宋）朱肱等：《北山酒经（外十种）》，任仁仁整理校点，上海书店出版社 2016 年版，第 29 页。
[2] （宋）朱肱等：《北山酒经（外十种）》，任仁仁整理校点，上海书店出版社 2016 年版，第 29 页。
[3] （宋）朱肱等：《北山酒经（外十种）》，任仁仁整理校点，上海书店出版社 2016 年版，第 29—30 页。
[4] （宋）朱肱等：《北山酒经（外十种）》，任仁仁整理校点，上海书店出版社 2016 年版，第 16 页。

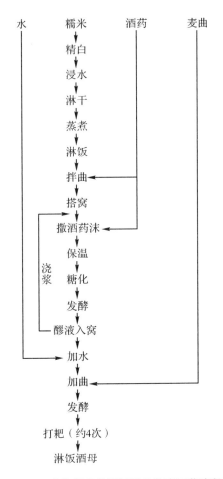

图 2-6　现代绍兴淋饭酒母的生产工艺流程

二、榨酒工艺技术的提高

在早期，酒酿成以后，酒液与酒糟往往混在一起，酒汁稠浓混浊，而细米与空壳还会浮在上面。这种酒的质量与口感就不太好，如果不太讲究，也能饮用。这种酒上面的细米等漂浮物质称"绿蚁"或"浮蛆"，唐人的诗歌中还有提及。

为了得到较清澈的酒液，人们发明了滤酒器。山东莒县陵阳河大汶口文化墓葬中曾出土过一件滤酒陶器，直敞口，平沿，斜直壁，平底，底有一孔，外饰篮纹，口径 58 厘米，底径 44 厘米，高 37 厘米，孔径 9 厘米。使用该器，必置于高处，在其出孔处垫一箅子，孔外安一导管，管下有一贮酒瓶或壶，当酿酒瓮掺水后，即可倒入滤酒器内，这样酒沿孔流出，经导管滴入陶壶中，形成脱糟的水酒，滤酒器内则为无酒的酒糟。

良渚文化遗址出土的陶过滤器（图 2-7）采用的是沉淀分离之法，将酒倒入过滤器一侧的小口后，由于壶口为倒三角形，液体经初步分离后流入壶内，壶底有隔离，液体满盛后再经过第二道分离流入右侧部位。

图 2-7 良渚文化遗址出土的陶过滤器及剖面图

古人还用茅草滤酒，也用一种特殊的工具"筝"滤酒。"筝"应该是像细密的竹笼一样的器具。唐代皮日休在《酒中十咏·酒筝》诗中描述道："翠篾初织来，或如古鱼器。新从山下买，静向瓢中试。轻可网金醪，疏能容五蚁。自此好成功，无贻我釂耻。"非常详细地说明了此器物材料、编织方式与使用方法。唐代以筝滤酒已极为普遍，如唐彦谦《宿独留》："争买鱼添价，新筝酒带浑。"皮日休《奉和鲁望新夏东郊闲泛》："碧莎裳下携诗草，黄篾楼中挂酒筝。"宋代继续以筝滤酒，《北山酒经》"曝酒法"说："候酸饭消化，沸止方熟，乃用竹筝筝之。若酒面带酸，筝时先以手掠去酸面，然后以竹筝插入缸中心取酒。"[1]

为了得到清澈的酒液，唐代还使用糟床（又称"槽床""酒床"）。如鲍溶《山中冬思二首》："幽人毛褐暖，笑就糟床醉。"杜甫《羌村》诗之二："赖知禾黍收，已觉糟床注。"陆龟蒙《奉和袭美酒中十咏·酒床》描述了酒床形状及压酒过程："六尺样何奇，溪边濯来洁。糟深贮方半，石重流还咽。"用酒床压酒，先在酒床中放入占其容量一半的酒糟，在糟上压石头，通过石头的重量压出酒汁。这种方法今天在农村的榨油作坊中还能看到。皮日休《临顿为吴中偏胜之地，陆鲁望居之，不出郛郭，旷若郊墅，余每相访，欣然惜去，因成五言十首奉题屋壁》云："压酒移溪石，煎茶拾野巢。"郑谷《郊墅》云："画成烟景垂杨

〔1〕（宋）朱肱等：《北山酒经（外十种）》，任仁仁整理校点，上海书店出版社 2016 年版，第 36 页。

色，滴破春愁压酒声。"段成式《醉中吟》："只爱糟床滴滴声，长愁声绝又醒
醒。"用重力压榨，出酒的过程非常缓慢，但与筛酒相比，得到的酒液更为纯
净。[1] 正如陆龟蒙《看压新醅寄怀袭美》诗云："晓压糟床渐有声，旋如荒涧野
泉清。"因为榨酒是对新酒的处理，所以唐代还有一种风俗，就是客人来时要进
行现场压榨以表示对客人的尊重。而当朋友见面时，宾客如果有兴致，也可以
参与榨酒。如权德舆《送许著作分司东都》："宾朋争漉酒，徒御侍巾车。"宋代
继续使用糟床压榨技术。如陆游《秋夕露坐作》诗云："酒床细滴香浮瓮，衣杵
相闻声满城。"悠长而有节奏的声音回响在秋天的傍晚时分。《北山酒经》中记
录了上槽之法：

> 　　大约造酒自下脚至熟，寒时二十四五日，温凉时半月，热时七八
> 日，便可上槽。仍须匀装停铺，手安压板，正下砧礧。所贵压得匀干，
> 并无煎失。转酒入瓮，须垂手倾下，免见濯损酒味。寒时用草荐麦麮围
> 盖，温凉时去了，以单布盖之。候三五日，澄折清酒入瓶。[2]

其要点有：酒醪的成熟度应适当；在不同季节，酒的成熟度应不同。如在
天寒时，酒须过熟；"温凉时并热时，须是合熟便压"。在压榨过程中可能会发
热，导致酒的酸败。压酒时，装料要均匀，压板上"砧"的位置要放正，压得
要干净。这样可以最大限度地提高出酒率，减少损失。压榨后的酒，先装入经
过热汤洗涤过的酒瓮，经过数天的自然澄清，并去除酒脚，至澄清为度，即酒
味倍佳。压榨是为了使酒更为清澈，更易于饮用。

除此之外，还有更为直接的方法，即往酒中加灰。唐代陆龟蒙《和袭美初
冬偶作》有"小炉低幌还遮掩，酒滴灰香似去年"的诗句。宋代史绳祖在《学
斋佔毕》中指明这句诗是说酒滴入灰中而香，酒中加灰，有过滤的作用。唐代
又称此为"灰酒"。李贺《奉和二兄罢使遣马归延州》云："笛愁翻陇水，酒喜沥
春灰。"[3] 其用法是：酒初熟时，下石灰水少许，易于澄清，所谓灰酒。酒中加
灰，不仅能够澄清杂质，而且能够直接杀死微生物，使酒不酸败。

出现于唐代的加灰方法，宋时应用更加普遍。宋代庄绰《鸡肋编》中记：
"二浙造酒，皆用石灰。云无之则不清。尝在平江常熟县，见官务有烧灰柴，历

---

〔1〕 闫艳：《"压酒"、"灰酒"诂训》，见《中国语言学报》编委会：《中国语言学报》第 15 期，商
务印书馆 2012 年版，第 253 页。

〔2〕 （宋）朱肱等：《北山酒经（外十种）》，任仁仁整理校点，上海书店出版社 2016 年版，第 34 页。

〔3〕 （唐）李贺：《李贺诗歌集注》，上海古籍出版社 1978 年版，第 196 页。

漕司破钱收买。每醅一石，用石灰九两。以朴木先烧石灰令赤，并木灰皆冷，投醅中。私务用尤多。或用桑柴。朴木，叶类青杨也。"[1] 在发酵醪液压榨的前一天加入适量的石灰水，既可以降低醪液的浓度，又能使酒液清澈。"二浙造酒，非用灰则不澄而易败。故买灰官自破钱。如衢州岁用数千缗。凡僧寺灶灰，民皆断扑。收买既久，以柴薪再烧，以验美恶。以掷地散远而浮扬者为佳，以其轻滑炼之熟也。官得之，尚再以柴煅，方可用。医方用冬灰，亦以其日日加火，久乃堪耳。如平江又用朴木，以煅石灰而并用之，又差异于浙东也。"[2] 所以在酒的生产流通中还出现了买扑木灰的副业。官酒普遍加灰，且有过量之弊。范成大《四时田园杂兴六十首》："老盆初熟杜茅柴，携向田头祭社来。巫媪莫嫌滋味薄，旗亭官酒更多灰。"这种加灰酒，从医学角度来看，易聚痰，所以在医用时取无灰酒。[3] 如宋朝宫廷"诞育仪"中，取自内藏库的赐品中就特别指明要"无灰酒"。[4]

经过提纯之后的黄酒，品质有了明显提高。

三、杀菌技术的改革

酒酿成后，生酒中往往会残留一些微生物，酒液会继续发酵，因此容易酸败变质。为了防止酒液变酸，古人采用加热杀菌技术。这一技术，可能经历了温酒、烧酒，再到目的明确的煮酒、火迫酒阶段。

可能在汉代以前，人们就习惯将生酒温热以后再饮。温热法在一定程度上也有灭菌的功能。

生酒加热法，是对生酒进行加热处理，以达到控制酒中微生物继续繁殖和消毒灭菌的效果。唐代采用烧酒与煮酒的方式加热。煮酒是将酒煮沸；皮日休《酒枪》云："唯将煮浊醪，用以资酣饮。偏宜旋樵火，稍近余酲枕。"说的就是煮酒，但是这一方式会破坏酒味，因此唐代普遍用"烧"法来加热。烧酒是用微火慢炊。白居易《荔枝楼对酒》云："荔枝新熟鸡冠色，烧酒初开琥珀香。"唐代房千里所著《投荒杂录》和刘恂的《岭表录异记》中也提到烧酒，而且讲述了其过程。"烧酒"实际上就是一种间接加热杀菌的方法，并不是蒸馏的方式。这两部书的记载大同小异："实酒满瓮，泥其上，以火烧方熟，不然，不中

---

〔1〕（宋）庄绰、（宋）张端义：《鸡肋编 贵耳集》，上海古籍出版社 2012 年版。

〔2〕（宋）庄绰、（宋）张端义：《鸡肋编 贵耳集》，上海古籍出版社 2012 年版，第 60 页。

〔3〕葛金芳：《南宋手工业史》，上海古籍出版社 2008 年版。

〔4〕（宋）周密：《武林旧事》，浙江人民出版社 1984 年版，第 129 页。

饮。"[1] 即：将酒灌入酒坛，并加入一定量的蜡和竹叶等物，密封坛口，置于甑中，加热，至酒煮沸；歇火放置片刻，放入石灰中。黄酒含氨基酸及糖分较高，在煮酒时产生色素，使酒着色，呈红棕色。杨万里《生酒歌》云："生酒清于雪，煮酒赤于血。"《北山酒经》中所记"煮酒"，方法与烧酒相近。

> 凡煮酒，每斗入蜡二钱，竹叶五片，官局天南星丸半粒，化入酒中，如法封系，置在甑中。（第二次煮酒不用前来汤，别须用冷水下。）然后发火，候甑簟上酒香透，酒溢出倒流，便揭起甑盖，取一瓶开看，酒滚即熟矣。便住火，良久方取下，置于石灰中，不得频移动。白酒须泼得清，然后煮，煮时瓶用桑叶冥之。[2]

元代韩奕《易牙遗意》中也有煮酒杀菌的记载："正腊中造煮时，大眼篮二个，轮置酒瓶在汤内，与汤齐滚取出。"[3] 这一方法是将待杀菌的酒装入瓶，排列于大眼篮内，在沸水内煮之，待瓶内酒滚烫即可。方法简便一些。

北宋时杀菌法得到了改进，《北山酒经》中记有"火迫酒"：

> 取清酒澄三五日后，据酒多少，取瓮一口，先净刷洗讫，以火烘干，于底旁钻一窍子，如筋粗细，以柳屑子定。将酒入在瓮，入黄蜡半斤，瓮口以油单子盖系定。别泥一间净室，不得令通风，门子可才入得瓮，置瓮在当中间，以砖五重衬瓮底，于当门里着炭三秤，笼令实，于中心着半斤许熟火。便用闭门，门外更悬席帘，七日后方开，又七日方取吃。取时以细竹子一条，头边夹少新绵，款款抽屑子，以器承之。以绵竹子遍于瓮底搅，缠尽着底浊物，清即休缠，仍塞了。（先钻窍子，图取淀浊易耳。）每取时，却入一竹筒子，如醋淋子，旋取之，即耐停不损，全胜于煮酒也。[4]

从其澄净过程看，煮酒的全套设备就是锅、甑和酒瓶。这说明是隔水蒸煮。这种搭配是比较原始的，但与唐代的烧酒方式相比又有所进步。煮酒是靠蒸气烹热，而火迫酒则以慢火烘烤。从酒的质量来看，火迫酒胜于传统煮酒，因此

〔1〕（宋）李昉：《太平广记》，中国文史出版社 2003 年版，第 489 页。
〔2〕（宋）朱肱等：《北山酒经（外十种）》，任仁仁整理校点，上海书店出版社 2016 年版，第 35 页。
〔3〕（元）韩奕：《易牙遗意》，邱庞同注释，中国商业出版社 1984 年版，第 4 页。
〔4〕（宋）朱肱等：《北山酒经（外十种）》，任仁仁整理校点，上海书店出版社 2016 年版，第 35 页。

书中说此酒"耐停不损，全胜于煮酒也"。火迫酒的技术关键是文火缓慢加热，酒的加热总是在 100℃ 的温度下进行，不至于因突然升温而引起酒的突然涌出。而火力太猛，酒精会都挥发掉；火力太弱，又起不到杀菌作用。

其实，人们采用这种做法的目的是通过加热使酒成熟，促进酒的酯化增香，从而提高酒质。这种做法实际上还有加热杀菌、促进酒中凝固物沉淀、固定酒的成分等作用。这样就能更长久地保藏酒，避免酒的酸败，尽管当时人们并不了解酸败的原因何在。煮酒技术的采用，为酒的大规模生产与长时间存放提供了技术保障。对于生产环节和流通环节来说，其意义都是非常巨大的。

同样地，在制红曲时，也要注意杀菌。《天工开物》中指出："凡曲信必用绝佳红酒糟为料""曲工盥手与洗净盘簟，皆令极洁。一毫滓秽，则败乃事也"。[1]这种红酒糟就是红曲经发酵而制成的酒醪，内含红曲霉和酵母菌。红酒糟主要起扩大培养菌类、纯化菌类的作用以及减少接种量的作用。古人提出要用极佳红酒糟，说明古人对优良曲种是非常重视的，知道只有用极佳的红酒糟才能保证红曲质量。

四、黄酒勾兑技术的出现

黄酒勾兑技术，就是将几种风格不同的酒，按一定的比例调和，从而得到一种风味更佳的酒。这一技术在北宋之前是否采用尚不清楚。南宋罗大经在《鹤林玉露》中有一篇短文，标题是《酒有和劲》，是目前已知最早论述黄酒勾兑技术的文章。文中说：

> ……太守王元邃以白酒之和者，红酒之劲者，手自剂量，合而为一，杀以白灰一刀圭，风韵颇奇。索余作诗，余为长句云："小槽真珠太森严，兵厨玉友专甘醇。两家风味欠商略，偏刚偏柔俱可怜。使君袖有转物手，鸬鹚杓中平等分。更凭石髓媒妁之，混融并作一家春。……"[2]

寥寥数语就将黄酒的勾兑技术描述得生动而具体。勾兑酒有一定的前提。其一，用于勾兑的原酒各有特色，但又都有缺陷。如"小槽"与"真珠"（珍珠）是两种较为辛辣的酒，"兵厨"和"玉友"则是两种较为柔和的酒，合而为

---

〔1〕（明）宋应星：《天工开物译注》，潘吉星译注，上海古籍出版社 2016 年版，第 318—319 页。
〔2〕（宋）罗大经：《鹤林玉露》，上海古籍出版社 2012 年版，第 181 页。

之，才能完美无缺。其二，两种原酒要按照一定的比例配合，才能口味上佳。其三，在酒中加入石灰。石灰是调节黄酒风味的物质之一，它还有澄清酒液、调节酸度的作用。

第五节　酒在菜肴烹饪中的运用技艺

2002 年，考古人员在萧山跨湖桥文化遗址发现了长达 5.6 米的独木舟。这说明跨湖桥的先民已经能够乘坐独木舟往来于江湖之间，进行捕鱼而食的原始饮食活动。而良渚一带的先民也已经掌握了水稻栽种和蚕丝纺织技术。专家通过文化遗存复原当时的先民生活：先民以植物性食物为主食，品种有水稻、蚕豆、葫芦、蕨菜等，另外还有依托丰富的水网捕捞的水产食物以及禽肉类食物，除家养的猪、狗、鸡、鸭、牛外，还有打猎捕获的各种禽兽。

司马迁在《史记·货殖列传》中对江南广大地区的饮食特点做了概括："楚越之地，地广人稀，饭稻羹鱼……"明确地指出杭州一带以稻米为主食、以鱼虾为副食的饮食特色。这一饮食结构几千年来基本上没有变化。

秦汉六朝时期是中国菜肴的重要发展阶段。其主要特点是：菜肴的烹饪方法明显增多，制法更精，品种相当丰富，风味也趋于多样。由于佛教盛行，加之梁武帝的提倡，佛教斋食的影响逐渐扩大，素菜开始独树一帜。据《齐民要术》等文献记载，这一时期的菜肴烹饪方法有 20 多种，主要有烧、煮、蒸、腊、炙、腌、酱、醉、炸、炒等。而当时制作的菜肴超过 200 种。

在隋唐五代时期的 400 多年间，江南经济得到了发展，杭州也逐渐成为两浙的中心。据载，杭州地区的物产有稻谷、木瓜、笋、藕、蘋、橘、柿、莲、蕉、石榴、薜荔、桃、樱桃、梨等，水产有鲟、鳖、蟹、龟等。段成式《酉阳杂俎》中说："物无不堪吃，唯在火候，善均五味。"[1]

五代十国时，杭州是吴越国的国都，是南方主要的大城市之一，也是全国经济和文化最为繁华的地区之一。北宋时，杭州菜已经发展到了较高的水平，尤其以水产菜闻名于世。《清异录》中记吴越"以地产鱼虾海物，四方所无有"[2]。

宋室南渡，建都临安，杭州菜系在南北文化的交汇下得到了极大的发展。当时的杭州，发挥江南鱼米之乡的优势，吸收北方烹调技艺和西湖山水、民间

---

〔1〕（唐）段成式：《酉阳杂俎》，曹中孚校点，上海古籍出版社 2012 年版，第 41 页。
〔2〕（宋）陶谷：《清异录》，中国商业出版社 1985 年版，第 49—50 页。

饮食的精华，以西湖、钱塘江、富春江的水产品为原料，"南渡以来，几二百余年，则水土既惯，饮食混淆，无南北之分矣"[1]。南宋宫廷菜肴和民间饮食的烹饪技艺都得到了长足的进步，形成了杭菜独特的风味。[2]

元代兴建佛寺30余所。佛寺的兴旺，使寺院香积厨的素肴制作较前代有了很大发展。

明代初期，社会经济呈现繁荣景象，食材也随之进一步丰富。明代的食物加工水平、烹调技艺已达到相当的高度。弘治年间，出现了烹饪技术发展的新高峰。明代杭州的烹饪原材料丰富多样：稻谷类食物有粳稻（有早、晚粳稻两种，仁和、钱塘两县多产晚粳稻）、黍、稷、麦、菽、芝麻；蔬菜类有芥菜、油菜、菘菜、苋菜、冬菜、菠菜、莴苣、萝卜、山药、姜、芋、茄、韭、蒜、笋、木耳、茭白、芹、荇、蕨、石耳等；鱼虾类品种繁多，产之于江河湖池中的有鲢、鲂、鲈、鲇、鳜、鲦、鳅、鳝、黄颡鱼、白颊、鲫鱼、鲤、鲥、鳗等。此外，果品类有梅、桃、银杏、李、橘、柚、橙、柿、枇杷、杨梅、樱桃、葡萄、菱、藕、蔗、瓜以及栗、榧、榛等山果。明代《宋氏养生部》中收录的菜肴就有几百种，该书以原料结合烹饪方法分类，收录了许多江南名菜。

清代，满族人入主中原，出现满汉饮食大交流，对各民族饮食的交融和发展产生了深刻的影响。在烹饪工艺上，清代在不少领域远远超过明代，如爆炒菜肴方法愈来愈多。此外，名菜增多，烹饪原料也大为丰富。清代末年，杭州推出一大批具有杭州特色的名菜、名点，如西湖醋鱼，蜜汁火方、卤鸭、栗子炒仔鸡、西湖莼菜汤、清蒸鲥鱼、鱼头豆腐、虾黄鱼面、冬笋香菇面、吴山酥油饼等。

杭州是一个地质形态较为多样化的地域。它有丰富的水系，近如西湖、苕溪与西溪，另有大运河、钱塘江、富春江等，江河中水产丰富。杭州又有山区，如临安、桐庐一带，山中物产丰富，有各种果蔬与禽畜，还有不计其数的野生动植物。宋代的饮食文献很多，如《清异录》《太平御览·饮食部》《笋谱》《本心斋疏食谱》《圣济总录》《寿亲养老新书》《山家清供》《北山酒经》《玉食批》《蟹谱》《菌谱》《吴氏中馈录》《能改斋漫录》《鸡肋编》《事林广记》，以及反映都城风貌的笔记《都城纪胜》《武林旧事》《梦粱录》等。其中，《玉食批》作者司膳内人是宫内女厨，此书记载了南宋的宫中美食20多种。《吴氏中馈录》署名南宋浦江吴氏撰，书中表现的是南宋江南一带的菜肴烹饪技艺。从这些文献可以看出，宋代尤其是南宋，是杭州饮食业的辉煌时期。"南料北作"是当时菜肴

〔1〕（宋）吴自牧：《梦粱录》，浙江人民出版社1980年版，第145—146页。
〔2〕郑永标主编：《寻味江南：杭州乡土菜》，杭州出版社2014年版。

的特征，而黄酒在杭州菜肴中也起着重要作用。

一、黄酒作为制作菜肴的调料

中国上古时候是用醢、酱等用作调味之用，而用酒调味是中国烹饪技艺的一大发明。酒不仅能消除鱼、肉等烹饪原料的腥臊异味，还能产生一种鲜香。酒从何时开始用于调味，笔者从无查考，试举例言之。《晋书》卷 92《文苑传·张翰》载："翰因见秋风起，乃思吴中菰菜、莼羹、鲈鱼脍。"说明晋代就有"鲈鱼脍"这道菜。宋代《太平广记》记录了"鲈鱼脍"这道菜的古法制作："作鲈鱼脍，须八九月霜下之时。收鲈鱼三尺以下者作干脍，浸渍讫，布裹沥水令尽，散置盘内，取香柔花叶，相间细切，和脍拨令调匀。霜后鲈鱼，肉白如雪，不腥。所谓'金齑玉脍'，东南之佳味也。紫花碧叶，间以素脍，亦鲜洁可观。"[1]柔花叶作调味用，而不放酒。

宋代，酒广泛使用于菜肴烹饪之中。《山家清供》中有一道菜是"黄金鸡"，其做法是：用开水烫过，褪去鸡毛，洗净，用麻油、盐和水煮，并加入葱、椒。等鸡熟，将它切开，放在盘内，鸡汁则另派用处，也可以把酒掺兑进去。这时，"白酒初熟，黄鸡正肥"之乐得也。《山家清供》还记载了一道"蟹酿橙"，这是南宋上至宫廷官府、下到雅集市肆流行的一道名菜。它的制作方法是以蟹黄、蟹肉为主料，煸炒后，加入酒料，酿入橙子中蒸制。

《吴氏中馈录》中所记鱼、鸡、肉等菜肴，多添加黄酒烧制。《玉批食》中有酒醋三腰子、酒醋蹄酥片等菜式。

《梦粱录》中所记散店出售的下酒菜，加酒烧制的不在少数，且见于各种食材，比如盐酒腰子、酒蒸羊、酒蒸鸡、酒烧江瑶、生烧酒蛎、酒吹鲟鱼、五味酒酱蟹、酒焐鲜蚶、酒香螺等。

不仅荤菜需要以黄酒来调味，蔬菜烹饪也会用到黄酒。《山家清供》中介绍"假煎肉"的做法是："瓠与麸薄切，各和以料，煎。麸以油浸、煎，瓠以脂煎。加葱、椒油、酒共炒，瓠与麸不惟如肉，其味亦无辨者。"[2]说的是葫芦和面筋都切成薄片，各拌少许盐，油煎（面筋以大油锅煎，葫芦用猪油煎），然后将两种食材一起入锅，加葱、椒油、酒一起炒。这道菜做好后，葫芦与面筋的味道如肉。

笋为素中之荤，在笋中加黄酒能去植物之泥腥味。《山家清供》中有"酒煮

---

〔1〕（宋）李昉：《太平广记》，中国文史出版社 2003 年版，第 495 页。
〔2〕 上海古籍出版社编：《饮食起居编》，上海古籍出版社 1993 年版，第 306 页。

玉蕈"，是以鲜笋稍煮，再以好酒煮，佐以临漳绿竹笋尤佳。为了使风味更加特别，南宋后宫烹此味，还可以不用酒煮，而用酥油煎炙，其风味又臻一佳境。

二、"糟"与"醉"作为烹饪方式

做黄酒剩下的酒糟经加工即为香糟。香糟带有一种诱人的酒香，醇厚柔和。香糟可分白糟和红糟两类。白糟产于杭州、绍兴一带，是用小麦和糯米加酒曲发酵而成，含酒精 26％～30％，新糟色白，香味不浓，经过存放后成熟，色黄甚至微变红，香味浓郁。为了专门生产这种白糟，在酿酒时需加入 5％的天然红曲米。

杭州乡土菜中还有用糟来调味的，如糟鸡、糟鱼、糟蛋、糟脚爪、糟毛豆等。糟食的历史很长，早在《齐民要术》一书中就有关于糟肉加工方法的记载。宋代的食谱中出现多道糟食菜肴。比如《吴氏中馈录》中就记有"糟猪头、蹄、爪""糟茄子""糟萝卜""糟姜"等。其中"糟茄子"的制法是："五茄六糟盐十七，更加河水甜如蜜。"茄子五斤，糟六斤，盐十七两，河水两三碗，拌糟，其茄味自甜。此藏茄法也，非暴用者。"[1] 可见用"糟"之法，可以延长食材的食用期。宋代杨万里《以糟蟹洞庭甘送丁端叔，端叔有诗，因和其韵》诗云："斗州只解寄鹅毛，鼎肉何曾馈百牢。驱使木奴供露颗，催科郭索献霜螯。乡封万户只名醉，天作一丘都是糟。却被新诗太清绝，唤将雪虐更风饕。"说的就是糟食。《梦粱录》中有"糟羊蹄""糟鹅事件""油多糟琼芝"等。

除了"糟"，还有"醉"。"醉"就是将食物放入酒中并加盐和调料醉制而成，有的要密封容器，如醉肉、醉鸡、醉蚶等。《吴氏中馈录》中的"醉蟹""酒腌虾法"即是以酒来浸渍虾、蟹。醉蟹的烹饪方法是："香油入酱油内，亦可久留，不砂。糟、醋、酒、酱各一碗，蟹多，加盐一碟。又法：用酒七碗，醋三碗，盐二碗，醉蟹亦妙。"[2] 用酒的分量较足。

宋人做菜中还用"酿"，比如"酿黄雀""桄酿蟹""酒酿馒头"等。

而红曲菜在宋代也十分流行。像"红熬鸡""红羊犯"等，很可能是用红曲烹制的。

---

〔1〕（宋）浦江吴氏、（宋）陈达叟：《吴氏中馈录 本心斋疏食谱（外四种）》，中国商业出版社 1987 年版，第 17 页。

〔2〕（宋）浦江吴氏、（宋）陈达叟：《吴氏中馈录 本心斋疏食谱（外四种）》，中国商业出版社 1987 年版，第 10 页。

第三章　物质文化角度下的考察

第一节　杭州名水与名酒

《管子·水地》中说："水乃万物之本原也，诗生之宗室也。"凡是有水流过的地方，就有生命和文化；水是载体，它承载、涵盖并且演绎了人类全部的进化史和文明史。而从酿造业来说，水为"酒之血"，有好水才能有好酒。历史上，杭州依靠西湖以及丰富的泉、溪之水来酿酒。

在杭州的历史上，茶与酒如影随形，共同发展。由于茶道的兴起，才有了对水进行品评的专家，才激发了人们对饮品与饮器关系的考察，人们才能在物质享乐的同时拥有精神的愉悦。而茶、酒之间的联系就是水。好水滋润出好茶，好水酿出好酒。唐代敦煌变文《茶酒论》以幽默的口吻说出了茶、酒中水的重要性。

两个政争人我，不知水在旁边。

水谓茶酒曰："阿你两个，何用忿忿！阿谁许你，各拟论功。言词相毁，道西说东。人生四大，地水火风。茶不得水，作何相儿？酒不得水，作甚形容？米曲干吃，损人肠胃。茶行干吃，只粝破喉咙。万物须水，五谷之宗。上应乾象，下顺吉凶。江河淮济，有我即通。亦能漂荡天地，亦能涸煞鱼龙。尧时九年灾迹，只缘我在其中。感得天下钦奉，万姓依从。由自不说能圣，两个用争功？从今已后，切须和同。酒店发富，茶坊不穷。长为兄弟，须得始终。若人读之一本，永世不害酒颠茶风。"[1]

对水有过专门论述的古代著作有陆羽[2]《茶经》、张又新[3]《煎茶水记》、欧阳修《大明水记》、徐献忠《水品》、田艺蘅《煮泉小品》、汤蠹仙《泉谱》等。另外，张源《茶录》、宋徽宗《大观茶论》中也部分提及。可见，茶道的兴起引发了对水质的重视。

一般来说，茶的用水要清、轻、甘、冽、鲜、活。

陆羽在《茶经》中说："煮茶之水，山水上，江水中，井水下，其山水拣乳泉，石池漫流者上。"欧阳修在《大明水记》中比较推崇陆羽的说法，他说："羽之论水，恶渟浸而喜泉源，故井取汲者，江虽长，然众水杂聚，故次山水。惟此说近物理云。"[4]

张又新《煎茶水记》中推崇浙江的水。其文曰：

> 客有熟于两浙者，言搜访未尽，余尝志之。及刺永嘉，过桐庐江，至严子濑，溪色至清，水味甚冷，家人辈用陈黑坏茶泼之，皆至芳香。又以煎佳茶，不可名其鲜馥也，又愈于扬子、南零殊远。及至永嘉，取仙岩瀑布用之，亦不下南零，以是知客之说诚哉信矣。夫显理鉴物，今之人信不迨于古人，盖亦有古人所未知，而今人能知之者。[5]

张源在《茶录·品泉》中说：

> 茶者水之神，水者茶之体。非真水莫显其神，非精茶曷窥其体。山顶泉清而轻，山下泉清而重，石中泉清而甘，砂中泉清而冽，土中泉淡而白。流于黄石为佳，泻出青石无用。流动者愈于安静，负阴者胜于向阳。真源无味，真水无香。[6]

---

[1] 郑振铎：《中国俗文学史》，中央编译出版社 2013 年版，第 127 页。

[2] 陆羽（733—804），字鸿渐，一名疾，字季疵，号竟陵子、桑苎翁、东冈子。唐复州竟陵（今湖北天门）人。陆羽精于茶道，以著《茶经》闻名。

[3] 张又新，生卒年不详，字孔昭，唐深州陆泽（今河北深州）人，唐代品茶家。

[4] 李之亮注译：《唐宋名家文集·欧阳修集》，中州古籍出版社 2010 年版，第 125 页。

[5] 叶羽晴川主编：《中华茶书选辑（二）·煎茶水记》，中国轻工业出版社 2005 年版，第 120 页。

[6] （明）姚可成汇辑：《食物本草（点校本）》，达美君、楼绍来点校，人民卫生出版社 1994 年版，第 1009 页。

谢肇淛《五杂俎》提到天台之竹沥水，可以补茶味之不足，遂能取胜。

张岱没有论水，却是识水的好手，对用水颇有心得。他自述，其仆偷懒，没有去他指定的地方担水，而是换了一个近处担水，遭到了他的指责。张岱清楚地告诉仆人这是"某地某井水"，令仆人信服。他甚至能够区分水的分界引出的细微的口感差异。张岱在一次尝水中发现好水，原址是东晋尚书陈嚣的竹园，后有人以此水酿酒，上佳。而"访闵汶水"之事则形象地反映出张岱善于品水的专长。

> 戊寅九月至留都，抵岸，即访闵汶水于桃叶渡。日晡，汶水他出，迟其归，乃婆娑一老。方叙话，遽起曰："杖忘某所。"又去。余曰："今日岂可空去？"迟之又久，汶水返，更定矣。睨余曰："客尚在耶！客在奚为者？"余曰："慕汶老久，今日不畅饮汶老茶，决不去。"
>
> 汶水喜，自起当炉。茶旋煮，速如风雨。导至一室，明窗净几，荆溪壶、成宣窑瓷瓯十余种，皆精绝。灯下视茶色，与瓷瓯无别，而香气逼人，余叫绝。
>
> 余问汶水曰："此茶何产？"汶水曰："阆苑茶也。"余再啜之，曰："莫绐余！是阆苑制法，而味不似。"汶水匿笑曰："客知是何产？"余再啜之，曰："何其似罗岕甚也。"汶水吐舌曰："奇！奇！"
>
> 余问："水何水？"曰："惠泉。"余又曰："莫绐余！惠泉走千里，水劳而圭角不动，何也？"汶水曰："不复敢隐。其取惠水，必淘井；静夜候新泉至，旋汲之。山石磊磊藉瓮底，舟非风则勿行。故水之生磊，即寻常惠水犹逊一头地，况他水邪！"又吐舌曰："奇！奇！"
>
> 言未毕，汶水去。少顷，持一壶满斟余曰："客啜此！"余曰："香扑烈，味甚浑厚，此春茶耶？向瀹者的是秋采。"汶水大笑曰："予年七十，精赏鉴者，无客比。"遂定交。[1]

历史上，杭州一带有泉、溪、井、湖，一般而言，能泡出好茶的水就是优质的水。南宋酒的生产有不同的主体，商业酿酒用水巨大，所以依赖于溪、湖之水，而私家酿酒用水较少，泉、井即可。清代时著名的"韬光酒"，只是寺院私自酿造的黄酒，口味上乘。杭州历史文献中所记之"井泉"均有可观之处，只不过无酿酒之具体记载。杭州的名水下文分述之。

---

〔1〕（明）张岱：《陶庵梦忆 西湖梦寻》，栾保群点校，浙江古籍出版社2012年版，第37—38页。

一、杭州名水的分布

（一）名泉

1. 虎跑泉

虎跑在浙江杭州市西南大慈山白鹤峰下慧禅寺（俗称虎跑寺）侧院内。虎跑泉是从大慈山后断层陡壁砂岩、石英砂中渗出，据测定流量为 43.2～86.4 米³/天。其泉水晶莹甘洌，居西湖诸泉之首。有关此泉之来源，还有一个传说。《西湖梦寻》记：

> 先是，性空师为蒲坂卢氏子，得法于百丈海，来游此山，乐其灵气郁盘，栖禅其中。苦于无水，意欲他徙。梦神人语曰："师毋患水，南岳有童子泉，当遣二虎驱来。"翼日，果见二虎跑地出泉，清香甘洌。大师遂留。[1]

"虎移泉眼至南岳童子，历百千万劫留此真源。"——虎跑寺的这副楹联写的也是这个神话故事，只是更具有佛教寓意。虎跑泉石壁上刻着"虎跑泉"三个大字，功力深厚，笔锋苍劲，出自西蜀书法家谭道一之手。

"龙井茶叶虎跑水"被誉为西湖双绝。古往今来，凡是来杭州游历的人，无不以能品尝以虎跑甘泉之水冲泡的西湖龙井之茶为快事。历代的诗人们留下了许多赞美虎跑泉水的诗篇。苏轼《虎跑泉》诗云："亭亭石榻东峰上，此老初来百神仰。虎移泉眼趋行脚，龙作浪花供抚掌。至今游人灌濯罢，卧听空阶环玦响。故知此老如此泉，莫作人间去来想。"又说："道人不惜阶前水，借与匏尊自在尝。"（《病中游祖塔院》）清代诗人黄景仁在《虎跑泉》一诗中云："问水何方来？南岳几千里。龙象一帖然，天人共欢喜。"诗人是说，虎跑泉水是从南岳衡山由仙童化虎搬运而来，缺水的大慈山忽有清泉涌出，天上人间都为之欢呼赞叹。诗人亦赞扬高僧开山引泉、造福苍生的功德。

2. 龙井泉

龙井泉地处杭州西湖西南，位于南高峰与天马山间的龙泓涧上游的风篁岭上，又名龙泓泉、龙湫泉，为一圆形泉池，环以精工雕刻的云状石栏。泉池后

---

[1]（明）张岱：《陶庵梦忆 西湖梦寻》，栾保群点校，浙江古籍出版社 2012 年版，第 233 页。

壁砌以垒石，泉水从垒石下的石隙涓涓流出，汇集于龙井泉池，而后通过泉下方通道注入玉泓池，再跌宕下泻，成为风篁岭下的淙淙溪流。

据明代田汝成《西湖游览志》记载，龙井泉发现于三国东吴时期，东晋葛洪在此炼过丹。民间传说此泉与江海相通，龙居其中，故名龙井。

其实，龙井泉属岩溶裂隙泉，四周多为石灰岩层构成，并由西向东南方倾斜，而龙井正处在倾斜面的东北端，有利于地下水顺着岩层向龙井方向汇集。同时，龙井泉又处在一条有利于补给地下水的断层破碎带上，从而构成了终年不涸的龙井清泉。且水味甘醇，清明如镜。

乾隆在《再游龙井作》中写道："清跸重听龙井泉，明将归辔启华旃。问山得路宜晴后，汲水烹茶正雨前。"名泉伴佳茗，好茶配好水，实在是件美事。

3. 玉泉

《梦粱录》记：

> 玉泉，在钱塘九里松北净空院，齐末有灵悟大师云超开山说法，龙君来听，抚掌出泉，有小方池，深不及丈，水清澈可鉴，异鱼游泳其中，池侧立祠祀龙君，朝家封公爵，白乐天有诗云："湛湛玉泉色，悠悠浮云身。闲心对定水，清净两无尘。手把青藜杖，头戴白纶巾。兴尽下山去，知我是谁人？"[1]

4. 真珠泉

田汝成《西湖游览志》记：

> 真珠泉，在袭庆寺内。周显德间，泉自地迸出，寺僧因甃为方池，闻剥啄声，则泉益涌，累累如贯珠。宋景祐中，官家取以酿酒，遂以为酒名。雷峰路口张园，亦有真珠泉。董嗣杲诗："泉光四散骇猿猱，迸起平池点滴高。谁欲斗量徒积梦，人将瓶汲肯辞劳。声随夜雨穿疏箔，名逐春风入小槽。别有雷峰峰下圃，一泓埋没在蓬蒿。"[2]

此真珠泉在虎跑泉的西南方，南宋"珍珠酒"即是以此泉水酿造的美酒。清代徐逢吉[3]行至附近，过蓬莱院时，看到"山僧汲水煮茶，味甚，询所汲处，

---

〔1〕（宋）吴自牧：《梦粱录》，浙江人民出版社 1980 年版，第 98 页。

〔2〕（明）田汝成：《西湖游览志》，东方出版社 2012 年版，第 62 页。

〔3〕 徐逢吉（1656—1740），字紫珊（一作紫山），号青蓑老渔，浙江钱塘人。

曰园外一小泉耳"[1]。

5. 金沙泉

《梦粱录》记，金沙泉在仁和永和乡。苏轼有诗提到此泉："东麓云根露角牙，细泉幽咽走金沙。不堪土肉埋山骨，未放苍龙浴渥洼。"（《佛日山荣长老方丈五绝》）南宋之御酒即以金沙泉水酿造。

杭州附近的长兴县顾渚山东麓也有金沙泉，其地三面环山，使泉水与外界地表水源隔绝。金沙泉眼又正好处在花岗岩地层内，地表又为砾石冲积而成，加之地表植被繁茂，竹林遍布，这种良好的自然环境和水文地质条件为金沙泉优质矿泉的形成创造了得天独厚的条件。

6. 涌泉

《梦粱录》记，涌泉在"霍山行宫西清心院前山坡下，高庙日遣人汲泉入内瀹茗，寺中以朱栏护之，味极清甘，亢旱不竭"[2]。是质量上乘的泉水。

7. 梅花泉

明释大善《西溪百咏》中记有梅花泉。在西溪之北，杨家牌楼柏家园左，隐荒田乱草中。泉底旋漾雪沤似五花瓣，作梅花状而得名，味甘美如惠山第二泉。宋时置西溪酒库，此泉酿酒名为"梅花泉酒"。相传宋高宗过西溪时，入西溪沈氏九间楼酒肆小饮，店掌柜以梅花泉酒供奉，高宗喜其甘洌清醇，御书禁酒税界碑"不为酒税处"赐之。梅花泉现存，被移作水塔之水源。[3]清代吴祖枚《梅花泉酒》诗云："平生癖性傲梅花，犹爱梅花酿酒嘉。甘洌独堪供隐逸，清真不许醉豪华。浅斟月下杯凝白，细嚼林间脸衬霞。始信惠泉名可胜，品醇弥觉雅情赊。"

8. 白兔泉[4]

又名兔儿泉、兔儿井。据康熙《钱塘县志》载，秦亭山下有白兔泉，其支为黄姑山。位于今老和山北麓西溪路南侧的古荡变电所西面，泉水清澈甘洌。《说杭州》亦载："在皋亭山塂下，故名塂泉。讹作兔儿泉。又讹作白兔泉。泉出石罅，甃石方坎，一泓清洌，内泛白星。"[5]清代嘉庆年间，龚自珍曾作诗："鳞砌苔封鹅子石，泉甘清胜兔儿泉。"现存泉井两口，一口半圆，一口方形，

---

〔1〕（清）徐逢吉等辑：《清波小志（外八种）》，上海古籍出版社1997年版，第74页。

〔2〕（宋）吴自牧：《梦粱录》，浙江人民出版社1980年版，第99页。

〔3〕林正秋：《杭州西溪湿地史》，浙江古籍出版社2013年版，第26页。

〔4〕王庆：《西溪丛语》，杭州出版社2012年版，第20页。

〔5〕钟毓龙：《说杭州》，浙江人民出版社1983年版，第162页。

潭底有珍珠状的气泡不断往上冒。白兔泉在西溪路拓宽工程中作为历史文化碎片列入保护范围。

9. 碧沙泉

位于原佛慧寺北门处。据明释大善《西溪百咏·佛慧寺》诗序："在壁峰山下……寺左有白业堂、碧沙泉。"[1] 又据《西溪梵隐志·纪胜》记载："碧峰,山名。有佛慧寺,寺门有碧沙泉,北有唐人洗马滩。"[2] 因佛慧寺已废,今已不存。有诗曰："白业堂云古荡雾,碧沙泉雨壁峰雷。"

10. 筲箕泉

在杭州府赤山之崖。味甘宜茶。《湖山便览》卷八《南山路》记"(赤)山阴有筲箕泉。"今花家山庄一带,泉入浴鹄湾。今泉无。

11. 定光泉[3]

在杭州府法相寺中。寺僧法真者,生有异相,耳长九寸。后唐同光二年（924）至此,依石为室,禅定其中。乏水给饮,卓锡岩际,清流进出。吴越王方斋僧,永明禅师告王曰："长耳和尚乃定光佛身。"王即趣驾参礼。和尚默然,但云永明禅师饶舌,少顷跏趺而化,至今真身尚存。

定光泉水,味甘。

12. 莲花泉

在飞来峰顶,石岩无土,清可啜茶。

13. 一勺泉

在保俶山之阳的石崖之下,旧太仆寺丞张瑛弃官司归,日游保俶寺,醉则坐此泉,因名。

14. 丹泉[4]

在余杭天柱山。味甘洌异常。元张光弼诗云："百年能得几回来,更酌丹泉饮一杯。莫送鱼龙归大海,海中波浪是尘埃。"

15. 偃松泉

余杭西北径山之阳。泉上有偃松,其阴四垂,松下石泓激泉成沸,水色乳

---

〔1〕（明）释大善：《西溪百咏》,《中国风土志丛刊》第51册,广陵书社2003年版,第51页。

〔2〕（清）吴本泰：《西溪梵隐志》,杭州出版社2006年版,第8页。

〔3〕"定光泉"条及下文"莲花泉""一勺泉"条均参见康熙《杭州府志》,《浙江图书馆藏稀见方志丛刊》,国家图书馆出版社2011年版。又参见王庆：《西溪丛语》,杭州出版社2012年版。

〔4〕"丹泉"条及下文"偃松泉""霆泉""丁东洞水"条,均参见达美君、楼绍来点校：《食物本草》（点校本）,人民卫生出版社1994年版,第176页。

味甘，宜烹茶。

16. 霅泉

於潜县（今杭州临安西）双溪之侧。味甘冶，苏轼常酌以试茶。上有亭曰"荐菊"，盖取苏轼诗"一盏寒泉荐秋菊"之句也。

17. 丁东洞水

在於潜县西五十里鹫峰山。洞中泉水涓涓，味甘宜饮。古诗云："渴乌滴尽三更雨，铁凤敲寒六月风。汤饼困来茶未熟，为师摇梦作丁东。"（洪咨夔《丁东泉》）

另见地方志的尚有月桂泉、伏犀泉、永清泉、聪明泉、倚锡泉、永安泉、弥陀泉、胜云泉、玉液泉、喷月泉、刘公泉、观音泉等众多泉流。

（二）名井

1. 双井[1]

双井，即指圣泉与安乐泉。传说乾隆皇帝到永兴寺烧香时写下"永兴寺勿兴，永兴寺勿兴。若要永兴兴，门前掘双井"，后来永兴寺就挖了两口井，称双井。现存。井围石刻"古双井"三字清晰可见。其址在安乐山永兴寺，永兴寺在灵竺山之后，其山特秀，山家缘径开畦，引流折池，夹植梅竹，遍得孤山多福之趣。现在杭州市留下中学东侧，古称"玉膏"。今湮其一。其中安乐泉尚存。安乐泉水质好，终年不枯。民国时期留下好几个酱坊用水都取之于此，其产品也畅销杭城。后来一家酒厂也选了此址。清代吴祖枚还写了一首《安乐泉》诗："安乐山边水一泓，照来毫发尽分明。交从澹处交应久，泉到名时泉自清。暮霭独教开旧画，斜阳偏许弄新晴。居坡毕竟居山好，岩石招人大有情。"

2. 大方井[2]

据《西溪梵隐志》记载，大方井在桃源岭下，"径六尺，深一仞。玉折地涌，不盈不涸"[3]。相传王方平尝饮于此，该井侧北宋时有井亭。《西湖志·古迹三》云："方井亭，宋米芾题额，岁久亭圮。"明正德十年（1515），里人王槐重修，大司寇洪钟补书"方井桃源岭"五字，进士邓鸾记。

3. 烹茗井

在灵隐山。白少傅汲此烹茗，故名。

〔1〕 单金发：《西溪的水》，杭州出版社 2012 年版，第 84 页。
〔2〕 单金发：《西溪的水》，杭州出版社 2012 年版，第 84 页。
〔3〕 （清）吴本泰：《西溪梵隐志》，杭州出版社 2006 年版，第 8 页。

二、杭州一带的名酒

好酒与名酒不能画等号。好酒是物理属性上的佳好，而名酒与行政地理的偏移有关。杭州一带，在行政地理上也出现过偏移。唐代以前杭州是吴越文化的交流区，自身的文化内核较为缺失。此时，杭州附近的湖州、余杭，东边的越州，酒业反而更为有名。入宋以后，杭州本地的经济得到飞速发展，特别是南宋以后，杭州成为政治文化中心，酒的酿造呈现出立体化的格局，规格最高的有御库酿造的美酒，其次是政府酒库酿造的酒、皇亲国戚与大臣将军酿造的家酒，往下还有各家的私酒，而且杭州市场上还汇集了各地运来的好酒。

（一）吴酒

先秦时期吴国所酿的美酒称吴醴。《楚辞·大招》中云"吴醴白蘖，和楚沥只"，吴醴与楚地之美酒相当。吴酒也就是古代吴地所产酒的总称。唐代魏万《金陵酬李翰林谪仙子》诗云："楚歌对吴酒，借问承恩初。"

白居易《忆江南》："江南忆，其次忆吴宫。吴酒一杯春竹叶，吴娃双舞醉芙蓉。早晚复相逢。"指的是苏州一带的酒。

（二）乌程酒

《浙江通志》引《西吴里语》曰："秦有乌氏、程氏，各善造酒，合其姓为乌程县。"宋严有翼《艺苑雌黄》引张云阳《七命》曰："乃有荆南乌程，豫北竹叶。"提到乌程酒。南宋胡仔在《苕溪渔隐丛话》中作了考证。此处之荆，非史上之荆州，而是指长兴县西南六十里的荆山。山有溪，即箬溪。所以荆南乌程就是指荆山之南的箬溪的酒。乌程酒与箬下酒应该就是此地的酒了。历代以来，有关乌程酒的诗文比比皆是。

忆江南旧游二首
（唐）羊士谔

山阴道上桂花初，王谢风流满晋书。
曾作江南步从事，秋来还复忆鲈鱼。
曲水三春弄彩毫，樟亭八月又观涛。
金罍几醉乌程酒，鹤舫闲吟把蟹螯。

乌程

（唐）罗隐

两府攀陪十五年，郡中甘雨幕中莲。

一瓶犹是乌程酒，须对霜风度泛然。

李贺《拂舞歌辞》云："樽有乌程酒，劝君千万寿。"

张文规《寄刘环中秀才》云："待醉乌程酒，思斟平望羹。"

李白不远千里，慕名赴湖州喝酒，并豪言："青莲居士谪仙人，酒肆藏名三十春。湖州司马何须问，金粟如来是后身。"（《答湖州迦叶司马问白是何人》）

送周都官通判湖州

（宋）王安石

渌水乌程地，青山顾渚滨。

酒醪犹美好，茶筍正芳新。

聚泛樽前月，分班焙上春。

仁风已入俗，乐事始关身。

橘柚供南贡，枫槐望北宸。

知君白羽扇，归日未生尘。

送胡学士知湖州

（宋）欧阳修

武平天下才，四十滞铅椠。

忽乘使君舟，归榜不可缆。

都门春渐动，柳色缘将暗。

挂帆千里风，水阔江滟滟。

吴兴水精宫，楼阁在寒监。

橘柚秋苞繁，乌程春瓮酽。

清谈越客醉，屡舞吴娘艳。

寄诗毋惮频，以慰离居念。

泛舟城南会者五人分韵赋诗得人皆苦字四首

（宋）苏轼

桥上游人夜未厌，共依水槛立风檐。

楼中煮酒初尝芥，月下新妆半出帘。

南郭清游继颜谢，北窗归卧等羲炎。

人间寒热无穷事，自笑疏顽不受砭。

这里写到湖州夜生活的繁华，乌程酒成为寻欢作乐的必备佳品。同时也体现出苏轼钟爱乌程酒。苏轼《次韵答王巩》云："今日扁舟去，白酒载乌程。"

又有张宪《白苎舞词》："急管繁弦莫苦催，真珠剩买乌程酒。"

王逢《寄迈善卿宪幕时总戎越中》："座酌乌程酒，篇连贾董文。"

倪瓒《题大痴翁写雪山图》："若为胜载乌程酒，直到云林叩野斋。"

朱晞颜《吴兴杂咏》："试买乌程酒，微馨透客醺。"

徐乾学诗云："春来醅发乌程酒，雨过香生顾渚茶。"

沈梦麟《右竹迳书斋》："客怀暂醉乌程酒，人事空悲墨翟丝。"

王世贞《莺脰湖洗天亭月夜与公瑕子念王复舍弟饮别（其二）》："玉山偏软乌程酒，银露徐欺白苎衣。"

朱彝尊《题岘山洼樽亭》："醉杀乌程酒，天寒不放船。"

李应徵《人日岘山遣兴》："柏叶乌程酒，椒盘下若鳊。"

郭绍仪《同官李匡山成宝慈言事被谪感而有作》："花莫盼武陵花，酒莫饮乌程酒。武陵花艳迷人目，乌程酒甘诱人口。"

梅清《越中漫兴》："梅市逢人仙是吏，乌程作县酒为名。"

吴伟业《赠申少司农青门（其一）》："扁舟百斛乌程酒，散发江湖只醉眠。"

乌程酒又名"竹叶春"，所以杜甫《送惠二归故居》诗云："崖蜜松花熟，山杯竹叶春。"

（三）箬下酒

箬下酒产于长兴县下箬乡之箬溪北岸。宋胡仔《苕溪渔隐丛话后集·楚汉魏六朝上》记："（县）南五十步有箬溪，夹溪悉生箭箬，南岸曰上箬，北岸曰下箬，居人取下箬水酿酒，醇美，俗称箬下酒。"[1]

明万历三十三年（1605），长兴知县熊明遇曾专门研究箬下酒的酿造方法。《长兴县志》记："若下三白，投香药不下数十种，而以福橘、头二蚕沙、梅花、松节为佳品。白酒四时有之，而以小雪造者呼为'十月白'，尤为佳品，以此时一阳之气皆在下，水重而味厚。若以烧酒和以白酒浆，呼之为'蜜淋漓'。"

杜牧也为箬下酒所倾倒。杜牧曾任湖州太守，写下《入茶山下题水口草市绝句》："倚溪侵岭多高树，夸酒书旗有小楼。惊起鸳鸯岂无恨，一双飞去却回

---

〔1〕 胡仔纂集：《苕溪渔隐丛话前后集（三）》商务印书馆1937年版，第417页。

头。"杜牧走进一家酒家，喝到箬下酒，连夸"好喝"。

陆龟蒙的《自遣诗三十首》云："一派溪随箬下流，春来无处不汀洲。漪澜未碧蒲犹短，不见鸳鸯正自由。"他退职后不愿归苏州，却愿留在箬溪这边，不仅仅是由于这里环境优美，而且是因为这里的美酒——箬下酒，可以供自己在后半生享乐。

白居易用箬下酒和朋友同饮："劳将箬下忘忧物，寄与江城爱酒翁。铛脚三州何处会，瓮头一盏几时同？倾如竹叶盈樽绿，饮作桃花上面红。莫怪殷勤醉相忆，曾陪西省与南宫。"（《钱湖州以箬下酒李苏州以五酸酒相次寄到无因同饮聊咏所怀》）

刘禹锡称叹："骆驼桥上蘋风起，鹦鹉杯中箬下春。"（《洛中逢韩七中丞之吴兴口号五首》）箬下春酒也就是箬下酒。

（四）东林八仙酒、扶头酒、蒲黄酒

东苕溪流经杭州西部，河网密布。除却箬下酒，这一带还有东林八仙酒、扶头酒、蒲黄酒等。

东林八仙酒，是东林山这个地方盛产的名酒八仙酒。史传沈东老喜炼丹，与其子沈偕隐居东林山，以善酿八仙酒而闻名。宋王淮《游东林山》曰："具锦峰头搨下菰，睢雄树底数荣枯。落花烟冷烧丹灶，芳草云深卖酒垆。高塔守灯留独鹤，败祠衔鼓失群乌。秋风一片榴皮迹，零落祇园壁上图。"[1] 苏轼任湖州知事时写道："世俗何知贫是病，神仙可学道之余。但知白酒留佳客，不问黄公觅素书。符离道士晨兴际，华岳先生尸解余。忽见黄庭丹篆句，犹传青纸小朱书。凄凉雨露三年后，仿佛尘埃数字余。至用榴皮缘底事，中书君岂不中书。"

---

[1] 胡仔《苕溪渔隐丛话后集》引陆元光《回仙录》云："吴兴之东林沈东老，能酿十八仙白酒。一日，有客自号回道人，长揖于门曰：'知公白酒新熟，远来相访，愿求一醉。'实熙宁元年八月十九日也。公见其气骨秀伟，岌然起迎，徐观其碧眼有光，与之语，其声清圆，于古今治乱，老庄浮图氏之理，无所不通，知其非尘埃中人也，因出酒器十数于席间曰：'闻道人善饮，欲以鼎先为寿，如何？'回公曰：'饮器中，惟钟鼎为大，屈卮螺杯次之，而梨花蕉叶最小。请戒侍人次第速劝，当为公自小至大以饮之。'笑曰：'有如顾恺之食蔗，渐入佳境也。'又约周而复始，常易器满斟于前，笑曰：'所谓尊中酒不空也。'回公兴至，即举杯浮白。常命东老鼓琴，回乃浩歌以和之。又尝围棋以相娱，止奕数子，辄拂去，笑曰：'只恐棋终烂斧柯。'回公自日中至暮，已饮数斗，了无醉色。是夕，月微明，秋暑未退，蚊蚋尚多，侍人秉扇殴拂，偶灭一烛，回公乃命取竹枝，以余酒噀之，插于远壁，须臾蚊蚋尽栖壁间，而所饮之地洒然。东老欲有所叩，先托以求驱蚊之法。……东老额而悟之。饮将达旦，则瓮中所酿，止留糟粕而无余沥矣。……已而告别，东老启关送之，天渐明矣，握手并行，笑约异时之集，至舍西石桥，回公先度，乘风而去，莫知所适。后四年中秋之吉，东老微恙，乃属其族人而告之曰：'回公熙宁元年八月十九日，尝谓予曰：此去五年复遇，今日当化去。予意明年，今乃熙宁之五年也，子偕又适在京师干荐，回公之言，其在今日乎！'及期捐馆，凡回公所言，无有不验。"

（《回先生过湖州东林沈氏饮醉以石榴皮书其……》）南宋时曾任湖州太守的王十朋，也有一首《过东林诗》："地入东林眼界奇，神仙遗迹在榴皮。湖山如旧无东老，酒为嘉宾酿者谁？"该诗是对东林酒神奇传说的追问。

扶头酒是烈酒，也深受文人的喜爱。如白居易《早饮湖州酒寄崔使君》诗："一榼扶头酒，泓澄泻玉壶。十分蘸甲酌，潋滟满银盂。捧出光华动，尝看气味殊。手中稀琥珀，舌上冷醍醐。瓶里有时尽，江边无处沽。不知崔太守，更有寄来无？"白居易把扶头酒写活了，他从色、香、味等方面写出扶头酒的醉人，也反映出他爱好这种美酒。宋王禹偁《回襄阳周奉礼同年因题纸尾》云："扶头酒好无辞醉，缩项鱼多且放馋。"宋贺铸《南歌子·疏雨池塘见》云："易醉扶头酒，难逢敌手棋。"写出了扶头酒之刚烈、酒精浓度之高。

蒲黄酒是一种药用之酒，它由中药蒲黄、槐子与黄酒等制成。滋补是古人喝酒的一个目的。白居易就喜欢睡觉之前喝蒲黄酒来补身体，其诗《夜闻贾常州崔湖州茶山境会想羡欢宴因寄此诗》曰："遥闻境会茶山夜，珠翠歌钟俱绕身。盘下中分两州界，灯前合作一家春。青娥递舞应争妙，紫笋齐尝各斗新。自叹花时北窗下，蒲黄酒对病眠人。"李冶，湖州女诗人，在生病的时候，皎然来看望她，她写了一首诗："昔去繁霜月，今来苦雾时。相逢仍卧病，欲语泪先垂。强劝陶家酒，还吟谢客诗。偶然成一醉，此外更何之。"（《湖上卧病喜陆鸿渐至》）这是生病之中用酒补身子。

湖州乌程酒、箬下酒、东林八仙酒、扶头酒、蒲黄酒，闻名天下，古人喜饮之。湖州的文人很多，比如张先、李冶、钱起，他们都是湖州酒的爱好者。

（五）余杭酒

余杭酒，又叫"余杭阿姥酒""百花酿"。北宋政治家王安石尝居余杭法喜寺，建读书堂，曾有"悟真院沽酒，阿姥宅题咏"的故事。他写给好友惠思的一首诗曰："渌净堂前湖水渌，归时正复有荷花。花前亦见余杭姥，为道仙人忆酒家。"（《送僧惠思归钱塘》）

传说余杭阿姥姓裴，住于一土墩，人称阿姥墩。一日鲜花满冈，不觉欢喜，竟把鲜花煮入饭中。因花香浓郁，阿姥沉睡了三天，起来一看，一锅冷饭成了佳酿。这种酒，就是"余杭阿姥酒"。[1]

余杭酒闻名于唐代。唐懿宗咸通年间（860—874），苏州昆山人王可交携妻子到四明山生活，他多次到明州城内卖酒。《续神仙传》就有记载：王可交"携妻子往四明山。二十余年，复出明州卖药，使人沽酒，得钱但施于人。时言药则壶公所授，酒则余杭阿母。相传药极去疾，酒甚醉人。明州里巷，皆言王仙人药酒世间不及"[2]。后人曾作《咏王可交》诗："余杭母酒壶公药，卖药卖酒自斟酌。四明山心去复来，一往逍遥竟何托。当年漾舟赵村好，青玉案前栗如枣。黄衣送我落青天，瀑布当门坐秋草。三月三日九月九，一日辞家家在否。今来又是几春秋，直得先生几杯酒。"余杭酒可谓声名远播。[3]

唐代丁仙芝《余杭醉歌赠吴山人》云："十千兑得余杭酒，二月春城长命杯。酒后留君待明月，还将明月送君回。"唐代曹唐《小游仙》云："若教使者沽春酒，须觅余杭阿姥家。"唐代陆龟蒙《和袭美寒日书斋即事三首，每篇各用一韵》云："余杭山酒犹封在，远嘱高人未肯尝。"

明清以后，余杭酒可能是最能代表杭州的地方酒了。

清代王荫槐《晚渡钱塘江》云："罗刹江声殷似雷，扁舟摇兀怒涛堆。身从大地孤鸥泛，潮挟群山万马来。南渡衣冠秋草寂，西陵鼓角夕阳哀。古怀牢落真无懒，呼取余杭酒一杯。"

近人郁华[4]有诗云："浅雪轻冰簌短篱，夕阳门巷落梅时。清斋颇忆余杭酒，小令偏宜毕曜诗。"

徐逢吉《清波小志》中提到聚景园相近处也有仙姥墩，"基高数十尺，今无从踪迹矣"[5]，应该也是一个高坛。大方井就在附近，传方平在此停留。有诗云："袅袅东风动高柳，湖梢植灌荒园口。不见青旗向水飘，何处还赊百花酒。"（余珣《仙姥墩》)[6] 又有诗云："就沽白酒怀仙姥，曾掷丹砂降蔡经。寂寞洞庭人去后，何如旧迹访西泠？"（《方井怀王方平》)[7]

---

〔1〕 黄世泽：《余杭阿姥酒》，见中国人民政治协商会议浙江省余杭县委员会文史资料委员会：《余杭文史资料（第 7 辑）：余杭名产古今谈》，内部资料，1992 年版，第 118 页。有关阿姥墩，又有传说："相传晋时，余杭裴氏姥居西门外五里阿姥墩，采众花酿酒。凡士之贫者贳与之。一日，忽有三人至姥所，饮酒数斗不醉，谓曰：'姥当仙去，故来相命。'因授药数粒，姥饵之，忽身轻飞举，不知所至。今墩上花草犹存，阴雨时或闻酒香。墩旧无名，因姥居此，故呼为'阿姥墩'。墩约在舟枕七里村马家山脚。"参见朱金坤主编：《南湖胜迹》，西泠印社出版社 2009 年版，第 142 页。

〔2〕 (宋)李昉等：《太平广记（足本）》，团结出版社 1994 年版，第 88 页。

〔3〕 乐承耀：《宁波经济史》，宁波出版社 2010 年版，第 57 页。

〔4〕 郁华（1884—1939），字曼陀，郁达夫胞兄。

〔5〕 (清)徐逢吉：《清波小志》，中华书局 1985 年版，第 11 页。

〔6〕 (清)徐逢吉：《清波小志》，中华书局 1985 年版，第 11 页。

〔7〕 周膺、吴晶主编：《杭州丁氏家族史料》第 9 卷，当代中国出版社 2016 年版，第 561 页。

（六）错认水

又称错著水、错着水，一酒而三名。南宋周密《武林旧事》卷6"诸色酒名"列"错认水"。宋人张能臣的《酒名记》中两处记有"错着水"这一酒名，一处产于保州（今保定），一处产于定州。这说明此酒产地还不少。可能因为酒质清纯，几近无色而取此名。

苏东坡有诗云："野饮花前百事无，腰间唯系一葫芦。已倾潘子错著水，更觅君家为甚酥。"此诗不仅点出错著水酒，还将其与"为甚酥"（酒名）相对仗。

清人阮葵生《茶余客话》载："山姜亦称吾州酒，色白清，味洁鲜，东坡所谓错著水也。屡入篇咏，官京师犹仿为之。"[1] 王士禛《德州罗酒》诗曰："玉井莲花作酒材，露珠盈斛泼新醅。清冷错著康王水，风韵还宜叔夜杯。"

（七）竹叶青酒

《古今说海》引《奎章录》云："光尧圣寿太上皇帝，当内修外攘之际，尤以文德服远，至于宸章睿藻，日星昭垂者非一。……至于一时闲适，寓景而作，则有《渔父辞》十五章，又清新简远，备骚雅之体。其辞有曰：'薄晚烟林淡翠微，江边秋月已明辉。纵远栌，适天机，水底闲云片段飞。'又云：'青草开时已过船，锦鳞跃处浪痕圆。竹叶酒，柳花毡，有意沙鸥伴我眠。'"[2]

宋代的竹叶青酒只是单纯加入竹叶浸泡，求其色青味美，故名"竹叶青"，与现代"竹叶青"酒不同。

（八）梨花酒

白居易《杭州春望》诗云："红袖织绫夸柿蒂，青旗沽酒趁梨花。""梨花酒"是指在梨花开放之际酿造的美酒。苏轼《湖上夜归》诗云："我饮不尽器，半酣尤味长。篮舆湖上归，春风吹面凉。行到孤山西，夜色已苍苍。清吟杂梦寐，得句旋已忘。尚记梨花村，依依闻暗香。""梨花酒"在南宋时是名酒。

（九）流香酒、蔷薇露

据周密《武林旧事》卷6"诸色酒名"所载，流香酒为御酒，南宋御库所酿。陆游《老学庵笔记》卷7载："寿皇时，禁中供御酒名蔷薇露，赐大臣酒谓

---

〔1〕（清）阮葵生：《茶余客话》，上海古籍出版社2012年版，第476页。
〔2〕（明）陆楫：《古今说海·说纂部》，巴蜀书社1996年版，第46—47页。

之流香酒。"[1] 这两种都是御酒。从其制法来看，蔷薇露很可能是由蒸馏之法采粹而成的香酒，而流香酒也应该是香酒。

（十）秋露白

元人宋伯仁《酒小史》中记有杭州名酒"杭城秋露白"，指秋露时酿造的酒。

（十一）羊羔酒

南宋时，羊羔酒是一种很流行的酒。《武林旧事》中记皇宫冬季即饮羊羔酒。

羊羔酒有两种酿法。一是采用研膏浸兑的方法，把羊肉羊脂配制于成酒之中，用酒浸泡出肉香味，此法首见于《清异录》："余开运中赐丑未觔，法用雍酥栈羊筒子髓置醇酒中，暖消而后饮。"[2] 二是以羊肉作为原料来酿造。《寿亲养老新书》载："羊羔酒：米一石，如常法浸浆，肥羊肉七斤，曲十四两，诸曲皆可。将羊肉切作四方块，烂煮。杏仁一斤同煮。留汁七斗许，拌米饭曲，更用木香一两，同酝，不得犯水。十日熟，味极甘滑（此宣和化成殿方）。"[3] 羊羔酒有御寒滋补的作用，特别适合在寒冷季节饮用，因此尤受北人青睐。

（十二）韬光酒

清人梁绍壬[4]是一位品酒专家。他一生中品尝过三种好酒：杭州之"韬光酒"、朋友家藏的"庚申酒"与广东始兴的"冬酒"。其《两般秋雨盦随笔》"品酒"云：

> 嘉庆癸酉，余偶憩云林寺，次日独游韬光，遇一老僧，名致虚，善气迎人，与之谈，颇相得，亦略知文墨。坐久，余欲下山，老僧曰："居士得毋饥否？蔬酌可乎？"余方谦谢，僧已指挥徒众，立具伊蒲，泥瓮渐开，酒香满室，盖时业知余之好饮也。一杯入口，甘芳浚冽，凡酒之病无不蠲，而酒之美无弗备。询之，曰："此本山泉所酿也，陈五年矣。"老僧盖少知酿法，而又喜谈米汁禅，此盖自奉之外，藏以待

〔1〕（宋）陆游：《老学庵笔记》，上海书店1990年版，第129页。
〔2〕朱易安、傅璇琮主编：《全宋笔记：第一编（二）》，大象出版社2003年版，第95页。
〔3〕（宋）陈直原著，（元）邹铉增补：《寿亲养老新书》，叶子、张志斌、张心悦校点，福建科学技术出版社2013年版，第94页。
〔4〕梁绍壬（1792—?），字应来，号晋竹，浙江钱塘人。道光辛巳年举人，官内阁中书。承家学，工诗善文，学问渊博。性嗜酒。

客者。于是觥筹对酌，薄暮始散。又乞得一壶，携至山下，晚间小酌。次日，僧又赠一瓶，归而饮于家，靡不赞叹欲绝。廿年神往，何止九日口香。此生平所尝第一次好酒也。[1]

韬光寺在灵隐附近，创建于唐长庆年间。唐代著名诗僧韬光曾在此结庵说法。寺内有金莲池，为韬光种金莲处。白居易时任杭州刺史，常来寺中与韬光汲泉煮茗、吟诗论文。游韬光寺，可以上达北高峰。陶士僙云："绝壁云中磴，浓阴竹里家。峰高驰野马，门静落松花。池水金莲种，春阶玉笋芽。坐收江海胜，清话煮新茶。"[2]

（十三）三白酒

三白酒是明清之际在江南流行的酒。谢肇淛《五杂俎》中记曰："江南之三白，不胫而走，半九州矣，然吴兴造者胜于金昌，苏人急于求售，水米不能精择故也。泉洌则酒香，吴兴碧浪湖、半月泉、黄龙洞诸泉皆甘洌异常，富民之家多至慧山载泉以酿，故自奇胜。"[3] 所谓"三白"，"白面为曲，并舂白秫，和洁白之水为酒"。[4] 浙江的三白酒明显优于江苏，这是因为浙江人对酒的原料处理较为细致，米粒精选、曲蘖优良、水质清洁。

（十四）金花酒

明代冯时化编的《酒史》介绍了金花酒在内的12种酒及其名称、产地、酿造方法。"金花酒，浙江省金华府造。近时京师嘉尚语云：晋字金华酒，围棋左传文。"这是明清时颇流行的酒，也是明清时南酒的代表。

（十五）致中和酒

清同治元年（1862），药商朱仰懋来梅城经商，在梅城东面2千米的东关办起前店后坊的五加皮酒厂，取"致中和，天地位焉，万物育焉"（《中庸》）中的"致中和"为店号，广集民间佳酿配方，采百家之长，创独家风格，研制出"色如榴花重，香若薏兰浓"的严东关致中和五加皮酒。此酒质醇厚，色泽红褐泛金黄，酒渍粘碗，酒香、药香、蜜香协调，入口和润，回味绵长，饮后开怀助

〔1〕（清）梁绍壬：《两般秋雨盦随笔》，上海古籍出版社2012年版，第78页。

〔2〕（清）邓显鹤纂编：《沅湘耆旧集（三）》，岳麓书社2007年版，第621页。

〔3〕（明）谢肇淛：《五杂俎》，上海古籍出版社2012年版，第195页。

〔4〕（清）虞兆漋：《天香楼偶得》，见秦含章、张远芬主编：《中国大酒典》，红旗出版社1998年版，第219页。

兴。首先畅销金华、衢州、严州一带及安徽、福建、广东等省，后远销东南亚。1876 年在新加坡南洋商品赛会中获金质奖，1915 年在美国旧金山巴拿马博览会上获银奖，1929 年在杭州西湖博览会上获优等奖，声名远扬。为了抵制冒牌伪造，于 1933 年注册"龙凤"商标。后因日寇侵略和其他原因，该厂于 1949 年年初被迫闭歇。中华人民共和国成立后，于 1956 年由新安江酿造厂聘请原致中和老技师，按传统配方恢复生产。1958 年该厂迁至白沙镇。1966 年改酒名为"新安江五加皮酒"，1980 年更厂名为"浙江严东关五加皮酒厂"，复改酒名"浙江严东关五加皮酒"，注册商标"致中和"。致中和牌五加皮酒 1983 年和 1988 年两次被评为浙江省优质产品，1984 年被评为轻工业部优质产品。1937 年五加皮酒产量不足 1000 吨，到 1985 年销量达 2540 吨。

第二节　传统酿酒的生产工具

谷物酒酿造的起源很早。河南郑州白家庄的商代早期贵族墓穴里就有成套的青铜酒器出土。从浙江一带的考古发掘来看，河姆渡遗址出土的陶盉，有口与流，口为敞口，下束颈，腹鼓，平底。腹与流相通。上半部呈黑色，下半部呈红色。盉一般用以温酒或调和酒水的浓淡。良渚遗址中就出土了许多盛器。其中有一件似过滤器，是倒圆锥与敞口中盆器的合体。汁液可以通过倒圆锥下端的孔洞流入大圆盆中。河南新密市打虎亭一号墓东耳室南壁的一幅汉代画像石刻，反映了造酒的过程，其过程大致与《齐民要术》所记酿酒过程相同。从图上看：最左边有一大瓮，蒸过的米放入此瓮。大瓮右边有一圆台，台上放一盆。盆中应是曲，曲即将被倒出来和入瓮中。右边又是大瓮，瓮上横着箅子，操作者正在搦黍米饭，"搦黍令破"。再往右，是搅拌工序。搅拌不仅能使发酵醪的温度上下均匀，而且使空气流通，促进益菌繁殖，即当代"开耙"，使用工具是木铲。画面最右边则是将熟醪放入糟床榨酒。其中用到的酿造工具就 1 有大瓮、圆盘与箅子、大小木耙、糟床、小瓮等。

四川新都出土的东汉画像砖（图 3-1）描绘了售酒的场面，正好与酿造的过程相衔接。画中绘有五人，画面正中是一口大锅，锅中是酒液，一妇人正在搅拌。另一男性向锅中探手，如果考虑到煮酒的程序，很可能是在取走漂浮物。有两人正由画面向外走，其一人手推独轮车，车上装着酒坛；另一人挑着酒坛向外走。还有一人正向店中走来，是否来此沽酒呢？画面正中的火炉前方设有一个槽池，池下接三个酒坛。可以设想，煮好的酒液是通过槽池沥入酒坛。这样就完成了酒的销售过程。这里用到的工具有火炉、酒池、酒坛、搅拌器与勺子等。

图 3-1　1979 年四川新都龙乡出土的东汉画像砖——酿酒图

　　工具与生产的过程没有什么大的区别。这与"文君当垆"的故事正好相印证。《史记·司马相如列传》："相如与文君俱之临邛，尽卖其车骑，买一酒舍酤酒，而令文君当垆，相如身自著犊鼻裈，与保佣杂作，涤器于市中。"因为酒垆是需要当场煮酒的，所以温度很高，一介文士司马相如也不得不穿着短裤亲自帮忙。汉代的酒肆图（图 3-2）[1] 也可以作为佐证。

图 3-2　四川新都出土的东汉画像砖——酒肆图

　　传统的黄酒生产都是由手工操作的。在机械化程度大大提高的今天，回到过去的生产方式已不可取，但是过去的生产流程中的人文元素值得回味。杭州一带生产的都是仿绍酒，其生产工具与绍兴酒相近。

　　酿造绍兴酒的工具大部分为木、竹和陶瓷制品，少量为锡制品，主要有盛具、操作具等，如瓦缸、酒坛、草缸盖、米筛、蒸桶、底桶、竹箪、木耙、大划脚、小划脚、木钩、木铲、挽斗、漏斗、木榨、煎壶、汰壶等。唐人皮日休曾经作《酒中十咏》，对生产工具酒笃、酒床等进行了描绘。下面简单分述。

　　（1）瓦缸。主要用于发酵和浸米。陶土制成，里外有釉。使用前在外部涂一层水泥以便发现裂缝。

　　（2）酒坛。盛酒之用，小的就是酒瓶。元杨维桢[2]《红酒歌》云："预恐沙头双玉尽，力醉未与长瓶眠。径当垂虹去，鲸量吸百川。我歌君扣舷，一斗不惜诗百篇。"

---

　　〔1〕《四川新都出土的东汉画像砖》，http://www.hist.pku.edu.cn/person/yanbuke/tongshi/z03/cankao/shijing.htm。

　　〔2〕杨维桢（1296—1370），字廉夫，号铁崖，会稽人。元泰定四年（1327）进士。官至江西儒学提举。后避乱居钱塘。至明不仕。

（3）草缸盖。稻草编制，盖缸之用。

（4）米筛。筛除原料中的夹物之用。有两层不同孔径的铁丝筛，上层通过米粒，下层去除糠秕、碎米。皮日休《酒中十咏·酒笃》云："翠篾初织来，或如古鱼器。新从山下买，静向甎中试。轻可网金醅，疏能容玉蚁。自此好成功，无赇我罍耻。"说的大概是米筛。

（5）蒸桶。蒸煮原料之用，木制。

（6）底桶。淋饭时为使米粒温度一致而盛温水作复淋之用。

（7）竹簟。摊饭之用。长约 4.8 米，宽约 2.6 米。竹编。

（8）木耙。搅拌工具。

（9）大、小划脚。摊饭时搅拌饭团的工具。

（10）木钩。摊饭时搅拌饭团的工具。檀木制。以木钩和小划脚结合搅拌，为绍兴东帮工人的常用方式。西帮工人操作是各执一木耙。

（11）木铲。木制的铲子。将蒸透的糟粕散扬以降低温度的工具。

（12）挽斗。取水工具。

（13）漏斗。浆水入桶之用。竹编。

（14）木榨（糟床）。榨酒工具。檀木制。皮日休《酒中十咏·酒床》云："糟床带松节，酒腻肥如荠。滴滴连有声，空疑杜康语。开眉既压后，染指偷尝处。自此得公田，不过浑种黍。"榨框最高处离地约有 3 米，因此加有一木梯。每个榨框大小不一，上层较浅，下层较深。

（15）煎壶。成品酒的杀菌工具。锡制。

（16）汰壶。煎酒后称重时补加分量之用。锡制。

（17）酒垆。蒸煮米饭之用。皮日休《酒中十咏·酒垆》云："红垆高几尺，颇称幽人意。火作缥醪香，灰为冬醷气。有枪尽龙头，有主皆犊鼻。倘得作杜根，佣保何足愧。"

因为早期酒不纯，需要在饮用时过滤，文人也曾亲手压榨过新酒，所以对木榨以及滤酒的器物津津乐道，甚至情有独钟。

第三节　酒具的变迁与地方特点

在酒文化大家族中，酒具是一个重要成员。古人云："非酒器无以饮酒，饮酒之器大小有度。"中国人历来讲究美食美器。酒具分为储酒器、盛酒器、注酒器、饮酒器、温酒器和挹酒器，以及体现酒文化的酒筹、酒令旗等。自从有了酒，就有了酒具。今天我们知道的酒器，有用陶、瓷、青铜、玉、漆、金银等等不同材料制成的。最早的酒具与食具并没有明显的区分。随着生产的发展，才产生了专用的酒具。特别是到了商周时代，"国之大事，在祀与戎"（《左传·成公十三年》），酒具被赋予地位和身份，形成了各种规格和形制的酒具。

纵观中国历代酒器的演进历史，可以看出以下的发展脉络：先是陶器，然后是青铜器、漆器，之后是瓷器。按朝代划分，大致是新石器时代至夏代，以陶酒器为主，铜、漆酒器为辅；周代，以铜酒器为主，漆器次之，陶酒器为辅；秦汉时期，以漆酒器为主，铜、玉酒器辅之；魏晋时期，以漆酒器为主，玉酒器辅之；唐宋至元明清时期，仍然以瓷酒器最为流行，金银酒器和玉酒器亦盛。当然还有一些其他的酒器，如角制酒具、贝制酒具、玻璃酒器等也有使用，但是不占主要地位。

我们考察酒具要注意四个方面。一是中国古代的酒有一个原始时期，酒质较差，有沉积物质，酒的浓度较低，如"绿蚁"等，所以要使用压榨过滤以及加热的方法来提升酒的质量。二是上古时期的坐具较低，所以喝酒需要用较长的容器或者有把手的容器。三是材质的变化，酒具的材质非常之多，而其使用也受到材料开采以及加工的限制，所以在某一时期会有特别流行的材质。四是要注意社会时尚与酒器的用途。比如商代酒具中的礼器，其使用形成了相对完善与持久的规则。而有的酒具反映的是一时的社会风尚与审美心理，比如魏晋时的鸭头缸、唐宋以后盛行的莲纹等。这四个方面是基本的考察角度。还有一些基本的问题，比如酒的台盏、温酒器的使用等，一直有争议。

一、饮酒器具的变迁

（一）礼器与贵重饮器

在中国古人看来，祭祀是生活中的大事。酒则是祭祀活动中的主要祭品。用于祭祀的酒器与用于祭祀的酒配套。上古时代的礼器，也由陶器开始，西周时青铜器成为主要的行礼器物。

上古的礼器有食器、酒器、乐器与玉器等。酒器由卣、盉、爵、斝、罍、瓢等组成。商代尚礼，而后世转向尚食。早期的酒器形制多样而齐全，到后世则略简。而礼器的样式也向实用器具靠拢。

礼器中的酒器又有盛酒器与饮器，盛酒器如卣、尊、方彝、瓿、罍、壶等，饮酒器如爵、觯、瓢等。

盛酒器中，尊的形制为圈足，圆腹或方腹，长颈，敞口，口径较大。卣，外观上大部分是圆形或椭圆形，底部有脚，所以古籍中的提法有"秬鬯一卣"

《尚书·文侯之命》《诗·大雅·江汉》）、"秬鬯二卣"（《尚书·洛诰》）等。彝，《周礼·春官·司尊彝》云："春祠夏禴，祼用鸡彝鸟彝……追享朝享，祼用虎彝蜼彝。"通常呈鸟兽状，有羊、虎、象、豕、牛、马、鸟、雁、凤等形象。彝纹饰华丽，在背部或头部有尊盖。有的上半身仿造动物形象，下半身则是器物的造型，圈足，器腹为椭圆体或长方体。有的则通体为动物造型。罍，有方体和圆体两类，多有盖，小口短颈，圆肩深腹，腹壁斜直，圈足或平底。

祭祀要用好酒。上古祭祀用的酒有"鬯"。《说文解字》云："鬯，以秬酿香草，芬芳条畅以降神也。"《九歌》中说"奠桂酒兮椒浆"，"桂酒""椒浆"也是加入植物酝酿的有香味的美酒，这种酒可以吸引天神来喝。这些酒储放在大盛器中，然后注入小饮器。

饮酒器中，爵是档次最高的。《说文解字》云："爵，礼器也。象雀之形，中有鬯酒。"其基本形制，前有流，后有尾，中为杯，一侧有鋬，下有三足，杯口有二柱。作用不是自饮，而是要将酒浇灌于地，这样，那长长的流就比较好理解了。《重修宣和博古图》曰："爵于彝器是为至微，然而礼天地，交鬼神，和宾客，以至冠昏、丧祭、朝聘、乡射，无所不曰爵，则其为设施也至广矣。"[1] 这是爵作为酒礼器的精辟归纳。其他如觯、觚等，也是用作祭祀的饮器，可能也用于倾酒浇地。清代王文清详细地考评了各种场合的礼器使用，其说法也与前说大致相符："考其为用，士冠、醮冠者用爵，士昏馈舅姑、飨妇、飨送者皆用爵，乡饮初献皆以爵，凡献、酢、酬、初并以爵，至一人举觯后，乃用觯也。士昏初酳以爵，三酳则以卺也。少牢初酳以爵，至二人举爵。尸侑，乃用觯也。燕礼初献以觚，献公卿大夫皆觚，而献士独不然者，旅食之义也。大射初献以觚，此后则用散与觯，惟献释获者反用觚耳。觯则士虞之初，祝酳醴奠之，凡醴皆用觯也。《特牲·迎尸》云：左执觯祭酒，奠觯，则初奠用觯矣。士冠醴冠者，士昏醴妇皆用觯，所谓凡醴皆用觯也。士冠礼冠宾用觯亦如之，此其大概也。"[2] 不同的场合与不同的人所举之礼酒器是不同的。（图3-3）

觥
商周青铜器　　觚
商周青铜器　　盉壶
西周青铜器　　斝
商周青铜器　　爵
殷商青铜器　　觯
商周青铜器　　尊
商周青铜器

图3-3　青铜器中的酒器

〔1〕（宋）王黼：《重修宣和博古图》，牧东整理，广陵书社2010年版，第257页。
〔2〕（清）王文清：《王文清集（二）》，黄守红校点，岳麓书社2013年版，第682页。

另外还有一种承酒器——铜禁。陕西宝鸡斗鸡台戴家沟西周墓出土了一件铜禁，为扁平长方形，高 23 厘米，长 126 厘米，宽 46.6 厘米。中空无底。长边各八个长方孔，短边四个，壁饰夔纹、蝉纹。"禁"为承酒器之案具，出现于西周初年，战国时期逐渐消失。《仪礼·士冠礼》云"两庑有禁"，郑玄注："禁，承尊之器也。"为何名"禁"，有学者认为，西周初期曾厉行禁酒，当时的统治者把安放酒具的器座称为禁，"名之为禁者，因为酒戒也"。（《仪礼·士冠礼》）（图 3-4）

图 3-4　西周夔纹铜禁

来源：《天津博物馆藏古代青铜器赏析》，http://js.zxart.cn/Detail/566/33270.html。

（二）常用饮器变化

商周时又用何种器物饮酒呢？《礼记·礼器》中说："尊者举觯，卑者举角。"觯，早期为青铜所制，形似尊而小，或有盖。角似爵，前后有尾，但无柱无流。另外还有觚。这种喇叭口的束腰形器正适合执之以就引。《大戴礼记·曾子事父母》称："执觞觚杯豆而不醉。"显然是说用其饮酒。《通鉴·晋纪四十》胡三省注云："觚，饮器。"所以，觯既是祭祀用的酒器，也可以当作饮器。

爵外有双环的器具被称为"羽觞"。有了耳之后，器具放得低矮一些，但仍容易被抓取。《楚辞·招魂》："瑶浆蜜勺，实羽觞些。"王逸注："羽，翠羽也。觞，觚也。"说的就是这种外形椭圆、浅腹、平底，两侧有半月形双耳，有时也有饼形足或高足的饮酒器。自羽觞问世以来，觞既是羽觞的简称，同时又成了所有酒杯的通称。故古人把行酒叫"行觞"，称酒政为"觞政"。

值得注意的是，发展到汉代，羽觞的材质与形制有了变化。这时常见的饮器是杯——漆耳杯。湖南省博物馆收藏有 1972 年出土于湖南长沙马王堆一号汉墓中的 90 件形状相同、大小略异的漆耳杯（图 3-5）。有 90 件题款为"君幸食"，40 件题写"君幸酒"。其中"君幸酒"杯均为木胎斫制，椭圆形，侈口，浅腹，月牙状双耳稍上翘，平底。内壁朱漆，外表黑漆，纹饰设在杯内及口沿和双耳上。这种杯既可置酒也可置食。另外还有一种饮器卮，形制像现代的杯子。《说文》："卮，圜器也。"段注："《内则注》曰：卮、匜，酒浆器。"

《项羽本纪·鸿门宴》中，樊哙中途闯入。项王见了称其为壮士并曰："赐之卮酒。"这里可以看出两层意思：一是当时使用的饮酒器是卮，即单手可取的饮器；二是厄是有大小的。《周礼·考工记·梓人》云："一升曰爵，二升曰觚，三升曰觯，四升曰角，五升曰散。"那么问题又来了：四升是指厄的容量吗？从发掘的实物来看，其容量并不能完全体现出上述的比例关系。另外，早期同类容量单位与今天的容量单位也有差异。早期的容量单位"斗"与现代的斗是不同的，比如两件同属东周时代的金村铜钫，一件的 1 斗折合为今天的 198 毫升，另一件折合为

图 3-5　漆耳杯

193 毫升[1]；秦代的两件铜器，1 斗折合为今天的 198 毫升与 205 毫升[2]。"古人之命器也，有一名即有一义。韩诗说：爵，尽也，足也。觚，寡也，饮当寡少也。觯，适也，饮当自适也。角，触也，触罪过也。散，讪也，饮不能自节，为人所谤讪也。总名曰爵，其实曰觛，觛者，饷也。"[3] 考虑到酒的品质差异带来的饮量的变化，即优质酒浓度高而劣质酒浓度低，所以地位卑下者饮用器具容量大，这是有道理的。但是古籍中酒的容量可作约数来计，并不十分统一与精确。比如湖南长沙马王堆一号汉墓中 40 件耳杯可分成大、中、小三种形制。每种的外观有些不同。中型杯有 20 件，杯内红漆衬地，上绘黑卷纹，中心书"君幸酒"，杯口及双耳以朱、赭二色绘几何云形纹，耳背朱书"一升"；大、小杯各十件，大杯无花纹，小杯两耳及口沿朱绘几何纹，大、小杯皆有"君幸酒"字样，大杯耳背朱书"四升"。这里的容量单位也只能作相对的理解。

汉代人是席地而坐，食案与手的距离相对较远，因此酒器需要易被拿取。四川大邑安仁镇出土的宴饮画像砖中有七人席地而饮。席前有一大尊，尊中有勺，尊外置耳杯。从此图可见，汉代宴饮之时，主要酒器为尊、勺与耳杯。尊为盛酒器，勺为挹酒器，耳杯为饮酒器。宴饮时先将酒倒入尊内，再用勺酌入耳杯奉客。此组酒器，再加上贮酒用的壶、锤、钫等，就构成了汉代酒器的基本组合。（图 3-6）

图 3-6　羊首勺

魏晋时仍沿用此制，而且酒器还被赋予了政治意味。如《宋书·礼志一》记载："正旦元会，设白虎樽于殿庭。樽盖上施白虎，若有能献直言者，则发此樽饮酒。"设白虎樽意在"令言者猛如虎，无所忌惮也"。

从汉代到唐代，中国人完成了从席坐到垂足坐的转变过程。白居易《池上

---

〔1〕　丘光明：《中国历代度量衡考》，科学出版社 1992 年版，第 186 页。

〔2〕　丘光明：《中国历代度量衡考》，科学出版社 1992 年版，第 204 页。

〔3〕　（清）王文清：《王文清集（二）》，黄守红校点，岳麓书社 2013 年版，第 682—683 页。

有小舟》诗云："池上有小舟，舟中有胡床。床前有新酒，独酌还独尝。"描写了当时的坐姿。胡床状如现代的小条凳，是简易的坐具，可与小条几相配。人不再席地而坐，而是坐在胡床之上，这样的坐姿引起了饮姿的改变。案几与人手臂间的距离较前代为短。坐的姿势，可以参考顾闳中《韩熙载夜宴图》（图3-7）。此图中人物有跌坐，有垂足坐，坐具有床有椅。几案上陈列着蔬果饮品。说明这时的人们已经可以坐着拿饮酒器饮酒了。

图 3-7　《韩熙载夜宴图》局部

与坐姿变化相对应的是酒器的变化。最显著的变化是酒具的耳环可以省去，从有耳的酒杯发展到了无耳的高足杯或者盛以高足盘的酒盏。《韩熙载夜宴图》中的饮酒具，类似现代的酒盅。同样的情形也可以在宋代仿画的唐代《宫乐图》（图 3-8）中看到。图中左下侧的宫女正在饮酒[1]，当时用的是碗盏，这是比较

图 3-8　唐代《宫乐图》

随意的饮具。《韩熙载夜宴图》中的饮具就比较讲究，使用了酒台子、酒注，还有温酒器。酒台子是放置酒杯的托，与茶托不同。茶托是一平坦的圆盘，而酒台子是盘中有一圈突起。关于酒台子的出典，李济翁《资暇集·茶托子》记录较为详细："始建中蜀相崔宁之女，以茶杯无衬，病其熨指，取碟子承之。既啜而杯倾，乃以蜡环碟子中央，其杯遂定。即命匠以漆环代蜡，进于蜀相。崔大奇之，为制名而话于宾亲，人人为便，用于代。是后传者更环其底，愈新其制，以至百状焉。"[2] 这则材料说明，在晚唐时期，这种托底已经出现，先为茶盘之用，后用作酒具。但其形制起源也不是所有人都能清楚的。清代阮葵生《茶余客话》记："今人饮酒，杯下衬以托子，考之于古未知所昉，冯益都相国宴诸鸿词翰林于万柳堂，酒酣，指此为问。汪苕文以为古无此制，是也。毛大可称即古之舟也，引《周礼疏》为证。益都命走马取书，似有所本，然与杯不相属。宋李济翁《资暇录》一则云……《资暇录》引此云：'贞元初，青郓油绘为荷叶形，以衬茶碗，别为一家之碟。今人多云托子始此，非也。'蜀相即今升平崔家，询则知矣。按此与今之杯托制甚合，前人有辨之者。"[3] 由此可见，清代人对这一常见的酒器之来历也不太清楚。

---

〔1〕　有学者解释画中是宫女喝茶的场景，但又解释宫女是在行酒令，这与喝茶场面不吻合。另，以此画来表现宋代流行的喝茶之法也不太合理。所以，笔者倾向于饮酒作乐。

〔2〕　（宋）李济翁：《资暇集》，中华书局 1985 年版，第 25 页。

〔3〕　（清）阮葵生：《茶余客话》，上海古籍出版社 2012 年版，第 477 页。

唐宋酒质的提升，还带来贮酒器的变化。上古时期以瓮、以坛、以尊来贮酒，而唐宋以后通常以瓶装酒。长瓶初见于陕西三原唐贞观五年（631）李寿墓石椁内壁的线刻画中。这种小口、短颈、丰肩、瘦底、圈足的瓶式，作盛酒用器。

唐代的诗中出现的饮器比较多，比如尊、羽觞、杯、盏等。这既说明不同场合使用的饮具不同，也说明历代饮酒器称谓丰富，文人写诗时可以用不同的文字来指代。

宋代的饮酒器种类较少，且形成了稳定的"杯壶制"。宋代窦苹的《酒谱》云："上古汙尊而杯饮，未有杯壶制也。""杯壶制"即是酒杯与酒壶配套。饮酒器可以是酒杯，用酒台，也可以是盏，下用托盘，宋程大昌《演繁露》称之为"台盏"。

宋时的贮酒器多用瓶。宋人赵令畤《侯鲭录》"酒经"条载："陶人之为器，有酒经焉。晋安人盛酒以瓦壶，其制，小颈，环口，修腹，受一斗，可以盛酒。凡馈人牲，兼以酒置。书云：酒一经或二经，至五经焉。他境人有游于是邦，不达其义，闻五经至，束带迎于门。乃知是酒五瓶为五经焉。"[1] 明张自烈《正字通》说，"酒器大者为经程"。也就是说，以规范化的酒瓶来确定酒的容量。所以这种瓶子宋时称为"经瓶"。经瓶其实就是被拉长的酒壶，瓶体修长，造型更加俏丽，宋代使用广泛。经瓶在明代以后被称为"梅瓶"。民国许之衡在《饮流斋说瓷》一书中详细地描述了梅瓶的形制、特征和名称由来："梅瓶，口细而颈短，肩极宽博，至颈稍狭，抵于足微丰，口径之小仅与梅之瘦骨相称，故名梅瓶。"[2] 而实际上，插梅花多用胆瓶。可能梅瓶更易于倒酒之用。试想下：双手执抱梅瓶的下腹部，可以慢慢倾斜，酒由于自身重量而使得上腹部较重，这样易于控制倾倒的动作，且口小，可以控制出酒量。而使用胆瓶就做不到。

宋代还有一种通用的瓶型，即玉壶春瓶。玉壶春瓶的造型特点是撇口、细颈、圆腹、圈足，瓶形通高在 30 厘米以下，口径为 7~8 厘米，线型变化柔和委婉，造型显得轻巧玲珑。玉壶春瓶与道家成仙的说法有关。经瓶与玉壶春瓶出现后，一直使用到清代，大体形制没有变化。

可以说，唐宋时期中国的酒器文化到达了一个顶峰。河南禹州白沙北宋墓室壁画《夫妇对坐饮酒图》（图 3-9）呈现了宋代饮酒的场面：二人中间有桌，有温碗与酒注子、台盏，桌下有一酒经放在瓶架上。

---

〔1〕（宋）王得臣、（宋）赵令畤：《麈史 侯鲭录》，孔凡礼点校，上海古籍出版社 2012 年版，第 85 页。

〔2〕（民国）许之衡：《饮流斋说瓷》，山东画报出版社 2010 年版。

图 3-9　宋壁画《夫妇对坐饮酒图》

图片来源:http://www.jydoc.com/view-320794.html♯downUrlMap。

唐宋以后，酒器日趋简单，这是因为酒质的提高以及蒸馏酒的普遍饮用。为什么这么说？下文详述之。

（三）酒的加热与加热酒具

必须说明的是，上古的好酒是可以寒饮的。如《楚辞·大招》说："清馨冻饮，不歠欲役只。"王逸注："冻犹寒也。醇酽之酒，清而且香，宜于寒饮。"《楚辞·招魂》中亦云："挫糟冻饮，酎清凉些。华酌既陈，有琼浆些。"即多次酿造的好酒也是可以清凉饮用的，而且口味更好。为了增强口感，上古有冰鉴与加温加寒器。如江苏无锡鸿山越国墓中出土青瓷温酒器和冰镇器各一套。温酒器组由温酒器与炉盘组成，口径 25.8 厘米，底径 15.2 厘米，通高 7.8 厘米。使用方法大概是在炉盘内部置炭，上置温酒器，器内孔中置水，圆孔上置酒杯以温酒。冰镇器口径 25.4 厘米，底径 12 厘米，通高 10.8 厘米，由冰镇器和承盘组成，承盘内放冰，冰镇器内置水，圆孔上置酒杯以冰酒。浙江省博物馆藏战国原始瓷温酒器与冰镇器各一件，结构更为简单。温酒器口径 22.5 厘米，底径 19.7 厘米，高 7 厘米。冰镇器口径 31 厘米，底径 25.4 厘米，高 8.7 厘米。两者皆无承盘，使用方法大致是温酒器在器内直接注热水，将酒杯置其孔中加温。冰镇器内做出镂空酒杯形状，其外置冰块，其内置酒杯以降温。

这几件实物都不大，留出的孔洞大小也只能放入小酒器。那么这些孔洞里可以放什么酒器呢？笔者认为，可以放斝或者尊。斝是上古用于温酒的小型容酒器，行裸礼时所用，或兼作温酒器。斝的形制较多，器身有圆形、方形两种，有的有盖，有的无盖；口沿上有一柱或二柱，柱有蘑菇形、鸟形等不同形状；腹有直筒状、鼓腹状及下腹作分档袋状几种；有的是扁平素面，有的用兽头装饰；底有平底、圆底；足有三足、四足、锥状空足、锥状实足、柱形足等。《诗经·大雅·行苇》曰："或献或酢，洗爵奠斝。"这样，配套的酒具有斝（加热）与觯。另外如尊，也有低矮小脚可以置入孔内，如果放入的是尊，那么尊就是加热酒器。

以上描述的都是较为高级的酒品，清凉饮用是为了增强酒的口感。而一般家用的酒是需要加热饮用的。加热可以提高酒质，避免酒发生酸败现象，另外也有杀菌作用。历史上，酒可以直接加热，也可以间接加热。所以，除了盛器与饮用器之外，还有加热的专用酒具。

从四川出土的汉代售酒画像砖中可以清楚地看到煮酒到过滤盛瓶的过程。劣质的酒在饮用前用敞口的容器加热，而且饮前需要滤去酒渣。那么这样大型的加热器是什么呢？三国曹植《七启》诗中透露出若干信息："盛以翠樽，酌以雕觞。浮蚁鼎沸，酷烈馨香。"可以理解为用鼎来加热酒，加热后的酒被盛入敞口的大尊中，米渣子浮于酒面，酒味香烈，这时，舀去浮渣，将酒倒入觞中就能开怀畅饮了。这里，加热的器具是鼎，一种敞口容器。从大同智家堡北魏石椁壁画墓的酒宴图中也可以看到温酒的这一过程：条形腿几案上置尊，尊有三兽足，尊内放勺，案旁放置细颈壶，一侍女左手正欲从尊内用勺舀酒放入右手的耳杯内，而另一侍女则手捧圆盘，圆盘内置两只小耳杯，正欲奉于主人前。尊是盛行的温酒容器。

《北史》记孟信与老人饮，说是"铁铛温酒"。铛是一种敞口的平底铁器，很像当代的炒菜锅。"铁铛"就是一种敞口容器，可以用来加热。李白《襄阳歌》"舒州杓，力士铛，李白与尔同死生"中的"铛"，也是用来温酒的。唐以后有称为金卮的酒器，不知是否同物。

由此看来，直接加温是用铛，然后将热过的酒倒入大尊中，舀去浮渣，再把酒舀入杯中。我们由此可以更好地解读晚唐孙机的《高逸图》（图 3-10）以及作于晚唐的《宫乐图》中呈现的从大盆中舀酒的场面。孙机的《高逸图》所画的是隐世高人。四人席地而坐，各以礁石树木相隔，神情清高倨傲。其中第三位被认为是嗜酒如命的刘伶，面前放置尊、勺与杯盘。当然，这样喝酒，一是表现酒客的酒量好，二是表现酒客比较豪放，三是表现饮酒的平民化倾向。也就是说，这样的饮酒方式是民间的饮酒方式。

白居易《北亭招客》中有"小盏吹醅尝冷酒，深炉敲火炙新茶"的诗句。白居易是大历年间人，那时酒的加热法还是直接加热，而白居易的喝酒肯定是比较仓促的，所以只好匆忙

图 3-10 孙机《高逸图》

处理，既要浮去表层的米蚁，还只能小口尝着冷酒。"林间暖酒烧红叶，石上题诗扫绿苔"（白居易《送王十八归山寄题仙游寺》），这样的喝酒方式才是从容的。

酒加温方式的变化大约始于元和年间。制酒技术的提高使酒中的悬浮物得

以去除，而间接加热法——烧酒法的杀菌作用使得之前的加热工序不再必要。这时，酒注子开始使用。宋代李济翁《资暇集》"注子偏提"条说："元和初，酌酒犹用樽杓，所以丞相高公有斟酌之誉。虽数十人，一樽一杓，挹酒而散，了无遗滴。"[1] 但是后来就有了变化，"居无何，稍用注子。其形若罂[2]，而盖、嘴、柄皆具。大和九年后，中贵人恶其名同郑注，乃去柄安系，若茗瓶，而小异，目之曰偏提。论者亦利其便，且言柄有碍而屡倾仄，今见行用"[3]。这与宋代高承《事物纪原》中"注子，酒壶名，元和间酌酒用注子"[4] 的说法相符。

酒注子，现代叫壶。它其实在商代就有所见，只不过当时用以盛水，来调和羹酒的浓度。唐代称注子。开元前后的墓葬中出土有盘口、短颈、鼓腹、短流、曲棱、造型丰满圆浑的注子，是酒壶的初期形式。后来，注子经常与温酒用的注碗配用，成为一套酒具。为何叫注子？明代李日华《紫桃轩又缀》云："吴俗呼酒壶为注子。按《周礼》'以注鸣者'，注，注味也，鸟喙也，音咒。古人用壶以大口泻，而今人加以长喙如鸟咮然，故名注子。"[5] 可知明代南方人尚有注子一说，但明代更常用的称谓是执壶。唐代的注子比较常见，用于贮茶。也移用来注酒。"如铜官窑出土的注子上，有的题有'陈家美春酒''酒温香浓''浮花泛蚁'等句，自应是酒注。"[6]

宋代酿酒采用了"火迫酒"法，酒质进一步提高。因此，只用碗或杯盏就能够饮酒了。比如武松喝酒，就要以碗盛酒显示出豪迈。而宋代比较讲究的喝法仍要加温饮用。在唐代注子基础之上稍加改进，加上配套的温碗，即成温碗注子，又称注碗，这样的酒具五代宋辽时已出现。《东京梦华录》卷4"会仙酒楼"条曰："凡酒店中，不问何人，止两人对坐饮酒，亦须用注碗一副，盘盏两副，果菜碟各五片，水菜碗三五只，即银近百两矣。"[7] "盘盏"与上述的"台盏"还是并列使用的。这是想象客人成双对饮的场面。宋代文献中，酒器是馈赠的上品。宋曾慥《高斋漫录》："欧公作王文正墓碑，其子仲仪谏议，送金酒盘盏十副、注子二把，作润笔资。"[8] 金酒盘盏与注子，可作为润笔费，足见其贵

---

〔1〕（宋）李济翁：《资暇集》，中华书局1985年版。

〔2〕罂，又作甖，大腹小口的酒器。最早见于唐代，是瓷质贮茶用具。以江西赣州东郊七里镇窑制品为佳。

〔3〕（宋）李济翁：《资暇集》，中华书局1985年版，第27页。

〔4〕（宋）高承：《事物纪原》，中华书局1985年版。

〔5〕（宋）高承：《事物纪原》，中华书局1985年版。

〔6〕孙机：《中国古代的酒与酒具》，见董淑燕：《百情重觞：中国古代酒文化》，中国书店2012年版，第11页。

〔7〕（宋）孟元老：《东京梦华录》，中国商业出版社1982年版，第28页。

〔8〕朱易安等主编：《全宋笔记：第四编（五）》，大象出版社2008年版，第1053页。

重。台北故宫博物院所藏宋徽宗《文会图》，描绘了北宋文人雅宴中听琴、饮酒、品茗的场面。画面展示庭院聚会的场景，围栏环绕，雕饰精美，九人围坐树下大案，案上器具琳琅满目。案缘座处除碗碟外，每人各配有台盏一副，共备有温碗注子两副。大案前方有方桌，侍者正备茶酒。左侧炉上长瓶烧水，一侍者以长勺舀茶末入托盏，预备点茶，以备酒酣后饮茶醒酒。右侧桌角一经瓶贮酒，台上置温碗注子两副，侍者或正预备热水入温碗，以供客人继续畅饮。画面所绘贮酒的经瓶，盛酒、温酒、斟酒的温碗注子，饮酒的台盏，为宋辽时期主要的酒器。由此可见，发展到宋代，酒器的组合已经比较完善，即由酒注子、温碗、盘盏或者台盏组合。明清时期的饮酒器，一般为酒杯与酒盅。单耳杯，亦可做茶杯。有一种套酒杯，从大到小，一只套一只，每套十只。《红楼梦》中刘姥姥进大观园就有幸见识了套酒杯。酒盅，大小不同，品种繁多，形状有圆形、侈口形、四方形等。除瓷质外，也有用紫砂制作的。

由此可见，在宋代定型的"杯壶制"是盛酒具与饮酒具的组合，这一组合到现在也无明显变化。而温酒器，只是用来改善酒的口味。间接加热法成为主流的方法。明清以后，江南一带流行的爨筒就是一种简易的温酒器。

（四）酒器的容量

考察历代的饮器，还可以引出这样一个话题：古人酒量好像都很大。如：魏晋时文人阮籍，母死当葬时"蒸一肥豚，饮酒二斗"[1]；刘伶"一饮一斛，五斗解酲"[2]。李白嗜酒，"一日倾千觞"，"百年三万六千日，一日须饮三百杯"。那么究竟是不是这样？对生活比较讲究的宋代人就提出了这样的疑问。沈括在《梦溪笔谈》一书中说："钧石之石，五权之名，石重百二十斤。后人以一斛为一石，自汉已如此。"[3] "汉人有饮酒一石不乱，予以制酒法较之，每粗米二斛酿成酒六斛六斗。今酒之至醨者，每秫一斛，不过成酒一斛五斗，若如汉法，则粗有酒气而已。能饮者饮多不乱，宜无足怪。然汉之一斛，亦是今之二斗七升，人之腹中亦何容置二斗七升水邪？或谓'石'乃钧石之石，百二十斤。以今秤计之，当三十二斤，亦今之三斗酒也。于定国食酒数石不乱，疑无此理。"[4] 能饮者饮多不乱，宜无足怪。古时的度量衡和今天的不一致。西汉 1 升，宋代只有 0.3 升多一点；东汉 1 升，仅相当于宋代的 0.6 升。沈括还是认为"疑无此理"。

〔1〕（南朝宋）刘义庆：《世说新语》，齐鲁书社 2007 年版，第 187 页。

〔2〕（南朝宋）刘义庆：《世说新语》，齐鲁书社 2007 年版，第 187 页。

〔3〕（宋）沈括：《梦溪笔谈》，施适校点，上海古籍出版社 2015 年版，第 12 页。

〔4〕（宋）沈括：《梦溪笔谈》，施适校点，上海古籍出版社 2015 年版，第 17 页。

还有人认为，上古中的石可能是指制酒的米数而不是酒的重量。明代谢肇淛认为：“古人量酒，多以升、斗、石为言，不知所受几何。或云米数，或云衡数，但善饮有至一石者，其非一石米及百斤明矣。按朱翌《杂记》云：‘淮以南酒皆计升，一升曰爵，二升曰瓢，二升曰觯。’此言较近。盖一爵为升，十爵为斗，百爵为石，以今人饭量较之，不甚相远耳。”[1] 对于酒的度量单位有不同理解。但是有一点可以肯定，酒的质量提高之后，宋人的饮酒量不再像前人那样大。《水浒传》中描写武松打虎前豪饮的情形：

武松在路上行了几日，来到阳谷县地面。此去离县治还远。当日晌午时分，走得肚中饥渴，望见前面有一个酒店，挑着一面招旗在门前，上头写着五个字道：“三碗不过冈”。

武松入到里面坐下，把哨棒倚了，叫道：“主人家，快把酒来吃。”只见店主人把三只碗，一双箸，一碟热菜，放在武松面前，满满筛一碗酒来。武松拿起碗一饮而尽，叫道：“这酒好生有气力！主人家，有饱肚的，买些吃酒。”酒家道：“只有熟牛肉。”武松道：“好的，切二三斤来吃酒。”

店家去里面切出二斤熟牛肉，做一大盘子，将来放在武松面前；随即再筛一碗酒。武松吃了道：“好酒！”又筛下一碗。

恰好吃了三碗酒，再也不来筛。武松敲着桌子，叫道：“主人家，怎的不来筛酒？”酒家道：“客官，要肉便添来。”武松道：“我也要酒，也再切些肉来。”酒家道：“肉便切来添与客官吃，酒却不添了。”武松道：“却又作怪！”便问主人家道：“你如何不肯卖酒与我吃？”酒家道：“客官，你须见我门前招旗上面明明写道：‘三碗不过冈’。”武松道：“怎地唤作‘三碗不过冈’？”酒家道：“俺的酒虽是村酒，却比老酒的滋味；但凡客人，来我店中吃了三碗的，便醉了，过不得前面的山冈去：因此唤作‘三碗不过冈’。若是过往客人到此，只吃三碗，便不再问。”武松笑道：“原来恁地；我却吃了三碗，如何不醉？”酒家道：“我这酒，叫作‘透瓶香’；又唤作‘出门倒’：初入口时，醇浓好吃，少刻时便倒。”武松道：“休要胡说！没地不还你钱！再筛三碗来我吃！”

酒家见武松全然不动，又筛三碗。武松吃道：“端的好酒！主人家，我吃一碗还你一碗酒钱，只顾筛来。”酒家道：“客官，休只管要饮。这酒端的要醉倒人，没药医！”武松道：“休得胡鸟说！便是你使蒙汗药在

---

[1] （明）谢肇淛：《五杂俎》，上海古籍出版社 2012 年版，第 196 页。

里面，我也有鼻子！"

　　店家被他发话不过，一连又筛了三碗。武松道："肉便再把二斤来吃。"酒家又切了二斤熟牛肉，再筛了三碗酒。

　　武松吃得口滑，只顾要吃；去身边取出些碎银子，叫道："主人家，你且来看我银子！还你酒肉钱够么？"酒家看了道："有余，还有些贴钱与你。"武松道："不要你贴钱，只将酒来筛。"酒家道："客官，你要吃酒时，还有五六碗酒哩！只怕你吃不得了。"武松道："就有五六碗多时，你尽数筛将来。"酒家道："你这条长汉倘或醉倒了时，怎扶得你住！"武松答道："要你扶的，不算好汉！"

　　酒家那里肯将酒来筛。武松焦躁，道："我又不白吃你的！休要饮老爷性发，通教你屋里粉碎！把你这鸟店子倒翻转来！"酒家道："这厮醉了，休惹他。"再筛了六碗酒与武松吃了。前后共吃了十八碗，绰了哨棒，立起身来，道："我却又不曾醉！"走出门前来，笑道："却不说'三碗不过冈'！"手提哨棒便走。

　　一般的酒，喝三碗是正常的，武松多饮酒的前提是"肚饥口渴"，所以超常饮用了。三碗之数，还是可信的。十八碗，显然带有夸张的成分。

　　东汉末年的刘表制作了三个大酒杯，分别盛七升、六升与五升酒，取名为伯雅、仲雅与季雅。明代江南的大文人陈继儒所著《太平清话》中，记一名叫孙汉阳的人用紫檀木仿造三雅杯，用抛双色子的方法来让客人饮酒。《茶余客话》记，清初的江苏文人顾嗣立，一生豪爽，辞官归乡后，多有文人雅集的活动。他还结酒社，凡入社者必用三雅杯各饮一杯。[1]

二、酒器材质的变化及杭州地区的酒器名品

（一）陶瓷酒具

　　杭州是吴越文化的交界地带，而吴越交界一带是原始瓷的发源地。历史上，浙江除嘉兴平原尚无窑址之外，窑址遍及全省的丘陵山区。浙江绍兴、萧山、诸暨、德清、吴兴等地都发现了商末周初生产原始瓷和几何印纹硬陶的窑址。几何印纹硬陶与原始瓷也成为吴越文化最具代表性的器物。这些窑址范围大，堆积层厚，产量相当大，说明当时吴越原始瓷已经形成大批量的商品化生产。

〔1〕［日］青木正儿：《中华名物考（外一种）》，范建明译，中华书局 2005 年版。

原始青瓷发展为东汉早期青瓷和六朝时期的成熟瓷器，这一过程是由吴越人民完成的。具体而言，浙江古窑分成以下几个区域：越窑、瓯窑、婺窑与德清窑。其中越窑地理位置是在钱塘江以东的杭州部分以及绍兴与宁波。这一地域自周以来历经汉、六朝与唐宋的发展，由陶而瓷，其中秘色窑曾独领风骚。德清窑地处钱塘江以北的德清与余杭等地，起于商周，历经汉、六朝，直至唐宋才停产，以黑瓷闻名。到了唐宋以后，龙泉窑与南宋官窑等兴起，由于创制了将坯盛于匣钵之中与火分离的操作法，瓷器烧制技术达到了纯熟的程度，产品非常有名。

这些陶瓷的酒具，有不同的造型，有花色繁多的图案。简要介绍如下。

1. 远古陶器与原始瓷

在良渚文化和绍兴马鞍等新石器时代晚期遗址中，陶器造型就较为规整了。良渚文化陶器以泥质黑陶（包括灰胎黑皮陶）数量最多，并有一些砂质红陶与泥质灰陶。其制陶技术较高，普遍使用轮制，器型精致规整，器壁较薄，陶胎呈灰黑色。代表性器物有篆形器、断面丁字形足鼎、高颈贯耳壶等。彩陶数量较少，以红彩或黑彩绘旋纹与方格纹为主。陶器表面打磨得很光亮，少数器物有镂空和划纹的装饰。良渚发掘的高颈贯耳壶、黑陶杯最为有名。黑陶杯薄胎，器壁厚 2 毫米左右，上端呈盅形，上沿外卷，下端高足。现藏浙江省博物馆的良渚文化黑陶杯（图 3-11），高 6.8 厘米，口径 7.5 厘米，底径 5.3 厘米。器表施黑色陶衣，漆黑光亮。为敞口，直腹，近底有折，高圈足，外壁近口沿处有两孔为一组（残有四组）。圈足有棱，上有三孔。在今湖州境内长兴也出土了商代印纹陶器，口部呈凸形，直颈，溜肩，鼓腹，口沿与腹之间有一条宽带，底内收，器型不甚规整，肩腹饰不规则纹。湖州下菰城遗址的城垣中也夹杂有印纹陶、原始青瓷和夹砂陶片等，印纹陶有云雷纹、回纹、折线纹、组合纹等。

一般认为，中国的瓷器成熟于东汉晚期，只有 1800 多年的历史，之前只能叫釉陶器或原始瓷。但是 2005 年 12 月在浙江萧山安山窑址发掘的两座龙窑，其原始瓷烧制水平已不亚于东汉成熟瓷器，这意味着成熟瓷的出现时间也许要往前移。专家认为，春秋时期，越王句践为纵兵灭吴，将国内老百姓的金属器收缴一空，用于制造兵器，动员百姓尽

图 3-11 高柄黑陶觚形杯

量使用陶瓷器作为生活用品，客观上促进了陶瓷业的迅猛发展，使越国成为中国瓷器的发祥地。于 1956 年发现的萧山茅湾里印纹陶窑址是保存较完整的春秋战国时代的一处典型的印纹陶窑址。该窑址存有大量陶瓷碎片和烧坏变形的完

整陶器，表纹饰有米字纹、方格纹等，并且表里均涂有一层青色的薄釉，有的胎质坚硬密实，易吸水分，器底壁厚，器身单薄，外表素面，里面有螺旋纹。印纹陶胎质比较细腻、坚硬，对烧制温度要求较高。

2. 秦汉至魏晋南北朝

秦汉时期，尤其在东汉，成熟瓷出现了，釉层明显比原始瓷器增厚，有较强的光泽度，胎釉结合牢固紧密，釉面淡雅清澈。萧山茅湾里多烧制原始青瓷。《中国美术辞典》载："此地所产原始瓷，碗里有螺旋纹，浙江地区战国墓葬出土不少这类器物中，即有茅湾里的产品。"[1] 原始瓷器主要有碗、杯、盅、鼎、盉等。东汉时上虞窑场已经解决了原料选用问题，龙窑的出现又为提高烧成温度创造了条件。而上虞也成为浙江重要的瓷器产地。

三国、两晋、南北朝时，南方相对稳定，北方士族大批移民山阴，北方士人聚居，社会风尚主清谈玄理，饮酒之风大盛，这就极大地刺激了酒的生产，也促进了酒具的发展。东南沿海的苏、浙、闽，长江一带的川、鄂、湘、赣，都相继设立瓷窑，著名者有越窑、德清窑、洪州窑、瓯窑、婺州窑、岳州窑等。这一时期的瓷器种类也不断增加，除罐、尊、壶、碗、盘、洗、耳杯等外，还有壶、香熏、唾盂、虎子、砚台、镇墓兽、猪圈、鸡笼、灶、多格盒、水注等。装饰内容也更为丰富，堆塑、贴花、模印、刻画、镂孔、施彩等工艺的使用，使得瓷器造型生动、样式繁多。西晋潘岳《笙赋》云"披黄苞以授甘，倾缥瓷以酌酃"，《西京杂记》引汉代邹阳《酒赋》云"醪酿既成，绿瓷既启"，这说明当时有以瓷器盛酒的做法。酃酒是当时的名酒，缥瓷是晋代浙江所产的青瓷，胎体细腻，呈色较白，白中略泛灰色，釉色淡青，透明度较高。名瓷与名酒相配，可谓相得益彰。这时的耳杯已用瓷土做胎，外施青釉，烧制温度更高。造型上，由东汉时沿平坦的底部发展为口部两端微向上翘、底部收缩，因此更得玲珑精巧之状，具跳跃飞动之趣。耳杯还常与托盘相配，这时的托盘已较东汉为小。东汉时托盘内可放五六只耳杯，南北朝时只能放二三只耳杯。托盘与耳杯色彩青绿，釉层透亮，交相辉映，十分可爱。有的还呈褐色点彩，则更生动有味。王羲之兰亭集会，曲水流觞所用的"觞"，就是这种耳杯。饮酒器除耳杯外，还有其他不少讲究造型、纹饰繁杂的酒杯。浙江湖州杨家埠东晋墓出土的硬陶捧耳杯盘跪俑，俑双膝跪地，两目圆睁，神情端正恭谨，手捧双耳杯盘，举盘向前敬奉。[2]

这一时期的盛酒器，除圆形壶、盅外，还新创制了扁壶和鸡头壶。鸡头壶，

---

〔1〕　沈柔坚主编：《中国美术辞典》，上海辞书出版社 1987 年版。
〔2〕　张景明、王雁卿：《中国饮食器具发展史》，上海古籍出版社 2011 年版。

亦称天鸡壶、鸡首壶，因壶嘴为鸡首状而得名。以鸡意吉，取吉祥之意。在盘口壶肩部一面是鸡头，另一面是鸡尾，前后对称。鸡头多系实心。西晋时器型较小，圆腹，肩部贴一鸡首，小而无颈。壶嘴有的可通，有的是实心，壶肩部有系，小平底。东晋时，其主体也是圆腹盘口壶，但鸡首下有短颈，喙由尖变圆，冠加高，并首次出现以鸡尾做把柄的情况，而且柄的上端高于口沿，肩带桥形方系。

至南朝时，壶身整体加高，鸡颈较前期加长，盘口加深，柄也加高，肩部系多为双系。隋代壶身更高，鸡颈不仅更长，而且做仰首啼鸣状，鸡尾柄变塑贴龙首柄，系的开关也更加复杂。多系青瓷器，也有陶质的。东晋鸡头壶有颈，圆口，并出现壶柄，柄做鸡尾形，桥形方系。在盘口上装酒，从鸡嘴中流出，造型更生动活泼，也更实用，表现了古代人民的创造精神。

此时值得一提的有德清窑。德清窑位于浙江省德清县，是浙江地区最早的黑瓷产地。产品为碗、杯、盘口壶、鸡首壶、唾壶、罐、灯和盏托等日用器具。黑瓷胎中铁、钛含量较高，普遍呈砖红色、紫色或浅褐色，普遍施有化妆土。黑釉色黑如漆，釉层较厚，釉面滋润。

故宫博物院现藏两件东晋德清窑黑釉鸡首壶（图 3-12），为东晋德清瓷之极品。其中一件高 17 厘米，口径 7 厘米，底径 9.3 厘米。盘口，直细颈，圆腹，平底，肩凸起，肩部一端塑一鸡首，长颈、竖冠、珠眼、管形流，流与壶腹相通。另一侧为曲形把手，连接口肩，流稍高于壶，流与把手之间有一对桥形系，拴绳系挂之用。通体黑釉，均匀光滑，底部露胎。造型朴拙，形制规整，色彩别致，表现了德清窑特有的制瓷风格。"鸡"与"吉"谐音，寓意吉祥安宁。现藏杭州博物馆的鸡首壶，高 26.3 厘米，口径 9.3 厘米，底径 12.4 厘米，形制与东晋德清窑黑釉鸡首壶基本一致，说明当时的鸡首壶是较受欢迎的酒器。[1]

图 3-12　东晋德清窑黑釉鸡首壶

3. 隋唐宋时期

隋唐是我国封建社会鼎盛时期，饮酒之风十分盛行。中唐以后，越瓷生产

---

〔1〕 剑矛、方昭远：《古董拍卖精华·瓷器》，湖南美术出版社 2012 年版，第 36 页。

进入高峰。当时瓷器有"南青北白"之分。"南青"以越瓷为代表，越瓷釉层滋润细腻，图案丰富多彩，精巧、优美。《隋书·何稠传》有如下记载："稠博览古图，多识旧物。时中国久绝琉璃之作，匠人无敢厝意。稠以绿瓷为之，与真不异。"唐人李南金《煮茶》诗云："听得松风并涧水，急呼缥色绿瓷杯。"

唐代的瓷器以邢州白瓷与越州青瓷最为有名，其他如定窑等亦受到追捧。1980年浙江临安出土的天复元年（901）水邱氏墓中，有几件珍贵的瓷器，是唐代后期的瓷酒器精品。一件是白釉金扣瓜形注子，形制为口斜直，略外侈，溜肩，瓜棱形腹，下腹丰满，平底。有盖，圆柱体小盖钮。肩部一侧有八棱形流，与流相对称的另一侧有扁条形弯曲把手。通体胎质洁白细密，施牙白釉。盖钮下有鎏金菊花座，口沿、流、盖沿和钮上均镶嵌有刻花鎏金银扣，把手上尚存包金银环一圈，说明原执把手与盖顶系有银链。肩部饰凹弦纹三周，底部阴刻"官"字款。还有一件白釉金扣云龙托杯，亦制作精致。杯底、托口沿、座沿和足沿皆镶金扣，杯把为一龙纹。杯、托外底均阴刻"新官"款识。据学者推测，它们有可能亦为定窑产品。

青瓷是陶土在强还原性气氛中烧造而成。这种颜色与邢州白瓷不同，带有青青的山黛之色，所以颇得文人欢心。"古瓷尚青"的风尚绵延不绝。唐代陆龟蒙以"九秋风露越窑开，夺得千峰翠色来"（《秘色越器》）的诗句来称颂这种淡青的颜色，文人称其"类冰""类玉"。唐宋时青瓷颇受欢迎。《开元天宝遗事》说："内库有青酒杯，纹如乱丝，其薄如纸，以酒注之，温温然有气相次如沸汤，名自暖杯。"[1] 那么开元天宝年间（713—756）宫中已用青瓷，不过没有明白说出是越器。及至晚唐，徐夤在《贡余秘色茶盏》诗中很明白地说是秘色器（官窑所烧造进贡的越器）。[2]

在这类青瓷中，"秘色瓷"的称呼有一种神秘感。"秘色瓷"指一种带有特别颜色的瓷器。1936年浙江绍兴唐元和五年（810）户部侍郎王叔文夫人墓出土的越窑青瓷注子，是中唐时期注子的标准器。（图3-13）高14.2厘米，口径6.1厘米，足径7.4厘米。形体上，撇口，短颈，溜肩，圆腹，椭圆形圈足。颈部一侧有八方形短流，另一侧为曲柄。内外施釉，釉色青中闪黄，晶莹透澈，釉面开有细小纹片。此注子为上林湖作品，反映了9世纪初越窑器物的烧造水平。也就是当时秘色瓷的代表。唐晚期，钱镠镇守杭州时，就以上林湖的青瓷作为贡品奉给朝廷，其家族下葬，也以这类青瓷陪葬。后来，钱镠也以龙泉青瓷作为贡品。宋代庄绰《鸡肋编》云："处州龙泉县……又出青瓷器，谓之秘色，钱氏

〔1〕 陶敏主编：《全唐五代笔记》第4册，三秦出版社2012年版，第3472页。

〔2〕 陈万里：《陶瓷考古文集》，紫禁城出版社1997年版，第117页。

所贡，盖取于此。宣和中，禁庭制样须索，益加工巧。"[1] 又如 1970 年浙江临安板桥乡五代吴随口墓出土的越窑青瓷盘，为浅盘口，斜折沿，圆唇内卷，作五瓣葵口，中心内凹，饰两道凹弦纹。这种瓷器非常受欢迎，在进贡朝廷同时，也在民间流传，一度供不应求。这些瓷器以其颜色来说，似乎都可归于秘色瓷。

图 3-13　唐越窑青瓷注子
宁波博物馆藏

　　秘色瓷也有一个发展的过程，相应的器物在形制、颜色上也稍有差异。上文提到越窑青瓷注子是元和年间的代表作品，其色有青色、青黄色与青灰色。第二期为大中、咸通（847—874）前后。如宁波市和义路遗址出土的一组唐宣宗大中二年（848）器物就有带托的茶盏、瓜棱执壶、海棠杯（碗）等。这批秘色瓷制作精湛，造型端雅规正，瓜棱执壶上通体刻花朵装饰。釉色青翠者为多，也有青色、青中泛黄者。故宫博物院所藏的晚唐越窑青釉瓜棱注子（图 3-14），其形为撇口，束颈，溜肩，长圆腹，圈足。与前代相比，形体更为修长，色彩更为青淡。它通体呈四瓣瓜棱形，流稍长，曲柄，肩颈间置双系，造型圆润饱满。通体内外及圈足内均施青釉，釉质润泽，为晚唐越窑代表作。

　　第三期是唐光化朝至五代广顺朝（898—953）。以钱氏家族墓中出土物为代表。釉色青翠、青绿皆有，品种有瓜棱执壶、洗、碟、碗、盏托等。器物以青绿的釉色为主，并运用浮雕的造型手段进行美化。

图 3-14　晚唐越窑青釉瓜棱注子
故宫博物院藏

　　第四期是北宋太平兴国朝至咸平朝（976—1003）前后。其代表作是辽韩佚及其妻王氏合葬墓与元德李后陵的出土文物。主要有刻鹦鹉纹配套的温碗和蝶纹荷叶形盏托、线刻人物坐饮图执壶、云鹤纹盒、粮罂以及龙纹盘等。器物多以翠绿、粉青的釉色为主。

　　第五期是景德元年朝至熙宁元年（1004—1068），这一时期越窑进贡的秘色瓷（图 3-15）数量大大衰减。[2]

　　宋代继承隋唐遗风，制瓷技术日臻完美，瓷器完全占据酒器市场，各地的窑口较多，如河南宝丰之汝窑、朝廷之官窑、浙江龙泉之哥窑、河南禹州之钧窑、河北曲阳之定窑，都能制造出各具特色的精美瓷质酒器。当时的文献《宣

〔1〕　（宋）庄绰、（宋）张端义：《鸡肋编　贵耳集》，上海古籍出版社 2012 年版。
〔2〕　参见赵雯：《渗透在越窑秘色瓷中的雕塑艺术》，景德镇陶瓷学院 2011 年硕士学位论文。

德鼎彝谱》记载："内库所藏：柴、汝、官、哥、均、定等窑器皿，款式典雅者照式铸来。"[1] 此后便有"宋代五大名窑"的说法。

而浙江本土，随着越窑与德清窑的没落，宋代龙泉窑与南宋的官窑在此间兴起，成为这一时期的瓷器的代表。南宋龙泉青瓷的成功烧造使浙江青瓷盛名远扬，浙江青瓷以其釉层肥厚滋润、色泽青翠纯正、风格柔和典雅、品质宛如碧玉而令世人倾倒。龙泉窑盛产一种堆贴龙虎瓶，这种瓶于肩部堆塑着一条盘曲舞动的蟠龙，其造型显见部位的这一独特装饰处理，具有鲜明的时代特色。龙泉窑制品大多有盖。与堆贴龙虎瓶有别，五管瓶的肩部有向上直立的五管。[2] 收藏于故宫博物院的南宋哥窑贯耳长颈瓶（图 3-16）体现出南宋时投壶的样式特征：高11.3厘米，口径 2.5 厘米，足径 4.3 厘米，直口，一对圆形贯耳与口沿相齐，长颈，圆鼓腹，圈足。施青灰釉，釉开金丝铁线片纹，大片纹中夹杂着小片纹，片纹的纹路呈小折线，这些都是宋代哥窑施釉的特点。

图 3-15　五代越窑青釉瓷执壶
襄阳市博物馆藏

图 3-16　南宋哥窑贯耳长颈瓶
故宫博物院藏

图 3-17　南宋官窑青釉盘
南京博物院藏

宋室南渡后，定都临安。朝廷沿袭北宋汴京官窑的旧制，设置官窑，因属修内司的窑务管理，故名"修内司官窑"。地址在今凤凰山。从现在凤凰山老虎洞窑址出土情况看，器型的种类达 20 多种，多为生活用品，有碗、盘、杯、罐、壶、洗、盏、托等，也有部分礼器。1970 年南京市中央门外汪兴祖墓出土现藏于南京博物院的南宋青釉盘（图 3-17）体现了南宋官窑的瓷器特征：圈足内有六枚支烧痕，釉质如玉般滋润，开大片纹，足端涩胎，口沿釉薄，呈现"紫口铁足"现象。此盘高3.1厘米，口径16.4厘米，足径6厘米。为灰色胎。葵瓣口，撇口，斜腹，折胫，圈足。

而哥窑与官窑的风格是非常接近的。也有学者认为，可以把青瓷作为南宋浙江一带瓷器的总体称谓。这是有道理的。南宋官窑的天青素色瓷器之产生据说与宋徽宗有关：宋徽宗梦见雨过天晴的湛蓝天空，于是命人烧制天青色瓷器。

〔1〕（明）吕震：《宣德彝器图谱》，浙江人民美术出版社 2013 年版，第 9 页。
〔2〕中国古陶瓷学会：《龙泉窑瓷器研究》，故宫出版社 2013 年版，第 78 页。

南宋官窑的天青素色瓷器以仿玉最具古朴特色。其特点是粉青色釉面上有金丝般的开片，片纹中又有条条冰裂纹。厚若堆脂的釉层宛如美玉琢成，色泽温润匀净，体现了官窑瓷器娴雅温婉的气质。[1] 而当时的龙泉窑以粉青为特色，梅子青为上。因"尚青"而起的崇尚单色釉之风在汉民族历史中留下了极深的烙印。清潘永因《宋稗类钞》中有如下记载："饶州景德镇，陶器所自出，大观间窑变，一旦色如丹砂，说者谓荧惑缠度照临而然。物反常为妖，窑户亚碎之，不敢以进御，以非可岁供物也。供上之瓷器，惟取其端正合制，莹无瑕疵，色泽如一者耳。民间烧瓷，旧闻有一二变者，大者亦毁之……窑变虽珍奇，上之不得用于宗庙朝廷，而下之使人不敢用。"这些足以说明浙江瓷业中尚青风气之盛。[2]

总体来说，宋代酒具特点是瓷器多而精，种类少而细品很多。比如宋代瓷质酒器品种繁多，如瓶类就有梅瓶（经瓶）、鹅颈瓶、贯耳瓶、葫芦瓶、玉壶春瓶等；而各式酒注在15种以上，有瓜棱壶、兽流壶、提梁壶、葫芦壶等。其中最为别致的是一种人物形壶。如定窑白釉童子诵经壶，造型作一书童诵经状，而书童手执的经书即为壶流，书童头上戴的冠帽巧为壶口，书童的背上置一扁形壶柄。书童神态虔诚、专注，衣纹线条流畅自然，实用功能与观赏功能兼具。

宋代的贮酒器为经瓶。经瓶以瓷质为主，小口短颈，丰肩体长，瘦底圈足。如前文所说，经瓶始见于唐宋，而流行于元明清。宋代南北瓷窑普遍烧制经瓶，由于经瓶口较小，器体高瘦，丰肩而下，收分渐大，所以需要有专门的插酒器具——酒置。辽代张世卿墓壁画《备酒图》中，多有酒置，上有三圆孔，放置酒经。经瓶纹饰中常有与酒相关的题识。上海博物馆藏磁州窑白地绘黑花"醉乡酒海"

图3-18 "醉乡酒海"经瓶
上海博物馆藏

经瓶（图3-18），整体造型挺拔俊秀，风格古拙淳厚，主题纹饰为上腹部四个圆形开光，内书"醉乡酒海"四字。另有宋代"清洁美酒"经瓶，造型、风格与"醉乡酒海"瓶基本一致。

玉壶春瓶也很常见。玉壶春瓶又叫玉壶春壶，它的造型是由唐代寺院里的净水瓶演变而来。基本形制为撇口，细颈，圆腹，圈足。玉壶也与道教相关。唐人曹唐《小游仙诗》云"忘却教人锁后宫，还丹失尽玉壶空"，即以玉壶装仙丹。唐代已用玉壶春瓶装酒，比如李白诗《待酒不至》云"玉壶系青丝，沽酒

〔1〕 李知宴：《宋元瓷器鉴赏与收藏》，印刷工业出版社2013年版。

〔2〕 阮平尔：《浙江古陶瓷的发现与探索》，《东南文化》1989年第12期。

来何迟"即是。玉壶春瓶定型于北宋时期，在当时是一种装酒的实用器具，后来逐渐演变为观赏性的陈设瓷器。也有学者认为玉壶春瓶适合温酒，而梅瓶适于贮酒。

　　韩瓶状如梅瓶，但更小，质地比较粗糙，为民间低档酒瓶。

　　瓜棱壶在宋瓷中比较多见。此类壶形体多变。故宫藏越窑青釉瓜棱注子，撇口，直颈，四瓣瓜棱形椭圆腹，一侧置弯曲的长流，另一侧置曲柄，双条形系，圈足，通体施青绿色釉。外底刻有"太平戊寅"四字，即北宋太平兴国三年（978）。这是宋代越窑注子的标准器。

　　提梁壶，传说是苏东坡设计的一种壶，是照屋梁的样子来做茶壶把手。

　　总体来说，与唐代磅礴恢宏的气势不同，宋代的酒器趋向于精巧沉静，在简洁的线条中追求宁静致远的精神境界。通过注子形器的变化也能看到唐宋审美的差异。唐代注子的壶嘴短，壶流的根部在肩部。如新郑市博物馆收藏的唐代邢窑白釉注子，圆唇，短颈，丰肩，圆腹，假圈足，短流，扁平錾。通体敷化妆土，内外满施白釉，釉质润泽（图3-19）。五代、两宋的壶流增长，高度近口部，壶流的根部在肩部。

图 3-19　唐代邢窑白釉注子
新郑市博物馆藏

同时注子的形体更显修长，弧线更加优美，在流与柄的处理上更加用心。流长而微曲，腹部作瓜果形或球形，柄加长，曲度加高，样式更为秀雅美观。1996年浙江临安后晋天福四年（939）康陵出土的青瓷注子，带盖，圆柱形盖钮，直口，圆唇，直颈，弧肩，鼓腹。其肩部对称置斜直管形长流和双泥条粘合的扁状执手，矮圈足稍外撇，通体施釉（图3-20）。而元代以后的执壶，流更长，高至壶口，壶流的根部下移到腹部（图3-21）。

图 3-20　五代青瓷注子
临安市文物馆藏

图 3-21　明代龙泉窑青瓷注子
浙江省博物馆藏

　　温碗注子出现于五代时期，由酒壶与温碗配套而成（图3-22）。辽代韩佚墓中出土越窑刻花宴乐人物温碗注子一副。注子盖呈塔式，花瓣形直口，腹部瓜棱状。器底刻"永"字款。此副注碗为五代时期的越窑产品，釉色青翠，釉质温润，造型新颖美观。而莲花造型，以莲出淤泥而不染的习性，广为各类器物所采用。台北故宫博物院藏北宋汝窑莲花式温碗（图3-23），正高10.5厘米，口径16.2厘米，足径8.1厘米，俯看形如十曲花瓣，下接上丰下敛的器腹，立于圈足上，若一朵正在绽放的莲花，线条温柔婉约，造型高雅清丽。

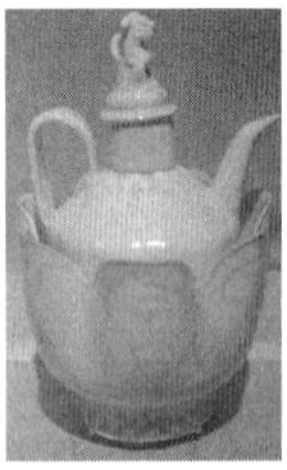

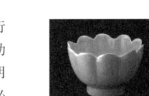

图 3-22　北宋景德镇窑影青釉注子温碗
安徽省博物馆藏

这时喝酒用杯，杯下垫碟，合称"盏台"。只有杯子单独使用的，则称"散盏"。宋代流行的是十花盏，宋徽宗《宣和宫词》："十花金盏劝宫娥，乘兴追欢酒量过。烛影四围深夜里，分明红玉醉颜酡。""十花金盏"之"十"，其数未必是确指，而是不同花色、风格一致的酒盏。

图 3-23　莲花式温碗
台北故宫博物院藏

4. 元明清时期

元代瓷酒器釉彩明亮且有描金，还有了"青花"瓷器，工艺水平相当高。元代龙泉窑继续生产杯、盏、盘、洗、瓶等生活用具。元代的瓷器显得特别孔武有力，造型粗放，装饰手段粗犷。

明清时期交通和商业的发达使酒业得到进一步发展，酒器也发展得更为迅速。明代常用酒器虽还是尊、壶、瓶、钟、杯、盏等，但每一类都有几十个甚至上百个品种。明洪武二年（1369）朝廷作出"祭器皆用瓷"的明确规定，景德镇官窑作为皇家御用的瓷器生产单位，历朝都有发展，如永乐窑的鲜花釉、甜白釉和青花瓷，宣德窑的青花瓷、祭红釉和祭蓝釉瓷，成化窑的"糊米底"、斗彩，弘治窑的黄釉釉彩，正德窑的孔雀绿釉，嘉靖窑以花捧字的装饰，隆庆窑的提梁壶，万历窑的五彩器，等等，创造了一个丰富的瓷质酒器世界。特别值得一提的是明代永乐和成化年间创制的"脱胎瓷"酒具，胎瓷薄如蛋壳，釉色清白，俗称"蛋壳"。脱胎瓷酒具中以盅为多，盅的口沿内外壁均绘有如意纹珐琅彩，底部饰云龙。圈足外壁有一圈精致工整的回纹。清人形容它"只恐风吹去，还愁日炙销"。

明代的成窑酒杯名品很多。阮葵生《茶余客话》中说到明代成化年间官办窑厂生产的酒杯：有名为"高烧银烛照红妆"的酒杯，描绘了"一美人持灯看海棠"；名为"锦灰堆"的酒杯，描绘了"折枝花果堆四面"；还有"秋千杯""龙舟杯""高士杯"等，"其余满架葡萄及香草鱼藻瓜茄八吉祥……名式不一，皆描画精工，点色深浅，磁色莹洁而极坚。鸡缸、宝烧碗、朱砂盘最贵，价在宋磁之上。朱竹垞称芳草鸡缸，当亦牡丹之类。余旧藏数酒器，皆鸡冠花下子母鸡，凡五。其式必多，当不止此数种也"。[1] 著名的瓷器产地除景德镇外，湖南的醴陵、广东的石湾、河北的唐山、山东的淄博，亦极负盛名。古传的"杯满蝶现，酒干蝶隐"蝴蝶杯，1977 年在山西侯马市陶瓷厂再现于世。腰细脚宽的细瓷杯座上，嵌一只反口金铃般的玉色酒盅，镶以金边，光彩夺目。杯的外壁彩绘二龙戏珠图，内壁有红绿相间的花朵。当斟酒满杯时，一只斑斓的彩蝶从杯中飞起，在花丛中翩跹；一饮而尽后，彩蝶倏然隐去，仍是空杯一只。

　　清代是瓷史上瓷器造型最为丰富的年代。清代官窑中，康熙窑的青花、单色釉与彩器都有很高成就，雍正窑珐琅彩器达到顶峰，乾隆窑的古铜釉尤为出名。乾隆时制造的"玲珑瓷"酒具非常盛行。玲珑瓷胎体轻盈，工匠先在瓷胎上选择与青花图案相应的位置，刻上如芝麻一般大小的纹饰，然后内外上釉，使镂空纹饰部分透亮，并与青龙纹饰相映，给人以优雅的感觉。玲珑瓷制作的酒具颇多，有酒壶、烫酒壶、酒盅等。酒盅呈圆形，口沿绘珐琅彩的水波纹，腹部为透影的花纹、梅花纹等。用这样的酒盅喝酒，可以说是一种艺术享受。

　　名贵的瓷器中，以多种工艺方式表现一个图案系列是瓷器丰富的极好证明。清代的绿龙纹碗盘就是这样一个系列。器物中的图案纹样看上去基本一致，但是制造方式与工艺却各有不同。瓷器所用色彩也表现出尊卑的社会关系。比如清人鄂尔泰、张廷玉所撰《国朝宫史》卷 17"铺宫"条，对后宫各级人员的日用碗、盘上黄色的使用范围作了明确规定：皇太后与皇后用全黄釉瓷，皇贵妃用里白釉外黄釉瓷，贵妃、妃子用以黄色为底色的绿龙纹瓷，嫔用黄彩龙纹瓷，贵人只能用没有黄色的绿地紫彩龙纹瓷，其余人员不得僭越。

　　明清时期的执壶呈现出修长挺立的姿态，造型上较前代更为秀丽，把高流长，施釉更为润泽，光可鉴人，纹饰更多，五彩缤纷。其釉色有青花、祭红、祭蓝、洒蓝、黄釉、白釉、豆青等，又有三彩、五彩、粉彩、软彩之分。纹饰有云龙、缠枝莲花、花卉、花鸟、草虫、海、山水、人物、暗八仙等。执壶到晚清及民国时则通称酒壶，形制一般为四方形，器物外常绘粉彩仕女图。

　　明清时期有还烫酒壶和烫酒杯。烫酒壶呈八角形、六角形，也有圆形，在壶中心安放一个容积小于壶、口径略小于壶口的盅，约可放入半斤酒，壶内倒入开水，加盖，使盅内的酒受热而升温。另有烫酒杯。烫酒杯呈圆形，形似密缸，杯中置一小酒盅，杯内放入开水，加盖，把盅内酒焖热。烫酒杯内的盅，容量小，多为大家闺秀使用。

---

　　〔1〕（清）阮葵生：《茶余客话》，见秦含章、张远芬主编：《中国大酒典》，红旗出版社 1998 年版，第 178 页。

（二）金属材质酒具

1. 青铜器

江南古属扬州。《尚书·禹贡》称扬州"厥贡惟金三品"。"三品"，《孔传》云："金、银、铜也。"《周礼·考工记》曰："吴越之金锡，此材之美者也。"江南自古以来就是铜、锡等金属的著名产地。江南地区自公元前 21 世纪前后进入青铜时代。年代相当于中原夏商时期的点将台文化、湖熟文化、马桥文化遗存中都发现了小件青铜器和铜炼渣等。吴国建立后，江南地区的青铜器铸造进入飞跃发展时期。这一时期吴国的青铜器铸造技术水平，在某些方面已经超越中原吴国后期的青铜器铸造技术水平，以其范线准确、器壁匀薄、配件严密、纹饰精细而著称。《荀子·强国》赞美曰："刑范正，金锡美，工冶巧，火齐得。"《淮南子·修务》亦称颂道："夫宋画、吴冶，刻刑镂法，乱修曲出，甚为微妙。"特别是一些特殊铸件工艺，如江苏镇江丹徒背山顶春秋墓出土鸠杖、悬鼓环、江苏苏州何山东周墓提梁壶等器具的连接活动附件，都采取分铸连接技术，其精密配合程度无与伦比，为中原铜器所不及。再如江南吴器特色的纹饰铸造技术，除上述青铜兵器的几何形暗花纹外，在一些精致铜剑首部常见铸饰细如发丝的同心圆纹；还有江南铜器流行的独特几何棘刺纹，芒如针尖，其精湛繁密的雕刻和铸造技术，都是吴越青铜匠师创造的绝活，在现代尚属未被超越的精湛技艺。从商周到春秋战国，吴越青铜器可以分为三种类型："中原型"，为中原铸造的铜器；"融合型"，为江南地方铸造的仿中原铜器，带有地方色彩和自身风格；"土著型"，即不见于中原和其他地区具有江南独特的浓郁地方特色的铜器。

徐国和楚式铜器，作为一个组成部分，一起构成江南青铜器的总貌。江南吴越青铜器的形制和器物组合上多不符合中原周王朝的礼制规范，特别表现在纹饰上，一方面以简化或变体的方式来用中原铜器流行的饕餮纹、夔纹、鸟纹、窃曲纹等，同时把地方陶瓷器的几何形装饰纹样（如梯格纹、折线纹、米筛纹、棘刺纹、尖叶勾连纹等）用之于铜器。在使用部位和方法上比较随意，显得轻盈飘逸，不似中原青铜之沉重，所以吴越青铜器与中原铜器相比较而风格别具，有着鲜明的地方文化色彩。另外，在青铜合金成分上，大量的检测数据表明，中原铜器皆为锡青铜，而江南铜器一般含铅量较高，为铜、锡、铅三元合金，这也是吴越青铜器的一个地方特性。

商周时期，中原地区的酒器有尊、鼎、角、爵、瓿、觥、盆、彝等，有的尺寸很大，表现出作为礼器的庄重，同时青铜器也是贵族豪华宴会的用品。江南也有仿制中原礼器的青铜器，如尊。吴地出土仿中原有高筒形三段式圆腹尊、折肩尊和垂腹尊三种形式。圆腹尊主要代表器如丹徒大港母子墩墓尊、仪征破山口墓尊和丹阳访仙四方山西周墓尊。器型为商代晚期至西周早期流行筒状尊的形制，而纹饰皆为地方特有，腹饰一道勾连云纹，上下加凸弦纹。折肩尊有屯溪西周墓尊和丹阳司徒出土尊。屯溪尊基本沿袭商代折肩尊的传统形制，而司徒尊侈口、折肩、敛腹，整个器体较矮，纹饰都是地方色彩的几何形勾连纹加圈点纹边框。屯溪折肩尊上还饰有一龟形纹，亦为地方特点。垂腹尊在吴地出土过两件，一件见于丹阳司徒窖藏，一件出自破山口西周墓。司徒凤纹尊是目前江南不多见的大型重器，在铸造技术上甚精，纹饰华丽，可谓代表了吴国前期青铜器的最高水平。该器是仿中原西周中期新兴的垂腹尊形制，但其腹部下蹲，圈足低矮，整个器体宽大于高，显得特别肥胖敦实，在同类垂腹尊中别具一格。器腹所饰大凤鸟纹，垂冠后抛，足、体分离，与中原凤纹存在着显著差异。在凤纹尊腹部有一龟鳖形的图像，与金文中属于族徽一类图像文字"天黿"近似。据郭沫若先生考释，"天黿"为周人姬姓的族徽，在江南出土吴国凤纹尊上铸有这种族徽图像，是富有寓意的。这类龟形纹，在上述屯溪折肩尊以及溧水出土提梁卣等器物上亦有所见，如卣。这一时期在江南地区出土亦较多，在形制和纹饰上，虽为仿造中原而作，但又均有其特殊之处。如母子墩墓卣，提梁端作短直角牛首，小鸟形盖钮，生动活泼。盖面和卣颈部纹饰都是以圈点纹作带界，内饰平行细弦纹，弦纹间再饰以圆点纹，整个图案清新细腻，给人以惟妙惟肖之感。溧水出土卣提梁呈竖扁形，提梁端双钩角兽首，特别是在提梁拱部也铸有两个对称兽首，这种形式也不见于中原。还有屯溪卣的提梁端为龙首，亦与中原卣相殊异。

2. 金银质酒具

南北朝特别是隋唐以后，随着与中亚、西亚以及欧洲一些国家与地区交流的加强，一些金银器物传入中国，于是出现了胡瓶。

唐代酒器中出现了许多金银质酒杯、酒壶等。早期金银器带有明显的萨珊风格与粟特风格等，如西安出土过唐摩羯纹金酒盏，内蒙古敖汉旗李家营小村出土过胡人头银执壶等。随着唐朝国力的增强，金银器的样式也呈现出唐代的自有面貌，如咸阳出土过唐鸳鸯莲花纹金执壶，江苏丹徒丁卯桥出土过唐银酒瓮等，其纹饰与图案布局已呈现出明显的汉族风格。

从唐代金银器注子的形状流变过程也可以看出这点。早期胡瓶风格的注子口吸流，柄处理十分夸张。1977年陕西西安西郊鱼化寨出土的"宣徽酒坊"银酒注（图3-24），为唐代金银酒注的标准器，制作时间为咸通十三年（872）。注

图 3-24　"宣歙酒坊"银酒注
陕西历史博物馆藏

子口微侈，粗颈，鼓腹，圈足，肩部有长流，颈至腹有曲柄。江苏丹徒丁卯桥银器窖藏出土的银注子，口沿处的槽形流移至下部成为从肩部伸出的管状流，肩颈分段明显，圈足也较低矮，与本土审美心理相适应。

　　另外，从当代唐代金银器的发掘来看，南方地区的金银器铸造技术较高，江苏丹徒丁卯桥出土的唐代金银器就是体现南方底层生活民俗的器物。据《新唐书·地理志》，当时全国上贡金银器的地方有五处：淮南道扬州、江南西道宣州、剑南道绵州、岭南道桂州（今桂林）与贵州。全是南方地区。从现有资料看，双凤纹裴肃银盘盘底錾文"浙东道都团练观察处置等使大中大夫守越州刺史兼御史大夫上柱国赐紫金鱼袋臣裴肃进"、卧鹿团花纹六曲三足银盘盘底錾文"朝议大夫使持节宣州诸军事守宣州刺史兼御史中史丞宣歙池等州都团练观察处置采石军等使彭城县开国男赐紫金鱼袋臣刘赞进"，也能说明这一点。"诏浙西道造银盂子妆具二十件进内"，说明浙江西道也是南方金银器的一个重要制造地。这与唐代经济中心的南移有一定的关系。"从器物种类而言，唐代南方金银器中常见器形有盘、杯、碗、碟、注子、盒、盆、羽觞、罐、匜、锅、棺椁等。也有一些罕见器形如鎏金龟负'论语玉烛'银筹筒、酒令旗、茶托、渣斗、三足壶等。"[1] 金银器由法物与供贵族使用发展为世俗器物，特别是罕见器，与酒茶关系紧密，这至少说明唐代南方茶酒业的发达。在 1980 年发掘的临安唐水邱氏墓，则反映了五代时期杭州一带的铸造业水平。据专家论证，这一批银器与 1975 年浙江长兴出土的银器风格比较一致，可以推想唐代江南经济中心在湖州、杭州、越州一带的经济联动。南宋窖藏中有银经瓶出土。浙西道为唐代后期南方金银器的制作中心。这件大银盆集多种金银制造工艺于一体，制作精美，造型宏大，构图丰满，纹饰工整细腻，线条舒适流畅，为唐代金银盛酒器的代表作。

　　宋代人受唐代遗风影响，对金银酒器仍格外垂青。《东京梦华录》记载，当时的皇亲贵戚、王公大臣、富商巨贾都享用金银酒器，较大的酒楼、妓馆的酒器多为金银制品。而大内中送礼，也多用金质酒器。《建炎以来系年要录》记载，南宋绍兴十二年（1142）一次赠予金朝的金银酒器达万两之多。

　　宋代的金器在唐代的基础上数量有所增加，而且在造型、装饰与工艺上更

---

〔1〕　冉万里：《唐代南方金银器的发现及特征》，《西北大学学报（哲学社会科学版）》1994 年第4期。

是超越了唐代。在造型上，宋代出现了多边形体的器物，八棱体金银器是宋代的标志性器物。比如内蒙古巴林右旗白音汉窖藏出土的银牡丹花纹温碗注子，八棱形，折肩明显，肩部以上置流与把手。在装饰上，更多写实性图案扩充了唐代以装饰性图案为主的装饰内容。其中流行的鱼藻图，由于是半浮雕与高浮雕的实施，在容器盛水后，鱼的游动姿态更加逼真。工艺上更加复杂与精细。浮雕的运用以双层的制作体现了宋代金银器的制作水平。

特别值得一提的是金银器温碗注子。在瓷质温碗注子流行的同时，金银器中亦出现了同类器形。金银器温碗注子最早在辽墓中有实物出现。宋代金银器中，这种折肩明显的温碗注子较为常见。四川彭州宋代金银器窖藏共出土银温碗注子五副，其中双层莲盖两副，象钮莲盖两副，凤首形一副。两副双层莲盖者为折肩形，其余为溜肩形，注体浑圆流畅。

杭州西湖出水的五代北宋莲花式银酒台（图3-25）则展现出俏丽精致的面貌。盘底采用莲式多曲造型，酒台上突圈如一莲台，显得分外精致。杭州西湖出水的另一种莲花式银酒台，造型与前者相似，唯台腹覆莲瓣及圈足开光花纹装饰有所不同。彭州南宋金银器窖藏也出土银酒台，为传统造型。台面内凹，中部平，平肩，直壁；圆形重盘，下接喇叭口形高圈足，圆唇外撇。盘缘及圈足下部各饰卷草纹。

宋代的金银酒器装饰有象生花式，即杯形肖似花卉之形。南宋时期最常见的花型有菊花与葵花。菊瓣纹盏也是宋代金银仿生器中常见器形，以器底作花蕊，器壁作花瓣，将器物的纹饰和器形结合，使盏体似一朵盛开的菊花。宋人笔记中有"吾

图 3-25　五代北宋莲花式银酒台
浙江省博物馆藏

家酒器唯银葵花最大"的记载，即杯形边缘曲折作葵花形。杭州西湖出水的南宋菊花银盏，圆唇微外侈，口呈二十六曲，弧腹，呈凸起的菊花瓣形，圈足亦呈菊瓣状。另有艾叶形银酒台，呈菱形，盘面微上翘，饰叶脉纹，錾铭"董"字。中心起一椭圆形台，面内凹。整器捶揲成型，甚为雅致。

明代金银质酒具较前代为多，但工艺水平很高，如明皇陵出土的金壶与金爵制作技艺为前代不能匹及。常见的有圆形茄盅，内壁用银，外包木层，涂上黑漆，浮雕暗八仙，一般十只一套，放于匣内，可以作为礼物送人。明景泰蓝酒器也在上层社会流行。在工艺美术品上绘上花纹，花纹四周嵌以铜丝，考究的嵌金银丝，再用高温烧，始制于明代景泰年间，当时只有蓝色，故名景泰蓝。景泰蓝酒器很多，有酒壶、烫酒壶、烫酒杯、酒盅等。黄酒很早就成为朝廷贡品，用这种酒器相配，"门户相当"。与金银质酒器一样，这种酒器多用于上层人

士和富贵之家。清代景泰蓝酒器有了新的发展。如现藏于故宫博物院的"金瓯永固"金杯,是清代皇帝每年正月初一举行元旦开笔仪式时专用的酒杯。杯为斗形,两侧以夔龙为杯耳,龙头各有珍珠一颗,三个卷鼻象头为杯足,用象牙围抱足两边,杯身饰有宝相花,花中嵌珍珠、宝石为花心,杯上刻有"金瓯永固"等字,此杯为极其珍美珍贵之国宝,是清代酒器文化的杰出代表。[1]

3. 锡质酒具

锡质酒具始见于明代永乐年间,普及于清代与民国时期。锡质饮食器具的品种主要有碗、盘、碟、壶、杯、温酒器、茶叶罐等,分属盛食器、酒具、茶具。其中无锡产的锡注、岭南产的锡注在晚明的茶具中颇负盛名。

锡质酒器可用作盛酒器,也可以用作温酒器。江南有一种独特的温酒的器具,叫"爨筒",状为筒形,上端大口,腹部稍收敛,也有的上下一般圆,平底,上端口外装一环形扣,以扣住热水器。爨筒小的可放1斤酒,大的能盛5斤酒,天冷时作烫酒器用。这种温酒器在越地使用较流行。谚云"跑过三江六码头,呷过爨筒热老酒",即是指这种"爨筒"。酒店冬、春两季多用开水将绍兴酒温热后再卖,绍兴的酒客也多喜欢饮这种温吞吞的热绍酒。绍兴人称这种饮法为"呷"。

4. 玉质酒具

早在新石器时代晚期,就有了玉制成的工具。《周礼》中提到的玉酒器礼器,就有"玉甒""玉瓒"等。托名西汉人东方朔撰的《海内十洲记》中,记有周穆王时西胡人来献"夜光常满杯"的事。良渚遗址出土了许多玉器。玉器作为礼器,代表了杭州玉的品质特点。汉代以后,青铜器的使用让位于漆器和玉器。

唐代玉质酒器美不胜收,如西安何家村出土的八瓣莲花白玉盏,真可谓白玉之精,洁白晶莹。唐代诗人王翰的"葡萄美酒夜光杯",几乎是尽人皆知的名句。夜光杯,是用玉琢成的酒杯。但是唐代的玉质酒器比较少。

宋代的玉质酒器相当精美,而且数量也远比唐代多。明代高濂说:"宋工制玉,发古之巧,形后之拙,无奈宋人焉。"[2] 南宋绍兴二十一年(1151),清河郡王向高宗进贡的42件玉器中有玉素钟子、玉花高足钟子、玉枝梗瓜杯、玉瓜杯等酒器。明人田汝成记:"淳熙五年二月初一日,孝宗过德寿宫起居太上,留坐冷泉堂,至石桥亭子看古梅。"[3] 太上皇使用的酒器中有一个黄玉紫心大葵

---

〔1〕 徐兴海主编:《食品文化概论》,东南大学出版社2008年版,第238页。

〔2〕 (明)高濂:《遵生八笺》,甘肃文化出版社2004年版,第350页。

〔3〕 (明)田汝成:《西湖游览志馀》,东方出版社2012年版,第42页。

花盏。可见玉器在当时是比较珍贵的酒器，而花纹则是当时流行的大葵花纹。现在的考古发掘也证实了赵宋王朝中皇室使用玉酒器。考古发掘的宋代玉酒杯品种主要有椭圆杯和单柄杯。例如，故宫博物院收藏的鹿纹椭圆盏。高 6.5 厘米，宽口径 14.5 厘米，窄口径 10.7 厘米。椭圆形，矮圈足，内壁满饰浮雕朵云纹，外壁浅浮雕口衔灵芝鹿四只，作云海之中漫游状，近口沿处有一圈由寿山、云纹及斜竖细线组成的几何纹，下有一周双粗线弦纹。南宋时期，由于复古思想的兴起，瓷器生产中仿青铜礼器成为一个重要内容。由于官窑的釉厚，甚至厚过胎，烧制之后晶莹如玉，琮、鼎等样式均显现出玉质的感觉。

元代玉质酒器中，今天最著名的，大概要算北海公园旁团城安放的那口叫"渎山大玉海"的玉酒瓮了。这个玉瓮，用整块杂色墨玉琢成，周长 5 米，四围雕有出没于波涛之中的海龙、海兽，形象生动，气势磅礴，重达 3500 公斤，可贮酒 30 石。据介绍，这口玉瓮是元世祖忽必烈于至元二年（1265）移置到琼华岛上来的。当年，这位建立元朝的君王，曾用它盛酒宴赏功臣。

明清的玉质酒器质量更高。明定陵出土的玉耳杯和玉碗，以及中国国家博物馆收藏的清代的白玉嵌金错宝石碗，都是珍品。白玉嵌金错宝石碗上，就镶有 180 颗红宝石，而且精美至极。清王士祯《池北偶谈》："泰兴季御史家，有古玉觥，质如截肪，中作盘螭。螭有九尾，作柄处，螭首如血正赤。觥底有窍，与尾通，九尾皆虚空，宛转相属，注酒皆满。人以为鬼工。"[1]

以玉作酒器，给人一种清新高洁的感觉。所以南朝诗人鲍照有"清如玉壶冰"之句，唐代诗人王昌龄有"一片冰心在玉壶"之句，取的也是这个意思。

5. 玻璃酒具

"琉璃"一词最早见于东汉班固所著《汉书》，称"璧流离"。古代又称之为"璧琉璃""琉璃""颇黎"等。中国制作玻璃酒器的历史相当悠久。晋代诗人陆机《饮酒乐》诗就有："蒲萄四时芳醇，琉璃千钟旧宾。"唐宋时期，能够制造玻璃瓶、玻璃杯、玻璃管等容器。宋代文学家欧阳修《丰乐亭小饮》诗曰："人生行乐在勉强，有酒莫负琉璃钟。"王十朋《洪景庐以郡酿饮客于野处园赋诗见寄次韵》诗亦曰："深杯滑琉璃，不比田家盆。醉吟到高处，舞月成清欢。"郑獬《饮醉》诗云："小钟连罚十玻璃，醉倒南轩烂似泥。"淳熙九年（1182）八月十五，太上皇与孝宗共度中秋，地址选在德寿宫御花园，"宴远香堂，堂东有万岁桥，以白玉石为之，雕栏莹彻，上作四面亭，皆新罗白木，与桥一色"，而此时配合月色，"御榻屏几酒器，俱用水晶"。[2]"水晶"是否就是高级玻璃，存疑，

〔1〕 朱世英、季家宏主编：《中国酒文化辞典》，黄山书社 1990 年版，第 12 页。
〔2〕 （明）田汝成：《西湖游览志馀》，东方出版社 2012 年版，第 44 页。

但这种酒器出现频率低于金银酒器，可见其罕见程度。

玻璃非本土所特有，直到清代以后，玻璃酒器开始应用于葡萄酒的包装。

6. 角制酒具

主要是犀牛角制。这种酒具出现很早，当时叫"觥"，《诗经·豳风·七月》有"称彼兕觥"。觥后来成为酒杯的代称。成语"觥筹交错"，就是说酒杯和酒筹交互错杂，十分热闹。宋人范成大在《桂海器志》中记："海旁人截牛角令平，以饮酒，亦古兕觥遗意。"[1] 明代，非洲犀牛角不断传入中国，材料多了，开始时用作药材，后雕刻为工艺品，也就更多地用于传统酒具的制作。犀牛角酒具最多的是杯和盅。相传用犀牛角做酒杯、酒盅，可以去火消炎，降低血压，还可防毒除害。毒药如入犀牛角酒器内，酒即能起化学作用泛起水泡，让人知道酒中有毒。因此，这种酒具尤受人垂青。此外还有羚羊角酒盅和虬角酒盅、酒杯以及其他角制酒具。角制酒具名器有明代犀角槎杯，其器上雕仙山怪石与梅树石榴，一长髯老者背山倚石，端坐正中，手持古书，沉醉书香酒意之中。右侧刻荷叶莲子，左侧雕一酒葫芦，底为水浪纹。在荷叶枝茎处有篆文"天成"题记，长寿吉祥如意之意显现。[2]

7. 竹制酒具

浙江山区盛产毛竹，有人就取粗大毛竹老头制作成酒具。有圆形、扁形两种，削磨精细，外刻花纹、鸟兽，大的可盛1斤酒，小的也可盛半斤左右。粗野中见细巧，就地取材，是山野百姓的创造。杜甫《少年行二首》云"共醉终同卧竹根"，是以竹根做成的酒杯饮酒。苏东坡在四川时，也曾截巨竹制成酒器，名曰"文尊"。窦苹《酒谱》提到唐代的竹制酒具也是巨竹所制。

8. 其他酒具

漆器，以其质地轻巧，坚牢耐用，富有光泽，受到人们的喜爱。早在4000多年前，漆器就已在我国出现。漆酒器的出现也很早，中华人民共和国成立后，在湖北江陵就发掘到战国时代的漆耳杯。呈椭圆形，两侧各有一短翼似的耳，所以又叫"羽觞"。它的外边是黑色，里面为红色，并绘有几何形图案花边，色泽光亮。长沙马王堆一号汉墓中的西汉漆酒壶和耳杯，造型、色彩、工艺都达到了相当高的水平。汉代还在漆器上饰以金银箍，叫"扣器"，是一种奢侈品。两晋南北朝时，又出现了脱胎漆器。今天，福州的脱胎漆器不仅在国内负有盛

〔1〕（宋）杜绾等：《云林石谱（外七种）》，王云、朱学博、廖莲婷整理校点，上海书店出版社2015年版，第50页。

〔2〕 杜金鹏、焦天龙、杨哲峰：《中国古代酒具》，上海文化出版社1995年版。

名，而且驰誉世界，其中有不少是酒器。

漆器中的珍品，有明朝的剔犀云纹高足杯，内髹黑漆，外为剔犀如意云。所谓"剔犀"，即在成形的胎骨上用多种色漆层层交错髹涂，形成鲜明的色层，然后在上面剔刻纹样，剔雕处各色漆层错杂，纹理宛转，灿然成文。杯从刀口可见朱、黑两种色层交叠形成的规整而纤细的丝缕，即明黄大成《髹饰录》中所说的"乌间朱线"。又如，故宫博物院收藏的龙凤纹菊瓣雕漆盘，圆形，口缘雕成均匀饱满的菊花瓣状，盘内外均髹褐漆为地，盘心有柿蒂形开光，骨有篆书"寿"字，外绕填彩的龙与凤。圈足内髹红漆，足心刻填金楷书"大明嘉靖年制"直行款识。

唐宋时的酒器，还有猎奇之作。牛僧孺《玄怪录》说到当时的酒器有犀角酒尊、象牙勺、绿蠡花斛、白琉璃盏，"文明（唐睿宗年号）年，竟陵掾刘讽夜投夷陵空馆。月明不寝，忽有一女郎西轩至……未几而三女郎至。……紫绫铺花茵于庭中，揖让班坐。坐中设犀角酒樽、象牙杓、绿蠡花斛、白琉璃盏，醑醴馨香，远闻空际"[1]。唐代被杜甫称为"饮中八仙"之一的李适之，有酒器九个，它们是"蓬莱盏""海川螺""舞仙盏""瓠子卮""幔卷荷""金蕉叶""玉蟾儿""醉刘伶""东溟样"。蓬莱盏上有山，象征传说中神仙所居的三岛，注酒以齐山为限。舞仙杯有关捩，酒满了有一小仙人出来舞蹈，还有瑞香球子落到杯外来。从记载看，这些酒器都是极精巧的工艺制品，可赏玩，可盛酒，惹人喜爱。至于它们的制作材料，由于记载不详，无从知晓。

宋代文人窦苹记录前代所有的珍稀酒具就有瘿木杯、竹根杯、莲子杯、酒杯藤等奇物，又有以鲸鱼壳为酒尊、以海螺为杯的。其中鹦鹉螺制作而成的酒杯，称为鹦鹉杯。鹦鹉螺为海螺的一种，旋纹尖处屈而朱红，似鹦鹉嘴，其壳青斑绿纹，壳内光莹如云母。唐刘恂《岭表录异》记载，用这种鹦鹉螺制成的酒杯，大者可容三升。宋人周去非《岭外代答》："螺之类不一……有形似鹦鹉之睡、朱喙绿首者，曰鹦鹉杯。"[2]鹦鹉螺并非以形似鹦鹉而名，此处有所附会。明代曹昭《格古要论》"鹦鹉杯"条曰："即海螺盏，出广南，土人琢磨，或用银、或用金镶足，作酒杯，故谓之鹦鹉杯。"[3]鹦鹉螺稍加雕琢即可用以饮酒，唐宋诗文中常有提及。唐戎昱《赠别张驸马》云："凤凰楼上伴吹箫，鹦鹉杯中醉留客。"李白《襄阳歌》云："鸬鹚杓，鹦鹉杯，百年三万六千日，一日须倾三百杯。"陆游《秋兴》云："葡萄锦覆桐孙古，鹦鹉螺斟玉瀣香。""玉瀣"，美酒

〔1〕赵睿才：《唐诗与民俗——时代精神与风俗画卷》，河北人民出版社 2013 年版，第 61 页。

〔2〕（宋）周去非：《岭外代答》，屠友祥校注，上海远东出版社 1996 年版，第 113 页。

〔3〕转引自：孙书安编著：《中国博物别名大辞典》，北京出版社 2000 年版，第 909 页。

名，隋炀帝造，可知当时鹦鹉杯规格甚高，颇为嗜酒者喜爱。南京象山东晋王
兴之墓出土的鹦鹉杯，依鹦鹉螺壳自然形态制成，在螺壳口部与中脊处镶鎏金
铜边，并在铜口两侧装铜质耳。这是目前已知最早的鹦鹉杯。河南偃师杏园村
唐墓亦出土鹦鹉杯，则直接以螺壳剖制而成，不加雕琢，摹自然之物，以其他
材质制作，也成为新的样式。瓷器中的莲子杯，因其形似莲子而得名。其形为
小圆口直连腹壁，下腹部线缓收，小圈足。这种杯的使用范围广，比如白居易
在杭州郡楼请客时，就用了这种酒杯："北客劳相访，东楼为一开。褰帘待月出，
把火看潮来。艳听竹枝曲，香传莲子杯。寒天殊未晓，归骑且迟回。"（《郡楼夜
宴留客》）

三、杭州地区酒具体现的文化特征

（一）本土文化的显现

杭州是南宋的都城，杭州酒器品种达到最高峰的是南宋，因此杭州酒具显
现的是宋代酒具的文化特征。这种本土化的特征，需要从时间的纵轴与空间的
横轴加以分析。

首先，宋代酒具承袭与完善了唐代的酒器种类，使得"杯壶制"得到最后
的确立，并且在种类的细品中大力开发与生产，创造了细品繁多的酒具家族。

其次，唐代酒具有不少受到外来器物的影响。金银器的造型与纹饰都受到
外来影响。1970年西安何家村出土了唐代玛瑙角形杯，采用淡青、鹅黄双色润
纹的深红色玛瑙制成。杯形呈兽角形，雕有牛首，牛嘴镶金，能自由装卸，内
部有流，杯中的酒可自流中泻出。牛的髭须也精雕细刻，堪称艺术杰作、酒器
珍品。这也是受到外来文化影响的酒具。这种弧形的酒杯形似兽角，故也有称
角杯的。这种形制，起源于西方。而类似唐兽首玛瑙杯这样造型的器皿，在中
亚、西亚特别是波斯（今伊朗）较为常见。中国古代玛瑙也多来自西方，康国
（故地在今乌兹别克斯坦共和国撒马尔罕一带）、吐火罗、波斯均向唐朝进献过
玛瑙器。《唐门·德宗纪》称"倭国献玛瑙，大如五斗器"。《珍玩续考》称"渤
海国献玛瑙柜，方二尺，深茜色，上巧无比"[1]。所以这件唐代玛瑙角形杯可能
是西域传入或者唐代仿制的。

而宋代以后，这种外来的文化影响有所削弱。第一是在材质上的更新。
1978年浙江临安钱宽墓出土的唐光化三年（900）白瓷"官"款长杯，器形仿自

---

〔1〕 转引自：李立新等编著：《艺术中国·器具卷》，南京大学出版社 2011 年版，第 140 页。

金银器，是瓷器上的创新样式。另如临安钱宽墓出土的海棠杯，器身呈椭圆形，口沿内卷，高圈足外撇成喇叭形，不甚规整，外底草刻"官"字。这个酒具，唐代称之为叵罗，也是从西域传来的酒具。《北齐书·祖珽传》中就提到了这一珍贵的酒具："神武宴寮属，于坐失金叵罗。窦太令饮酒者皆脱帽，于珽髻上得之。"此具以金打造，在南北朝时已作为宫廷御宴的酒具。唐代岑参曾随安西大都护去过西域一带，在那里见到流行的叵罗酒具，内盛的是葡萄美酒。[1]《册府元龟·朝贡三》载："（唐高宗）上元二年正月，右骁卫大将军龟兹国五白素稽献银颇罗，赠帛以答之。"《新唐书·西域记》亦云："上元中，素稽献银颇罗、名马。"其中"颇罗"即是"叵罗"，当为银质酒杯，为龟兹地区的传统手工艺品。"唐人颇欣赏此器形，出土物中有八曲的和十二曲的，晚期还有四曲的；不仅有金银制品，还有铜、玉、水晶和瓷制品。叵罗又作颇罗、不落或凿落。"[2]李白《对酒（二）》诗云："蒲萄酒，金叵罗，吴姬十五细马驮。青黛画眉红锦靴，道字不正娇唱歌。玳瑁筵中怀里醉，芙蓉帐底奈君何？"把这一酒具与吴姬相联系。白居易《送春诗》云"银花不落从君饮，金屑琵琶为我弹"，"不落"即是这种酒具。宋代陶谷《清异录》中说："开运宰相冯王家有滑样水晶不落一双。"指的也是这种酒杯。而在临安发现了这种形制的酒具，起码说明了当时中国已经模仿西域的金属酒具生产瓷质酒具的事实。这件酒具就是文化交流的产物。另如高足杯，也是西域传入中原，后被汉化，狩猎图像中多见。

第二是造型的与时俱进。宋代武功不力而文功可治。唐宋是中国酒业发展的一个高峰，但是细究之下，唐宋的审美观还是不同的。"唐代的审美长于形象化的再现，而宋代似乎长于抽象化的表现，器皿造型设计更讲究线型的变化。"[3]对比从唐到宋的注子形制（表3-1），可以很明白地看出这一点。

表 3-1 由唐至宋的注子形制

	盛唐	晚唐	五代	宋
流柄	短	短	流加长而变曲	长流曲柄
形体	圆满丰隆	开始加高	瓜果状或者球形	修长
流的位置	颈	颈根处	颈根处	腹部

---

〔1〕 张国领、裴孝曾主编：《龟兹文化研究（四）》，新疆人民出版社2006年版，第486页。

〔2〕 孙机：《中国古代的酒与酒具》，见董淑燕：《百情重觞：中国古代酒文化》，中国书店2012年版，第12页。孙机先生说其造型可以追溯到萨珊的多曲长杯，时间不晚于十六国时期。这恐怕不准确。

〔3〕 高丰：《中国设计史》，中国美术学院出版社2008年版，第170页。

	盛唐	晚唐	五代	宋
例子	陕西西安西郊鱼化寨南二府庄出土的宣徽酒坊银酒注子		1996年，浙江临安康陵出土的后晋天福四年（939）青瓷注子	故宫博物院藏越窑青釉瓜棱注子

另外，宋代的花纹与唐代不同。宋代大量使用缠枝纹、仿生纹与莲花纹，具有当地特征（图3-26）。比如宋代的青白瓷刻花缠枝牡丹纹梅瓶（图3-27），通身纹饰典丽，花枝华美。花枝舒卷自如，图案成阳纹凸起，复以阴文做进一步的修饰。凸起的花枝，给人以饱满丰茂之感；而阴刻的线条，在丰腴之中见出风骨，更显精神。金银酒器更是精巧华丽，品种繁多。

图3-26　南宋景德镇窑青白釉凸雕莲荷纹瓷尊
四川遂宁宋瓷博物馆藏

图3-27　宋青白瓷刻花缠枝牡丹纹梅瓶
四川遂宁宋瓷博物馆藏

（二）文化气息浓厚

唐宋酒器是中国酒器史上发展迅速的时期，这两个时期，文人对酒器的欣赏与评判形成了一道风景。与权门酒器的尚贵相比，文人的酒器尚奇。唐代文人对酒器的猎奇心态，表现在用自然界中的稀有形态来制作酒杯。而宋代文人则别出心裁，不仅爱好珍奇的自然之物，也从常见的器物中取其新意来制作酒器。

比如宋人耽爱的碧筒杯。其制作源于曹魏正始年间，当时郑公悫以莲叶为容量盛酒，将其扎紧，又从茎中刺孔，酒液从孔中滴下，酒味清凉。而宋人则加以深挖。如苏轼将酒注于莲叶之中，将酒食都包裹于莲叶之中。暑日与友人划舟行处，于水中捞取酒食，酒中有荷叶清香之味，而酒食亦有清香之味。

宋代文人还将植物花果拿来盛酒，比如"软金杯"，传说是金国的天子章宗发明的，把橙切成两半来盛酒。南宋林洪则记有"香橼杯"，是讲一个叫谢奕礼的文人将香橼一剖为二作为酒杯，将天子赐予的酒倒入其中让客人饮用。

宋代还有用菖蒲做的蒲觞，也有皂荚树杯、玻璃碗，还有椰尊、藤癭杯、瘿木杯、匏尊、匏壶，等等，记不胜记。"蒲觞"见于《嘉泰会稽志》，是绍兴一带端午盛酒的器物。皂荚树杯首见晋代葛洪《神仙传》。琉琉辄是用黄杨木雕刻出来的酒杯。

不仅如此，宋代文人还有新创意。比如"双凫杯"，也叫"金莲杯""鞋杯"。明代的陶宗仪记录了元末的诗坛领袖杨维桢，"每于筵间见歌儿舞女有缠足纤小者，则脱其鞋，载盏以行酒，谓之金莲"[1]。即在鞋中放酒杯，让妓女唱歌助酒兴。杨至杭州时，也玩这种鞋酒游戏，还让杭州的文人瞿祐作诗助兴。瞿祐作了《沁园春》以呈，杨维桢大喜，马上让妓女唱这曲词。词云：

> 一掬娇春，弓样新裁，莲步未移。笑书生量窄，爱渠尽小，主人情重，酌我休迟。酝酿朝云，斟量暮雨，能使曲生风味奇。何须去，向花尘留迹，月地偷期。　风流到手偏宜。便豪吸、雄吞不用辞。任凌波南浦，惟夸罗袜，赏花上苑，只劝金卮。罗帕高擎，银瓶低注，绝胜翠裙深掩时。华筵散，奈此心先醉，此恨谁知？

读之确实有不适之感。

但这种风气并不是杨维桢的首创，据《辍耕录》所记，在宋代张邦基《墨庄漫录》所收的王回《双凫》中就提到此风："时时行地罗裙掩，双手更擎春潋滟。傍人都道不须辞，尽做十分能几点。春柔浅蘸蒲萄暖，和笑劝人教引满。洛尘忽泹不胜娇，划蹋金莲行款款。"读之香艳至极。而杨维桢尤好此风。当然，这种较变态的作派不是其他文人都能接受的。某次，同席的倪云林即愤怒地推席而去。明代的张纶评论这是表现出杨的"疏直之气"。文人不得意，便会有这种行为。陶宗仪举有一例：元末至正年间，松江夏氏在清樾堂宴会时，让妓女捧莲花给客人，客人接之，左手拿住花枝，右手分开花瓣饮用。

第四节　宴席间娱乐具

皮日休在《酒中十咏并序》中列了十重酒具：酒星、酒泉、酒笾、酒床、酒垆、酒楼、酒旗、酒樽、酒城、酒乡。以上其实是与酒相关的用具。本节主要介绍饮乐活动中使用的道具，比如投壶、行酒令、樗蒲、斗酒牌等。

---

〔1〕（元）陶宗仪：《陶南村辍耕录（下编）》，均益图书公司1944年版，第141页。

一、笼台酒筹

放置酒筹的器物是笼台。筹的制法复杂，在用银、象牙、兽骨、竹、木等材料制成的筹子上刻写各种令约和酒约。行令时合席按顺序摇筒掣筹，再按筹中规定的令约、酒约行令饮酒。据考，唐代的"《论语》酒筹"是目前所知的最早的一种筹令。筹令的包容量很大，长短不拘。大型筹令动辄有80筹，而且令中含令、令中行令。筹令因有这样的特点，才能从《西厢记》和《水浒传》《聊斋志异》《红楼梦》等小说中取材，也才能包容像《易经》的六十四卦等内涵丰富的文化现象。

依唐人皇甫松《醉乡日月》之说，通常是把行令用具的筹、旗、纛置于一器，器以银制，名作"笼台"，"凡笼台，以白金为之，其中实以筹一十枚，旗一、纛一"。[1]

镇江丁卯桥出土的唐代银鎏金龟趺"论语玉烛"当为笼台之属（图3-28）。"论语玉烛"笼台高34.2厘米，龟长24.6厘米，筒深22厘米。由上、下两部分组成。底座为鎏金银龟，托负圆形酒令筒，阴刻龟裂纹，筒盖一圈以鱼子纹衬底，上刻鸿雁两对，间以卷草纹、流云纹，并有银链与盖相连。筒身以鱼子纹衬底，上刻一对龙凤，间以卷草纹，正面长方形框内双钩"论语玉烛"四字。

图3-28 唐代银鎏金龟趺"论语玉烛"酒令筒

除笼台外，还有"论语玉烛"酒令筹、酒旗、酒纛等。银鎏金酒令筹50枚，筹长20.4厘米，宽1.4厘米，厚0.05厘米（图3－29）。出土时装于酒令筒内，大小基本相同。酒令筹正面刻有酒令文字，上半段选自《论语》，下半段为酒令内容，可归纳为6种饮酒方法："自饮""伴饮""劝饮""指定人饮""放（皆不饮）""处（罚）"。饮酒量分"五分（半杯）""七分""十分""四十分（四杯）""随意饮"5种。（图3-29）

图3-29 银鎏金酒令筹

---

〔1〕转引自王赛时：《唐代饮食》，齐鲁书社2003年版，第175页。

酒旗共 8 支，长 28 厘米，宽 2.3 厘米。一支上端矛形，下为圆球，长柄圆杆细长，柄上刻"力士"二字。另外 7 支制成竹节形，其中一支上端接焊竹叶。（图 3-30）

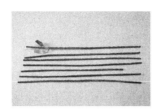

图 3-30　银酒旗

酒纛长 26.2 厘米，顶端呈曲刃矛形，有缨饰，缨下设曲边旗，旗面上刻线环圈，柄为细长圆杆，柄上刻"力士"二字。（图 3-31）

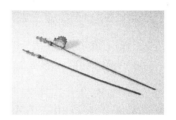

图 3-31　银酒纛

> 夫律录事者须有饮材。……夫旗所以指巡也，纛所以指饮也，筹所以指犯也。始宾主就坐，录事取一筹，以旗与纛偕立于筵中，余置器在手。执爵者告请骰子，命受之，复告之曰："某忝骰令。"乃陈其说于录事，录事告于四席曰："某官忝骰子令。"然缨宣之。录事之于令也，必令其词，异于席人，所谓巧宣也。席人有犯，既下筹，犯者执爵请罪，辄曰："一人爵、法未当言。"犯者不退，请并下三筹，然告其状。谳不当理则支其筹，以饮焉。席人刺录事亦如之。[1]

旗、纛为行令的"执法工具"。酒令文化是中国特有的一种酒文化，此"论语玉烛"酒令筹中写有觥录事、律录事、录事和玉烛录事，这些当为酒宴上的执事人。酒宴席次坐定，众人公推觥录事，由觥录事决定抽筹次序，指定律录事、录事和玉烛录事共同担任酒宴的执事人。觥录事掌管酒令旗和纛，负责决定对违规者的惩戒。

---

〔1〕 王汝涛编校：《全唐小说》第 3 卷，山东文艺出版社 1993 年版，第 2011 页。

这组宴集行令专用器具在出土唐代文物中尚属首次发现。唐代酒令制度记载不详，宋人洪迈《容斋随笔》中就有"今人不复晓其法矣"的感慨。[1]

二、叶子牌

陈洪绶[2]的《水浒叶子》非常有名。

酒牌，有人又称叶子格，唐时已有。欧阳修《归田录》载："骰子格本备检用，故亦以叶子写之，因以为名尔。唐世士人宴聚，盛行叶子格，五代、国初犹然，后渐废不传。"[3] 叶子格可以玩。据唐苏鹗《杜阳杂编》记载，唐代的韦氏族人和同昌公主喜欢玩叶子戏，玩到天黑还不罢休，竟然用红琉璃盘盛着夜明珠来照明，继续通宵达旦地玩叶子戏。

宋代的叶子戏应该比较发达，有这方面的专门书籍。比如《宋史·艺文志》载："《叶子格》三卷，李煜妻周氏《系蒙小叶子格》一卷、《偏金叶子格》一卷。"元代时出现马吊之名。陶宗仪《说郛》指出，吴人龙子犹《马吊脚例》即马吊牌谱，但这种牌式较旧。明后期，叶子牌发展成为马吊牌。清代顾炎武《日知录》卷28载："万历之末，太平无事，士大夫无所用心，间有相从赌博者。至天启中始行马吊之戏。而今之朝士，若江南、山东，几于无人不为此。"[4] 说的是新马吊牌。

叶子牌与马吊牌上都有人物形象。如明代《醉醉斋酒牌·一文钱》上有阮籍醉酒图，中为阮籍醉卧榻上，有一妇人持烛立旁，门外有一男子窥视。有文字云："阮籍邻家妇有美色，当垆。阮与王安丰常从饮酒，阮醉，便眠其妇侧。其夫始疑之，密伺，终无他意。"酒约为：坐中失色者罚一巨觞。明代陈洪绶所作的《水浒叶子》是当时比较流行的一种图案。清赵翼《陔余丛考》卷33云："纸牌之戏，唐已有之。今之以水浒人分配者，盖沿其式而易其名耳。"[5] 清金学诗《牧猪闲话》讲述牌式：一副马吊牌共有四十张，分为十万贯、万贯、索子、文钱四种花色。其中，万贯、索子两种牌是从一至九各一张，以九最大，十万贯是从二十万贯至万万贯共十一张。十万贯、万贯的牌面上画有水浒好汉

〔1〕 刘丽文：《奢华的大唐风韵——镇江丁卯桥出土的唐代银器窖藏（下）》，《收藏》2013年第5期。

〔2〕 陈洪绶（1598—1652），字章侯，幼名莲子，一名胥岸，号老莲，别号小净名，晚号老迟、悔迟，又号悔僧、云门僧，浙江诸暨枫桥人。

〔3〕 （宋）欧阳修：《中国古代名家诗文集·欧阳修集（卷三）》，黑龙江人民出版社2005年版，第991页。

〔4〕 唐敬杲选注：《顾炎武文》，崇文书局2014年版，第179页。

〔5〕 （清）赵翼：《陔余丛考》，河北人民出版社2007年版，第668页。

像，索子、文钱的牌面上画索和钱的图像。每人先取八张牌，以大击小。

明代的马吊牌非常流行。清人王士禛《香祖笔记》说苏南一带的民俗即是：吴俗有三好，斗马吊牌，吃河豚，敬五通神。明代马吊牌相关文献有潘子恒《叶子谱》、黎遂球《运掌经》和冯梦龙《马吊牌经》（被清人誉为"叶子新斗谱"）等。

明代有许多人沉迷于马吊牌，有不少赌钱打牌的。冯梦龙曾写过一首儿歌《纸牌》："纸牌儿，你有万贯的钱和钞。我舍着十士门，百子辈，与你一路相交。"

至清代，马吊牌更盛行，这从城乡之间普遍设立"马吊馆"这一现象中可见一斑。清代人这样记述马吊馆的情形：

> 见厅中间一个高台，上面坐着戴方巾、穿大红鞋的先生。供桌上，将那四十张牌铺满一桌。台下无数听讲的弟子，两行摆班坐着，就像讲经的法师一般。穆文光端立而听，听那先生开讲道："我方才将那龙子犹十三篇，条分缕析，句解明白，你们想已得其大概。只是制马吊的来历，运动马吊的学问，与那后世坏马吊的流弊，我却也要指点一番。"众弟子俱点头唯唯。那先生将手指着桌上的牌说道："这牌在古时，原叫做叶子戏，有两个斗的，有三人斗的，其中闹江、打海、上楼、斗蛤、打老虎、看豹，各色不同。惟有马吊，必用四人。所以按四方之象，四人手执八张，所以配八卦之数，以三字而攻一家，意主合从；以一家而赢三家，意主并吞。此制马吊之来历也。若夫不打过桩，不打连张，则谓之仁。逢桩必捉，有千必挂，则谓之义。发牌有序，殿版不乱，则谓之礼。留张防贺，现趣图冲，则谓之智。不可急捉，必发还张，则谓之信。此运动马吊之学问也。逮至今日，风斯下矣。昔云闭口叶子，今人喧哗叫跳，满座讥讽。上一色样，即狂言'出卖高牌'，失一趣肩，即大骂'尔曹无状'。更有暗传声，呼人救驾，悄灭赏，连手图赢。小则掷牌撒赖，大则推桌挥拳。此后世坏马吊之流弊也。尔等须力矫今人之弊，复见古人之风，庶不负坛坫讲究一番。"说罢就下台，众人又点头唯唯。穆文光只道马吊是个戏局，听了这吊师的议论，才晓得马吊内有如此大道理。比做文章还精微……[1]

---

[1] （清）酌元亭主人：《照世杯》，中国戏剧出版社 2000 年版，第 237 页。

明代版刻以杭州为精。陈洪绶崇祯间作《水浒牌》，黄君倩刻图，是当时版画精品，对后世《水浒传》的插图影响很大。黄君倩是当时的著名刻工。陈是受朋友周孔嘉之请而作，整副 40 页，其画框高 18 厘米，广 9.4 厘米。[1] 此间张岱代为敦促，费时四个月画成。张岱为此牌作《缘起》曰：

> 余友章侯，才足挟天，笔能泣鬼。昌谷道上，婢囊呕血之诗；兰渚寺中，僧秘开花之字。兼之力开画苑，遂能目无古人。有索必酬，无求不与。既蠲郭恕先之癖，喜周贾耘老之贫。画《水浒》四十人，为孔嘉八口计。遂使宋江兄弟，复睹汉官威仪。伯益考著《山海》遗经，兽毹鸟瓱，皆拾为千古奇文；吴道子画《地狱变相》，青面獠牙，尽化作一团清气。收掌付双荷叶，能月继三石米，致二斗酒，不妨持赠；珍重如柳河东，必日灌蔷薇露，薰玉蕤香，方许解观。非敢阿私，愿公同好。[2]

据他描述，水浒牌"古貌古服，古兜鍪，古铠胄，古器械，章侯自写其所学所问已耳。而辄呼之曰'宋江'，曰'吴用'，而'宋江''吴用'，亦无不应者，以英雄忠义之气，郁郁芊芊，积于笔墨间也"[3]。

民国时期的杜亚泉曾向友人借得乾隆以前马吊牌一副（图 3-32），他记述其牌云：

> 百万贯一页，绘一达官，上题"阮小五"三字，旁作"百禄是总；万福攸同"一联，则为阮百子（大铖）当国时群小媚阮而作，其后相沿不改；故此牌之流行，实在明亡以后。予细细校核，形制与《牧猪闲话》所述相同。惟空汤下为半钱，非枝花；而一索上则有"一枝花"三字。《牧猪闲话》所述或系偶误。空汤、半钱、万贯门、十万贯门，均绘人形；又空汤、半钱、一文、九文、一索、九索、一万贯、九万贯各页，及十万贯各页，皆有红印如意，皆为大张可知。《牧猪闲话》言以大击小，而不言一大于九，然一与九均加红印，同为大张，必在他色之上；且一必大于九，决不次在九与八之间也。[4]

---

〔1〕 顾志兴：《略论明代杭州书坊刻书》，见杭州市政协文史资料委员会、杭州文史研究会：《明代杭州研究》（上），杭州出版社 2009 年版，第 193 页。

〔2〕 （明）张岱：《陶庵梦忆 西湖梦寻》，栾保群点校，浙江古籍出版社 2012 年版，第 79—80 页。

〔3〕 （明）张岱：《陶庵梦忆 西湖梦寻》，栾保群点校，浙江古籍出版社 2012 年版，第 79 页。

〔4〕 杜亚泉：《博史——附乐客戏谱》，美成印刷公司 1933 年版，第 29 页。

图 3-32 马吊牌

来源：杜亚泉：《博史——附乐客戏谱》，美成印刷公司 1933 年版。

第五节 酒与杭州名楼胜迹

杭州是文化名城，历史上与酒相关的胜迹众多，也出现过许多有名的酒楼。

一、杭州名楼

（一）虚白亭（郡亭）、东楼（之江楼、望海楼）

唐代的杭州刺史衙门在今凤凰山一带。唐时的钱塘江潮水，直至灵隐、五云山下。所以白居易的刺史衙门正好面对钱塘而远观西湖。白居易观潮，一是上府衙的虚白亭，也就是郡亭，一是上东楼。[1]

虚白亭是曾任杭州刺史的相里造所建，这个亭子与冷泉亭、候仙亭、观风亭、见山亭遥遥相望，五亭如五指蠹列，构成了当时杭州的一大景观。白居易在《忆江南》词中就有"郡亭枕上看潮头"之语。在担任刺史后，他写下《郡亭》诗：

> 平旦起视事，亭午卧掩关。除亲簿领外，多在琴书前。
> 况有虚白亭，坐见海门山。潮来一凭槛，宾至一开筵。
> 终朝对云水，有时听管弦。持此聊过日，非忙亦非闲。
> 山林太寂寞，朝阙空喧烦。唯兹郡阁内，嚣静得中间。

郡亭就成为他抒发情感的一个场所。

---

〔1〕 余莛：《白居易与西湖》，杭州出版社 2004 年版，第 67 页。

另一个观潮之地是东楼，也即白居易所说之江楼、望海楼。这里的视野更加开阔，而且建筑的容量也更大，举行比较大型的宴会时，白居易多选在此地。著名的《杭州春望》是在此写就的："望海楼明照曙霞，护江堤白踏晴沙。涛声夜入伍员庙，柳色春藏苏小家。红袖织绫夸柿蒂，青旗沽酒趁梨花。谁开湖寺西南路，草绿裙腰一道斜。"注文中云"城东楼名望海楼"。望海楼在南宋时移至候潮门一带。《杭州春望》一诗表现了诗人对杭州的一片深情与由衷的自豪。《东楼南望八韵》也在此写成："不厌东南望，江楼对海门。风涛生有信，天水合无痕。鹢带云帆动，鸥和雪浪翻。鱼盐聚为市，烟火起成村。日脚金波碎，峰头钿点繁。送秋千里雁，报暝一声猿。已豁烦襟闷，仍开病眼昏。郡中登眺处，无胜此东轩。"大病之后，白居易仍喜欢看潮水滚滚，听潮声隆隆。某次友人造访，正好是正月十五大潮，白居易兴致勃勃开东楼留宴，请客人观潮："北客劳相访，东楼为一开。褰帘待月出，把火看潮来。艳听竹枝曲，香传莲子杯。寒天殊未晓，归骑且迟回。"（《郡楼夜宴留客》）酒宴一直开到深夜，且还把火看潮，兴致盎然。

长庆四年（824）五月，白居易任满离开杭州。在离任前，他再次登上东楼，回忆昔日观潮时的壮观景象，赋诗《重题别东楼》：

> 东楼胜事我偏知，气象多随昏旦移。
> 湖卷衣裳白重叠，山张屏障绿参差。
> 海仙楼塔晴方出，江女笙箫夜始吹。
> 春雨星攒寻蟹火，秋风霞飐弄涛旗。
> 宴宜云髻新梳后，曲爱霓裳未拍时。
> 太守三年嘲不尽，郡斋空作百篇诗。

据康熙《杭州府志》记，唐代官府所在地尚有清辉楼、九月高斋、忘筌亭、中和堂等建筑。九月高斋应该也建于吴山之上。大历年间钱起[1]曾于重阳之日在九月高斋宴请佳朋："诗人九日怜芳菊，筵客高斋宴浙江。渔浦浪花摇素壁，西陵树色入秋窗。木奴向熟悬金实，桑落新开泻玉缸。四子醉时争讲习，笑论黄霸旧为邦。"（《九日宴浙江西亭》）从诗中看，此建筑似与东楼相对，也是观钱塘江的好地方。忘筌亭是在山脚之下，白居易也在此处招待宾客："翠巘公门对，朱轩野径连。只开新户牖，不改旧风烟。虚室闲生白，高情澹入玄。酒容同座劝，诗借属城传。自笑沧江畔，遥思绛帐前。亭台随处有，争敢比忘筌？"（《忘

---

〔1〕 钱起（722？—780），字仲文，浙江吴兴人，唐代诗人。

笙亭》)

(二)有美堂

有美堂是政府的形象工程。梅挚[1] 出任杭州太守时，便有了宋仁宗的赠诗，开首便是"地有吴山美，东南第一州"。有了皇帝的肯定，梅太守在吴山之上筑有美堂便有强有力的后盾。[2] 钱氏政权献土纳贡是顺应历史潮流之举，使钱塘一地免于兵燹。而百姓承了这一恩蒙，得以"幸富完安乐"。有美堂正是皇恩浩荡的表征。它不是"下州小邑""僻陋之邦"的"穷愁放逐之臣"的自娱之地，而是在繁华之都的游览之地，是朝廷官吏乃至商贾百姓纵乐的地方。后人由有美堂而怀念梅挚。清代陈文述[3]《有美堂怀梅公仪》："欧阳作记蔡襄书，有美湖山信不虚。到槛月凉风定后，过江云急雨来初。吟边酒盏闲花细，望里渔舟落叶疏。珍重君王飞白赐，笙歌楼阁动华裾。"点明有美堂的地势要点，是踞山顶之上，南观鱼塘，西观西湖。而酒楼是临江而立。

有宋一代，有美堂可谓杭州酒文化名胜中的翘楚。当时文学泰斗欧阳修有名篇《有美堂记》，明确了有美堂的政治意义。这是欧阳修唯一与杭州结缘的名篇，文云："而临是邦者，必皆朝廷公卿大臣若天子之侍从，又有四方游士为之宾客，故喜占形胜，治亭榭，相与极游览之娱……独所谓有美堂者，山水登临之美，人物邑居之繁，一寓目而尽得之。盖钱塘兼有天下之美，而斯堂者，又尽得钱塘之美焉。宜乎公之甚爱而难忘也。"[4]

自有美堂极目远望，则钱塘江与西湖水色俱观。宋代两任文人长官都为之留下名篇。

其一是蔡襄[5]。蔡襄知杭州是治平二年（1065）受命，徙应天府而到任。杭州是其仕途的最后一站。之前，蔡襄由于宋英宗对他的成见而不得不离京出任。所以他到杭州是左迁而来。他的《重阳日有美堂南望》云："越壤吴封绣错分，华堂繁吹半空闻。山峰高下抽青笋，江水东西卧白云。菊蕊芬芳初应节，

---

〔1〕 梅挚（994—1059），字公仪，北宋成都府新繁县人。嘉祐二年（1057）守杭州。

〔2〕 有美堂的地址，有吴山、凤山与凤皇山之说。在凤山是不正确的，因凤山在萧山西兴。而说凤皇山者，认为此堂为宋州治承吴越使院之旧址，当在凤皇山。这也不正确。以前的诗人多说此楼在胥山，也就是吴山。

〔3〕 陈文述（1771—1843），初名文杰，字谱香，又字隽甫、云伯、英白，后改名文述，别号元龙、退庵、云伯，又号碧城外史、颐道居士、莲可居士等，浙江钱塘人。嘉庆时举人，官昭文、全椒等知县。

〔4〕 （宋）欧阳修：《中国古代名家诗文集·欧阳修集（卷一）》，黑龙江人民出版社 2005 年版，第436 页。

〔5〕 蔡襄（1012—1067），字君谟，福建兴化仙游（今莆田市仙游县）人。

松林照耀欲迎曛。州人不见归时醉，未拟风流待使君。"自有美堂南望，所见的是吴越之边界钱塘江。在重阳日登高望远，是习俗，而诗人的怀古之情凸显。《和夜登有美堂》云："忽闻乘月上层台，正值江湖夜色开。云屋万重灯火合，雪山千仞海潮来。静游虽有诗情得，独笑应无俗语陪。纵使羁怀多感慨，若逢清致少徘徊。"这次夜临有美堂，他看到了江与湖的全貌。

第二位文人长官苏轼任职杭州的时间也不长。苏轼与有美堂有多则故事可述。熙宁五年（1072）十一月，苏轼的朋友孔延之（长源）被罢越州官职。第二年正月离任，路经杭州，泛舟杭州小堰门外。苏轼得此消息，立即亲往拜访，并于吴山有美堂设夜宴款待。宴会上诗友口占作诗，当孔延之颂"天日远随双凤落，海门遥蹙两潮趋"一联时，满座称绝。一直到孔延之于翌年（熙宁七年，1074）谢世，苏轼为他作的挽词中还提到这件事："小堰门头柳系船，吴山堂上月侵筵。潮声半夜千岩响，诗句明朝万口传。岂意日斜庚子后，忽惊岁在巳辰年。佳城一闭无穷事，南望题诗泪洒笺。"

熙宁六年（1073），时任钱塘县令的周邠因服丧，未应苏轼有美堂之宴请，而与几个僧侣泛舟于湖上。忽然听到有美堂中传出歌声，不禁心动，遂赋诗一首表达羡慕心情。苏轼因此和诗："霭霭君诗似岭云，从来不许醉红裙。不知野屐穿山翠，惟见轻桡破浪纹。颇忆呼卢袁彦道，难邀骂坐灌将军。晚风落日元无主，不惜清凉与子分。"又云："载酒无人过子云，掩关昼卧客书裙。歌喉不共听珠贯，醉面何因作缬纹。僧侣且陪香火社，诗坛欲敛鹳鹅军。凭君遍绕湖边寺，涨渌晴来已十分。"苏轼《会饮有美堂答周开祖湖上见寄》又云："杜牧端来觅紫云，狂言惊倒石榴裙。岂知野客青筇杖，独卧山僧白簟纹。且向东皋伴王绩，未遑南越吊终军。新诗过与佳人唱，从此应难减一分。"对周邠的诗艺与书法作了很高评价，同时也表现出苏轼行文的风趣。

在杭州的同僚中，苏轼与太守陈襄对杭州的市政建设有共同语言。二人经常欢聚有美堂，作长夜之饮，和诗也最多。熙宁六年（1073）七、八月，苏轼与陈太守从有美堂出来，正是月色皎洁，星河半隐。下得山来，杭城百姓争相簇拥着观看太守的威仪。太守的仪仗队正列烛数百炬，缓缓归来，既雄壮且威武。苏轼写下了《与述古自有美堂乘月夜归》："娟娟云月稍侵轩，潋潋星河半隐山。鱼钥未收清夜永，凤箫犹在翠微间。凄风瑟缩经弦柱，香雾凄迷著髻鬟。共喜使君能鼓乐，万人争看火城还。"

熙宁七年（1074）七月，陈襄即将调往南都（今河南商丘），在有美堂宴请僚属。苏东坡《虞美人·有美堂赠述古》录《本事集》："陈述古守杭，已及瓜代，未交前数日，宴僚佐于有美堂。侵夜，月色如练，前望浙江，后顾西湖，沙河塘正出其下；陈公慨然，请贰车苏子瞻赋之，即席而就。"苏东坡当场挥笔，写成《虞美人·有美堂赠述古》词一首："湖山信是东南美，一望弥千里。使君能得几回来？便使尊前醉倒更徘徊。 沙河塘里灯初上，《水调》谁家唱，夜阑风静欲归时，惟有一江明月碧琉璃。"以杭州湖山美景衬托惜别之情。清风明月之下，灯火、歌声、水光，令人陶醉、不舍。"一望弥千里"是夸张之笔，逗出"能得几回来"之感慨，强调"醉"的复杂况味。据《宋史·陈襄传》，陈襄因"论青苗法不便"被贬，出知陈州、杭州。苏轼亦因同样的原因离京到杭。他们共事两年多，合力治蝗赈饥，浚治钱塘六井，奖掖文学后进，同享湖山美景和雅游之乐。如今老太守即将离去，苏轼难掩惜别之情。

苏轼同僚中有鲁有开，字元翰，熙宁九年（1076），苏轼于湖中泛舟，见有美堂上鲁有开宴饮，"鲁公使事已完，不回朝，家有美妾，故子瞻讥之"。这是同僚间的游戏之作。《西湖游览志余》中云："子瞻九日泛舟，而鲁少卿会客堂上，妓乐殷作，子瞻从湖中望之，戏以诗云：'指点云间数点红，笙歌正拥紫髯翁。谁知爱酒龙山客，却在渔舟一叶中。'"又云："西阁珠帘卷落晖，水沉烟断珮声微。遥知通德凄凉甚，拥髻无言怨未归。"[1]

苏轼的《有美堂暴雨》则是对从有美堂所望雨中景象的精彩描述："游人脚底一声雷，满座顽云拨不开。天外黑风吹海立，浙东飞雨过江来。十分潋滟金樽凸，千杖敲铿羯鼓催。唤起谪仙泉洒面，倒倾鲛室泻琼瑰。"

北宋词人张先（990—1078）有《山亭宴·有美堂赠彦猷主人》，讲述有美堂的宴请：

> 宴堂永昼喧箫鼓。倚青空、画栏红柱。玉莹紫微人，蔼和气、春融日煦。故宫池馆更楼台，约风月、今宵何处。湖水动鲜衣，竞拾翠，湖边路。 落花荡漾怨空树。晓山静、数声杜宇。天意送芳菲，正黯淡、疏烟逗雨。新欢宁似旧欢长，此会散、几时还聚？试为挹飞云，问解寄、相思否？

词中对有美堂的环境有精彩的描绘：正值春日，湖风和暖，吹动春衣；宴堂之上，乐声喧哗；倚栏而望，日光渐弱。一场春宴，竟从白天持续到了晚上！

（三）望湖楼

望湖楼在西湖北岸断桥以东。五代时吴越国王钱俶始建。北宋时期，此楼也是政府官员宴请之所。登楼远眺，湖光山色，尽收眼底，确为一处西湖名楼。

---

〔1〕（明）田汝成：《西湖游览志余》，浙江人民出版社1980年版，第149—150页。

白居易《湖亭晚归》诗云："尽日湖亭卧，心闲事亦稀。起因残醉醒，坐待晚凉归。松雨飘藤帽，江风透葛衣。柳堤行不厌，沙软絮霏霏。"

宋代的潘阆、王安石等都为之作诗。

熙宁五年（1072）六月二十七日这一天，苏轼正在西湖昭庆寺望湖楼饮酒赏景。夏日炎炎，阳光高照。忽然之间，天色骤变，黑云翻滚，瞬间急骤的雨点掉入湖中，水面一片混沌。极短暂的时间，乌云退去，湖面又呈现平静之态，湛蓝一片，天水不分。乘着酒兴，苏轼捕捉住那瞬息万变的形象，作《六月二十七日望湖楼醉书》："黑云翻墨未遮山，白雨跳珠乱入船。卷地风来忽吹散，望湖楼下水如天。"该诗成为历代描写西湖雨景最出名的诗作。

张岱《西湖梦寻》中记录望湖楼一带的片石居："由昭庆缘湖而西，为餐香阁，今名片石居。秘阁精庐，皆韵人别墅。其临湖一带，则酒楼茶馆，轩爽面湖，非惟心胸开涤，亦觉日月清朗。"[1] 明代时这一带还有酒楼面湖。

徐渭[2]《南乡子·八月十六片石居夜泛》云："月倍此宵多，杨柳芙蓉夜色蹉。鸥鹭不眠如昼里，舟过，向前惊换几汀莎。 筒酒觅稀荷，唱尽塘栖《白苎歌》。天为红妆重展镜，如磨，渐照胭脂奈褪何。"

清祝尚矣《西湖竹枝词》云："近处先寻大佛头，庄严金碧几经秋。莫言转展多留滞，认取当年湖上楼。"大佛头原是缆船石，秦始皇、贾似道曾先后用来系船，思净慧眼识其灵性，遂雕镌成佛。地址在西湖北岸宝石山山麓。附近之楼有名者如望湖楼。清代的湖上楼是否就是指此楼呢？存疑。

清代亦有酒楼题壁的故事。清代金埴《不下带编》记云：

> 辛巳夏，与竹坨朱太史锡鬯[3]暨西湖诸子有湖上楼之集，客有言，顷见一士题诗邻壁，甚佳。太史即偕予及宝崖步往观之，则墨沉犹濡，而其人已去。诗云："昔年湖上荡船频，风日清融二月新。横出一枝临水艳，桃花看杀卷帘人。日日东风第四桥，夭桃故故泥人妖。春声只爱啼红树，不信黄鹂恨未销。"太史赏其风调，以为佳作，嘱予记之，惜不署姓氏。[4]

---

〔1〕（明）张岱：《陶庵梦忆 西湖梦寻》，栾保群点校，浙江古籍出版社 2012 年版，第 179—180 页。

〔2〕徐渭（1521—1593），字文长，号天池，又号青藤，浙江山阴人。工书善画，兼长诗文。

〔3〕"竹坨朱太史锡鬯"即朱彝尊，浙江嘉兴秀水人。

〔4〕王国平主编：《西湖文献集成（第 13 册）·历代西湖文选专辑》，杭州出版社 2004 年版，第 409—410 页。

望湖楼前有断桥。断桥前游人如织，但意不在酒色而在景色者为多。张京元《断桥小记》云：

> 西湖之胜，在近；湖之易穷，亦在近。朝车暮舫，徒行缓步，人人可游，时时可游。而酒多于水，肉高于山，春时肩摩趾错，男女杂沓，以挨簇为乐。无论意不在山水，即桃容柳眼，自与东风相倚，游者何曾一着眸子也。[1]

（四）丰乐楼

田汝成《西湖游览志》记："涌金门而北，为丰乐楼。"[2]

丰乐楼是宋代著名酒楼，临近西湖。原先只是观光之楼，在南宋时，"张定叟兼领库事，取为官库，正跨西湖，对两山之胜"[3]。又有文献记载，高宗幸建康于此登舟，皇城司指挥亦设在丰乐桥。"柳洲亭，宋初为丰乐楼。高宗移汴民居杭地嘉、湖诸郡，时岁丰稔，建此楼以与民同乐，故名。"[4]

丰乐楼一带有许多名园，《西湖梦寻》记云：

> 门以左，孙东瀛建问水亭。高柳长堤，楼船画舫，会合亭前，雁次相缀。朝则解维，暮则收缆，车马喧阗，驺从嘈杂，一派人声，扰攘不已。堤之东尽为三义庙。过小桥折而北，则吾大父之寄园、铨部戴斐君之别墅。折而南，则钱麟武阁学、商等轩冢宰、祁世培柱史、余武贞殿撰、陈襄范掌科各家园亭，鳞集于此。过此，则孝廉黄元辰之池上轩、富春周中翰之芙蓉园，比间皆是。[5]

南宋酒楼以丰乐楼名最著，"唯斯楼之壮观更绝远乎尘坌"[6]。此楼近处有茂林修竹，亭台楼榭，可观西湖水面、船舸往来、菱歌渔唱。南宋词人吴文英记载了文人在丰乐楼饮酒分韵作词的情形："修竹凝妆，垂杨驻马，凭阑浅画成图。山色谁题？楼前有雁斜书。东风紧送斜阳下，弄旧寒、晚酒醒余。自消凝，

〔1〕（明）张岱：《陶庵梦忆 西湖梦寻》，栾保群点校，浙江古籍出版社2012年版，第181页。
〔2〕（明）田汝成：《西湖游览志》，上海古籍出版社1998年版，第80页。
〔3〕（宋）耐得翁：《都城纪胜》，中国商业出版社1982年版，第5页。
〔4〕（明）张岱：《陶庵梦忆 西湖梦寻》，栾保群点校，浙江古籍出版社2012年版，第205页。
〔5〕（明）张岱：《陶庵梦忆 西湖梦寻》，栾保群点校，浙江古籍出版社2012年版，第205页。
〔6〕（清）丁丙：《武林坊巷志》第4册，浙江人民出版社1987年版，第431页。

能几花前，顿老相如？　　伤春不在高楼上，在灯前敧枕，雨外熏炉。怕舣游船，临流可奈清臞？飞红若到西湖底，搅翠澜、总是愁鱼。莫重来，吹尽香绵，泪满平芜。"（《高阳台·丰乐楼分韵得如字》）张杰有《柳洲亭》诗："谁为鸿濛凿此陂，涌金门外即瑶池。平沙水月三千顷，画舫笙歌十二时。今古有诗难绝唱，乾坤无地可争奇。溶溶漾漾年年绿，销尽黄金总不知。"[1]

明代张岱偶涉于此，"故宫离黍，荆棘铜驼，感慨悲伤，几效桑苎翁之游苕溪，夜必恸哭而返"[2]。可见其时此楼不再。

洪迈《夷坚志》中有一则故事，即是以丰乐楼为背景，讲的是商人沈一妄想非分之得，反受神道侮弄的故事。此文中可见南宋酒肆的情形：

> 临安市民沈一，酒拍户也。居官巷，自开酒庐，又扑买钱塘门外丰乐楼库，日往监沽，逼暮则还家。
>
> 淳熙初，当春夏之交，来饮者多。一日，不克归，就宿于库。将二鼓，忽有大舫泊湖岸。贵公子五人，挟姬妾十数辈，径诣楼下，唤酒仆，问何人在此，仆以沈告，客甚喜，招相见，多索酒，沈接续侍奉之。纵饮楼上，歌童舞女，丝管喧沸，不觉罄百樽。饮罢，夜已阑，偿酒直，郑重致谢。
>
> 沈生贪而黠，见其各顶花帽，锦袍玉带，容止飘然，不与士大夫类，知其为五通神，即拱手前拜曰："小人平生经纪，逐锥刀之末，仅足糊口。不谓天与之幸，尊神赐临，真是凤生遭际，愿乞小富贵，以荣终身。"客笑曰："此殊不难，但不晓汝意。"问所欲何事，对曰："市井下劣，不过欲冀钱帛之赐尔。"客笑而领首，呼一驶卒至，耳边与语良久。卒去，少顷，负一布囊来，以授沈，沈又拜而受。摸索其中，皆银酒器也，虑持入城或为人诘问，不暇解囊，悉槌击蹴踏，使不闻声。俄耳鸡鸣，客领妾上马，笼烛夹道，其去如飞。
>
> 沈不复就枕，待旦，负持归。妻尚未起，连声夸语之曰："速寻等秤来，我获横财矣！"妻惊曰："昨夜闻柜中奇响，起视无所见，心方疑之，必此也。"启钥往视，则空空然。盖逐日两处所用，皆聚此中，神以其贪痴，故侮之耳。沈唤匠再团打，费工直数十千，且羞于徒辈，经旬不敢出。闻者传以为笑耳。[3]

〔1〕（明）张岱：《陶庵梦忆 西湖梦寻》，栾保群点校，浙江古籍出版社2012年版，第205页。
〔2〕（明）张岱：《陶庵梦忆 西湖梦寻》，栾保群点校，浙江古籍出版社2012年版，第205页。
〔3〕（宋）洪迈：《夷坚志选注》，许逸民选注，文化艺术出版社1988年版，第165—166页。

宋代赵汝愚《柳梢青·西湖》云："水月光中，烟霞影里，涌出楼台。空外笙箫，云间笑语，人在蓬莱。　天香暗逐风回。正十里、荷花盛开。买个扁舟，山南游遍，山北归来。"

元代画家夏永有《丰乐楼图册》，描绘了此楼。

（五）涌金楼

《梦粱录》记涌金门外煮界库，有酒楼，匾之曰"西楼"。[1] 南宋词人张矩[2]的作品《西湖十景》，通过西湖的景点如断桥、雷峰、平湖秋月、花港、三潭印月、南屏以及柳浪闻莺、曲院等多个景点，向涌金楼进行聚焦。"今度涌金楼，素练萦窗，频照庾侯席。自与影娥人约，移舟弄空碧。宵风悄，签漏滴。早未许、睡魂相觅。有时恨，月被云妨，天也拼得。"（《三潭印月》）"闲凭涌金楼，潋滟波心，如洗梦淹笔。唤醒睡龙苍角，盘空壮商翼。西湖路，成倦客。待倩写、素缣千尺。便归去，酒底花边，犹自看得。"（《两峰插云》）"前度涌金楼，笑傲东风，鸥鹭半相识。暗数院僧归尽，长虹卧深碧。花间恨，犹记忆。正素手、暗携轻拆。夜深后，不道人来，灯细窗隙。"（《南屏晚钟》）"争似涌金楼，燕燕归来，钩转暮帘揭。对语画梁消息，香泥砌花屑。昆明事，休更说。费梦绕、建章宫阙。晓啼处，稳系金狨，双灯笼月。"（《柳浪闻莺》）从其描述来看，涌金楼是当时临近西湖的酒楼。楼的形制较大，矗立于湖边，非常醒目。此楼也是亭台楼榭高耸，酒阁清幽，适合情人闲话赏景。

（六）太和楼

太和楼是南宋时的著名酒楼。《梦粱录》记其地址在崇新门里，在吴自牧写《梦粱录》时，此酒楼已经不存。崇新门又俗称荐桥门。故址在今杭州市清泰街与城头巷相交处附近。元末张士诚重修杭州城，将城门东移三里改建新门，改名清泰门。太和楼应该是靠近此门的城内。

此门离西湖有一段距离。据元代散曲家徐再思[3]《[双调]蟾宫曲·登太和楼》，元代的太和楼是比较雄壮的酒楼，因为楼高，因此也可观西湖。"白云中涌出峰来，俯视西湖，图画天开。暮雨珠帘，朝云画栋，夜月瑶台。书籍会三千剑客，管弦声十二金钗。对酒兴怀，拊髀怜才，寄语玲珑，王粲曾来！"曲中

---

〔1〕（宋）吴自牧：《梦粱录》，浙江人民出版社 1980 年版，第 87 页。

〔2〕张矩，生卒年不详，又名张龙荣，字成子，号梅深，与周密等为唱和词友。《应天长》组词十首，过片全用"××涌金楼"句式。

〔3〕徐再思（1320 年前后在世），字德可，浙江嘉兴人，元代散曲家。曾任嘉兴路吏。因喜食甘饴，故号甜斋。

用不少典故反映出与歌妓流连酒所恣肆寻欢的情形。

（七）醉白楼

张岱《西湖梦寻》云："杭州刺史白乐天啸傲湖山时，有野客赵羽者，湖楼最畅，乐天常过其家，痛饮竟日，绝不分官民体。羽得与乐天通往来，索其题楼。乐天即颜之曰'醉白'。在茅家埠，今改吴庄。一松苍翠，飞带如虹，大有古色，真数百年物。当日白公，想定盘礴其下。"[1]

醉白楼不止杭州有，松江、海州（今连云港）、安阳诸地均有，可见诗仙影响之大。而白居易对李白非常仰慕，自称为"醉吟先生"，因此也题此名。白居易虽然酒量不是很大，但是在杭州多有饮酒之诗。《杭州回舫》中说："自别钱塘山水后，不多饮酒懒吟诗。欲将此意凭回棹，报与西湖风月知。"

醉白楼现在杨公堤以西，距离西湖有一定距离，但唐时应该距离湖边较近。上香古道即在附近。

明末倪元璐有《醉白楼》诗云："金沙深处白公堤，太守行春信马蹄。冶艳桃花供祗应，迷离烟柳藉提携。闲时风月为常主，到处鸥凫是小偎。野老偶然同一醉，山楼何必更留题。"明清易代之时，倪元璐以一文人之躯，自缢殉国，也为"醉白楼"涂抹上刚劲的一笔。

（八）东西聚华楼京菜馆等

清末，拱宸桥被辟为租界，华洋混居，新鲜事物较多。同时因商贸发达，这一带酒肆亦多，市井生活丰富。饮食业的特征是南北菜系混合，中西饭店皆有，俗雅形式共存。晚清民国文人、钱塘人陈蝶仙曾经写了一组竹枝词来表现拱宸桥一带的市井风光，提到的酒楼有东西聚华楼京菜馆、集贤楼、杏花村与番菜馆等。其中《咏东西聚华楼京菜馆》诗云："炸肉烹鱼泡制工，宁波堂倌总和通。东楼热闹西楼冷，一式烹调也不同。"《玉楼杏花春酒》诗云："集贤楼对杏花春，三寸红笺唤美人。一曲琵琶一樽酒，胭脂红透小樱唇。"《第一春番菜》诗云："价目悬牌细细开，布帷漂白罩长台。一般滋味无区别，只有刀叉两样来。"[2]

（九）状元楼、楼外楼、天外天

杭州的饮酒名楼，或位于风景绝佳处，或设在市中瓦舍热闹处。其中楼外

[1]（明）张岱：《陶庵梦忆 西湖梦寻》，栾保群点校，浙江古籍出版社2012年版，第201页。
[2]潘超、丘良任、孙忠铨等：《中华竹枝词全编（四）》，北京出版社2007年版，第607页。

楼创建于清代道光二十八年（1848），状元馆创建于清同治九年（1870），创始人为浙江宁波人王尚荣。"当时他在杭州盐桥边开设了一家宁式面馆，因邻近贡院，为迎合前来赶考的各地秀才趋名图利的心态，取名'状元楼'。清宣统三年（1911），其外孙王凤春将状元楼迁至望仙桥直街板儿巷口，因新店系平房，故更名为'状元馆'，1938 年迁至现址，状元馆为宁帮面馆。"[1] 天外天菜馆始建于宣统二年（1910），坐落在灵隐飞来峰下。有诗人留下诗句："西湖西畔天外天，野味珍馐锅里鲜。他日腰缠三万贯，看舞越姬学醉仙。"[2]

西湖里面，清代有"陆酒楼"；西湖南线、长桥一带，宋有朱娘酒店；南屏山下，明代有南屏酒店、段七娘店（汪蛟门有《酒舍》诗云："酒舍争传段七娘，王坟小豆摘新尝。春残花事都无了，别有幽芳出院墙。"）。另有郊外酒库自设的酒楼，也是环境清幽的饮酒去处。宋代佚名的《西湖图》（图 3-33）描绘了西湖沿湖一带楼馆林立的景象。从此图的视角来看，是在吴山上俯视西湖，宝俶塔与雷峰塔清晰可见。而在今南山路、白堤一边，楼馆林立。苏堤及其以西也是楼阁高耸，酒楼茶肆、青楼楚馆比邻而居。

图 3-33　宋佚名《西湖图》

二、酒与名胜古迹

杭州城中满酒香。杭人的旅游特征是自备酒水、携酒而游，所以凡名胜古迹、山间峰顶，杭人所到之处，往往酒香弥漫。比如唐代白居易写玉泉亭："玉泉南涧花奇怪，不似花丛似火堆。今日多情唯我到，每年无故为谁开？宁辞辛苦行三里，更与留连饮两杯。犹有一般辜负事，不将歌舞管弦来。"西湖的私家花园中，亭台楼榭均是赏景饮酒的好地，而历代官员，于公务之外，也愿意建亭，比如魏义甫自建环秀亭，"所寓官舍之后作小亭，以临大江。其东西树林蓊蔚，昼阴夏凉，北依吴山，若屏障栏绕。南则潮汐往来，帆樯追逐，越隽吴境，

〔1〕 张建融：《杭州旅游史》，中国社会科学出版社 2011 年版，第 147 页。
〔2〕 张建融：《杭州旅游史》，中国社会科学出版社 2011 年版，第 147 页。

献奇效技于一寓目之间,如凌清气出人寰,瞰培楼而不知身在兹亭也。至顺三年秋,余校文江西,道钱唐,访公寓所,饮于亭中,握手道故旧极欢"[1]。

另有一些古迹,与杭州的酒生产史、生活史联系在一起。

(一) 曲院风荷

曲院是南宋的官家制曲之所,其地多荷。康熙年间的《杭州府志》记,耿家埠之南稍西为曲院,宋时取荷花制曲酿酒,遂为酒局。倒也是一新说。但其与酒的渊源却是可以一见了。

《湖山便览》记:"宋曲院在金沙港西北,其地多荷,旧称'麯院荷风'。今景亭在苏堤第六桥旁,名实不称。康熙三十八年,圣祖御书十景,改'麯院'为'曲院',易'荷风'为'风荷'。恭摹勒石亭上,东建迎薰阁、望春楼,西为复道重廊,摹嵌南巡所赐诸臣墨宝。"[2] 实际上,宋代曲院在现九里松洪春桥一带,以金沙涧之水酿稻为曲。与现在的曲院不在同一地方。宋人周文璞曾有《曲坊》一诗赞道:"曲坊才尽上湖船,笑问云山欠酒钱。两行柳丝黄不断,不知身在御园边。"曲院一带有荷,夏季避暑之地。宋代诗人王洧有《曲院风荷》:"避暑人归自冷泉,埠头云锦晚凉天。爱渠香阵随人远,行过高桥方买船。"词人张矩有《应天长·曲院荷风》,词云:"换桥度舫,添柳护堤,坡仙题欠今续。四面水窗如染,香波酿春曲。田田处,成暗绿。正万羽、背风斜矗。乱鸥去,不信双鸳,午睡犹熟。"元代词人徐再思的散曲《〔双调〕蟾宫曲·西湖夏宴》写到了荷,可能是在曲院一带放船宴饮:"卷荷筒翠袖生香,忙处投闲,静处寻凉。一片歌声,四围山色,十里湖光。只此是人间醉乡,更休提天上天堂。老子疏狂,信手新词,赠与秋娘。"张岱的《西湖》也描述了曲院风荷的景色:"颊上带微酡,解颐开笑口。何物醉荷花,暖风原似酒。"清代许承祖《咏曲院风荷》诗云:"绿盖红妆锦绣乡,虚亭面面纳湖光。白云一片忽酿雨,泻入波心水亦香。"[3]

(二) 西泠桥

西泠桥是南宋船只靠岸的地方,附近有苏小小墓。

《西湖游览志》记:"西泠桥,一名西林桥,又名西陵桥。从此可往北山

〔1〕 (清)丁丙:《武林坊巷志》第 2 册,浙江人民出版社 1986 年版,第 103 页。

〔2〕 (清)翟灏等:《湖山便览》,见王国平主编:《西湖文献集成(第 8 册)·清代史志西湖文献专辑》,杭州出版社 2004 年版,第 660 页。

〔3〕 庞学铨:《品味西湖三十景》,杭州出版社 2013 年版,第 40 页。

者。"〔1〕此处是西湖船只靠岸之处，也是踏春之必游之路。元张舆诗云："红藕花深逸兴饶，一双鸂鶒避鸣桡。晓风凉入桃花扇，腊酒香分椰子瓢。狂客醉歆明月上，美人歌断绿云消。数声渔笛知何处，疑在西泠第一桥。"刘邦彦《湖上花开报刘廷美》诗："白鸥遥待酒船来，芳草汀洲去复回。为惜杏花寒勒住，西泠昨夜一枝开。"

西泠桥畔有苏小小墓，传说苏小小是南朝齐名妓，因情而死。此墓亦有记明冯小青之墓，冯乃小妾，为大妇妒恨，遭禁含恨而死。〔2〕文人来此，往往洒酒凭吊。冯小青《拜苏小小墓》诗云："杯酒自浇苏小墓，不知妾是意中人。"

《湖壖杂记》记：

> 游人至孤山者，必问小青；问小青者，必及苏小。孰知二美之墓，俱在子虚乌有之间。白门一友求其迹，怅不可得。余曰："咏巫山者，谓'朝云暮雨连天暗，神女知来第几峰？'泛洞庭者，谓'日落长沙秋色远，不知何处吊湘君'。引人入胜，正在缥缈之际。子于二美，亦当作如是观，必欲求之，何耶？"客点首曰："孤山之侧，有菊香墓者，又何人乎？"余曰："客不闻乎？菊香是矣！"〔3〕

因此苏小小之墓，乃是文人心情的自况。

（三）候仙亭

候仙亭是唐代的著名建筑。由时任杭州刺史的韩皋所建。贞元十四年（798），韩皋自京兆尹谪杭州员外司马，未几改杭州刺史，贞元二十一年（805）四月戊辰，以杭州刺史复为尚书右丞。

---

〔1〕（明）田汝成：《西湖游览志》，东方出版社 2012 年版，第 20 页。

〔2〕张岱《西湖梦寻》记："小青，广陵人。十岁时，遇老尼口授《心经》，一过成诵。尼曰：'是儿早慧福薄，乞付我作弟子。'母不许。长好读书，解音律，善弈棋。误落武林富人，为其小妇。大妇奇妒，凌逼万状。一日携小青往天竺，大妇曰：'西方佛无量，乃世独礼大士，何耶？'小青曰：'以慈悲故耳。'大妇笑曰：'我亦慈悲若。'乃匿之孤山佛舍，令一尼与俱。小青无事，辄临池自照，好与影语，絮絮如问答，人见辄止。故其诗有'瘦影自临春水照，卿须怜我我怜卿'之句。后病瘵，绝粒，日饮梨汁少许，奄奄待尽。乃呼画师写照，更换再三，都不谓似。后画师注视良久，匠意妖纤，乃曰：'是矣。'以梨酒供之榻前，连呼："小青！小青！"一恸而绝，年仅十八。遗诗一帙。大妇闻其死，立至佛舍，索其图并诗焚之，遽去。"参见（明）张岱：《陶庵梦忆 西湖梦寻》，栾保群点校，浙江古籍出版社 2012 年版，第 202 页。

〔3〕（清）陆次云：《湖壖杂记》，见陆鉴三选注：《西湖笔丛》，浙江人民出版社 1981 年版，第 78 页。

唐代沈亚之[1]《题候仙亭》诗云：“新创仙亭覆石坛，雕梁峻宇入云端。岭北啸猿高枕听，湖南山色卷帘看。”白居易《冷泉亭记》云：“杭自郡城抵四封，丛山复湖，易为形胜。先是，领郡者，有相里君造作虚白亭，有韩仆射皋作候仙亭，有裴庶子棠棣作观风亭，有卢给事元辅作见山亭，及右司郎中河南元藇最后作此亭。于是五亭相望，如指之列，可谓佳境殚矣，能事毕矣。”[2] 考候仙亭地理位置，既五亭相望，应该是以湖为中心分布于湖边。

白居易有诗《醉题候仙亭》：“蹇步垂朱绶，华缨映白须。何因驻衰老，只有且欢娱。酒兴还应在，诗情可便无。登山与临水，犹未要人扶。”又有《候仙亭同诸客醉作》：“谢安山下空携妓，柳恽洲边只赋诗。争及湖亭今日会，嘲花咏水赠蛾眉。”可以想见唐代候仙亭的风光以及文人醉后的才情。由诗中可知此亭应在临水之处，有记候仙亭在灵隐寺前[3]。

（四）断桥

断桥的地理位置优越，既有白堤延入西湖之中，又有码头停泊小船。因此游西湖之人，渡西湖之人，多由此处上船下船，也由此处上白堤游玩。

谭元春《湖霜草序》描述了从西泠坐船饮酒品茗的妙处：

> 而舟居之妙，有五善焉：舟人无酬答，一善也；昏晓不爽其候，二善也；访客登山，恣意所如，三善也；入断桥，出西泠，午眠夕兴，四善也；残客可避，时时移棹，五善也。挟此五善，以长于湖，僧上凫下，筋止茗生，篙楫因风，渔炎聚火。盖以朝山夕水，临涧对松，岸柳池莲，藏身接友。早放孤山，晚依宝石，足了吾生，足济吾事矣。[4]

（五）樟亭驿楼

把酒送别，是古人的送别之仪。

杭州是“唐诗之路”的起点。唐代文人游浙东，即是由杭州渡钱塘江入萧山，然后由水道游浙东。由杭州主城往萧山，需要有渡船，等湖水波向合适，

---

〔1〕 沈亚之（781—约832），字下贤，浙江吴兴人。此诗云“新创仙亭”，推测此诗作于贞元二十年（804）左右。

〔2〕（唐）白居易：《中国古代名家诗文集·白居易集（二）》，黑龙江人民出版社 2009 年版，第434 页。

〔3〕 彭万隆、肖瑞峰：《西湖文学史·唐宋卷》，浙江大学出版社 2013 年版。

〔4〕（明）张岱：《陶庵梦忆 西湖梦寻》，栾保群点校，浙江古籍出版社 2012 年版，第 182 页。

就能乘舟渡过。唐代以后在杭城南端建樟亭驿，此处既是停留候潮之地，也是观潮胜地，更是送客离别之地。唐代孟浩然有《与颜钱塘登樟亭望潮作》："百里闻雷震，鸣弦暂辍弹。府中连骑出，江上待潮观。照日秋云迥，浮天渤澥宽。惊涛来似雪，一坐凛生寒。"即是观湖之作。李白《送王屋山人魏万还王屋》诗云："挥手杭越间，樟亭望潮还。"写的是樟亭送别。

唐代白居易在此送同僚赴任："富阳山底樟亭畔，立马停舟飞酒盂。曾共中丞情缱绻，暂留协律语踟蹰。紫微星北承恩去，青草湖南称意无。不羡君官羡君幕，幕中收得阮元瑜。"（《醉送李协律赴湖南辟命因寄沈八中丞》）明代谢肃《浙江观潮》："落木无边江岸开，巨涛排入海门来。势连吴越奔千骑，声撼乾坤鼓万雷。宋帝飞龙何日返，伍君白马蹴云回。客怀对此真悲壮，且饮樟亭酒一杯。"也是写送别之景。

（六）南屏一带

南屏雷峰塔、净慈一带，景致优美，旧有甘升园，奇峰如云，古木蓊蔚，理宗常临幸。有御爱松，盖数百年物也。自古称为"小蓬莱"。水质甘洌，真珠泉即在此一带，而周围有净慈等方外之地，南屏山下有珍蔬，有野逸的酒家，堪称旅游的一条好线路。下面一则颇具神怪色彩的小故事，给酒食之举带来若干新意：

> 武林山之最高者，独推五云。唯高斯寒，故宋时山僧，每在腊前进雪。崇祯癸未，时当重九，有数书生，约登此山，以作龙山之会。贾勇而上，休息庙中。为时正早，庙祀五通之神，一生戏拈神筊卜曰："我辈今日得入城否？"筊语答以"不能"。书生睨视阶墀，大笑曰："何神之有灵？刻尚未午，而云我辈不得归家耶？"随步下。至一溪头，见双鲫游泳，迥异凡鱼，书生共下捕之。或远或近，或潜或跃，或入手中，泼刺又去。书生以必得为期，脱衣作网，濡手沾足，良久得之，贯以柳枝，携出山麓，至南屏酒家，而月上东山，禁门扃钥矣。因命童子烹鱼取醉，遣此良夜。童子谓："鱼游釜中，久之不熟。"命童子添薪益火，而其游如故，又加踊跃，有碎釜声。书生急往视之，俨然鱼也，取出，乃木筊耳，因共惊悔。翌日归筊庙中，以牲醴祷神而去。[1]

王思任《净慈寺》诗："净寺何年出，西湖长翠微。佛雄香较细，云饱绿交肥。岩竹支僧阁，泉花蹴客衣。酒家莲叶上，鸥鹭往来飞。"写出了这一带的野趣。

---

[1]　（清）张潮：《虞初新志》，河北人民出版社 1985 年版，第 224 页。

清代，南屏正面有小有天园，为汪之萼别业。

（七）吴山

吴山是杭城东南最高地带，自唐代以降，此地的建筑屡废屡修，均以此地地理位置最佳，能够观湖望江，而古迹足多，利于文人墨客赏览创作。

在吴山，古籍中可考的能够饮酒的地方就有："吴山大观台"、"吴山道院"（清代方象瑛《吴山道院小饮》："无计销愁绪，欣从小院游。江回千嶂合，塔迥两湖秋。薄醉还迟雪，孤怀半倚楼。干戈仍故里，侥幸此间留。"）、"听松楼"（清代黄泽《吴山听松楼》："琳宫宝刹何崔嵬，高楼百仞云中开。徂徕秀色满窗户，虬枝戛戛鸣春雷。须臾坐定风转息，万籁无声山寂寂。上人索我听松诗，醉墨淋漓扫楼壁。诗成相对已忘言，松月娟娟松露滴。"）、"叶林屋"、"隐西斋"（唐代李郢《钱塘青山题李隐居西斋》："小隐西斋为客开，翠螺深处遍青苔。林间扫石安棋局，岩下分泉递酒杯。兰叶露光秋月上，芦花风起夜潮来。湖山绕屋犹嫌浅，欲棹渔舟近钓台。"）、"钟翠亭"、"丁仙亭"、"吴山酒楼"（清代施安《饮吴山酒楼怀顾万峰》："黄花风紧逗屏帷，座上歌吟记老髯。左手蟹螯秋共把，中年丝竹醉何嫌。文章与世真安用，山水于人转不廉。惆怅摇鞭过燕市，屠门青眼博谁恢。"）、"鹿台"（唐明府殿宣别业）、"海棠石壁"等。

另有寺、观、庵等处，也可小憩或饮茶喝酒等。如"紫阳庵"（明代程敏政《与阎方伯饮紫阳庵次韵》："一缕茶烟湿未消，几梯云路暗通桥。涛头盛拥鸥夷怒，亭上清留野鹤标。病目临风常带缬，敝裘轻雨半成潮。重来便拟非生客，径揖山灵不待邀。"）、"山广严院"（释善建诗云："垂手红尘古所难，近天尺五启禅关。玉绳低转檐楹外，宫漏微传几席间。云响度声何处笛，翠棱当户越州山。梦回露滴松梢冷，月在三茅万境闲。"）、"三茅观"（屠隆《司马招饮三茅观绝顶》："山当凉月酒全消，步入流霞路转遥。有鸟隔花窥绛蜡，何人映竹弄坝萧。晚潮初过暮渚出，风雨忽来秋殿遥。更傍真人分紫气，一官吾已梦冥廖。"）、"云居寺"、"丁仙庵"。

还有私家宅院，如宋代朱肱之大隐坊（即吴山之高士坊），元代杜敬之宅（杜敬"喜蓄古名人墨迹，大冠长裾，优游湖山文酒间"[1]）、施惠之私宅，明代沈嘉则宝奎寺之楼居、陈洪绶寓吴山火德庙之西爽阁、许光祚之别业、徽宦吴今生之吴衙庄（明代张遂辰《吴今生海棠花下醉歌》："西堂名花种非一，海棠两树逾十尺。世间何物比光辉，石氏珊瑚真可击。……小妓金花劈彩笺，侍儿锦带呈瑶瑟。尚促觞传一再行，不知漏下五十刻。宴罢才看月下归，歌翻转向

---

[1]　（明）徐象梅：《两浙名贤录》（第5册），浙江古籍出版社2012年版，第1381页。

花间出。座中有客有情痴，眼见移花岁时易。既醉攀条忽泫然，讵待东风太狼藉。满堂顾此生叹嗟，知君豪举何怜惜。明朝直将斫作刍，开园一任生驹吃。")、丁奇遇之护草堂（丁奇遇之明代讲课生在此结社）、山阴王端淑之翠阁（王端淑《吴山春望》："越角吴头一望开，黄羊野马总堪哀。草痕新绿扶山阁，花气轻红落酒杯。一镜春涵朝日动，双鬌潮走暮江回。龙舟风辇归何处，南院西宫几劫灰。")，清毛稚黄之螺山草堂、李渔之芥子园、吴舒凫之吴山草堂，等等。以上既是文人宅居之所，也是文人以酒养性之地。

（八）灵峰寺

杭州文坛，不乏诗僧。文人聚会，也在古刹寺院。灵峰一寺，始于西晋，历史久远。苏轼曾于此处识得前身。而主寺僧人中，有诗才者不少。明清之际，先有补梅之举，后有集会之实，灵峰古寺，俨然成为文人雅集的好去处。

明代王瀛[1]《灵峰寺》："登临绝顶驻吟筇，慰眼螺攒面面峰。黄叶乱藏千古寺，白云轻漏数声钟。老禅入定心逾静，野客来游兴正浓。浩饮一杯歌一曲，不知红日下高舂。"即道出文人在寺中诗兴大发的情形。

明清时灵峰有多次盛极一时的文学雅集。（见本书第六章相关内容）后由于太平天国战火的波及，灵峰胜境不再。宣统元年（1909），商人兼文士周庆云过灵峰寺，寺院主持莲溪长老将杨蕉隐之《灵峰探梅》示之，周得知当年陆小石灵峰雅集之盛事，遂有补梅与东坡生日灵峰宴集之事。雅集中，钱塘人蒋坦记述了高朋会面的情形："朋酒成高会，南湖梦雨天。草堂人日后，春信早梅边。得句同何逊，论交有大颠。相逢须尽醉，文字此因缘。今年花事早，春到落梅风。故友来鸿渐，青山忆远公。寒灯催晚市，微雨暝湖钟。欲去重携手，当前几酒龙。"

而当时的莲溪长老非常热衷文化，汪蟾采《重过灵峰寺与莲溪长老夜话》诗云："不到空山已数年，重来又值早秋天。功名未了文坛梦，诗酒仍联佛地缘。四壁烟霞僧入定，一灯风雨夜谈禅。何时打破红尘网，稽首皈依上品莲。"释敬安也有"暮云飞尽不归去，应被逋仙笑我痴。万树老梅深雪里，为君破戒尚谈诗"（《赠灵峰寺莲溪长老》）的诗句，可见方外之地也是豪饮表情之所。

---

[1]　王瀛，生卒年不详，字元溟，明代末年人。

第四章　行为文化角度下的考察

　　酒文化在中国源远流长，渗入社会生活各个领域。在祭祀、宴会、庆典、文人雅集等场合，酒文化都占有独特地位。饮酒的情形也非常之多，从规模来看，有一人的独饮、二人的对酌、三五人的小聚，也有上千人的大宴。其宴请方式，有君臣上下同乐的赐宴与"大酺"，有彼此做东请客的传坐，还有合资共乐的豪饮。而其场所，有庄重的宫殿厅堂，有随性的酒楼饭馆，有精致的园囿厅堂，有清雅的寺庙道观，有无拘无束的草庐精舍，有玩花弄月的青楼馆院，有赏心悦目的湖山。从主体关系来看，有官场应酬，有主客交流，有家庭聚会，等等。杭州历史上宴会种类很多，比如南宋几位皇帝的"圣节"（生日），是规模隆重的大典，具有规定的仪式与礼仪；张俊招待高宗的家宴，奢侈至极，让人联想到《红楼梦》中所说的"银子像流水一样"的场面；在城内大酒楼举办的"状元宴"，让人充分想象"朝为田舍郎，暮登天子堂"的荣耀；文人聚会更是才情的体现，荡舟西湖、交结方外、吟咏书画，风雅无比。这些都为杭州的酒文化涂上了浓重的一笔。

第一节　饮酒类型介绍

　　中国的宴会起于祭祀的传统，只不过这种"飨"是宴乐的总称，没有具体的名目。直到"尊礼、尚施、事鬼敬神而远之，近人而忠焉"（《礼记·表记》）的周代，才将祭祀中的宴乐移至世俗的生活之中，设置了"乡饮酒礼""大射礼""燕礼"等宴会，这些宴会后世多有承继，而且不同朝代在周制的基础上又增添了许多新的宴会名目：天子与诸侯的游猎宴、游春宴、赐百官宴、会盟宴、百官上寿宴；官场中的送别宴、接风宴、荣升宴等；文人学士的赋诗宴；科举中的上马宴、下马宴、鹿鸣宴、同年宴；达官贵府与豪门巨富的赏花宴、赏月宴、九九登高宴……人生仪礼中有婚宴、寿宴、丧宴等。本书把饮酒类型分成祭祀仪礼、政事宴会、游玩饮酒、文人宴集、私人家宴等，以史事为例进行介绍。

一、祭祀仪礼

宋代朱肱《酒经》曰："天之命民作酒，惟祀而已。"[1] 酒从诞生起，就主要被用于祭祀。《诗经·大雅·旱麓》云："清酒既载，骍牡既备。以享以祀，以介景福。"意思是用好的酒与牺牲来祭祀天地。在早期的祭祀场合，主祭者执爵，而从者可以执觚，有初献、再献与三献。乡礼也有比较复杂的仪式进行酬酢。这些仪式随着时代的变化或消失或变化或保留。

杭州是南宋之都，从《东京梦华录》《武林旧事》《梦粱录》等笔记小说的细腻描绘中可以领略当时大宴的盛况。下面择例描述。

（一）郊祭

《宋史》卷113《礼志十六》记："宴飨之设，所以训恭俭、示惠慈也。宋制，尝以春秋之季仲及圣节、郊祀、籍田礼毕，巡幸还京，凡国有大庆皆大宴，遇大灾、大札则罢。"宋代的祭祀较前代有所变化，比如确立"降香岳渎"之制，香在祭祀场合普遍使用。

祭祀中的祭器主要是一些饮食器具。《宋史》卷98《礼志一》记载了献仪中所用的饮器："又太庙初献，依开宝例，以玉斝、玉瓒，亚献以金斝，终献以瓢斝。外坛器亦如之。庆历中，太常请皇帝献天地、配帝以匏爵，亚献以木爵。亲祠太庙，酌以玉斝，亚献以金斝。郊庙饮福，皇帝皆以玉斝。诏饮福，唯用金斝。亚、终献，酌以银斝。至饮福，尚食奉御酌上尊酒，投温器以进。"根据不同的祭祀对象，祭祀的祭品、仪式与时间都有详细的规定，以体现皇帝对天地、社稷的重视。

南宋时，皇族各种大的祭祀活动都在临安举行。《武林旧事》中记录了祭祀郊坛的豪华场面。更有意思的是，在作为一次政治事件的皇家祭祀大典上，南宋百姓也不乏娱乐精神，其间融入了若干的商业元素，朝廷与百姓各有所取，共同打造了热闹的祭祀活动。

皇家祭祀大典不仅准备时间长（半年以上），而且动用人员众多，耗资极

---

〔1〕（宋）朱肱等：《北山酒经（外十种）》，任仁仁整理校点，上海书店出版社2016年版，第13页。

多。人员包括茶酒殿侍从、带茶酒器物的随从以及其他劳务人员。在祭祀前的半年，就开始对郊坛进行修缮，从宫城到太庙再到郊坛的所有路段，"以潮沙填筑，其平如席，以便五辂之往来"〔1〕。祭祀前一个月，官员要排练祭祀的仪式。同时，宫中开始训练大象的"旋转跪起"。社会各个阶层也有互动的情况，皇亲国戚、贵家富室中，有的甚至不远万里来到都城，他们不惜花费重金，在祭祀之前几个月就在沿途争取到黄金地段来高调"露脸"，以至通道两旁列幕栉比。市井百姓也把握住了这一商机，市中早有绘塑的小象出售，各户也要准备彩缎与钱、酒，以犒劳歌队。祭祀前一天，太庙前搭建彩屋，陈列出玉辂，让百姓观赏。到了祭祀的日子，天子穿着祭祀的正服在斋房静坐一天，第二天就出发到太庙。是日四鼓，天子服衮冕，谒祖宗诸室，行朝飨之礼。此时，从太庙到祭坛的通道上，火烛照映，"珠翠锦绣，绚烂于二十里间，虽寸地不容间也。歌舞游遨，工艺百物，辐辏争售，通宵骈阗"〔2〕。一幅太平盛景。五鼓时，通道两旁灯灭，是为清道祓除之义。黎明时，"上御玉辂，从以四辂，导以驯象，千官百司，法驾仪仗，锦绣杂遝，盖十倍孟飨之数，声容文物，不可尽述"〔3〕。

而这只是盛大祭祀的开场。郊坛这厢，也是万灯辉耀，灿若列星，迎接天子的到来。天子到达郊坛之后，进行肃穆的祭祀仪式。天子由礼仪官引导进入祭坛。"时壝坛内外，凡数万众，皆肃然无哗。天风时送，佩环韶濩之音，真如九天吹下也。上先诣昊天位，次皇地祇，次祖宗位，奠玉，祭酒，读册，文武二舞，次亚、终献。礼毕。上诣饮福位，受爵，饮福酒。礼直官喝'赐胙'，次'送神'，次'望燎'讫，礼仪使奏礼毕。"〔4〕整个仪式，始于以神圣的美酒祭祀天地，然后以祭祀所剩的美酒犒赏臣子。酒在这里成为沟通天地与祖先的媒介。

如果说郊坛是个神圣空间，那么天子从郊坛返回宫中，则又是回到了世俗空间，不必说仪仗队的豪华，"千乘万骑，如云奔潮涌"〔5〕，且看两旁排立的教坊乐队，奏念口号，尽显世俗的热闹。满城的百姓，鳞次蚁聚，争睹盛景。天子回到丽正门御楼后要宣布大赦。在整个大赦过程中，教坊作乐，参军戏与杂剧演员念口号；天子宣布大赦之后，就有百戏艺人表演"抢金鸡"（"踏索上竿"的表演形式之一），先上得竿头并取得置于竿头的"金鸡"的人还会得到天子的赏赐，其中就包括一只银碗。而大赦令的颁布也很有意思，传送文书的人身佩铃铛，手持黄旗，大赦令分别宣布后，由各州的传送官分送各州，随着宣布令

---

〔1〕（宋）周密：《武林旧事》，中国商业出版社 1982 年版，第 9 页。
〔2〕（宋）周密：《武林旧事》，中国商业出版社 1982 年版，第 10 页。
〔3〕（宋）周密：《武林旧事》，中国商业出版社 1982 年版，第 10 页。
〔4〕（宋）周密：《武林旧事》，中国商业出版社 1982 年版，第 11 页。
〔5〕（宋）周密：《武林旧事》，中国商业出版社 1982 年版，第 11 页。

的颁布，满道响起铃声，百姓云聚观看。从天子到臣民，每个人都被愉悦的氛围笼罩着。

郊祭之后要行"恭谢礼"，其主要仪节都是在太乙宫进行的。"恭谢礼"的规模较小一些，但也有一定的程式。

南宋有一个特殊的礼仪——簪花与赏花。御宴时，自天子以下的百官要簪花为庆，教坊乐作，"前三盏用盘盏，后二盏屈卮"；御筵毕，"百官侍卫吏卒等并赐簪花从驾，缕翠滴金，各竞华丽，望之如锦绣"。[1]

这是国家的仪式，属于最高规格的礼仪。在这一过程中祭祀是主导，宴饮是祭祀礼的一部分，音乐则是祭祀和宴饮的附属要素。酒是其中不可或缺的道具。

（二）燕射、幸学

《仪礼·乡射礼》云："礼，射不主皮，主皮之射者，胜者又射，不胜者降。"郑玄注："礼射，谓以礼乐射也。大射、宾射、燕射是矣。"所以射虽然是从原始社会的狩猎发展而来的健身体育活动，但在儒家的规训下，成为君子"诗书礼御射"等全面发展的要求。而射礼，更成为一种仪式性活动。射礼不只是在进行军事训练和选拔人才，其意义更在于观盛德、司礼乐、正志行，以成己立德。南宋国力不强，但表面的讲武仪式还是需要的。而从南宋的燕射过程中可以看到，其与传统的程序复杂的三番射的样式差距甚远，射礼与教坊口号的结合，更可以看出南宋在仪式方面的形式化以及深入骨髓的娱乐精神。

《武林旧事》载，孝宗出临安城至玉津门讲燕射之礼。这个仪式又是大队随从，出发之前教坊照例要念口号，作乐，队伍浩浩荡荡开往靶场。到达之后，"赐宴酒三行"，然后天子亲自表演射箭，这时又是音乐响起。前排有专门的招箭班应酬。因为天子的射艺较差，箭射不中靶垛为多。这时，由技高的招箭班队员在垛前闪转腾挪，用幞头将箭纳入靶心。天子射中第二支箭后，皇太子以下人等就要进御酒称贺，并让天子休息。接着由皇太子与群臣射第三与第四支箭，天子再度出场，射中第五支箭，当然又中了。天子先传旨"不贺"，然后赏赐箭中靶心的皇太子与臣子。再进御酒，礼毕。

天子巡察国子监，显示了政府对教育的重视。虽然过程十分烦琐，而且也是做足表面文章，但其用意却是巩固儒家思想的统治地位，因此场面颇为庄严。但是这种场合还是起用了参军戏与杂剧演员来念致语、喊口号，令人不得不感叹南宋娱乐至死的精神。

天子到达国子监之前，国子监已经做了充分准备。为了清除闲杂人员，用

---

[1]　（宋）周密：《武林旧事》，中国商业出版社 1982 年版，第 16 页。

了不同颜色的号牌作为进入的标志。高级官员佩黄号,于隔门外等候,赐酒席三品,以俟圣驾。天子到达后,由高级官员陪同进入大成殿门,然后进行酌献之礼。"上出御幄升殿,诣文宣王位前,三上香,跪受爵,三祭酒,奠酌两拜,在位皆两拜,降阶归幄,太常卿奏礼毕,陪位官并退。"[1] 接下来是接见国子监师生,听讲官授课,奉茶略谈,结束后回宫。百官诸生恭送,随驾乐部,参军戏演员念致语,杂剧演员念口号曲子,奏乐导驾还宫。

以上是天子的不同视察活动,其中都有赐酒环节,可见酒在仪式中的重要性。

(三) 祭祖

祭祖是一件隆重之事。王栐《燕翼诒谋录》记:"国忌行香,本非旧制。真宗皇帝大中祥符二年九月丁亥诏曰:'宣祖昭武皇帝、昭宪皇后,自今忌前一日不坐,群臣进名奉慰,寺观行香,禁屠,废务,著于令。'自后太祖、太宗忌,亦援此例,累朝因之,今惟存行香而已,进名奉慰久已不有,亦不禁屠。"[2] 宋代变革了先前的祭祀制度,香也用于祭祀祈福的场合。

咸淳皇后谒家庙叠加了国礼与家礼,所以十分讲究。作为皇族成员,皇后省亲仍然遵循了皇族的礼仪,按照职位与等级进行诏见与接待。皇后祭家庙之后,才按照家礼来与亲人见面。其场面在《红楼梦》中有详细的记述。在咸淳皇后谒家庙时,皇帝赐皇后筵席,是一桌正规宴席,分成"初坐"与"再坐",并在席间安排奏乐。这是比较隆重的家宴。只是在具体菜肴方面略有改变,比如祭祖先的筵席食品,往往多选死者生前爱食之物。此例实行较早,《南齐书》卷9就记载:"永明九年正月,诏太庙四时祭,荐宣帝面起饼、鸭臛,孝皇后笋、鸭卵、脯酱、炙白肉,高皇帝荐肉脍、菹羹,昭皇后茗、粣、炙鱼。皆所嗜也。"又如元代的大祭祀,"尤贵马潼。将有事,敕太仆寺潼马官,奉尚饮者革囊送焉"(《元史》卷74),这是因为蒙古人爱喝马奶子酒。另外,为体现皇家风范,皇帝还为皇后准备了赏赐,其中就有金盘盏、银盘盏等酒器。

二、政事宴会

政事宴会是世俗活动,但其目的也是加强社交与增进感情。"宴飨之设,所以

---

〔1〕(宋)周密:《武林旧事》,中国商业出版社1982年版,第154页。

〔2〕(宋)王栐:《燕翼诒谋录》,见上海古籍出版社:《宋元笔记小说大观5》,上海古籍出版社2007年版,第4602页。

训恭俭、示惠慈也。"〔1〕所以其具有仪式功能。

宋代有过很多名筵,如接待外国使节的"集英殿宴金国人使九盏"(《老学庵笔记》)、庆贺天基圣节的大宴(《武林旧事》),以及张俊迎接宋高宗的家宴等(《武林旧事》)。以下分类考察各种类型的宴会。

(一) 国宴

国宴有不同级别,在不同的地方举行,"天圣后,大宴率于集英殿,次宴紫宸殿,小宴垂拱殿,若特旨则不拘常制"〔2〕。

从宴会的程序上,宫中的宴会分两种级别,一种是"排当",比较隆重,分初坐、再坐,插食盘架,是大宴。就是分成前筵与后筵两个部分,中间是宾客休整的时间,也会有音乐伴奏。筵席之前是上看菜,规格高的是上香桌,即以香药制成的看菜,而一般是上望果与望花。每一节先上的都是一些劝酒的果子,相当于开胃菜。而没有这一过程则是"进酒"。〔3〕"排当"又以酒的行数来区分规格高低,比如金使节觐见是酒九行,而一般的官员饯行用酒七行。

除"排当"外,一般的宴会比如"挑菜节"的宴会以及"曲宴"就比较随意。《钱氏私志》〔4〕记载了皇帝中秋之夜临时招大臣聚会的场景:"岐公在翰苑时,中秋有月,上问当直学士谁,左右以姓名对。命小殿对设二位,召来赐酒。公至殿侧侍班,俄顷女童小乐引步辇至,宣学士就坐。公奏故事无君臣对坐之礼,乞正其席。上云:'天下无事,月色清美,与其醉声色,何如与学士论文?若要正席,则外廷赐宴。正欲略去苛礼,放怀饮酒。'公固请不已,再拜就坐。"〔5〕这种小型宴会,显示出君臣关系的融洽亲厚。

正式的国宴规模比较浩大。

> 凡大宴,有司预于殿庭设山楼排场,为群仙队仗、六番进贡、九龙五凤之状,司天鸡唱楼于其侧。殿上陈锦绣帷帘,垂香球,设银香兽前槛内,藉以文茵,设御茶床、酒器于殿东北楹间,群臣盏斝于殿下幕屋。设宰相、使相、枢密使、知枢密院、参知政事、枢密副使、

---

〔1〕 (元)脱脱等:《宋史》卷113,中华书局2000年版,第1807页。

〔2〕 (元)脱脱等:《宋史》卷113,中华书局2000年版,第1807页。

〔3〕 (宋)周密:《武林旧事》,浙江人民出版社1984年版,第36页。

〔4〕 《钱氏私志》是一部宋代文言逸事小说。《四库全书总目》云:"旧本或题钱彦远撰,或题钱愐撰,或题钱世昭撰。钱曾《读书敏求记》定为钱愐(下举证甚详,从略)。则是书固非彦远所为,亦非尽愐所纂,盖愐尝记所闻见,而世昭序而集之尔。"

〔5〕 金沛霖主编:《四库全书·子部精要(下)》,天津古籍出版社、中国世界语出版社1998年版,第685页。

同知枢密院、宣徽使、三师、三公、仆射、尚书丞郎、学士、直学士、御史大夫、中丞、三司使、给、谏、舍人、节度使、两使留后、观察、团练使、待制、宗室、遥郡团练使、刺史、上将军、统军、军厢指挥使坐于殿上，文武四品以上、知杂御史、郎中、郎将、禁军都虞候坐于朵殿，自余升朝官、诸军副都头以上、诸蕃进奉使、诸道进奉军将，以上分于两庑。宰臣、使相坐以绣墩（曲宴行幸用杌子）；参知政事以下用二蒲墩，加𧜀毯（曲宴，枢密使、副并同）；军都指挥使以上用一蒲墩；自朵殿而下皆绯缘毡条席。殿上器用金，余以银。[1]

而仪式也很复杂：

其日，枢密使以下先起居讫，当侍立者升殿。宰相率百官入，宣徽、阁门通唱，致辞讫，宰相升殿进酒，各就坐，酒九行。每上举酒，群臣立侍，次宰相、次百官举酒；或传旨命釂，即揖笏起饮，再拜。或上寿朝会，止令满酌，不劝。中饮更衣，赐花有差。宴讫，蹈舞拜谢而退。[2]

使节觐见，大臣朝觐、出使等重大事件时，进行专宴招待。宴会的规格由菜的巡道数表明。比如南宋招待金国使节，席面规格是九盏：第一，肉咸豉；第二，燥肉双下角子；第三，莲花肉炸油饼滑头；第四，白肉胡饼；第五，群仙炙太平毕罗；第六，假团鱼；第七，奈花索粉；第八，假沙鱼；第九，水饮咸豉旋鲊瓜姜、看食枣、锢子髓饼、白胡饼、环饼。同时还有丰厚的赏赐。"元祐二年十一月冬至，诏赐御筵于吕公著私第，遣中使赐上尊酒、香药、果实、缕金花等，以御饮器劝酒，遣教坊乐工，给内帑钱赐之。及暮赐烛，传宣令继烛，皆异恩也。"[3] "皇帝御紫宸殿，六参官起居，北使见毕，退赴客省茶酒，遂宴垂拱殿，酒五行，惟从官已上预坐。是日，赐茶器名果。"[4] 其间，酒器的赏赐是非常多见的。

而为了使大宴场面显得威严壮观，宴会过程中的行酒有严格的规定。大中祥符元年（1008），"其军员有因酒言词失次及醉仆者，即先扶出，或遣殿前司量

---

[1]（元）脱脱等：《宋史》卷113，中华书局2000年版，第1807页。

[2]（元）脱脱等：《宋史》卷113，中华书局2000年版，第1807—1808页。

[3]（元）脱脱等：《宋史》卷119，中华书局2000年版，第1887—1888页。

[4]（元）脱脱等：《宋史》卷119，中华书局2000年版，第1894页。

添巡检军士护送归营"[1]。淳化四年（993）正月，以南郊礼成，大宴含光殿。可能这次大宴的程序过分娱乐化，有直史馆陈靖上言："古之飨宴者，所以省祸福而观威仪也。故宴以礼成，宾以贤序，《风》《雅》之作，兹为盛焉。伏见近年内殿赐宴，群臣当坐于朵殿、两廊者，拜舞方毕，趋驰就席，品列之序，纠纷无别。及至尊举爵，群臣起立，先后不整，俯仰失节。欲望自今令有司预依品位告谕，其有逾越班次、拜起失节、喧哗过甚者，并令纠举。"[2] 这条史料倒让今人窥见了宋代人可爱的一面。

（二）圣节

皇帝过生日虽然是世俗的礼仪，但因皇帝身份特殊，这一宴席也具有国仪的级别。每个皇帝都为自己的生日取了一个节名，比如徽宗生日为"天圣节"、理宗生日为"天基节"等。生日的准备时间很长，比如天圣节，教坊要提前准备半年以上，有关官吏要提前一个月检查准备的情况，而在圣节前后，民间集市也如同过节一般热闹。

《东京梦华录》中记录了天圣节的盛况。天圣节时，不仅满朝文武要参加宴会，而且各国使节也要观礼。宴会场面颇为豪华，等级最高的贵族大臣坐于大殿之上，设杌；诸卿少百官、诸国中节使人坐于两廊，其他坐于山楼之后。伴随着宴会，各种戏曲轮番上演。"第一盏御酒，歌板色，一名'唱中腔'，一遍讫，先笙与箫笛各一管和，又一遍，众乐齐举，独闻歌者之声。宰臣酒，乐部起倾杯。百官酒，三台舞旋，多是雷中庆。"[3] 举酒的次序是皇帝、宰臣、百官。恭祝皇上万寿无疆。第二杯酒，唱歌，奏乐，起舞。百臣致敬，恭祝万岁龙体康泰。曲子的节奏是与进酒的性质相当的，酒宴之中，曲子时缓时疾，很好地体现了宴会的节奏。宴会上使用的饮器体现了身份的不同。"御筵酒盏皆屈卮，如菜碗样，而有手把子。殿上纯金，廊下纯银。食器，金银镀漆碗碟也。"[4] 与宴者需要非常小心，以免逾礼。

从第三杯酒后开始上菜，同时有演出的节目。

第三杯酒，京师杂技班演出百戏，上"下酒肉""咸豉""爆肉""双下驼峰角子"。

第四杯酒，演杂剧，上"炙子骨头""索粉"和"白肉胡饼"。

---

[1]（元）脱脱等：《宋史》卷113，中华书局2000年版，第1809页。

[2]（元）脱脱等：《宋史》卷113，中华书局2000年版，第1808页。

[3]（宋）孟元老：《东京梦华录》，中国商业出版社1982年版，第60页。

[4]（宋）孟元老：《东京梦华录》，中国商业出版社1982年版，第62页。

第五杯酒，先是琵琶独奏，然后由两百多个演员跳舞，再演杂剧，并上"群仙炙""天花饼""太平毕罗干饭""缕肉羹"和"莲花肉饼"。

第六杯酒，筑球表演，再上"假鼋鱼"和"蜜浮酥捺花"两道大菜。

第七杯酒，四百余名女童跳采莲舞，又演杂剧，上"排炊羊胡饼"和"炙金肠"。

第八杯酒，群舞，上"假沙鱼""肚羹"和馒头。

第九杯酒，摔跤表演，最后上"水饭"和"簇饤"。

可以看出三个特点：一是当时的场面非常之大，有百戏演出，所以要搭建舞台；二是世俗节目与宫廷歌舞联合演出；三是提供了君民互动的机会。在宫廷演出结束之后，女童队出右掖门时，更是引起街市轰动，"少年豪俊，争以宝具供送，饮食酒果迎接，各乘骏骑而归。或花冠，或作男子结束，自御街驰骤，竞逞华丽，观者如堵"[1]。

宋室南渡后，宫廷御养的教坊演员数量减少，为了演出，还从民间选拔演出人员。《武林旧事》记载了南宋孝宗圣节"天基节"（正月初五）的大宴庆典。其中依然体现了天子寿宴的与民同庆。其仪式先由上公进御酒，跪致词。"下殿再拜。枢密宣答云：'得公等寿酒，与公等内外同庆。'又再拜。教坊乐作，接盏讫，跪起，舞蹈如仪。"[2] 然后百官升殿。宴会开始。"第一盏宣视盏，送御酒，歌板色，唱《祝尧龄》，赐百官酒，觱篥起，舞《三台》，供进肉咸豉。第二盏赐御酒，歌板起中腔，供进杂爆。第三盏歌板唱踏歌，供进肉鲜。"[3] 然后宴会进入佳境。从整个场面来说，过程分序、上寿、初坐、再坐几节，每节中都有进酒，每次进酒都有一项表演节目。整个宴会是在觱篥乐引《万寿永无疆》中开始的。上寿过程中进十三盏酒，初坐过程也有引曲，共进十二盏酒，再坐过程进二十盏酒。每次进盏，有不同的乐队百戏等演出，调用的乐工有两三百人之多。以乐器说，有觱篥、瑟琶、笙箫、拍板、筝、笛、鼓等，间有杂剧、傀儡戏、口技、舞旋等表演，可以想象持续时间较长。可以说，天基节的乐队表演不亚于一次当代的春晚。为了附庸风雅，有臣子会在圣节后赋诗。《桯史》中记孝宗及皇太子朝上皇于德寿宫，有大臣诗云："一丁扶火德，三合巩皇基。"得到一致喝彩。"盖高宗生于大观丁亥，孝宗生于建炎丁未，光宗生于绍兴丁卯，阴阳家以亥、卯、未为'三合'，一时用事，可谓切当。"[4]

---

〔1〕（宋）孟元老：《东京梦华录》，中国商业出版社1982年版，第62页。
〔2〕（宋）孟元老：《东京梦华录》，中国商业出版社1982年版，第17页。
〔3〕（宋）孟元老：《东京梦华录》，中国商业出版社1982年版，第17页。
〔4〕（宋）周密：《齐东野语》，上海古籍出版社2012年版，第39页。

宫中节日除了皇帝的生日外，还有太上皇、太皇太后、皇后等的生日，只不过规格与仪式略小一些，但也要显示普天同庆的风仪。

（三）鹿鸣宴

鹿鸣宴始于唐代。唐代科举考试中，在朝廷举行会考之前先由州县进行初选，选中者称"乡贡进士"，进奉于朝廷，再度考选。在州县初选完结之后，要举行乡饮酒礼，有为乡贡进士送别之意，因席上歌《诗经·小雅·鹿鸣》，故名"鹿鸣宴"。在唐时，参与鹿鸣宴是士人取得乡贡进士资格的标志。开科取士后，对新进的进士，要进行赐宴，鹿鸣宴、进士宴与烧尾宴成为为官出仕的"出仕宴"中的一种。

宋代的科举制是中国历史上实施最为完善的时期。宋代录取的进士人数比唐代大大增加，并且宋代科举"家不尚谱牒，身不重乡贯"，真正实现了对广大中下层民众的开放，使寒门通过苦读进擢于上层社会的梦想得到实现。在宋人看来，科举登第是文人实现人生抱负的最佳途径，能得到天下人的尊重与仰慕。科考唱名之日，"每殿庭胪传第一，则公卿以下，无不耸观，虽至尊亦注视焉。自崇政殿，出东华门，传呼甚宠，观者拥塞通衢，人摩肩不可过。锦鞯绣毂，角逐争先，至有登屋而下瞰者。士庶倾羡，欢动都邑"[1]。

元人刘一清《钱塘遗事》道尽了登科之荣华："两观天颜，一荣也；胪传天陛，二荣也；御宴赐花，都人叹美，三荣也；布衣而入，绿袍而出，四荣也；亲老有喜，足慰倚门之望，五荣也。"[2]

刘一清《钱塘遗事》卷10还记录了南宋状元赐的喜宴，极为详细。得中后的一件大事就是置"状元局"，由政府出资，让高中者宴请亲朋。

> 状元一出，都人争看如麻。第二、第三名亦呼"状元"。是日迎出，便入局，局以别试所为之，谓之"三状元局"，中谓之"期集所"。大魁入局，便差局中职事，一一由状元点差牒请：纠弹、笺表、小录、掌仪、客司计、掌器、掌酒果、监门。[3]

一个月内，三元得中者不出局，出席各种宴会。五天一同门"会食"，"日中

---

〔1〕（宋）田况：《儒林公议》，《丛书集成初编本》第2793册，商务印书馆1937年版，第3页。

〔2〕（元）刘一清：《钱塘遗事》卷10"赴省登科五荣须知"条，http://www.saohua.com/shuku/lidaibiji/lidaibiji345.htm。

〔3〕（元）刘一清：《钱塘遗事》卷10"赴省登科五荣须知"条，http://www.saohua.com/shuku/lidaibiji/lidaibiji345.htm。

有酒杯、点心、果子二色”。其间还要进行几个仪式。一是“门谢礼”，是对皇帝进行拜谢。二是在贡院“拜黄甲”。“黄甲”即是黄纸所书科举甲科进士及第者之名单。拜黄甲这天，礼部派官员到贡院与众甲员进行仪式。三是“乡人之官于朝者为乡会，以待乡中之新第者”。四是赴国子监谒谢先圣先师。然后是局中职事官安排湖宴，“做二大舟，局中连三状元凡七八十人，分坐于两舟。酒数行，借张侯之真珠园散步，侯家亦有馈焉，其例也。薄暮舣舟于玉壶园而竟席”[1]。这天看饱了风景。状元局由皇帝的赐宴达到高潮。在赐宴之前，皇帝头一天到开武殿讲话。第二天便是宴会：

> 次日，赐闻喜宴于贡院。齐而后，押宴官率官属及进士列拜于廷下，面阙设香案，侍从及贴职官皆与焉。凡拜五，舞蹈，其节有四，共十拜也。拜讫，正奏各坐于东廊，特奏各坐于西廊，立亦如之。
>
> 小黑桌子，坐则青垫，果子人各四器。
>
> 望果一器，望花一朵，醯醢列于前。
>
> 初坐，先斟酒，三行，不下食。第三酌下鲜鲊一碟，第四、第五皆有食以配酒，五行而中歇。
>
> 人赐官花四朵，簪于幞头上（花以罗帛为之），从人下吏皆得赐花。又有例赐冰，再坐，分与士人又到班亭下，再拜谢花，簪而谢之，兼坐带花，又四杯，而竟席前筵（羊半体、七宝头羹，并皆奇品）。
>
> 初坐则以银台盏酌，再坐则易以银卮。
>
> 共九行，而饭则粟米为之。毕宴，不用谢恩。退皆簪花乘马而归，都人皆避，以赴御宴回也。[2]

这次很正式，是初坐与再坐上下场，上半场的饮酒器是银台盏，下半场是银卮。共九行酒，规格不下于招待外国使节。开始时还有舞蹈表演，有望果与望花。“次日，局中自用钱作期集所会，遵前例也，亦七杯，正奏各皆预焉。亦就贡院为之。”[3] 第二天是部级宴会，规格稍低一些，共七行酒。《梦粱录》也将之称为“鹿鸣宴”，书中记载状元得中后，“帅司差拨六局人员，安抚司关借银

---

〔1〕（元）刘一清：《钱塘遗事》卷10“赴省登科五荣须知”条，http://www.saohua.com/shuku/lidaibiji/lidaibiji345.htm。

〔2〕（元）刘一清：《钱塘遗事》卷10“赴省登科五荣须知”条，http://www.saohua.com/shuku/lidaibiji/lidaibiji345.htm。

〔3〕（元）刘一清：《钱塘遗事》卷10“赴省登科五荣须知”条，http://www.saohua.com/shuku/lidaibiji/lidaibiji345.htm。

器等物、差拨妓乐，就丰豫楼开鹿鸣宴，同年人俱赴团拜于楼下"[1]。由于是部里出面，专门的司厨人员不多，所以就用"六局"人马，加上"安抚司关"的银器，再加上官妓，借用丰豫楼这一场所举办了热闹的同年聚会。

这次酒会之后，各士子领职，正式踏上仕途。

（四）官厅公宴

官方出于公事而举行的宴会称为官厅公宴。官吏间的应酬、迎接、饯行以及节日交际等，都属于这种类型。官厅宴饮是档次较高的宴会形式，比较注重宴会的礼仪。《诗经·小雅·楚茨》："献酬交错，礼仪卒度，笑语卒获。"郑玄注："始主人酌宾为献，宾既酌主人，主人又自饮酌宾曰酬。"主人向宾客敬酒为献，宾客向主人敬酒而主人自饮为酬，献酬即主人与宾客、宾客之间相互敬酒。《诗经·小雅·瓠叶》："幡幡瓠叶，采之亨之。君子有酒，酌言尝之。有兔斯首，炮之燔之。君子有酒，酌言献之。有兔斯首，燔之炙之。君子有酒，酌言酢之。有兔斯首，燔之炮之。君子有酒，酌言酬之。"据诗中描绘，先是主人自尝其酒，然后行献、酢、酬之礼，合为"一献之礼"。周代有一整套复杂的酬酢程序，《礼记·少仪》："客爵居左，其饮居右，介爵、酢爵、僎爵皆居右。"郑玄注："客爵，谓主人所酬宾之爵也，以优宾耳。宾不举，奠于荐东。介爵、酢爵、僎爵皆居右，三爵皆饮爵也。介，宾之辅也。酢，所以酢主人也。"[2]向宾客敬酒与自饮的酒器按种类摆放在不同位置，便于主客酬酢。

到了唐宋以后，官厅宴饮的主体包括主宾与歌妓。歌妓参与宴会起于市民饮宴。唐武宗时，官府仿民间宴席之例，择娼优入宫，调习解酒令[3]，使得朝士宴会了无拘束。这在当时引起了公卿大夫的反感，但他们又无可奈何："国家自天宝已后，风俗奢靡，宴席以喧哗沉湎为乐。而居重位、秉大权者，优杂倡肆于公吏之间，曾无愧耻。公私相效，渐以成俗。"[4]尽管与前代朝士宴会的肃穆庄严不同，但却成了唐宋宴饮的时尚。到了唐中后期，文人士子与歌妓的"亲密结合"成为流行之风。白居易有《候仙亭同诸客醉作》："谢安山下空携妓，柳恽洲边只赋诗。争及湖亭今日会，嘲花咏水赠蛾眉。"其《余杭形胜》又记："余杭形胜四方无，州傍青山县枕湖。绕郭荷花三十里，拂城松树一千株。梦儿亭古传名谢，教妓楼新道姓苏。独有使君年太老，风光不称白髭须。"

---

〔1〕（宋）吴自牧：《梦粱录》，浙江人民出版社 1980 年版，第 23 页。

〔2〕（汉）郑玄注：《礼记正义（中）》，上海古籍出版社 2008 年版，第 1406 页。

〔3〕（宋）王谠：《唐语林》卷 3，古典文学出版社 1957 年版，第 78 页。

〔4〕（后晋）刘昫等：《旧唐书》卷 16《穆宗纪》，见黄永年主编：《二十四史全译·旧唐书》，汉语大词典出版社 2004 年版，第 405 页。

元稹《痁卧闻幕中诸公征乐会饮因有戏呈三十韵》云："钿车迎妓乐，银翰屈朋侪。白绖鞿歌黛，同蹄坠舞钗。"描述了出仕江南的文人在宴饮中与歌妓同席的场面。而杜牧更是理直气壮地唱出"落魄江南载酒行，楚腰肠断掌中轻。十年一觉扬州梦，赢得青楼薄幸名"（《遣怀》）的心情。

宋代以降，歌妓参与宴饮的风俗延续下来。"在宋代，官员调动频繁，且每次新官到任、现官离任，都由官府设宴，每宴必有歌妓侑酒。除此以外，凡上官巡祝、某官途经本地，本郡官员必设宴款待，以尽地主之谊。如此每宴必招妓侑酒，有妓必有歌舞，让离任者留下美好回忆，给新任者第一好印象，令途经者顿生主人好客之感。"[1]

三、游玩饮酒

杭州人的游玩，既是一种生活态度，也是一种生活写照。杭州人的游玩与岁时节令相合，也与四季的变化相应，更与杭州人的心性相依。不论是春节与中秋的团圆之酒、清明与寒食的祭奠之酒，还是端午的避邪之酒、重阳的喟时之酒，杭州人都能以游玩的心态举重若轻地完成一场场生命仪式。杭州人的游玩有一定的特点。

（一）以水路交通为主，喜泛舟湖上

西湖是杭州之眉目，所以杭州人的户外游玩多以西湖为中心。西湖既在城外，就需要从西城门水路上船，一般是从涌金门或者清波门上船，渡至西泠一带。如果是包船，当然更加自由，可以向苏堤一带划行，也可以在湖心一带停留，甚至可以从南屏上船向北划行。据范祖述的记载，旧时杭城人坐船出城观梅，西湖中有大型的渡船，可坐四五十人，路线是从涌金门到圣因寺；也有小型的渡船，只能坐四五人。这些游客用餐的地方就是孤山的湖中饭店，如五柳居以及岸上的宋福居、闲乐居等，茶酒珍馐皆备。而有钱的游客则是包船环湖观梅。这些船布置非常雅致，有玻璃船窗以及大红小呢门帘，有如天上仙宫。"船中更包酒菜，另有伙食船只随傍而行，烹调之美，不可方物。"[2]民国之后，游船也有变化，在湖滨公园设了踏板小船，也有靠机械力前进的，船上置方桌，可供四人对坐品茗。

杭州人有节日游湖的习俗。

〔1〕 杨万里：《宋词与宋代的城市生活》，华东师范大学出版社 2006 年版，第 113 页。
〔2〕 范祖述：《杭俗遗风》，上海文艺出版社 1989 年版，第 4 页。

寒食节游湖。陈节斋《寒食湖上》云："花瘦水肥三月天，画桡双动木兰船。人家尽换新榆火，惟有垂杨带旧烟。"又如宋代僧人仲殊《诉衷情·寒食》云："涌金门外小瀛洲，寒食更风流。红船满湖歌吹，花外有高楼。　晴日暖，淡烟浮。恣嬉游。三千粉黛，十二阑干，一片云头。"

清明节游湖。《梦粱录》载："都人不论贫富，倾城而出，笙歌鼎沸，鼓吹喧天，虽东京金明池未必如此之佳。瓒酒贪欢，不觉日晚。红霞映水，月挂柳梢，歌韵清圆，乐声嘹亮，此时尚犹未绝。"〔1〕陆游《春日绝句》云："吏来屡败哦诗兴，雨作常妨载酒行。忽见家家插杨柳，始知今日是清明。"

重阳节游湖。苏轼《九日湖上寻周李二君不见君亦见寻于湖上以诗见寄明日乃次其韵》云："湖上野芙蓉，含思愁脉脉。娟然如静女，不肯傍阡陌。诗人杳未来，霜艳冷难宅。君行逐鸥鹭，出处浩莫测。苇间闻挐音，云表已飞屐。使我终日寻，逢花不忍摘。人生如朝露，要作百年客。嗟彼终岁劳，幸兹一日泽。愿言竟不遂，人事多乖隔。悟此知有命，沉忧伤魂魄。"

农历六月十八是传统的夜游湖的时间。从六月初一起就有善男信女寄宿净慈寺作水陆道场。六月十九是大士圣诞，之前一夜便专游船上，还有放花灯之俗。流光溢彩，美如仙境。到了民国，尽管西湖边的旗营与城墙都被拆除，西湖可以夜夜游览，这一天仍是人潮涌动。除了船上有茶酒供应，岸边"茶酒面食各肆，通宵连旦，概不收市"〔2〕。

除此之外，杭州人出行还依靠马、骡等畜力，尤其是漫步苏堤时，更需要骑马前行，但这就不是一般百姓能够享受的了。

（二）四时赏花中穿插人文情怀

杭州一年四季都有鲜花盛开，鲜花开放之际，也是杭州人游玩之时。除了"花朝节"之外，西湖探梅、半山观桃、六月赏荷、秋季赏桂、茶坊观菊等也是常规的游玩项目。而这些赏花活动也有着一定的人文情怀，比如：杭州不独半山有桃花，但半山娘娘庙中供奉的是蚕桑的护佑者，所以半山观桃活动又有蚕桑文化的影子；杭州环湖均有梅花分布，最繁盛的地方是孤山与金沙港两处，孤山之梅与林逋"梅妻鹤子"的典故相关，金沙港一带则有人工造堤的历史；秋高气爽之时，杭州桂花飘香，杭州的月桂峰自唐时就有胜名，明时满觉陇也成赏桂胜地，而杭州人对钱王祠中的古桂情有独钟，附近的吴山大观亦有众多古迹可寻。

---

〔1〕（宋）吴自牧：《梦粱录》，浙江人民出版社1980年版，第12页。
〔2〕范祖述：《杭俗遗风》，上海文艺出版社1989年版，第17页。

杭州人的观花也不是纯粹观花，各景点往往有商贩设点出售吃食与小玩意，春暖之时，还伴以放风筝等活动，观花因而演化为社会性的节庆活动。

（三）携妓宴游成为公卿士子中的流行风尚

在风和日丽时或公务闲暇之余，公卿大夫常常携妓狂游，宴酣终日。

白居易的《西湖留别》描写告别西湖时的心理，即使告别，也有歌妓作陪："征途行色惨风烟，祖帐离声咽管弦。翠黛不须留五马，皇恩只许住三年。绿藤阴下铺歌席，红藕花中泊妓船。处处回头尽堪恋，就中难别是湖边。"《朝野类要》载："行都西湖，寒食前排办春宴，用舟载伶妓。此唐曲江之遗也。"[1]

元代知识分子地位下降，从政的抱负得不到施展，因而借酒消愁、流连于温柔乡以表现对时代的抗争也成为一时之风，比如当时的文坛领袖杨维桢就有携妓饮酒作诗的习惯。张光弼[2]《西湖十律》对西湖女子进行了群像刻画，其中也有歌妓身影。

其三：

画船湖上载春行，日日花香扇底生。苏小楼前看洗马，水仙祠下坐闻莺。碧桃红杏浑相识，紫燕黄蜂俱有情。惆怅繁华成逝水，尽归江海作潮声。

其四：

倩得名姬唱慢歌，梁尘直欲下轻波。西风八月芰荷老，落日满湖凫雁多。到手莫辞双盏饮，转头又是一年过。光阴只在槐柯上，奈此浮生乐事何！

其五：

百镒黄金一笑轻，少年买得是狂名。樽中酒酿湖波绿，席上人传凤语清。蛱蝶画罗宫样扇，珊瑚小柱教坊筝。南朝旧俗怜轻薄，每到花时别有情。

其九：

外湖里湖花正开，风情满意看花来。白银大瓮贮名酒，翠羽小姬歌落梅。身外功名真土苴，古来贤圣尽尘埃。韶光如此不一醉，百岁好怀能几回？

---

[1] （宋）赵升：《朝野类要》，中华书局1985年版，第10页。

[2] 张光弼，生卒年均不详，元文宗至顺初前后在世，自号一笑居士，庐陵（今江西吉安）人。元朝诗人。

明代文人中也有沉湎于温柔乡的。比如徐㷸[1]的《西湖竹枝词·采鹣红妆》写道："湖心歌管遏春云，水底榴花六幅裙。转过苏堤欢不见，停桡齐上岳王坟。"《清波小志》记，明代的冯梦祯[2]有携家妓游湖的习惯，而常引起轻薄少年的聚观。冯梦祯当时居于学士港一带，"舟方入港门，先生向诸少年曰：'老夫已进学士港矣。'众哗而散"[3]。

即使到了民国时期，游船中"亦有吹弹歌唱者，亦有挟妓饮酒者"[4]，颇有旧时遗风。

（四）游玩的装备讲究

因为是在野外游玩，又有饮食娱乐之需，所以历史上杭州人的游玩装备也特别讲究。

白居易的游堤之诗展现了携酒走堤的情形：有交通工具，有侍者提供茶酒与文化用具。其诗云："上马复呼宾，湖边景气新。管弦三数事，骑从十余人。立换登山屐，行携漉酒巾。……"

宋代易元吉《春游晚归图》表现了富贵子弟出行的标准样式：主人骑马，仆人四人，一人肩扛一小方桌，称为"茶床"，用来盛放茶点等物；一人右肩扛荷叶托首交椅，即今折叠椅，以供主人就地少息，托首可代枕用；一人提一竹编大篓，内装茶瓶；一人挑着旅行用炊具，前为方形带托脚的炭炉，届时可生火热茶温酒或热菜；后为食箱，箱内有餐具、茶点和下酒的冷盘等。虽是春游，也需仆役担酒，以备随时饮用。

《清平山堂话本》中描写了明代一个叫徐景春的富家子春日游玩临安的情形：

> 其时春间天气，景物可人，无以消遣。素闻山明水秀，（徐景春）乃告其父母，欲往观看，遂吩咐琴童，肩挑酒罍，出到涌金门外，游于南北两山，西湖之上，诸刹寺院，石屋之洞，冷泉之亭，随行随观，崎岖险峻，幽涧深林，悬崖绝壁，足迹殆将遍焉。正值三月之望，桃

---

〔1〕　徐㷸，生卒年不详，字惟和，别字调侯，闽县（今福建福州）人。明代藏书家。

〔2〕　冯梦祯（1548—1605），字开之，号具区，又别署真实居士。其斋号为快雪堂、真实斋等。浙江秀水（今嘉兴）人。万历五年（1577）二甲三名进士。授翰林院编修，后因反对张居正"夺情"而被免职，归里闲居。万历二十一年（1593）复官任南京国子监祭酒，但未几年又中"蜚语"而去职，从此正式归隐于杭州西湖的孤山之麓，直至58岁离世。

〔3〕　（清）徐逢吉等辑：《清波小志（外八种）》，上海古籍出版社1997年版，第58页。

〔4〕　范祖述：《杭俗遗风》，上海文艺出版社1989年版，第4页。

红夹岸，柳绿盈眸。游鱼跳掷于波间，宿鸟飞鸣于树际。景春酒至半酣，仰见日落西山，月生东海，唤舟至岸，命琴童挑酒樽食罍，取路而归。[1]

晚清至民国，杭州人若出城游玩，也要备好茶酒。

四、文人宴集

以文人为主体的宴会多进行文学创作活动，这就是文字宴。"所谓文字宴，与游宴、野宴、庭宴、园宴等活动密切相关，主要是指聚会宴饮时分韵分字赋诗之类近似于文字游戏的文学活动，其参与者上自皇帝、侍臣，下到一般文人，就其性质而言，主要是为了怡情悦志。"[2] 因此，文字宴是以创作为核心的设宴方式，而宴饮则为辅，主要有文人雅集与游赏几种形式（见第六章第三节）。

宋代的皇帝爱好风雅，宫中小宴之中，也不乏御用文人的应景之作。宋孝宗陪高宗游玩，随身带着女伶与文人，女伶提供表演以助兴，而文人就写诗歌颂，这一搭配在《梦粱录》中多次出现。而一般的游宴、节宴，皇帝也喜欢与臣子玩文字游戏。比如《容斋随笔》记："大观初年，京师以元夕张灯开宴。时再复湟、鄯，徽宗赋诗赐群臣，其颔联云：'午夜笙歌连海峤，春风灯火过湟中。'席上和者皆莫及。开封尹宋乔年不能诗，密走介求援于其客周子雍，得句云：'风生阊阖春来早，月到蓬莱夜未中。'为时辈所称。"[3] 即是皇帝与臣子的文字游戏。

皇帝如此，一般的士大夫更喜欢在席中歌咏，让官宴转变成文学性质的聚会。岳珂在镇江时曾为辛弃疾座上客，他描写了辛弃疾宴请文人词客的情形：

> 稼轩以词名，每燕必命侍妓歌其所作。特好歌《贺新郎》一词，自诵其警句曰："我见青山多妩媚，料青山见我应如是。"又曰："不恨古人吾不见，恨古人不见吾狂耳。"每至此，辄拊髀自笑，顾问坐客何如，皆叹誉如出一口。既而又作一《永遇乐》，序北府事……特置酒召数客，使妓迭歌，益自击节，遍问客，必使摘其疵，孙谢不可。[4]

---

〔1〕（明）洪楩、（明）熊龙峰：《清平山堂话本　熊龙峰四种小说》，华夏出版社 1995 年版，第 197 页。

〔2〕赵睿才：《唐诗与民俗：时代精神与风俗画卷》，河北人民出版社 2013 年版，第 72 页。

〔3〕（宋）洪迈：《容斋随笔（下）》，穆公校点，上海古籍出版社 2015 年版，第 433 页。

〔4〕（宋）岳珂：《桯史》卷 3，吴敏霞校注，三秦出版社 2004 年版，第 88—89 页。

这不过是简单的私宴，实际上成为辛弃疾展现才艺的舞台。

文人还喜欢独饮。《老学庵笔记》记："慎东美，字伯筠，秋夜待潮于钱塘江，沙上露坐，设大酒樽及一杯，对月独饮，意象傲逸，吟啸自若。顾子敦适遇之，亦怀一杯，就其樽对酌。伯筠不问，子敦亦不与之语。酒尽，各散去。"[1]

杭州西湖环湖一带酒楼密布，是文人宴集之处。比如西湖之南端的南屏，旧有白鹭居，幽旷清雅，正是宴席之所。（图4-1）清代朱大复有《秋客西湖白鹭居杂诗》："今朝斗酒会，小樯野船来。锦树阴冰簟，高花照玉杯。笋挑山底出，菱采浦头回。何以酬嘉主，题诗记石台。"描述了文人宴集的情形。

而西湖的吴山，右控西湖，也是文人愿意登高欢聚的地方。元代的钱惟善描写某年初夏，与吴叔巽等人在吴山饮酒，正好有其他文人也登山，相遇之际，诗兴大发，马上分韵作诗："……鸣弦调初夏，撷芳惜余春。息景在茂树，俯渊窥潜鳞。雍雍文字饮，楚楚尊俎陈。德馨幽兰佩，石涧苍苔裀。……"（《陪吴叔巽诸君吴山小饮客有期不至者作诗贻之分得人字限十韵》）

图4-1　《南屏雅集图卷》（戴进），绢本，设色
故宫博物院藏

五、私人家宴

（一）皇族家宴

王室的宴会，多具有政治意义。南宋高宗退位后，孝宗为了表现自己的恭敬之心，奉亲尽孝。孝宗为太上皇操办的生日"天申节"（农历五月二十一）可谓作秀之极。生日之前，孝宗即准备了大礼呈上，而且自皇后以下还亲自上香祈福。到了生日那天，排场自不可言，是非常隆重的"排当"。席间还要更换礼

〔1〕（宋）陆游：《老学庵笔记》卷4，见王国平主编：《西湖文献集成（第13册）：历代西湖文选专辑》，杭州出版社2004年版，第77页。

服，隆重无比。为了让太上皇高兴，孝宗皇帝亲书《金刚经》，与皇后捧杯进酒。皇上辞别后，太上宣谕知省云官家已醉，可一路小心照管。但历史上这对皇帝父子的政治抱负是不一样的，而且孝宗对太上皇的干政行为也相当反感，这样的宴饮，多少打破了父子的隔阂，显现出太平之象。为了显示父子的和谐，在天气晴朗之日，孝宗特地邀请太上皇到聚景园赏花宴饮。孝宗的准备相当周全，不仅为风雅的太上皇预备了文学随从来应时作诗，而且知道太上皇喜好民间风尚，"效学西湖，铺放珠翠、花朵、玩具、匹帛及花篮、闹竿、市食等，许从内人关扑"[1]，把御花园布置成了民间集市，太上皇喜欢的小吃也准备齐当。更准备了多项体育活动与艺术观摩活动，"次至球场，看小内侍抛彩球、蹴秋千。……回至清妍亭看荼蘼，就登御舟，绕堤闲游。亦有小舟数十只，供应杂艺、嘌唱、鼓板、蔬果，与湖中一般"[2]。太上皇吃喝玩乐之时，还有御用文人献恭维之词，果然引得太上皇高兴，乃大加赏赐。这样的尽孝活动还不在少数，"排当""进酒"轮番安排。如淳熙六年（1179）三月十五日，"车驾过宫，恭请太上、太后幸聚景园"，遍游园中，"上亲捧玉酒船上寿酒，酒满玉船，船中人物，多能举动如活。太上喜见颜色。散两宫内官酒食，并承应人目子钱"[3]。是日，知阁张抡进《壶中天慢》云："洞天深处，赏娇红轻玉，高张云幕，国艳天香相竞秀。琼苑风光如昨，露洗妖妍，风传馥郁，云雨巫山约。春浓如酒，五云台榭楼阁。圣代道洽功成，一尘不动，四境无鸣柝。屡有丰年天助顺，基业增隆山岳。两世明君，千秋万岁，永享升平乐。东皇呈瑞，更无一片花落。"太上皇又喜，赐金杯盘、法锦等物。这次，船入里湖，内侍招湖中各色小舟靠近，中有宋五嫂，卖鱼羹为业，"对御自称东京人氏，随驾到此"，太上特有赏赐，而宋嫂鱼羹随之身价百倍。此时，"都人倾城，尽出观瞻，赞叹圣孝"。[4] 此番作秀，令整个杭州城百姓都知道了孝宗的孝德。如此家宴，不胜枚举。但真正的孝是不能秀的，作秀之孝，正说明了父子之疏离。

（二）张府接驾

对臣子来说，皇帝到自家赴宴，是天大的荣幸。迎圣驾的场面，在《红楼梦》里有所表现。贵族的宴请，也是其储备政治资本的手段。高宗在位36年，只去两位臣子家吃过饭，一位是秦桧，一位是张俊。下面以张俊接待高宗的家

〔1〕（宋）周密：《武林旧事》，浙江人民出版社1984年版，第115—116页。
〔2〕（宋）周密：《武林旧事》，浙江人民出版社1984年版，第116页。
〔3〕（宋）周密：《武林旧事》，浙江人民出版社1984年版，第120页。
〔4〕（宋）周密：《武林旧事》，浙江人民出版社1984年版，第120—121页。

宴为例来了解下杭州历史上规格最高的贵族宴会场面。

《武林旧事》卷9"高宗幸张府节次略"详细了记载了清河郡王张俊为接待高宗所准备的宴会菜单。从菜单来看，饮宴分成前筵（初坐）与后筵（再坐）两个部分，中间有歇坐。前筵中，所献是果子若干，这一献就是72道盘子。其中有干果，有甜蜜饯，有咸酸蜜饯，有脯腊味，更奇特的是，有一道"香味果"，用于闻。然后是歇坐，接着是正宴。这时上了66道盘子。有鲜果与蜜饯，加上第一轮的蜜饯、脯腊味，正式的下酒菜有30道，每次上2道，从菜的样式看每道菜的分量不会很多，羹的比重很大。除此之外，还会穿插着上一些下酒的小菜与劝酒的果子。另外还有厨师的拿手菜10道，分别是江蟶炸肚、江蟶生、蝤蛑（梭子蟹）签、姜醋生螺、香螺炸肚、姜醋假公权、煨牡蛎、牡蛎炸肚、假公权炸肚和蟑炬炸肚，以海鲜类为主。这样算来，正菜有58道，盘子共上196道。

这场宴会的菜品，食料有重复，但制作方法却不一样，比如蟹类就有洗手蟹、螃蟹清羹、螃蟹酿橙与蝤蛑签四道。这是御宴。一起赴宴的官员按等级有不同的菜肴。这些官员共分为五等。第一等如秦桧，菜肴之外配酒30瓶，秦熺则是配酒10瓶，第二等配酒6瓶，第三等配酒5瓶，第四等配酒2瓶，第五等配酒1瓶。

除了筵席之外，还有器物相赠。奉与皇帝的宝器以玉器与玻璃器最为珍贵，另外还有古器以及瓷器。瓷器均出于汝窑，说明当时以汝窑为尊。而器物中明显是酒器的就有玉杯与瓷酒瓶。张俊送给皇帝的书画也是价值连城，均是前代的书法与画作。另有丝绸。而给随驾人员的犒劳物中有酒2000瓶。

由于菜单没有实写宴会的过程，所以无法获知中间奏乐以及宾客酬谢的场面，但可想见的是，这样繁缛的菜单没有音乐相佐，是难以持续下去的。据高晦叟《珍席放谈》记载，北宋宰相晏殊的女婿杨隐甫有一次去拜访他，晏殊"坐堂上置酒，从容出姬侍，奏管弦，按歌舞，以相娱乐"[1]。这段史实说明，在宋代，听曲、观舞、喝酒是文人的一种普遍的休闲方式。

（三）市民宴会

市民宴会，就是家庭成员间的聚会，或者是为庆祝节日以及祝寿等举办的私人酒宴。宴会场所可以是城内的酒楼堂馆，也可以是郊区的亭馆园圃，当然也可设在私宅内院。城里的酒楼多有歌妓服务，如果说歌妓服务是平民阶层生

---

〔1〕（宋）高晦叟：《珍席放谈》卷下，见金沛霖主编：《四库全书·子部精要（下）》，天津古籍出版社、中国世界语出版社1998年版，第728页。

活趣味的上移，那么与之相应，也有贵族阶层生活趣味的下沉。宋代都城商业氛围浓厚，宋代的音乐文化也出现了下沉现象。北宋时的汴京"以其人烟浩穰，添十数万众不加多，减之不觉少。所谓花阵酒地，香山药海；别有幽坊小巷，燕馆歌楼，举之万数，不人欲繁碎"[1]。这些酒楼之上的宴会，常有乐声伴奏，歌妓舞于前。宋话本《金明池吴清逢爱爱》中有市民到小酒楼喝酒听唱的描写：

> 北街第五家，小小一个酒肆，倒也精雅。内中有个量酒的女儿，大有姿色，年纪也只好二八。……上得楼儿，那女儿便叫："迎儿，安排酒来，与三个姐夫贺喜。"无移时，酒到痛饮。那女儿所事熟滑，唱一个娇滴滴的曲儿，舞一个妖媚媚的破儿，掐一个紧飕飕的筝儿，道一个甜嫩嫩的千岁儿。[2]

第二节　酒宴的助兴与娱乐

《诗经·小雅·宾之初筵》云："宾之初筵，左右秩秩。笾豆有楚，殽核维旅。酒既和旨，饮酒孔偕。钟鼓既设，举酬逸逸。大侯既抗，弓矢斯张。射夫既同，献尔发功。发彼有的，以祈尔爵。"可见，宴饮不只是单纯的怡腹之举，而且是宾主在享用满桌佳肴、满觞旨酒中，在音乐伴奏中进行情感交流以及射箭娱乐的社交活动。也就是说，宴饮往往与娱乐相联系，宴饮中有节目表演，或伴有歌舞、投壶、射箭、游览等娱乐活动。

一、侑食之道

（一）以乐侑食

唐杜佑《通典》中记宫廷散乐活动云："若寻常享会，先一日具坐立部乐名上太常，太常封上，请所奏御注而下。及会，先奏坐部伎，次奏立部伎，次奏跳马，次奏散乐。"[3]可见从唐代开始，宴会中所奏音乐已有一定的程式。《梦

---

〔1〕（宋）孟元老：《东京梦华录》，中国商业出版社1982年版，第31页。

〔2〕杨万里：《宋词与宋代的城市生活》，华东师范大学出版社2006年版。

〔3〕（唐）杜佑：《通典》卷146《乐六》，上海古籍出版社1988年版，第3730页。

梁录》卷 3 "宰执亲王南班百官入内上寿赐宴" 条记太上皇寿辰，音乐贯穿于整个宴会之中。宴会嘉宾入座之时，"殿前山棚彩结飞龙舞凤之形，教乐所人员等效学百禽鸣，内外肃然，止闻半空和鸣，鸾凤翔集"[1]。已有模仿自然声音之乐器。而殿前也排有乐器，如拍板、琵琶以及箜篌、大鼓、羯鼓、铁石方响，次列箫、笙、埙、篪、觱篥、龙笛之类。宴会开始后。前面三盏是祝酒，不进食。"第一盏进御酒，歌板色，一名唱中腔一遍讫，先笙与箫笛各一管和之，又一遍，众乐齐和，独闻歌者之声。宰臣酒，乐部起倾杯。百官酒，三台舞旋，多是诨裹宽衫，舞曲破撷，前一遍，舞者入，至歇拍，续一人入，对舞数拍，前舞者退，独后舞者终其曲，谓之'舞末'。第二盏再进御酒，歌板色，唱和如前式。宰臣慢曲子，百官舞三台。第三盏进御酒，宰执百官酒如前仪。"[2] 也有一定的程式。

但是宴会中所用的音乐，与祭祀用的雅乐有所不同，具有世俗的娱乐性与灵活性。宋代人的娱乐精神是非常强烈的，在宫廷演出中穿插了杂伎与杂剧、手戏等民间演出形式，也有宋代流行的 "致念语" 环节，令整个宴会气氛活跃。

合适的音乐有助于调动食欲，同时，音乐也有助于调节宴会的氛围。不论是庄重的国家祭祀，还是重大的乡饮之礼、盛大的豪门宴会、正式的商业宴请，使用音乐都是比较流行的。而且不同规格的宴会，演奏的音乐有所不同。

（二）以香侑食

中国用香历史十分悠久，北宋丁谓《天香传》云："香之为用，从上古矣。"用香之制，形成于汉，发展于唐，盛行于宋。宋代是使用香料最多的朝代。为了满足香的供应，北宋初年便在京师设 "榷易院"，负责香药专卖事宜，"诸蕃国香药、宝货至广州、交趾、泉州、西浙，非出于官库者，不得私相市易"[3]，并将珊瑚、玛瑙、乳香等八种物品列为国家专卖。南宋的用香的进出口额占国家总进出口额的 1/4。[4] 好的香价比黄金。

周嘉胄《香乘》记："今人燕集往往焚香以娱客，不惟相悦，然亦有谓也。黄帝云：'五气各有所主，惟香气凑脾'。"[5] 道出了 "以香侑宴" 的原因，一方面是说明主人的好客，二是对进食有益。而宋人 "以香侑宴" 则源于中国以香

---

〔1〕（宋）吴自牧：《梦粱录》，浙江人民出版社 1980 年版，第 16—17 页。

〔2〕（宋）吴自牧：《梦粱录》，浙江人民出版社 1980 年版，第 18 页。

〔3〕（清）徐松辑：《宋会要辑稿·职官四四》，刘琳、刁忠民、舒大刚校点，上海古籍出版社 2014 年版。

〔4〕林天蔚：《宋代香药贸易史稿》，中国文化大学出版部 1986 年版。

〔5〕（明）周嘉胄：《香乘（上）》，雍琦点校，浙江人民美术出版社 2016 年版，第 178 页。

祭祀的传统。《尚书·尧典》记舜"柴，望秩于山川"，是用香的先声。其功用，《陈氏香谱序》中有说明："可焫者萧，可佩者兰，可爇者郁，名为香草者无几。"[1] 主要满足祭祀与礼仪之需。《礼记·郊特牲》载："有虞氏之祭也，尚用气；血腥燔祭，用气也；殷人尚声，臭味未成，涤荡其声；乐三阕，然后出迎牲。声音之号，所以诏告于天地之间也。周人尚臭，灌用鬯臭，郁合鬯臭，阴达于渊泉。灌以圭璋，用玉气也。既灌，然后迎牲，致阴气也。萧合黍稷，臭阳达于墙屋。故既奠，然后焫萧合膻芗。凡祭，慎诸此。"这表明，对于魂魄这样无形的祭祀对象，殷商祭祀时，充分调动了五官的功能。魂归于天，魄归于地，化为阴阳之物。在祭祀前，用音乐来催醒它们。用浓烈的香酒使魄前来，实行灌礼后再进行迎牲之礼，这样是为了招致地下的阴气。而焚烧裹上动物油脂并粘有黍稷的艾蒿，使香气弥漫于墙屋之间，这是为了招致天上的魂魄。焚与灌的目的都是使香气弥漫，从而使阴阳之气同时到达。这是在饮食场合使用香的最早记录，虽然饮食的主体是鬼神与魂魄。"周人尚臭"，香在周人的心目中地位很高。《诗经·大雅·生民》："载谋载惟，取萧祭脂，取羝以軷，载燔载烈，以兴嗣岁。"在荆楚一带，举行重要的祭祀前常沐浴兰汤，并以兰草铺垫祭品，用蕙草包裹（一说熏烤）祭肉，进献桂酒和椒酒。如《九歌·云中君》云："浴兰汤兮沐芳，华采衣兮若英。"《九歌·东皇太一》云："蕙肴蒸兮兰藉，奠桂酒兮椒浆。"在唐代，人们把祭祀品换成香品，以香味怡人。而《清异录》记载："显德元年，周祖创造供荐之物，世宗以外姓继统，凡百务从崇厚。灵前看果雕香为之，承以黄金，起突叠格。禁中谓之'夺真盘钉'。"[2] 即以香药来雕刻看果。从宋代初期开始，就有"降香岳渎"的礼仪，在祭祀场合中使用香成为定制。而香与食的结合，催生了"以香侑宴"的社会风尚。

宋代"以香侑宴"主要表现在四个方面：一是香果看果；二是焚香或者燃香烛佐宴；三是食用香食；四是饮用香酒。

1. 香果看果

"看食"起于唐代宫廷。北宋钱易所著的《南部新书》说："以牙盘九枚装食味其间，置上前，亦谓之'看食见'。"[3] 到了宋代广为流行。

吴自牧《梦粱录》说："御厨制造宴殿食味，并御茶床上看食、看菜、匙箸、盐碟、醋樽，及宰臣亲王看食、看菜，并殿下两朵庑看盘、环饼、油饼、枣塔，

---

〔1〕（明）周嘉胄：《香乘》，雍琦点校，浙江人民美术出版社 2016 年版，第 447 页。
〔2〕朱易安、傅璇琮主编：《全宋笔记：第一编（二）》，大象出版社 2003 年版，第 110 页。
〔3〕（宋）钱易：《南部新书（壬卷）》，黄寿成点校，中华书局 2002 年版，第 140 页。

俱遵国初之礼在，累朝不敢易之。"[1] 看食、看菜是宋代宫廷饮食的礼仪。在张俊宴请宋高宗的菜单中，初坐时上的观赏菜是：

> 绣花高饤一行八果垒：香圆、真柑、石榴、枨子、鹅梨、乳梨、楱楂、花木瓜。
>
> 乐仙干果子叉袋儿一行：荔枝、圆眼、香莲、榧子、榛子、松子、银杏、梨肉、枣圈、莲子肉、林檎旋、大蒸枣。
>
> 镂金香药一行：脑子花儿、甘草花儿、朱砂圆子、木香丁香、水龙脑、史君子、缩砂花儿、官桂花儿、白术人参、橄榄花儿。
>
> 雕花蜜煎一行：雕花梅球儿、红消花、雕花笋、蜜冬瓜鱼儿、雕花红团花、木瓜大段儿、雕花金橘、青梅荷叶儿、雕花姜、蜜笋花儿、雕花枨子、木瓜方花儿。
>
> 砌香咸酸一行：香药木瓜、椒梅、香药藤花、砌香樱桃、紫苏柰香、砌香萱花柳儿、砌香葡萄、甘草花儿、姜丝梅、梅肉饼儿、水红姜、杂丝梅饼儿。
>
> 脯腊一行：肉线条子、皂角铤子、云梦犯儿、虾腊、肉腊、妳房、旋鲜、金山咸豉、酒醋肉、肉瓜斋。
>
> 垂手八盘子：拣蜂儿、番葡萄、香莲事件念珠、巴榄子、大金橘、新椰子象牙板、小橄榄、榆柑子。[2]

再坐之后上的是六道看菜：

> 切时果一行：春藕、鹅梨饼子、甘蔗、乳梨月儿、红柿子、切枨子、切绿橘、生藕铤子。
>
> 时新果子一行：金橘、蔵杨梅、新罗葛、切蜜蕈、切脆枨、榆柑子、新椰子、切宜母子、藕铤儿、甘蔗柰香、新柑子、梨五花子。
>
> 雕花蜜煎一行（同前）。
>
> 砌香咸酸一行（同前）。
>
> 珑缠果子一行：荔枝甘露饼、荔枝蓼花、荔枝好郎君、珑缠桃条、酥胡桃、缠枣圈、缠梨肉、香莲事件、香药葡萄、缠松子、糖霜玉蜂儿、白缠桃条。

---

〔1〕（宋）吴自牧：《梦粱录》，浙江人民出版社 1980 年版，第 20—21 页。
〔2〕（宋）周密：《武林旧事》，浙江人民出版社 1984 年版，第 139—140 页。

脯腊一行（同前）。[1]

这些菜多由植物的果子制作而成，称为"看果"。在这次宴请中，看果前后共上了两次，后一次保留了雕花蜜煎、砌香咸酸、脯腊，撤掉的是缕金香药，换上的是新鲜的果子与果子饼。而从宋代"四司六局"的专业分工来说，陈设看果是果子局的事项，还不是香药局的专管。但果子与香药的结合，使看果本身就有了香味。

在民间，看食也用于一般的酒肆。酒客入店沽酒，初坐定，酒家先下几样菜肴，并非让客人食用，而是此引其酒欲，问沽酒数量，然后换好菜蔬。客人若不知这一花样，先下筷食用，很可能会被店家哂笑。那么看食是什么食物呢？黄庭坚《次韵无咎阎子常携琴入村》诗云："岁丰寒士亦把酒，满眼饤饾梨枣多。""饤饾"就是以小盘装入菜食以作观赏之用。据《鼠璞》卷上所云，苏轼被谪广州，见"公会用香药卓，皆珍物"，即建议"若奏罢之，于阴德非小补"。[2] 可见使用香药桌看食，是一种较高的礼遇。民间权贵之家也使用。把香药果子纳入看菜一列，明显有五代"看果"的遗风，既唤醒食欲又有清肃环境的作用。

2. 焚香或者燃香烛佐宴

《宋史·礼志》记载：凡国有大庆大宴，"殿上陈锦绣帷帘，垂香球，设银香兽前槛内"。可见，宴会用香，一是以熏香球悬挂，二是以炭屑为末，掺以香料，置于兽形器中燃之。周密《齐东野语》卷20"张功甫豪侈"记张功甫之牡丹会："众宾既集，坐一虚堂，寂无彦有。俄问左右云：'香已发未？'答云：'已发。'命卷帘，则异香自内出，郁然满坐。群妓以酒肴丝竹，次第而至。……烛光香雾，歌咏杂作，客皆恍然如仙游也。"[3] 可见贵族的私宴也焚香，且用香之奢侈并不亚于皇室。明代施耐庵描述王都尉府中家宴时，夸张地写道："香焚宝鼎，花插金瓶。仙音院竞奏新声，教坊司频逞妙艺。水晶壶内，尽都是紫府琼浆；琥珀杯中，满泛着瑶池玉液。玳瑁盘堆仙桃异果，玻璃碗供熊掌驼蹄。鳞鳞脍切银丝，细细茶烹玉蕊。红裙舞女，尽随着象板鸾箫，翠袖歌妓，簇捧定允笙凤管。两行珠翠立阶前，一派笙歌临座上。"（《水浒传》）

除了焚香，宋代用餐还使用香烛照明。香烛在宋代仍属于奢侈品。而宋代权贵不惜点烛夜宴达旦，实为奢侈。欧阳修在《归田录》中对寇准"每宴宾客，

---

〔1〕（宋）周密：《武林旧事》，浙江人民出版社1984年版，第140—141页。

〔2〕白寿彝主编：《中国回回民族史（上）》，中华书局2007年版，第297页。

〔3〕（宋）周密：《齐东野语》，黄益元校点，上海古籍出版社2012年版，第214—215页。

多阖扉脱骖，家未尝燕油灯，虽庖匽所在，必然炬烛"（《宋史·寇准传》）的行为多有批评。"邓州花蜡烛名著天下，虽京师不能造，相传云是寇莱公烛法。公尝知邓州，而自少年富贵，不点油灯，尤好夜宴剧饮，虽寝室，亦燃烛达旦。每罢官去后，人至官舍，见厕溷间烛泪在地，往往成堆。"又记杜衍之节俭："杜祁公为人清俭，在官未尝然官烛。油灯一炷，荧然欲灭。与客相对，清谈而已。"[1] 豪奢与节俭，对比鲜明。

点香烛用餐，更是奢侈的风尚。南宋周密《齐东野语》卷8记载，南方官员为了巴结秦桧，"为蜡炬，以众香实其中，遣驶卒持诣相府，厚遗主藏吏"，用特有香料制作了五十支香烛进奉。秦桧府中在一次宴客时，由于蜡烛不够，而临时抽出一支点上，点上后异香满座，秦桧因此对进奉者加以厚待。[2] 秦桧"香炬锦茵"的生活是南宋豪侈生活的一个缩影。

《武林旧事》记孝宗曾向太后奉送香烛，而太后因为孝宗送的香烛数量少而不满。这些史实说明了南宋香烛的珍贵与统治者生活的奢华。皇帝也用香烛赏赐大臣。如周必大《玉堂杂记》载："淳熙丁酉九月丙辰，宣召侍读进少保，赐宴'澄碧殿'。抵暮赐以金莲烛，宿玉堂直庐。"[3]

3. 食用香食

采用植物的花、茎、叶等对食物进行加工，可使食物具有香味。宋人饮食所重的是花香与果香。比如《山家清供》中收录了以梅花、莲花、菊花等做成的肴馔十多种，如梅粥、蓬糕、雪霞羹、广寒糕、金饭、荼蘼粥等。在制作荤菜时，也巧用花果使食物带有香气，如蟹酿橙即是以橙为容器加入蟹肉加工而成。

4. 饮用香酒

前文讲过宋代的果酒中有的以浸渍之法将香料投入，使得酒带有花果的香味。自隋代起，就有"香饮"之风。唐人杜宝所撰《大业杂记》中记载："（筹禅师）又作五香饮，第一沉香饮，次丁香饮，次檀香饮，次泽兰香饮，次甘松香

---

〔1〕（宋）欧阳修：《中国古代名家诗文集·欧阳修集（三）》，黑龙江人民出版社 2009 年版，第 984 页。

〔2〕《齐东野语》卷8载："秦会之当国，四方馈遗日至。方德帅广东，为蜡炬，以众香实其中，遣驶卒持诣相府，厚遗主藏吏，期必达。吏使俟命。一日宴客，吏曰：'烛尽。适广东方经略送烛一掩，未敢启。'乃取而用之。俄而异香满坐，察之，则自烛中出也。亟命藏其余枚，数之，适得四十九。呼驶问故，则曰：'经略专造此烛供献机房，仅五十条。既成，恐不嘉，试爇其一。不敢以他烛充数。'秦大喜，以为奉己之专也，待方益厚。"参见（宋）周密：《齐东野语》，黄益元校点，上海古籍出版社 2012 年版，第 81 页。

〔3〕（清）厉鹗：《宋诗纪事（二）》，上海古籍出版社 2013 年版，第 1195 页。

饮，皆有别法，以香为主。"[1] "五香饮"就是以五种香料分别制作的饮品。而这些香是使用率极高的制香原料。南宋时有香酒如流香酒、蒲中酒、苏合香酒、蔷薇露酒等。《齐东野语》载，"秦王以元舅之尊，德寿特亲爱之"，一日，德寿以小诗召之曰："趁此一轩风月好，橘香酒熟待君来。"[2] 以橘香酒待客。陆游《老学庵笔记》卷7记载说："寿皇时，禁中供御酒名蔷薇露，赐大臣酒谓之流香酒。"[3] 可见香酒饮用者的地位之高。而皇帝似乎有以香酒赐文人近臣的喜好，不仅节日聚会时有赏赐，平时也有。《淳熙玉堂杂记》卷下载："淳熙乙未初伏，必大以待制侍讲，赐流香酒四斗。"[4] 在学士院供职的马廷鸾记，"夏六月丙辰，臣入直。申时中官李忠辅传旨，赐臣金香酒四瓶、新荔枝五百颗"[5]。

这些用香的方式，使得宋代的宴会香气扑鼻。

二、酒中的娱乐

（一）歌舞娱乐

1. 观赏性的音乐歌舞

此类歌舞只起烘托气氛的作用，如同现代酒吧里的歌唱表演。可只演奏音乐，亦可同时伴以歌舞，都是由伎人来表演的，饮酒者只是欣赏，一般并不参与。薛能《柳枝词五首（并序）》："乾符五年，许州刺史薛能于郡阁与幕中谈宾酣饮醋酎，因令部妓少女作杨柳枝健舞，复歌其词，无可听者，自以五绝为杨柳新声。""柳枝词"便是为观赏性的歌舞所作的歌词。唐代时，杭州城内的娱乐场所还流行一种起源于西北少数民族的歌舞大曲《柘枝舞》。白居易对当时杭州乐伎表演《柘枝舞》的情景做了生动的描述："平铺一合锦筵开，连击三声画鼓催。红蜡烛移桃叶起，紫罗衫动柘枝来。带垂钿胯花腰重，帽转金铃雪面回。看即曲终留不住，云飘雨送向阳台。"（《柘枝妓》）

宋代宫廷宴会上的歌舞非常精彩，而且持续时间很长。《武林旧事》卷1"圣节"记载了理宗皇帝生日宴会（天基节）中的歌舞场面：

---

〔1〕（唐）杜宝：《大业杂记辑校》，辛德勇辑校，三秦出版社2006年版，第172页。

〔2〕（宋）周密：《齐东野语》，黄益元校点，上海古籍出版社2012年版，第103页。

〔3〕（宋）陆游：《老学庵笔记》，见王国平主编：《西湖文献集成（第13册）·历代西湖文选专辑》，杭州出版社2004年版，第78页。

〔4〕（宋）周必大：《淳熙玉堂杂记》，中华书局1991年版，第55页。

〔5〕（宋）马廷鸾：《碧梧玩芳集》卷13《家藏御制御书诗恭跋》，影印文渊阁《四库全书》本。

天基圣节排当乐次：

乐奏夹钟宫，觱篥起《万寿永无疆》引子，王思。

上寿第一盏，觱篥起《圣寿齐天乐慢》，周润。

第二盏，笛起《帝寿昌慢》，潘俊。

第三盏，笙起《升平乐慢》，侯璋。

第四盏，方响起《万方宁慢》，余胜。

第五盏，觱篥起《永遇乐慢》，杨茂。

第六盏，笛起《寿南山慢》，卢宁。

第七盏，笙起《恋春光慢》，任荣祖。

第八盏，觱篥起《赏仙花慢》，王荣显。

第九盏，方响起《碧牡丹慢》，彭先。

第十盏，笛起《上苑春慢》，胡宁。

第十一盏，笙起《庆寿乐慢》，侯璋。

第十二盏，觱篥起《柳初新慢》，刘昌。

第十三盏，诸部合《万寿无疆薄媚》曲破。

初坐。乐奏夷则宫，觱篥起《上林春》引子，王荣显。

第一盏，觱篥起《万岁梁州》曲破，齐汝贤。……

第二盏，觱篥起《圣寿永》歌曲子，陆恩显。琵琶起《捧瑶厄慢》，王荣显。

第三盏，唱《延寿长》歌曲子，李文庆。嵇琴起《花梢月慢》，李松。

第四盏，玉轴琵琶独弹正黄宫《福寿永康》，宁俞达。拍，王良卿。觱篥起《庆寿新》，周润。

……

第五盏，笙独吹，小石角《长生宝宴乐》，侯璋。……

第六盏，筝独弹，高双调《聚仙欢》，陈仪。……

第七盏，玉方响独打，道调宫《圣寿永》，余胜。……

第八盏，《万寿祝天基》断队。

第九盏，箫起，《缕金蝉慢》，傅昌宁。……

第十盏，诸部合，《齐天乐》曲破。

再坐。

第一盏，觱篥起《庆芳春慢》，杨茂。……

第二盏，筝起《月中仙慢》侯端。……

第三盏，觱篥起《庆箫韶慢》，王荣祖。……

第四盏，琵琶独弹，高双调《会群仙》。方响起《玉京春慢》，余胜。杂剧，何晏喜已下，做《杨饭》，断送《四时欢》。

第五盏，诸部合，《老人星降黄龙》曲破。

第六盏，觱篥独吹，商角调《筵前保寿乐》。杂剧，时和已下，做《四偌少年游》，断送《贺时丰》。

第七盏，鼓笛曲，《拜舞六幺》。弄傀儡，《踢架儿》，卢逢春。

第八盏，箫独吹，双声调《玉箫声》。

第九盏，诸部合，无射宫《碎锦梁州歌头》大曲。杂手艺，《永团圆》，赵喜。

第十盏，笛独吹，高平调《庆千秋》。

第十一盏，琵琶独弹，大吕调《寿齐天》。撮弄，《寿果放生》，姚润。

第十二盏，诸部合，《万寿兴隆乐》法曲。

第十三盏，方响独打，高宫《惜春》。傀儡舞，鲍老。

第十四盏，筝琶方响合缠《令神曲》。

第十五盏，诸部合，夷则羽《六幺》。巧百戏，赵喜。

第十六盏，管下独吹，无射商《柳初新》。

第十七盏，鼓板。舞绾，《寿星》，姚润。

第十八盏，诸部合，《梅花伊州》。

第十九盏，笙独吹，正平调《寿长春》。……

第二十盏，觱篥起，《万花新》曲破。[1]

这一隆重的宴会分准备、初坐、再坐几节。初坐中多以独奏为主，以一个和声作为一个小结。接下来的两个半场则以合奏以及杂剧穿插，气氛热烈。最后两曲又以独奏终场，非常有效地掌控了宴会的节奏与氛围。而宴会的音乐也是同宴会的"盏制"相匹配的。宋代最流行的九盏制，其音乐的设置也是分盏奏乐，而音乐的内容，既有雅乐，也有燕乐。[2]

2. 行酒令时的伴奏音乐

抛打曲即属于此类。抛打令是以在酒席上抛传物件为令，同时奏乐，以音乐定其终始，乐起则行，乐停则止。故抛打曲属于伴奏音乐。

3. 劝酒、送酒性质的音乐歌舞

此类也可只演奏音乐，《说郛》卷94收录皇甫松《醉乡日月》13则，《觥律

---

〔1〕（宋）周密：《武林旧事》，浙江人民出版社1984年版，第14—17页。

〔2〕康瑞军：《宋代宫廷音乐制度研究》，上海音乐学院出版社2009年版。

事》章讲到罚酒时"命曲破送之"，即是。唐李群玉《索曲送酒》："帘外春风正落梅，须求狂药解愁回。烦君玉指轻拢捻，慢拨鸳鸯送一杯。"《鸳鸯》即为曲调名，也可以伴歌舞。而在一般的聚会中，如有歌妓加入，则会侑以歌舞项目。《太平广记》卷 416 "崔玄微"条引《博异记》：诸女郎暂借崔宅夜宴，"诸人命酒，各歌以送之，玄微志其二焉。有红裳人与白衣送酒，歌曰：'皎洁玉颜胜白雪，况乃当年对芳月。沉吟不敢怨春风，自叹容华暗消歇。'又白衣人送酒，歌曰：'绛衣披拂露盈盈，淡染胭脂一朵轻。自恨红颜留不住，莫怨春风道薄情。'"[1] 故事虽为虚构，但显然是以唐人宴饮的实际情况为依据的。韩愈《赠张徐州莫辞酒》诗首曰"莫辞酒"；白居易则有《劝酒》诗，劝酒歌辞的特征十分明显。

4. 自娱自乐性质的歌舞

为与宴者的即兴表演。白居易《醉赠刘二十八使君》云"为我引杯添酒饮，与君把箸击盘歌"，便是即兴而歌。范摅《云溪友议》卷下"江客仁"条记番禺举人李涉客游于闽越，驰车至循州，遇雨，求宿于韦氏庄。庄主韦思明与李涉以诗语行令，最后韦思明反袂而歌李涉诗："春雨潇潇江上村，绿林豪客夜知闻。他时不用相回避，世上如今半是君。"韦叟之歌为抒发感慨，也与行令无涉。

（二）酒令助兴

酒令主要有通俗与高雅之分。俗令有拳令、骰令和通令三种。其中划拳源于招手令。清人姚莹认为，招手令吸收了佛教文化，他在《康𫗴纪行》卷 14 中说："唐代佛书盛行，以五指屈伸作手势，盖佛教所谓'手决'也。唐人戏效之为酒令耳。"[2] 禅宗源于佛祖灵山会上拈花、迦叶微笑，后世禅门的一大特色就是"不立文字"，尽量用包括手势在内的动作来表达意思。后来，禅宗的手语与西域、欧洲传来的手势游戏融为一体，形成了招手令。它运用一连串带有佛教色彩的手势别称，保留了若干神秘的特色，又以轻柔优美的手势发挥其娱乐的功能，博得了市井酒徒的青睐，成了唐代流行的酒令，并被皇甫松写入《醉乡日月》。但招手令的术语佶屈聱牙，因此，在流传的过程中，逐渐被改造成手势令。士大夫称为"拇战"，民众则称为"划拳""猜拳"等。拇战与射覆令、藏钩令一样，主要靠运用技巧"猜"准对手的拳路，而不是仅仅凭借运气。

雅令则有酒筹令、诗令等。雅令的行令方法：先推一人为令官，或出诗句，或出对子，其他人按首令之意续令，所续必在内容和形式上相符，否则被罚饮

---

〔1〕 （宋）李昉等：《太平广记（足本）》，团结出版社 1994 年版，第 3713 页。
〔2〕 转引自刘初棠：《中国古代酒令》，上海人民出版社 1993 年版，第 209 页。

酒。行雅令时，必须引经据典，分韵联吟，当席构思，即席应对。这就要求行酒令者既有文才，又机智过人，所以它是酒令中最能展示饮者才思的项目。钱俶为吴越王时，赵宋使者陶谷出使吴越。钱俶用扩安令，吟："白玉石，碧波亭上迎仙客。"陶谷答："口耳王，圣明天子要钱塘。"利用酒令把出使的目的和盘托出，也算是外交场合的一场智慧博弈了。

酒令表面上是助兴取乐，实际上是古代酒礼酒仪的扩展和延伸。春秋战国时期，齐桓公置酒令，败者罚一经程（有一定容量标准的饮酒器）。之后酒令逐渐发展为劝酒方式，礼的色彩渐淡。唐代是酒令发展的高峰时期，《蔡宽夫诗话》云："唐人饮酒必为令，以佐欢。"[1] 诚然不虚。王谠《唐语林》卷 8 有这样的描述："酒令之设，本骰子、卷白波、律令，自后闻以鞍马/香球，或调笑、抛打时，上酒招摇之号。"[2] 这些酒令到宋时多已只有名称而无其详细记载了。据王昆吾先生研究，唐代主要有三种酒令：抛打令、律令、骰盘令。白居易的诗歌中提到多种宴会娱乐形式，其中不少就是酒令。下面以其诗为例做一介绍。

白居易《东南行》中云："鞍马呼教住，骰盘喝遣输。长驱波卷白，连掷采成卢。筹并频逃席，觥严别置盂。"《酬微之夸镜湖》："酒盏省陪波卷白，骰盘思共彩呼卢。"这里的"骰盘""卷白波""莫走""鞍马"，皆当时酒令。清代俞敦培《酒令丛钞》卷 1 引《冷斋夜话》云："卷白波，酒令名。"此令的来源有两种说法。其一，与白波起义有关。白波是一个山谷名，在今山西省侯马市北，东汉中平五年（188），黄巾军余部郭泰等在谷内起义，史称"白波贼"，后被镇压，旧史描绘说："戮之如卷席。"后世好事者据以编成此令。其二，据宋代黄朝英《靖康缃素杂记》卷 3："盖白者，罚爵之名，饮有不尽者，则以此爵罚之。……所谓卷白波者，盖卷白上之酒波耳。言其饮酒之快也。"[3]

"鞍马令"在当时比较流行。如徐铉《抛球乐辞二首》："灼灼传花枝，纷纷度画旗。不知红烛下，照见彩球飞。"类似于击鼓传花。薛能《野园》："野园无鼓又无旗，鞍马传杯用柳枝。"讲的是以柳枝代替旗帜的游玩。杜甫《乐游园歌》："长生木瓢示真率，更调鞍马狂欢赏。"裴度《宴兴化池亭送白二十二东归联句》："澄澈连天镜，潺湲出地雷。林塘难共赏，鞍马莫相催。"讲当时的吟诗联句场面。

白居易的《就花枝》是讲花枝令与骰子令："就花枝，移酒海，今朝不醉明朝悔。且算欢娱逐日来，任他容鬓随年改。醉翻衫袖抛小令，笑掷骰盘呼大采。

〔1〕 转引自（清）阮葵生：《茶余客话》，上海古籍出版社 2012 年版，第 479 页。

〔2〕 （宋）王谠：《唐语林校证（上）》，周勋初校证，中华书局 1987 年版，第 742 页。

〔3〕 （宋）黄朝英：《靖康缃素杂记》，上海古籍出版社 1986 年版，第 26 页。

自量气力与心情，三五年间犹得在。"白居易《与诸客空腹饮》："碧筹攒米碗，红袖拂骰盘。醉后歌尤异，狂来舞不难。"花枝令是一种击鼓传花或传彩球等物行令饮酒的方式。骰子令源于早期的"博戏"。皇甫松《醉乡日月》载骰子令云："聚十只骰子齐掷，自出手六人，依采饮焉。堂印，本采人劝合席，碧油，劝掷外三人。骰子聚于一处，谓之酒星，依采聚散。骰子令中，改易不过三章，次改鞍马令，不过一章。"[1]是以十只骰子齐掷，然后从掷骰的人起，按照采数饮酒。

与花枝令相近的有抛打令，"主宾皆回环而坐，先用香球或杯盏巡传，以乐曲定其始终。曲急促近杀拍时，则有嬉戏性的抛掷，中球或杯盏者须持杯盏看球起舞"[2]。抛打令产生较晚，艺术内容十分丰富。其始当为豁拳、抵掌、弄手势一类。如白居易《江南喜逢萧九彻因话长安旧游戏赠五十韵》诗云"旧曲翻调笑，新声打义扬"，施肩吾《云州饮席》诗云"巡次合当谁改令？先须为我打还京"，皆可为证。后来则常用香球花盏，如白居易《醉后赠人》诗云"香球趁拍回环匼，花盏抛巡取次飞"，《想东游五十韵》诗云"柘枝随画鼓，调笑从香球"。

从唐代开始，筹子在饮酒中就有了两种不同的用法。其一，仍用以计数。白居易"醉折花枝作酒筹"（《同李十一醉忆元九》）中的"酒筹"即为此类，以筹计数，然后再按所得的筹的数量行酒。另外一种就比较复杂，是在用银、象牙、兽骨、竹、木等材料制成的筹子上刻写各种令约和酒约，行令时合席按顺序摇筒掣筹，再按筹中规定的令约、酒约行令饮酒。筹在这里已经不再是一种计数工具，而演变为一种行令工具了。据考，江苏出土的唐代"《论语》酒筹"是目前所知的最早的筹令。

而酒筹在唐人的筵席中用处很多，"作为筵饮工具，用于唐代的各种律令中。它一可用于司令，二可用于计罚，三可用于逃酒，所以普遍见用于各种筵饮场合。只是当人们在律令之中增加了许多艺术手段之后，筹的意义才有了改变。人们或以花枝草茎代筹，传巡花草行令，摆脱了'章程'的过多限制；或'变筹'，即在律令中大量运用了改令手法；或将筹令用于抛打，以歌令、舞令代替了文字令。这些情况出现在中唐以后，证明律令中的筹令主要盛行于初唐和盛唐。中唐以后，筹令渐衰，律令这种基本酒令形式，便进入与骰盘令、抛打令

---

〔1〕（宋）洪迈：《容斋随笔（下）》，穆公校点，上海古籍出版社 2015 年版，第 433 页。

〔2〕王小盾：《唐代酒令与词》，见中华书局编辑部编：《文史》第 30 辑，中华书局 1988 年版，第 216 页。

相融合的时代"[1]。

唐诗中有很多关于酒筹的描写:

> 何如有态一曲终，牙筹记令红螺盏。（元稹《何满子歌》）
> 剥葱十指转筹疾，舞柳细腰随拍轻。（方干《赠美人》）
> 清管彻时斟玉醑，碧筹回处掷金船。（黄滔《江州夜宴献陈员外》）
> 替饮觥筹知户小，助成书屋见家贫。（王建《书赠旧浑二曹长》）
> 歌舞送飞球，金觥碧玉筹。（徐铉《抛球乐辞》）

唐代还有旗幡令、闪擪、抛打令。宋洪迈《容斋随笔》卷 16 "唐人酒令"条记："骰子令中，改易不过三章，次改鞍马令，不过一章。又有旗幡令、闪擪令、抛打令，今人不复晓其法矣，唯优伶家，犹用手打令以为戏云。"[2] 有酒令的场合往往需要歌妓加入，担任"录事""明府"等职，而宴会中也有吟诗、唱曲、观舞、击鼓、行令、狎妓等佐饮活动。唐人上演了一场场精彩的酒令节目。其中最主要的角色是律录事，中唐以后这一掌控酒席气氛的主持者换成了"饮妓"。黄滔《断酒》诗云："免遭拽盏郎君谑，还被簪花录事憎。""簪花录事"，在当时就成了"饮妓"或"酒纠"的别名。这使喝酒的娱乐性加强。[3]

宋人的酒令文化有所发展，有关酒令的书籍亦较多，如《酒令丛钞》《酒杜刍言》《醉乡律令》《嘉宾心令》《小酒令》《安雅堂酒令》《西厢酒令》《饮中八仙令》等。窦苹说："今之世，酒令其类尤多：有捕醉仙者（为禺人，转之以指席者），有流杯者，有总数者，有密书一字使诵诗句以抵之者，不可殚名。昔五代王章、史肇之燕，有手势令。此皆富贵逸居之所宜。若幽人贤士，既无金石丝竹之玩，惟啸咏文史，可以助欢，故曰'闲征雅令穷经史，醉听新吟胜管弦'。"[4] 据《醉乡日月》，行酒令的规则是：明府管骰子一双、酒勺一只，决定每一项酒宴游戏的起结；律录事管旗、筹、纛三器，以旗宣令，以纛指挥饮次，以筹裁示犯令之人；觥录事则执旗，执筹，执纛，执觥，实施罚酒。正是这样一种有规则、有节度的宴饮组织形式，使宴会能够在欢乐有序的气氛中进行。

宋代的酒筹使用更有游戏性质。《墨庄漫录》卷 8 记："饮席刻木为人，而锐其下，置之盘中，左右欹侧，傲傲然如舞状。久之，力尽乃倒。视其传筹所至，

---

〔1〕 王昆吾：《唐代酒令艺术》，东方出版中心 1995 年版，第 11 页。
〔2〕 （宋）洪迈：《容斋随笔（下）》，穆公校点，上海古籍出版社 2015 年版，第 196 页。
〔3〕 王昆吾：《唐代酒令艺术》，东方出版中心 1995 年版，第 3 页。
〔4〕 王缵叔、王冰莹编著：《酒经·酒艺·酒药方》，西北大学出版社 1997 年版，第 109 页。

酬之以杯，谓之'劝酒胡'。……或有不作传筹，但倒而指者当饮。"[1] 即是以筹相传，"劝酒胡"倾倒时所传至者为输者，罚酒。后来为了方便，不再使用酒筹，只看"劝酒胡"倒向何人，则其为输者。此种玩法，明清叫"拧酒令儿"，即不倒翁。先拧着它旋转，一待停下，不倒翁的脸朝着谁就罚谁饮酒。粤人也称"酒令公仔"。

元代之后通俗文化进一步发展，酒令随之向通俗一路发展。明清是酒令的集大成时代。由于市民阶层的发展壮大，以机巧娱乐取胜的市井化的俗令逐渐风行。俞敦培的《酒令丛钞》把酒令分成古令、雅令、通令和筹令四类。古令与雅令是要有一定的文学艺术修养才能应对，是当席表现才艺的方式，比如当场作诗、唱歌、奏技等，或者运用知识进行对答。如：贯人名，须说"五谷不生——田光"；对古诗时，句中须带干支（"薛王沉醉寿王醒"，"薛""醉""醒"字中带有"辛""酉"）、须带玉人（"玉楼人醉杏花天"，诗句典雅，又带有"玉""人"字）、须提花名（"芙蓉如面柳如眉"）等。而通俗的酒令则包括掷骰子、说笑话、猜拳、规矩令和拍七令。规矩令如人人轮流用左手画圆、右手画方，两手同时画，两边人监视，不成则饮酒一杯或一定量。拍七令则是令桌人依次数数至 49（也可数更多），每明 7（如 7、17、27……）、每暗 7（如 14、21、28……）则须拍桌一次，误喊误拍者罚饮定量。

（三）投壶作乐

明代谢肇淛《五杂俎》说"投壶视诸戏最为古雅"，宋代司马光等硕儒把投壶视为一种高雅的娱乐，认为它"可以治心，可以修身，可以为国，可以观人"[2]。投壶是由礼射演化而来的古老酒戏之一。《礼记·投壶》："投壶者，主人与客燕饮讲论才艺之礼也。"春秋以后，礼乐不兴，古老的射礼为更具娱乐性的投壶活动所替代。投壶是一种以矢代箭、以壶代侯的小型射礼。汪禔《投壶仪节》中列这一仪节所需之人有：礼生一人、司正一人、赞者二人（取矢）、司射一人、使人一人（执壶荐羞）、酌者二人。合用之物有壶、矢 8 支、筹 80 支，另外有酒顺以及乐器等物。据《礼记·投壶》记载，投壶之前，主客之间要请让三次才能进行。投壶时，有专管计数的人面东而立，如果主人投中一次，就从装着计数的竹签的器皿里抽出一支，丢在南面；如果客人投中一次，就把竹签丢在北面。最后由计数的人根据双方在南、北两地面上得竹签的多少来计算胜负。两签叫"纯"，一签叫"奇"。举例说，如果主人共得十支签，报数时称

---

〔1〕（宋）张邦基：《墨庄漫录》，远方出版社 2006 年版，第 78 页。

〔2〕（宋）司马光：《司马温公集编年笺注（五）》，巴蜀书社 2009 年版，第 144 页。

"五纯";如果客人共得九支签,报数时称"九奇";结果,主人胜客人"一奇"。如果双方得竹签数相等,叫做"均"(钧),报数时称"左右均"。春秋至汉魏时,投壶活动比较盛行,设特制之壶,宾主依次以矢投入壶中。以竹筹计数,投中多者为胜,负者则饮酒。在投壶时,有乐工击鼓为节。

投壶活动在宋代的官方典礼中尚可见到,在民间则逐渐世俗化。如:壶口两侧各添一小铜器耳,壶口直径为三寸,壶耳直径为一寸;箭也由棘枝变成竹制品,其上雕刻花纹;投壶人数也可以根据参加宴会的人数而增减。在明代,江南人酷爱以投壶为酒令,市井中新创了不少投壶式样,如"三教同流势":参加投壶的三人按"品"字形入座,每人手执四箭,在音乐伴奏声中,各按所坐位置,针对壶口和左、右壶耳投箭,三箭须同时且同方向掷于壶口和左、右壶耳。倘若投掷者方向交叉,坐于左(或右)侧者之箭投入壶侧右(或左)耳,即使投中也要罚酒一杯。

(四)浮觞作乐

《逸诗》云:"羽觞随波流。"这是后世曲水流觞的开始。唐代柳宗元有《序饮》一文,最早出现将酒杯浮于水面以洄溯快慢作为罚酒依据的做法,这就是酒令的演变。

> 买小丘,一日锄理,二日洗涤,遂置酒溪石上。向之为记所谓牛马之饮者,离坐其背。实觞而流之,接取以饮。乃置监史而令曰:当饮者举筹之十寸者三,逆而投之,能不洄于洑,不止于坻,不沉于底者,过不饮。而洄而止而沉者,饮如筹之数。既或投之,则旋眩滑汩,若舞若跃,速者迟者,去者住者,众皆据石注视,欢抃以助其势。突然而逝,乃得无事。于是或一饮,或再饮。客有娄生图南者,其投之也,一洄一止一沉,独三饮,众乃大笑欢甚。[1]

上文记述了文人娱乐的场景,活动中设有监史令。

(五)博戏作乐

白居易《想东游五十韵》有"稍催朱蜡炬,徐动碧牙筹"之句,描写掷骰游戏的情形。唐代主要流行三种博戏:陆博、樗蒲、双陆。在这三种博戏中,骰子都是必备的道具。因此,我们可以把"骰盘令"看作各种博戏酒令的总称。

---

[1] (唐)柳宗元:《柳河东全集》,北京燕山出版社1996年版,第547页。

按唐代人的习惯，"骰盘"又称"投盘"或"头盘"。这几个名称有更替，反映了骰子形制的嬗变过程——由杂用各种质料到以骨制为主的变化过程。"骰子"一名，是上述变化的后一阶段的产物。[1]

1. 陆博

陆博是一种起源很早的棋子游戏。这种古老的博戏，最晚在春秋时已经出现了。到了战国时期，已在诸侯国广为流行。《战国策·齐策》记，临淄甚富而实，其民无不吹竽、鼓瑟、陆博、蹴鞠者。到汉代，陆博中的六个骰子开始与十二枚棋子分离。宋代洪兴祖对陆博做了一些说明：两人对坐而博，博局分十二道，两头当中是水。陆博用六白六黑共十二枚棋子，以有"鱼"两枚置水中。陆博对局时，两人互掷骰子行棋，走到水边则竖起棋子，称"骁棋"，可以入水吃鱼，称"牵鱼"，吃鱼得两筹，最后以多者为胜。

2. 樗蒲

东汉马融《樗蒲赋》记载了早期樗蒲游戏的玩法：

> 昔有玄通先生，游于京都。道德既备，好此樗蒲。伯阳入戎，以斯消忧。抨则素旐紫屬，出乎西邻，缘以缋绣，紩以绮文。杯则摇木之干，出自崏山。矢则蓝田之石，卞和所工，含精玉润，不细不洪。马则玄犀象牙，是磋是砻。杯为上将，木为君副，齿为号令，马为翼距，筹为策动，矢法卒数。于是芬葩贵戚，公侯之俦，坐华榱之高殿，临激水之清流。排五木，散九齿，勒良马，取道里。是以战无常胜，时有逼遂，临敌攘围，事在将帅。见利电发，纷纶滂沸，精诚一叫，入卢九雉。磊落跕跺，并来猥至，先名所射，应声粉溃，胜贵欢悦，负者沉悴。[2]

由此文可见，游戏中富含军事思想，讲究布阵与对决，与围棋相同。樗蒲后来演绎为用骰子对决。

3. 双陆

双陆，是使用正方体、六面镂点的骰子，两人对博，分黑白若干子，子称"马"，按掷骰所得之彩行"马"，各自由棋盘一方行至另一方，以叠行之"马"打对方单行之"马"，据到达目的地的先后和打落敌方"马"的多少定胜负。如

---

〔1〕　王昆吾：《唐代酒令艺术》，东方出版中心 1995 年版，第 12 页。

〔2〕　王飞鸿：《中国历代名赋大观》，北京燕山出版社 2007 年版，第 242 页。

《杨太真外传》记唐玄宗与杨贵妃共玩双陆之戏，玄宗眼看要败北了，就对着所掷之骰连声吆喝，此骰子果然"宛转而成重四"。[1]玄宗于是按五品赐绯袍的制度，命高力士将骰子中的四点染成红色。是知此令盛唐已兴。

与唐宋饮酒风尚相宜的是歌妓的参与。歌妓不只提供歌舞，而且也参与酒令活动与文学创作活动。

清代褚人获《坚瓠集》云："古人饮酒击博，其箭以牙为之，长五寸，箭头刻鹤形，谓之六鹤齐飞。今牙筹亦其遗意。唐人诗云：'城头稚子传花枝，席上抟拳握松子。'则今人催花、猜拳，唐时已有之矣。"[2]褚人获是江苏长洲（今苏州）人，他记录的民俗当是江南一带常见的。

三、饮酒创作

酒是催发才情的工具。文人墨客、丹青高手借酒兴才完成佳作。而文人微醉之后，往往能够才情毕露、走笔如飞。陆游等中兴诗人的张园聚会，成为文坛佳话。而文人的创作，一经手抄，则广为传诵。饮酒场所与创作的奇妙关系催生了酒坊的题壁诗。

优秀的题壁诗相当于良好的广告，为酒家迎来顾客。宋代时的官吏许洞因为用公钱而被除名，但其诗名很大。许洞常在民坊赊酒，一次题诗于壁，引起乡人争相观睹，这家酒坊因此喝酒人数大增。

题壁诗有抒发自己情绪的。比如宋代林外有《题西湖酒家壁》："药炉丹灶旧生涯，白云深处是吾家。江城恋酒不归去，老却碧桃无限花。"陆游也有《题酒家壁》："明主何曾弃不才，书生飘泊自堪哀。烟波东尽江湖远，云栈西从陇蜀回。宿雨送寒秋欲晚，积衰成病老初来。酒香菰脆丹枫岸，强遣樽前笑口开。"

题壁诗也有抨击社会现象的。南宋时通往临安的路上有一桥，谓白塔桥，乃水陆交通要道。此处售卖临安的地图，士大夫前往临安，都要买一幅作为入京的准备。于是有人在壁上题诗："白塔桥边卖地经，长亭短驿甚分明。如何只说临安路，不较中原有几程。"[3]敖陶孙题壁诗（参见第五章第五节）反映了南宋政权的内部斗争。

题壁诗是表现自己才情的方式，它面向公众，因题壁诗而得到权贵赏识者有之。《武林旧事》载：

---

〔1〕（后唐）王仁裕：《开元天宝遗事十种》，丁如明辑校，上海古籍出版社1985年版，第139页。

〔2〕（清）褚人获：《坚瓠集（三）》，李梦生校点，上海古籍出版社2012年版，第913页。

〔3〕李有：《古杭杂记》，商务印书馆1939年版，第1页。

一日，御舟经断桥，旁有小酒肆，颇雅洁，中饰素屏，书《风入松》一词于上，光尧驻目称赏久之，宣问何人所作，乃太学生俞国宝醉笔也，其词云："一春长费买花钱，日日醉湖边。玉骢惯识西泠路，骄嘶过、沽酒楼前。红杏香中歌舞，绿杨影里秋千。　　东风十里丽人天。花压鬓云偏。画船载取春归去，余情在、湖水湖烟。明日再携残酒，来寻陌上花钿。"上笑曰："此词甚好，但末句未免儒酸。"因为改定云"明日重扶残醉"，则迥不同矣。即日命解褐云。[1]

但也有因此而断送前程的。俞樾《春在堂随笔》记云：

杭州陆玑，道光间名诸生也，豪于饮，能诗文，且善画，恃才傲物，不可一世。遇才名出己右者，必力折之。每于樽俎间，走笔为诗文，洋洋数千言，用相凌躐，务令慑伏乃已。人多爱其才而畏之。一日至西湖，纵饮大醉，命仆磨墨。仆以砚进，怒曰："此岂足而翁用邪？必斗墨乃可。"仆不得已，觅得巨墨数笏，杵而碎之，盛水于土釜而和之，奉以进。喜曰："可矣。"携之至金沙港关庙。庙有素壁，累桌椅，登其巅，濡巨笔，就壁作画。须臾之间，画为山水，烟云瀚渤，气势淋漓，因题诗其上曰："一瓯逸气向空喷，化作西湖壁上云。袖里烟霞乱飞去，千秋抹杀李将军。曾将造化拜吾师，泣鬼惊人笔一枝。寄语山灵勤护惜，不逢奇士莫题诗。"时学使者，为吾师史葤塘先生，越数日，适至庙中，见画，惊曰："吾前游未见此也，谁为之者？"读其诗，视其所题署曰是陆玑邪？徘徊久之，怃然余曰："吾固以大器期之，今乃知一狂生耳。"是岁，为丁酉拔贡之年，公本以拔贡拟陆，至是乃摈不与。陆嗣是坎坷失志，屡应乡试不中。纳粟得一官，入蜀待缺，又不得补，抑郁以终。[2]

不少绘者也是以饮酒为契机完成创作的。楼钥《题家藏二画》恰到好处地记述了宋人的作画状态："方其欲画时，闭户张绢素。磨墨备丹彩，饮酒至斗许。解衣恣盘礴，手足平地踞。顾盼或腾骞，窥之真是虎。捉笔一挥成，神全威不露。"[3] 闭户、张绢素、饮酒，是作画前的三步曲。酒是创作的催化剂。

〔1〕（宋）周密：《武林旧事》，浙江人民出版社 1984 年版，第 38 页。
〔2〕（清）俞樾：《春在堂全书》第 5 册，凤凰出版社 2010 年版，第 463 页。
〔3〕（宋）楼钥：《攻愧集》，中华书局 1985 年版，第 59 页。

第五章　社会文化角度下的考察

第一节　杭州酒政与酒业管理

酒政是政府对酒类的生产、流通、消费过程进行控制与管理的各项方针、政策与法律措施的总称。大致而言，它包括酒法、酒政机构与酒税制度。也就是说，它是酒文化中的上层结构，是政府法律手段、经济手段以及行政手段的综合体现。顾炎武即是从这一高度来看待酒业的，他认为："水为地险，酒为人险"，"萍氏掌国之水禁，水与酒同官"，"《传》曰：'水懦弱，民狎而玩之，故多死焉。'酒之祸烈于火，而其亲人甚于水，有以夫，世尽夭于酒而不觉也"。[1] 酒政过严，百姓受害；酒政过弛，则民风败坏。酒政不可不慎。

一、管理制度

因为酒的生产与作为百姓生存之本的粮食有着密切的关系，也由于酒在社会生活中的地位很重要，所以，自酒产生起，酒业基本上就处于统治者的严密监管之下。由此形成了专门的规章制度，大致包括禁酒制、榷酒制、税酒制、酒税均摊法与就厂征收制等多种制度。在漫长的酒史中，榷酒制的执行最为普遍。

杭州地区的酒税制度就在整个国家而言，既有共性也有其个性。早在春秋时期，越国就实行过用酒奖励生育的政策。

---

〔1〕（清）顾炎武：《日知录集释（全校本）》，黄汝成集释，栾保群、吕宗力校点，上海古籍出版社 2013 年版，第 1607—1608 页。

　　宋代是我国又一次全国统一的时期，由于经济发展以及统治的需要，酒业得到飞快发展。宋代的酒分为商品酒与非商品酒两种。政府不仅干预商品酒的生产、销售和分配诸环节，而且对非商品酒的生产和使用也实行严格的管理。[1] 这些酒是由法酒库和内酒坊生产的，南宋时期则分别称为内酒库和甲库。这两个酒库坊均属于光禄寺。《宋史·职官志》："法酒库、内酒坊，掌以式法授酒材，视其厚薄之齐，而谨其出纳之政。若造酒以待供进及祭祀、给赐，则法酒库掌之；凡祭祀，供五齐三酒，以实尊罍。内酒坊惟造酒，以待余用。"[2] 地方层面，是指由州府一级官府按规定酿造的公使酒。公使酒的使用有严格的规定，私用或者滥用都会受到处罚。

　　非商品酒是不用于流通的政府用酒，官府酿造非商品酒又可分为中央和地方两种情况。中央层面，专指宫廷皇室祭祀、宴飨饮用的法酒和供御酒。

　　马端临《文献通考·征榷考》载："宋朝之制，三京官造曲，听民纳直，诸州城内皆置务酿之，县镇乡间，或许民酿而定其岁课，若有遗利则所在皆请官酤。"[3] 宋代对酒的管理基本上是实行形制完备、规定细致的专卖制度，榷曲、官卖、民酿课税三种基本形式并行，因地因时而异。在北宋蔡京集团变更酒榷制度之前，主要以官榷与买扑制为主，酒利用于地方支出为多。熙宁之后，中央进一步瓜分酒利。酒课的变化影响了酒的发展，马端临对此有过陈述：

　　　　止斋陈氏[4]曰："国初，诸路未尽禁酒。吴越之禁自钱氏始，而京西禁始太平兴国二年，闽、广至今无禁。大抵祖宗条约，酒课大为之防。"

　　　　淳化四年十二月十四日，敕令诸州以茶盐酒税课利送纳军资府，于是稍严密矣。

　　　　咸平四年五月四日，敕诸州曲务自今后将一年都收到钱，仍取端拱至淳化元年三年内中等钱数立为祖额，比较科罚，则酒课立额自此始，然则藏之州县而已。

　　　　庆历二年闰九月二十四日，初收增添盐酒课利钱岁三十七万四千一百三十余贯上京，则酒课上供始于此，从王琪之请也（今户部所谓王福部一文添酒钱是也）。

---

〔1〕　此节论述参见孙家洲、马利清主编：《酒史与酒文化研究（第一辑）》，社会科学文献出版社2012年版。

〔2〕　（元）脱脱等：《宋史》卷164，中华书局2000年版，第2607—2608页。

〔3〕　（元）马端临：《文献通考》，浙江古籍出版社1988年版，第170页。

〔4〕　止斋陈氏为宋代永嘉派学者陈傅良。

熙宁五年正月四日，令官务每升添一文，不入系省文帐，增收添酒钱始于此，则熙宁添酒钱也。

崇宁二年十月八日，令官监酒务上色每升添二文，中下一文，以其钱赡学。四年十月，量添二色酒价钱，上色升五文，次三文，以其钱赡学，则崇宁赡学添酒钱也（五年二月四日，罢赡学添酒钱）。

政和五年十二月十一日，令诸路依山东酒价升添二文六分，入无额上供起发，则政和添酒钱也。

建炎四年十一月十二日，曾纡申请权添酒钱，每升上色四十二文，次色十八文，以其钱一分州用，一分充漕计，一分提刑司桩管，则建炎添酒钱也。

绍兴元年五月六日，令诸州军卖酒亏折本钱，随宜增价，不以多寡，一分州用，一分漕计，一分隶经制。前此酒有定价，每添一文，皆起请后行之。至是，州郡始自增酒价而价不等矣。十二月十八日，令添酒钱，每升上色二十文，下色十文，一半提刑司桩管，一半州用。三年四月八日，令煮酒量添三十文作一百五十文足，以其钱起发。五年闰二月二十三日，置总制司。六月五日，令州县见卖酒务，不以上下，每升各增五文，隶总制，而总制钱始于此。六年二月二十二日，令卖煮酒权增升十文，以四文州用，六文令项桩管赡军，是为六文煮酒钱。七年正月二十二日，令诸州增置户部赡军酒库一所，以其息钱三分留本州充本，余钱应副大军月桩，无月桩处起发，是为七分酒息钱。八年六月十日，令两浙诸路煮酒增添十文足，并蜡蒸酒增添五文足，内六文隶总制。九年七月二十九日，以都督府申请，权添煮酒一十文，内四文本州糜费，六文三省、枢密院桩管，激赏库拘收，是为六分煮酒钱。而又有发运司造舡添酒钱，每升上色三文，次二文；提举司量添酒钱，不以上下色，升一文。盖不知所始。

绍兴十一年二月八日，并为七色酒钱，隶经制，而坊场名课亦数增长，与蜀之折估不与焉，则绍兴添酒钱也。酒政之为民害至此极矣，不可不稍宽也。

……

乾道元年，以浙东、西六十四所拨付三衙，分认课额，岁付左藏南库，输余钱充赡军器等用。五年，三衙以酒库还之户部。[1]

---

〔1〕（元）马端临：《文献通考》，浙江古籍出版社 1988 年版，第 170—171 页。

税收制度变化之频繁、额度变化之无常，足以看出酒课在当时的政府收入中所占的比例以及各部门利益分配的变化。增加户部赡军酒库，更是说明了宋代用兵开支的巨大。

具体管理上，官酒务制（官酿官卖的酒专卖制度）是宋代酒法的主体。官酒务经营的地界称"禁地"，由地方官府自己设立酒楼、酒店出售。另外，官府还设置了商业网点，特许的酒户可以从官府酒库中取酒分销，这些零售分销户被称为"脚店""拍户""泊户"等。另外，由于军费开支巨大，所以特准军队拥有酒库，称为"赡军酒库""赡军激赏酒库"等。《宋史·职官志》："三省、枢密院激赏库，三省、枢密院激赏酒库。监官各二人。二库并因绍兴用兵，创以备边；后兵罢，专以备堂、东两厨应干宰执支遣。若朝廷军期急速钱物金带，以备激犒；诸军将帅告命绫纸，以备科拨调遣等用；省院府吏胥之给，亦取具焉。"[1] 这从侧面说明了赡军酒库的功能。赡军酒库由户部主办，军队掌管，同时兼设有酒店、酒楼，对外营业。军队直接经营酒库是南宋榷酒制的一大特点。岳飞、韩世忠所部就分别经营着十多个酒库。[2]

因战事支出增加，朝廷常以酒务收入考核地方政绩，越地有"一郡之政观于酒"之说。所以，杭州城内有政府掌控的酒店与酒楼，还有隶属于军队的酒楼，更有许多买扑酒户的酒店。当时杭州的官库（酒楼）有 20 多座，酒库拥有太和楼、金文库、西楼（攻愧楼）、和乐楼、春风楼、和丰楼、丰乐楼、耸翠楼、太平楼、中和楼、春融楼等大型酒楼。至绍兴二十一年（1151），殿前司诸军就有 66 处酒坊，"脚店"无数。杭州周边的小城镇，又有"九小库"。除此之外，还有安抚司的酒库。

政府对酒的生产和消费采取鼓励政策，这大大促进了酒业的发展。正如清末陆心源《酒课考》中所言，榷酒制是对社会奢侈品征收的高额税金，但这不影响百姓的日常生活，是一种不失为善的好税种，比增加田赋与丁税等更适用。这是有道理的，但是这一制度也有一定的负面影响，主要表现在政策施行不当而导致对民众的剥削。

熙宁年间，全国有酒务 1861 处，经济最为发达的两浙地区与成都府路酒务设置最多。酒税也成为政府收入的重要组成部分。据《宋会要辑稿·食货》载，熙宁十年（1077），两浙各州商税全额，杭州、湖州、越州、秀州领先，其中杭州高达 114418 贯 606 文，名列榜首；第二是湖州，39312 贯 17 文；第三是越

---

〔1〕［元］脱脱等：《宋史》卷115，中华书局 2000 年版，第 2547 页。
〔2〕李华瑞：《酒与宋代社会》，见孙家洲、马利清主编：《酒史与酒文化研究（第一辑）》，社会科学文献出版社 2012 年版，第 185 页。

州，28916 贯 92 文；第四是秀州，27452 贯 640 文；明州 20220 贯 500 文，最次。计杭州一城的商税超过湖州、越州、秀州、明州四州总额的 70% 以上，也远超过向来号称商贸名城的苏州（51034 贯 929 文）、扬州（41849 贯 403 文）。[1] 酒税税额也以杭州为全国之冠，苏轼出任杭州通判时（1071），杭州年入酒税 30 万贯以上，他赞叹"天下酒官之盛，未有如杭者也"[2]。各城市所缴纳商税的多寡也反映出其社会经济水平。从以上数字来看，两浙地区经济走在前列。在政府各个部门中，户部因为管理酒业，经费也相对宽裕。《老学庵笔记》记："及大驾幸临安……故吏、户、刑三曹吏胥，人人富饶，他曹寂寞弥甚。吏辈为之语曰：'吏勋封考，三婆两嫂。户度金仓，细酒肥羊。礼祠主膳，淡吃齑面。兵职驾库，咬姜呷醋。刑都比门，人肉馄饨。工屯虞水，生身饿鬼。'"[3] 即是对当时社会经济的反映。

但看似发达的酒业存在的问题颇多。其一是名不副实的酒生产数量。虽然税赋收得很高，但是实际的酒产量却不是如此。马端临《论宋酒坊》中记："《建炎以来朝野杂录》曰：'旧两浙坊场一千三百三十四，岁收净利钱八十四万缗，至是，合江浙荆湖人户扑买坊场，一百二十七万缗而已。盖自绍兴初概增五分之后，坊场败阙者众故也。'"[4] 他引用了叶适《平阳县代纳坊场钱记》，指出百姓看到酒业有利可图，纷纷"买扑"，因此承包价格越标越高。一旦酒销售不顺，则马上败阙。酒坊虽然关闭，但是钱税还是照交无误。而这种现象不只限于一州一县。每年政府都拿着税册收取，而不看酒坊具体的运营情况。百姓交纳的酒税有时比田税都多，以至于"十百零细，承催乾没关门逃避，攘及锅釜。子孙不息，愁苦不止"。[5] 当时平阳长官杨亿见此情形，毅然上奏朝廷，才得以更变酒税，百姓无不歌舞赞叹。当时，对于采用"税酒"还是"榷酒"也是有不同意见的。有大臣认为，由于税酒是按酒产量取值，政府坐收渔利，而百姓能根据个体情况来调整经营，所以双方各得其利。而国家榷酒，乃与民争利，垄断经营，增设许多政府部门与征收环节，使百姓利益受到损害，有时还激起民愤，导致社会不安定。南宋初期的周辉指出："榷酤创始于汉，至今赖以佐国用。群饮者惟恐其饮不多而课不羡也，为民之蠹，大戾于古。今祭祀、宴飨、馈遗，非酒不行。田亩种秫，三之一供酿财，面蘖犹不充用。州县刑狱，与夫

---

〔1〕 参见《宋会要辑稿·食货一六七》《宋会要辑稿·食货一六八》《宋会要辑稿·食货一六九》。

〔2〕 （宋）苏轼：《乞开杭州西湖状》，见高海夫主编：《唐宋八大家文钞校注集评·东坡文钞（上）》，三秦出版社 1998 年版，第 4851 页。

〔3〕 （宋）陆游：《老学庵笔记》，三秦出版社 2003 年版，第 233—234 页。

〔4〕 （元）马端临：《文献通考》，浙江古籍出版社 1988 年版，第 172 页。

〔5〕 （元）马端临：《文献通考》，浙江古籍出版社 1988 年版，第 172 页。

淫乱杀伤，皆因酒而致。"〔1〕后世顾炎武也认为："实许之酤，意在榷钱，而不在酒矣。"因此榷酒"为民之蠹，大戾于古"。〔2〕

其二是为了增加国家收入，政府一直在刺激酒的生产和消费。因为没有具体材料，笔者无法获知宋代酒的产量，这里以粮酒比例情况做一估算。杭州地区在乾兴元年（1022）耗粮 1 万石、产酒 10 万斗，绍兴元年（1131）耗粮 25 万石、产酒 250 万斗。这是公使库的情况，而私家和民间酿酒情况尚未计入。当时不只政府可以制酒，军队也可以制酒，且酒库规模很大。以经济为导向的策略使得社会风气衰败。如果说国家"特许卖酒"导致了一系列腐败现象，那么"设法卖酒"则更为明显地误导了时风。社会奢靡之风盛行，"而饮者惟恐其饮不多，而课不羡也"〔3〕。据史料，每年秋季新酒上市之际，正是百姓手里有闲钱之时，而"一条鞭法"施行之后，"悉归于公，上散青苗钱于设厅，而置酒肆于谯门。民持钱而出者，诱之使饮，十费其二三矣。又恐其不顾也，则命娼女坐肆作乐以蛊惑之。小民无知，争竞斗殴，官不能禁，则又差兵官列枷杖以弹压之，名曰'设法卖酒'。此'设法'之名所由始也。太宗之爱民，宁损上以益下。新法惟剥下奉上，而且诱民为恶，陷民于罪，岂为民父母之意乎？今官卖酒用妓乐如故，无复弹压之制，而'设法'之名不改，州县间无一肯厘正之者，何耶？"〔4〕既聚敛民财又害民。虽然有士人反对，但"无策以革其弊"。周辉说："州县刑狱，与夫淫乱杀伤，皆因酒而致。甚至设法集妓女以诱其来，尤为害教。"〔5〕

而政府一旦与经营挂钩，则为腐败提供了方便。宋代有"公使酒"一说，这种酒应该是名贵之酒，是宴请、招待官员的酒。公使酒作为官员的招待酒，是有一定额度的，要按官员的级别以及州军的大小来定。如兖州（今济宁市兖州区）、青州等大州为 10 石，有的则为 5 石、3 石、1 石 5 斗或 1 石不等。与其相伴的一个概念是"公使钱"。《燕翼诒谋录》载："祖宗旧制，州郡公使库钱酒，专馈士大夫入京往来与之官、罢任旅费，所馈之厚薄，随其官品之高下、妻孥之多寡。"〔6〕不出产酒的地方政府，可以用公使钱来购粮酿酒。北宋神宗时，还允许"以公使钱雇召人工，置备器用，收买物料造酒，额定公使钱每百贯钱造

〔1〕（宋）周辉：《清波杂志》，上海古籍出版社 2007 年版，第 5072 页。

〔2〕唐敬杲选注：《顾炎武文》，崇文书局 2014 年版，第 176 页。

〔3〕（宋）周辉：《清波杂志》，上海古籍出版社 2007 年版，第 5072 页。

〔4〕（宋）王栐：《燕翼诒谋录》，上海古籍出版社 2007 年版，第 4605 页。

〔5〕（宋）周辉：《清波杂志》，上海古籍出版社 2007 年版，第 5072 页。

〔6〕（宋）王栐：《燕翼诒谋录》，上海古籍出版社 2007 年版，第 4612 页。

米十石"。[1]《宋史·食货志》说："陕西有酝公使酒交遣，至逾二十驿，道路烦苦。"官员为了喝到好酒，居然遣人到二十驿外的地方购公使酒，其役民如此无须多言。而这些酒也是官员贪污的范围，公酒私用，或者多报少用、中饱私囊。尽管政府对此严查不怠，但总有官员借机贪污。

另外还有私酒问题。"宋代禁限私酒通常包括两个内容：一是以立法的形式，禁止官府特许或允许之外的酿沽行为；二是稽查打击业已出现的私酒活动。宋朝立法禁私酒和稽查私酒都是很严厉的。"[2] 比如北宋初法律规定：私酿酒3斗、私制曲15斤，就处以死刑。宋真宗以后逐渐放宽，酒禁都无死刑，但处罚依然是严酷的。同时，政府缉捕私酒达到了骇人听闻的地步。南宋人汪大猷《论捕酒之害》称："今捕酒者，空人之家，邻里至前，则诬以拒捕，官司不复明白，则是捕酒之暴甚于盗窃也。杀人者，罪止一身，而老幼自若，今一遇捕酒，举家拘执，非法受苦，则是犯酒之罪重于杀人也。"[3] 贩私酒的罪名甚至比强盗行为更为严重。而这一切针对的都是孤弱之民。官府与豪强相互勾结，依权仗势，致使私酿公行，禁法徒具纸文。宋高宗"禅位"之后，居德寿宫，在宫内设小市，私下酿酒。此事为谏官袁孚进言后，引起其不满，在一次晚宴中，甚至自带好酒，上书"德寿私酒"，在孝宗面前示意。而孝宗见之，只好隐忍不发，为了照顾太上皇情绪，还让谏官袁孚自找闲职去京。查私酒一事不了了之。其后，孝宗干脆下诏每年拨给糯米5000石，供德寿宫酿造御酒，让违法的私酿彻底合法化，太上皇也就名正言顺地从中获取暴利。这种凌驾于法律之上的做法，起到了负面的示范作用，宋代吏治之腐败于此可见一斑。

二、酒政机构与生产管理

酒政机构是政府管理酒务的机构，有专管与兼管两种类型。周朝设立的萍氏是中国第一个酒政机构，它节制民间的饮酒行为。周朝还设有酒法执行机构司武虎（即禁酒警察），对群饮者进行处罚。汉朝设立榷酤官，北魏设立榷酤科，唐代酒政由州县长官兼管，后周设立都务侯，辽代酒政则隶属上京盐铁司，宋代设有酒务，金代设有曲院和酒使司，元代也设有酒务，明代有宣课司和通课司管理酒务，清代酒务则由户部统一管辖。

---

〔1〕（清）徐松辑：《宋会要辑稿·食货二一》，刘琳、刁忠民、舒大刚校点，上海古籍出版社2014年版，第6459页。

〔2〕李华瑞：《酒与宋代社会》，见孙家洲、马利清主编《酒史与酒文化研究（第一辑）》，社会科学文献出版社2012年版，第188页。

〔3〕曾枣庄、刘琳主编：《全宋文》第265册，上海辞书出版社2006年版，第177页。

（一）酒务与监官

吴越国后期，两浙地区始榷酒。"募民掌榷"，其制以民户买扑坊场为主。入宋后，各地陆续改置官酒务。《宋史·食货志》载："宋榷酤之法，诸州城内皆置务酿酒，县、镇、乡、闾或许民酿而定其岁课。若有遗利，所在多请官酤。"宋代官府在州府一级设置酿卖酒曲、征收酒税的机关，称"都酒务"，县一级称"酒务"。比如明州都酒务创置于真宗天禧五年（1021），其属县慈溪酒务则创置于太宗淳化末，奉化酒务创置于真宗大中祥符六年（1013），定海酒务也在天禧五年创设。然而，江南东、西两路，五代时期民纳曲钱，许民酿酒，入宋后创立官酒务，而曲钱不除。因此，宋代的酒税是较高的。杨亿所记龙泉酒坊吴越时酤榷甚获其利，"县民张延熙贪婪无识，遂入状添起虚额，买扑勾当"，入宋后情势多变，酤卖不行，而课利如旧，"元买扑户并尽底破卖家产，填纳不足，只有身命偿官"。[1]

酒务沿上古之法，设两种职位：一是监管生产过程的监官，二是专门实施酒课的官吏。宋代地方收酒税的部门称"点检酒所"。点检酒所收的税银也用于地方建设。《梦粱录》记载：每年二月初一是中和节，这一时节天气转暖，百花次第开放，杭州民间有游湖习俗。这时，州府就会从点检酒所拨税银二十万贯来"修葺西湖南北二山，堤上亭馆园圃桥道，油饰装画一新，栽种百花，映掩湖光景色，以便都人游玩"[2]。北宋时期的酒税多用于地方，所以监官多由转运使充任。监官虽然职位较低却有实权，政府设置了课税的下限作为监官司任命的依据：年课三万贯以上，须由转运使保举；三万以下，由中央差注；而更小的课税，"许人认定年额买扑，更不差官监管"[3]。由此可见，地方的酒务监官与课税多寡直接挂钩，课税多的地区，可以设双监官，而课税少的地区，则可由州县长官兼任。监官之下设专知，具体负责诸项杂务。徽宗大观二年（1108）诏："今后诸路应官监酒务，并依在京库务法，监、专同立界管勾。"[4] 课利低的小酒务，也可不差监官，直接差衙前充专知，认纳岁课。不由酒务官员专任而由地方官吏任专知，这种差役之法是有弊病的。在课税高的地区，专知有好

〔1〕（宋）杨亿：《论龙泉县三处酒坊乞减额状》，见（宋）杨亿、（元）杨载：《武夷新集 杨仲弘集》，福建人民出版社 2007 年版，第 243 页。

〔2〕（宋）吴自牧：《梦粱录》，浙江人民出版社 1980 年版，第 6 页。

〔3〕（清）徐松辑：《宋会要辑稿·食货五四》，刘琳、刁忠民、舒大刚校点，上海古籍出版社 2014 年版，第 7236 页。

〔4〕（清）徐松辑：《宋会要辑稿·食货二〇》，刘琳、刁忠民、舒大刚校点，上海古籍出版社 2014 年版，第 6428 页。

处可得，所以衙前会出卖管干来使双方获利。在课税低而有定额的地区，往往要"枷项差勒人员军将，须管甘（干）认勾当"[1]，而一旦课税不到位，则要衙前补偿，所以地方的积极性不高。

（二）生产主体

宋代酒业的生产主要有官营酒坊和私营酒坊两种。

官营酒坊有专管生产之监官，下辖酒匠和杂役，设店肆卖酒。监官一般由低级的文官司员充当，即京官司、选人、使臣担任，由审官司院、三班院差注，三年为再一任。专门生产酒曲的官曲务（院）类此。[2]

酒匠是技术工，如果技术好，可以长期充役。"酒匠得力听留，阙或须雇人者，听和雇。从之"[3]，这些工匠凭借技术讨生活，人身比较自由，"凡雇觅人力、干当人、酒食、作匠之类，各有行老供雇"[4]，是由专事职业介绍的人推荐的。杂役也称"酒工"，做的是纯粹出卖体力的活，酒坊内的一切劳务如淘米、烧灶、推磨、蒸炊、搬运等，都由他们承担。酒工以厢兵为主体，间有雇民匠者。酒务厢兵，从厢兵中选择，也有专门招集的。酒工人数依酒务课额而多寡不同。《庆元条法事类》卷 36《军防格》规定：酒务课额 3 万贯以上，杂役厢兵 20 人；2 万贯以上 15 人；1 万贯以上 7 人。[5] 事实上，有的酒务课额浩大，杂役厢兵等多达数百人，所以专门设置清酒指挥。真宗末年，杭州立清酒指挥，额 400 人。后来江宁（南京旧称）府为 150 人，苏州府为 350 人。酒务募民充役的，为数也不少。杭州未立清酒指挥前，一直以钱雇民充役，各地酒务普遍选差厢兵后，仍规定"阙或须雇人者，听和雇"。宋朝雇民匠丁夫，实际上多为差雇，官酒务雇人，也不能例外。这些工人的薪水初以实物支付，后来以工钱支付。

那么这些劳动者的工钱到底有多少呢？现只有《宋人佚简》中舒州（今安徽潜山市）酒务公文保留了这方面的资料。其中《在城酒务造酒则例》说："本务卖常酒月分，每日合用杂工一十二名，每名日支工食钱二百五十文省，酒匠一名，日支工食钱三百文省，自三月为头，至十一月终。本务卖煮酒月分，每

---

〔1〕（宋）杨亿：《论龙泉县三处酒坊乞减额状》，见（宋）杨亿、（元）杨载：《武夷新集 杨仲弘集》，福建人民出版社 2007 年版，第 242—243 页。

〔2〕包伟民：《传统国家与社会：960—1279 年》，商务印书馆 2009 年版，第 77 页。

〔3〕（清）徐松辑：《宋会要辑稿·食货二〇》，刘琳、刁忠民、舒大刚校点，上海古籍出版社 2014 年版，第 6430 页。

〔4〕（宋）孟元老：《东京梦华录》，中国商业出版社 1982 年版，第 23 页。

〔5〕《庆元条法事类》由南宋宰相谢深甫监修。据《宋会要辑稿·食货二一》可知此格订于北宋，唯《宋会要辑稿》作三万贯以上者厢兵"二十八人"。

日合用杂工一十五名，每名日支工食钱二百五十文省，酒匠一名，日支工食钱三百文省，自十二月为头，至二月终。"[1]《衢西店造酒则例》记："酒匠毛翼，每日食钱三百文省""作夫汪德等八名，每名日支食钱二百五十文省"。[2]

技术工与劳动工每日食钱相差五十文，但酒匠实际收入要比酒工更高一些，因为酒匠除了日工钱外，若酒出售情况好，还能得到"所增数，给一厘"的奖金。南宋乾道年间，酒匠可得到所收宽剩钱中二厘的赏钱。不过，酒务课额完成情况不好时，酒匠会受到惩罚。如据《庆元条法事类》卷79《厩库勒》：酒务课额亏二厘，酒匠笞五十，听赎。[3]

而私营酒坊还可以分成两种：一是酿酒专业户经营的酒坊，也可称为酒户；二是承买官司酒务或者酒坊场的扑户。扑户更为普及。从史料来看，机营酒坊管理不甚规范。据《宋史·太祖纪》，建隆二年（961），内酒坊失火，烧死了酒工30多人，趁火偷盗者就有50多人，后来被处决的有30多人，酒坊使与副使皆因酒工偷盗被处斩。

在私营酒坊中，少不了经验丰富的酿酒匠，"石溪人杨四，工造酒，富家争用之"[4]，而其他劳力的替代性就比较强了。一般家庭式作坊，即由家人充任下手。

（三）生产场所

酒库是酿造、批发酒的机构。一个酒库一年使用数百万乃至上千万个酒瓶，因而酒库附近一般设有瓷窑，专门烧造供酒库使用的酒瓶。由酒瓶的多少可以推知酒库的规模。宋代史料中记载：

> 若外若内，一撤而新。大门、公厅皆北乡。厅之后，则酒官便室也。门之前，则神宇吏舍也。周遭于其左，则曲米物之廒，七醉三色栈之库也，而又附以碓米之屋。绵亘于其右，则列灶摊馈之场，醅酒供筵栈之库也，而又加以涤器浸米之所。若井亭，若糟池，规创具备。惟联属于后名醅库者，因旧而葺尔，为屋凡七十间，限以窗户，甃以

〔1〕 转引自孙继民、魏琳：《南宋舒州公牍佚简整理与研究》，上海古籍出版社2011年版，第101页。

〔2〕 转引自孙继民、魏琳：《南宋舒州公牍佚简整理与研究》，上海古籍出版社2011年版，第31页。

〔3〕 李华瑞：《宋代酒的生产和征榷》，河北大学出版社1995年版，第97页。

〔4〕 《杨四鸡祸》，见（宋）洪迈：《夷坚志》，九州图书出版社1998年版，第1742页。

砖石，饰以丹腹。[1]

酒库由仓库区、生产区、贮酒区、办公区、宿舍区等组成，与现代的酒厂形式差不多。

（四）生产与销售的管理

宋朝酿酒主要用糯米，造曲用小麦。各地因风土之宜，又有用粳、粟、黍、秫之类的。蒸煮米麦，需用大量燃料。此外还需杂物颇多，如酒染色用红花紫草，滤清出酒时应加石灰等。

《北山酒经》亦说："造酒治糯为先，须令拣择，不可有粳米，若旋拣，实为费力，要须自种糯谷，即全无粳米，免更拣择。"[2] 糯米成为紧俏品，价格高于其他食米。欧阳修《食糟民》一诗写道："田家种糯官酿酒，榷利秋毫升与斗。"张耒《孙志康许为南酿前日已闻糴米欣然作诗以问之》诗曰："每恨乏陈糯，价直如买珠。"胡安国亦曾举例说："以邵阳言之，酒课约二万余缗，而折税为糯者凡六十斛，糯贵于粳，价几一倍。"[3] 宋制，官务酒米不得动用仓储，许"预约岁计，就近科拨税租。不足即籴买"。以两税折纳酒米，弊端百出。因为糯米市价一般比粳米高出许多，如南宋初年，越州糯米斗八百钱，粳米只四百钱。个别地区糯米与饭米同价，商贾搬贩，经涉二三百里，即可获倍称之息。但越州折纳糯米，则"抵斗为则"，即一斗苗额纳糯一斗，致"民有倍称之费"。这样，在酒原料这一层就暗藏了搜刮百姓的可能性。到南宋后期，略有改善，仍为糯米一石，折苗一石一斗一升。明州糯苗折变率，也仅为1∶1.07。北宋西北沿边地区酒务的酒米，常年都由内地州县人户"折变往彼"，百姓苦不堪言。[4] 所以宋廷往往强调置场和籴，名义上方便收米，实际上却是低价收购糯米，"乃因榷酒之故，岁岁行下，科籴糯米，所酬之直，未必能及时价，所支之钱，未必能到人户。况又有追催之苦，有陪备之费，其为咨怨，盖不待言"[5]，甚至"赊籴米麦，不支价钱，即将酸黄酒抬价折还"[6]。官吏"率为奸吏估麦，必损其直，

〔1〕（宋）周应合：《景定建康志（二）》，南京出版社2009年版，第579页。

〔2〕（宋）朱肱等：《北山酒经（外十种）》，任仁仁整理校点，上海书店出版社2016年版，第24页。

〔3〕（宋）胡寅：《斐然集 崇正辩》，岳麓书社2009年版，第510页。

〔4〕包伟民：《传统国家与社会：960—1279年》，商务印书馆2009年版，第78页。

〔5〕（宋）真德秀：《潭州奏复酒税状》，见黄仁生、罗建伦校点：《唐宋人寓湘诗文集（二）》，岳麓书社2013年版，第1730页。

〔6〕（清）徐松辑：《宋会要辑稿·刑法二》，刘琳、刁忠民、舒大刚校点，上海古籍出版社2014年版，第8351页。

以税钱一折金十"[1]，"吏缘为奸，以税钱折麦，以苗米折糯，为州县场务曲酿之资"[2]，这样的管理，使得酒政荒废、民生艰难。酒生产量上升的背后是百姓被变相剥削。

另外，造酒需用大量燃料，也是酒库出钱购买的，如越州酒务就有专门的买柴船。元祐六年（1091），汝阴（阜阳旧称）久雪，苏轼将"酒务有余柴数十万称，依原价卖之"[3]，解百姓倒悬之苦。这从侧面表现出当时的酒务都有自行购买柴火的做法。熙宁元年（1068），吕嘉问任户部判官，行连灶法于酒坊，岁省薪钱十六万缗。所谓连灶法，也称烧省法，是一个灶门架数个锅镬。"一门而三镬，一门用柴，三镬俱沸，用柴既省，谓之烧省法。"[4]这种方法首先是在巴蜀煎盐中使用，后来推广到各地的酒务炊作中。[5]

酒务造酒分清酒、煮酒两类。酿成即可出售、不需蒸煮的为清酒，又称生酒、小酒。而于腊月造的酒，出滤后需蒸煮装坛，移时开卖，故称煮酒，又称大酒。宋朝一般于四月至八月出售煮酒，九月至十二月出售清酒。《梦粱录》记载杭州的各酒库，有的清酒、煮酒共置，有的分开设置。如果官务生产条件好，拥有手艺高超的酒匠，则能生产一些名酒。欧阳修《食糟民》诗曰："官沽味浓村酒薄，日饮官酒诚可乐。"说明官酒的品质较好。但在许多情况下，由于官吏腐败，经营无方，官酒往往质次价高，不堪入口。杨万里有《新酒歌》，歌颂自己的家酿酒，其诗序则云"官酒可憎，老夫出家酿二缸，一曰'桂子香'，一曰'清无底'，风味凛冽，歌以纪之"。私酿酒质量反高于官酿酒。

第二节　杭州的饮酒习俗

在描述一座城市的文化性格时，杭州多少会让人感到是阴柔的。经济学家曾将中国城市分为"开封型"与"苏杭型"。前者闻名的是其政治与军事功能，而后者则是以经济与消费的形态进入人们的视野。吴自牧说，"临安风俗，四时奢侈，赏玩殆无虚日"[6]，杭州这座文化城市给人以太多的诗意，常让人在低回

〔1〕（清）徐松辑：《宋会要辑稿·食货一〇》，刘琳、刁忠民、舒大刚校点，上海古籍出版社2014年版，第6204页。

〔2〕（清）徐松辑：《宋会要辑稿·食货一〇》，刘琳、刁忠民、舒大刚校点，上海古籍出版社2014年版，第6204页。

〔3〕（清）梁廷楠：《东坡事类》，汤开建、陈文源点校，暨南大学出版社1992年版，第66页。

〔4〕（宋）李焘：《续资治通鉴长编》第10册，中华书局2004年版，第6256页。

〔5〕胡小鹏：《中国手工业经济通史·宋元卷》，福建人民出版社2004年版，第432页。

〔6〕（宋）吴自牧：《梦粱录》，浙江人民出版社1980年版，第27页。

婉转中销魂沉醉。

杭州历史上属于吴越之交界，因此带有明显的吴越文化的特点。与同期的中原文化相比，吴越先民对酒的认识与中原诸国略有不同。（表 5-1）

表 5-1　吴越先民与中原诸国对酒的认识

对比项	吴越	中原
酒格描述	醇德	酒德
文献中酒的种类	吴醴	五齐之制
适用场合	祭祀、交际、经济政策	祭祀、交际
精神指向	勇敢、冒险、不畏死	节制、中庸

杭州人口结构受到北方移民的影响。主要有四次演变。秦统一中国后，曾对越人进行了残酷的统治，把越人迁徙到基本未开发的山区。即将越人从以山阴为中心的浙东向东、向南迁徙，而来自中原的汉族则居住在浙东平原一带。但是从总体看，越民族占了人口的绝大多数，北方的移民数量不是很多。这是因为，秦汉时的山阴一带还不具备接纳外来移民的能力。因此，在秦汉时期，浙江的民俗文化还是以越文化为主体，保持着上古的尚武、多神崇拜特征，民风强悍，但中原文化的儒家伦理思想也开始在浙江传播，与浙江民俗文化出现了逐渐融合的趋势。

分裂政权之始的东吴集团是浙江人。从资料来看，东吴的孙权是历史上特别嗜好杯中物的皇帝之一，至今还流传有他建业登基后的许多与饮酒相关的故事（也见诸信史）。例如：酗酒为祸放走刘备且赔上自己的妹妹；半醉行酒欲杀虞翻；数着周泰身上伤痕赐酒；等等。其手下战将中也多豪饮之士如甘宁，《三国志·吴书》载："后曹公出濡须，宁为前部督，受敕出斫敌前营。权特赐米酒众肴，宁乃料赐手下百余人食。"

吴越之地真正受到中原文化倾覆式的洗礼是在魏晋六朝时期。"永嘉之乱"爆发后，中原的士族为了躲避北方异族的入侵，也为了躲避战乱，纷纷南迁，其中优秀的文化力量多扎根于江苏南部和浙江，这是一次影响极为深远的移民。之后，吴越之地的风俗和社会观念被北方正统观念同化，越文化也逐渐汉化，黄酒文化也逐渐纳入华夏酒文化的大家庭之中。

三国归晋之后，以中原正统自居的晋统治者主张对江南文化进行改造。华谭向晋武帝献策说：

> 臣闻汉末分崩，英雄鼎峙，蜀栖岷陇，吴据江表。至大晋龙兴，应期受命，文皇运筹，安乐顺轨；圣上潜谋，归命向化。蜀染化日久，

风教遂成；吴始初附，未改其化，非为蜀人敦恳而吴人易动也。然殊俗远境，风土不同，吴阻长江，旧俗轻悍。所安之计，当先筹其人士，使云翔闾阎，进其贤才，待以异礼；明选牧伯，致以威风；轻其赋敛，将顺咸悦，可以永保无穷，长为人臣者也。[1]

由于中原文化在当时确实具有一定的先进性，加上统治者的提倡和表率作用，吴越之地的旧风俗发生了很大的变化。例如，上古时候吴地以茶代酒的民俗，说明茶的地位还是比较高的，但是北方统治者不习饮茶，因此在宴饮中，茶的地位开始下降，而以酒饮为正统。

南宋偏安之后，大量的北方皇族豪门定居杭州，也将北方的风俗传入杭州。南宋时杭州有喝羔羊酒的习俗，这就是受北方习俗的影响。

元代蒙古族将彪悍的风俗带入杭州，虽然被杭州的南风熏化，但也多少带着硬朗的气质。元朝统一江南之际，南宋守臣纷纷投降，并未发生大规模的惨烈战争，江南社会受到战争破坏较轻，对南宋时期的社会结构没有产生明显的影响。

明清以后，杭州习俗大多依前代。

一、节日与酒

（一）杭州岁时节日与酒[2]

杭州的岁时节日在唐宋已定型，主要有正旦、元夕、花朝、寒食、端午、七夕、中秋、重阳、冬至、除夕等节日。每个节日都由若干活动组成，而主题就是慎终追远，祝贺生命的延续、祈求幸福的降临。

1. 元旦与元夕

一年之始是正旦，即元旦。元旦是大节日，冬至、寒食与元旦是古时最受重视的三个节日。南宋钱塘人吴自牧《梦粱录》卷1云："正月朔日，谓之元旦，俗呼为新年。一岁节序，此为之首。官放公私僦屋钱三日，士夫皆交相贺，细民男女亦皆鲜衣，往来拜节。街坊以食物、动使、冠梳、领抹、缎匹、花朵、

---

〔1〕《全晋文》卷79，见（清）严可均辑：《全上古三代秦汉三国六朝文》第4册，河北教育出版社1997年版，第820页。

〔2〕 本节参考了孟元老《东京梦华录》、吴自牧《梦粱录》、周密《武林旧事》、周辉《清波杂志》、耐得翁《都城胜纪》、陆容《菽园杂记》、范祖述《杭俗遗风》、顾禄《清嘉录》等资料。

玩具等物沿门歌叫关扑。不论贫富，游玩琳宫梵宇，竟日不绝。家家饮宴，笑语喧哗。"末了还特别指出："此杭城风俗，畴昔侈靡之习，至今不改也。"[1] 这一天，宫廷中要举行大朝会，元正之时，"太子、上公、亲王、宰执并赴紫宸殿立班进酒，上千万岁寿……及诸国使人及诸州入献朝宴，然后奏乐，进酒赐宴"[2]。民间则有祭祖、放炮仗、拜年、贴桃符、饮屠苏酒、食素饼等习俗。祭祖是慎终追远的一种方式，施宿《嘉泰会稽志》卷13《节序》载："元旦，男女夙兴，家主设酒果以奠，曰接神。男女序拜已，乃盛服诣亲属贺，设酒食相款，凡五日乃毕。"[3] 拜年是必不可少的习俗。刘克庄《元日》诗描述道："元日家童催早起，起搔冷发惜残眠。未将柏叶簪新岁，且与梅花叙隔年。甥侄拜多身老矣，亲朋来少屋萧然。人生智力难求处，唯有称觞阿母前。"

而宋代的杭州，从旧历十二月二十四一直到元夕后五天，城市一直沐浴在节日的氛围之中。这是比较特殊的。因为钱镠献了两夜灯，所以杭州的灯会较其他城市长。[4] 而早在孟冬之时，节日氛围已渐渐浓厚。这段时间，都城里每晚张灯结彩，天街的茶肆中挂满出售的彩灯。歌舞队在热闹之地献艺。"每夕楼灯初上，则箫鼓已纷然自献于下。酒边一笑，所费殊不多。往往至四鼓乃还。"[5] 晚上偷闲喝酒，还能望见楼下的歌舞场面，而且所费不多。孟冬节之后，这样的歌舞队越来越多，酒楼的生意也越来越好。天竺越来越热闹，因为皇室与贵族赏赐的花灯都在那一带展出，城里百姓都结伴去天竺观灯。官府每天晚上都派出人员，让这些演艺人员支领酒烛与演出费用。这样，天街上每天鼓吹不绝，百姓夜夜出来观灯赏玩。

到了元夕，灯节进入高潮。朝廷宫门之前建起"鳌山"，把各地进贡的彩灯进行陈列。是日二鼓时分，宫中乐声四起，烛影纵横，皇帝乘着小辇幸宣德门至丽正门，登上城楼，并设宴招待文武大臣。上有伶官司奏乐，下有艺人献艺。宫内女艺人打扮如天仙一般，在月下来回走动。从民间遴选的相貌齐整的小贩与歌舞队入大内之中，模仿商贩叫卖之声出售小件器物。宫女们纷纷争买，宫中如同集市一般。不仅宫中有盛大的灯展，一些富家大户也有放灯之举。"如清河张府、蒋御药家，闲设雅戏灯火，花边水际，灯烛灿然，游人士女纵观，则

---

〔1〕（宋）吴自牧：《梦粱录》，浙江人民出版社1980年版，第1页。

〔2〕（宋）周密：《武林旧事》，浙江人民出版社1984年版，第28页。

〔3〕民国浙江省通志馆：《重修浙江通志稿（标点本）》第2册《地理考·民族考》，方志出版社2010年版，第843页。

〔4〕《大宋宣和遗事》前集载："且如前代庆赏元宵，只是三夜……至宋朝开宝年间，有两浙钱王献了两夜浙灯，展了十七八两夜，谓之五夜元宵。"

〔5〕（宋）周密：《武林旧事》，浙江人民出版社1984年版，第30页。

迎门酌酒而去。又有幽坊静巷好事之家，多设五色琉璃泡灯，更自雅洁，靓妆笑语，望之如神仙。"[1] 都市里的灯市更是繁华。"庆元间，油钱每斤不过一百会，巷陌爪札，欢门挂灯，南自龙山，北至北新桥，四十里灯光不绝。城内外有百万人家，前街后巷，僻巷亦然，挂灯或用玉栅，或用罗帛，或纸灯，或装故事，你我相赛。州府札山栅，三狱放灯，公厅设醮，亲王府第、中贵宅院，奇巧异样细灯，教人睹看。"[2] 相比之下，宋代的灯节显然比唐代热闹。唐制，城市夜间要关闭坊门，禁人夜行，但元宵节前后三日不闭坊门，以方便人们外出张灯、观灯。白居易《正月十五日夜月》诗云："岁熟人心乐，朝游复夜游。春风来海上，明月在江头。灯火家家市，笙歌处处楼。无妨思帝里，不合厌杭州。"

到了元夕之后的第五天，京城中最高的地方长官——知府，坐轿巡游赏灯，为节日画上圆满的句号。知府巡游之际，歌舞队一路随行，前后十多里，"锦绣填委，箫鼓振作，耳目不暇给"。[3] 小官员装着纸币袋，一路上给小商贩们发钱犒劳。有的人混在人群之中，两次支领费用。政府办事员知道后，也不甚追究。晚上出来游玩的妇女，都穿戴整齐，一袭白衣，戴着珠玉，月光之下，个个如仙女下凡。（天亮之前净街，清道夫往往能在地上找到前一晚妇人遗落的珠花、钗簪。）街道之上，小卖车装载着各色的鲜果点心穿行，人声鼎沸，游艺团结队而行，歌舞升平，各种灯品争奇竞艳，酒楼也是人员爆满。最后，知府在市西坊临时搭成的醮台上坐着观赏灯景。台上烛光照耀如同白昼，形成了观灯的高潮。时人作《惜香乐府·探春令·元夕》赞曰："去年元夜，正钱唐、看天街灯火。闹蛾儿转处，熙熙笑语，百万红妆女。"姜夔诗云："沙河云合无行处，惆怅来游路已迷。却入静坊灯火空，门门相似列蛾眉。"

元夕吃元宵。周必大《元宵煮浮圆子前辈似未尝赋此坐间成四韵》："今夕知何夕，团圆事事同。汤官循旧味，灶婢诧新功。星灿乌云里，珠浮浊水中。岁时编杂咏，附此说家风。"

而夜深之后，街道暂时安静，百姓却回到家中重新开宴。姜夔《灯词》曰："游人归后天街静，坊陌人家未闭门。帘里垂灯照樽俎，坐中嬉笑觉春温。"

2. 花朝节

花朝节在宋代又称为挑菜节、扑蝶会等。花朝节，顾名思义就是以赏花为特色。挑菜节为唐代风俗，农历二月初二，人们去曲江拾菜，士民游观其间，

---

[1]（宋）周密：《武林旧事》，浙江人民出版社 1984 年版，第 31 页。

[2]（宋）孟元老：《西湖老人繁胜录》，中国商业出版社 1982 年版，第 1 页。

[3]（宋）周密：《武林旧事》，浙江人民出版社 1984 年版，第 31 页。

谓之挑菜节。至宋，此节日已由对农事的考察转为一种娱乐活动。

周密《武林旧事》卷2"挑菜"载："（二月）二日，宫中排办挑菜御宴。先是，内苑预备朱绿花斛，下以罗帛作小卷，书品目于上，系以红丝，上植生菜、荠花诸品。俟宴酬乐作，自中殿以次，各以金篦挑之。……王宫贵邸，亦多效之。"[1] 这次宫中的游戏，是预先将各色菜蔬与鲜花放入朱绿色的花斛之中，斛中标着罗帛小卷，上书奖罚事宜。宫女们个个以金篦挑之，得红字者奖，得黑字者罚。奖品有珠宝、酒具等，而罚则吃生姜、喝冷水等。

民间的花朝节在二月十五。吴自牧《梦粱录》卷1"二月望"云："仲春十五日为花朝节。浙间风俗，以为春序正中，百花争放之时，最堪游赏。"花朝也与劝农活动结合起来。"此日帅守、县宰，率僚佐出郊，召父老赐酒食，劝以农桑，告谕勤劬，奉行虔恪。"[2] 除此之外，还与宗教节日结合，形成了多元化的节日氛围。"天庆观递年设老君诞会，燃万盏华灯，供圣修斋，为民祈福。士庶拈香瞻仰，往来无数。崇新门外长明寺及诸教院僧尼，建佛涅槃胜会，罗列幡幢，种种香花异果供养，挂名贤书画，设珍异玩具，庄严道场，观者纷集，竟日不绝。"[3]

是日，马塍一带的园丁们竞相挑着花担，沿街叫卖。此节又是尝新菜的好时光。后来这一风俗在民间演变为吃蒌蒿新芽与米粉。

3. 寒食节与清明节

寒食节扫墓大概久已有之，扫墓时通常为墓培植新土，垂挂纸钱，以示纪念。寒食过后三日即为清明，官民重新生火，例由朝廷于清明赐新火，开始新的生活。

杭州的寒食节有插柳、扫墓等活动，后又演化出郊游、打秋千、蹴鞠等活动。插柳之俗，史书中多有记载，如吴自牧《梦粱录》卷2"清明节"云："清明交三月，节前两日谓之'寒食'，京师人从冬至后数起至一百五日，便是此日，家家以柳条插于门上，名曰'明眼'。"[4] 南宋德祐元年（1275）寒食，贾似道上母坟后回家，至集贤堂作诗云："寒食家家插柳枝，留春春亦不多时。人生有酒须当醉，青冢儿孙几个悲。"扫墓之俗，周密《武林旧事》卷3"祭扫"载：

〔1〕（宋）周密：《武林旧事》，浙江人民出版社1984年版，第35页。
〔2〕（宋）吴自牧：《梦粱录》，浙江人民出版社1980年版，第8页。
〔3〕（宋）吴自牧：《梦粱录》，浙江人民出版社1980年版，第8页。
〔4〕（宋）吴自牧：《梦粱录》，浙江人民出版社1980年版，第11页。

朝廷遣台臣、中使、宫人，车马朝飨诸陵，原庙荐献，用麦糕稠饧。而人家上冢者，多用枣锢姜豉。南北两山之间，车马纷然，而野祭者尤多，如大昭庆九曲等处，妇人泪妆素衣，提携儿女，酒壶肴罍。村店山家，分馂游息。至暮则花柳土宜，随车而归。[1]

墓前祭品亦颇讲究，如山阴《平氏值年祭簿》所列："墓前供菜十大碗，八荤二素，内用特鸡。三牲一副，鹅、鱼、肉，水果三色，百子小首一盘，坟饼一盘，汤饭杯筷均六副。上香，门宵烛一对，横溪纸一块，大库锭六百足，祝文，酒一壶，献杯三只。"这是对逝者的纪念。杭州的习俗类此。

杭州的清明节，有游玩习俗。"若玉津富景御园，包家山之桃，关东青门之菜市，东西马塍，尼庵道院，寻芳讨胜，极意纵游。"[2] 同时，商家也紧紧跟上，"随处各有买卖赶趁等人"[3]。但杭州的清明节也成为一个热闹的节日。《梦粱录》记此日"宴于郊者，则就名园芳圃，奇花异木之处；宴于湖者，则彩舟画坊，款款撑驾，随处行乐。此日又有龙舟可观，都人不论贫富，倾城而出，笙歌鼎沸，鼓吹喧天，虽东京金明池未必如此之佳。殢酒贪欢，不觉日晚。红霞映水，月挂柳梢，歌韵清圆，乐声嘹亮，此时尚犹未绝。男跨雕鞍，女乘花轿，次第入城"[4]。

此场景，宋话本小说《西山一窟鬼》中有具体记述：

时遇清明节假……吴教授同量酒人酒店来时，不是别人，是王七府判儿，唤做王七三官人。两个叙礼罢，王七三官人道："适来见教授，又不敢相叫，特地教量酒来相请。"教授道："七三官人如今那里去？"王七三官人口里不说，肚里思量：吴教授新娶一个老婆在家不多时，你看我消遣他则个。道："我如今要同教授去家里坟头走一遭，早间看坟的人来说道：'桃花发，杜酝又熟。'我们去那里吃三杯。"教授道："也好。"

两个出那酒店，取路来苏公堤上，看那游春的人，真个是：人烟辐辏，车马骈阗。只见和风扇景，丽日增明。流莺啭绿柳阴中，粉蝶戏奇花枝上。管弦动处，是谁家舞榭歌台？语笑喧时，斜侧傍春楼夏

〔1〕（宋）周密：《武林旧事》，浙江人民出版社1984年版，第40页。
〔2〕（宋）周密：《武林旧事》，浙江人民出版社1984年版，第40—41页。
〔3〕（宋）周密：《武林旧事》，浙江人民出版社1984年版，第41页。
〔4〕（宋）吴自牧：《梦粱录》，浙江人民出版社1980年版，第12页。

阁。香车竞逐，玉勒争驰。白面郎敲金镫响，红妆人揭绣帘看。

南新路口讨一只船，直到毛家步上岸，迤逦过玉泉龙井。王七三官人家里坟，直在西山驼献岭下。好座高岭！下那岭去，行过一里，到了坟头。看坟的张安接见了。王七三官人即时叫张安安排些点心、酒，来侧首一个小小花园内。两个入去坐地。又是自做的杜酝，吃得大醉。看那天色时，早已：

红轮西坠，玉兔东生。佳人秉烛归房，江上渔人罢钓。渔父卖鱼归竹径，牧童骑犊入花村。[1]

可见清明也是踏春之时，西湖边游人如织，而坟场也能安排单科的酒宴，供游人祭奠对酌。

4. 端午节

端午节主要习俗有吃粽子、悬艾草、供花和竞渡、斗草等。端午节吃粽子，至迟从晋代开始。门前悬艾，早在南朝已颇为流行。吴自牧《梦粱录》卷3"五月"载：

五日重五节，又曰"浴兰令节"。内司意思局以红纱彩金盝子，以菖蒲或通草雕刻天师驭虎像于中，四围以五色染菖蒲悬围于左右。又雕刻生百虫铺于上，却以葵、榴、艾叶、花朵簇拥。内更以百索彩线、细巧镂金花朵及银样鼓儿、糖蜜韵果、巧粽、五色珠儿结成经筒符袋、御书葵榴画扇、艾虎、纱匹段，分赐诸阁分、宰执、亲王。兼之诸宫观亦以经筒、符袋、灵符、卷轴、巧粽、夏桔等送馈贵宫之家。如市井看经道流，亦以分遗施主家。所谓经筒、符袋者，盖因《抱朴子》问辟五兵之道，以五月午日佩赤灵符挂心前，今以钗符佩带，即此意也。杭都风俗，自初一日至端午日，家家买桃、柳、葵、榴、蒲叶、伏道，又并市茭、粽、五色水团、时果、五色瘟纸，当门供养。……以艾与百草缚成天师，悬于门额上，或悬虎头白泽。或士宦等家以生朱于午时书"五月五日天中节，赤口白舌尽消灭"之句。此日采百草或修制药品，以为辟瘟疾等用，藏之果有灵验。杭城人不论大小之家，焚烧午香一月，不知出何文典。其日正是葵榴斗艳，栀艾争香，角黍包金，菖蒲切玉，以酬佳景，不特富家巨室为然，虽贫乏之人，亦且

---

[1]（明）洪楩等：《京本通俗小说 清平山堂话本 大宋宣和遗事》，岳麓书社1993年版，第18—19页。

对时行乐也。[1]

端午节竞渡，至迟在唐代也已成俗。《唐语林》云："崔大夫涓……初守杭州……杭州端午竞渡，于钱塘弄潮。先数日，于湖滨列舟舸，结采为亭槛，东西袤高数丈。其夕北风，飘泊南岸。涓至湖上，大将惧乏事。涓问：'竞舟凡有几？'令齐往南岸，每一采舫，系以三五小舟，号令齐力鼓棹而引之，倏忽皆至。"[2] 宋代黄裳《喜迁莺·端午泛湖》描述了西湖竞渡的盛况：

> 梅霖初歇，乍绛蕊海榴，争开时节。角黍包金，香蒲切玉，是处玳筵罗列。斗巧尽输年少，玉腕彩丝双结。舣彩舫，看龙舟两两，波心齐发。　　奇绝。难画处，激起浪花，飞作湖间雪。画鼓喧雷，红旗闪电，夺罢锦标方彻。望中水天日暮，犹自珠帘高揭。归棹晚，载荷花十里，一钩新月。

而杭州竞渡不只于钱塘举行，明清以后，西湖、东河、西溪等湖泊地带也有此俗。西溪端午龙舟竞渡今天最具盛名。史载，明代告老还乡的杭州人洪钟领乡亲修西溪大塘，疏浚沿山河与余杭塘河，又开闲林诸港以治水患。乡人为记此事，便于五月初一，于本村供请龙王，吃龙船酒以谢龙王。端午节时，各乡的大小龙舟便集于蒋村深潭口划龙舟。清代，乾隆御赐"龙舟胜会"给蒋村。西溪端午龙舟竞渡由此更甚。笔者前几年曾闲睹蒋村乡人祭祀龙王以及龙舟竞渡之场景，尤感古风。

5. 七夕

七月七日为七夕，又称"乞巧节"。《开元天宝遗事》卷下"乞巧楼"记载："宫中以锦织成楼殿，高百尺，上可以胜数十人。陈以瓜果酒炙，设坐具，以祀牛、女二星。嫔妃各以九孔针、五色线，向月穿之，过者为得巧之候。动清商之曲，宴乐达旦。士民之家皆效之。"[3] 七夕是为纪念牛郎织女之相会。罗隐《七夕》诗曰："络角星河菡萏天，一家欢笑设红筵。应倾谢女珠玑箧，尽写檀郎锦绣篇。香帐簇成排窈窕，金针穿罢拜婵娟。铜壶漏报天将晓，惆怅佳期又一

〔1〕（宋）吴自牧：《梦粱录》，浙江人民出版社 1980 年版，第 21—22 页。

〔2〕（宋）王谠、（元）辛文房：《唐语林 唐才子传》，远方出版社、内蒙古大学出版社 2000 年版，第 94 页。

〔3〕金沛霖主编：《四库全书·子部精要（下）》，天津古籍出版社、中国世界语出版社 1998 年版，第 638 页。

年。"可见民间也颇重七夕。

七夕的主要活动有玩"磨喝乐"、种生、乞巧等。"磨喝乐"又称"摩睺罗",为梵语的音译。在佛经中,"磨喝乐"本为天龙八部神之一。人们喜爱这个人物,希望也能生一个这样的孩子,于是便将"磨喝乐"用泥捏成一种具有浓厚佛教色彩的儿童玩具。《武林旧事》卷3"乞巧"载:

> 七夕节物,多尚果食、茜鸡及泥孩儿号"摩睺罗",有极精巧,饰以金珠者,其直不资。……小儿女多衣荷叶半臂,手持荷叶,效颦摩睺罗。大抵皆中原旧俗也。七夕前,修内司例进摩睺罗十卓,每卓三十枚,大者至高三尺,或用象牙雕镂,或用龙涎佛手香制造,悉用缕金珠翠。衣帽、金钱、钗镯、佩环、真珠、头须及手中所执戏具,皆七宝为之,各护以五色缕金纱厨。制闾贵臣及京府等处,至有铸金为贡者。宫姬市娃,冠花衣领皆以乞巧时物为饰焉。"[1]

纪念牛郎织女是另一重要内容。吴自牧《梦粱录》卷4"七夕"载:是日,富贵之家"又于广庭中设香案及酒果,遂令女郎望月瞻斗列拜,次乞巧于女、牛。或取小蜘蛛,以金银小盒儿盛之,次早观其网丝圆正,名曰'得巧'"[2]乞巧时还有"种生"(或称"种五生")、"巧竿"之俗。所谓种生,就是在七夕前,将绿豆、小豆(赤豆)、小麦等五谷之类用水浸泡在瓷器之中,待生芽数寸、苗能自立时,以红蓝彩线束之,置放在小盆内,供七夕节祭祀牵牛星所用,含有乞巧之意。另有"妇人女子,至夜对月穿针,饤饤杯盘,饮酒为乐,谓之乞巧"[3]。

6. 中秋节

八月十五为中秋。中秋的活动内容有赏月拜月、观潮以及放水灯等。

《梦粱录》卷4"中秋"条描述了南宋临安市民玩月风尚:

> 此夜月色倍明于常时,又谓之"月夕"。此际金风荐爽,玉露生凉,丹桂香飘,银蟾光满,王孙公子,富家巨室,莫不登危楼,临轩玩月,或开广榭,玳筵罗列,琴瑟铿锵,酌酒高歌,以卜竟夕之欢。至如铺席之家,亦登小小月台,安排家宴,团圞子女,以酬佳节。虽

---

〔1〕(宋)周密:《武林旧事》,浙江人民出版社1984年版,第43—44页。
〔2〕(宋)吴自牧:《梦粱录》,浙江人民出版社1980年版,第25页。
〔3〕(宋)周密:《武林旧事》,浙江人民出版社1984年版,第43页。

陋巷贫窭之人，解衣市酒，勉强迎欢，不肯虚度；此夜天街卖买，直

至五鼓，玩月游人，婆娑于市，至晓不绝。盖金吾不禁故也。[1]

登楼玩月，是中秋的传统活动。而南宋时期的杭州，这天的买卖做到深夜，所列奇物让人目不暇接，几乎"歇眼"[2]。

唐时观潮以杭州樟亭为中心，唐代诗人留下了许多观潮诗，其中不少写的是樟亭观潮。如孟浩然《与颜钱塘登樟亭望潮作》："百里闻雷震，鸣弦暂辍弹。府中连骑出，江上待潮观。照日秋云迴，浮天渤澥宽。惊涛来似雪，一坐凛生寒。"这里写出了钱江潮的声势浩大。姚合《杭州观潮》："楼有樟亭号，涛来自古今。势连沧海阔，色比白云深。怒雪驱寒气，狂雷散大音。浪高风更起，波急石难沉。"樟亭不仅是观潮之地，也是候潮之地，古人往来于越杭，须从樟亭出发南渡，因此唐时设驿，是为樟亭驿，于此等候潮水的涨退以便过江。李白《送王屋山人魏万还王屋》诗云："挥手杭越间，樟亭望潮还。"《武林旧事》卷3"观潮"云："浙江之潮，天下之伟观也，自既望以至十八日为最盛。方其远出海门，仅如银线，既而渐近，则玉城雪岭，际天而来，大声如雷霆，震撼激射，吞天沃日，势极雄豪。"[3]南宋时观潮之风更是盛行，《梦粱录》卷4"观潮"云："自庙子头直至六和塔，家家楼屋，尽为贵戚、内侍等雇赁作看位观潮。"[4]此日钱塘江上还要举行弄潮活动，"吴儿善泅者数百，皆披发文身，手持十幅大彩旗，争先鼓勇，溯迎而上，出没于鲸波万仞中，腾身百变，而旗尾略不沾湿，以此夸能"[5]。《西湖老人繁胜录》云："钱塘江，城内外市户造旗，与水手迎潮，白旗最多，或红或用杂色，约有五七十面，大者五六幅，小者一两幅，亦有挂红者，其间亦有小儿在潮内弄水。"[6]对此，北宋词人潘阆作《酒泉子·长忆观潮》，词云：

　　长忆观潮，满郭人争江上望。来疑沧海尽成空，万面鼓声中。
　　弄潮儿向涛头立，手把红旗旗不湿。别来几向梦中看，梦觉尚心寒。

中秋放水灯也是宋代风俗之一。《武林旧事》卷3"中秋"载："此夕浙江放

---

〔1〕（宋）吴自牧：《梦粱录》，浙江人民出版社1980年版，第26—27页。
〔2〕歇眼，眼力衰竭之意。见（宋）周密：《武林旧事》，浙江人民出版社1984年版，第44页。
〔3〕（宋）周密：《武林旧事》，浙江人民出版社1984年版，第44页。
〔4〕（宋）吴自牧：《梦粱录》，浙江人民出版社1980年版，第28页。
〔5〕（宋）周密：《武林旧事》，浙江人民出版社1984年版，第44—45页。
〔6〕（宋）孟元老：《西湖老人繁胜录》，中国商业出版社1982年版，第13页。

'一点红'羊皮小水灯数十万盏，浮满水面，烂如繁星，有足观者。或谓此乃江神所喜，非徒事观美也。"[1]

7. 重阳节

九月九日为重阳节。九为阳数，两阳相逢，故称"重阳"。重阳节是仅次于元夕的大节日，这时丰收，新酒酿成，宫中和民间节日氛围均十分浓厚。宫中有大宴会，规格较高，属"排当"一类。而民间这天吃着精致小吃，试新酒。

重阳这天，人们多于郊外登高，并赏菊、饮菊花酒，吃重阳糕。《梦粱录》卷5"九月（重九附）"载南宋临安赏菊风俗："今世人以菊花、茱萸，浮于酒饮之。盖茱萸名'辟邪翁'，菊花为'延寿客'，故假此两物服之，以消阳九之厄。年例，禁中与贵家皆此日赏菊，士庶之家，亦市一二株玩赏。"[2]罗隐《重九日广陵道中》诗云："秋山抱病何处登，前时韦曲今广陵。广陵大醉不解闷，韦曲旧游堪拊膺。佳节纵饶随分过，流年无奈得人憎！却驱羸马向前去，牢落路歧非所能。"

重阳糕由糖面蒸制而成，里面嵌入以猪肉、羊肉、鸭肉等斩成的"丝簇钉"，或以果实（如石榴子、栗子黄、银杏、松子肉之类）为钉，上面再插五色小彩旗。传说武则天统治时期就有以百花为料制重阳糕的做法。民间以此糕赐出嫁的女儿，故又称之为女儿糕。罗隐有《菊》诗云"千载白衣酒，一生青女霜"，反映的是重阳赏菊饮酒的习俗。而《梦粱录》记云："蜜煎局以五色米粉塑成狮蛮，以小彩旗簇之，下以熟栗子肉杵为细末，人麝香糖蜜和之，捏为饼糕小段，或如五色弹儿，皆入韵果糖霜，名之'狮蛮栗糕'，供衬进酒，以应节序。"[3]

曾惇《点绛唇·重九饮栖霞》云："九月传杯，要携佳客栖霞去。满城风雨，记得潘郎句。　　紫菊红萸，何意留侬住！愁如许，暮烟一缕，正在归时路。"

杭州人这天也有游湖作乐的。（参见第七章）

8. 冬至

冬至是古时最受重视的三个节日之一。古语云：冬至大如年。冬至是国家节日，要放假三日。"朝廷大朝会庆贺排当，并如元正仪。"[4]

而都人最重冬至这一天，称之为"一阳"。冬至之后，黑夜慢慢变短。所以士夫庶人，互相为庆。"车马皆华整鲜好，五鼓已填拥杂遝于九街。妇人小儿，

---

〔1〕（宋）周密：《武林旧事》，浙江人民出版社1984年版，第44页。
〔2〕（宋）吴自牧：《梦粱录》，浙江人民出版社1980年版，第30页。
〔3〕（宋）吴自牧：《梦粱录》，浙江人民出版社1980年版，第30页。
〔4〕（宋）周密：《武林旧事》，浙江人民出版社1984年版，第45页。

服饰华炫，往来如云。岳祠、城隍诸庙，炷香者尤盛。三日之内，店肆皆罢市，垂帘饮博，谓之'做节'。"[1] 这一天，不只要外出祭拜，馈赠节仪，家人也要举杯相庆，食以馄饨，并有"冬馄饨、年馎饦"之谚，"贵家求奇，一器凡十余色，谓之'百味馄饨'"。[2]

9. 岁晚

《武林旧事》所载岁末除夕之际的社会生活场景，刻印着传统记忆：

> 都下自十月以来，朝天门内外，竞售锦装、新历、诸般大小门神、桃符、钟馗、狻猊、虎头及金彩缕花、春帖幡胜之类，为市甚盛。八日，则寺院及人家用胡桃、松子、乳蕈、柿、栗之类作粥，谓之"腊八粥"。医家亦多合药剂，侑以虎头丹、八神、屠苏，贮以绛囊，馈遗大家，谓之"腊药"。至于馈岁盘合、酒檐羊腔，充斥道路。二十四日，谓之"交年"。祀灶用花饧、米饵及烧替代，及作糖豆粥，谓之"口数"。市井迎傩，以锣鼓遍至人家，乞求利市。
>
> 至除夕，则比屋以五色纸钱、酒果，以迎送六神于门。至夜，黄烛糁盆，红映霄汉，爆竹鼓吹之声，喧阗彻夜，谓之"聒厅"。小儿女终夕博戏不寐，谓之"守岁"。又明灯床下，谓之"照虚耗"。及贴天行帖儿、财门于楣。祀先之礼，则或昏或晓，各有不同。如饮屠苏、百事吉、胶牙饧，烧术卖懵等事，率多东都之遗风焉。[3]

喝腊八粥、祭灶、迎神、守岁、贴年画等，一直延续到当下的生活之中。南宋都市的商业气息也弥漫于其间，各种过年的小玩意在街市上出售，还有年夜饭的种种食材售卖。清代时杭州还有挂"善富"的习俗。"善富"即竹制的灯盏[4]，是一对灯架，其中一个灯架底部凹下去，是雌性，另一个底部凸起，是雄性。到了"送灶"之时，以新购的两个换替旧的，旧的焚于灶神。

罗隐《岁除夜》诗云："官历行将尽，村醪强自倾。厌寒思暖律，畏老惜残更。岁月已如此，寇戎犹未平。儿童不谙事，歌吹待天明。"描写的就是年终的景象。岁末的高潮是除夕，也就是夏历岁末最后一日，又称年三十夜、大年夜。

---

〔1〕（宋）周密：《武林旧事》，浙江人民出版社 1984 年版，第 46 页。
〔2〕（宋）周密：《武林旧事》，浙江人民出版社 1984 年版，第 46 页。
〔3〕（宋）周密：《武林旧事》，浙江人民出版社 1984 年版，第 47 页。
〔4〕吴谷人《新年杂咏》小序云："杭俗，名竹灯盏曰'善富'。因避灯盏盏字音，锡名'燃釜'，后又为吉号，易'燃釜'为'善富'。腊月送灶，则取旧灯载印马，穿竹箸送之。"见（清）顾禄：《清嘉录》，王昌东译，气象出版社 2013 年版，第 188 页。

旧时，富户和店铺多于此日索债，自昏达旦，上门逼索。范寅诗云："寒夜凄凄道路长，孤灯无伴减辉光。履声踏破街心月，半夜匆匆讨债忙。"富户遣人外出催讨欠款，穷人则因难偿欠债而度日如年，故有"过年关"之称。按俗，凡躲债者一至戏台下，则债主不能往索，否则必遭众人围攻。据传，此俗系明代大学士朱赓后裔所创。旧时，穷人多于除夕之夜质当、赎当，故当铺非天明不得关门，俗称"过宵当"。

除了这些节日，还有一些节气也是杭州人重视的，比如立春、立夏。在宋代，立春围绕农业生产进行，有鞭打春牛、送小春牛、粘春帖等风俗。鞭打春牛是中国农业社会一个重要节日，上至宫廷下至地方官府都要有一定的仪式来庆贺，以保佑一年的收成。鞭打春牛时要喝春酒祈福。立夏时，民间饮驻色酒（由李子汁调成的酒）。分龙，节期六月二十三，俗传是日为火神菩萨生日。立秋时节，杭城妇女、儿童要佩饰楸叶、红叶花瓣，还要饮秋水、赤小豆。立秋前后，临安等地往往还要举行赛神会。叶梦得《石林燕语》卷5载："京师百司胥吏，每至秋，必醵钱为赛神会，往往因剧饮终日。"[1] 除此之外，宋代人有一种独特的冬日饮酒习惯，就是将鸡蛋打入酒中搅和匀，再放在炭火上烧开，那黄灿灿的鸡蛋散开，就如同金丝一样，所以此酒就叫"金丝酒"。宋人姜特立《客至》一诗写道："冻云垂地寒峥嵘，故人访我邀晨烹。旋烧姜子金丝酒，却试苏公玉糁羹。"即是此俗。

另外还有宗教类节日，比较大型的有浴佛节、盂兰盆会（中元节）等。在这些节日中，祭祀亡灵与先祖都要用到酒。

（二）社会节日与酒

杭州人除了岁时节令外，还有大量的社会节日要庆祝，从岁头到岁尾几乎排满了日程，最隆重的是祭社稷与五祀。按杭州城的风俗，还祭祀各山川之神，祭祀地点在城隍庙、昭济庙、忠清庙、有行祠、吴越钱武肃王庙、平济王庙、顺济庙、平波祠，以及忠节祠、仕贤祠、土谷祠等。

一般来说，纳入国家体系的祭祀用礼而不演剧，而民间系统的祭祀则有各类技艺演出。《梦粱录》记载六月崔真君诞辰云："此日内庭差天使降香设醮，贵戚士庶，多有献香化纸。"而全民参与的项目，则设在湖上，"是日湖中画舫，俱舣堤边，纳凉避暑，恣眠柳影，饱挹荷香，散发披襟，浮瓜沉李，或酌酒以狂歌，或围棋而垂钓，游情寓意，不一而足"。[2] 而正月初九玉皇上帝诞辰、北极

〔1〕（宋）叶梦得：《石林燕语 避暑录话》，上海古籍出版社2013年版，第44页。
〔2〕（宋）吴自牧：《梦粱录》，浙江人民出版社1980年版，第24页。

佑圣真君圣降及诞辰、三元日、二月初三梓潼帝君诞辰、三月二十八东岳诞辰、四月初六城隍诞辰、二月初八霍山张真君圣诞、四月初八诸社朝五显王庆佛会、九月二十九五王诞辰等，就少不了民间演出，"每遇神圣诞日，诸行市户，俱有社会迎献不一"〔1〕。这些节日，更成为百姓欢庆的由头，聚会欢宴，不在话下。

杭州的特别风俗是祭祀"万回哥哥"。其祭祀具有广泛性。"惟万回哥哥者，不问省部吏曹，市肆买卖，及娼妓之家，无不奉祀。每一饭必祭。其像蓬头笑面，身着彩衣，左手执鼓，右手执棒，云是和合之神，祀之可使人在万里外亦能回家，故名'万回'。隆兴铁柱观侧，武当福地观内殿右，亦祠之。"〔2〕另外一位是陆相公的"三位小娘子，皆绿袍方巾，列坐两旁。一主护岸，一主起水，一主交泽，各有所司。凡海船到庙下，必先诣三位小娘子前，炷香，上真彩及花朵粉盒，拜许保安牲酒心愿。其或欲乘早晚潮泛之至而发舟，必须得卜而动，则前去免风涛之险，不得卜则断不敢轻发也。庙旁别有一所，专祀十二位潮神，各武装持杖，每位各主一时焉，然皆不及三位小娘子香火之盛"〔3〕。这一现象可能与海神崇拜有关。

由上可以看出，杭州自南宋开始，节日的基调是君民同乐、商业先行以及娱乐至上。不管节日的性质如何，最后都演变为全民参与的娱乐项目，这让我们对杭州古代的社会文化有了新的了解。这些节日中，酒是不可或缺的。饮酒，不仅有渲染节日气氛的作用，还有养生保健之功效，如椒柏酒、屠苏酒、艾酒、菖蒲酒、桂花酒、菊花酒、茱萸酒等均有保健作用。《荆楚岁时记》写道："于是长幼悉正衣冠，以次拜贺。进椒柏酒，饮桃汤。进屠苏酒、胶牙饧。下五辛盘，进敷于散，服却鬼丸。各进一鸡子。凡余酒次第，从小起。"下面又有解释："按《四民月令》云：'过腊一日，谓之小岁，拜贺君亲，进椒酒，从小起。'椒是玉衡星精，服之令人身轻能老，柏是仙药。成公子安《椒华铭》曰：'肇惟岁首，月正元旦，厥味惟珍，蠲除百疾。'是知小岁则用之，汉朝元正则行之。《典术》云：'桃者，五行之精，压伏邪气，制百鬼也。'董勋云：'俗有岁首酌椒酒而饮之，以椒性芬香，又堪为药，故此日采椒花以贡尊者饮之，亦一时之礼也。'又晋海西令问勋曰：'俗人正日饮酒，先饮小者何也？'勋曰：'俗云小者得岁，先酒贺之；老者失岁，故后饮酒。'周处《风土记》曰：'元日造五辛盘。正月元日，五薰炼形。'注：五辛，所以发五藏之气。……《庄子》所谓春正月饮酒、

---

〔1〕（宋）吴自牧：《梦粱录》，浙江人民出版社1980年版，第181页。

〔2〕（元）刘一清：《钱塘遗事》，见王国平主编：《西湖文献集成（第13册）·历代西湖文选专辑》，杭州出版社2004年版，第225—226页。

〔3〕（元）刘一清：《钱塘遗事》，见王国平主编：《西湖文献集成（第21册）·西湖山水志专辑》，杭州出版社2004年版，第680页。

茹葱，以通五藏也。"[1]

二、人生习俗与酒

（一）婚礼

杭州旧时婚嫁也依循六礼之制，由问卜、定帖、通帖、相亲、放定、亲迎等环节组成。其中酒是不可少的。通帖之后，即双方都许可了这门婚事，开始相亲。"然后男家择日备酒礼诣女家，或借园圃，或湖舫内，两亲相见，谓之'相亲'。男以酒四杯，女则添备双杯，此礼取男强女弱之意。"[2]放定之后，要往女家报定。女家"若丰富之家，以珠翠、首饰、金器、销金裙褶，及缎匹茶饼，加以双羊牵送，以金瓶酒四樽或八樽，装以大花银方胜，红绿销金酒衣簇盖酒上，或以罗帛贴套花为酒衣，酒担以红彩缴之"[3]。男家也应以礼相还，"女家接定礼合，于宅堂中备香烛酒果，告盟三界，然后请女亲家夫妇双全者开合。其女氏即于当日备回定礼物，以紫罗及颜色缎匹、珠翠须掠、皂罗巾缎、金玉帕环、七宝巾环、篋帕鞋袜女工答之。更以元送茶饼果物，以四方回送羊酒，亦以一半回之；更以空酒樽一双，投入清水，盛四金鱼，以箸一双、葱两株，安于樽内，谓之'回鱼箸'。若富家官户，多用金银打造鱼箸各一双，并以彩帛造象生葱双株，挂于鱼水樽外答之"[4]。之后的聘礼，也少不了酒，要备以鹅酒、羊酒，同时带着聘礼前往女家商定亲迎之期。亲迎中更少不了酒。男方至女家迎娶新人，女方要以酒款待新郎。"初婚，掌事者设酒馔室中，置二盏于槃，婿服其服如前服。至女家，赞者引就次，掌事者设祢位，主人受礼，如请期之仪。女盛服立房中，父升阶立房外之东，西向。赞者注酒于盏授女，女再拜受盏；赞者又以馔设于位前，女即坐饮食讫，降，再拜。父降立东阶下，宾出次，主人迎于门，揖宾入，宾报揖，从入。主人升东阶，西面；宾升西阶，进当房户前，北面。"[5]门首，时辰将正，乐官、伎女及茶酒等人互念诗词拦门，求利市钱红。"妇至，赞者引就北面立，婿南面，揖以入，至于室。掌事者设对位室中，婿妇皆即坐，赞者注酒于盏授婿及妇，婿及妇受盏饮讫。遂设馔，

[1]（宋）吴自牧等：《梦粱录（外四种）》，黑龙江人民出版社2003年版，第199页。
[2]（宋）吴自牧：《梦粱录》，浙江人民出版社1980年版，第186页。
[3]（宋）吴自牧：《梦粱录》，浙江人民出版社1980年版，第186页。
[4]（宋）吴自牧：《梦粱录》，浙江人民出版社1980年版，第187页。
[5]（元）脱脱等：《宋史》卷115，中华书局2000年版，第1845页。

再饮、三饮，并如上仪。婿及妇皆兴，再拜，赞者彻酒馔。"〔1〕而民间婚礼则气氛更活跃。到了夫家，新娘坐帐。外间则是双方亲戚饮酒相会。挑盖头之后，"命妓女执双杯，以红绿同心结缉盏底，行交卺礼毕，以盏一仰一覆，安于床下，取大吉利意"〔2〕。换装毕，新婚夫妻至中堂行参谢之礼，"行前筵五盏礼毕，别室歇坐，数杯劝色……仍复再入公筵，饮后筵四盏，以终其仪"〔3〕。

不管是官方的记载还是民间实情的描述，酒一直贯穿于婚嫁仪式之中。之后，回亲、满月亲会，酒又活跃其中，扮演着重要的角色。

（二）生子习俗

生日之俗源于江南。颜之推在《颜氏家训》中详加记录：

> 江南风俗，儿生一期，为制新衣，盥浴装饰，男则用弓矢纸笔，女则刀尺针缕，并加饮食之物，及珍宝服玩，置之儿前，观其发意所取，以验贪廉愚智，名之为试儿。亲表聚集，致宴享焉。自兹已后，二亲若在，每至此日，尝有酒食之事耳。无教之徒，虽已孤露，其日皆为供顿，酣畅声乐，不知有所感伤。〔4〕

饮女儿酒可能是南方生日之俗的另一种表现。

嵇含在《南方草木状》中详录女儿酒："南人有女，数岁，即大酿酒。既漉，候冬陂池竭时，置酒罂中，密固其上。瘗陂中，至春，潴水满，亦不复发矣。女将嫁，乃发陂取酒，以供贺客，谓之女酒。其味绝美。"〔5〕

在诞子过程中，酒也是不可缺少的媒介。子生之初，即以喜蛋、酒果往外家传报喜讯。女家得知喜讯，也要以酒果相报。孩子满月，即要吃满月酒。

（三）其他

其他如寿宴、阴寿以及丧事，也要以酒为礼。宋代的丧葬仪式相对简单，士大夫居丧，可以食肉饮酒，不异于平常。但是皇族则仍讲究仪礼，《宋史·礼志》记载，宣仁圣烈太后崩后，礼部、太常、阁门同详定，"高丽奉慰使人于小

---

〔1〕（元）脱脱等：《宋史》卷115，中华书局2000年版，第1845页。
〔2〕（宋）吴自牧：《梦粱录》，浙江人民出版社1980年版，第189页。
〔3〕（宋）吴自牧：《梦粱录》，浙江人民出版社1980年版，第189页。
〔4〕（南北朝）颜之推：《颜氏家训》，庄楚点评，中国华侨出版社2014年版，第82页。
〔5〕（晋）张华等：《博物志（外七种）》，王根林等校点，上海古籍出版社2012年版，第142—143页。

祥前后到阙，令于紫宸殿门见，客省受表以进，赐器物、酒馔，退，并常服、黑带、不佩鱼。……其奉辞日，有司亦先设神御坐及设香案、茶酒、果食盘台于几筵殿上"[1]。即有外国使节吊唁时，要赐器物、酒馔，祭奠时也要供奉茶酒等。

另外，邻里之间互相排解纠纷时，杭州人又会热心张罗酒菜，谓之"暖房"。陆游有记载："先左丞平居，朝章之外，惟服衫帽。归乡，幕客来，亦必著帽与坐，延以酒食。伯祖中大夫公每赴官，或从其子出仕，必著帽，遍别邻曲。民家或留以酒，亦为尽欢，未尝遗一家也。其归亦然。"[2] 由此可见江南一带尤重乡邻关系，而酒是维系关系的重要媒介。

三、游玩风俗与酒

杭州是个旅游城市，风景优美。自唐宋开始，杭州人就喜外出赏景游玩。吴自牧说，"临安风俗，四时奢侈，赏观殆无虚日"[3]。杭州人对自然景色的迷恋，古已有之。一年之中，游湖观月、赏花赏雪，是杭州人感谢四时恩惠的表现，也是杭州文化的一种特征。尤其是在南宋之后，杭州人徒出一个新词——都人，这是杭州人对自己身份的界定。这个词，多少可以看到脱离了农村生活的都市人的优越心态以及他们看待社会的特定眼光。酒增加了游玩的兴致，酝酿着游玩的气氛。

(一) 饮酒游湖

饮酒游湖是西湖特有的社会风尚。南宋时期，过了灯节，时至六月酷暑之前，游湖的活动都持续着。皇室成员坐着各式大舫游船观湖。其大致路线是自涌金门外上船南行，午后集于苏堤湖山堂。而百姓也可以坐小船兜售各种果蔬、羹酒等，称"湖中土宜"。这时，西湖之内游船交织，商贩绕着官船求售，歌妓等也严妆以待，各类艺人在船上献艺吸引观众。湖上一片沸腾。御舟缓缓而行，有时也会招呼小商贩进献。断桥是船只临时骈集的地方，"千舫骈聚，歌管喧奏，粉黛罗列"[4]，最为繁盛。

这一风俗一直延续下来。元代散曲家张养浩《游西湖》曰："一片楼台四面

〔1〕（元）脱脱等：《宋史》卷124，中华书局2000年版，第1955页。

〔2〕（宋）陆游：《老学庵笔记》，三秦出版社2003年版，第72页。

〔3〕（宋）吴自牧：《梦粱录》，浙江人民出版社1980年版，第27页。

〔4〕（宋）周密：《武林旧事》，浙江人民出版社1984年版，第39页。

山，玻璃摇碎锦斓斑。画船载酒来天上，宝月和云落世间。千古风烟留客醉，几时鱼鸟伴余闲。乃知西子真尤物，竟日令人不欲还。"诗人萨都剌重游西湖时作《西湖绝句》（六首），诗云："涌金门外上湖船，狂客风流忆往年"，"少年豪饮醉忘归，不觉湖船旋旋移"，"惜春曾向湖船宿，酒渴吴姬夜破橙"。杭州西湖美丽如画，马可·波罗也对之进行了描述：

> 此外在那湖上还有许多画舫划艇，大小皆有，专为娱乐团体而设。一般能载十人，或十五人，或二十人，甚至更多的人。那些船长十五步以至二十步，有宽平底，所以能在水面漂浮，不向任何方面倾斜。假如一位男子愿和女子或他的朋友娱乐，他就可以雇一只船。这船里常备有华丽的桌子和椅子及其余宴会席上必须备的东西。他们带着最好的酒和美味的糖果到船上。每船有盖和板。板上立有人，手持篙子，插入湖底。（湖深不过两步）用力撑船，随意所之，到任何方去。盖子里面有各种彩色的油画。船的其余别处也是这样。四周围有窗户，可以开闭。专为那些坐在船边宴会的人可以向各方面眺望。[1]

张岱记录了明万历年间官吏包涵坐船游湖的情形："西湖之船有楼，实包副使涵所创为之。大小三号：头号置歌筵，储歌童；次载书画；再次偫美人。涵老以声伎非侍妾比，仿石季伦、宋子京家法，都令见客。常靓妆走马，矮姗勃窣，穿柳过之，以为笑乐。明槛绮疏，曼讴其下，摩阿弹筝，声如莺试。客至，则歌童演剧，队舞鼓吹，无不绝伦。乘兴一出，住必浃旬，观者相逐，问其所止。"[2] 配备了大小三艘游船，以供宴会之用。歌童清歌，而美人侍酒，实为奢侈而香艳的游船之举。即使到了民国时期，游船的包船中"亦有吹弹歌唱者，亦有挟妓饮酒者"[3]。这倒是颇有旧时遗风。

（二）观花饮酒

杭城还有观花之俗。春日半山观桃、六月西湖看荷、秋季赏桂观菊，是传统的项目。这些日子，杭城人外出胜游，携妓带酒，人声喧哗。

除了这些公共场所，还有许多花园定期开放，让市民入内欣赏。城外就有

---

〔1〕《马哥孛罗所见之西湖》。转引自陆鉴三选注：《西湖笔丛》，浙江人民出版社1981年版，第22—23页。

〔2〕（明）张岱：《陶庵梦忆 西湖梦寻》，栾保群点校，浙江古籍出版社2012年版，第40页。

〔3〕范祖述：《杭俗遗风》，上海文艺出版社1989年版，第4页。

西湖，西湖边园馆遍布，万松岭内有内贵王氏富览园、三茅观东山梅亭、庆寿庵褚家塘东琼花园、清湖北慈明殿园、杨府秀芳园、张氏北园、杨府风云庆会阁、内侍蒋苑使花圃、富景园、五柳园、南山长桥庆乐园、净慈寺南翠芳园、张府真珠园、谢府新园、罗家园、白莲寺园、霍家园、方家坞刘氏园、北山集芳园、四圣延祥观御园、钱塘门外九曲墙下择胜园、钱塘正库侧新园、城北隐秀园、菩提寺后谢府玉壶园、四井亭园、昭庆寺后古柳林、杨府云洞园、西园、杨府具美园、饮绿亭、裴府山涛园、葛岭水仙庙西秀野园、集芳园、赵秀王府水月园、张府凝碧园、孤山路张内侍总宜园、西林桥西水竹院落、九里松嬉游园、涌金门外堤北一清堂园、显应观西斋堂观南聚景园、张府泳泽环碧园等等，不可胜数。[1] 元宵重九，端午清明，翠茵芳树之间，矮草长堤之侧，官员、百姓，或乘香车骏骑，按乐行歌，折翠簪红，金樽巧笑，享受着四时的美景良辰。宋代的商业氛围比较浓厚，在园林开放的同时，一些辅助的商业活动也得以展开，比如园中附带出售鲜花与瓜果，供应饮料与茶酒，甚至还出售时新的娱乐玩意。

另外一些场所有特定的花卉展，比如宋代在吉祥寺看牡丹即是一大盛观，秋季各茶坊还会展出菊花供市民欣赏，等等。

杭州的马塍一带，花卉种植业较发达。《西湖游览志》载："城北有村曰马塍，居民多业艺花，土沃俗质，聚近而盖远。"[2] 又如《梦粱录》卷19"园囿"记述："钱塘门外溜水桥东西马塍诸圃，皆植怪松异桧，四时奇花，精巧窠儿，多为龙蟠凤舞、飞禽走兽之状。"[3] 马塍有花市繁盛。春天时节，到马塍观花者甚多。宋代诗人张伟[4]有《马塍》诗："水拍田塍路半斜，悄无人迹过农家。春风自谓专桃李，也有工夫到菜花。"描写了马塍的野逸春光。南宋女诗人朱淑真[5]有《东马塍》诗："一塍芳草碧芊芊，活水穿花暗护田。蚕事正忙农事急，不知春色为谁妍。"

（三）观潮布宴

八月十八是钱塘江大潮。此时是钱塘江潮水最大的时候。《武林旧事》描绘："玉城雪岭，际天而来，大声如雷霆，震撼激射，吞天沃日，势极雄豪。"[6]

---

〔1〕（宋）吴自牧：《梦粱录》，浙江人民出版社1980年版，第176—178页。
〔2〕（明）田汝成：《西湖游览志》，东方出版社2012年版。
〔3〕（宋）吴自牧：《梦粱录》，浙江人民出版社1980年版，第179页。
〔4〕张伟，生卒年不详，号芝田，浙江秀州（今嘉兴）人，宋高宗绍兴十八年（1148）进士。
〔5〕朱淑真，生卒年不详，号幽栖居士，浙江钱塘人，一说海宁人，宋代女诗人、词人。
〔6〕（宋）周密：《武林旧事》，浙江人民出版社1984年版，第44页。

这天，皇帝也会亲自来观潮。澉浦金山与临安府中的水军会在此日进行练兵。"军船摆开，西兴、龙山两岸近千只，管军官于江面分布五阵，乘骑弄旗标舞刀，如履平地，点放五色烟炮满江，及烟收炮息，诸船皆不见。"[1] 可谓壮观。这时候的观潮民众，"自龙山以下，贵邸豪民，彩幕绵亘二十余里，几无行路。西兴一带，亦缚幕次，彩绣照江，有如铺锦"[2]。帐幕连营，既为观潮，又是竞奢，场面好不热闹。"市井弄水者憎儿、留住等凡百余人，皆手持十幅彩旗，踏浪争雄，直至海门迎潮。又有踏滚木、水傀儡、水百戏、撮弄，各呈伎艺。"[3]观潮也成为社会性的娱乐活动。

（四）饮酒赏雪

明代汪砢玉云："西湖之胜，晴湖不如雨湖，雨湖不如月湖，月湖不如雪湖。"[4] 赏雪也是杭州人古已有之的游玩习惯。

南宋时的皇宫就有赏雪之俗。《武林旧事》记：

> 禁中赏雪，多御明远楼（禁中称楠木楼）。后苑进大小雪狮儿，并以金铃彩缕为饰，且作雪花、雪灯、雪山之类，及滴酥为花及诸事件，并以金盆盛进，以供赏玩。并造杂煎品味，如春盘饾饤、羊羔儿酒以赐。并于内藏库支拨官券数百万，以犒诸军，及令临安府分给贫民，或皇后殿别自支犒。而贵家富室，亦各以钱米犒闾里之贫者。[5]

赏雪是与怜惜百姓、发放济补款项等结合在一起的。

而百姓喜欢到吴山之顶赏雪，或于茶室小坐，或在酒楼畅饮。吴山临西湖之边，举目望去，"大地如银，老干堆白，大有珊瑚玉树交枝柯之概"[6]，亦为一奇观。

另一个去处就是西湖，在断桥、孤山、苏堤、西泠桥一带。《西湖四时游兴》记："断桥背城面山，远眺雪景，似胜他处。冰花乍解，红日初来，蜡屐一双，玉山千叠，如新娘靓妆华服临一奁明镜，簪上白芙蓉数朵，其清趣当何如

---

〔1〕（明）田汝成：《西湖游览志馀》，东方出版社 2012 年版，第 45 页。

〔2〕（明）田汝成：《西湖游览志馀》，东方出版社 2012 年版，第 45 页。

〔3〕（明）田汝成：《西湖游览志馀》，东方出版社 2012 年版，第 45 页。

〔4〕（明）汪砢玉：《西子湖拾翠余谈》，见陆鉴三选注：《西湖笔丛》，浙江人民出版社 1981 年版，第 34 页。

〔5〕（宋）周密：《武林旧事》，浙江人民出版社 1984 年版，第 46 页。

〔6〕（清）范祖述：《杭俗遗风》，上海文艺出版社 1989 年版，第 25 页。

耶?"〔1〕孤山霁雪是元代"钱塘八景"之一。

其他赏雪处如灵隐与南屏一带的山中。

(五)饮酒消夏

消夏是南宋一项比较流行的习俗。张珩《木雁斋书画鉴赏笔记》中记,"孟夏礼后,且官放三日,则南宋一时习尚"〔2〕。可见官方相当重视消夏习俗。在宋画中,画家表现出了文人消夏的场景,有于树荫之下小憩的,有于山上亭阁之中栖息的,有于荷塘之边赏花的,有于夜深之时观月的。

第三节 商业文化与酒

酒在产生初期是奢侈品,用于祭祀和私用,没有进入流通领域。大抵在商代,酒已走向市场。〔3〕酒因此具有了商业价值。在春秋时期,《论语·乡党》提到孔子"沽酒市脯,不食",即不喝从酒家买来的酒和肉。《战国策》等史书也有不少市肆饮酒的记载。《韩非子·外储说右上》记载非常明确:"宋人有酤酒者,升概甚平,遇客甚谨,为酒甚美,悬帜甚高。"这说明那时的酒进入市场流通领域应该没有问题。汉代时,榷酒成为政府参与经济活动的一种方式,酒的商业行为具有了更为广泛的形式。在城市兴起之后,酒成为都市文化的一道风景。

一、酒的流通与出售

从周到秦汉,人们的商品交换活动基本上是在"市"内进行的。"市"是政府在城市里设置的商业区域,与居民的住宅区"闾里"严格分开。大城市里,由于人口很多,往往设置有多个"市"。商人和手工业者的店铺、货摊、作坊只能设在市里,买卖也必须在市内进行。市门称为"阓",由官府派监门市卒看

---

〔1〕 陆鉴三选注:《西湖笔丛》,浙江人民出版社 1981 年版,第 42 页。

〔2〕 张珩:《木雁斋书画鉴赏笔记》,文物出版社 2014 年版。

〔3〕 《鹖冠子·世兵》说:"伊尹酒保,太公屠牛。"《广雅》解释这句话时说:"保,使也,言为人佣力,保任而之。""伊尹酒保"的意思是,伊尹曾经在卖酒的人家或店肆中做过奴隶或雇工。伊尹原是有莘氏女的陪嫁奴隶,商人用为"小臣",后来成为商初的执政大臣。《鹖冠子》传为战国时楚国隐士鹖冠子所作。又,谯周《古史考》说姜太公"屠牛于朝歌,卖饮于孟津",虽是传说,但按照这一说法,大抵在商代,酒已进入市场。

守，按时开闭。"市买者当清旦而行，日中交易所有，夕时便罢。"〔1〕市中的店铺、货摊称为"肆"。《汉书·食货志》记载当时卖酒的地方称"酒垆"。颜师古注曰："垆者，卖酒之区也，以其一边高，形如锻家垆，故取名尔。"〔2〕历史上有名的酒垆有南北朝时期的黄公垆与五代时期武陵的崔氏酒垆。除此之外，酒铺还可叫酒舍、酒肆、酒店、酒楼、酒家等。晋代开始有了挑着"榼"（一种便于携带的木质酒器）走街串巷的流动酒贩。庾阐《断酒戒》记载："于是椎金罍，碎玉碗，破觥觚，损瓢瓒，遗举白，废引满，使巷无行榼，家无停壶。剖樽折杓，沈炭销垆。"〔3〕

隋统一全国后，私人酒坊、酒店发展起来，酒楼大兴。到了唐代，酒楼如雨后春笋般涌现。唐代最有名的酒楼是长安长乐坊安国寺的"红楼"。《酉阳杂俎》记载："红楼，睿宗在藩时舞榭。"〔4〕韦庄《长安春》云："长安春色本无主，古来尽属红楼女。"唐代的市场可以分为三类：一是城市中固定的商业区，即官市；二是乡村中自发形成的草市或集市；三是在边境地区与周边少数民族或外国商人进行贸易的互市监。城市中的"市"与以前各朝的市是相同的，属于封闭式的集市。现存史料中，这种封闭式市制最为典型的是唐代。除长安、洛阳这样的大都城外，全国各地的酒家也较普及。

南方的酒家多与环境相融。如杜牧《润州》诗写道："句吴亭东千里秋，放歌曾作昔年游。青苔寺里无马迹，绿水桥边多酒楼。大抵南朝皆旷达，可怜东晋最风流。月明更想桓伊在，一笛闻吹出塞愁。"其又有诗云："千里莺啼绿映红，水村山郭酒旗风。南朝四百八十寺，多少楼台烟雨中。"（《江南春》）江南秀丽的风光与林立的酒店，与大大小小的佛寺都隐在烟雨之中。又如罗隐《村桥》诗云："村桥酒旆月明楼，偶逐渔舟系叶舟。莫学鲁人疑海鸟，须知庄叟恶牺牛。心寒已分灰无焰，事往曾将水共流。除却思量太平在，肯抛疏散换公侯。"白居易《曲江》诗云："细草岸西东，酒旗摇水风。"这些诗中都有对江南酒家的描写。

宋代出现了经济中心的转移，江南一带经济发展超过北方。南宋时，偏安一隅的都城临安显示出浓厚的商业气息，这表现在三个方面。

〔1〕（宋）李昉编纂：《太平御览》第4卷，夏剑钦、王巽斋校点，河北教育出版社1994年版，第1038页。

〔2〕（汉）班固：《汉书（上）》，上海古籍出版社2003年版，第162页。

〔3〕《全晋文》卷38，见（清）严可均辑：《全上古三代秦汉三国六朝文》第4册，河北教育出版社1997年版，第400页。

〔4〕（唐）段成式：《酉阳杂俎》，曹中孚校点，上海古籍出版社2012年版，第155页。

（一）古典的坊制瓦解，出现了行市和街坊开店、五业杂处的现象

在坊制最盛的唐代，长安城中街道里坊规整划一。《唐六典》卷 7 载："皇城之南，东西十坊，南北九坊。皇城之东、西，各十二坊，两市居四坊之地，凡一百一十坊。"[1] 唐代诗人王维在《桃源行》中写"平明闾巷扫花开，薄暮渔樵乘水入"，写出了都城清晨的景象。到了宋代，贸易区与住宅的分界打破了。临安城五间楼北至官巷南街出现了金、银、钞引等交易铺，街坊中出现了米市、肉市、珠子市的集市贸易。逐渐形成了三个商业闹市区。一是以天街中段为核心的城区中心一带，是最大的商业区，诸市百行样样齐全，各式铺席处处密布。仅据《梦粱录》卷 13"铺席"条，较大的店铺就有 120 余家。二是城南商业区，由宫城北部边缘延伸至朝天门外，因毗邻皇宫和中央官署，四周遍布皇亲国戚、达官显宦的豪华宅邸，市场购买力强，高档消费品需求旺盛，故该商业区内的店铺也多汇集奇珍异宝等奢侈品。三是城北商业区，自棚桥至众安桥、观桥一带，邻近城内最大的娱乐中心北瓦子和主管科举的礼部贡院。由于坊市制度的打破，临安城经济网点密布，酒楼茶馆遍地。随着行市的发展，又出现了夜市，进一步冲破了坊巷的宵禁制度。据《梦粱录》载："杭城大街，买卖昼夜不绝，夜交三四鼓，游人始稀，五鼓钟鸣，卖早市者又开店矣。"[2]《都城纪胜》记："以至朝天门、清河坊、中瓦前、灞头、官巷口、棚心、众安桥，食物店铺，人烟浩穰。其夜市除大内前外，诸处亦然，惟中瓦前最胜，扑卖奇巧器皿百色物件，与日间无异。其余坊巷市井，买卖关扑，酒楼歌馆，直至四鼓后方静；而五鼓朝马将动，其有趁卖早市者，复起开张。"[3] 日本学者加藤繁好将酒楼之兴起以及瓦子之开设与坊巷制度之瓦解做了全盘的考察，他说："巷坊制崩溃，人家都朝着大街开门启户，市制愈来愈完全崩溃，商店可以设在城内外到处朝着大街的地方，设置了叫做'瓦子'的戏场集中的游乐场所，二层、三层的酒楼临大街而屹立，这些情形都是在宋代才开始出现的。"[4] 如此市民化的建筑形式确实只有在宋代这样城市商业迅速发展的时代才能出现，而且繁华的夜市总是与酒楼相关，酒楼衬托了都市夜晚的热闹。

宋代的城中夜市在明代由于宵禁制度的实施而式微，而这时杭州北郊的卖鱼桥、大关桥的夜市开始繁盛起来。至元明时，杭州夜市最热闹处开始移至湖

---

〔1〕（唐）李林甫等：《唐六典》，陈仲夫点校，中华书局 1992 年版，第 216 页。

〔2〕（宋）吴自牧：《梦粱录》，浙江人民出版社 1980 年版，第 119 页。

〔3〕（宋）耐得翁：《都城纪胜》，中国商业出版社 1982 年版，第 3 页。

〔4〕（日）加藤繁：《加国经济史考证（卷一）》，台湾华世出版社 1981 年版，第 304 页。

墅和北新关一带。元代钱塘八景之一为"北关夜市",可见北新关一带已形成夜市一道独特的风景线。

夜市延续了日市的功能,满足了城市百姓提供的各种消费需求。同时,夜市还要满足百姓夜生活的需要,所以除了日常生活用品之外,还有众多的饮食业,"夜则燃灯秉烛以货,烧鹅煮羊,一应糖果面米市食",云锦桥一带,"官商驰骛,舳舻相衔,昼夜不绝"。[1]

汪砢玉说他于万历四十年(1612)"甫入城,灯火盈街,夜市如昼"[2]。明人高得旸《北关夜市》诗描绘道:"北城晚集市如林,上国流传直至今。青芸受风摇月影,绛纱笼火照春阴。楼前饮伴联游袂,湖上归人散醉襟。阛阓喧阗如昼日,禁钟未动夜将深。"游湖归来的商客仕宦,游兴未尽,饮酒高歌。旅游、餐饮、娱乐等服务行业正是大揽生意的时候,"每至夕阳在山,则樯帆卸泊,百货登市,故市不于日中,而常至夜分。且在城之外,无金吾之禁,篝火烛照,如同白日。凡自西湖归者,多集于此。熙熙攘攘,人影杂沓,不减元宵灯市,洵熙时之景象也"[3]。

(二)临安的消费量巨大,市民的需求多样

南宋前期,临安人口处于恢复阶段,数量不多。中后期,临安人口持续增加,至南宋后期,临安城内外人口有150万~160万人,包括在籍人户、军人及其家属、官吏、官属工匠和仆役、伎艺人员、僧尼道冠、妓女等。[4]除常住居民,还有大量流动人口。比如赶考的文人,省试时"到省士人,不下万余人,骈集都城。铺席买卖如市"[5],混补[6]年"诸路士人比之寻常十倍,有十万人纳卷……每士到京,须带一仆;十万人试,则有十万人仆,计二十万人"[7]。有经商的,商贾大量往来临安,"盖杭城乃四方辐辏之地,即与外郡不同。所以客贩往来,旁午于道,曾无虚日"[8]。有进香的,每年二、三月,从秀州、湖州、苏州、常州等地专程到灵隐寺、净慈寺等寺院进香、朝拜的善男信女不绝于途。另有进入城市谋生的农民,其人数也不在少数。此外还有来杭州游玩的。

〔1〕(明)田汝成:《西湖游览志》,东方出版社2012年版,第172页。
〔2〕(明)汪砢玉:《西子湖拾翠余谈》卷下,上海古籍出版社1999年版。
〔3〕《西湖志·北山夜市》,见陆鉴三选注:《西湖笔丛》,浙江人民出版社1981年版,第96页。
〔4〕陈国灿:《宋代江南城市研究》第三章第一节"杭州、建康、苏州的城市人口",中华书局2002年版。
〔5〕(宋)吴自牧:《梦粱录》,浙江人民出版社1980年版,第10页。
〔6〕混补指科举落第举子再度考试,考试合格者择优就读太学。
〔7〕(宋)孟元老:《西湖老人繁胜录》,中国商业出版社1982年版,第9页。
〔8〕(宋)吴自牧:《梦粱录》,浙江人民出版社1980年版,第117页。

由于人口众多，商品消费量很大。"每日街市食米，除府第、官舍、宅舍、富室及诸司有该俸人外，细民所食，每日城内外不下一二千余石，皆需之铺家。"[1] 市场中的修义坊是肉市，每天的牲畜屠宰量不下于百只。且市民的需求是全方位的，从临安的职业分类来看，分工已经相当细致。而从货物的提供方面来看，市民的需要也是多样化的。食用油主要有麻油和菜油两种，有专门制作食用油的作坊"油作"。调味品主要有盐、醋、酱油和糖。贾似道曾经"令人贩盐百艘，至临安卖之"。临安物产丰富，据《梦粱录》卷18"物产"记载，所产各类谷物31种；茶有宝云茶、香林茶、白云茶、宝严院垂云亭茶等品种，"南北两山、七邑诸山皆产"；盐场有10个；水果49种；鸟禽49种；兽13种；虫鱼49种；菜39种。[2] 临安的蔬菜生产尤其发达，"盖东门绝无民居，弥望皆菜圃"[3]。而城市饮食店铺不仅数量众多，而且规模较大、分工较细。粗分之，饮食店铺有酒楼、饭馆、面店、茶肆、市食点心铺等，每类之中还有不同。由于"人物浩繁，饮之者众"，杭州每天消费的酒很多，"点检所酒息，日课以数十万计"。[4] 在这样的背景下，针对不同社会阶层的酒店应运而生。

（三）酒楼有各种规模与档次

杭州的酒楼从服务对象来说可分高级酒楼与普通酒楼；从经营主体来说有官营的，也有民营的；从规模来说，有大型的，也有中小型的；从位置来说，有城市酒楼，也有乡郊酒楼。北宋时杭州已经有一些上档次的酒楼。著名的有美堂即是位于吴山之峰的高档酒楼，官员聚会多在此进行。北宋所建的州厅附近的酒楼规模也较大。这些酒楼应该是官方修建的。

官营酒库多同时设有酒楼，主要分布在城市娱乐、商业中心或景区周围。据《武林旧事》载："酒楼：和乐楼、和丰楼、中和楼、春风楼、太和楼、西楼、太平楼、丰乐楼、南外库、北外库、西溪库。已上并官库，属户部点检所。"[5] 这是官方修建档次较高的酒楼，不是一般百姓能去的。（"往往皆学舍士夫所据，外人未易登也。"[6]）酒楼的功能，开始只是喝酒，所以酒食是外带而入。"凡肴核杯盘，亦各随意携至库中，初无庖人。官中趁课，初不藉此，聊以粉饰太平

---

〔1〕（宋）吴自牧：《梦粱录》，浙江人民出版社1980年版，第148页。
〔2〕（宋）吴自牧：《梦粱录》，浙江人民出版社1980年版，第162—172页。
〔3〕（宋）周必大：《二老堂杂志》，中华书局1985年版。
〔4〕（宋）周密：《武林旧事》，浙江人民出版社1984年版，第102页。
〔5〕（宋）周密：《武林旧事》，浙江人民出版社1984年版，第93页。
〔6〕（宋）周密：《武林旧事》，浙江人民出版社1984年版，第94页。

耳。"[1] 其中南宋的丰乐楼延用北宋名楼之号，据载当为南宋杭州高级酒楼。《武林旧事》卷5"湖山胜概"记："丰乐楼，旧为众乐亭，又改耸翠楼，政和中改今名。淳祐间，赵京尹与籑重建，宏丽为湖山冠，又甃月池，立秋千梭门，植花木，构数亭，春时游人繁盛。旧为酒肆，后以学馆致争，但为朝绅同年会拜乡会之地。林晖、施北山皆有赋。赵忠定柳梢青云：'水月光中，烟霞影里，涌出楼台，空外笙箫，云间笑语，人在蓬莱。天香暗逐风回，正十里，荷花盛开。买个小舟，山南游遍，山北归来。'吴梦窗尝大书所赋莺啼序于壁，一时为人传诵。"[2]

　　南宋大型酒楼仿北宋旧制。北宋东京（今开封）有名的矾楼，仁宗时每年卖官酒之曲达五万斤，能供脚店三千户之用。北宋末，扩建后改名丰乐楼，成为"京师酒肆之甲，饮徒常千余人"[3]。北宋士大夫也常常到酒楼饮酒作乐或招待客人。欧阳修《归田录》记载鲁宗道就常在仁和酒店招待客人。有一次，真宗派人召问鲁宗道，恰遇鲁宗道易服至仁和酒店招待从远方而来的乡亲。后真宗问及此事，他如实答道："臣家贫无器皿，酒肆百物具备，宾至如归。"[4] 此可作为杭州酒楼发达的佐证。

　　如下这首题于太和楼壁的酒诗颇能窥见南宋杭州酒业的发达：

　　　　太和酒楼三百间，大槽昼夜声潺潺。千夫承糟万夫瓮，有酒如海糟如山。铜锅熔尽龙山雪，金波涌出西湖月。星官琼浆天下无，九酝仙方谁漏泄？皇都春色满钱塘，苏小当垆酒倍香。席分珠履三千客，后列金钗十二行。一座行觞歌一曲，楼东声断楼西续。就中茜袖拥红牙，春葱不露人如玉。今年和气光华夷，游人不醉终不归。金貂玉尘宁论价，对月逢花能几时？有个酒仙人不识，幅巾大袖豪无敌。醉后题诗自不知，但见龙蛇满东壁。

　　前几句写出了酒楼生产量之大；中间部分写酒楼以歌伎伴酒，整日歌舞升平的景象；最后是表达对这种豪奢状态的隐隐忧虑。

　　除却官家酒楼，还有民间酒楼。"熙春楼、三元楼、五间楼、赏心楼、严厨、花月楼、银马杓、康沈店、翁厨、任厨、陈厨、周厨、巧张、日新楼、沈

---

〔1〕（宋）周密：《武林旧事》，浙江人民出版社1984年版，第93—94页。
〔2〕（宋）周密：《武林旧事》，浙江人民出版社1984年版，第67页。
〔3〕（宋）周密：《齐东野语》，上海古籍出版社2012年版，第116页。
〔4〕（宋）欧阳修：《中国古代名家诗文集·欧阳修集（三）》，黑龙江人民出版社2009年版，第978页。

厨、郑厨（只卖好食，虽海鲜头羹皆有之）、虼蟆眼（只卖好酒）、张花。以上皆市楼之表表者。每楼各分小阁十余，酒器悉用银，以竞华侈。每处各有私名妓数十辈，皆时装衩服，巧笑争妍。"[1] 这些地方是一般市民的喝酒去处，由于分布较散，便于市民光顾，因此"歌管欢笑之声，每夕达旦，往往与朝天车马相接。虽风雨暴雪，不少减也"[2]。民间酒楼一般也经营食品。

酒楼的布局，高档的大致可以分为楼房型、宅邸型和花园型；中小型酒楼则无一定格局。《梦粱录》描述了民间酒楼武林园的格局："店门首彩画欢门，设红绿杈子，绯绿帘幕，贴金红纱栀子灯，装饰厅院廊庑，花木森茂，酒座潇洒。但此店入其门，一直主廊，约一二十步，分南北两廊，皆济楚阁儿，稳便坐席。向晚灯烛荧煌，上下相照，浓妆妓女数十，聚于主廊檐面上，以待酒客呼唤，望之宛如神仙。"[3] 这一格局是沿袭了东京的酒楼格局，不妨以《东京梦华录》所记一般酒楼的格局做一比较："凡京师酒店，门首皆缚彩楼欢门，唯任店入其门，一直主廊约百余步，南北天井两廊皆小阁子。向晚，灯烛荧煌，上下相照，浓妆妓女数百，聚于主廊檐面上，以待酒客呼唤，望之宛若神仙。"[4] 北矾楼后改为丰乐楼，"宣和间，更修三层相高，五楼相向。各有飞桥栏槛，明暗相通，珠帘绣额，灯烛晃耀。……元夜，则每一瓦陇中，皆置莲灯一盏。内西楼后来禁人登眺，以第一层下视禁中。大抵诸酒肆瓦市，不以风雨寒暑，白昼通夜，骈阗如此"[5]。一般是楼下设有散座，供一般顾客坐堂饮酒，楼上另设"酒阁子"，即雅座、雅间。想见南宋的大酒楼也应该是这样的格局，消费水平也非常高。东京酒楼陈设精良，盘杯器皿除瓷器外，还有银器，显示贵重。《东京梦华录》卷4"会仙酒楼"介绍说："如州东仁和店、新门里会仙楼正店，常有百十分厅馆，动使各各足备，不尚少阙一件。大抵都人风俗奢侈，度量稍宽，凡酒店中不问何人，止两人对座饮酒，亦须用注碗一副，盘盏两副，果菜碟各五片，水菜碗三五只，即银近百两矣。虽一人独饮，碗遂亦用银盂之类。"[6] 南宋"大抵店肆饮酒，在人出著如何"，"其钱少，止百钱五千者，谓之小分下酒"，而"命妓"的"虚驾骄贵"之辈更"索唤高价细食"。[7]

宅邸型的酒店店内有若干院落和厅堂，廊庑也多做成单间，可同时供若干

〔1〕（宋）周密：《武林旧事》，浙江人民出版社1984年版，第94页。

〔2〕（宋）周密：《武林旧事》，浙江人民出版社1984年版，第95页。

〔3〕（宋）吴自牧：《梦粱录》，浙江人民出版社1980年版，第141页。

〔4〕（宋）孟元老：《东京梦华录》，中国商业出版社1982年版，第16页。

〔5〕（宋）孟元老：《东京梦华录》，中国商业出版社1982年版，第16页。

〔6〕（宋）孟元老：《东京梦华录》，中国商业出版社1982年版，第28页。

〔7〕（宋）耐得翁：《都城纪胜》，中国商业出版社1982年版，第5页。

宴会用。庭院上部罩以天棚，下设散座，如有大宴会，可在院中设戏台演戏。花园型的酒店是在园内建轩馆亭榭，种植花木，房屋使用靠背栏杆（钓窗），附有亭榭、池塘、秋千、画舫，颇有园林特色。《梦粱录》卷19"园囿"描写了内侍蒋苑使家的园囿就装饰成一处花园式的买卖场所，不仅模仿市井的买卖样式陈列店铺，有商贩叫卖，而且"桃村杏馆酒肆，装成乡落之景"，使得市民争相观睹游玩。[1]

　　城市中的私营酒楼规模较大的称"分茶酒店"，店多为平面单层，所以各色人等出入自由，不乏以酒店为依托谋生的小商贩。另外还有一些特色酒店，如：茶酒店，又名茶饭店，以卖酒茶为主，兼营添饭配菜、各色面点等；包子酒店，兼卖灌浆馒头、薄皮春卷、鹅鸭包子、肠血粉羹等；肥羊酒店，专门零售软羊、杂碎、羊撺事件、大骨龟背等；散酒店，以散卖一二碗酒为主，兼营血羹、豆腐羹、熬螺蛳等廉价佐酒菜；庵酒店，也称花酒店，酒阁内暗藏卧床，备有娼妓。更小规模者如"碗头店"，据南宋吴自牧《梦粱录》卷16"酒肆"、耐得翁《都城纪胜·酒肆》等载，这种酒店门首不设油漆杈子，只挂草葫芦，用银马勺、银大碗等酒具。有的店铺比较简陋，多是竹栅布幕搭建而成，时人谓之"打碗头"。意思是顾客大多只喝两三碗甚至只喝一杯便走。这种散酒店在《清明上河图》中有所表现：在河岸边小街旁有一家挂着小酒旗的酒店，门面不大，门口立放着两扇竹栅门，店门首曾经扎缚过彩楼欢门的旧架子依然存在，门内站立着店主，店内仅一人，一杯一盘自饮。酒店出售的下酒食品也非常经济，如血脏、豆腐羹、熬螺蛳、煎豆腐、蛤蜊肉之类。[2]

　　这种小型酒店大多沿街巷或河道设置。杨万里用诗来描述当时的饮酒风气和酒肆风情："长亭阿母短亭翁，探借桃花作面红。酒熟自尝仍自卖，一生割据醉乡中。"（《至后入城道中杂兴》）西溪库虽在郊外，但郊外酒店更有一番风情，而且小酒家参差连接，让游人兴致盎然。王铚《雪晴闲渡西溪》诗云："雪后孤村一段烟，晴光远照玉山川。酒旗隔步招闲客，独上西溪渡口船。"可以说，酒的销售网点已经深入乡村各个角落，凡是有人烟之地，就有酒户。如刘过《村店》诗云："林深路转午鸡啼，知有人家住隔溪。一坞闹红春欲动，酒帘正在杏花西。"叶适有《朱娘曲》云："忆昔剪茅长桥滨，朱娘酒店相为邻。"都是此情形之描述。

〔1〕（宋）吴自牧：《梦粱录》，浙江人民出版社1980年版，第176页。
〔2〕政协杭州市上城区委员会：《品味南宋饮食文化》，西泠印社出版社2012年版。

二、酒楼服务特色

南宋时杭州酒楼兴盛的根本原因是社会生产力水平的提高，尤其是商品经济的发展明显超过了前代，使人们的经济观念呈现出转折时期的鲜明特征，传统的"重本抑末""重农轻商"观念发生了根本性的变化，"农本工商末"的传统观念在宋代被否定，人们对于商业的社会价值给予了充分的肯定。朝廷奖掖商业经营，关怀商旅。士大夫更是对传统的"农本工商末"观念进行了有力的批判，如南宋时的叶适、陈耆卿旗帜鲜明地指出工商业是"本业"。叶适说："夫四民交致其用，而后治化兴，抑末厚本，非正论也。"[1]陈耆卿说："古有四民，曰士，曰农，曰工，曰商。士勤于学业，则可以取爵禄；农勤于田亩，则可以聚稼穑；工勤于技巧，则可以易衣食；商勤于贸易，则可以积财货。此四者，皆百姓之本业，自生民以来，未有能易之者也。"[2]南宋时期，商人的社会地位有了明显的提高，社会上出现了全民皆商的新风尚。酒店是临安最赚钱的地方，当时社会上流行着这样一句谚语："欲得官，杀人放火受招安；欲得富，赶着行在卖酒醋。"（一说"若要富，守定行在卖酒醋；若要官，杀人放火受招安"），这里说的"行在"，即是临安。杭州的酒楼经营出现了专业化与立体化的格局。

（一）酒店的专业化管理

酒店中的服务人员包括专职服务人员以及编外人员。专职服务人员有量酒、铛头、行菜、过买与外出兜儿等。酒楼中接待客人的酒保，又称"量酒人"或"量酒博士"；铛头是指执掌厨艺的厨师；行菜应该是厨房工作人员；一般跑菜的叫"过卖"，俗谓之"大伯"。"凡下酒羹汤，任意索唤，虽十客各欲一味，亦自不妨。过卖铛头，记忆数十百品，不劳再四，传喝如流，便即制造供应，不许小有违误。"[3]外出兜儿是指负责外出兜售食品的店员。

"量酒人"是酒店中直接面对顾客服务的。宋代话本《西山一窟鬼》所记故事发生在临安，主要讲的是秀才吴洪娶鬼妻的故事。其中有一段记载：

> 时遇清明节假，学生子却都不来。教授吩咐了浑家，换了衣服，

〔1〕（宋）叶适：《习学记言》卷19，转引自朱迎平：《永嘉巨子：叶适传》，浙江人民出版社2006年版，第188页。

〔2〕（宋）陈耆卿：《嘉定赤城志》卷37，见浙江省地方志编纂委员会：《宋元浙江方志集成》第11册，杭州出版社2009年版，第5519页。

〔3〕（宋）周密：《武林旧事》，浙江人民出版社1984年版，第94页。

出去闲走一遭。取路过万松岭，出今时净慈寺里看了一会，却待出来。只见一个人看着吴教授唱个喏，教授还礼不迭，却不是别人，是净慈寺对门酒店里量酒……

文中的"量酒"，即是酒店专职服务人员。又如，明代冯梦龙《古今小说》卷15《史弘肇龙虎群臣会》中讲史弘肇请阎待诏喝酒：

> 一日，路上相撞见，史弘肇遂请阎招亮去酒店里，也吃了几多酒共食。阎待诏要还钱，史弘肇那里肯："相扰待诏多番，今日特地还席。"阎招亮相别了，先出酒店自去。史弘肇看着量酒道："我不曾带钱来，你厮赶我去营里讨还你。"量酒只得随他去。到营门前，遂吩咐道："我今日没一文，你且去。我明日自送来，还你主人。"量酒厮骂道："归去吃骂，主人定是不肯。"史大汉道："主人不肯后要如何？你会事时，便去；你若不去，教你吃顿恶拳。"量酒没奈何，只得且回。[1]

杭州的大酒楼一般聘请好厨，如"熙春楼请王厨，艳月楼请施厨，嘉庆楼请康厨，聚景楼请沈厨，风月楼请严厨，尝新楼请沈厨，双凤楼请施厨，日新楼请郑厨。这些名师各显身手，巧烹珍馐，吸引住了不少老饕"[2]。

除了这些专职服务人员之外，还有各色编外服务人员。酒楼里除了利用妓女招徕顾客外，还允许各色人等入内。《武林旧事》说："及有老妪以小炉烓香为供者，谓之'香婆'。有以法制青皮、杏仁、半夏、缩砂、豆蔻、小蜡茶、香药、韵姜、砌香、橄榄、薄荷，至酒阁分表得钱，谓之'撒暂'。又有卖玉面狸、鹿肉、糟决明、糟蟹、糟羊蹄、酒蛤蜊、柔鱼、虾茸、鯹干者，谓之'家风'。又有卖酒浸江蟹、章举蛎肉、龟脚、锁管、蜜丁、脆螺、鲎酱、法虾、子鱼、鲥鱼诸海味者，谓之'醒酒口味'。……酒未至，则先设看菜数碟，及举杯则又换细菜，如此屡易，愈出愈奇，极意奉承。或少忤客意，及食次少迟，则主人随逐去之。"[3]还有"焌糟""闲汉""厮波""札客"等，为客人提供各种服务。街坊妇人腰系青花布手巾，绾危髻，为酒店换汤斟酒，俗谓之"焌糟"。更有百姓入酒肆，见子弟少年辈饮酒，小心供遵，使令买物、命妓、取送钱物之类，

---

〔1〕（明）冯梦龙：《喻世明言》，中国画报出版社2014年版，第134页。
〔2〕陈光新：《中国烹饪史话》，湖北科学技术出版社1990年版，第205页。
〔3〕（宋）周密：《武林旧事》，浙江人民出版社1984年版，第94—95页。

谓之"闲汉"。又有向前换汤斟酒、歌唱或献果子、香药，然后得钱，谓之"厮波"。又有下等妓女不呼自来，筵前歌唱，临时以些小钱物赠之而去，谓之"札客"，亦谓之"打酒坐"。[1] 还有一些艺人前来献艺。又有小鬟，不呼自至，歌吟强聒，以求支分，谓之"擦坐"。又有吹箫、弹阮、息气、锣板、歌唱、散耍等人，谓之"赶趁"。[2]

（二）娼妓与歌舞服务

临安的酒业出现了许多新气象，其一就是酒楼与娼妓业的紧密联手。

北宋的酒楼，普遍以妓女的美色来促进业务。"诸酒店必有厅院、廊庑掩映，排列小阁子，吊窗花竹，各垂帘幕，命妓歌笑，各得稳便。"[3]

南宋杭州的官办酒库数十处，仅临安府检点所管领的较大型酒库就有 13 所，小库 9 所。酒库设有酒楼，不少建于热闹的大街上。"每库设官妓数十人，各有金银酒器千两，以供饮客之用。每库有祗直数人，名曰'下番'。饮客登楼，则以名牌点唤侑樽，谓之'点花牌'。元夕诸妓皆并番互移他库。夜卖各戴杏花冠儿，危坐花架。然名娼皆深藏邃阁，未易招呼。"[4] "其诸库皆有官名角妓，就库设法卖酒，此郡风流才子，欲买一笑，则径往库内点花牌，惟意所择。"[5]《都城纪胜》云：官司库则东酒库、南酒库、北酒库、上酒库、西子库、中酒库、南外库、东外库，每库皆有酒楼，"若欲赏妓，往官库中点花牌，其酒家人亦多隐庇推托，须是亲识其妓，及以利委之可也"。[6] 高档的酒楼请名妓，深藏邃阁，使用高档酒具，招待上层人物，不是普通市民可以观睹的。

市民酒店也有私妓服务。"每楼各分小阁十余……每处各有私名妓数十辈，皆时妆袨服，巧笑争妍。夏月茉莉盈头，春满绮陌。凭槛招邀，谓之'卖客'。"[7] 刘过《酒楼》诗曰："夜上青楼去，如迷洞府深。奴歌千调曲，客杂五方音。"

酒妓分三种。

一是当炉，就是应顾客劝酒以助兴。

二是呈艺，以表演为佐酒助兴的主要形式。如以演奏乐器来行酒的酒姑叫

〔1〕（宋）孟元老：《东京梦华录》，中国商业出版社 1982 年版，第 17 页。

〔2〕（宋）周密：《武林旧事》，浙江人民出版社 1984 年版，第 94 页。

〔3〕（宋）孟元老：《东京梦华录》，中国商业出版社 1982 年版，第 18 页。

〔4〕（宋）周密：《武林旧事》，浙江人民出版社 1984 年版，第 93 页。

〔5〕（宋）吴自牧：《梦粱录》，浙江人民出版社 1980 年版，第 88 页。

〔6〕（宋）耐得翁：《都城纪胜》，中国商业出版社 1982 年版，第 5 页。

〔7〕（宋）周密：《武林旧事》，浙江人民出版社 1984 年版，第 94 页。

"乐妓"。她们一般擅长琵琶、琴、筝等，如白居易笔下的琵琶女，就是酒妓。另有以舞佐酒的，是为"舞妓"。除了正式酒妓之外，还有一些年轻女孩子，称"擦坐""赶趁""打酒座"，是临时前来服务的。

三是卖身，一些下等酒店公开卖娟。也有一些是暗娟，并不在酒店卖身，而是转移到其他地方。

明人凌濛初说："宋时法度，官府有酒皆召歌妓承应，只站着歌唱送酒，不许私侍寝席。"〔1〕这说明一般的酒妓是卖艺不卖身的，但也有一些可以与客人在酒阁内成就云雨之欢的陪酒女郎，应是较下等的私妓。《都城纪胜》记："庵酒店，谓有娟妓在内，可以就欢，而于酒阁内暗藏卧床也。门首红栀子灯上，不以晴雨，必用箬鬎盖之，以为记认。其他大酒店，娟妓只伴坐而已。欲买欢，则多往其居。"〔2〕《梦粱录》卷16所记三元楼中的酒妓当是供客人买欢的："中瓦子前武林园，向是三元楼康、沈家在此开沽，店门首彩画欢门，设红绿杈子，绯绿帘幕，贴金红纱栀子灯，装饰厅院廊庑，花木森茂，酒座潇洒。"〔3〕

由于政府的支持与商业的发达，宋代的名妓很多。《梦粱录》载："自景定以来，诸酒库设法卖酒，官妓及私名妓女数内，拣择上中甲者，委有娉婷秀媚，桃脸樱唇，五指纤纤，秋波滴溜，歌喉宛转，道得字真韵正，令人侧耳听之不厌。官妓如金赛兰、范都宜……私名妓女，如苏州钱三姐、七姐、文字季惜惜……"〔4〕各地都有妓中之翘楚。

而追溯起来，娟妓制度有很长的历史。清代袁枚《随园诗话》云："人问：'妓女始于何时？'余云：'三代以上，民衣食足而礼教明，焉得有妓女？惟春秋时，卫使妇人饮南宫万以酒，醉而缚之。此妇人当是妓女之滥觞。不然，焉有良家女而肯陪人饮酒乎？若管仲之女闾三百，越王使罢女为士缝衽，固其后焉者矣。"〔5〕袁枚偏激之辞，倒是道出了娟妓制度与古代政治的关系。唐代又称酒妓为酒伶。孟郊《晚雪吟》诗云："甘为酒伶摈，坐耻歌女娇。"士大夫家多蓄妓。如白居易家里蓄妓很多，尤以樊素、小蛮最惹人喜爱。白居易曾得意地说："樱桃樊素口，杨柳小蛮腰。"（《句》）两人分别以歌、舞受宠。到白居易家做客，必有丝竹与值妓作陪。

《老学庵笔记》记："苏叔党政和中至东都，见妓称'录事'，太息语廉宣仲曰：'今世一切变古，唐以来旧语尽废，此犹存唐旧为可喜。'前辈谓妓曰'酒

〔1〕 （明）凌濛初：《二刻拍案惊奇》，岳群标点，岳麓书社2005年版，第133页。
〔2〕 （宋）耐得翁：《都城纪胜》，中国商业出版社1982年版，第5页。
〔3〕 （宋）吴自牧：《梦粱录》，浙江人民出版社1980年版，第141页。
〔4〕 （宋）吴自牧：《梦粱录》，浙江人民出版社1980年版，第192页。
〔5〕 （清）袁枚：《随园诗话》，崇文书局2012年版，第81页。

纠'，盖谓录事也。相蓝之东，有录事巷，传以为朱梁时名妓崔小红所居。"[1]
唐代时对娼妓的称呼有多少已经不闻，但是"录事"倒真是其称呼之一。娼妓
在酒宴中的角色很重要，她们一般要担任录事，对酒事进行掌控。皇甫松甚至
认为，合格的录事要有三种能耐：一是要会喝酒，二是要有才艺，三是要会应
承以周全酒局。

宋代，娼妓依然活跃在酒楼中。不少文人的作品是经娼妓之口向社会传播
的，同时，她们之中不乏才女。如杭妓琴操改秦观的《满庭芳·山抹微云》，可
见其文才过人。

> 杭之西湖，有一倅闲唱少游《满庭芳》，偶然误举一韵云："画角声
> 断斜阳。"妓琴操在侧云："画角声断谯门，非斜阳也。"倅因戏之曰：
> "尔可改韵否？"琴即改作阳字韵云："山抹微云，天连衰草，画角声断
> 斜阳。暂停征辔，聊共饮离觞。多少蓬莱旧侣，频回首、烟霭茫茫。
> 孤村里，寒鸦万点，流水绕低墙。　　魂伤，当此际，轻分罗带，暗
> 解香囊。漫赢得、秦楼薄幸名狂。此去何时见也，襟袖上空有余香。
> 伤心处，长城望断，灯火已昏黄。"
> 东坡闻而称赏之。[2]

而蓄家妓、昵官妓在宋代很常见。苏东坡说："我甚似乐天，但无素与蛮。"
（《次京师韵送表弟程懿叔赴夔州运判》）而他与歌妓朝云的故事更是为人津津乐
道。文人雅集，官员聚会，也少不了歌妓的身影。《轩渠录》载，东坡有歌舞妓
数人，每留客，即云："有数个搽粉虞侯，欲出来祗应也。"东坡长得一绺长胡，
人又幽默，颇得众歌妓好感。宋袁文《瓮牖闲评》中记，"东坡倅钱塘日，忽刘
贡父相访，因与同游西湖。时二刘方在服制中，至湖心，有小舟翩然至前，一
妇人甚佳。见东坡，自叙：'少年景慕高名，以在室无由得见，今已嫁为民妻，
闻公游湖，不避罪而来，善弹筝，愿献一曲，辄求一小词，以为终身之荣，可
乎？'东坡不能却，援笔而成，与之"[3]。可见当时风尚。更有苏东坡判营妓从
良之事："子瞻通判钱塘，尝权领州事，新太守将至，营妓陈状，以年老乞出籍
从良。公即判曰：'五日京兆，判状不难；九尾野狐，从良任便。'有周生者，色

〔1〕（宋）陆游：《老学庵笔记》，三秦出版社2003年版，第232页。

〔2〕（宋）吴曾：《能改斋漫录》卷16"杭妓琴操"，上海古籍出版社1979年版，第483页。

〔3〕金沛霖主编：《四库全书·子部精要（中）》，天津古籍出版社、中国世界语出版社1998年版，第732页。

艺为一州之最，闻之，亦陈状乞嫁。惜其去，判云：'慕《周南》之化，此意虽可嘉；空冀北之群，所请宜不允。'"[1]

但是宋代的酒业与社会的关系较前代更为紧密。宋代酒业实行官卖制度，国家官卖酒法与娼妓制度相联系，宋代是一特例。王栐在《燕翼诒谋录》中说："新法（指王安石变法）既行，悉归于公，上散青苗钱于设厅，而置酒肆于谯门。民持钱而出者，诱之使饮，十费其二三矣。又恐其不顾也，则命娼女坐肆作乐，以蛊惑之。小民无知，争竞斗殴，官不能禁，则又差兵官列枷杖以弹压之。名曰'设法卖酒'。……今（指南宋时）官卖酒用妓乐如故，无复弹压之制，而'设法'之名不改。州县间无一肯厘正之者，何耶?"[2] 政府为了促进消费，回笼资金，一方面散发青苗钱，一方面又使妓女惑人，消费酒钱，从而引起冲突。

如果说北宋只是妓女坐肆作乐，而南宋则有妓女骑马迎酒之事，形成了新的社会习俗。

宋以后，娼妓依然与酒业有着联系。明代初期，揭轨有《宴南市楼》诗云："诏出金钱送酒垆，绮楼胜会集文儒。江头鱼藻新开宴，苑外莺花又赐醑。赵女酒翻歌扇湿，燕姬香袭舞裙纡。绣筵莫道知音少，司马能琴绝代无。"以妓侍酒的现象还是常见的。永乐以后，酒楼禁止以歌妓侑酒。《蓉塘诗话》载："国初缙绅宴集，皆用官妓，与唐宋不异，后始有禁耳。"[3] 但到明朝后期，禁令形同虚设，歌妓侑酒依然是饮宴时尚。

（三）行香与香食

宋代香料的大量引入与使用于公共场所，使得行香与香食成为餐饮业的一个显著特色。（参见第七章）

三、酒业的延伸

宋代酤酒业的兴盛，活跃了商品经济，增加了酒的生产量、消费量和国家财政收入。李春棠《从宋代酒店茶坊看商品经济的发展》一文经考证后计算出：北宋时，仅东京（开封）每年酿酒就达 8000 万斤，居民平均每人每年消费商品

〔1〕（宋）王辟之、（宋）陈鹄：《渑水燕谈录 西塘集耆旧续闻》，韩谷、郑世刚校点，上海古籍出版社 2012 年版，第 73 页。

〔2〕（宋）王栐、（宋）张邦基：《燕翼诒谋录 墨庄漫录》，上海古籍出版社 2012 年版，第 31 页。

〔3〕（明）姜南：《蓉塘诗话》，见吴文治主编：《明诗话全编》第 8 册，江苏古籍出版社 1997 年版。

酒 50 多斤。[1] 酒业的发达带动了其他行业的发展。

（一）酒业与娱乐业的结合

酒楼一般设在城市的繁华地带，而与市民的娱乐场所瓦舍等较为靠近，有的酒楼直接设在瓦舍之内。有不少酒楼和瓦舍是通宵经营的，"大抵诸酒肆瓦市，不以风雨寒暑，白昼通夜，骈阗如此"。[2] 东京夜市的兴旺，与这些酒楼茶坊和瓦舍的通宵经营有关。南宋的武林园，也靠近瓦舍。这种将娱乐业与饮食业结合起来的做法，直到今日依然常见。

（二）酒业带动了附属产业的兴起

比如赁物业的发展。《武林旧事》中记有两种与酒相关的物件出赁：酒檐、酒器。下有注云："凡吉凶之事，自有所谓'茶酒厨子'，专任饮食请客宴席之事。凡合用之物，一切赁至，不劳余力。虽广席盛设，亦可咄嗟办也。"[3]

耐得翁《都城纪胜》说得更加详细，办宴席需要的一整套器物及相关服务事宜都有专门的人员办理，称为"四司六局"：

> 官府贵家置四司六局，各有所掌，故筵席排当，凡事整齐，都下街市亦有之。当时人户，每遇礼席，以钱倩之，皆可办也。
>
> 帐设司，专掌仰尘、缴壁、桌帏、搭席、帘幕、罘罳、屏风、绣额、书画、簇子之类。
>
> 厨司，专掌打料、批切、烹炮、下食、调和节次。
>
> 茶酒司，专掌宾客茶汤、暖荡筛酒、请坐咨席、开盏歇坐、揭席迎送、应干节次。
>
> 台盘司，专掌托盘、打送、斋擎、劝酒、出食、接盏等事。
>
> 果子局，专掌装簇、盘钉、看果、时果、准备劝酒。
>
> 蜜煎局，专掌糖蜜花果、咸酸劝酒之属。
>
> 菜蔬局，专掌瓯钉、菜蔬、糟藏之属。
>
> 油烛局，专掌灯火照耀、立台剪烛、壁灯烛笼、装香簇炭之类。
>
> 香药局，专掌药碟、香球、火箱、香饼、听候索唤、诸般奇香及

---

[1] 李春棠：《从宋代酒店茶坊看商品经济的发展》，《湖南师院学报（哲学社会科学版）》1984 年第 3 期。

[2] （宋）孟元老：《东京梦华录》，中国商业出版社 1982 年版，第 16 页。

[3] （宋）周密：《武林旧事》，浙江人民出版社 1984 年版，第 96 页。

醒酒汤药之类。

排办局，专掌挂画、插花、扫洒、打渲、拭抹、供过之事。

凡四司六局人只应惯熟，便省宾主一半力，故常谚曰：烧香点茶，挂画插花，四般闲事，不许戾家。若其失忘支节，皆是只应等人不学之过。只如结席喝犒，亦合依次第，先厨子，次茶酒，三乐人。[1]

南宋时，这一行业更加发达完备，主人家只需出钱，整个宴会就能张罗停当。从厅馆布置、采买庖厨、托盘接送到糖蜜花煎、菜蔬糟藏、灯火油烛、药碟香球、挂画插花等器物，再到发帖、接送、劝酒等，俱有专业人士负责。即使是百人的宴席，也能诸事条理。"四司六局"行业的发展体现出民间宴会活动的发达。

（三）餐饮业带动了酒器的生产与修理业的发展

比如各类铜铁镴器的加工。酒业需要的酒盏、注子、偏提、盘、盂、勺，酒市急需的马盂[2]、屈卮等都有出售。从这些产品的质地看，应该是普及的匠货，也就是一般家用与低档酒店使用的器物。

（四）形成了新的社会习俗

由《清明上河图》可见，宋时出售的酒水有以酝酿时间来命名的。如画中有一面写着"十千脚店"的酒旗，上书楷体"新酒"。《东京梦华录》卷8载："中秋节前，诸店皆卖新酒……"[3] 中秋前后市人饮新酒的习俗，唐元稹在其《饮新酒》诗中就说："闻君新酒热，况值菊花秋。"白居易《和尝新酒》中说："空腹尝新酒，偶成卯时醉。"又有《书绅》诗："新酒始开瓮，旧谷犹满囷。"《武林旧事》记"迎新"：

户部点检所十三酒库，例于四月初开煮，九月初开清，先至提领所呈样品尝，然后迎引至诸所隶官府而散。每库各用匹布书库名商品，以长竿悬之，谓之"布牌"。以木床铁擎为仙佛鬼神之类，驾空飞动，谓之"台阁"。杂剧百戏诸艺之外，又为渔父习闲、竹马出猎、八仙故事。及命妓家女使裹头花巾为酒家保，及有花棚五熟盘架、放生笼养

---

〔1〕（宋）耐得翁：《都城纪胜》，中国商业出版社1982年版，第8页。
〔2〕又作匜。应该是盛酒器。
〔3〕（宋）孟元老：《东京梦华录》，中国商业出版社1982年版，第56页。

等，各库争为新好。库妓之琤琤者，皆珠翠盛饰，销金红背，乘绣韂宝勒骏骑，各有皂衣黄号私身数对，诃导于前，罗扇衣笈，浮浪闲客，随逐于后。少年狎客，往往簇钉持杯争劝，马首金钱彩段，沾及舆台。都人习以为常，不为怪笑。所经之地，高楼邃阁，绣幕如云，累足骈肩，真所谓"万人海"也。[1]

　　酒业的商业活动已经与民俗活动结合起来，出现类似"台阁"的巡游活动。妓女自备衣裳，打扮得花枝招展，一路沿街前行，做酒业宣传。《都城纪胜》中说妓女"乘骑作三等装束：一等特髻大衣者，二等冠子裙背者，三等冠子衫子裆裤者"[2]，引得闲仆浪子引马随逐。市民观者如海，热闹非凡。各酒库还互相竞争，在三丈余的白布条上写上诸如"某库选到有名高手酒匠，酝造一色上等酞。酞辣无比高酒，呈中第一"[3] 的广告，将此"布牌"挂在竹竿上，后面还准备了新品，有尝新之举，招徕顾客。诗人杨炎正的《钱塘迎酒歌》记录了迎酒的热闹场面：

> 钱塘妓女颜如玉，一一红妆新结束。
> 问渠结束何所为，八月皇都酒新熟。
> 酒新熟，浮蛆香，十三库中谁最强。
> 临安大尹索酒尝，旧有故事须迎将。
> 翠翘金凤乌云髻，雕鞍玉勒三千骑。
> 金鞭争道万人看，香尘冉冉沙河市。
> 琉璃杯深琥珀浓，新翻曲调声摩空。
> 使君一笑赐金帛，今年酒赛真珠红。
> 画楼突兀临官道，处处绣旗夸酒好。
> 五陵年少事豪华，一斗十千谁复校。
> 黄金垆下漫徜徉，何曾见此大堤娼。
> 惜无颜公三十万，枉醉金钗十二行。

　　下自注云："宋南渡，钱塘有官酒库。清明前开煮，中秋前发卖，先期以鼓乐妓女，迎酒穿街，观者如市。"街道两边的酒肆也结彩欢门，开门尝新，诸库

〔1〕（宋）周密：《武林旧事》，浙江人民出版社1984年版，第41页。
〔2〕（宋）耐得翁：《都城纪胜》，中国商业出版社1982年版，第6页。
〔3〕（宋）吴自牧：《梦粱录》，浙江人民出版社1980年版，第12页。

迎煮活动成为全市百姓的大事。

（五）公共场所的交际功能得到强化

南宋的酒楼茶肆作为公共场所，也是市民会面或商谈事宜的场所。茶肆还是富贵子弟学习音乐之地。另外，南宋杭州的城市职业分工非常细化。有的行业还形成了机构"行"，比如酒业就有酒行。而每个行当中都有技艺高手，比如酿酒业中就有酿酒师傅。他们的就业有经纪人介绍，而这些经纪人通常就以酒楼为商谈地点。因此，在酒店可以看到这样一幕：诸行经纪人会见"猎头"，进行劳务交流。

陈蝶仙的《相帮》一诗，细致描述了清末拱宸桥一带的茶肆酒楼里闲人帮衬的情形："枯黄辫子缭鬖鬖，计拙如鸠力似牛。绞罢手巾台面散，嘴边沾得一分油。"[1]

四、广告与宣传

汉代时酒商之间就有竞争。羊欣《采古来能书人名》记载："师宜官，后汉，不知何许人。宜官能为大字方一丈，小字方寸千言，《耿球碑》是宜官书，甚自矜重。或空至酒家，先书其壁，观者云集，酒因大售。俟其饮足，削书而退。"[2] 这位书法家的壁书吸引了大量观众，酒家顾客猛增，为了酬谢他，免费让他喝足。南北朝庾信在《答移市教》中称"宜官妙篆，犹致酒垆之客"，即指此典故。

虽说"酒香不怕巷子深"，但是对酒的宣传自古有之。酒店通过店面设计，从外观和内部进行装修，则可以吸引酒客。

（一）幌子

"幌子"又称"酒旗"。

《宋史·天文志》说"酒旗三星在轩辕右角南，酒官之旗也，主宴享饮食"[3]。酒店门前的这种标识名为酒旗，是主宴享饮食的酒官之旗。其出现历史很早。《仪礼·大射仪》载："酒者，乳也。王者法酒旗以布政，施天乳以哺人。"《韩非子·外储说右上》记载："宋人有酤酒者，升概甚平，遇客甚谨，为酒甚

---

〔1〕 潘超、丘良任、孙忠铨等：《中华竹枝词全编（四）》，北京出版社2007年版，第609页。

〔2〕 栾保群主编：《书论汇要（上）》，故宫出版社2014年版，第37页。

〔3〕 （元）脱脱等：《宋史》，中华书局2000年版。

美，悬帜甚高。"酒旗的名称很多，如青帘、杏帘、酒榜、酒招、帘招、招子等。从唐代的不少诗歌作品中便可窥斑见豹，如："碧疏玲珑含春风，银题彩帜邀上客"（韦应物《酒肆行》）；"闪闪酒帘招醉客，深深绿树隐啼莺"（李中《江边吟》）；"君不见菊潭之水饮可仙，酒旗五星空在天"（罗愿《和汪伯虞求酒》）。最有名的还是杜牧诗作《江南春》："千里莺啼绿映红，水村山郭酒旗风。南朝四百八十寺，多少楼台烟雨中。"

从宋代的史料来看，酒旗在当时是很常见的。《梦粱录》记南宋临安府酒库在开煮后，用三丈多高的白布写广告语，谓之"布牌"，以大长竿挂起，三五人扶之而行。张择端的《清明上河图》中也有酒旗出现。宋代酒店门首的标识分为两种：高高悬挂的称为"酒旗"；垂于店门上的称为"酒帘"。宋代画院试题"竹锁桥边卖酒家"，一般画工多于"酒家"两字下功夫，唯李唐仅于桥边竹外，挂一青幡，上写一"酒"字，含蓄地表达"锁"意，从而得到皇帝的称赞。

酒旗可作为酒楼的象征。《宋朝事实类苑》卷38载，王逵在福州做地方官，平生最得意的诗作是两句咏酒旗诗："下临广陌三条阔，斜倚危楼百尺高。"当地有位当垆老媪，常酿美酒，有人出主意，让老媪买布做酒帘，由善书者将王逵那两句诗题写在酒帘上，并设法在王逵出行时使他看到。王逵看到后果然问询，老媪说来饮酒者常诵这两句，说是酒望子诗。王逵听了大喜，赏钱五千作酒本，一时传为佳话。洪迈《容斋随笔》载："今都城与郡县酒务，凡鬻酒之肆，皆揭大帘于外，以青白布数幅为之……"[1] 洪迈所言的"大帘"，不是高悬的酒旗，而是酒肆之家正门或旁门上悬挂的门帘。

宋王直方《上巳游金明池》诗云"酒肆歌楼驻画轮""风约青帘认别津"。

古代酒家挂出酒旗，不仅是作为醒目的招牌，还有明确酒类和说明时间的用意。如《东京梦华录》载："中秋节前，诸店皆卖新酒，重新结络门面彩楼花头，画竿醉仙锦帘。市人争饮，至午未间，家家无酒，拽下望子。"[2] 酒旗上书写"新酒""小酒"，是明确酒类；中秋时节各酒店过了午未把酒旗放下来，不再经营，这是说明时间。

酒旗一般以布绸缝制而成，置于门首。《韩诗外传》云："人有市酒而甚美者，置表甚长。"此处之"表"就是酒店的标识，即酒招。"《韩非子》云：'宋人酤酒，悬帜甚高。'酒市有旗，始见于此。《唐韵》谓之帘，或谓之望子。《水浒传》有'无三不过望'语。宋窦苹《酒谱》有《帘赋》，警句云：'无小无大，一

---

〔1〕（宋）洪迈：《容斋随笔（下）》，穆公校点，上海古籍出版社2015年版，第276页。

〔2〕（宋）孟元老：《东京梦华录》，中国商业出版社1982年版，第56页。

尺之布可缝；或素或青，十室之邑必有。'"〔1〕旗布多为白色或青色，所以杨万里有"饥望炊烟眼欲穿，可人最是一青帘"（《晨炊横塘桥酒家小窗》）。酒旗，可以挂，也可以插。

酒旗上的字可以是店名，可以是宣传语，还可以是名人诗句。张择端的《清明上河图》中有写着"孙羊正店"酒招，也有写着"新酒""小酒"字样的酒招。山西繁峙县岩山寺的宋代壁画中，酒楼的酒帘上写有"野花攒地出，村酒透瓶香"诗句。还有的酒旗就写"酒""太白遗风"。明代正德年间朝廷开设的酒馆，旗上题有名家墨宝："本店发卖四时荷花高酒。""荷花高酒"就是当时的宫廷御酿。有的酒旗标明经营式样，如小说《歧路灯》里的开封"西蓬壶馆"木牌坊上书"包办酒席"。更多的酒旗则极力渲染酒香，如清代八角鼓曲《瑞雪成堆》云："杏花村内酒旗飞，上写着'开坛香十里，就是神仙也要醉'。"《水浒传》中，阳谷县一家酒店的酒旗上书"三碗不过冈"。

酒旗中，以稻草秆制成的叫"草"。如康进之《李逵负荆》："曲律竿头悬草稕，绿杨影里拨琵琶。高阳公子休空过，不比寻常卖酒家。"以草代旗，确实特别。有的酒旗以木牌制成，称"酒榜"，如皎然《张伯英草书歌》云："长安酒榜醉后书，此日骋君千里步。"

酒旗也可以告示酒店的经营时间。《东京梦华录》记："至午未间，家家无酒，拽下望子。"〔2〕悬旗，说明酒家正在营业；落旗，意味着酒家暂停营业。悬旗、落旗时间不一。有的是晚上营业，如刘禹锡《堤上行》诗里提到的一家酒家"日晚出帘招客饮"；一般的酒楼则是白天营业，傍晚落旗，如释道潜《秋江》诗："赤叶枫林落酒旗，白沙洲渚夕阳微。数声柔橹苍茫外，何处江村人夜归？"

（二）彩楼欢门、杈子与红杈子

"彩楼"实质上就是店铺的门面装潢，"欢门"意为"欢乐之门"，指装饰有彩色纸、帛的门窗，用以表示欢庆。《清明上河图》中绘有彩楼欢门的店铺多达7家，除了"刘家上色沉檀拣香"为医药铺外，余皆为酒店。孟元老在《东京梦华录》中记述酒店的装饰时说："凡京师酒店，门首皆缚彩楼欢门……彩楼相对，绣旆相招，掩翳天日。"〔3〕资本雄厚的孙羊正店，屋宇壮阔，装饰豪华，彩楼欢门，气势非凡，非他处能与之争奇。酒店门首广扎彩楼欢门有其由来。相传，

---

〔1〕（清）褚人获：《坚瓠集》，上海古籍出版社 2012 年版，第 69 页。
〔2〕（宋）孟元老：《东京梦华录》，中国商业出版社 1982 年版，第 56 页。
〔3〕（宋）孟元老：《东京梦华录》，中国商业出版社 1982 年版，第 16—17 页。

后周郭威曾经到东京潘楼游幸，潘楼为隆重欢迎圣驾，装饰一新。其后，茶楼酒肆纷纷效仿成俗，两宋无改。而由于店家的资本厚薄不一，故彩楼欢门的规模大小不同，装饰程度亦不同。

除"彩楼欢门"外，酒楼外还有"杈子"装饰。"杈子"又称"拒马叉子""行马""梐拒""梐枑"。其制作方法，是以长宽相等的木条竖立并刷成红色，再用一根绿色的横木将直竖的红木条固定，故宋人俗称"红绿杈子"。"杈子"是为了禁止人马通行而设的，一般只在公宇和官府建筑前使用。程大昌《演繁露》卷1载："晋魏以后，官至贵品，其门得施行马。行马者，一木横中，两木互穿，以成四角，施之于门，以为约禁也。《周礼》谓之梐枑。"[1]而酒楼茶肆门前也允许设置杈子，不能不说是一种特殊的待遇。

有的酒楼外还设有红栀子灯，因其外形似栀子的果实，故有此名。《都城纪胜》载："酒家事物，门设红杈子绯绿帘贴金红纱栀子灯之类。旧传因五代郭高祖游幸汴京潘楼，至今成俗。"[2]又："沈家在此开沽，店门首彩画欢门，设红绿杈子，绯绿帘幕，贴金红纱栀子灯。"[3]栀子灯是一个特殊的标记，向顾客暗示店内有娼妓就陪。《都城纪胜》载："庵酒店，谓有娼妓在内，可以就欢，而于酒阁内暗藏卧床也。门首红栀子灯上，必用箬篷盖之，以为记认。其他大酒店，娼妓只伴坐而已。"[4]

（三）匾与对

"匾""对"为两物，匾悬之门楣或堂奥，其数一；对则列于抱柱或门之两侧，或堂壁两厢。古时多以木、竹为之，亦有金属如铜等为之者。匾、对的意义应互相照应连贯，匾文多寓意主旨。古代酒店一般有匾、对，有的还多至数对或更多。这些匾、对的目的在于招徕顾客，吸引游人。匾、对的内容或辑自传统诗文名句，或由墨客文士撰题，本身又是书法或诗文艺术作品。如唐代张白《赠酒店崔氏》云："武陵城里崔家酒，地上应无天上有。云游道士饮一斗，卧向白云深洞口。"因是名人、名字、名句，小小酒店便名噪一时，酤酒者愈众。又徐充《暖姝由笔》载：明武宗正德年间（1506—1521），顽童天子别出心裁地开设皇家酒馆，两匾文字为："天下第一酒馆""四时应饥食店"。酒旗高悬，大书"本店出卖四时荷花高酒"。此事虽如同嬉戏，却是全照市俗而行。匾、对

---

〔1〕（宋）程大昌：《演繁露》，远方出版社2002年版，第13—14页。
〔2〕（宋）耐得翁：《都城纪胜》，中国商业出版社1982年版，第5页。
〔3〕（宋）吴自牧：《梦粱录》，浙江人民出版社1980年版，第141页。
〔4〕（宋）耐得翁：《都城纪胜》，中国商业出版社1982年版，第5页。

之于酒店，是中国传统文化的一大特点，亦是中国饮食文化的一大成就。

《水浒传》中的浔阳楼，高挑的是一面"浔阳江正库"的大旗，同时朱红的华表上还有一副对联，写的是"世间无比酒，天下有名楼"。即使是"快活林"这样的三等酒店，大旗上高挑的也是"河阳风月"，还有一副酒联大书于销金旗上，为"醉里乾坤大，壶中日月长"，颇有一些豪气。"酒店门前三尺布，人来人往图主顾。"即是对酒店门楣的白描，看来拉回头客从古代就已经很盛行了，时下要图"座中客常满，樽中酒不空"。[1]

酒店对联其实是很讲究的。有宣传解忧愁的，如"一酌千忧散，三杯万事空""闲愁如飞雪，入酒即消融"；有宣称酒好店好的，如"店好千家颂，坛开十里香""李白问道谁家好，刘伶回言此处高""铁汉三杯脚软，金刚一盏摇头"；亦有平中见奇、追求雅致的，如"人生光阴花上露，江湖风月酒中仙""水如碧玉山如黛，酒满金樽月满楼"。一家名为"东兴"的酒楼，其联曰："东不管西不管酒管，兴也罢衰也罢喝罢。"其实酒徒之中无白痴，纵观中国历代名饮之人，大多是进亦忧退亦忧之士，嘴上喝着辛酸岁月，胸中亦怀江山社稷，心忧国家大事。

（四）装饰性书画

如内壁的书画。米芾《画史》认为，程坦、崔白、侯封、马贲、张自方等画家所绘的画不好，"皆能污壁，茶坊、酒店可与周越仲翼草书同挂"[2]。这说明当时酒店挂书画是比较流行的。有的酒店留一素壁，就是为求名人写字。宋江便有题壁的故事。淳熙四年（1177）正月，陆游于成都一酒楼的题壁诗胸宇磅礴、荡气回肠、意境高远，远非仅抒个人胸臆的骚人墨客所能及。其诗云："丈夫不虚生间世，本意灭虏收河山。岂知蹭蹬不称意，八年梁益凋朱颜。三更抚枕忽大叫，梦中夺得松亭关。中原机会嗟屡失，明日茵席留余潸。益州官楼酒如海，我来解旗论日买。酒酣博簺为欢娱，信手枭卢喝成彩。牛背烂烂电目光，狂杀自谓元非狂。故都九庙臣敢忘？祖宗神灵在帝旁。"（《楼上醉书》）可谓其诗中不多的长句。

酒业的繁荣只是宋代经济发达和社会文明的一个方面，其实在很多方面，宋代都是最接近现代社会的一个朝代，宋代之后的元明清虽然在时间上更接近现代，但是并没有达到有宋一代已达的现代程度。

---

〔1〕 齐士、赵仕祥：《中华酒文化史话》，重庆出版社 2002 年版，第 223 页。

〔2〕 （宋）米芾：《画史》。转引自潘运告主编：《宋人画论》，湖南美术出版社 2003 年版，第 168 页。

第四节　酒与城市文化

历来人们对杭州的评价，在强调杭州的景色美丽、商业发达的同时，总有一些负面的描绘，而这些负面评价总是与阴柔、物欲横流等相关。笔者借对酒文化的探讨，也来谈一些浅见（见本节与第七章）。在本节中，笔者将市俗文化与市井文化进行了区分。前者强调物质基础之上的对于人生价值的正面探求，而后者则是商贸文化原始发展阶段的一种文化形态。

一、酒与市民文化

"山外青山楼外楼，西湖歌舞几时休？暖风熏得游人醉，直把杭州作汴州。"南宋林昇的《题临安邸》不啻是对纸醉金迷生活的谴责。这也是对杭州的一种形象的定格。但是如果只观其表层，反映的则是杭州经济的发达。

（一）经济的发展催生市民文化

中唐而后，杭州遂以"东南名郡"见称于世[1]，杭州的兴起得益于其承平日久与境无战事。唐末黄巢起义，义军曾进军两浙，浙江杭州一带自建"八都"军以遏黄巢之攻，保一境平安。此八都现属临安、余杭、於潜、盐官、新城、唐山、富阳与钱塘，其领袖也多为地方之豪杰，如临安地方（石镜郡）之首领即为之后之吴越王钱镠。因此在唐末五代十国之际，中华大地诸多地方战火纷起之时，杭州及周边一带都没有受到战火延及。"八都"军是乡兵性质的组织，后被纳入官方军队系统，而这支乡兵的首领也逐渐成为一方的军政领袖。五代十国之际，杭州在钱镠治下得到了稳定的发展。由唐入宋，杭州又是和平过渡，经济之本没有受到摧折，因此相较于其他地区，杭州的百姓生活是比较稳定的。

在北宋时，杭州就以"东南第一都会"而名声远扬。陶谷《清异录》卷上《地上天宫》记载："轻清秀丽，东南为甲。富兼华夷，余杭又为甲。百事繁庶，地上天宫也。"[2] 欧阳修在《有美堂记》中说："若乃四方之所聚，百货之所交，物盛人众，为一都会，而又能兼有山水之美，以资富贵之娱者，惟金陵、钱

---

〔1〕（唐）李华：《杭州刺史厅壁记》，《全唐文》卷316。

〔2〕（宋）陶谷：《清异录》，见王国平主编：《西湖文献集成（第13册）·历代西湖文选专辑》，杭州出版社2004年版，第11页。

塘。"又笔锋一转，云："独钱塘自五代时知尊中国，效臣顺。及其亡也，顿首请命，不烦干戈，今其民幸富完安乐。又其俗习工巧，邑屋华丽，盖十余万家。"[1] 读之不难看出对杭州的负面评价，即杭州是个柔媚的地方，风景尚佳而其俗奢侈。

在《武林旧事》卷 3 中周密用了"销金锅儿"这个词来描述杭州："西湖天下景，朝昏晴雨，四序总宜。杭人亦无时而不游，而春游特盛焉。……日糜金钱，靡有纪级。故杭谚有'销金锅儿'之号，此语不过也。"[2] "销金锅儿"是从消费角度而言的，比喻当时的杭人"无时而不游"西湖的消费热潮。但在南宋定都临安后，"销金锅儿"则指向政治层面，比喻政府官员、富豪承平日久而不思进取。太学生俞国宝写过《风入松·题酒肆》词："一春长费买花钱，日日醉湖边。玉骢惯识西泠路，骄嘶过、沽酒楼前。红杏香中箫鼓，绿杨影里秋千。　　暖风十里丽人天，花压鬓云偏。画船载取春归去，余情付、湖水湖烟。明日重扶残醉，来寻陌上花钿。"宋高宗赵构看见后也不禁叫好，并亲自改成"明日重扶残醉"（原句为"明日再携残酒"）一句。此逸事也可从侧面看出杭州温婉的一面。

元统治者注意到了杭州奢靡的风气而有所约束，但元代的杭州依然多见奢侈之风。元人刘一清《钱塘遗事》中记：

> 蜀人文及翁，登第后期集游西湖。一同年戏之日："西蜀有此景否？"及翁即席赋《贺新郎》云："一勺西湖水。渡江来、百年歌舞，百年酣醉。回首洛阳花世界，烟渺黍离之地。更不复、新亭堕泪。簇乐红妆摇画艇，问中流，击楫何人是？千古恨，几时洗？　　余生自负澄清志。更有谁、磻溪未遇，傅岩未起。国事如今谁倚仗，衣带一江而已，便都道、江神堪恃。借问孤山林处士，但掉头、笑指梅花蕊。天下事，可知矣。"[3]

而元人张昱《湖上漫兴》讲述杭州至正年间的情形时说："乐事杭州奈尔何，

---

〔1〕（宋）欧阳修：《中国古代名家诗文集·欧阳修集（三）》，黑龙江人民出版社 2009 年版，第 326—327 页。

〔2〕（宋）周密：《武林旧事》，浙江人民出版社 1984 年版，第 38 页。郎瑛《七修类稿》载："吾杭西湖盛起于唐，至南宋建都，则游人仕女，画舫笙歌，日费万金，盛之至矣。时人目为销金锅，相传到今，然未见其出处也。昨见一竹枝词，乃元人上饶熊进德所作，乃知果有此语，词云：'销金锅边玛瑙坡，争似侬家春最多。蝴蝶满园飞不去，好花红到剪春罗。'"

〔3〕（元）刘一清：《钱塘遗事》，见王国平主编：《西湖文献集成（第 13 册）·历代西湖文选专辑》，杭州出版社 2004 年版，第 222 页。

人间富贵易消磨。画船湖水年年在，红粉娟楼处处多。歌引行云来绮席，舞翻回雪下春波。东坡往日留诗后，更有何人载酒过?"仍是"销金锅"的传神描绘。

明前期，政治高压，经济上以自给自足为主。而明中后期，尚俭的作风渐行渐远。酒店茶肆、青楼楚馆、瓦舍广场，作为市井文化的标志性场所频繁地出现在史料之中。"三言二拍"中以临安为背景的故事，讲述了市井小民的喜怒哀乐。明代张子兴有一首《西湖》诗云："溶溶漾漾年年绿，销尽黄金总不知。"也指明代杭州生活奢侈。

清人沈金生《西湖棹歌》云："泥人天气可怜宵，月下呼舟缓缓摇。真是销金锅一只，四更犹有满湖箫。"是写清代时杭州富人生活的挥霍无度。

但是奢侈不是单向度的负面评价，也包含了社会进步因素。早在宋代，就有文人对杭州的丰富物产做过陈述："车驾行在临安，土人谚云：东门菜、西门水（鱼），南门柴、北门米。"[1]《梦粱录》卷18"物产"中详细列出了南宋临安的特产：

> 谚云："东菜西水，南柴北米。"杭之日用是也。苔心野菜、矮黄、大白头、小白头、夏菘。黄芽，冬至取巨菜，覆以草，即久而去腐叶，以黄白纤莹者，故名之。芥菜、生菜、菠薐菜、莴苣、苦荬、葱、薤、韭、大蒜、小蒜、紫茄、水茄、梢瓜、黄瓜、葫芦（又名蒲芦）、冬瓜、瓠子、芋、山药、牛蒡、茭白、蕨菜、萝卜、甘露子、水芹、芦笋、鸡头菜、藕条菜、姜、姜芽、新姜、老姜。……[2]

当时杭州的渔业也得到迅速发展，周密《癸辛杂识》载："江州等处水滨产鱼苗，地主至于夏皆取之出售，以此为利。贩子辏集，多至建昌。次至福建、衢、婺。"[3]杭州市场常见的鱼虾类有：鲤、鲫（西湖产者骨软肉松）、鳜、鳝、鳊、鳢、鲻、鲈、鲚、鲇、吐哺、黄颡、白颊、石首、鳖、鲨、鲥、白鱼、鲥（六和塔江边生者极鲜，江北者味差减）、鲯、鲦、鳌、虾（湖生者壳青、江产者色白）、蝤蛑、蟹、蛏、螺（有田螺、螺蛳、海螺、海蛳类）、蛤等三四十种之多。杭州的海鲜，大多来自明（宁波）、越（绍兴）、温（温州）、台（台州）等沿海州县。另外如禽畜类的供应也十分充足，猪羊作坊等的需求量很大。这是

〔1〕（宋）周必大：《二老堂杂志》卷4《临安四门所出》。
〔2〕（宋）吴自牧：《梦粱录》，浙江人民出版社1980年版，第163页。
〔3〕（宋）周密：《癸辛杂识》，上海古籍出版社2012年版，第125页。

支撑杭州消费的物质基础。杭州店铺林立，其中饮食铺占了大多数，无怪乎到杭州者会先入为主地得出"酒肉地狱"的结论。

明代杭州人田汝成在《西湖游览志余》中做了解释："湖中物产殷富，听民间自取之。故捕鱼搅草之艇，扰扰烟水间，夜火彻旦。滨湖多植莲藕、菱芡茭茨之属，或蓄鱼鲜，日供城市。谚云'西湖日销寸金，日生寸金'，盖谓此也。"[1] 这种说法延承了《武林旧事》等笔记中对杭州物产丰饶的描述，而且对杭州的形象予以正面评价。但是田汝成的解释仅侧重于杭州的物产丰富以及商业发达的现状，还是未能在更深层次给杭州一个全面的评价。也即，在一个市民占人口比重多数的城市中，城市文化本应有的面目。

唐宋以后文人与政治精英的会集，提升了杭州市民的文化水平。宋代，杭州就是印刷业较为发达的地区之一。酒楼茶馆文人的创作被及时地抄印出来流传于市井之间，这样才有了柳永这样的布衣文人能够不仕而滋润地生活。明代陈继儒也是依靠印刷业生活的文人。陈继儒 29 岁以后绝意仕途，以编纂文章为业。清人钱谦益《列朝诗集》丁集下"陈征士继儒"条记载："仲醇又能延招吴越间穷儒老宿隐约饥寒者，使之寻章摘句，族分部居，刺取其琐言僻事，荟蕞成书，流传远迩。款启寡闻者，争购为枕中之秘。于是眉公之名，倾动寰宇。远而夷酋土司，咸丐其词章；近而酒楼茶馆，悉悬其画像；甚至穷乡小邑、鬻粗粝、市盐豉者，胥被以眉公之名，无得免焉。"[2] 由于编纂有名，甚至酒楼茶肆中也有其画像高悬。陈继儒不是杭州人，他来杭州是"打秋风"。张岱记载了他幼年在钱塘与陈继儒相遇的情形。陈继儒让年幼的张岱对对句，出句为："太白骑鲸，采石江边捞夜月。"张岱旋即作句回答："眉公跨鹿，钱唐县里打秋风。"依靠赞助来维持体面的生活，也从侧面反映杭州人的文化程度较高。

（二）市民文化产生的社会与思想成因

笔者认为，杭州的"销金锅"是杭州经济发展基础之上市民文化与市俗精神的表现，有深层的背景。

首先是宋代城市的发展使得市俗精神有了诞生的土壤。由于城市的发展，市民阶层扩大。宋代市民文化的发展，得益于宋代人文精神的复苏，表现在对人的应有的尊重、"帝国"与"市井"的水乳交融[3]、社会空间的流动以及民本

---

〔1〕（明）田汝成：《西湖游览志余》，浙江人民出版社 1980 年版，第 377 页。

〔2〕转引自赵伯陶主编：《中国文学编年史·明末清初卷》，湖南人民出版社 2006 年版，第 149—150 页。

〔3〕李杨：《"帝国梦"与"市井情"：〈清明上河图〉中的中国故事》，《海南师范大学学报（社会科学版）》2012 年第 2 期。

主义的兴起。笔者认为,将杭州市民文化视为人文精神的一种表现是理解杭州的一个切入口。宋代坊巷制度瓦解之后百姓与政府之间形成的新型关系,体现在杭州民俗的点点滴滴之中,比如"杭儿风"。它不应该只理解为杭州百姓天性好奇,也应该理解为杭州市民对社会事务的积极参与。从诸种历史笔记中,我们可以得出,杭州市民对典礼性的节日特别重视而且踊跃参加,举凡元旦朝会、元宵灯节、乞巧登高、教池游苑、公主出降、太子纳妃,市民都拥阶欢庆、填路山呼,而且这种参与是自上而下的、全民性的。南宋皇室似乎也向往世俗的生活方式,皇城城门的红杈子,是南宋最热闹的商贸中心之一。皇族成员有时会招呼小商贩入宫。因此,杭州的商贩即使是担货串街,也注意自己的仪表。史料记载,有一次皇帝出宫,引起市民观睹,乃至发生踩死人事件,皇帝因此不敢出宫。但是皇室在节日期间,也会模仿民间的市井场面,设置交易场所进行商贸活动,甚至临时招纳市井小儿作为服务者。皇帝西湖游幸,也招呼民船靠近,享用民间的小食,观看民间的小玩意。而皇族权贵,也在节日期间积极参与,如钱塘观潮、郊坛祭奠等,他们不惜花费巨资,沿路设棚搭楼,就是为在热闹场中争露一面。元宵观灯,巨富者还会自设酒水,招呼行人入内观灯,表现对节日的重视。而杭州市民,则是重大节日的主体,在郊坛祭奠之前的兴奋,在元宵之际的活跃,以及商贩应景出售各种小玩意,充分说明了市民参与社会活动的自觉性。因此,杭州的活力是全体市民共同创造的。

还应该关注的是节日期间的官民互动。比如春节之后,官府便会修缮西湖的基础设施,以便百姓游春。而重大节日,均以杭州一府的最高长官的巡游作为高潮与结束。最高长官不仅见证了市民的狂欢,而且也担负了为节日涂抹重彩的责任。随行的小吏会发放犒赏,同时各种体恤百姓的举措也会在节日期间实施。从这一层面上讲,节日也是物质性的,是百姓看得见的实惠,从而刺激了节日欢快气氛的营造。市民的主体精神得到了释放,而政府官员乃至皇室成员都愿意融入市井,获得世俗的欢乐,这从另一方面显示了市井文化的张力与包容性。

宋代在理学熏陶下的文人自觉对"食"这样一个命题加以放大而不厌其烦地进行展开,这是他们从市俗中窥得存在理论的方式。这种方式赋予了市民精神一个新的解释角度,即将日常生活纳入哲学层面。而在饮食之间,可以探究生命存在的价值。

元代以后市民文化的发展,则建立在市井文化与文人的天然结合之上。《录鬼簿》中所录的元代剧作家,有十多人曾在杭州生活过。他们带给民间的市俗精神,是对正统思想的批判以及对日常生活的肯定。

而明代后期开始的奢侈之风,还有更深层次的原因。正德年间,社会政治统治开始松懈，而商业经济进一步发展，新的生产因素已在悄然孕育，新的经济格局催发了新思想的萌芽。同时，在思想文化上，以王阳明为代表的"心学"逐渐成为主流，心学解放了心性，而追逐金钱与名利愈来愈成为人的自觉追求，成为人的心性的正当合理的体现。于是，社会规范错位，社会秩序面临新旧之间的交错和整合，而对于社会职业和社会结构的成分，也有重新认识的必要。当时的文人也注意到，"至于民间风俗，大都江南侈于江北，而江南之侈，尤莫过于三吴。自昔吴俗习奢华、乐奇异，人情皆观赴焉。吴制服而华，以为非是弗文也；吴制器而美，以为非是弗珍也。四方重吴服，而吴益工于服；四方贵吴器，而吴益工于器。是吴俗之侈者愈侈，而四方之观赴于吴者，又安能挽而之俭也？"[1] 明代时崔溥漂海到达浙江海域，因为"漂海案"的审理，他由水路向北，到达天津，又转到北京，然后北上过鸭绿江回国。他以局外人的角度观察到江南与江北社会风俗的显著差异：长江为界的民风差异颇大，"江以南诸府城县尉之中，繁华壮丽，言不可悉"[2]；江南人讲修仪，随身多带镜奁、梳篦、牙刷等物，北方人不会随身携带上述物品；江南力农工商贾，江北多有游食之徒。这些详细的比较也描绘出了明代江南的民俗景象，如：富庶，百姓尚奢，讲究生活品质，注意生活细节，等等。

所以，从这点上讲，杭州酒文化中体现的市民文化与市俗精神有着正面的因素。笔者认为，对于市民阶层首先要有一个客观的评价。作为新兴阶层，市民阶层是指包括行商坐贾、工巧技作、贩夫走卒、闲汉游民在内的阶层，其主体是工商户。市民阶层的群体性格与传统社会的贵族阶层、农民阶层都有着巨大差异。一方面，他们贪财重利，爱慕虚荣，热衷享乐，"淫侈亡度，以奇相曜，以新相夸。工以用物为鄙，而竞作机巧；商以用物为凡，而竞通珍异"[3]；另一方面，他们又对新鲜事物抱有开放接纳的心态，新的文化产品一旦被他们接受，便会立即流行开来，成为社会时尚。市民文艺活动，其主要消费群体就是这一社会阶层。宋代词文化的广泛传播，与市民文化中这种追新追奇的心态是分不开的。

二、酒与市井文化

这里的"市井文化"指下层的城市文化。杭州在历史上农村文化与城市文

---

〔1〕（明）张瀚：《松窗梦语》，中华书局1985年版，第79页。

〔2〕葛振家主编：《崔溥漂海录研究》，社会科学文献出版社1995年版，第22页。

〔3〕（宋）李觏：《李觏集》，中华书局1981年版，第138页。

化兼而有之。比如西溪一带居住着渔民，他们以湖荡为谋生场所，生活非常有规律，酒是其日常生活的点缀。而宋代商业兴起，商贸文化随之发展，商人群体作为城市的一个组成部分，其作用越来越大。商贸兴盛使城市空间格局与时间观念发生变化。在时间上，表现为夜市的发展；在空间上，表现为郊区商贸区的形成。

夜市的发展是与坊巷制度的瓦解相联系的。白天是属于工作的，而夜晚是属于生活的。因此，我们甚至可以看到白天危襟而坐的士大夫到了晚上融入市民群体，流连在坊巷，享受着世俗的快乐。饮食业与娱乐业适应夜生活而风生水起。《东京梦华录》卷2"酒楼"载：东京"大抵诸酒肆，瓦市，不以风雪寒暑，白昼通夜，骈阗如此"。[1]杭州的夜市也应该如此。丰富的夜生活催生了商贸文化的兴起，除了分工的专业化之外，还向着雅致化方向发展。这是因为南宋的皇帝不时会传唤市井小贩，所以商贩们开始注重言行举止了。这是当时杭州商贸的一个特殊现象。另外，由于杭州文人的带动，整个城市的文化基调得以沉淀，游春、游湖、赏花这样比较文雅的休闲行为成为社会习俗，而美丽的风景、精致的园林也陶冶了市民的审美情趣。

商贸阶层内部后来也出现分层。商贸阶层的上游，与士人集团往来频繁，其审美情趣靠近文人审美；而下游群体则表现出资本积累时期的贪婪。这里笔者侧重于描述酒对下层市民生活的作用与意义，因而将视角投向商贸片面发达的郊区。有学者对杭州城内的夜市与郊区的夜市做了比较，认为这两种夜市的存在差异不只是空间上的，而且也是本质上的。

元代以后，杭州城北的郊区如湖墅与北关的人口扩大。湖墅俗称湖州市，位于城北五里处。"归锦桥俗称卖鱼桥，自此而上，至左家桥、夹城巷，皆称湖墅，俗讹称为湖州市。"[2]"南宋苏秀润纲运由仁和上塘、湖州安吉德清诸县由下塘耳。湖州货物所萃处，其市即以湖州名"，至元末，"浚广下塘河为运道，各路商贾悉集于此。由是市日增，遂连两县诸市而统为一名"。[3]此地是明代杭城重要商业区，外地运入米粮多于此集散。湖墅至明代已扩大到地方十里人口数十万的商业区。"杭城北湖州市，南浙江驿，咸延袤十里，井屋鳞次，烟火数十万家。非独城中居民也。……而河北郡邑乃有数十里无聚落，即一邑之众，尚不及杭城南北市驿之半者。"[4]

〔1〕（宋）孟元老：《东京梦华录》，中国商业出版社1982年版，第16页。

〔2〕（明）田汝成：《西湖游览志》，浙江人民出版社1980年版。

〔3〕参见（清）龚嘉俊修、（清）吴庆坻等纂：光绪《杭州府志》卷6，民国十一年（1922）排印本。

〔4〕（明）王士性：《广志绎》卷4《江南诸省》，见王国平主编：《西湖文献集成（第13册）·历代西湖文选专辑》，杭州出版社2004年版，第317页。

北新关北称新开运河，是大运河从北新桥北上通达运河水系主要水路的枢纽地带。"城中米珠取于湖，薪桂取于严，本地皆以商贾为业。"[1]"城中百万烝黎，皆仰给在北市河之米……必储米六十万石为二月之粮"[2]

湖墅与北关要津口岸，"上通闽广、江西，下连苏松、两京、辽东、河南、山陕等处"[3]，自然形成了集市。这一带的市民，与城内的市民有着结构上的差异。他们主要在运河沿岸从事不同行业。随着元代宵禁制度的实施，杭州城中的夜晚开始清静下来，而杭州的夜市最热闹的地方移至城北的湖墅与北新关一带。"杭城夜市有城内与城外之分，这不仅是地域上的划分，实为两类夜市。城内夜市多与旅游等消费相关联，参与者多为官宦士子旅客及服务于他们的餐饮娱乐服务业人员，这是夜市参与者的主体，当然其他人员亦有，然是次者，或为副体，其性质偏重于消费性。城外如湖墅、北关夜市，参与者多是从事航运、贩卖、运输或服务于交易的中介人牙侩等为主体，以及为了服务于这些夜市上的顾客，相应亦需有的餐饮服务业人员。"[4]

明代郎瑛《七修类稿·北关夜市》有生动描绘："地远那闻禁鼓敲，依稀风景似元宵。绮罗香泛花间市，灯火光分柳外桥。行客醉窥沽酒幔，游童笑逐卖饧箫。太平气象今犹古，喜听民间五裤谣。"平日生活之热闹不逊于元宵节。行商宴饮于酒馆茶室，丰富的夜生活和娱乐活动是日间忙碌后精神的放松和享受。"卖饧箫""五裤谣"更是生动地道出了下层百姓的生活喜好。清人魏标的《湖墅杂诗》也描绘了下层百姓的生活："江淮贩米泊粮帮，争赛金龙四大王。台下人观蜂拥至，乱弹新调唱摊黄。""栉比居廛物价昂，北关夜市验丰穰。更深尚未人烟散，戢暴应须用驻防。"夜市生活反映了底层百姓放松身心的景象，下层人民的酒是放纵的。他们寻欢与寻醉，就是为了每天劳作之后的片刻放松，然后在第二天开始同样的生活。而像魏标、丁丙等文人也愿意融入市井，在与市民的狂欢中享受简单的幸福。

商贸的发展使运河沿岸也成为热闹的集镇，比如塘栖镇与笕桥镇就会集了从事商贸业和交通运输业的下层百姓，成为市井中心。

塘栖是运河交通转运中心，"北通苏湖常秀润等河，凡诸路纲运及贩米客舟

〔1〕（明）王士性：《广志绎》卷4《江南诸省》，见王国平主编《西湖文献集成（第13册）·历代西湖文选专辑》，杭州出版社2004年版，第317页。
〔2〕（明）刘伯缙修、（明）陈善等纂：万历《杭州府志》卷33，明刻本影印本。
〔3〕（清）许梦闳纂：雍正《北新关志》卷7《铃辖》，清刻本影印本。
〔4〕陈学文：《明代杭州北关夜市和湖墅》，见杭州市政协文史资料委员会、杭州文史研究会：《明代杭州研究（上）》，杭州出版社2009年版，第145页。

皆由此达于城市"[1]，"风帆梭织，其自杭而往者，至此得少休；自嘉秀而来者，亦至此而泊宿"[2]。塘栖又是商业市镇，是农副产品贸易中心，而贸易货物之中，以蚕丝为大宗商品。清王同《塘栖志》卷4"街巷"载："河南诸街面，临运河，屋跨通衢。商农泉货，云集咫尺。……桥西大街（上下两增，上为宅第市肆，下为缲道征途。此街商农交集，贸易繁多，倍于他市。）……"[3]"水陆辐辏，商贾鳞集，临河两岸，市肆萃焉。"[4] 依河而兴的集镇集中了下层的百姓："西市街，自西市角至喻家湾一带，皆闹市街。……东市街，自马家桥落北，至东市角长街皆是。（……多酒楼、茶室、书画装潢、医卜店肆。……且地多米栈、仓房，为巨室积储之地。街尽处为木行。）"[5] 这段史料记载反映了清代塘栖百姓的生活状态。

笕桥是杭城边郊的一个小镇，为杭州著名的药材市场和集散地。南宋时吴自牧《梦粱录》即记载其为药市，有"笕八味"之称。清代翟瀚《茧桥药市》诗云："何用灵山采，村墟药品稠。绛芽和露摘，红甲带泥收。梅福里相似，桐君录可修。无求身自健，桥畔漫优游。"此外，绵、茧、丝、麻布亦盛。所谓"列肆二里有奇"[6]。清代翟灏《艮山杂志》卷2云："凡是诸品，悉产自笕桥左近为多。外若元胡、藁本、益母草、车前、半睡、香附、栝蒌、薄荷、青蒿、紫苏、象贝、枳实、桑皮之属，不在道地列者，更数十品，垣阴圃隙，勤于种溉者，落其余利，岁亦不资。本织之产，则惟麻布有名，旁郡悉取给于此……"其小镇之景象应与塘栖无差。

这些商贸地区的市民在生活习惯与审美立场上与杭州城市的市民有着差异。陈蝶仙的《竹枝词》系列描述了杭州北郊的市侩风尚。他们满足于肉欲，其聪明用在尔虞我诈以及获取蝇头小利之上，为了一点好处而不惜刀枪相见。笔者将之描述为市井文化。它们是杭州城市文化的一部分，使城市的形象更为立体与多面。

三、酒与旅游文化

美景总是与好酒相伴。杭州的旅游资源非常丰富，山、湖、河、瀑等一应

〔1〕（明）沈朝宣纂修：嘉靖《仁和县志》卷2，光绪钱塘丁氏嘉惠堂刊本影印本。

〔2〕（清）王同：《塘栖志》，浙江摄影出版社2006年版，第15页。

〔3〕（清）王同：《塘栖志》，浙江摄影出版社2006年版，第66页。

〔4〕孙忠焕主编：《杭州运河史》，中国社会科学出版社2011年版，第251页。

〔5〕（清）王同：《塘栖志》，浙江摄影出版社2006年版，第66—67页。

〔6〕（清）龚嘉俊修、（清）吴庆坻等纂：民国《杭州府志》卷6，民国十一年（1922）排印本。

俱有。西湖更是杭州之骄傲。"西湖天下景，朝昏晴雨，四序总宜。"[1] 而杭州还拥有众多的文化旅游资源，亭台楼阁、摩崖石刻、寺塔道观让人流连忘返。

杭州旅游业发展于唐代。吴越国的统治，使杭州的城市面貌更加焕然一新。而杭州打出旅游城市名片，主要来自统治阶层的考量。西湖为杭州之眉目，在唐以后，西湖得到多次疏浚与修缮，才得以以常新的面目出现。北宋时，范仲淹从政治的高度看待城市的旅游业。《梦溪笔谈》卷 11《官政一》记载：

> 皇祐二年，吴中大饥，殍殣枕路。是时范文正领浙西，发粟及募民存饷，为术甚备。吴人喜竞渡，好为佛事，希文乃纵民竞渡。太守日出宴于湖上，自春至夏，居民空巷出游。又召诸佛寺主首谕之曰："饥岁工价至贱，可以大兴土木之役。"于是诸佛寺工作鼎兴。又新廒仓、吏舍，日役千夫。监司奏劾杭州不恤荒政，嬉游不节，及公私兴造，伤耗民力。文正乃自条叙所以宴游及兴造，皆欲以发有余之财，以惠贫者。贸易、饮食、工技服力之人，仰食于公私者，日无虑数万人。荒政之施，莫此为大。是岁两浙唯杭州晏然，民不流徙，皆文正之惠也。[2]

杭州的旅游得到了政府的重视，政府也以此来维持城市的正常运转。可以说，杭州的风光，半出于自然，半出于历代名贤的建设与维护。

到了元代，"西湖十景"最终形成。此后，以十景为对象的西湖诗词数量大增，元代的尹迁高，明代的张岱、杨周、聂大年，清代的柴杰，都作过绝句十首；在词曲方面，明代的莫璠、马浩澜以及清代的厉鹗都有佳作。明代时，西方传教士来到杭州，也为杭州的美丽所折服。清代时，两帝南巡杭州，给杭州的发展带来契机。"西湖十八景"正于此时形成。近代时，由于西湖博览会的召开，杭州的声名日益远扬。

杭州的旅游项目从早期的游湖发展到竞渡、赏花、烧香等全方位的活动，项目随季节而变化，终年不断。而茶楼酒馆作为旅游业的辅助项目，也正是在旅游业发展的基础上兴起的。[3]

历代文人留下的文字，也成为杭州旅游业发展的见证。

唐代的白居易、姚合等著名文人在此地居官，是杭州美景的见证者与杭州

[1]（宋）周密：《武林旧事》，浙江人民出版社 1984 年版，第 38 页。
[2]（宋）沈括：《梦溪笔谈全译》，金良年、胡小静译，上海古籍出版社 2013 年版，第 113 页。
[3] 张建融：《杭州旅游史》，中国社会科学出版社 2011 年版。

美酒的品尝者。白居易的"红袖织绫夸柿蒂，青旗沽酒趁梨花"之句，刻画了杭州的丰饶与美丽。

北宋初年潘阆的《酒泉子》（十首）就已道尽杭州风景的美妙，其中有一曲写道："长忆西湖，尽日凭阑楼上望。三三两两钓鱼舟，岛屿正清秋。　笛声依约芦花里，白鸟成行忽惊起。别来闲整钓鱼竿，思入水云寒。"（《酒泉子·长忆西湖》）

柳永的《望海潮》更是脍炙人口：

　　东南形胜，三吴都会，钱塘自古繁华。烟柳画桥，风帘翠幕，参差十万人家。云树绕堤沙。怒涛卷霜雪，天堑无涯。市列珠玑，户盈罗绮，竞豪奢。　　重湖叠巘清嘉。有三秋桂子，十里荷花。羌管弄晴，菱歌泛夜，嬉嬉钓叟莲娃。千骑拥高牙。乘醉听箫鼓，吟赏烟霞。异日图将好景，归去凤池夸。

张先的《破阵乐·钱塘》描绘了与朋友畅游西湖的场面："酒熟梨花宾客醉，但觉满山箫鼓。尽朋游，同民乐，芳菲有主。自此归从泥诏，去指沙堤。南屏水石，西湖风月，好作千骑行春，画图写取。"良辰美景，美酒佳朋，自是人间天上的感觉。

周邦彦的《苏幕遮·燎沉香》写尽了荷花池塘的美丽："燎沉香，消溽暑。鸟雀呼晴，侵晓窥檐语。叶上初阳干宿雨，水面清圆，一一风荷举。　故乡遥，何日去？家住吴门，久作长安旅。五月渔郎相忆否？小楫轻舟，梦入芙蓉浦。"这使得远来的游子对杭州的美景念念不忘。

元代，全国各地的文人墨客、官宦及商贾，喜江浙文化之繁荣，羡钱塘景物之繁盛，都纷纷到杭州旅游或定居在杭州。诚如完泽《和西湖竹枝词》所言："游人往来多如蚁，半是南音半北音。"这么多来自天南海北的游客会聚杭州，访梅孤山，问柳苏堤，观潮钱塘，笙歌呼酒，吟诗作赋，这本身就说明了元代杭州的旅游业确实是相当繁盛的。[1] 元代的知名散曲家都到过杭州，为杭州留下了文字。关汉卿充满深情地写下了套曲《[南吕]一枝花·杭州景》："普天下锦绣乡，寰海内风流地。大元朝新附国，亡宋家旧华夷。水秀山奇，一到处堪游戏，这答儿忒富贵。满城中绣幕风帘，一哄地人烟凑集。"白朴一生纵情山水，漫游大江南北，尤喜杭州山水。至元二十八年（1291）春，白朴与李景安提举游杭州西湖，并写有《永遇乐》词以记之："红袖津楼，青旗柳市，几处帘

<hr />

[1] 鲍新山：《试论元代杭州的旅游业》，《河北经贸大学学报（综合版）》2010年第3期。

争卷。"正是杭州歌舞升平、酒香满城的写照。马致远的《［双调］新水令·题西湖》描绘了杭州的美丽："四时湖水镜无瑕，布江山自然如画。"

明初的邵亨贞[1]回忆在钱塘与友人的交游，写下了《兰陵王·春日寄钱塘诸友》，其中云："嗟乐事长在，壮游都误，酣歌迷舞兴未歇。""吴中四杰"之一的杨基对杭州十分向往，他的《青玉案·江上闲居写怀》这样写道："雪消天气东风猛。帘半卷、犹嫌冷。怪问春来长不醒。一春都是、酒徒花伴，醉了重相请。"春日美景，买醉惬意。同样由宋入元的瞿佑对西湖的热闹也满怀真情，写下了《前调·雷峰夕照》：

> 望西湖，雷峰夕照，霞光云彩红粲。相轮高耸犹难碍，何况铃音低唤。堪爱玩。最好是、前山紫翠峰腰断。平街一半。似金镜初分，火珠将坠，万丈瑞光散。　　凭阑处，催罢舞群歌伴，游船竞泊芳岸。雕辂绣勒争门入，赢得六街尘乱。君莫叹。君不见、疏星淡月横微汉。敲棋待旦。听鲸吼华钟，鼍鸣急鼓，光景暗中换。

夕阳西下，霞光满天，西湖的游船正在靠岸，而岸上的热闹在持续之中。

如果说明代前期的文人对西湖美景的描绘还流露着前代的忧伤，那么明代中期文人对西湖美景的欣赏则更纯粹。马洪[2]以婉约的风格写下《念奴娇》：

> 东风轻软，把绿波吹作，縠纹微皱。彩舫亭亭宽似屋，载得玉壶芳酒。胜景天开，佳朋云集，乐继兰亭后。珍禽两两，惊飞犹自回首。　　学士港口桃花，南屏松色，苏小门前柳。冷翠柔金红绮幔，掩映水明山秀。闲试评量，总宜图画，无此丹青手。归时侵夜，香街华月如昼。

聂大年[3]在杭州任教历九年，对杭州的湖墅一带深有好感，其《临江仙·半道春红》云：

> 记得武林门外路，雨余芳草蒙茸，杏花深巷酒旗风。紫骝嘶过处，

---

[1] 邵亨贞（1309—1401），字复孺，华亭（今上海松江）人，卜筑溪上，自号贞溪，元代文学家。

[2] 马洪，生卒年不详。杨慎《词品》卷6云：马浩澜，名洪，浙江仁和人，号鹤窗，善吟咏，而词调尤工。

[3] 聂大年（1402—1455），字寿卿，临川（今江西抚州）人，明代文学家。

随意数残红。　　有约玉人同载酒，夕阳归路西东，舞衫歌扇绣帘栊。昔游成一梦，试问卖花翁。

农家田舍，酒店野花，好一派田野风光。

袁宏道《西湖记述》描述了其登高御教场的感受。登高望远是游览常情，而袁却认为一个渺小的个体应该融于景色而不是冷峻观望。所以登高望湖，反失西湖之真义；同样，登高饮酒，也仿佛让人不胜酒力，居然大醉不能行。其他如徐渭、张岱，也对西湖进行了描述。清代的文人墨客对杭州同样迷恋不已，甚至移家定居于西湖之畔，如袁枚、俞樾等。

在他们的笔下，美景与美酒正是他们倾心于杭州的理由。

第五节　酒事与社会现象

历代酒事的描写中，蕴含着丰富的社会史实。统治的盛衰、道德的高低以及朝代命运的更替，仿佛都能从酒事中略窥一二。所以，隐伏在酒事之中的事实，有着深刻的批判，也有着深沉的感叹。

一、酒事与社会批判

(一) 西湖三贤堂卖酒

《古杭杂记》中记载，宝庆丙戌年间（1226），袁樵尹京于西湖三贤堂卖酒，有人题壁："和靖东坡白乐天，三人秋菊荐寒泉。而今满面生尘土，却与袁樵课酒钱。"[1]

这则简单的酒事包含着丰富的社会内容。西湖三贤堂几度迁址，其最早是在两宋之交时建于白居易曾经居住过的孤山竹阁一带。后因南宋建都，显仁太后于此址建延祥观，文化空间让渡给国家政治空间。嘉定年间，重建于宝石山下的水仙王庙之东庑，作为水仙王的配享。重建七贤庙的郡守周淙以苏轼的《书诗林逋后》作了解释："我笑吴人不好事，好作祠堂傍修竹。不然配食水仙王，一盏寒泉荐秋菊。"周淙以苏轼的戏谑为实，真以三贤辅配水仙王，文化空间纳入民间信仰。到了嘉定年间，袁韶又修三贤堂于苏堤花坞，"后垄如屏，众

---

〔1〕李有：《古杭杂记》，商务印书馆 1939 年版，第 1 页。亦见《钱塘遗事》。

木摇天，前峰如幕，晴岚涨烟，十里湖光，一碧澄鲜"[1]。三贤堂建成后，"其祠堂之外，参错亭馆，周植花竹，以显清概"，为"尊礼名胜之所"。[2] 这样，三贤堂以三贤的学养、高洁之风而成为一个神圣空间。但是到了丙戌年间，"袁彦纯尹京，专□留意酒政，煮酒卖尽，取常州宜兴县酒，衢州龙游县酒，在都下卖"[3]。此一行为，当然与南宋政府高调卖酒以敛民财的举措相关。而这一行为，却与三贤堂的形象极不相符，因此才有民间文人题壁以讽刺袁樵之事，以至于"韶闻而愧之，几住卖"。这反映了文化诉求与经济诉求的错位，也反映了南宋社会的多面性。[4]

（二）德寿私酒

德寿是指宋高宗。其禅位后修建了宫殿德寿宫。宋人笔记中常以"德寿"称高宗。德寿无子，孝宗即位后，奉之为太上皇。高宗与德寿既不是亲父子，在施政方略上意见也相左。而德寿禅位后，依然干预政事，让孝宗难以施展拳脚。史书多记孝宗显现出来的"孝"，而实际上两人的关系非常微妙。另据史料，德寿性贪婪。其75岁生日时，孝宗送其黄金酒器2000两。而德寿送孝宗镀金酒器200两。其中之差异可见。而且，皇帝敬奉少时德寿还会有怒气。宰相虞允文解释：陛下（指德寿）所用来自生民膏血，陛下少用则生民有福，陛下可得万寿。德寿听了大喜，"酌以御酝一杯，因以金酒器赐之"。[5] 德寿为了满足私欲，还不顾朝廷榷酒的政策，私自酿造黄酒，且在市场贩卖。此举引起右正言袁孚的上奏。孝宗一时情起，就要表态，而其他大臣加以阻止。不久，孝宗即被德寿请去喝酒，而德寿赐孝宗的黄酒酒瓶上，竟然公然写上了"德寿私酒"，与孝宗的政策相违。孝宗对此无可奈何。而直言的大臣袁孚，不久即被贬官。[6]

---

〔1〕咸淳《临安志》卷32，见浙江省地方志编纂委员会编著：《宋元浙江方志集成》第2册，杭州出版社2009年版，第704页。

〔2〕咸淳《临安志》卷32，见浙江省地方志编纂委员会编著：《宋元浙江方志集成》第2册，杭州出版社2009年版，第694页。

〔3〕（宋）庄绰、（宋）张端义：《鸡肋编 贵耳集》，上海古籍出版社2012年版，第138页。

〔4〕成荫：《宋元时期名贤祠的特质——以杭州西湖三贤堂为例》，《西北师大学报（社会科学版）》2010年第4期。《西湖书院重建三贤堂》是宋代顾逢写的一首诗，脍炙人口，流传至今："三贤堂废西湖上，文庙重营气宇新。若得雪江相配享，方知创立是何人。"

〔5〕（明）田汝成：《西湖游览志余》，浙江人民出版社1980年版，第6页。

〔6〕岳珂《桯史》记载："宋孝宗初政，袁孚为右正言。一日亟请对，论北内有私酤，言颇切直，光尧闻之震怒。上严于养志，御批放罢，时史文惠。浩力奏为不可，请俟再白上皇，上许诺。既而归自北宫，亟召文惠而谕之曰：'太上怒甚。朕所以欲亟去之。昨日方燕，赐酒一壶，亲书"德寿私酒"四字于上。使朕蹐踀无所。'文惠曰：'此陛下之孝也。虽然终不可暴其事。'居数日，孚请永嘉祠守。"

这则酒事记录了统治集团内部的争斗。德寿不只是参与酿私酒，据史料记载，他还插手房地产建设，以致临安城内多以德寿宫名义建房廊于市廛，德寿从中大肆牟利。而天下之人，见德寿可以不受制度约束，纷纷巴结，以图规避国家课税，最后甚至连粪船上都被插上"德寿宫"的旗帜，成为流传一时的政治笑话。

（三）秦桧酒宴

岳珂《桯史》记载："秦桧以绍兴十五年四月丙子朔赐第望仙桥。丁丑，赐银绢万匹两，钱千万，彩千缣。有诏：'就地赐燕，假以教坊优伶。'宰执咸与。中席，优长诵致语，退。有参军者，前，褒桧功德。一伶以荷叶交椅从之。诙语杂至，宾欢既洽，参军方拱揖谢，将就椅，忽坠其幞头。乃总发为髻，如行伍之中，后有大巾，环为双叠胜。伶指而问曰：'此何环？'曰：'二圣环。'遽以扑击其首曰：'尔但坐太师交椅，请取银绢例物，此环掉脑后可也！'一座失色。桧怒。明日，下伶于狱。有死者。于是语禁始益繁。"[1]

酒宴上暗伏着杀机。伶人借由演戏，实际上是道出了南宋不思北伐的另一重隐秘的心思。即一旦在金国作俘的徽钦二帝回朝，那么现有的政治格局将完全改变，而这，自然让秦桧惊出一身冷汗。张端义《贵耳集》中记载了相近的故事，只不过故事的主人公换成了高宗："绍兴初，杨存中在建康，诸军之旗中，有双胜交环，谓之'二圣环'，取两宫北还之意。因得美玉，琢成帽环以进高庙，曰尚御裹。偶有一伶者在旁，高宗指环示之，此环杨太尉进来，名'二圣环'。伶人接奏云：'可惜二圣环，且放在脑后！'高宗亦为之改色。所谓'公执艺事以谏'。"[2]

南宋的君臣不思北伐，过着醉生梦死的生活。他们不是不知北方的金国正虎视眈眈，只是其中有着太多的利益冲突。田汝成记载的一则异闻揭露了当时权贵生活之糜烂：一儒生一日误入某花园，只见花木繁茂，径道交错，有红灯闪闪而来。儒生心里害怕，就匿于亭中。见近，见十多名浓妆妇女，靓妆丽服，趋于亭上，见生后，乃引入洞房曲室，群饮交欢，五鼓乃散。第二天，儒生被妇人隐于巨篓带出墙外，后才知是蔡京私家花园。[3]

〔1〕 咸淳《临安志》卷93亦载。见浙江省地方志编纂委员会编著：《宋元浙江方志集成》第2册，杭州出版社2009年版，第1458—1459页。
〔2〕 （宋）庄绰、（宋）张端义：《鸡肋编 贵耳集》，上海古籍出版社2012年版，第127页。
〔3〕 （明）田汝成：《西湖游览志余》，浙江人民出版社1980年版，第60页。

（四）张说置酒

《齐东野语》卷 1 记载：淳熙中，张说为宠臣，一次置酒招待部属。皇上表示赞赏，并且赠赐了酒肴。张说请客之时，独兵部侍郎陈良祐未到。张说非常不高兴。待皇帝派遣的中使送来酒肴之际趁机告状。宴会进行当中，皇帝派人询问陈有未到，张说附奏："臣再三速良祐，迄不肯定。"宴会进行至深夜，夜漏将止。忽报中批陈良祐除谏议大夫。坐客方尽欢，闻之，怃然而罢。周密评曰："其用人也又如此。"[1]

因未参宴而遭罢官，这段酒事是对南宋政权的嘲讽。

（五）排当

刘一清《钱塘遗事》记：

> 官中饮宴名排当。理宗朝排当之礼，多内侍自为之，一有排当，则必有私事密启，度宗因之。故咸淳丙寅，给事陈宗礼有曰："内侍用心，非借排当以规羡余，则假秩筵以奉殷勤，不知聚几州汗血之劳，而供一夕笙歌之费。"此说可想矣。有诗云："花砖缓步退朝衙，排当今朝早赏花。玉镫金鞍皇后马，否轮绣毂御前车。"[2]

这则酒事讲述了花费民脂民膏举办的一次政府宴会，换来的却是内侍的殷勤献上的机会。

（六）敖陶孙题壁险招祸

明代陆容《菽园杂记》卷 15 记载：

> 庆元初，韩侂胄既逐赵忠定，太学生敖陶孙赋诗于三元楼上，云："左手旋乾右转坤，如何群小恣流言。狼胡无地居姬旦，鱼腹终天吊屈原。一死固知公所欠，孤忠幸有史长存。九原若遇韩忠献，休说渠家末世孙。"陶孙方书于楼壁，酒一再行，壁已不存。陶孙知诗必为韩所廉得，捕者将至，急更行酒者衣，持暖酒具下楼。捕者与交臂，问以

〔1〕（宋）周密：《齐东野语》，上海古籍出版社 2012 年版，第 3—4 页。
〔2〕（元）刘一清：《钱塘遗事》，http://yuedu.baidu.com/ebook/3b287a5ca45177232f60a23d? pn＝1。

敖上舍在否，敖对以："若问太学秀才耶？饮言酬。"陶孙亟亡命归走闽。〔1〕

此件酒事，一则说明宋代的酒店墙壁可以供食客涂写；二则说明南宋朝廷的鹰犬之多，像三元楼这样的大型酒店也有政府的密探；三则说明太学生敖陶孙临危应变的能力之高，陆容感叹"观此则其为人可知矣"；四则说明宋代"语禁"之严。

二、酒与豪杰贤士

(一) 钱镠发迹

英雄总是与酒相伴的。钱镠出生时，光怪满室，其父不欲留，有邻媪劝说，才得以续命。钱镠发迹后，邻媪携壶浆角黍迎之，呼曰："钱婆留，宁馨长进。"〔2〕一个邻家老媪因为劝说钱家留下钱镠性命从而成就了一代豪杰。而与其他英雄人物的奇异身世相比，钱镠的故事更是因施恩与报恩而充满了人性的光辉。

田汝成记云："（钱镠）及壮，无赖，不喜事生业，以贩盐为盗。县录事钟起，有子数人，与镠饮博，起尝禁其诸子，诸子多窃从之游。豫章人有善术者……私谓起曰：'占君县有贵人，求之市中，不可得；视君之相，贵矣，然不足当之。'起乃置酒，悉召县中贤豪为会，阴令术者遍视之，皆不足当。术者过起家，镠适从外来，见起，惧，反走。术者望见之，大惊，曰：'此真贵人也！'"〔3〕钱封吴越后，"镠既置酒，父老高会，男妇八十岁以上者金尊，百岁者玉尊，时饮玉尊者十余人。镠执爵上寿，歌曰：'三节还乡挂锦衣，吴越一王驷马归。天明明兮爱日辉，百岁荏苒兮会时稀。'时父老闻歌，多不解音律，镠觉其欢意不洽，乃高揭吴音以歌曰：'你辈见侬底欢喜，别是一般滋味子，长在我侬心子里。'歌讫，举座赓之，叫笑振席"〔4〕。

这则故事，道出了吴越王钱镠的豪爽以及与乡邻欢饮时的真诚。而此歌，也作为吴越民谣被记录了下来。"三节还乡兮挂锦衣，碧天朗朗兮爱日晖。功臣

〔1〕（明）陆容：《菽园杂记》，见王国平主编：《西湖文献集成（第13册）·历代西湖文选专辑》，杭州出版社2004年版，第306—307页。
〔2〕（明）田汝成：《西湖游览志馀》，东方出版社2012年版，第5页
〔3〕（明）田汝成：《西湖游览志馀》，东方出版社2012年版，第3页。
〔4〕（明）田汝成：《西湖游览志馀》，东方出版社2012年版，第5页。

道上兮列旌旗，父老远来兮相追随。家山乡眷兮会时稀，今朝设宴兮觥散飞。斗牛无孛兮民无欺，吴越一王兮驷马归。"〔1〕

吴越王纳降时，因酒席上的出色表演而引得宋太祖的爱惜。田汝成记，宋太祖招钱镠进宫（实际是为考察其忠诚度）：

> 忠懿王闻之，遂入朝。太祖大喜，召宴后苑。时惟太宗及秦王侍坐，酒酣，诏王与太宗叙兄弟齿，坐太宗上。俶叩头辞让，继之以泣，方得免。俶后入朝，太宗亦宴苑中，安僖王惟濬侍焉。泛舟宫池，太宗手举御杯赐，俶跪而饮之。明日，奉表谢。其略曰："御苑深沉，想人臣之不到；天颜咫尺，惟父子以同亲。"其优礼如此。
>
> 忠懿王入朝，太祖为置宴，出内妓，弹琵琶，王献词曰："金凤欲飞遭掣搦，情脉脉，看郎玉楼云雨隔。"
>
> 太祖怜之，起抚其背，曰："誓不杀钱王。"〔2〕

吴越王纳地入宋，使得杭州免遭兵燹。胜利者因猜忌而杀戮将士及百姓之事在历史上很常见。宋初，西蜀王就不像钱镠这般幸运。所以，我们不妨把钱镠的酒会表演视作一种高明的政治智慧。

（二）岳飞以血当酒

抗金英雄岳飞一生以北伐为目标，渴望匡扶江山，统一中原，却惨遭杀害。他的一阕《满江红》是英雄气度的写照："怒发冲冠，凭栏处、潇潇雨歇。抬望眼，仰天长啸，壮怀激烈。三十功名尘与土，八千里路云和月。莫等闲、白了少年头，空悲切！　靖康耻，犹未雪。臣子恨，何时灭！驾长车，踏破贺兰山缺。壮志饥餐胡虏肉，笑谈渴饮匈奴血。待从头、收拾旧山河，朝天阙。"

（三）文天祥题壁

清徐釚《词苑丛谈》载："文信国被执北行，次信安。馆人供帐甚盛。信国祥达旦不寐，题《南楼令》词于壁，曰：'雨过水明霞，潮回岸带沙。叶声寒，飞透窗纱。懊恨西风吹世换，更吹我，落天涯。　寂寞古豪华，乌衣日又斜。说兴亡，燕入谁家？只有南来无数雁，和明月，宿芦花。'"文天祥是南宋的状元宰相。南宋末年，元军逼近南宋都城临安，驻军于皋亭，要求南宋使者入元

---

〔1〕 朱秋枫：《杭州运河歌谣》，杭州出版社 2013 年版，第 20 页。
〔2〕 （明）田汝成：《西湖游览志馀》，东方出版社 2012 年版，第 6—7 页。

营。南宋官员逃去大半。而文天祥毅然赴元营谈判，被拘留于元营之中，后被迫北上。途中机智逃脱，一路追随南宋朝廷，进行抗元斗争。后不幸被俘，被押北上。一路上元军对文天祥礼遇甚周，力劝文天祥投降，而文天祥一心赴死，北上途中，曾绝食八天，未死。至燕京，被囚三年。元世祖知他不肯屈服，乃杀之。资料载，文天祥擅长下围棋，尤精围棋残局，又嗜酒。常边饮边下棋子。他的此首题壁之作，是其赤胆忠心、为国家命运日夜悬心的真实写照。

（四）刘伯温饮于西湖

周庆云《灵峰志》卷 3 引孙宇台《灵隐寺志》："基，字伯温……当元季以江浙儒学副提举罢归，与鲁道原游西湖，有异云起西北，光映湖水。道原皆以为庆云赋诗，基益持杯，满饮不顾。曰：'此王气，应在金陵。十年后王者起，佐之者，其我乎！'众咋舌避去。"[1]《西湖游览志馀》亦记："刘伯温，元末亡命吴中。一日，与客饮西湖，会有异云起西北，光映湖中。鲁道原、宇文公谅以为庆云也，将分韵赋诗。伯温候望良久，曰：'此天子气也，淮、楚之分，十年后有真主出，我当辅之。'时杭城犹全盛，座客大骇以为狂，且曰：'是累我，族灭我。'悉逃去。公独呼门人沈与京置酒亭上，放歌狂醉而罢。"[2]

刘伯温是朱元璋建功立业时的左膀右臂，以神机妙算著称。至今民间尚流传着不少他的故事。刘伯温饮酒的故事可以看出其早年对于国家命运的思考。而其中颇具神怪色彩的渲染，也是民间惯用的创作手法。

（五）于谦酒诗见风骨

于谦以一文人身份，在狂澜中匡扶社稷，反而被诬受死，受刑之时，阴霾四塞，有达官朵耳者，枕谦尸而哭之。杭州立杭祠而祭之。

于谦一生清廉，他入京时，不拜谒高官。其酒诗可见恬淡之思，如"醉来扫地卧花影，闲处倚窗看药方"，亦可见孤介绝俗之操，如"香蒸雕盘笼睡鸭，灯辉青琐散栖鸦"。[3]

〔1〕（清）周庆云：《灵峰志》，见王国平主编：《西湖文献集成（第 21 册）·西湖山水志专辑》，杭州出版社 2004 年版，第 492—493 页。

〔2〕（明）田汝成：《西湖游览志馀》，东方出版社 2012 年版，第 120—121 页。

〔3〕（明）田汝成：《西湖游览志余》卷 8。另见于谦研究会、杭州于谦祠：《于谦研究资料长编》，项文惠、钱国莲点辑，中国文史出版社 2003 年版，第 93 页。

三、逸事奇谈

（一）苏轼醉酒簪花

在宋代，男子有簪花之俗，而皇帝赏赐簪花也是一种皇恩的表现。苏轼有一次在吉祥寺中赏花，不觉兴致高涨，又多喝了几杯，以至于"人老簪花不自羞，花应羞上老人头"，也算是一时奇谈。当时的吉祥寺牡丹花有千株，品以百数，观者数万人，可谓盛况空前。而当苏轼簪花扶醉而归时，"十里珠帘齐上钩，争看风流太守头"，成为杭州的一道风景。

（二）奚奴温酒

陶宗仪《南村辍耕录》卷 7 记载了奚奴温酒的故事：

> 宋季，参政相公铉翁，于杭将求一容貌才艺兼全之妾。经旬余，未能惬意。忽有以奚奴者至，姿色固美。问其艺，则曰能温酒。左右皆失笑。公漫尔留试之，及执事，初甚热，次略寒，三次微温。公方饮。既而每日并如初之第三次。公喜，遂纳焉。终公之身，未尝有过不及时。归附后，公携入京。公死，囊橐皆为所有，因而巨富，人称曰奚娘子者是也。吁！彼女流贱隶耳，一事精至，便能动人，亦其专心致志而然。士君子之学为穷理正心修己治人之道，而不能至于当然之极者，视彼有间矣。[1]

故事发生在杭州。一个异族的卑贱女子，由于其精湛的温酒之技得到主人铉翁的青睐，于是欣然纳之为妾。铉翁去世之后，奚奴便因继承铉翁之产业而成巨富。这让世人感叹：小技之精，亦能成功；世之士子，如不穷理正心，甚至不如一卑妾。

（三）"碧筒"雅事

林洪《山家清供》卷下记载了"碧筒"雅事："暑月，命客泛舟莲荡中，先以酒入荷叶，束之。又包鱼鲊它叶内。俟舟回，风薰日炽，酒香鱼熟，各取酒

---

[1]　（元）陶宗仪：《南村辍耕录》，上海古籍出版社 2012 年版，第 78 页。

及鲊，真佳适也。"[1] 莲既注酒，又包食物；阳光与湖水，一热一冷。文人荡舟湖面，更添一份雅致。

（四）当衣买醉

杭州号为"销金锅"，是富人权贵的天堂，普通百姓要消费享乐，难免囊中羞涩。明代刘泰《湖上暮归》诗云："小骢驮醉踏残花，柔绿阴中一径斜。日暮归来问童子，春衣当酒在谁家？"春天于湖边踏春买醉，却是不得酒钱，所以只好当了衣服换钱。晚上回到家，却忘记了春衣当在谁家。这个小故事，恐怕还是诙谐的意味多：家中既有童子，生活自然不是那么拮据，恐怕只是一时忘记带钱而已。

元代杨维桢也有诗云："段家桥头猩色酒，重典春衣沽十千。"（《湖上嬉春体》）既然是"嬉"，那么"重典春衣"也是玩笑的成分居多，说不准还是文人为了表现自己的潇洒不俗而故意为之。

清代黄仲《戏题酒家》诗云："我亦曾裁一幅裈，翻于此处买深樽。出门欲脱青衫典，先道酒痕非泪痕。"也是与酒家的玩笑。

（五）陈章侯饮酒

陈章侯，即陈洪绶，明末清初的著名画家。其人多怪，不事权贵而画有奇风。（图5-1）

张岱记其事云：

> 崇祯乙卯八月十三，侍南华老人饮湖舫，先月早归。章侯怅怅向余曰："如此好月，拥被卧耶？"余敦苍头携家酿斗许，呼一小划船再到断桥。章侯独饮，不觉沾醉。过玉莲亭，丁叔潜呼舟北岸，出塘栖蜜橘相饷，畅啖之。章侯方卧船上嚎嚣。岸上有女郎，命童子致意云："相公船肯载我女郎至一桥否？"余许之。女郎欣然下，轻纨淡弱，婉娈可人。章侯被酒挑之曰："女郎侠如张一妹，能同虬髯客饮否？"女郎欣然就饮。移舟至一桥，漏二下矣，竟倾家酿而去。问其住处，笑而不答。章侯欲蹑之，见其过岳王坟，不能追也。[2]

[1] 上海古籍出版社编：《饮食起居编》，上海古籍出版社1993年版，第309页。
[2] （明）张岱：《陶庵梦忆 西湖梦寻》，栾保群点校，浙江古籍出版社2012年版，第43页。

图 5-1　陈洪绶《饮中八仙图》

（六）毛先舒醉卧高荐

毛先舒（1620—1688），原名骙，字驰黄，后改名先舒，字稚黄，仁和人，为"西泠十子"之一。明诸生。明亡后不再出仕。"好游，醉叩舷歌，或堕水湿衣，冰淅淅衣上不知寒。"[1] 少年有才，得陈子龙赏识。陈子龙（1608—1647），明末重要作家，诗歌成就较高，诗风或悲壮苍凉，充满民族气节，或典雅华丽，或合二种风格于一体。清兵攻陷南京后，陈子龙和太湖民众武装组织联络，开展抗清活动，事败后被捕，投水自尽。毛先舒后来叹曰：

> 呜呼！自吾游至今，三十余年矣，今其人皆已逝，故乡好友，自陆大行鲲庭殉国死，诸君子三十年间，或出或处，意趣如殊，然南皮北海，分曹赋诗，岁岁修禊事以为娱乐。迄于今有蝉蜕轩冕者，有山林终者，有自髡顶为僧者，有小草坐寒毡者，有起以大慰苍生者，有墓木已拱久者，有糊口四方、金尽裘敝者，有憔悴且行吟者。吾老矣，犹得卧荐上，迫季秋，辄益荐，吾不意竟益至二十八帘也。[2]

明清易代给文人带来巨大的心理落差，他们心怀悲愤之情。某日，客人与毛先舒"拥炉坐，望其床荐高于几，迫而视之，计二十八帘。……帘以寸计，

---

〔1〕（清）林璐：《草荐先生传》，见（民国）天台野叟：《大清见闻录（下）·艺苑志异》，中州古籍出版社 2000 年版，第 303 页。

〔2〕（清）林璐：《草荐先生传》，见（民国）天台野叟：《大清见闻录（下）·艺苑志异》，中州古籍出版社 2000 年版，第 303 页。

高二尺八寸，受卧止二尺余。扳而上如登山，伛而下如坠谷，劳矣"[1]。毛先舒隐居于西湖，每日买醉，与客交谈之后，又醉而上荐。他的一生，是忠诚于明朝的知识分子的写照。不合作，但又无力抗清；心中苦闷，则以酒消愁，逃避世事。

---

〔1〕（清）林璐：《草荐先生传》，见（民国）天台野叟：《大清见闻录（下）·艺苑志异》，中州古籍出版社 2000 年版，第 302 页。

第六章　精神文化角度下的考察

第一节　酒的品味

黄酒作为被欣赏的对象，既有本体上的要求，又有超越本体的文化主体的要求。

一、品酒与评酒

（一）品酒

从酒本身来看，其就有较高的美学价值。比如古人称酒为"绿蚁""玄碧""槽红""浮玉"，给人以丰富的想象和美感。对酒的审美更是一个令人心醉的过程，如宋欧阳修的《渔家傲》就写出品酒时的情境："花底忽闻敲两桨，逡巡女伴来寻访。酒盏旋将荷叶当。莲舟荡，时时盏里生红浪。　　花气酒香清厮酿，花腮酒面红相向。醉倚绿阴眠一晌。惊起望，船头搁在沙滩上。"从花、酒、人三方面交错描述。花的清香和酒的清香相互浸润，花的红晕和脸的红晕相互辉映。所以，对酒的审美，是一个多角度、多层次的主客体互动的过程。

苏东坡认为，评判酒的好坏，"以舌为权衡也"[1]，确是行家至理。明代胡光岱在《酒史》中针对酒品的香、色、味提出了较为系统的评酒术语。但是古代品酒，没有严格的量化指标，全靠对之感性化的体验和比较。如酒之薄、酒

---

[1]《东坡酒经》，见（宋）苏轼：《中国古代名家诗文集·苏轼集（三）》，黑龙江人民出版社2009年版，第1256页。

之醇、酒之甘、酒之辛，全靠感性化的体验，不是一种精确的归纳，却更能体现出人文色彩。从古到今，对酒的芳香及其微妙的口味差别，用感官鉴定法进行鉴别，仍具有明显的优越性。在当代，对酒的品评主要内容有二：一是物理化学指标，属硬性规定，必须先送样检测，合格后方能参评；二是感官指标，主要是色、香、味、格四项，属品评的内容范围。品评人员是凭视觉、嗅觉、味觉和思维器官来判断的。具体操作就是眼看色、鼻闻香、口尝味、脑判格。

1. 酒之色

一般指酒的颜色、透明度、是否有沉淀、含气现象、泡沫等外观，品酒时通过眼睛直接观察、判别。

早期对酒之色的要求是以白为上，以红为下。（郑。玄注《礼记》："醴者成而红赤，如今若下酒矣。"）清代虞兆漋《天香楼偶得》中云："古人酒以红为恶，白为美，盖酒红则浊，白则清，故谓薄酒为红友。而玉醴玉液、琼饴琼浆等名，皆言白也。梁武帝诗云：'金杯盛白酒。'正言白酒之美。"古人写酒色之白的诗很多，如宋韩驹《偶书二绝呈馆中旧同舍》："往时看曝石渠书，内酒均颁白玉腴。"欧阳修《圣俞会饮》云："滑公井泉酿最美，赤泥印酒新开缄。"

唐代诗歌中提到或描写的酒之色，真是美不胜收。例如：李贺《将进酒》云"小槽酒滴真珠红"，是像珍珠般闪亮的红酒；杜甫《舟前小鹅儿》云"鹅儿黄似酒"，是像雏鹅般嫩黄的黄酒色；白居易《钱湖州以箬下酒李苏州以五酘酒相次寄到无因同饮聊咏所怀》云"倾如竹叶盈尊绿"，是竹叶般绿爽爽的酒。想象一下颜色，都是十分美丽的。唐人诗中还提到"白酒"，是一种乳白色、近乎透明的酒，也有着一种朦胧的雅致。

宋诗中继续呈现着美酒诱人的色彩。比如陆游《饮石洞酒戏作》诗云"醋醋霞晕力通神，淡淡鹅雏色可人"，依然是淡绿至黄色的酒色。他又说"半瓶野店沽醇碧"（《秋兴》），就是一种通透的绿色。有一种红如赤血的酒色也为诗人所欣赏，比如杨万里《生酒歌》云"生酒清如雪，煮酒赤如血"。苏东坡的笔下，酒也是有多种颜色的。

但是唐宋以后，由于加工技术的改良，红色成为黄酒之正色。如张说《城南亭作》云："北堂珍重琥珀酒，庭前列肆茱萸席。长袖迟回意绪多，清商缓转目腾波。"李白《客中作》云："兰陵美酒郁金香，玉碗盛来琥珀光。"白居易《荔枝楼对酒》云："荔枝新熟鸡冠色，烧酒初开琥珀香。"以上说的都是熟酒的颜色。宋代李清照说："莫许杯深琥珀浓，未成沉醉意先融。"（《浣溪沙·莫许杯深琥珀浓》）也是写熟酒。元代杨维桢的《红酒歌谢同年智同知作》是红酒的赞歌：

扬子渴如马文园，宰官特赐桃花源。

桃花源头酿春酒，滴滴真珠红欲然。

左官忽落东海边，渴心盐井生炎烟。

相呼西子湖上船，莲花博士饮中仙。

如银酒色不为贵，令人长忆桃花泉。

胶州判官玉牒贤，忆昔同醉琼林筵。

别来南北不通问，夜梦玉树春风前。

朝来五马过陋廛，赠我胸中五色线，副以五凤楼头笺。

何以浇我磊落抑塞之感慨，桃花美酒斗十千。

垂虹桥下水拍天，虹光散作真珠涎。

吴娃斗色樱在口，不放白雪盈人颠。

我有文园渴，苦无曲奏鸳鸯弦。

预恐沙头双玉尽，力醉未与长瓶眠。

径当垂虹去，鲸量吸百川。

我歌君扣舷，一斗不惜诗百篇。

现在的黄酒多为黄色，包括浅黄、金黄、禾秆黄、橙黄、褐黄等，另外还有橙红、褐红、宝石红、红色等。从酒之白到酒之红，这是一个很有意思的转变。原因大概有二。其一，红色之酒由原先之劣酒已变成上品酒。远古时期，酒变红色，表明酒质不纯，或者出现变质，而在唐宋之后，制曲技术提高，酒的加工技术也提高，一般饮用的熟酒，颜色是较为深的红色。明清以后，为了让酒变深，特意加入适量糖色。其二，酒之深色，易让人联想到金色阳光与褐色土地，产生一种生命直觉体验。绍兴黄酒主要呈琥珀色，即橙色，透明澄澈，使人赏心悦目。

对色的要求还包括质地要透。透明、晶亮、清亮，才是好酒的标准。

2. 酒之香

即使是在科学鉴定技术极发达的今天，人们也不能将黄酒丰富的香味加以分辨，但作为饮酒者，其嗅到的是一种由多种香味素综合构成的醇香——一种不失糯（米）、香本色的融和、谐调的微妙的香味，让人不禁联想到恬静的、丰厚的秋天。这种独特的复合香味的微妙之处，即在于多种香味素的发挥性能存在着温差，冷饮时幽雅清爽，温饮时甘醇馥郁，沸腾时浓香醉人，因此既为偏爱清香的饮酒者所中意，又为嗜好浓香的饮酒者所钟爱。

酒的香气与味道是密切相关的，人们对滋味的感觉，有相当部分要依赖于嗅觉。而人的嗅觉是极容易疲劳的，嗅的时间过长，就会迟钝不灵，这叫"有时限的嗅觉缺损"。古人云，"入芝兰之室，久而不闻其香；入鲍鱼之肆，久而不闻其臭"，说的就是嗅觉易于迟钝。所以，闻酒香的时间不宜过长，要有间歇，以保持嗅觉的灵敏度。

黄酒的香气成分主要是酯类、醇类、醛类、氨基酸类等，受酿造工艺、原料、地域等的影响，经常呈现出的香气是醇香（酒香）、原料香、曲香、焦香、特殊香等。好的黄酒要求诸多香气融和、谐调，呈现出浓郁、细腻的口感，品之让人感觉柔顺、舒适、愉快，不能失之粗杂。

绍兴酒独具的馥香，不是指某一种特别重的香气，而是一种复合香，是由酯类、醇类、醛类、酸类、羰基化合物和酚类等多种成分组成的。这些有香物质来自米、麦曲本身以及发酵中多种微生物的代谢和贮存期中醇与酸的反应，它们结合起来就产生了馥香，而且往往随着时间沉淀而更为浓烈。绍兴酒称老酒，因为它越陈越香。

历史上，为了使酒产生香味，还专门有香酒的酿造。

3. 酒之味

酒含有很多味觉成分，主要有高级醇、有机酸、羰基化合物等。这是与酿造原料、工艺方法、贮存方法等分不开的。

黄酒的味道，可用"谐调"二字概括。"据说高级品酒师既能辨出其酸、甜、苦、辣、鲜五味，又能判断其五味不等量的微妙组合的一体风味。其组合方式为：以甜为基味，佐以微苦则不腻，佐以微辣而爽口，佐以微酸则鲜洁。有此三味在，但其量须'微'至口莫能辨方为适度。由此构成的酒味，由于五味之间的调配、中和、互补，呈现出酸不如果酒、甜不如白酒（清酒）、苦不如啤酒、辣不如洋酒的特别风味。初饮者难以语词形容，善品者妙不可言。如定欲以语言形容，则曰'甘醇鲜美'比较接近。绍兴酒的此种美味绝非来自人工配制，而是天酿使然，这就是它的特别可贵之处。与色、香一样，绍兴酒的'味'给人的也是一种融和、谐调的美感。"[1] 口味中应该有甜、鲜、苦、涩、辣、酸诸多味道，但要各不出头，就是辛辣的酒精味，也应该恰到好处，使饮者感到丰满纯正、醇厚柔和、甘顺爽口、鲜美味长，具有本类黄酒应有的滋味。

4. 酒之时

酒是时间的艺术品。时间对酒风味的影响可从两方面来考察：一是酿酒容器使用时间，二是酒品存放时间。

---

〔1〕 吴国群：《醉乡记：中华酒文化》，杭州出版社 2006 年版，第 19 页。

以白酒来说，一般酿酒使用酒窖。酒窖是在泥地上挖出的长方形的坑。将高粱蒸好后，拌上酒曲，放到坑里发酵。几十天以后，发酵完毕，再将发酵好的原料（酿酒行业中叫"酒醅"或"香醅"）进行蒸馏。酒窖使用年代越长，酒越香、味越好。黄酒一般是放置在陶缸里发酵。在存放的过程中，不仅酒的香气更为浓郁，一部分酒精还会挥发掉，使酒精度降低，口味醇和。

（二）评酒

古人评酒，各个方面都加以评价，比如颜色，比如口味，比如酒力，等等。

关于颜色上文已有提及。唐以前酒以白色为尊，唐以后渐向红色倾斜。

在宋代，有把白酒与红酒相调和的做法，宽猛互济，达到一种中和之美。这与宋代的哲学念是相通的。

酒之味，唐人尚甜，宋人尚淡，清人尚烈。唐代，酒的口味趋向于甜，比如蜜酒，唐人列之为第一。蜜酒是以草木曲、蜜糖等制作的酒。此法从孙思邈开始。为了过滤而加灰，所以称"红灰酒"。宋代，苏轼酿造蜜酒，还作文介绍。《五杂俎》说："红灰，酒品之极恶者也，而坡以'红友胜黄封'；甜酒，味之最下者也，而杜谓'不放香醪如蜜甜'。""红友"其实就是乡村中的土酒，村酒混浊而显红色，因此得名。而苏轼是因其地之法酒过薄，而私自酿造。宋代的好酒并不以甜取胜。南宋的张邦基就按苏轼之法酿了蜜酒，他评论说："味甜如醇醪，善饮之人，恐非其好也。"[1] 宋人更喜欢的是清酒。皇甫松《醉乡日月》中云："凡酒，以色清味重而饴者为圣，色浊如金而味醇且苦者为贤，色黑而酸醨者为愚人，以家醪糯筋醉人者为君子，以家醪黍筋醉人者为中人，以巷醪灰筋醉人者为小人。"[2] 而清人则喜欢味道浓辣些的金华酒。

在明清以后，讲究酿酒的时令与陈放，风尚是陈酒为上、名泉酿酒为上。明清看重的"女儿红"是一种放置时间长达十多年的老酒。比如明时品酒专家宋起凤，遍尝南北酒。他认为：杭州人喜欢腊酒、白酒，杭州无名酒出产；绍兴花露酒，饮之作渴，兴目不清，但家藏至三四年的，几乎与沧州酒并列；金华酒色味皆浓，但放久了就会坏。总计海内酒品，南（指江南）则惠（指惠泉酒）及白（指三白酒），浙则花露尚矣。北则沧、易、涞水圣矣。他可自雄其地，难以颉颃也。[3] 谢肇淛也喜欢品酒。他的基本看法是："酒以淡为上，苦洌

〔1〕（宋）张邦基：《墨庄漫录》卷5，远方出版社2006年版，第51页。

〔2〕转引自（宋）窦苹：《酒谱》，黄山书社2016年版，第129页。

〔3〕（明）宋起凤：《稗说》，见中国社会科学院历史研究所明史研究室：《明史资料丛刊》第2辑，江苏人民出版社1982年版，第96—98页。

次之，甘者最下。"[1] 在他眼里，江南只有三白酒，而雪酒、金盘露是浪得虚名。

清梁绍壬对酒品的香、味、色等方面均有精辟的品评。他形容黄酒如清廉老吏，则是说酒的放置时间较长。道光年间，梁绍壬在北京，一天在表弟汪小米家饮到他珍藏了 20 年的庚申酒，其酒色香俱美，酒液浓厚，饮用时须掺以新酒。梁绍壬评价说，这是他生平所尝第二次好酒。还有一种"压房酒"，是清代福建汀州（今福建长汀县）民间用江米精酿的一种美酒。清黎士宏有《闽酒曲七首》，其一云"长枪江米接邻香，冬至先教办压房"，原注："汀俗，于冬至日，户皆造酒。而乡中有压房一种，尤为珍重，藏之经时，待嘉宾而后发也。"压房酒也是一种长久放置的酒。

清代顾仲在所撰《养小录》中有一段议论，他说："酒以陈者为上"，"酸""浊""生""狠暴""冷"者，都算不得好酒，"不苦、不甜、不咸、不酸、不辣，是为真正好酒"。[2]

清代饮食名著《调鼎集》曾将绍兴酒与其他地方酒做过非常贴切的比较："像天下酒，有灰者甚多，饮之令人发渴，而绍酒独无；天下酒甜者居多，饮之令人体中满闷，而绍酒之性芳香醇烈，走而不守，故嗜之者为上品，非私评也。"[3] 黄酒是一种和善的酒、谦恭的酒、平易的酒。正是它的这种品性，人们才将它视为一种适用于任何场面的酒。朋友相聚，看望长辈，喜庆悲丧，人们都能从黄酒中找到一个入口，由它来达意，完成某些仪式或沟通情感。

古人评酒善用比喻。比如有"好酒下脐，劣酒鬲""青州从事"和"平原督邮"的酒典。据《世说新语·术解》载，东晋大将军桓温府中有一主簿善鉴别酒味，有酒每令先尝，凡佳者，称"青州从事"，劣者则称"平原督邮"，因为青州有齐郡，"齐"谐音"脐"，"鬲"谐音"膈"，"从事"为美职，而"督邮"为贱职，所以分别用以比喻酒质之优劣。后苏东坡《真一酒》诗云："人间真一东坡老，与作青州从事名。"也是借此品评黄酒。明代谢肇淛对各种酒评论说："'青州从事'向擅声称，今所传者，色味殊劣，不胜'平原督邮'也。然'从事'之名，因青州有齐郡，借以为名耳，今遂以青州酒当之，恐非作者本意。京师有薏酒，用薏苡实酿之，淡而有风致，然不足快酒人之吸也。"[4] 也借用了这一酒典。

---

[1]（明）谢肇淛：《五杂俎》，上海古籍出版社 2012 年版，第 195 页。

[2]（清）顾仲：《养小录》，邱庞同注释，中国商业出版社 1984 年版，第 5 页。

[3]（清）童岳荐：《调鼎集·茶酒点心编》，张廷年校注，中州古籍出版社 1991 年版，第 64 页。

[4]（明）谢肇淛：《五杂俎》，上海古籍出版社 2012 年版，第 195 页。

二、黄酒的审美

(一) 黄酒的本体美的内涵

黄酒的本体之美在于其"和"。"和"既是对酿酒过程的总结,也是对其工艺的总结,更是对其情状的总结。古人喜欢用阴阳与五行的观点来说明世界万物的起源和多样性的统一。所谓"五行",是指水、火、木、金、土五种物质。《礼记·郊特牲》记:

> 飨禘有乐,而食尝无乐,阴阳之义也。凡饮,养阳气也;凡食,养阴气也。故春禘而秋尝;春飨孤子,秋食耆老,其义一也。而食尝无乐。饮,养阳气也,故有乐;食,养阴气也,故无声。凡声,阳也。

> 鼎俎奇而笾豆偶,阴阳之义也。笾豆之实,水土之品也。不敢用亵味而贵多品,所以交于旦明之义也。

> ……宗庙之器,可用也,而不可便其利也。所以交于神明者,不可同于所安乐之义也。

> 酒醴之美,玄酒明水之尚,贵五味之本也。黼黻文绣之美,疏布之尚,反女功之始也。莞簟之安,而蒲越、槀鞂之尚,明之也。大羹不和,贵其质也。大圭不琢,美其质也。丹漆雕几之美,素车之乘,尊其朴也,贵其质而已矣。所以交于神明者,不可同于所安亵之甚也。如是而后宜。

> 鼎俎奇而笾豆偶,阴阳之义也。黄目,郁气之上尊也。黄者中也;目者气之清明者也。言酌于中而清明于外也。

> 祭天,扫地而祭焉,于其质而已矣。醯醢之美,而煎盐之尚,贵天产也。割刀之用,而鸾刀之贵,贵其义也。声和而后断也。

表现出饮食具有的阴阳交汇的精神内涵,同时指出酒之为美,在于其具五味。

《春秋纬》曰:"凡黍为酒,阳据阴,乃能动,故以曲酿黍为酒。麦阴也,是先渍,曲黍后入,故曰:阳相感,皆据阴也。相得而沸,是其动也。凡物阴阳相感,非唯作酒。"[1]粮食本身就凝聚了天地之精华。《初学记·饭第十二》引

---

〔1〕〔日〕安居香山、中村璋八辑:《纬书集成(中)》,河北人民出版社 1994 年版,第 870 页。

《春秋运斗枢》曰："粟五变，以阳化生而为苗；秀为禾，三变而粲谓之粟，四变入臼米出甲，五变而蒸饭可食。"[1] 酒的酿造更是阴阳相和的结果。从酿造时间上来看，古人制曲在七月，称桂花曲，酿酒在秋冬，是为秋门开而万物有成。从酿造设备来看，酒之生产，以水为主，燃之以火，辅之以木，盛之以陶，饮之以金，五行皆备。《素问·汤液醪醴论》："黄帝问曰：'为五谷汤液及醪醴奈何？'岐伯对曰：'必以稻米，炊之稻薪，稻米者完，稻薪者坚。'帝曰：'何以然？'岐伯曰：'此得天地之和，高下之宜，故能至完，伐取得时，故能至坚也。'"[2] 意思是，风调雨顺天地之和，加上地势高低适宜，才能有稻子的好收成，然后才能化稻米之津为酒。从技术手段上来看，中国古代思想家企图用日常生活中习见的上述五种物质来解释酒的产生原理。在《北山酒经》中，朱肱用五行学说阐述谷物转变成酒的过程。朱肱认为："酒之名以甘辛为义，金木间隔，以土为媒。自酸之甘，自甘之辛，而酒成焉（酴米所以要酸也，投醹所以要甜）。所谓以土之甘，合水作酸；以木之酸，合土作辛，然后知投者所以作辛也。"[3] "土"是谷物生长的所在地，"以土为媒"，可理解为以土为介质生产谷物，在此"土"又可指代谷物。"甘"代表有甜味的物质，"以土之甘"即表示从谷物转化成糖。"辛"代表有酒味的物质，"酸"表示酸浆，是酿酒过程中必加的物质之一。整理朱肱的观点，当时人们关于酿酒的过程可以用图 6-1 来表示。

图 6-1　酿酒过程示意图

《北山酒经》又云："曲之于黍，犹铅之于汞，阴阳相制，变化自然。"[4] 虽然这样的解释过于牵强，但不妨视为古人对酒之神性的一种阐述。

在古人看来，黄酒是具有土德的。古人认为土于五行最尊，所以《穷通宝鉴》"总论"说：

〔1〕 （唐）徐坚等辑：《初学记（下）》，京华出版社 2000 年版，第 399 页。

〔2〕 （战国）佚名：《黄帝内经》，中国医药科技出版社 2013 年版，第 399 页。

〔3〕 （宋）朱肱等：《北山酒经（外十种）》，任仁仁整理校点，上海书店出版社 2016 年版，第 15 页。

〔4〕 （宋）朱肱等：《北山酒经（外十种）》，任仁仁整理校点，上海书店出版社 2016 年版，第 15 页。

五行者，本乎天地之间而不穷者也，是故谓之行。

北方阴极而生寒，寒生水。南方阳极而生热，热生火。东方阳散，以泄而生风，风生木。西方阴止，以收而生燥，燥生金。中央阴阳交而生温，温生土。其相生也所以相维，其相克也所以相制，此之谓有伦。

火为太阳，性炎上。水为太阴，性润下。木为少阳，性腾上而无所止。金为少阴，性沉下而有所止。土无常性，视四时所乘，欲使相济得所，勿令太过弗及。

夫五行之性，各致其用。水者其性智，火者其性礼，木其性仁，金其性义，唯土主信，重厚宽博，无所不容。以之水，即水附之而行；以之木，则木托之而生；金不得土，则无自出；火不得土，则无自归。必损实以为通，致虚以为明，故五行皆赖土也。

……

夫万物负阴而抱阳，冲气以和。过与不及，皆为乖道。故高者抑之使平，下者举之使崇，或益其不及，或损其太过。所以贵在折中，归于中道，使无有余不足之累。即财官印食、贵人驿马之微意也。行运亦如之，识其微意，则于命理之说，思过半矣。[1]

土在五行之正中，能够与其他四行相交相通，而又具有融变通和宽柔于一体的中道特性。所以黄酒之和，象征了宇宙间最为沉着与雍容的品质。

总之，黄酒是由独特的色、香、味等要素共同组成的酒体，不仅每一要素内部均呈多样、统一的优化组合形态，而且内部要素共同组合而成的总体亦构成一种多样、统一的和谐的形态。和谐，既具有审美上的意义，又具有哲学上的意义。毕达哥拉斯认为："整个天就是一个和谐。"别林斯基说："美是和谐的统一。"而中国儒家提倡"中和之美"，道家宣扬"道法自然"。黄酒的酒体之美恰恰就在于其色、香、味的融合与谐调，酒香是由多种香味素复合构成，而在与酒体、色调的配合上，也能适应不同偏好者的饮用习惯。

（二）本体美的延伸

本体美的延伸有两种方式：一是对主体的评价；二是对客体的选择和组配。

---

[1]（明）佚名：《穷通宝鉴白话评注（上）》，（清）余春台整理，徐乐吾评注，世界知识出版社2011年版，第10—20页。

1. 对主体的评价

明人袁宏道在《觞政》中说："凡酒以色清味冽为圣，色如金而醇苦为贤，色黑味酸醨者为愚，以糯酿醉人者为君子，以腊酿醉人者为中人，以巷醪烧酒醉人者为小人。"[1] 直接把人品与酒品作比。清人袁枚在《随园食单》中说："绍兴酒，如清官廉吏，不参一毫假而其味方真。又如名士耆英，长留人间，阅尽世故，而其质愈厚。故绍兴酒不过五年者，不可饮，参水者亦不能过五年。余常称绍兴为名士，烧酒为光棍。"[2] 通过本体美的延伸，黄酒从有形之物上升为精神之物、符号之物。通过主体与客体的同构，以"比德"的类比方式，实现主体的自我表现和自我肯定。从符号学的角度来看，任何对象都包含能指和所指两个层面，黄酒之能指的特殊意蕴，是在与其他酒类的对比中体现的，也是在对黄酒的历史叙述中体现的。例如，黄酒不像烧酒那样个性外露而张扬，显得底蕴深厚，感情执着而长久；黄酒不像葡萄酒那样甜美，而是显得五味俱有，先是苦涩辛辣，回味起来才甜美甘润，就像人生经历磨炼后渐入佳境的体会。黄酒之饮，小人饮之而惹是生非，才子饮之而才情大发，莽士喝之则意气用事，英雄喝之则豪情顿生；酒因人而异，人因酒而不同，其中充满了玄机和妙处。若依酒德、饮行、风藻而论，历代酒人似可分为上、中、下三等，等内又可分级，可谓三等九品。上等是"雅""清"，即嗜酒为雅事，饮而神志清明；中等为"俗""浊"，即耽于酒而沉俗流、气味平泛庸浊；下等是"恶""污"，即酗酒无行、伤风败德，沉溺于恶秽。

2. 对客体的选择和组配

本体美的延伸还需要寻求一个与内心精神相合的对象和环境。不论是"举杯邀明月，对饮成三人"的闲逸，还是"客散酒醒深夜后，更持红烛赏残花"的尽兴，也不论是"微酣意自佳，兴至境多适"的惬意，还是"对酒当歌，人生几何"的沉郁，只要是能与本体的旨趣一致，便是得酒中三昧。吴彬《酒政六则》中记：

> 饮人：高雅、豪侠、直率、忘机、知己、故交、玉人、可儿。
> 饮地：花下、竹林、高阁、画舫、幽馆、曲涧、平畴、荷亭。另，春饮宜庭，夏饮宜郊，秋饮宜舟，冬饮宜室，夜饮宜月。
> 饮候：春效、花时、清秋、新绿、雨霁、积雪、新月、晚凉。

---

〔1〕（明）袁宏道：《袁中郎随笔》，中华工商联合出版社 2016 年版，第 341 页。
〔2〕（清）袁枚：《随园食单》，万卷出版公司 2016 年版，第 214 页。

饮趣：清谈、妙令、联吟、焚香、传花、度曲、返棹、围炉。

饮禁：华诞、连宵、苦劝、争执、避酒、恶谑、喷秽、佯醉。

饮阑：散步、欹枕、踞石、分韵、垂钓、岸巾、煮泉、投壶。[1]

说到了喝酒的对象、地方、时机、乐趣、禁忌、场合，唯其如此，酒的精神才能表现得淋漓尽致。

袁宏道《觞政》对饮酒的环境以及时机等都有精彩的表述。他评论饮酒的环境："棐几明窗，时花嘉木，冬幕夏荫，绣裙藤席。"[2] 评论饮酒的时机："凡醉有所宜。醉花宜昼，袭其光也。醉雪宜夜，消其洁也。醉得意宜唱，导其和也。醉将离宜击钵，壮其神也。醉文人宜谨节奏章程，畏其侮也。醉俊人宜加觥盂旗帜，助其烈也。醉楼宜暑，资其清也。醉水宜秋，泛其爽也。一云：醉月宜楼，醉暑宜舟，醉山宜幽，醉佳人宜微酡。醉文人宜妙令无苛酌，醉豪客宜挥觥发浩歌，醉知音宜吴儿清喉檀板。"[3]

三、黄酒之格

作为中国历史上出现时间较早的酒种，黄酒由原始的山阴甜酒发展定型为五味综合之酒，充分体现了其中和之美，符合儒家温文尔雅、中庸醇厚的品范。概言之，黄酒具有以下品质。

（一）礼与节——酒之本

酒在原始时代仅作为祭品，到了后世，"百礼之会，非酒不行"（《汉书·食货志》），酒成为各种场合的见证和仪式不可或缺的部分。特别是在西周，饮酒就包含尊君、重礼、敬长、正心、修身等多层意思。《礼记·乡饮酒义》云："尊有玄酒，教民不忘本也。"《礼记·礼运》云："故玄酒在室……以正君臣，以笃父子，以睦兄弟，以齐上下，夫妇有所，是谓承天之祐。"玄酒教化人们不要忘记饮食的本源是"玄德"，"玄德"就是天德，天地之间大德大成。因此，酒最初就是礼仪和规范的一部分。中国古代有五礼之说：祭祀之事为吉礼、冠婚之事为喜礼、宾客之事为宾礼、军旅之事为军礼、丧葬之事为凶礼。民间礼仪包括

---

〔1〕收入（清）王晫、张潮编纂：《檀几丛书》。另见曲铁夫、刘喜峰、张波等主编：《古代小品精华》，吉林人民出版社 2005 年版，第 76—77 页。

〔2〕（明）袁宏道：《袁中郎随笔》，中华工商联合出版社 2016 年版，第 344 页。

〔3〕（明）袁宏道：《袁中郎随笔》，中华工商联合出版社 2016 年版，第 333 页。

生、冠、婚、丧四种人生礼仪。在诸多礼仪中，酒频繁地出现并担任重要的角色。

喝酒需有礼，"体礼"是众多酒评的核心思想。

何剡《酒尔雅》中说："酒以成礼，不继以淫，义也。以君成礼，弗纳于淫，仕也。酒者，天之美禄，帝王所以颐养天下，享礼祈福，扶衰养疾，百福之会。"[1]

《礼记·玉藻》云："君子之饮酒也，受一爵而色洒如也，二爵而言言斯，礼已三爵，而油油以退。"酒的核心在温克。

陶谷在《清异录》一书中指出："酒不可杂饮，饮之，虽善酒者亦醉。"[2]

谢肇淛《五杂俎》中对酒论述颇多。他说："酒者，扶衰养疾之具，破愁佐药之物，非可以常用也。酒入则舌出，舌出则身弃，可不戒哉？人不饮酒，便有数分地位：志识不昏，一也；不废时失事，二也；不失言败度，三也。余常见醇谨之士酒后变为狂妄，勤渠力作因醉失其职业者众矣，况于丑态备极，为妻孥所姗笑，亲识所畏恶者哉？"

黄周星[3]在《酒社刍言》开头说："古云酒以成礼，又云酒以合欢。既以礼为名，则必无伧野之礼；以欢为主，则必无愁苦之欢矣。若角斗纷争，攘臂谩唦，可谓礼乎？虐令苛娆，兢兢救过，可谓欢乎？斯二者，不待智者而辨之矣。而愚更请进一言于君子之前曰：'饮酒者，乃学问之事，非饮食之事也。'"[4]意思是说，不要为饮酒而饮，最好是饮酒时以礼为名，以欢乐的形式，研究学问。为此，他接着提出三戒：戒苛令、戒说酒底字、戒拳哄。

袁枚在《随园食单》中赞美绍兴酒"如清官廉吏，不参一毫假而其味方真。又如名士耆英，长留人间阅尽世故，而其质愈厚"[5]。将人的多阅历、知礼节、不逾矩等美好品质赋予绍兴酒。

（二）雄与豪——酒之魂

酒使人胆气冲天，使人热情洋溢。酒刺激人的精神，使疲者振、怯者勇。自古以来，酒就在政治和军事领域扮演了重要角色，让历史更堪回味。

---

〔1〕（宋）朱肱等：《北山酒经（外十种）》，任仁仁整理校点，上海书店出版社 2016 年版，第 77页。

〔2〕（宋）陶谷：《清异录》，中国商业出版社 1985 年版，第 106 页。

〔3〕黄周星（1611—1680），本姓周，名星，字九烟，又字景明，改字景虞，号圃庵、而庵，别署笑仓子、笑仓道人、汰沃主人、将就主人等。工诗文，通音律，作戏曲，好结社，在杭州集"寻云榭社"。

〔4〕（清）黄周星、（清）王岱：《黄周星集 王岱集》，岳麓书社 2013 年版，第 114 页。

〔5〕（清）袁枚：《随园食单》，万卷出版公司 2016 年版，第 214 页。

　　传说大禹因为饮了仪狄之酒而误政，所以下过戒酒之令。但他也曾在涂山（今安徽怀远境内）以酒宴令诸侯，共议朝政。禹之后，桀沉湎酒色，成为亡国之君。商纣王步夏桀后尘，"以酒为池，悬肉为林"，最终兵败自焚。西周建国，周公反复告诫子孙不要学夏桀、商纣狂饮滥喝，并且颁布禁酒令，被历代称颂。《韩诗外传》记载，管仲有一次喝酒，"饮其一半，而弃其半"。桓公问其原因，管仲曰："臣闻之，酒入口者舌出，舌出者言失，言失者弃身。与其弃身，不宁弃酒乎？"不愧是懂得克制、理性的政治家。

　　《吕氏春秋》所记越王投醪表现出的是同仇敌忾的豪气。汉高祖刘邦年轻时不拘小节，不仅时常赊账买酒喝，而且常常喝得酩酊大醉，倒卧在地。项羽饮酒悲歌、关羽温酒斩华雄、曹操煮酒论英雄，多少史话都与酒有着紧密的关系。宋太祖赵匡胤为了防止出现分裂割据的局面，加强中央集权统治，以高官厚禄为条件，借一次酒会解除了将领的兵权。"杯酒释兵权"确实是政治上的高招。

　　秀丽的江南，同样不乏酒魂。

　　吴越王钱镠在功成名就之后宴请乡人，以家乡话打趣乡亲，显示出英雄直率的一面。纳土归宋后的酒宴上，他巧对宋太祖，使太祖对他宠爱有加，显示出英雄的智慧。

　　陆游一生嗜酒，但醉酒中不忘国事："平生嗜酒不为味，聊欲醉中遗万事。酒醒客散独凄然，枕上屡挥忧国泪。"（《送范舍人还朝》）同样关心国事、渴望国家统一的辛弃疾，酒醉中仍然回想着金戈铁马的军营生活："醉里挑灯看剑，梦回吹角连营。八百里分麾下炙，五十弦翻塞外声。沙场秋点兵。"（《破阵子》）岳飞爱酒，酒充实了其"待从头、收拾旧山河"（《满江红》）的胆气。文天祥喜欢喝酒，酒成就了其"人生自古谁无死，留取丹心照汗青"（《过零丁洋》）的浩然正气。

　　明代力挽社稷狂澜的于谦，所作酒诗是一幅幅江南的清秀图景："江村昨夜西风起，木叶萧萧堕江水。水边蘋蓼正开花，妆点秋容画图里。小舟一叶弄沧浪，钓得鲈鱼酒正香。醉后狂歌惊宿雁，芦花两岸月苍苍。"（《题画》）"典衣沽酒花前饮，醉扫落花铺地眠。风吹花落依芳草，翠点胭脂颜色好。"（《落花吟》）明代张苍水[1]爱酒，酒激发其抗清复明的斗志："仗剑浮身几度秋，关河遍誓客孤舟。一尊酒尽千山晓，七字诗成华谷沤。浩气填胸星月冷，壮怀裂发鬼神愁。龙池一日风云会，汉代衣冠旧是刘。"（《海上二首》其一）

　　鉴湖女侠秋瑾短暂的一生留下了许多酒诗和以酒结伴的佳话。她在《对酒》

---

　　[1] 张苍水（1590—1644），名煌言，字玄水，苍水是其号，浙江鄞县（今宁波市鄞州区）人。明末著名的抗清英雄。

一诗中说："不惜千金买宝刀，貂裘换酒也堪豪。一腔热血勤珍重，酒去犹能化碧涛。"她的《剑歌》云："何期一旦落君手，右手把剑左把酒。酒酣耳热起舞时，夭矫如见龙蛇走。"探求者努力进取、一往无前的人生态度和价值观念，以酒为见证，借酒而升华。

（三）和与中——酒之德

许慎的《说文解字》是这样解释酒的："酒，就也，所以就人性之善恶。从水从酉，酉亦声。一曰造也。吉凶所造也。"黄酒这种贴着中国标签的最古老的酒种，被誉为"国粹"。儒家文化博大而精深，乃中国最具特色的民族文化，堪称"文化精髓"。二者均源远流长。黄酒性温和，厚重而不强烈，有风格而不夸张，传承人间的真善之美、忠孝之德；儒家文化讲究中庸之道，讲究内心的丰润和节制，宣扬仁、义、礼、智、信等人伦道德。二者有着异曲同工之妙。

在魏晋之前，越地人饮酒主要是增加胆气。面对巨大的危险时，可以借酒来增加勇气，获得力量，摆脱对险境、危难的恐惧感。最有名的就是句践在公元前 473 年出师伐吴雪耻，三军师行之日，越国父老敬献壶浆，祝越王旗开得胜，句践跪受之，并投之于河流上游，令军士迎流痛饮。士兵感念越王恩德，同仇敌忾。

晋人常言，酒犹兵也，兵可千日而不用，不可一日而无备；酒可千日而不饮，不可一饮而不醉。

在魏晋之后，文雅舒缓的时代气质慢慢浮现。在唐宋以后，以酒养生的主张渐多。

宋代人追求的是通达圆融、恰到好处。宋代文人兼修释道儒三家，内外通达，也能将物质层面与精神层面打通，表现出富含情趣的生活状态。《山家清供》中有"采花略蒸，曝干作香者，吟边酒里，以古鼎燃之，尤有清意"[1] 一说，把饮酒与生活意境联系起来。宋人对酒多有论述，其中尤以苏轼为代表，其《浊醪有妙理赋》云：

> 酒勿嫌浊，人当取醇。失忧心于昨梦，信妙理之疑神。浑盎盎以无声，始从味入；杳冥冥其似道，径得天真。
>
> 伊人之生，以酒为命。常因既醉之适，方识此心之正。稻米无知，岂解穷理？曲糵有毒，安能发性。乃知神物之自然，盖与天工而相并。

---

〔1〕（宋）林洪：《山家清供》，见张宇光：《中华饮食文献汇编》，中国国际广播出版社 2009 年版，第 113 页。

得时行道，我则师齐相之饮醇；远害全身，我则学徐公之中圣。

湛若秋露，穆如春风。疑宿云之解驳，漏朝日之暾红。初体粟之失去，旋眼花之扫空。

酷爱孟生，知其中之有趣；犹嫌白老，不颂德而言功。兀尔坐忘，浩然天纵。如如不动而体无碍，了了常知而心不用。坐中客满，惟忧百榼之空；身后名轻，但觉一杯之重。

今夫明月之珠，不可以襦；夜光之璧，不可以餔。刍豢饱我而不我觉，布帛燠我而不我娱。唯此君独游万物之表，盖天下不可一日而无。在醉常醒，孰是狂人之药；得意忘味，始知至道之腴。

又何必一石亦醉，囷间州间；五斗解酲，不问妻妾。结袜庭中，观廷尉之度量；脱靴殿上，夸谪仙之敏捷。阳醉逷地，常陋王式之褊；乌歌仰天，每讥杨恽之狭。我欲眠而君且去，有客何嫌；人皆劝而我不闻，其谁敢接。殊不知人之齐圣，匪昏之如。

古者晤语，必旅之于。独醒者，汨罗之道也；屡舞者，高阳之徒欤？恶蒋济而射木人，又何狷浅；杀王敦而取金印，亦自狂疏。

故我内全其天，外寓于酒。浊者以饮吾仆，清者以酌吾友。吾方耕于渺莽之野，而汲于清泠之渊，以酿此醪，然后举洼樽而属余口。[1]

饮酒之乐，常在欲醉未醉时，醄畅美适，如在春风和气中，乃为真趣；若一饮既醉，酩酊无所知，则其乐安在耶？

宋代诗人范成大也曾说："余性不能酒，士友之饮少者，莫余若。而能知酒者，亦莫余若也。"[2] 好酒不是嗜酒，能知酒之三昧者，一定是对酒的性情有相当了解之人。苏东坡道尽饮酒之乐："予饮酒终日，不过五合，天下之不能饮，无在予下者。然喜人饮酒，见客举杯徐引，则予胸中为之浩浩焉，落落焉，醄适之味乃过于客。闲居未尝一日无客，客至未尝不置酒。天下之好饮，亦无在予上者。"[3]

《本草纲目》引邵尧夫诗云："美酒饮教微醉后。此得饮酒之妙，所谓醉中趣、壶中天者也。若夫沉湎无度，醉以为常者，轻则致疾败行，甚则丧邦亡家

---

〔1〕（宋）苏轼：《中国古代名家诗文集·苏轼集（三）》，黑龙江人民出版社 2009 年版，第 432 页。

〔2〕（宋）朱肱等：《北山酒经（外十种）》，任仁仁整理校点，上海书店出版社 2016 年版，第 74 页。

〔3〕《书东皋子传后》，见（宋）苏轼：《中国古代名家诗文集·苏轼集（三）》，黑龙江人民出版社 2009 年版，第 1278 页。

而陨躯命，其害可胜言哉？此大禹所以疏仪狄，周公所以著酒诰，为世范戒也。"[1] 喝酒的奥义就是要找到"和"的真谛。

（四）才与情——酒之韵

袁宏道《觞政》："诸公皆非饮派，直以兴寄所托，一往摽誉，触类广之，皆欢场之宗工，饮家之绳尺也。"[2] 饮酒的最高境界，是以酒寄情。

浓浓的黄酒中渗透着无数名人的趣事美谈，黄酒史其实是一部人文史，具有强大的文化张力。酒中透露着中国式的智慧。辛弃疾为戒酒，特地写了一首词，读来诙谐幽默："杯汝来前，老子今朝，点检形骸。甚长年抱渴，咽如焦釜；于今喜睡，气似奔雷。汝说'刘伶，古今达者，醉后何妨死便埋'。浑如此，叹汝于知己，真少恩哉！　　更凭歌舞为媒。算合作平居鸩毒猜。况怨无小大，生于所爱；物无美恶，过则为灾。与汝成言：'勿留亟退，吾力犹能肆汝杯。'杯再拜，道'麾之即去，招则须来'。"（《沁园春·杯汝来前》）文人的才情也因酒变得浓烈。朱肱《北山酒经》云："善乎，酒之移人也！惨舒阴阳，平治险阻。刚愎者，薰然而慈仁；懦弱者，感慨而激烈。陵轹王公，给玩妻妾，滑稽不穷，斟酌自如。识量之高，风味之美，足以还浇薄而发猥琐，岂特此哉？"[3] 真是酒理之至言。人之思酒，并非全是出于物质上的需要，更多的是心理上和精神上的需要。

审美意识是一种超越于自然的真正意义上的自由。酒为主体打开通向自由之路的大门。如果说，对于酒的品鉴是主体自由意识之开端的话，那么随着酒体的反复品尝，原始的刺激渐渐消失，而同时被渐渐激活的，是审美主体的审美想象。清代唐晏诗云："饮中有妙旨，凭诗斟酌之。"（《饮酒》之八）即是借酒而漫思的意思。这种审美想象脱离了现实，而使主体的思维到达迷狂的自由无碍的状态。而到最后的阶段，主体的审美意识和审美情感在酒力的作用下到达了最高点，这时主体已经完全陶醉于审美意象的体验之中，所以会忘却现实的存在，达到自由创作的状态。庄周梦蝶就是主客体相融的最高境界。

宋代李铨《点绛唇》云："一朵千金，帝城谷雨初晴后。粉拖香透，雅称群芳首。　　把酒题诗，遐想欢如旧。花知否，故人清瘦，长忆同携手。"写的就是被酒唤醒的那种审美观照，由花而及人，写花而忆人，将眼前与过去的时空穿

---

〔1〕（明）李时珍：《本草纲目》，山西科学技术出版社 2014 年版，第 706 页。

〔2〕（明）袁宏道：《袁中郎随笔》，中华工商联合出版社 2016 年版，第 338 页。

〔3〕（宋）朱肱等：《北山酒经（外十种）》，任仁仁整理校点，上海书店出版社 2016 年版，第 14 页。

梭精微地表现出来。对外物的观察突然变得精细，对外事的感觉突然变得敏锐，这是初尝酒味时的感觉。当酒渗透到血液中，饮者浑身舒畅时，其对外界的认识就会从细节的追究升华到总体性的把握："把酒临风，其喜洋洋者矣。"（范仲淹《岳阳楼记》）思想的维度一下子丰富而立体了。

长长一串文人名单，有几人不爱酒？

白居易在河南为官时就自称"醉尹"，常常以酒会友，引酒入诗。如他邀请朋友前来喝酒时，就有小诗一首："绿蚁新醅酒，红泥小火炉。晚来天欲雪，能饮一杯无？"（《问刘十九》）

"十年一觉扬州梦，赢得青楼薄幸名"（《遣怀》）的杜牧，为杏花村美酒的题诗更使汾酒名扬天下："清明时节雨纷纷，路上行人欲断魂。借问酒家何处有？牧童遥指杏花村。"（《清明》）

苏东坡嗜酒爱饮，有咏酒词《虞美人·持杯遥劝天边月》为证："持杯月下花前醉，休问荣枯事。此欢能有几人知。对酒逢花不饮、待何时？"

陆游曾自称"放翁烂醉寻常事"，他在《醉中书怀》一诗中云"平生百事懒，唯酒不待劝"，表达了对酒的喜爱之情。陆游在醉后提笔，感到自己用笔犹如将军用兵，无坚不摧、所向披靡，"饮如长鲸渴赴海，诗成放笔千鹘空"（《凌云醉归作》）。其《草书歌》云："倾家酿酒三千石，闲愁万斛酒不敌。今朝醉眼烂岩电，提笔四顾天地窄。忽然挥扫不自知，风云入怀天借力。神龙战野昏雾腥，奇鬼摧山太阴黑。此时驱尽胸中愁，槌床大叫狂堕帻。吴笺蜀素不快人，付与高堂三丈壁。"这种气势如雷霆千钧，山雨欲来，笔下狂书如风卷残云，尺寸之间竟不能合意，于是只好迎向素壁，大书而特书。

婉约派女词人李清照回忆少女时代野外喝酒游玩的情景："常记溪亭日暮，沉醉不知归路。兴尽晚回舟，误入藕花深处。争渡，争渡，惊起一滩鸥鹭。"（《如梦令·常记溪亭日暮》）她的《如梦令·昨夜雨疏风骤》则写出了女性心思的细腻和不胜酒力的娇羞："昨夜风疏雨骤，浓睡不消残酒。试问卷帘人，却道海棠依旧。知否，知否，应是绿肥红瘦。"她的笔下也有人世的苍凉和悲叹："寻寻觅觅，冷冷清清，凄凄惨惨戚戚。乍暖还寒时候，最难将息。三杯两盏淡酒，怎敌他、晚来风急！雁过也，正伤心，却是旧时相识。"（《声声慢·寻寻觅觅》）

元末的杨维桢，"酒酣兴至，笔墨横飞，或自吹铁笛，侍儿歌以和之，人目为神仙中人"[1]。

明代的徐渭更是倚醉作画，其题画诗云："醉抹醒涂总是春，百花枝上缀精

---

〔1〕（清）悔堂老人：《越中杂识》，见（元）杨维桢：《杨维桢诗集》，浙江古籍出版社1994年版，第575页。

神。"(《泼墨十二段卷》之三)"世间无事无三昧,老来戏谑涂花卉。"(《花鸟人物卷》之一)"信手扫来非着意,是晴是雨凭人猜。"(《竹》)"老夫烂醉抹此幅,雨后西天忽晚霞。"(《芭蕉鸡冠》)苍凉之气弥漫画面。

"不平则鸣"的龚自珍也爱酒。

文学史上的小团体,浸着酒味的为数不少。从宋代的西湖诗社起,历来的文人集会都以酒为基础物质,甚至杭州的女性文学社团成员也是喝酒不辞的。

在文学作品中,到处溢满了酒香。不仅如此,在艺术领域,也溢满了酒香。张择端所作名画《清明上河图》中,拱桥南端,新柳吐絮,居宅错落,临河的酒楼茶肆里,游客们或闲谈于席间,或凭眺于窗前,洋溢着一种闹中取静的闲暇意趣,生动地描绘了北宋民间酒事活动的具体情景。丁云鹏的《漉酒图》表现了陶渊明漉酒的场面。刘松年的《醉僧图》表现了怀素创作的场景。

(五) 友与敬——酒之谊

黄酒,忠诚不圆滑,质朴不奸诈,厚道不张扬,宽容不计较。于己,它有严格的道德准则;于人,它以仁慈和宽容为准则。同时,它又有自己的处世标准,刚柔并济,不会轻易为五斗米折腰,但也不极端、不冲动。酒中有"执手相看泪眼,竟无语凝噎"的依依不舍,也有"但将痛饮酬风月,莫放离歌入管弦"的豪迈,酒见证了离别的情谊。

第二节　笔墨之中的酒

一、酒与文学创作

中国古代的酒诗数量之大、成就之高,是其他文学题材不能比拟的。从内容来看,酒诗涉及的范围相当广。由于酒的日常性,它频繁出现的场合也就成为作家创作的生活脚本,同时,由于酒的精神性,它也被用于指向一种非现实的境界。这样就构成了酒诗的两个特征:生活场合的规定性和个人情感的爆发性。从基调来看,酒诗是浪漫的、抒情的和愤懑的。

(一) 酒诗的内容

1. 祭祀诗
祭祀是酒最初的功能之一。中国古代祭祀社稷、祭祀先祖、祭祀山川等仪式是非常重要且非常隆重的。不同的祭祀有不同的档次和仪式，有的庄重，有的喜庆，不一而足。祭祀酒诗中尤以描写民间社日的诗歌最具感染力。因为民间之社日、庙会、迎神仪式，场面壮观，气氛活跃。如李嘉祐的《夜闻江南人家赛神因题即事》："南方淫祀古风俗，楚妪解唱迎神曲。锵锵铜鼓芦叶深，寂寂琼筵江水绿。雨过风清洲渚闲，椒浆醉尽迎神还。……听此迎神送神曲，携觞欲吊屈原祠。"

2. 宴会诗

酒是宴会必不可少的"兴奋剂"。宴会往往是在喜庆的日子或者是团圆小聚的日子举行。此时，人头攒动，觥筹交错，呼五喝六，热闹非凡。从皇胄贵族的豪华聚会，到寻常百姓的团圆小聚，都充满了人间的温暖和惬意，使人感到欢乐无比。

3. 饯行诗

临别饯行，是对美好生活的回顾，也是对未来的憧憬。其间有离愁，有祝福，有伤心，也有期盼，都倾注在美酒之中。饯行酒诗或者激昂，或者低婉，或者缠绵。白居易离开杭州、苏轼送别陈太守时的诗作中真情缓缓流淌。

4. 节日诗

节日既有传统节日（如春节、清明节、中秋节、重阳节等），也有人生值得纪念的节日（如婚嫁、生子等）。传统佳节，通常是亲友团聚、祭祀先人、寄托美好愿望的时候，诗人自然以酒抒情。

5. 咏怀诗

当诗人静观生活、静观自我的时候，酒就成为他们思考的媒介。在独酌中，他们或者感叹仕途失意、怀才不遇，或者想念佳人，或者剖析矛盾、排解苦闷与彷徨，或者自勉自励……他们以酒寄情，托物言志，咏出不少千古佳作。

6. 其他

如军旅诗，主要表现了诗人视死如归、取义忘生的英雄气概。岳飞的词《满江红》是也。

如社会讽刺诗。诗人同情社会底层的疾苦，以敏锐的视角批判达官贵人生活的奢靡。这些社会讽刺诗是有积极的社会意义的。如林昇的《题临安邸》。

以上是对酒诗内容的大致分类，时代和地域一方面规定了酒诗创作的内容，另一方面则赋予酒诗别样的风格。

（二）酒与时代文学

杭州是座美丽的城市，千百年来，中国的文人游历、居住在这座城市，这里的每一处风景都留下了他们的足迹。这类诗歌，不可尽现。笔者在梳理杭州文人与酒这一专题时，不可避免地遇到这一难题。为此，笔者想从另一角度来进行思考，过滤与澄清大量的创作故事，并以之作为贯穿行文的主线。同时我们还要关注宋代文人的气质——一种柔软的闪着人文主义光辉的精神坚守，这奠定了南宋的文化基调，构成了似乎矛盾但又统一的审美底蕴。

杭州文人结构，在南宋前后是有差异的。南宋以前，虽然杭州出现过像褚遂良、林逋等名士，但杭州的文化成就没有达到中国一流水平。北宋以后，不断有被贬的文人官员到杭州出任地方官，如王安石被贬到杭州出任通判一职，范仲淹、苏轼等，在这样一个风景秀丽的地方接受自然的洗礼。而南宋建都以后的百余年，杭州会聚了全国一流的政治家、思想家、文学家与艺术家，朱熹、陆游、范成大，都在这里留有诗篇。据唐圭璋《两宋词人占籍考》，宋代有词流传而又有籍贯可考的词人共 734 人，仅浙江一省就有 200 人。宋亡以后，移民词人以浙江最多。[1] 可以说，南宋时期杭州聚集了全国的文化精英，他们提高了杭州的文化格调。

而在宋元之际，则多见南宋的旧族子弟与失意文人的作品。如作品被称为"宋亡之诗史"的汪元量，曾为元军所掳，留燕京十二年之久，后被释。回到杭州后他放浪形骸，歌酒西湖。赵宋之皇族赵孟𫖯出仕元朝，但终究意难平，为杭州写下"久雨厌厌愁杀人，晚晴犹得见青春。急须走马西湖路，杨柳淡黄如曲尘"（《喜晴》）的诗句。元代杭州士人没有受到应有的重视，比如杭州人仇远、白珽等担任教职，晚年回到杭州，他们的诗文于平淡中品味杭州。而元代的散曲作家则在杭州放纵才情，创作面向于市井的作品。

明代杭州的文人群体中，有罢官者，如冯梦祯、黄贞父、朱大复、洪昇[2]等，有讲学访友者，如张岱、陈继儒、陈洪绶等，又有告老还乡的乡绅如洪钟等，他们扩大了杭州的文化容量。这些文人，多选择在吴山、清波门外以及西湖孤山之侧居住，择诗意之地对酒当歌。明清易代，杭州又成为隐士与失意文人的聚集地，如厉鹗等。清代杭州的文人有像袁枚这样主动弃官归乡的，也有像俞樾一样在被贬后退隐的，更有像龚自珍这样忧国忧民的本土思想家。

南宋的一个时代主题就是北伐。围绕这一时代主题，每个置身其中的爱国人士都有自己的主张与责任。这时既出现了像岳飞、韩世忠那样精忠报国、为北伐不惜粉身碎骨的英雄，也出现了像陆游、辛弃疾那样以文人之躯投身沙场的豪杰。他们或留下"王师北定中原日，家祭无忘告乃翁"这样无奈又不甘心

的嘱托，或发出"醉里挑灯看剑，梦回吹角连营。……了却君王天下事，赢得生前身后名。可怜白发生"这样的感慨。文天祥有"酹酒天山，今方许、征鞍少歇。……整顿乾坤非异事，云开万里歌明月。笑向来、和议总蛙鸣，何关切"的壮志，但事与愿违，而他毅然赴国难，走进敌人的帐篷。于谦在国家危难之中，匡扶社稷，解百姓于倒悬。张苍水抗击清兵，虽百折而不挠，直到被执就义。这是杭州文人精神的另一个层面，从容恬静之下藏铁骨铮铮。

而周密《武林旧事》中对德寿贪婪的曲笔谴责，厉鹗《南宋纪事诗》中对宋廷软弱的讽刺，丁丙《武林坊巷志》中通过条文摘录显现的对秦桧等人挖苦讽刺，则表现出鲜明的道德立场与心理倾向。

易代之际，江南文人自觉背负着遗民身份，对本土文化的衰落表达生不逢时的感叹。谢翱在文天祥被执之后携酒登西台为其招魂，陈泰感叹"中道迫生理，忧患未渠央。用此较古今，常疑今世长。息肩幸一憩，忽已鬓发苍。颠倒百年间，悲乐安可量"，表现出对文天祥、张苍水以及那些终身不侍异族的文人的钦佩，同时，也以不合作的态度宣告了自己的立场。汪元量[1]《赠清惠》诗云："愁到浓时酒自斟，挑灯看剑泪痕深。黄金台迥少知己，碧玉调高空好音。万叶秋声孤馆梦，一窗寒月故乡心。庭前昨夜梧桐雨，劲气潇潇入短襟。"[2]借由歌酒逃避痛苦。其《醉歌》更是借对南宋历史的感叹来抒发悲郁的心情。而徐逢吉刻画的高荐老人毛先舒就是典型的遗老形象：整日高眠，不问世事，然心中丘壑，唯以酒浇之。

由此观之，酒不只是触发创作激情的工具，也是文人隐藏愁绪的手段。为此，我们特别应该关注南宋以后杭州文人的故都情怀以及借酒寻欢的失意心态。

首先是旧时皇城，而今断壁残垣、蓬蒿满地，故国的景象也常常引起他们的感叹。周密发出"旧日繁华，今吾老矣"的哀叹。"繁华已如梦，登览忽成尘。风物暝西子，笙歌醉北人。断垣三竺晓，残柳六桥春。太一今谁问，斜阳自水滨。"（元代林景熙《西湖》）"寥落一抔在，英雄万古冤。孤忠悬白日，遗恨寄中原。树老残霞淡，尘深断碣昏。东南天半壁，往事泣寒猿。"（元代林景熙《拜岳王墓》）悲壮而无奈的心绪弥漫其间。元末明初人汤式《［双调］折桂令·西湖感旧》云："问西湖昔日如何？朝也笙歌，暮也笙歌。问西湖今日如何？朝

---

〔1〕 汪元量被掳北去，"世皇闻其善琴，召入侍，鼓一再行，骎骎有渐离之志，而无便可乘也。遂哀恳乞为黄冠。世皇许之。濒行，与故宫人十八人酾酒城隅，鼓琴叙别，不数声，哀音哽乱，泪下如雨。张琼英送之诗云：'客有黄金共璧怀，如何不肯赎奴回？今朝且尽穹庐酒，后夜相思无此杯。'元量既还钱唐，往来彭蠡间，风踪云影，倏无宁居，人莫测其去留之迹，遂传以为仙也。人多画像祀"。见（明）田汝成：《西湖游览志余》，浙江人民出版社1980年版，第95页。

〔2〕（明）田汝成：《西湖游览志余》，浙江人民出版社1980年版，第95页。

也干戈，暮也干戈。昔日也，三十里沽酒楼，春风绮罗；今日个，两三个打鱼船，落日沧波。光景蹉跎，人物消磨。昔日西湖，今日南柯！"

其次是南宋故都的文人意象，文天祥、岳飞、韩世忠等成为元代文人的吟颂对象。"绍兴中，秦桧当国，世忠以和议不合，恳疏解枢柄。逍遥家居，常顶一字巾，跨驴周游湖山，才以童史四五人自随，混迹渔樵"[1]，好事者遂绘为《韩王湖上骑驴图》。元吴莱题诗云："秋风泗水沉周鼎，泪湿吴人荆棘冷。黄河北岸旌节回，信誓如城打不开。沿边撤备无人守，虮虱尘埃生甲胄。散尽千兵只童骑，餐来斗米空壶酒。西湖杨柳烟波寒，照见从前刀剑瘢。宫中孰与论颇牧，塞上宁知无范韩？事去英雄甘老死，此手犹能为公起。劝人莫问故将军，自是清凉一居士。"

其三是对晚明政治的失望而普遍逃避现实。表现在结社活动中，是不论国事，唯以酒散愁。朱长春[2]《秋客西湖白鹭居杂诗》形象地刻画了一位隐居文人的悠然生活："静坐看山山，散酒还登阁。"

其四是明清时期文人对旧日繁华的追忆以及几近于隐居的生活状态。这种低婉而复杂的心绪在《清波杂志》《湖壖杂记》《春在堂笔记》中均有流露，也在《南宋杂事诗》中表露无遗。宋伯仁《寓西马塍》诗云："十亩荒林屋数间，门通小艇水湾环。人行远路多嫌僻，我得安居却称闲。樽酒相忘霜后菊，一时难画雨中山。何年脱下浮名事，只与田翁剩往还。"在平简中透露出伤感。

经历了宋代那种豪放的酒脱劲之后，杭州陷入长期的困顿之中，宋元易代给杭州带来无限的伤痛，明代政治黑暗让万千文人进取之心普遍丧失，明清时期河南士人的抗争与被镇压带来的撕裂感让杭州文人也产生了幽婉的失意与逃离现实的欲望。对杭州文人来说，南宋如同黑暗尽头的光明彼岸，让人回忆与向往。这几个方面让文人对酒的审美多以沉郁为基调，即使是偶尔的豪情，也转化为对宇宙与人生的深邃思考。

1. 宋代以前的酒诗创作

江南一带的酒诗创作，在魏晋之前，与尚阳刚、尚力量、"以大为美"、以力为美的时代风尚相一致。魏晋之后，人的精神觉醒，而山水进入人的审美视野，江南的文学创作流动着一股清丽舒雅、自由放达之气，虽然也有美酒鼓动着雄情，但在总体上还是清丽的，缺少金戈铁马的刚烈。唐宋时期，江南地区政治地位上升、经济发展，不少外来诗人带来了清新的北国之风，于是江南的酒诗也变得风格多样，唐代之饮酒诗多见奋发向上的恢宏气度，宋代之饮酒诗

---

〔1〕（明）田汝成：《西湖游览志馀》，东方出版社2012年版，第115页。

〔2〕朱长春，字大复，杭州人。万历十一年（1583）进士。官至明朝刑部主事。

多含参悟人生的淡淡感伤。考察这些酒诗的创作者，多数是江南的文人，宦游的士子，壮游的学子，以及因某种原因隐居、逃难于江南的诗人。他们共同构建起江南酒诗的基本风貌，又闪烁着人性的光辉。

壮游，是指那种艰苦而能有效改变人生的旅行。浙江山水在魏晋时得到大发现，到了隋代，大运河开通，北方士人可以经由运河南下到达杭州钱塘江，然后渡江向南，经越州到达台州，再从台州到达永嘉，或者从明州到达台州再到达永嘉。这条水上之路，把整个浙东贯穿起来。具体路径为：杭州—萧山西兴—绍兴—上虞—嵊州—新昌—天台。或者：杭州—萧山西兴—绍兴—宁波—奉化—宁海—天台。在唐代近300年的历史中，竟然有400多位诗人沿这条路纷至沓来。

唐代，越州为东南重镇，而杭州的重要性日益上升。但是相对中原政治中心而言，东南一地还是比较偏远的，因此京官往往被贬到此，如宋之问被贬为越州长史，沈佺期被贬为台州录事参军，骆宾王被贬为临海县丞等。余秋雨先生在《洞庭一角》一文中说：

> 中国文化中极其夺目的一个部位可称之为"贬官文化"。随之而来，许多文化遗迹也就是贬官行迹。贬官失了宠，摔了跤，孤零零的，悲剧意识也就爬上了心头；贬到了外头，这里走走，那里看看，只好与山水亲热。这一来，文章有了，诗词也有了，而且往往写得不坏。过了一个时候，或过了一个朝代，事过境迁，连朝廷也觉得此人不错，恢复名誉。于是，人品和文品双全，传之史册，诵之后人。他们亲热过的山水亭阁，也便成了遗迹。地因人传，人因地传，两相帮衬，俱着声名。[1]

中唐长庆年间，白居易与元稹先后被贬至江南。白居易与元稹长年有交，陈绎云："白诗祖乐府，务欲为风俗之用。元与白同志。"两人文学观一致，在新乐府运动中桴鼓相应，互相酬唱之诗甚多。白居易《赠元稹》诗云："不为同登科，不为同署官。所合在方寸，心源无异端。"被贬江南后，白居易任杭州刺史，元稹任越州刺史，兼浙东观察使。白居易年少时曾于越中避难，因此对越州山水有所了解。元稹赴越后，也为越州的淳朴民情感染，而江南秀丽的景色和丰富的物产让两位政治上失意的诗友兴奋不已，两人隔钱塘江，竹筒传诗，留下千古佳话。所谓"竹筒传诗"，就是将诗放入竹筒之内，以诗代书，往返传

---

〔1〕 余秋雨：《文化苦旅》，长江文艺出版社2014年版。

递，互相致意，互相问候。白居易《元微之除浙东观察使喜得杭越邻州先赠长句》诗云："稽山镜水欢游地，犀带金章荣贵身。官职比君虽校小，封疆与我且为邻。郡楼对玩千峰月，江界平分两岸春。杭越风光诗酒主，相看更合是何人？"意思是：老朋友你也来到江南了，官职是比京城时小了些，但是可喜的是你我成为邻居，而且这一带的风光和酒都是那么喜人，还有什么比这个更让人心满意足的呢？元稹《酬乐天喜邻郡》云："蹇驴瘦马尘中伴，紫绶朱衣梦里身。符竹偶因成对岸，文章虚被配为邻。湖翻白浪常看雪，火照红妆不待春。老大那能更争竞，任君投募醉乡人。"意思是：我们都是被贬离京的，不想能够因此做了邻居。远离了政治中心，那些你争我斗的故事就此远离了我们，可以闲看湖中的白浪与灯火下的红妆。不要再去追逐政治，还是到越中来做个快乐的"醉乡人"吧。元稹另有《寄乐天》："莫嗟虚老海峤西，天下风光数会稽。灵汜桥前百里镜，石帆山崦五云溪。冰销田地芦锥短，春入枝条柳眼低。安得故人生羽翼，飞来相伴醉如泥。"诗人被越中的风光打动，灵汜桥、石帆山、五云溪、湖光山色，让人流连，他希望朋友能够尽快赶来越州，一起欢聚畅饮。又有《酬乐天劝醉》："神曲清浊酒，牡丹深浅花。少年欲相饮，此乐何可涯？沉机造神境，不必悟楞迦。酡颜返童貌，安用成丹砂。刘伶称酒德，所称良未多。愿君听此曲，我为尽称嗟。一杯颜色好，十盏胆气加。半酣得自恣，酩酊归太和。共醉真可乐，飞觥撩乱歌。独醉亦有趣，兀然无与他。美人醉灯下，左右流横波。王孙醉床上，颠倒眠绮罗。君今劝我醉，劝醉意如何？"生动写出酒醉后物我合一的奇妙境界。

除了互相酬唱之外，元稹还召集会稽文士，酬唱频繁，成为诗坛佳话。《旧唐书》卷166载："会稽山水奇秀，稹所辟幕职，皆当时文士，而镜湖、秦望之游，月三四焉。而讽咏诗什，动盈卷帙。"[1] 元稹还有一首《饮新酒》："闻君新酒熟，况值菊花秋。莫怪平生志，图销尽日愁。"听说朋友新酿了酒，又正值菊花盛开，可谓饮酒赏花的好时节，诗人的企盼之情表露无遗。

与元稹一江之隔的白居易对杭州的秀丽风光和美酒极尽描绘。如《杭州春望》："望海楼明照曙霞，护江堤白踏晴沙。涛声夜入伍员庙，柳色春藏苏小家。红袖织绫夸柿蒂，青旗沽酒趁梨花。谁开湖寺西南路？草绿裙腰一道斜。""沽酒趁梨花"作者原注："其俗，酿酒趁梨花时熟，号为'梨花春'。""趁梨花"是说正好赶在梨花开时饮梨花春酒。游人沽饮，妇女织绫；梨花飘舞，酒旗相招；红袖翻飞，绫纹绮丽。诗意之浓，色彩之美，读之令人心醉。如此美丽的山水，如此诱人的美酒，让诗人不忍离别，故有《杭州回舫》："自别钱塘山水后，不多

---

〔1〕 许嘉璐主编：《旧唐书》第5册，汉语大词典出版社2004年版，第3696页。

饮酒懒吟诗。欲将此意凭回棹，报与西湖风月知。"

从唐代酒诗可见，虽然当时越州、杭州都有美酒，但是诗人在提及酒名时有时比较含糊。如白居易《问刘十九》云："绿蚁新醅酒，红泥小火炉。晚来天欲雪，能饮一杯无？""绿蚁"，指古代米酒，即今天农家自酿的醪糟酒，上浮米粒，微呈绿色，故称绿蚁。白居易提到杭州酒有"梨花春"，这也是当地人的叫法。元稹的诗中提到越酒。李贺《将进酒》云："琉璃钟，琥珀浓，小槽酒滴真珠红。烹龙炮凤玉脂泣，罗帏绣幕起春风。吹龙笛，击鼍鼓。皓齿歌，细腰舞。况是青春日将暮，桃花乱落如红雨。劝君终日酩酊醉，酒不到刘伶坟上土。"也是比喻的说法，没有具体的酒名。李白《客中行》中说："兰陵美酒郁金香，玉碗盛来琥珀光。但使主人能醉客，不知何处是他乡。"以地名酒也是少见的，而这种情况到了宋代就不一样了。

唐代值得一提的还有湖州一带的诗会创作，代表人物有颜真卿、皎然等。唐大历七年（772），颜真卿任湖州刺史。在任期间，以颜真卿为首的诗会联句活动就有 22 次。颜真卿任职只有 4 年，之后一段时间内，以皎然为首的诗会联句活动有 31 次。在唐代湖州诗会中，参与人数最多的一次是大历八年（773）在湖州南郊的岘山举行的诗会，共有颜真卿、皎然、陆羽、刘全白、吴筠等 29 人参加，于洼樽结宇环饮。颜真卿极目远眺，诗兴大发，乃与名士联名赋诗。《全唐诗》收有颜真卿《登岘山观李左相石樽联句》，即是此次诗会的成果。

岘山位于湖州城南五里，本名显山，因晋朝湖州太守殷康在山上筑显亭而得名。唐代时，为避中宗李显之名讳而改名为岘山。唐玄宗开元（713—741）中，唐太宗的曾孙李适之来任湖州别驾，因岘山上有一圆形的石觞，可贮酒五斗，李适之就常常率领身边的人登上岘山，远望京城，醉酒以解乡愁。后来，李适之回到京城，担任左相一职，于是湖州本地人就把他曾在岘山上贮酒的石樽称为"李左相石樽"。以颜真卿为首的这次湖州诗会就是为观看这个李左相石樽。[1] 湖州一带是箬溪流淌之地，也是陆羽研茶之地，山清水秀，人杰地灵。众诗人喝酒品茗，共同写下文学佳话。

湖州诗会举行得轰轰烈烈，全国有名。特别是"安史之乱"后，文人南下，颜真卿此时招贤纳士，云集一时之精英。以颜真卿为首的湖州诗会活动，除创作了《登岘山观李左相石樽联句》之外，还留下了《与耿湋水亭咏风联句》（12人参与创作）、《又溪馆听蝉联句》（10 人参与创作）、《水堂送诸文士戏赠潘丞联句》（6 人参与创作）、《月夜啜茶联句》（6 人参与创作）、《喜皇甫曾侍御见过南楼玩月》（6 人参与创作）、《夜宴咏灯联句》（5 人参与创作）、《玩初重游联句》

---

〔1〕 潘明福：《苕霅诗音自古传——湖州诗词文化研究》，杭州出版社 2008 年版，第 190 页。

（4人参与创作）等作品。

2. 酒与宋人心态

彭吉象在《中国艺术学》中总结了宋代社会转型的三个方面。[1]

一是作为主流经济形态的农村经济结构产生了变化。土地占有方式从以前的官僚等级世袭占有变为以买卖的方式来获得。这促进了农村经济的商品化。

二是市民社会的兴起。《梦粱录》对南宋都城临安进行了描述："大抵杭城是行都之处，万物所聚，诸行百市，自和宁门权子外至观桥下，无一家不买卖者，行分最多。……前所罕有者悉皆有之。"[2]"盖因南渡以来，杭为行都二百余年，户口蕃盛，商贾买卖者十倍于昔，往来辐辏，非他郡比也。"[3]耐得翁《都城纪胜》"序"云："自高宗皇帝驻跸于杭，而杭山水明秀，民物康阜，视京师其过十倍矣。虽市肆与京师相侔，然中兴已百余年，列圣相承，太平日久，前后经营至矣，辐辏集矣，其与中兴时又过十数倍也。"[4]新的生活方式和生活趣味对应着新的娱乐方式。宋代出现了固定的演出场所勾栏瓦肆，另外还有茶肆酒楼。南宋的茶肆酒楼承续着北宋的经营特色。《梦粱录》卷16"茶肆"云："汴京熟食店，张挂名画，所以勾引观者，留连食客。今杭城茶肆亦如之，插四时花，挂名人画，装点店面。"[5]有些高级酒楼的门首更是"以枋木及花样沓结，缚如山棚，上挂半边猪羊，一带近里面窗牖，皆朱绿五彩装饰"[6]，一如汴京酒楼的"欢门"。于是林昇有"山外青山楼外楼，西湖歌舞几时休？暖风熏得游人醉，直把杭州作汴州"（《题临安邸》）的感叹。"杭州当汴州"反映的不只是北人南下后思乡情结的复苏或者填补，更表明杭州政治地位的上升，从而带动浙江一地全面繁荣。这从酒名的变化就能看出，酒名的产地更加具体，同时出现以堂名命名的现象。酒名的变化也说明宋代的商品化程度较高，而浙江一带确实在酒类生产上发展迅速。

三是文人地位的特殊性。宋代文人的待遇比较优越，其生活更加精致，他们的趣味既与市民阶层形成一个鲜明的反差，不知不觉中又受到商品经济的影响，形成雅俗兼之的文学格局。

从思想性来看，宋代文人受到理学的影响，性格较为内敛，情绪较为平稳，表达也比较含蓄。《诗词散论·宋诗》中说："唐诗以韵胜，故浑雅，而贵蕴藉空

〔1〕 彭吉象：《中国艺术学》，北京大学出版社2007年版。

〔2〕（宋）吴自牧：《梦粱录》，浙江人民出版社1980年版，第115页。

〔3〕（宋）吴自牧：《梦粱录》，浙江人民出版社1980年版，第114页。

〔4〕（宋）耐得翁：《都城纪胜》，中国商业出版社1982年版，第1页。

〔5〕（宋）吴自牧：《梦粱录》，浙江人民出版社1980年版，第140页。

〔6〕（宋）吴自牧：《梦粱录》，浙江人民出版社1980年版，第146页。

灵；宋诗以意胜，故精能，而贵深折透辟。唐诗之美在情辞，故丰腴；宋诗之美在气骨，故瘦劲。唐诗如芍药海棠，秾华繁采；宋诗如寒梅秋菊，幽韵冷香。唐诗如啖荔枝，一颗入口，则甘芳盈颊；宋诗如食橄榄，初觉生涩，而回味隽永。譬诸修园林，唐诗则如叠石凿池，筑亭辟馆；宋诗则如亭馆之中，饰以绮疏雕槛，水石之侧，植以异卉名葩。譬诸游山水，唐诗则如高峰远望，意气浩然；宋诗则如曲涧幽寻，情境冷峭。"〔1〕确实道出了两个时代风格的不同。

另外，宋代重文而轻武，其国力一直不强，受到北方游牧民族的威胁。南宋偏安一隅，北方文人南下，更有丧国亡家之痛。这种深入体肤的悲凉，是唐人体会不到的。而杭州历史上，爱酒的文人墨客数不胜数。如果要历数那些生于杭州而出仕他乡或者生于斯长于斯的乡贤或者那些宦游杭州的文人，那么名单肯定罗列不完。此处只有从酒的角度切入，聚焦于那些爱酒的文人与有名的酒诗。借酒观之，宋人文学可以从三个方面欣赏：一是讲究酒的养生和品鉴；二是借酒抒情，感叹人生和世事；三是以酒来寻得世俗的欢乐，享受杭州美景与美食。

如苏轼，他爱酒、饮酒、酿酒、赞酒。在他的诗、词、赋、散文中，仿佛都飘散着美酒的芳香。如："还来一醉西湖雨，不见跳珠十五年"（《与莫同年雨中饮湖上》），"醉醒醒醉，凭君会取这滋味。浓斟琥珀香浮蚁"（《醉落魄·述怀》），"酒勿嫌浊，人当取醉"（《浊醪有妙理赋》），等等。苏轼的词中，"酒"以及与"酒"有关的意象出现的频率是很高的。《苏轼词编年校注》〔2〕所收苏轼的321首词和11则残句中，"酒"字出现85次，"醉"字出现67次，"尊"字出现34次。此外，"饮""杯""盏""觞"等与"酒"有关的文字也频繁出现。由此可见，"酒"是苏轼词的一个重要因子。但苏轼饮酒是喜饮而有节，虽偶至醉亦不越度，谈吐举止中节合规，犹然儒雅绅士、谦谦君子风度。所以，其饮酒不为买醉，而是愉悦身心。苏轼《题子明诗后》云："子明饮酒不过三蕉叶，吾少年，望见酒盏而醉，今亦能三蕉叶矣。"〔3〕说明其酒量并不大。《和陶饮酒二十首（并叙）》云："吾饮酒至少，常以把盏为乐。往往颓然坐睡，人见其醉，而吾中了然，盖莫能名其为醉为醒也。"〔4〕虽然酒量有限，但他能品酒评酒，对酒之好恶有自己的见解，如云："恶酒如恶人，相攻剧刀箭。"又云"山城薄酒不堪

〔1〕 缪钺：《诗词散论》，上海古籍出版社1982年版，第36页。

〔2〕 邹同庆、王宗堂：《苏轼词编年校注》，中华书局2002年版。

〔3〕 （宋）苏轼：《中国古代名家诗文集·苏轼集（四）》，黑龙江人民出版社2009年版，第1311页。

〔4〕 （宋）苏轼：《中国古代名家诗文集·苏轼集（一）》，黑龙江人民出版社2009年版，第143页。

饮",又有戏作之《薄薄酒》述薄酒之难饮:

其一

薄薄酒,胜茶汤;粗粗布,胜无裳;丑妻恶妾胜空房。五更待漏
靴满霜,不如三伏日高睡足北窗凉。珠襦玉柙万人相送归北邙,不如
悬鹑百结独坐负朝阳。生前富贵,死后文章,百年瞬息万世忙。夷齐
盗跖俱亡羊,不如眼前一醉是非忧乐都两忘。

其二

薄薄酒,饮两钟;粗粗布,著两重;美恶虽异醉暖同,丑妻恶妾
寿乃公。隐居求志义之从,本不计较东华尘土北窗风。百年虽长要有
终,富死未必输生穷。但恐珠玉留君容,千载不朽遭樊崇。文章自足
欺盲聋,谁使一朝富贵面发红。达人自达酒何功,世间是非忧乐本
来空。[1]

又有趣闻,谓潘长官以苏轼不能饮,特为其设酒醴,苏轼云:"此必错著
水也。"

苏轼于酒,既有兴趣,还有心得,于是自己酿酒——蜜酒、桂酒、松醪酒、
洞庭春色、真一酒、罗浮春、天冬门酒等。除了酿酒,他还写《酒经》,为酒作
诗作赋,如《酒子赋》《酒隐赋》等,其《饮酒说》义尤精妙,充满生活情趣。

予虽饮酒不多,然而日欲把盏为乐,殆不可一日无此君。州酿既
少,官酤又恶而贵,遂不免闭户自酿。曲既不佳,手诀亦疏谬,不甜
而败,则苦硬不可向口。慨然而叹,知穷人之所为无一成者。然甜酸
甘苦,忽然过口,何足追计,取能醉人,则吾酒何以佳为?但客不喜
耳。然客之喜怒,亦何与吾事哉?元丰四年十月二十一日书。[2]

因此,苏轼的作品,虽然常常提到酒,但不是酒气熏天,而是将自己的感
情进行酝酿,然后有节制地释放出来。

苏轼在杭州任内作《虞美人·有美堂赠述古》:"湖山信是东南美,一望弥千

---

〔1〕(宋)苏轼:《中国古代名家诗文集·苏轼集(一)》,黑龙江人民出版社 2009 年版,第 104
页。

〔2〕(宋)苏轼:《中国古代名家诗文集·苏轼集(四)》,黑龙江人民出版社 2009 年版,第 1406
页。

里。使君能得几回来？便使樽前醉倒、更徘徊。　　沙河塘里灯初上，《水调》谁家唱？夜阑风静欲归时，唯有一江明月、碧琉璃。"杭州知州陈襄（字述古）将离任，宴僚佐于城南吴山有美堂，苏轼时为杭州通判，即席赋此。离任之情，并没有着意渲染，而是以白描取胜，紧扣有美堂居高临下的特点，把景物与情思交织起来，在平淡中讲述了同僚的友情与对杭州的留恋，但这种怀念，全为这江月填补了，于是也无所谓流连、无所谓分离。在一种更高远的情状下，人生的各种际会、各种处境其实都是一致的。

苏轼在杭州任内曾至南京，离南京后作《醉落魄·述情》："轻云微月，二更酒醒船初发。孤城回望苍烟合。公子佳人，不记归时节。巾偏扇坠藤床滑，觉来幽梦无人说。此生飘荡何时歇？家在西南，长作东南别。"读之有一种"梦里不知身是客"的奇特感觉，离与合，走与归，在一个更高的层次上又相通了。这种境界的到达是借助了酒。

苏轼离任时写下了《南乡子·和杨元素，时移守密州》："东武望余杭，云海天涯两杳茫。何日功成名遂了，还乡，醉笑陪公三万场。　　不用诉离觞，痛饮从来别有肠。今夜送归灯火冷，河塘，堕泪羊公却姓杨。"在平静中分离，但却黯然神伤，其中有白驹过隙的感叹，有命运不能把握的无奈。

与中国大多数文人一样，苏轼的饮酒也往往是借酒浇愁，以酒来求得自我解脱："几时归去，作个闲人，对一张琴，一壶酒，一溪云"（《行香子》），"明月几时有，把酒问青天"（《水调歌头·明月几时有》），"酒醒还醉醉还醒，一笑人间今古"（《渔父四首》），"身后名轻，但觉一杯重"（《浊醪有妙理赋》）。他的醉态是沉静而又端庄的，是思考人生时的无言和对不幸的逃避。

与苏轼相比，浙江绍兴人陆游的感情要激越直白得多。梁启超赞他为"亘古男儿一放翁"。陆游也喜爱酒。这可以从他的《无酒叹》一诗中看出来："不用塞黄河，不用出周鼎。但愿酒满家，日夜醉不醒。不用冠如箕，不用印如斗。但愿身常健，朝暮常饮酒。"《醉赋》突出的也是"饮酒"二字："乃今又大悟，万事付一觞。书中友王绩，堂上调杜康。"据钱茂竹先生估计，陆游的9300多首诗中，酒诗达2500首之多。[1] 自古以来，酒诗和醉诗写得如此之多的，无人能及。必须指出的是，陆游一生为宦约30年，大部分光阴在家乡度过，因此他写到的酒是原原本本的绍兴酒。陆游与绍兴酒可谓结下了不解之缘。

陆游《醉倒歌》写道："曩时对酒不取饮，侧睨旁观皆贝锦。狂言欲发畏客传，一笑未成忧祸稔。如今醉倒官道边，插花不怕颠狂甚。行人唤起更嵬昂，

---

〔1〕 钱茂竹：《试述陆游与绍兴酒文化》，见越州诗社、陆游研究会编：《陆游论集》，杭州大学出版社1993年版。

牧竖扶归犹踔踸。始知人生元自乐，误计作官常懔懔。秋毫得丧何足论，万古兴亡一醉枕。"这是他的自我剖析：过去做官时虽然也有觥筹交错、欢聚豪饮之时，但心中总有些不安，唯恐酒后失言、醉后失态。即使如此，他也曾因"燕饮颓放"而被罢官。摘下官帽，他索性自号"放翁"，并作诗"落魄巴江号放翁"。他甚至一度酒量大增，《湖上小阁》诗云："莫怪年来增酒量，此中能著太虚空。"因为解除了名和利的束缚，他感到十分高兴："先生两耳不须洗，利名不到先生耳。狂歌起舞君勿嘲，青山白云终醉死。"（《饮酒》）65 岁那年，他在家乡三山闲居，与友人对饮，借酒兴题诗若干，被新贵们弹劾，他干脆以"风月"为名，称自己居处为"风月轩"。

他的酒兴很浓："如山积曲高崔嵬，大江酿作葡萄醅。颓然一醉三千杯，借问白发何从来。"（《将进酒》）他的酒趣很妙，在微醺未醉之际："叹息人真未易知，暮年始觉曲生奇。个中妙趣谁堪语，最是微醺未醉时。"（《雪中寻梅二首》）他还自夸："放翁七十饮千钟，耳目未废头未童。"（《醉书秦望山石壁》）

陆游的酒诗内容十分丰富，有反映越地民俗社日的，如《游山西村》："莫笑农家腊酒浑，丰年留客足鸡豚。山重水复疑无路，柳暗花明又一村。箫鼓追随春社近，衣冠简朴古风存。从今若许闲乘月，拄杖无时夜叩门。"再如《社酒》："农家耕作苦，雨阳每关念。种黍踏曲糵，终岁勤收敛。社瓮虽草草，酒味亦醇酽。长歌南陌头，百年应不厌。"又如《九月三日泛舟湖中作》："儿童随笑放翁狂，又向湖边上野航。鱼市人家满斜日，菊花天气近新霜。重重红树秋山晚，猎猎青帘社酒香。邻曲莫辞同一醉，十年客里过重阳。"描写了社日的景象。"社"是土地之神。《左传·昭公二十九年》曰："共工氏有子曰句龙，为后土……后土为社。"在农耕时代，人们对土地十分崇拜，每年都举行祭祀土地之神的活动。祭礼社神的日子叫"社日"，一年两次。春天举行时叫"春社"，秋天举行时叫"秋社"。春社祈谷，祈求社神赐福、五谷丰登。秋社报神，在丰收之后，报告社神丰收喜讯，答谢社神。唐代张籍《吴楚歌》云："庭前春鸟啄林声，红夹罗襦缝未成。今朝社日停针线，起向朱樱树下行。"春社这一天，人们聚集在社庙，摆上丰富的食品供奉社神，有社酒、社肉、社饭、社面、社糕、社粥等，在祭祀完毕后，把食物分享给大家。

不仅是写社日，邹志方先生认为陆游的酒诗全景式地反映了绍兴酒的状况，包括酒乡、酒类、酒饮、酒具、酒境、酒态、酒兴、酒友、酒俗、酒典等。[1]即是说，陆游与绍兴酒的关系是全方位的。如在游历过程中，他遍尝各地名酒，扬州的"云液酒"、叙州（今四川宜宾市）的"春碧酒"和"绿荔枝"、眉州

---

〔1〕 邹志方：《陆游研究》，人民出版社 2008 年版。

（今四川眉山市）的"玻璃春"、汉州（今四川广汉市）的"鹅黄酒"、邛州（今四川邛崃市）的"临邛酒"、衢州的"石室酒"、关中的"橐泉岐下酒"、东阳的"石洞酒"、北方金国的"金泉酒"以及"瑞露桂杯酒""兰溪酒""流香酒""玉友酒""兰亭酒"……这些酒在他的《剑南诗稿》中都有记载。陆游之爱酒、嗜酒、醉酒，真可谓绍兴酒的活标本。"我生寓诗酒，本以全吾真。"（《诗酒》）"孤村薄暮谁从我？惟是诗囊与酒壶。"（《舍北独步》）诗与酒交融，诗人的情怀是靠酒来抒发的，家国之不幸，命运之坎坷，令他不能释怀、不能沉静："天下可忧非一事，书生无地效孤忠。东山七月犹关念，未忍沉浮酒盏中。"（《溪上作》）英雄无用武之地，志士屡受挫折，虽然远离官场而得到人生另一种喜悦，但是诗人不能忘记失去的半壁江山和遭受苦难的北方百姓。陆游的酒诗，在放浪形骸之中有一种悲苦，在酣醉淋漓之间有一种苦涩，这使他处在矛盾之中，心绪不能平静，只能借酒消愁。在这种自我放逐中，我们可以看到越人血性的一面，也可以看到越人自负执拗的一面。这种精神我们在近世鲁迅的身上还能看到。在陆游这里，酒是"兴奋剂"，使其发出气壮山河的呐喊，展开超越时空的想象。如《醉歌》："我饮江楼上，阑干四面空。手把白玉船，身游水精宫。方我吸酒时，江山入胸中。肺肝生崔嵬，吐出为长虹。欲吐辄复吞，颇畏惊儿童。乾坤大如许，无处著此翁。何当呼青鸾，更驾万里风。"又如《江楼吹笛饮酒大醉中作》："世言九州外，复有大九州。此言果不虚，仅可容吾愁。许愁亦当有许酒，吾酒酿尽银河流。酌之万斛玻璃舟，酣宴五城十二楼。天为碧罗幕，月作白玉钩。织女织庆云，裁成五色裘。披裘对酒难为客，长揖北辰相献酬。一饮五百年，一醉三千秋。却驾白凤骖斑虬，下与麻姑戏玄洲。锦江吹笛余一念，再过剑南应小留。"这种雄浑的气魄，这种气吞山河的气概，只有借助酒劲才能得到挥洒。

陆游的诗歌中常常可见"梦"和"醉"，流露出报国无门、壮志难酬的悲哀。正因为如此，他才常常寄情诗酒，在"梦"与"醉"中期望实现人生理想。

陆游的醉常常与泪结合在一起，饮的是伤心酒，挥的是忧国泪："平生嗜酒不为味，聊欲醉中遗万事。酒醒客散独凄然，枕上屡挥忧国泪。君如高光那可负，东都儿童作胡语。常时念此气生瘿，况送公归觐明主。皇天震怒贼得长？三年胡星失光芒。旄头下扫在旦暮，嗟此大议知谁当？公归上前勉书策，先取关中次河北。尧舜尚不有百蛮，此贼何能穴中国？黄扉甘泉多故人，定知不作白头新。因公并寄千万意，早为神州清虏尘。"（《送范舍人还朝》）面对诗友和朋友范成大，他的爱国之心化为苦涩之泪。这是真君子的风度，是爱国者的情操。

杨万里的《生酒歌》则是对煮酒的歌颂："生酒清于雪，煮酒赤如血，煮酒不如生酒烈。煮酒只带烟火气，生酒不离泉石味。石根泉眼新汲将，曲米酿出春风香。坐上猪红间熊白，瓮头鸭绿变鹅黄。先生一醉万事已，那知身在尘埃里。"

宋代还有一位僧人不得不提，那就是醉僧济颠[1]。其人风狂不饬细行，饮酒食肉，与市井相浮沉。无名氏的《酒僧赞》写的就是他："非俗非僧，非凡非仙。打开荆棘林，透过金钢圈。眉毛撕结，鼻孔撩天。烧了护身符，落纸如云烟。有时结茅宴坐荒山颠，有时长安市上酒家眠。气吞九州，囊无一钱。时节到来，奄如蜕蝉。涌出舍利，八万四千。赞叹不尽，而说偈言。呜呼！此所以为济颠。"至今其故事仍流传不衰。济颠咏唱西湖之诗文词隽永，南怀瑾认为其诗之格不输于范成大、陆游。济颠《湖中夕泛归南屏四绝》："五月西湖凉似秋，新荷叶蕊暗香浮。明年花落人何在，把酒问花花点头。"其《西归口颂》更是参透了人生：

> 健，健，健，何足羡！只不过要在人前扎门面。吾闻水要流干，土要崩陷，岂有血肉之躯，支撑六十年而不变？棱棱的瘦骨几根，瘪瘪的精皮一片，既不能坐高堂，享美宴，使他安闲；又何苦忍饥寒，奔道路，将他作贱？况真不真，假不假，世法难看；且酸的酸，咸的咸，人情已厌。梦醒了，虽一刻也难留；看破了，纵百年亦有限。倒不如瞒着人，悄悄去静里自寻欢；索强似活现世，哄哄的动中讨埋怨。灵光既欲随阴阳，在天地间虚行；则精神自不肯随尘凡，为皮囊作楦。急思归去，非大限之相催；欲返本来，实自家之情愿。咦，大雪来，烈日去，冷与暖，弟子已知。瓶干矣，瓮竭矣！醉与醒，请老师勿劝。

宋代商业氛围浓厚，自然也有许多创作直接产生于青楼楚馆，吟诵于市井坊巷之间。北宋时的周邦彦[2]，是地道的钱塘人。他在酒中写儿女私情："几日来、真个醉。不知道、窗外乱红，已深半指。花影被风摇碎。拥春酲乍起。

有个人人，生得济楚，来向耳畔，问道今朝醒未。情性儿、慢腾腾地，恼得人又醉。"（《红窗迥·几日来》）情浓得有些艳。所谓"周情柳思"，另一位市井之气颇重的柳永，曾到过杭州，留下了著名的《望海潮·东南形胜》，其中有言："羌管弄晴，菱歌泛夜，嬉嬉钓叟莲娃。千骑拥高牙。乘醉听箫鼓，吟赏烟霞。"醉眼看西湖美景，诗中都摇曳着潋滟霞光。

---

[1]《浙江通志》卷198《仙释·道济传》引《净慈寺志》云："济公，字湖隐，浙江天台人，生于绍兴十八年，卒于嘉定二年。"

[2] 周邦彦（1056—1121），字美成，号清真居士。北宋末期著名词人，音乐家。

尤其值得一提的是，宋代两位女词人李清照和朱淑真都是善饮爱饮之人，且皆有饮酒佳作传世。

李清照（1084—1155），号易安居士，宋代女词人，汉族，济南章丘人，婉约派代表词人。"靖康之难"前，李清照生活幸福，家庭美满，词中常常表现出悠闲自得的快意，有"常记溪亭日暮，沉醉不知归路""昨夜雨疏风骤，浓睡不消残酒"之句，但"靖康之难"后，词人国破家亡，流离失所，词风一变而为苍老悲凉，即使是饮酒之作，也是别有一番滋味，别具一种风格。如《声声慢·寻寻觅觅》："寻寻觅觅，冷冷清清，凄凄惨惨戚戚。乍暖还寒时候，最难将息。三杯两盏淡酒，怎敌他、晚来风急？雁过也，正伤心，却是旧时相识。满地黄花堆积。憔悴损，如今有谁堪摘？守着窗儿，独自怎生得黑？梧桐更兼细雨，到黄昏、点点滴滴。这次第，怎一个愁字了得！"

相对于李清照，小家碧玉朱淑真没有经历过人生的起起伏伏。朱淑真（约1135—约1180），一作淑贞，号幽栖居士。《四库全书》中定其为"浙中海宁人"，一说浙江钱塘人。朱淑真生于仕宦家庭，其父曾在浙西做官，家境优裕。幼颖慧，博通经史，能文善画，精晓音律，尤工诗词。素有才女之称。相传由父母做主，嫁给一文法小吏。因志趣不合，婚后生活很不如意，抑郁而终，其墓在杭州青芝坞。她的大半生都是在一种不满的愁绪中度过的，酒入愁肠更添愁。她的《生查子·寒食不多时》《生查子·年年玉镜台》写了一个女子的愁绪：

　　寒食不多时，几日东风恶。无绪倦寻芳，闲却秋千索。
　　玉减翠裙交，病怯罗衣薄。不忍卷帘看，寂寞梨花落。

　　年年玉镜台，梅蕊宫妆困。今岁未还家，怕见江南信。
　　酒从别后疏，泪向愁中尽。遥想楚云深，人远天涯近。

宋代优雅的文人之气绵延至朝代末期则浸透了悲壮之气。文天祥、谢枋得、谢翱、许月卿、林景熙、郑思肖、真山民及汪元量[1]等，或为国捐躯，或隐匿山林，不为北人所用，他们的作品以泪以血谱写了时代的悲歌。比如文天祥曾写下浩然的《正气歌》。

---

〔1〕 汪元量（1241—1317年后），字大有，号水云，浙江钱塘人，进士。德祐二年（1276），随皇太后北行入大都。所作多纪实诗篇，诉亡国之痛。有《水云集》《湖山类稿》。

3. 元人心绪

元政府是蒙古族建立的，自蒙古族南下之后，就实行有区别的民族政策，将百姓分为蒙古人、色目人、汉人和南人，并且规定这四等人在做官、打官司、科举诸方面有一系列不平等的待遇。蒙古人是指蒙古高原的人民，严格来说，是1206年成吉思汗统一蒙古高原时集合的百姓及其后代。汉人、南人分别指金和南宋的遗民，但汉人包括四川、云南的百姓及契丹人、女真人、高丽人。南宋统治内的百姓都被视为最底层的南人。江南人杰地灵、文人荟萃，民族政策的实施使广大文人失去了进阶的机会，不免使文人感到失望。这种失落感，弥漫于创作之中。

由宋入元的汪元量是宋室灭亡的见证者。他于宋末入宫中任琴师，后随太后被北掳至大都，多次恳求元统治者放其南回，终于获准。遂回到江南，浪迹江湖。他的作品，可以分为宋亡前后、拘燕期间、南归钱塘三个时期。而在后两个时期，其作品中呈现的酒是苦酒，是离别的酒。德祐二年（1276），汪元量把元军攻入临安的见闻写成《醉歌》十首。《醉歌》不是写酒，而是写神、写境。家园顷刻之间化为乌有，满目凄凉，仿佛是沧海桑田的巨变，让人不知身处何地："乱点连声杀六更，荧荧庭燎待天明。侍臣已写归降表，臣妾佥名谢道清。"（其五）"南苑西宫棘露芽，万年枝上乱啼鸦。北人环立阑干曲，手指红梅作杏花。"（其九）生别北上，以泪作诗："诸公来此欲凭阑，秃树粘云湿不干。小燕正嫌三月雨，老莺又受一春寒。楼头呼酒尽情饮，江上遇花随意看。莫怨人生有离别，人生到此别离难。"（《浙江亭别客》）北上途中，夜宿淮河，听宫人琴声，遂有《水龙吟·淮河舟中夜闻宫人琴声》写国仇家恨："鼓鼙惊破霓裳，海棠亭北多风雨。歌阑酒罢，玉啼金泣，此行良苦，驼背模糊，马头匼匝，朝朝暮暮，自都门宴别，龙艘锦缆，空载得、春归去。　　目断东南半壁，怅长淮、已非吾土。受降城下，草如霜白，凄凉酸楚。粉阵红围，夜深人静，谁宾谁主。对渔灯一点，羁愁一搦，谱琴中语。"羁留燕地，借酒解乡愁："……我有长鲸吸川口，倒挽银河添我酒。我酒千年饮不干，月光与我长相守。酒酣拔剑斫地歌，钱王宫阙生白波。西湖月，光更多，有酒不饮，将如之何？"（《幽州月夜酒边赋西湖月》）回归钱塘，醉忆旧梦："如此湖山正好嬉，游人船上醉如泥。黄莺不入垂杨柳，却立海棠花上啼。"（《西湖旧梦十首》其二）"红桡绿舫荡清波，露脚斜飞湿芰荷。回首涌金门外望，里河犹自沸笙歌。"（《西湖旧梦十首》其三）

如果说汪元量是宋代遗民的代表，他的骨子里浸透了国破的悲痛与伤感，酒在他的作品里失去了高亢激越的底色，而呈现出了低婉沉痛的旋律，那么之后的杨维桢就没有那么多的沉痛的往事寄于酒与诗。他与汪元量分别站在元代的起点与终点之上。杨维桢是元人，并且由元入明。杨在当时是文坛的领袖，也是"风流教主"，他来往于苏杭两地，为两地文人串起文社的活动。晚年又居西湖之边、吴山之角。杨维桢曾任官司职，但他选择去任，"在自身坎坷的人生遭际等因素的影响下，他以复兴古乐府为旗帜，去粗取精，撷取艺海茫茫瑰秀为己所有，衍生了以创作古乐府诗为主的铁崖诗派，其诗文内容丰富、风格多样、雄畅怪丽"[1]。因此他的《红酒歌》读来自有淋漓畅快之感：

> 杨子渴如马文园，宰官特赐桃花源。桃花源头酿春酒，滴滴真珠红欲然。左官忽落东海边，渴心盐井生炎烟。相呼西子湖上船，莲花博士饮中仙。如银酒色未为贵，令人长忆桃花泉。胶州判官玉牒贤，忆者同醉璚林筵。别来南北不通问，夜梦玉树春风前。朝来五马过陋廛，赠以同袍五色彩。副以五凤楼头笺，何以浇我磊落抑塞之感慨。桃花美酒斗十千，垂虹桥下水拍天。虹光散作真珠涎，吴娃斗色樱在口。不放白雪盈人颠，我有文园渴。苦无曲奏鸳鸯弦，预恐沙头双玉尽。力醉未与长瓶眠，径当垂虹去。鲸量吸百川，我歌君扣舷，一斗不惜诗百篇。

4. 明人趣味

明代初期承袭元末崇尚醋畅雄健的阳刚之美，但不久即被经济的发展所销蚀，"精神上贫乏的知识分子在追求仕途进取和自我平衡的心态中，欣赏一种平稳和谐的美，故诗歌多歌功颂德，诗风多雍容典雅"[2]。但是这种思想转型指向的是文本的俚俗和意趣的市民化，因此发展至李贽、汤显祖、"公安三袁"后，代表一种非儒非道的文化思潮。这种新思潮肯定人的童心、真心，追求人的本真感受。这种感受是以现实的生存体验来反抗旧的文化规则。"穿衣吃饭，即是人伦物理。"对世俗生活的肯定和对感性体验的肯定突出了个体生命存在的独特性和奇异性。因此，这种思潮在物质上不反对精致的享乐主义，在精神上肯定自我的价值。明代有一副对联云"杜诗颜字金华酒，海味围棋《左传》文"，表现出文人对生活的一种态度。

明代来杭州游览西湖而迷上西湖的公安派文人袁宏道，性嗜酒，他的笔下，酒之醉也是带有诗意的："凡醉有所宜。醉花宜昼，袭其光也。醉雪宜夜，消其洁也。醉得意宜唱，导其和也。醉将离宜击钵，壮其神也。醉文人宜谨节奏章

---

[1]　魏丕植：《解读诗词大家（三）：元代卷》，作家出版社2013年版，第248页。
[2]　杨梓主编：《宁夏诗歌史》，阳光出版社2015年版，第19页。

程，畏其侮也。醉俊人宜加觥盂旗帜，助其烈也。醉楼宜暑，资其清也。醉水宜秋，泛其爽也。一云：醉月宜楼，醉暑宜舟，醉山宜幽，醉佳人宜微酡，醉文人宜妙令无苛酌，醉豪客宜挥觥发浩歌，醉知音宜吴儿清喉檀板。"[1] 各种环境中的酒醉，都是自然赋予的因缘，微醉时喜看佳人，大醉时放歌作诗。

张岱则表现出文人清雅的生活态度。在张岱的笔下，酒是文人自我标榜的一种方式，读其《西湖七月》与《湖心亭观雪》，就能体会到酒的清冷气息。

张翱[2]志不在仕途，回杭州家中专事著述，尝自述云："有意欲尝千日酒，无心去傍五侯烟。夜寒荷叶杯中饮，春暖梅花帐底眠。"其《雷峰塔》诗云："闻子状雷峰，老僧挂偏裘。日日看西湖，一生看不足。时有薰风至，西湖是酒床。醉翁潦倒立，一口吸西江。惨淡一雷峰，如何擅夕照。遍体是烟霞，掀髯复长啸。怪石集南屏，寓林为其窟。岂是米襄阳，端严其袍笏。"表现出文人的孤傲。

明代商品经济发展，市民文化也开始抬头。冯梦龙和凌濛初是吴兴织里镇人，此地商业高度发达，这对他们以后的文学创作有很大的影响。"三言二拍"的部分作品反映了明代市民的生活和他们的思想观念。冯梦龙、凌濛初十分重视对商业活动的描写，这在以往作品中实属少见。"三言二拍"中几乎没有一篇不谈到酒，几乎没有一个主角没饮过酒，可见明人饮酒之盛。《警世通言》中有诗云："人生百岁能几日？荏苒光阴如过隙。樽中有酒不成欢，身后虚名又何益？"还有一首词写道："酒，酒，酒，邀朋会友。君莫待，时长久，名呼食前，礼于茶后。临风不可无，对月须教有。李白一饮一石，刘伶解醒五斗。公子沾唇脸似桃，佳人入腹腰如柳。"这反映的是市民的酒礼观念。

5. 清人酒歌

清代文学集封建时代文学发展之大成，是古代文学的一个光辉总结。各种文体无不具备，蔚为大观，诸多样式齐头并进，全面繁荣。诗、词、散文等传统文学体裁，在清代得到复兴；小说、戏曲、民间说唱等新兴文学体裁，在清代达到高峰。清代的文学现象因而显得丰富有趣。

梁绍壬嗜酒，"为酒人巨擘，其《两般秋雨盦随笔》《品酒》一则可作酒史读也"[3]。其随笔中记酒事多项，比如《酒价酒味》记云：

---

〔1〕（明）袁宏道：《袁中郎随笔》，中华工商联合出版社2016年版，第333页。

〔2〕张翱（1394—约1476），原名珍，字济时，一字羽皋，号介然，仁和人。先世为河南开封人，南宋时，祖先随宋高宗南渡，落籍钱塘，后徙居仁和睦亲坊（今弼教坊一带）。

〔3〕铢庵：《人物风俗制度丛谈》，上海书店1988年版，第129页。

唐人白乐天诗："共把十千沽斗酒。"李白诗："金尊斗酒沽十千。"王维诗："新丰美酒斗十千。"许浑诗："十千沽酒留春醉。"一斗酒卖十千钱，价乃昂贵若是。惟少陵诗："速令相就饮一斗，恰有三百青铜钱。"此则近理。按唐《食货志》云："德宗建中三年，禁民酤以佐军费，置肆酿酒，斛收值三千。"又杨松玢《谈薮》载，北齐卢思道常云："长安酒贱，斗价三百。"此皆可证也。汉酒价每斗一千。《典论》曰：孝灵帝末年，有司涸酒，一斗直千文。"较之唐且三倍有奇矣。或曰："唐人好饮甜酒。"引子美诗曰"人生几何春与夏，不放醇酒如蜜甜"，退之诗曰"一尊春酒甘若饴，丈人此乐无人知"，为证。不知以酒比饴蜜者，谓其醇耳，非谓甜也。白公诗曰："甘露太甜非正味，醴泉虽洁不芳馨。"又曰："户大嫌甜酒，才高笑小诗。"又曰："瓮揭开时香酷烈，瓶封贮后味甘辛。"然则不好甜酒之证明矣。借曰好之，亦非大户可知，古今口味，岂有异嗜哉。[1]

旁征博引，思维清晰缜密，自成一体。

洪昇生于世宦之家，但白衣终身。他是著名的戏曲家，与孔尚任共称为"南洪北孔"。他历时十年，三易其稿，写出巨著《长生殿》，却由于在孝懿皇后忌日演出此剧而被革去太学生籍，从而离京返乡。康熙四十三年（1704），曹寅在南京排演此剧，特请洪昇观剧。洪昇在观剧返杭途经乌镇时，因醉酒而溺水身亡。

清末杰出的女革命家秋瑾[2]被孙中山誉为"巾帼英雄"，是辛亥革命时期著名的革命活动家、杰出的女诗人。秋瑾性情豪爽，习文练武，喜男装。她侠肝义胆，对绍兴酒情有独钟。在她短暂而又壮烈的一生中，留下了许多酒诗和以酒结伴的佳话。她现存的诗词作品中，以酒入诗的有16篇，词5篇，歌数首。她的《对酒》一诗云：

> 不惜千金买宝刀，貂裘换酒也堪豪。
> 一腔热血勤珍重，洒去犹能化碧涛。

《剑歌》云：

〔1〕（清）梁绍壬：《两般秋雨盫随笔》，上海古籍出版社2012年版，第301页。
〔2〕秋瑾（1875—1907），清末杰出的女革命家。字璿卿，号竞雄，别署"鉴湖女侠"，浙江山阴人。

何期一旦落君手，右手把剑左把酒。

酒酣耳热起舞时，夭娇如见龙蛇走。

诗中表现出的豪迈之气和慷慨之情，令人想起岳飞的《满江红》。

又如《宝刀歌》等，都表现出了革命斗争精神和忧国忧民的赤子之心。正如她诗中所说："将军大笑呼汉儿，痛饮黄龙自由酒。"（《秋风曲》）"炉火艳，酒杯干，金貂笑倚栏。"（《更漏子》）"清酒三杯醉不辞"（《独对次清明韵》）。在致徐蕴华的信中，她又说："好持一杯鲁酒，他年共唱摆仑歌。虽死犹生，牺牲尽我责任。即此永别，风潮取彼头颅。"西湖边今有其雕像。

章锡琛[1]是近代出版家。钱君匋[2]的回忆录中记述了其一件有意思的酒事。有一次，郑振铎来开明书店。言谈间，章锡琛说沈雁冰（茅盾）能背诵整部《红楼梦》，郑振铎不信。章锡琛就激郑振铎说："如果雁冰背不出《红楼梦》，这席酒由我请客，如果能背出，那就要你请客，证人就请钱君担任，就在这个星期六怎样？到那时任你要雁冰背哪一回都可以。"郑振铎将信将疑，就同意了。到了星期六，一席酒已经在开明书店楼上摆好，同饮者十人陆续而至，除章、郑、钱外，就是沈雁冰、徐调孚、周予同、索非等。酒过三巡，谈笑间，章对沈雁冰说："今天酒菜都不错，又都是熟人，已经喝了几杯，是不是来个节目助助酒兴？我想请你背一段《红楼梦》如何？"这时在场的都叫好。沈雁冰这晚兴致特别好，于是欣然应命说："你怎么知道我会背《红楼梦》？既然点到我来背，就背一回吧！不知你想听哪一回？"章喜出望外，对郑振铎说："请振铎指定如何？"郑即从书架上取出早已备好的《红楼梦》，随便指定一回请沈雁冰背诵，自己两眼盯着书上，看是否背得出、背得对。章锡琛则说："大家仔细听着，看雁冰背得有没有漏句漏字，若有漏句漏字，还要罚酒。"大家鸦雀无声，竖起耳朵听沈雁冰背了好长一段时间，章向郑附耳说："你看怎么样，随点随背，他都

---

〔1〕 章锡琛（1889—1969），别名雪川，绍兴马山镇人。出身小商人家庭，幼时入塾读书，求学于东湖通艺学堂。1909 年从绍兴山会初级师范学堂毕业后，任小学和师范学堂教员。1912 年 1 月至 1925 年 12 月，任上海商务印书馆《东方杂志》编辑、《妇女杂志》主编、国文部编辑，并编辑上海《时事新报》副刊、《现代妇女》和上海《民国日报》副刊、《妇女周刊》。1925 年冬，在郑振铎、胡愈之、吴觉农等支持下创办《新女性》杂志社，任主编，积极声援五卅运动。1926 年 8 月，创办开明书店。1927 年"四一二"反革命政变后，与胡愈之等联名登报向国民党提出抗议。1928 年冬，组织专为开明书店承印书籍的美成印刷所，任副所长。同年，开明书店改为股份有限公司，其先后被推为协理、经理、常务董事。上海沦陷后，他不为日伪利诱所动。抗战胜利后，应范寿康之邀，去台湾帮助接收日本在台湾总管印教科书的印刷厂，并在台湾筹设开明书店分店。不久，离台回沪。

〔2〕 钱君匋（1907—1998），原名钱玉堂，字君匋，号豫堂、午斋。浙江桐乡屠甸镇人。著名美术家、音乐家、作家、装帧艺术的开拓者，也是中国当代"一身精三艺，九十臻高峰"的著名篆刻书画家。

不慌不忙背出来，不错一字一句，你可服帖了吧！要他背完这一回还是停背了？"郑振铎说："我倒不知雁冰有这一手，背得实在好，一字不错，我看可以停止了。我已经认输，今天这席酒由我请客出钱。"这时章对沈雁冰说："雁冰，背得真漂亮，我和振铎赌你能否背《红楼梦》，今晚你帮我胜了振铎，请停止背吧。谢谢你！"沈雁冰这才知道要他背《红楼梦》，是他们在赌酒吃。他笑着说："原来你们借我来打赌，我竟被你们利用了，只怪我答应得太快。"于是大家畅饮绍兴酒，尽欢而散。[1]

黄酒正因为这些个性分明的文人而显得内涵深厚，令人回味无穷。

二、酒与艺术创作

酒是艺术的催化剂，不独文人对酒当歌，丹青画师亦如是。他们"雅好山泽嗜杯酒"，或流连于名山大川，或徘徊于花前月下，往往"醉时吐出胸中墨"。酒酣之后，他们"解衣盘薄须肩掀"，从而使"破祖秃颖放光彩"。同时，酒可品可饮，可歌可颂，亦可入画。生活中有酒，艺术要反映生活，必定涉及酒，酒因而进入艺术殿堂。人们带着艺术的眼光审视酒，为之设计既实用又美丽的酒具，还衍生出丰富多彩的酒筹文化，推动了酒文化的发展。

（一）艺术发展的特征

由艺术的发展轨迹也可以观察审美意识的嬗变。北宋山水画虽然是对景象的精致描绘，但取景偏于全景式布局，山水浓郁。而到了南宋以后，风景画以李唐为首，开始趋于清简，同时出现了"一角、半边"式的构图。再到后来，出现了截景式的构图，直接影响了马远、夏珪等人，他们采用一角式、半边式的构图方式。江南的温婉与秀丽的风光改变了北宋山水画以立轴表现的高大突兀、崇山峻岭、气派森严的宏阔气势，转向溪水淙淙、烟雨朦胧的清淡水墨风格。形与色的变化无不晕染着江南的独特风味。北人的画风在杭州的熏陶下变软变柔了。到了戴进[2]笔下，烟云幽树、秋山飞雁、斜阳蒹葭、荒花飞雪等，就是西湖边寻常景致的绘写，它与文人的携酒观湖、朋友小聚、孤舟独饮等意境是如此天衣无缝地结合。

明代中后期以后，心学兴起，文人被程朱理学压抑着的心绪得到了释放。

---

[1] 钱君匋：《忆章锡琛先生》，见陈子善编：《钱君匋散文》，花城出版社1999年版，第96—97页。

[2] 戴进（1388—1462），字文进，号静庵，又号玉泉山人，浙江钱塘人。

如袁宏道所倡导的"真乐",就是所谓"目极世间之色,耳极世间之声,身极世间之鲜,口极世间之谈"[1],把追求美味和声色看作人生真正的快乐。这种叛逆的精神表现在文人的生活中,就是许多高才秀质之士,以狂狷或放荡自诩,他们风流自赏,标榜名士清客的作风,以文会友,啸聚同类,舞文弄墨,品诗论画,宴饮唱和,一醉方休。这样的时代和世风使得元、明两代文人的气质有着极大的不同,与元代文人所关注、所表达的意蕴深重的情感相比,明代中晚期文人更乐于直接体验并享受自然赋予的物质的盛宴,生活显然更为轻松、悠闲和自适。

(二) 艺术创作与酒

1. 宋代之前的画家与酒

魏晋时期的张僧繇[2]长于写真,擅画佛道人物,亦善画龙、鹰、花卉、山水等。梁武帝好佛,凡装饰佛寺,多命张僧繇画壁。所绘佛像,自成样式,被称为"张家样",为雕塑者所楷模。张僧繇是南朝梁时代绘画成就最大的人。他与顾恺之、陆探微以及唐代的吴道子并称为"画家四祖"。张僧繇擅长描写人物面貌,梁武帝因为思念出外担任各州的诸皇子,便命令张僧繇为各个皇子画人物像。张僧繇画的样子极为逼真,见画就好像见到诸皇子。张僧繇吸收了天竺等外来艺术之长处,在中国画中首先采用凹凸晕染法,画出的人物像和佛像传神逼真。《建康实录》载:"一乘寺,梁邵陵王王纶造。……寺门遍画凸凹花,代称张僧繇手迹。其花乃天竺遗法,朱及青绿缘所成,远望眼晕如凹凸,近视即平,世咸异之,乃名凹凸寺。"[3]张怀瓘评语:"象人之美,张得其肉,陆得其骨,顾得其神。"张僧繇的"疏体"画法,至隋唐而兴盛起来。后人论其作画用笔多依书法,点曳斫拂,如钩戟利剑,点画时有缺落而形象俱备,一变东晋顾恺之、南朝宋陆探微连绵循环的"密体"画法。

史传,张僧繇曾画《醉僧图》,道士每以此嘲僧。群僧耻之,于是聚钱数十万,请阎立本作《醉道士图》。今并传于世。

唐代书法家颜真卿曾贬官湖州,与浙江结下情缘。颜真卿少时家贫缺纸笔,用笔蘸黄土水在墙上练字。初学褚遂良,后师从张旭得笔法,又汲取初唐四家特点,兼收篆隶和北魏笔意,完成了雄健、宽博的颜体楷书的创作,树立了唐

---

〔1〕 (元) 戴表元:《戴表元集》,陈晓冬、黄天美点校,浙江古籍出版社 2014 年版,第 372 页。

〔2〕 张僧繇,梁武帝(萧衍)时期的名画家,江苏吴中(今苏州)人,一说为吴兴人,生卒年不详。梁武帝天监(502—519)中为武陵王国侍郎、直秘阁知画事,历任右军将军、吴兴太守。

〔3〕 (清) 刘世珩:《南朝寺考》(普慧大藏经刊行会校刊本),明文书局 1944 年版,第 103 页。

代的楷书典范。楷书一反初唐书风，行以篆籀之笔，化瘦硬为丰腴雄浑，结体宽博而气势恢宏，骨力遒劲而气概凛然，这种风格也体现了大唐繁盛的风度，并与他高尚的人格相契合，是书法美与人格美完美结合的典例。他的书体被称为"颜体"，与柳公权并称"颜柳"，有"颜筋柳骨"之誉。他曾宦居湖州，聚集文人，畅饮吟诗，留下不少碑帖作品。

2. 宋代画家与酒

苏东坡的绘画作品往往是乘酒醉发真兴而作，黄庭坚《题子瞻画竹石》云："东坡老人翰林公，醉时吐出胸中墨。"其《枯入道士赋》云：苏东坡"恢诡谲怪，滑稽于秋毫之颖，尤以酒为神，故其觞次滴沥，醉余颦呻，取诸造化以炉锤，尽用文章之斧斤"。看来，酒对苏东坡的艺术创作起着巨大的作用，连他自己也承认："枯肠得酒芒角出，肺肝搓牙生竹石。森然欲作不可留，写向君家雪色壁。"苏东坡酒后所画的正是其心灵的写照。

南宋刘松年[1]是宫廷画家，以画风景、人物见长。其代表作有《四景山水图》及《天女献花图》，现藏故宫博物院；开禧三年（1207）作《罗汉图》，嘉定三年（1210）作《醉僧图》（图6-2），现藏台北故宫博物院；又有《雪山行旅图》，藏四川博物院；《中兴四将图》，传为其所作，藏中国国家博物馆。其中《醉僧图》画一枝虬曲古松，一葫芦挂于枝杈，青藤缠绕树身，松下坡石旁坐一僧，袒肩，做奋笔疾书状；僧前一童抻纸，僧左一童捧砚侍候。画面右上方有人题七绝一首："人人送酒不曾沽，每日松间挂一壶。草圣欲来狂便发，真堪画作醉僧图。"画面右上方淡笔擦出的远山和细笔轻快而流畅地勾出的浮云，使画面更增超逸出尘之气。飘然潇洒的长松针密布于画面上方，把观者的视线吸引到树荫之下的三个人物身上。而中间坐于石凳之上、解衣盘礴、乘兴挥毫者，想必是"草圣"怀素了。只见他头微仰，正提笔挥毫，而倾斜的坐姿仿佛提醒这位"草圣"还在醉酒之境。他似不经意地信手拈来，微微跷起的右脚，好像正在轻轻摆动，让他那放浪形骸的性格特征更加突出。

南宋梁楷[2]是一位行径相当特异的画家，善画山水、佛道、鬼神，师法贾师古，而且青出于蓝而胜于蓝。他喜好饮酒，酒后行为不拘礼法，人称"梁风（疯）子"。梁楷传世作品有《六祖伐竹图》《李白行吟图》《泼墨仙人图》等，以《泼墨仙人图》最为有名。他平时嗜酒自乐，"醉来亦复成淋漓"。《图绘宝鉴》记载，他在宋宁宗时任画院待诏，皇帝赐他金带，他竟然不受，挂在了院内，

---

〔1〕 刘松年（约1155—1218），南宋孝宗、光宗、宁宗三朝的宫廷画家，浙江钱塘人。因居于清波门，故有刘清波之号；清波门又有一名为"暗门"，所以其又得外号"暗门刘"。

〔2〕 梁楷，生卒年不详，祖籍山东，南渡后流寓钱塘。他是名满中日的大书法家。

把皇帝的赏赐晾了起来。在封建社会，皇帝赏赐的东西必须恭恭敬敬地保存、供奉起来，梁楷此举是常人不敢为和不理解的。

图6-2　刘松年《醉僧图》

南宋钱选[1]在宋亡后不肯应征去做元代的官员，甘心"隐于绘事以终其身"。钱选擅画人物、山水、花鸟、蔬果、鞍马等。他特别善作折枝花木，是一位技法全面的画家。他的绘画继承前代传统，人物画师法李公麟，山水画学赵令穰、赵伯驹，花鸟画师赵昌，其得意的绘画作品多赋诗在上。他的山水画，师古而不泥古，形成自己独特的风格，常以他居住的浮玉山和苕溪为题材，以设色画为多。如《山居图卷》，青绿设色，笔势细腻，方刚拙重，富有北宋以前的情调。人物画以历史题材居多，笔墨多在工整中又带有质朴和雅趣。现存的《陶渊明像》中，这位隐居田园松菊的高士，迎风曳杖，昂首阔步，以表现其不向统治者屈膝的志节。钱选的花鸟画成就最高，是元代继承宋代设色工笔花鸟画这一派中的代表人物。戴表元《剡源文集》总结钱选的最佳创作状态时说："吴兴钱选能画嗜酒，酒不醉不能画，然绝醉不可画矣。惟将醉醺醺然、手心调和时，是其画趣。"[2]

3. 元代画家与酒

元代画家中喜欢饮酒的人很多，著名的"元四家"（黄公望、吴镇、王蒙、倪瓒）中就有三人善饮。

倪瓒[3]处元之末世。元末社会动荡不安，倪瓒卖去田庐，散尽家资，浪迹于五湖三柳间，寄居村舍、寺观，人称其为"倪迂"。倪瓒善画山水，提出"逸笔草草，不求形似""聊写胸中逸气"的主张，对明清文人画影响极大。倪瓒一生隐居不仕，常与友人诗酒流连。"云林遁世士，诗酒日陶情""露浮箬叶熟春酒，水落桃花炊鳜鱼""且须快意饮美酒，醉拂石坛秋月明""百壶千日酝，双桨五湖船"，这些诗句都是倪瓒避俗就隐生活的写照。他曾写《对酒》以表志："题诗石壁上，把酒长松间。远水白云度，晴天孤鹤还。虚亭映苔竹，聊此息跻攀。坐久日已夕，春鸟声关关。"从元至正十三年（1353）到去世的20年里，倪瓒漫游太湖四周。他行踪漂泊无定，足迹遍及江阴、宜兴、常州、吴江、湖州、

---

〔1〕 钱选（1239—1299），字舜举，号玉潭，又号巽峰、雪川翁，别号清癯老人、川翁、习懒翁等，湖州人。宋末元初著名画家，与赵孟頫等合称"吴兴八俊"。

〔2〕 （元）戴表元：《戴表元集》，陈晓冬、黄天美点校，浙江古籍出版社2014年版，第372页。

〔3〕 倪瓒（1301—1374），字泰宇，别字元镇，号云林子、幻霞子等，江苏无锡人。

嘉兴、松江一带，以诗画自娱。这一时期也是倪瓒绘画的高峰期。他对太湖清幽秀丽的山光水色，细心观察，领会其特点，加以集中、提炼、概括，创造了新的构图形式、新的笔墨技法，因而逐步形成新的艺术风格。作品个性鲜明，笔墨奇峭简拔，近景一脉土坡，傍植树木三五株，茅屋草亭一两座，中间上方空白以示渺渺的湖波、明朗的天宇，远处淡淡的山脉，画面静谧恬淡，境界旷远，此种格调前所未有。

一生布衣的吴镇[1]善画山水、竹石、梅花，为人孤洁，以卖画为生。作画多在酒后挥洒，倪瓒称赞他和他的作品时说："道人家住梅花村，窗下松醪满石尊。醉后挥毫写山色，岚霏云气淡无痕。"吴镇于68岁侨寓嘉兴春波门外（今嘉兴市城区）春波客舍，专写墨竹。时与友人会于精严寺僧舍，心仪佛门，始自称"梅沙弥"。4年后回到魏塘，殁前自选生圹，自书碑文"梅花和尚之塔"。墓在今梅花庵侧。

王蒙[2]元末隐居杭县（今杭州市余杭区）黄鹤山，"结巢读书长醉眼"。善画山水，往往"醉拈秃笔扫秋光，割截匡山云一幅"。王蒙的画名于时，饮酒也颇出名，向他索画，往往须许他以美酒佳酿。袁凯《海叟诗集》中有一首诗云："王郎王郎莫爱惜，我买私酒润君笔。"

赵孟頫[3]是宋室宗亲，因此赵孟頫仕元，有着不为人知的自卑之感。赵孟頫多才多艺，尤其书法为一时之宗师。史载："元盛时，扬州有赵氏者，富而好客。其家有明月楼，人作春题，多未当其意者。一日，赵子昂过扬，主人知之，迎致楼上，盛筵相款，所用皆银器。酒半，出纸笔求作春题。子昂援笔书云：'春风阆苑三千客，明月扬州第一楼。'主人得之，喜甚，尽撤酒器以赠子昂。"[4]终成为一段趣闻。

钱塘人张雨[5]，为宋崇国公九成之裔，"年二十弃家，遍游天台、括苍诸名山。吴人周大静为许宗师弟子，得杨许遗书，外史师事之，悉受其说。入开元

〔1〕吴镇（1280—1354），字仲圭，号梅花道人，浙江嘉兴魏塘镇人。为人孤洁，隐居不仕，与达官贵人很少往来。曾在村塾中教书，以占卜卖画为生，一生穷困潦倒。

〔2〕王蒙（1308—1385），字叔明，号黄鹤山樵，浙江吴兴人。

〔3〕赵孟頫（1254—1322），字子昂，号松雪道人，又号水精宫道人，浙江吴兴人。元代著名画家，"楷书四大家"（欧阳询、颜真卿、柳公权、赵孟頫）之一。赵孟頫博学多才，能诗善文，懂经济，工书法，精绘艺，擅金石，通律吕，解鉴赏。特别是书法和绘画成就最高，开创元代新画风，被称为"元人冠冕"。他也善篆、隶、真、行、草书，尤以楷、行书著称于世。

〔4〕选自《南濠诗话》，见常振国、绛云编著：《历代诗话论作家（下）》，华龄出版社2013年版，第1290页。

〔5〕张雨（1277—1350），原名泽之，字伯雨，一字天雨，道家法名嗣真，号贞居子，又号句曲外史等，人称"贞居真人"，浙江钱塘人。宋崇国公九成之裔，元代散曲家、书法家、画家。

宫，从真人王寿衍为道士，名嗣真"[1]，过着亦俗亦道的生活。顾起纶《国雅品》中列他的诗为"仙品"，称"其诗如深谷幽兰，蕊芬远袭，亦品中灵秀也"[2]。清王士祯则赞赏他的拗体绝句，在《香祖笔记》中举了《三香图》《万壑松涛》和《黄子久画》三诗作例，认为这类诗"颇有坡、谷遗风"。同时他也擅长书法，尤其以草书为佳，又工图画，当时京城人士认为"诗文字画，皆为当朝道品第一"。但他在京城停留较短时间又回到杭州："归来重整旧生涯，潇洒柴桑处士家。草庵儿不用高和大，会清标岂在繁华？纸糊窗，柏木榻。挂一幅单条画，供一枝得意花，自烧香童子煎茶。"（《［双调］水仙子》）。至正二年（1342），张雨与杨维桢引为至交，常于玉山草堂联诗宴饮，登山游湖，在草堂留下欢歌佳话，《［双调］殿前欢·杨廉夫席上有赠》一曲则有偷醉的喜悦："小吴娃，玉盘仙掌载春霞。后堂绛帐重帘下，谁理琵琶？香山处士家，玉局仙人画，一刻春无价。老夫醉也，乌帽琼华。"张雨晚年在杭州结有"黄篾楼"，过着平静潇洒的日子。

4. 明代画家与酒

戴进是杭州人。他出生于画工家庭，从小受到绘画艺术的熏陶。然而少年时的他却是一个以铸造金银首饰为生的银匠。初到南京时，行李被佣夫挑去。戴进因临时雇他，不知其姓名、住址。但他并不为难，借笔墨绘出此佣夫相貌示众，即刻被人识出，当下带他找到了这个品行不端的佣夫，拿回了行李。其写真技巧的高超，于此可见一斑。宣德年间，戴进以善画被征入宫中。此时，他在绘画上的造诣已是非常全面，山水、人物、花草、瓜果、翎毛无不精通。戴进的人物画继承南宋院画风格，题材多样。有的表现历史故事，如赞美刘备礼贤下士的《三顾草庐图》（藏故宫博物院），有的反映渔民生活，如《渔乐图》（藏美国弗利尔美术馆），还有不少宗教鬼神画，如《达摩至慧能六代像卷》《罗汉图》《钟馗夜游图》等。在明代中叶，他的人物画被推为"绝技"。戴进的存世之作，大多作于回杭之后，西湖山水惠泽于他的创作，应是事实。而他对于西湖，也有用心的描绘，比如画作《南屏雅集图》（绢本，设色，纵33厘米，横161厘米，故宫博物院藏）。此图记杨维桢与故老宴于西湖之事。戴进为南屏雅集做了艺术化的记录。卷中除画人物外，还画了西湖的景色。画中的西湖云水，润泽而秀雅。

---

〔1〕（清）周庆云：《灵峰志》卷4上，见（清）邱峻、（民国）佚名、（清）周庆云：《圣因接待寺志 招贤寺略记 灵峰志》，杭州出版社2007年版，第491页。

〔2〕（元）张雨：《浙江文集·张雨集（下）》，彭尤隆点校，浙江古籍出版社2015年版，第675页。

蓝瑛[1]是杭州人，他尽一生之力沉浸于画艺之中，取得了巨大的成就，被视为明代杭州地区具有创新成就的画家。（图 6-3）蓝瑛绘画，早年以学黄公望等的元画为主，笔墨秀润，意境萧散，浅绛设色，与当时董其昌及松江派画家的风貌大体相当，个人特色上不甚明显。中年以后，一方面，漫游祖国南北山川的经历开阔了他的视野，另一方面，大量接触与学习马远、夏圭等人的绘画作品，使他对绘画风格有了自己的选择，得以突破当时崇南贬北的陈规，摆脱"邪、

图 6-3　蓝瑛《秋山渔隐图》

甜、俗、赖"的画风，形成清疏苍劲、笔力沉厚、水墨淋漓的个人风格，具有极深的艺术功力。代表作品有《松岩观瀑图》《松溪垂钓》《风雨山水》等。蓝瑛的作品中，以《红树青山图》（绢本，设色，纵 46 厘米，横 188 厘米，浙江省博物馆藏）为代表的一类作品最具特色。此类画作大多作没骨法，树石山川均以极其鲜艳的红、黄、青、绿诸色点写勾染，以白粉渲染为云。全图鲜艳、生动、明丽，又清新、通透、爽利，予人极目所欲的生趣。这种画法，蓝瑛自称"法张僧繇画"，其实应该是他自己的独创。而他所绘的高士、渔夫，或驻足观望，或扶杖迈步，或独坐小舟，静静地享受着自然之美。

　　李流芳[2]经常游览西湖，一边游湖一边作画，并写下了一系列的题跋。后因爱西湖之美，于中年择西湖雷峰塔旁建南山小筑，造清晖阁寓居，以诗文书画会友，与程孟阳、严印持等名家相往来。李流芳在清晖阁坐山观景，日夕玩味不已："林岫生烟水起风，湖山一抹隐雷峰。吴歌四面渔灯乱，坐到南屏罢晚钟。"（《小筑清晖阁晚眺》）"盖余在湖上山楼，朝夕与雷峰相对，而暮山紫气，此翁颓然其间，尤为醉心。"（《西湖卧游图题跋》之《雷峰暝色图》）对眼前的风景，他感触细致、表达细腻："白公堤畔烟湖空，四月未尽荷花红。两湖荡桨无一朵，小筑已见千花丛。昨日梅雨天多风，风翻雨打花龙钟。今朝日出方照耀，半晴半阴态逾工。君不见，雷峰倚天似醉翁，雾树欲睡纷朦胧。此花嫣然向我笑，怯怯新妆出镜中。"（《小筑看荷花偶成》）真切明朗的性情，轻松闲适的情趣，轻灵准确的文字，将微妙变幻着的西湖景致的众多瞬间，为我们做了定格。他画过很多与西湖有关的画，如《胜果寺月岩图》《六和晓骑图》《孤山夜月图》

<hr />

　　〔1〕 蓝瑛（1585—约1664），字田叔，号蝶叟，晚号石头陀，自署东郭老农，浙江钱塘人。善画山水，兼工人物、花鸟、兰竹，是一位以绘画为生的职业画家。
　　〔2〕 李流芳（1575—1629），字长蘅，一字茂宰，号香海、沧庵，晚号慎娱居士、六浮道人。明代诗人、书画家。安徽歙县人，侨居嘉定（今属上海市）。

《南屏山寺》《云栖晓雾图》等。李流芳画西湖（图 6-4），常常画得很辛苦。因为西湖的云气烟岚，实在是微妙得难以把握。他在《檀园论画山水》中说："三桥龙王堂，望湖西诸山，颇尽其胜。烟林雾嶂，映带层叠，淡描浓抹，顷刻变态，非董、巨妙笔，不足以发其气韵。余在小筑时，小桨至堤上，纵步看山，领略最多，然动笔便不是。甚矣！气韵之难言也。"[1]

图 6-4　李流芳《山水图》

明末清初的陈洪绶祖上为官宦世家，至其父家道中落。陈洪绶早慧，诗文书画俱佳，曾随蓝瑛学画花鸟。成年后到绍兴蕺山书院师从著名学者刘宗周，深受其人品与学识影响。崇祯三年（1630）应会试未中。崇祯十二年（1639）到北京宦游，与周亮工过从甚密。后捐资入国子监，召为舍人，奉命临摹历代帝王像，因而得观内府所藏古今名画，技艺益精，名扬京华，与崔子忠齐名，世称"南陈北崔"。明亡后，清兵入浙东，陈洪绶避难绍兴云门寺，削发为僧，一年后还俗。晚年学佛参禅，在绍兴、杭州等地鬻画为业。著作有《宝纶堂集》。翻阅《宝纶堂集》，在千余首诗中，"饮酒""醉酒""酒后作""醉中作"等字眼比比皆是。1644 年，南明朝廷在南京成立，有两位姓王的朋友劝陈洪绶去应试。他在诗中说："二王莫劝我为官""一双醉眼看青山""腐儒无可报君仇，药草簪巾醉暮秋"。在他离京时，同乡的倪元璐为户部尚书兼大学士，曾写诗劝他不要离京。他借酒谢绝："两袖清风归去时，家人应有馈糜词。不知饮尽红楼酒，又得先生送别诗。"过天津杨柳青时，在船上画《饮酒读骚图》，以读《离骚》而抒爱国情怀，复以饮酒而泄胸中之愤。

陈洪绶醉酒的故事很多。例如，他曾在一幅书法扇面上写道："乙亥孟夏，雨中过申吕道兄翔鸿阁，看宋元人画，便大醉大书，回想去年那得有今日事。"《陶庵梦忆》还记载了张岱和陈洪绶西湖夜饮，邂逅神秘女子的奇异经历：

> 崇祯乙卯八月十三，侍南华老人饮湖舫，先月早归。章侯怅怅向

---

〔1〕 俞剑华编著：《中国古代画论类编（下）》，人民美术出版社 2004 年版，第 755 页。

余曰："如此好月，拥被卧耶？"余敦苍头携家酿斗许，呼一小划船再到断桥。章侯独饮，不觉沾醉。过玉莲亭，丁叔潜呼舟北岸，出塘栖蜜橘相饷，畅啖之。章侯方卧船上嚎嚣。岸上有女郎，命童子致意云："相公船肯载我女郎至一桥否？"余许之。女郎欣然下，轻纨淡弱，婉嬺可人。章侯被酒挑之曰："女郎侠如张一妹，能同虬髯客饮否？"女郎欣然就饮。移舟至一桥，漏二下矣，竟倾家酿而去。问其住处，笑而不答。章侯欲蹑之，见其过岳王坟，不能追也。[1]

陈洪绶醉酒之后洋相百出，周亮工《赖古堂集》卷3《赠陈章侯》中说他"清酒三升后，闻予所未闻"。当然，陈洪绶醉后作画的姿态更特殊。周亮工说："急命绢素，或拈黄叶菜佐绍兴深黑酿，或令萧数青倚槛歌，然不数声辄令止。或以一手爬头垢，或以双指搔脚爪，或瞪目不语，或手持不聿，口戏顽童，率无半刻定静……凡十又一日计，计为予作大小横直幅四十有二。"[2]

陈洪绶孤傲倔强，不屈于权贵。有一次，某权贵说有宋元书画，请陈鉴定，诱之入舟。舟既发，乃出绢强索画。陈自知上当，乃"科头裸体，谩骂不绝"，又欲自绝于水，终不作画。[3]但他对贫贱者慷慨以待。一次，一老兵索画，他边饮边画，酒尽而画成。周亮工在《读画录》中说他"性诞僻，好游于酒。人所致金钱，随手尽，尤喜为贫不得志人作画，周其乏，凡贫士藉其生者，数十百家。若豪贵有势力者索之，虽千金不为捌笔也"[4]。

27岁那年，陈洪绶赋有《红树》诗十首。这十首诗，几乎每首都有"酒"字或者"醉"字，唯独没有"酒"的一首是这样写的："老渴今年二十七，未有当筵不唱歌。但使年年如此日，随他日月去如梭。"这里的"老渴"，便是陈洪绶对自己嗜酒如命最形象的戏称。这从侧面说明陈洪绶对酒的依赖之深。所谓"酒水酒水"，在陈洪绶看来，酒真的如水一样成为他生理上的必需品，一日不可无水，一日不可无酒。

对陈洪绶来说，饮酒是一种生活习惯，久而久之，酒与绘画发生了一种艺术上的化学反应。在清醒时作画，有心理负担；醉酒，使人精神放松，激起豪情，激发人的冲动、想象力和创作欲望。醉，是睡和醒之间的状态，醉时作画，无所顾忌，笔墨运转更为轻松自如，想象力比清醒时更为丰富，作品能够胆气

〔1〕（明）张岱：《陶庵梦忆 西湖梦寻》，栾保群点校，浙江古籍出版社2012年版，第43页。
〔2〕（明）周亮工：《题陈侯画寄林铁崖》，见黄卓越：《明清文人小品五十家（下）》，百花洲文艺出版社1996年版，第123页。
〔3〕（明）周亮工：《读画录》，西泠印社出版社2008年版，第76页。
〔4〕（明）周亮工：《读画录》，西泠印社出版社2008年版，第76页。

过人。但美酒也不断地侵蚀着陈洪绶的身心，30 多年的以酒解渴、酒中沉沦，最终他也把生命交给了酒。

5. 清代画家与酒

清代钱塘人金农[1]是"扬州八怪"之首。金农的书法艺术以古朴浑厚见长。他首创的漆书是一种特殊的用笔用墨方法。"金农墨"浓厚似漆，写出的字凸出于纸面。所用的毛笔，像扁平的刷子，蘸上浓墨，行笔只折不转，如刷漆一样。这种方法写出的字看起来粗俗简单，无章法可言，其实是大处着眼，有磅礴的气韵。最能反映金农书法艺术境界的是他的行草。他将楷书的笔法、隶书的笔势、篆书的笔意融入行草，自成一体，别具一格。其点画似隶似楷，亦行亦草，长横和竖钩都呈隶书笔形，而撇捺的笔姿又常常近于魏碑，分外苍劲、灵秀。尤其是那些信手而写的诗稿信札，古拙淡雅，有一种直率天成的韵味和意境，令人爱不释手。他是一位朝夕离不开酒的人。他曾自嘲："醉来荒唐咱梦醒，伴我眠者空酒瓶。"《冬心先生集》中就收录了他与朋友诗酒往来的作品十余首，如："石尤风甚厉，故人酒颇佳。阻风兼中酒，百忧释客怀"；"绿蒲节近晚酒香，先开酒库招客忙，酒名记注细可数，舣船激滟同品尝"。金农不仅喜欢痛饮，还擅品酒，他曾自豪地说"我与飞花都解酒"，所以，他的朋友吴瀚、吴潦兄弟就把自己的酒库打开，让他遍尝家藏名酿。

绍兴画家徐渭也多次到访杭州。嘉靖三十年（1551），他寓寄于杭州的玛瑙寺伴读两月，与杭州的画家谢时臣、沈仕等交往。而在嘉靖三十八年（1559），他一度入赘杭州王家为婿，与杭州有不解之缘。徐渭的花鸟画继承陈淳而又别出心裁，恣肆纵横，酣畅淋漓，激越昂扬，笔简有力。势如疾风骤雨，纵横睥睨，泼墨挥洒，大气磅礴，随手挥就的花草都可以见出笔墨的微妙变化，在技法上达到水墨写意花鸟画出神入化的境界。他是中国花鸟画发展过程中里程碑式的人物。但徐渭一生坎坷，嗜酒如命。袁宏道记其"晚年愤益深，佯狂益甚，显者至门，或拒不纳；时携钱至酒肆，呼下隶与饮"[2]，是一个以孤高自许的艺术家，但终生不得志，甚至多次处于疯癫状态。晚年他自题画曰："半生落魄已成翁，独立书斋啸晚风。笔底明珠无处卖，闲抛闲掷野藤中。"

酒的强烈刺激作用能唤醒人们的本真之性，所谓"酒后吐真言"也。嗜酒的书画家能用酒为自己营造一个理想的创作氛围。酒酣时，人精神兴奋，头脑

---

[1] 金农（1687—1763），字寿门、司农、吉金，号冬心先生、稽留山民、曲江外史、昔耶居士等，浙江钱塘人，久居扬州。清代书画家，"扬州八怪"之首。

[2]（明）袁宏道：《徐文长传》，见（清）吴楚材、吴调侯选编：《古文观止》，长江文艺出版社2015 年版，第 318 页。

里的一切理性和世俗藩篱，心理上的各种压力，都被抛到九霄云外，创作欲望和信心增强，创作能力升华，自己掌握的技法不再受思维的束缚，作起画来得心应手，挥洒自如，这时往往会有佳作产生。"酒神型"艺术家的作品，往往是其本性的化身，是其对真善美认识的具体反映。酒后之作大多痛快淋漓，自然天成，毫无矫揉造作之态。

第三节　酒与文人创作形式

一、文人雅集

（一）张园雅集

《梦粱录》卷19记："文士有西湖诗社，此乃行都搢绅之士及四方流寓儒人，寄兴适情赋咏，脍炙人口，流传四方，非其他社集之比。"[1]宋代的文人集会就很流行。南宋的张园，"园池、声妓、服玩之丽甲天下"[2]。张镃是张俊的曾孙，与当时的名流如陆游等均有深谊，张镃的雅集举办频率极高、档次极高。宴会时有异香盈室，"群妓以酒肴丝竹，次第而至。别有名姬十辈，皆衣白，凡首饰衣领皆牡丹"，歌舞一番退下。又有十名歌妓"易服与花而出。……衣与花凡十易。所讴者皆前辈牡丹名词。酒竟，歌者、乐者，无虑数百十人，列行送客。烛光香雾，歌吹杂作，客皆恍然如仙游也"[3]。戴敏有《初夏游张园》诗，记录了一次雅集的情形："乳鸭池塘水浅深，熟梅天气半晴阴。东园载酒西园醉，摘尽枇杷一树金。"戴表元记述了杭州宋循王孙张功父邀请文人宴集的情形：

> 而循王孙张功父使君，以好客闻天下。当是时，遇佳风日。花时月夕，功父必开玉照堂，置酒乐客。其客：庐陵杨廷秀、山阴陆务观、浮梁姜尧章之徒以十数。至辄欢饮浩歌，穷昼夜忘去。明日醉中唱酬诗，或乐府词，累累传都下。都下人门抄户诵，以为盛事。然或半旬十日不尔，则诸公嘲讶问故之书至矣。[4]

〔1〕（宋）吴自牧：《梦粱录》，浙江人民出版社1980年版，第181页。
〔2〕（宋）周密：《齐东野语》，上海古籍出版社2012年版，第214页。
〔3〕（宋）周密：《齐东野语》，上海古籍出版社2012年版，第214—215页。
〔4〕（元）戴表元：《牡丹醼席诗序》，见（元）戴表元：《戴表元集（上）》，陈晓冬、黄天美点校，浙江古籍出版社2014年版，第223页。

文人雅集作品成为社会文化时尚的标杆。

(二) 南屏雅集

元代以后，杭州的政治地位不复往昔。聚集于杭州的文人或是官途不畅而告老还乡，或是隐迹于市布衣终身，但是杭州的文化气息并没有衰弱。"渡江兵休久，名家文人，渐渐修还承平馆阁故事"[1]，文人宴集之风甚盛。《明史·张简传》记述："当元季，浙中士大夫以文墨相尚，每岁必联诗社，聘一二文章巨公主之，四方名士毕至，宴赏穷日夜，诗胜者辄有厚赠。"其中，杨维桢的宴集青史留名，《明史·文苑一》记述了他与文士的聚会："海内荐绅大夫与东南才俊之士，造门纳履无虚日。酒酣以往，笔墨横飞。或戴华阳巾，披羽衣坐船屋上，吹铁笛，作《梅花弄》。或呼侍儿歌《白雪》之词，自倚凤琶和之。宾客皆蹁跹起舞，以为神仙中人。"戴进为此次盛会做了艺术化的记录——《南屏雅集图》。该图描绘的是元末名士杨维桢春日偕友携妓游西湖，在南屏山下宴饮酬唱时的情景。从左至右展开画卷，南屏山下的湖中三只小舟，各载一人；堤岸上，流泉边，刚刚到达的名士向主人寒暄，身后一童子捧席等立；翠柏之下，早已开始宴饮酬唱的文人乐妓有的在品评书画，有的在敬酒叙谈，一红衣女妓正欲书画，周围几位文人屏气注目；左边屋宇内走出的童子，正不断供奉着酒食果品。

元代集会的具体情况可从"玉山雅集"中窥视一二。玉山雅集是昆山顾瑛玉山草堂中举办的文人聚会，次数多且档次高，吴克恭就记录了其中的一次：

> 己丑之岁，六月徂暑，余问津桃源，溯流玉山之下，玉山主人馆余以草堂芝云之间，日饮无不佳适。有客自郡城至者，移于碧梧翠竹之阴。盖堂构之清美，玉山之最佳处也。集者会稽外史于立、吴龙门僧琦、疡医刘起、吴郡张云、画史从序。后至之客，则聊城高晋、吴兴郯韶、玉山主人及其子衡，暨余凡十人。以杜甫氏"暗水流花径，春星带草堂"之韵分阄，各咏言记实。不能诗者，罚酒二觥觥，罚者二人。明日，其一人逸去，虽败乃公事，亦兰亭之遗意也。从序以画事免诗而为图。时炎雨既霁，凉阴如秋。琴姬小璚英、翠屏、素贞三人侍坐与立趋，歙俱雅音。是集也，人不知暑，坐无杂言，信曰雅哉。[2]

───────────

〔1〕（元）戴表元：《牡丹醼席诗序》，见（元）戴表元：《戴表元集（上）》，陈晓冬、黄天美点校，浙江古籍出版社 2014 年版，第 223 页。

〔2〕 见《元诗选·初集三》。元末昆山人顾瑛在自家玉山草堂召集、杨维桢主盟的玉山雅集，前后持续十多年，参与其中的文学家与艺术家达 300 余人，名流如云。《草堂雅集》中所收的唱咏的诗人达到 80 人。

美酒美妓，分韵吟诗，作画题序，文人的风雅千年不易。

（三）西湖雅集与诗会

明代文人经常在西湖边举行鉴赏画作的雅集活动。汪砢玉《西子湖拾翠余谈》记载："甲子上巳，泛白苎村，看颜氏西府海棠。正朝雨后，把胭脂湿透。返，得姚云东画，自题：'东风吹竹绿于柳，柳不耐秋惟竹存。'笔墨潇洒多逸致。时与姚叔祥、陈符升、李会嘉、谭梁生、闫仲诸相知，酌东雅堂鉴赏，则银蝉初上海棠时也。"[1]

乾隆年间的西湖诗会有盛名。"杭、厉之外，还有朱鹿田樟，吴鸥亭城，汪抱朴台，金江声志章，张鹭洲湄，施竹田安，周穆门京。每到西湖堤上，揹裳联袿，若屏风然。有明中、让山两诗僧，留宿古寺。诗成传抄，纸价为贵。"[2]诗会保留着传统杭州文人聚会的特点，有诗僧加入，共同享景作诗。

清代还有袁枚招女弟子吟诵于西湖之上的雅事。第二次西湖之会在乾隆五十七年（1792）进行，由知府明希哲筹办。明希哲名保，满洲人。听闻袁枚到杭州，遂请至府，介绍两妾为袁弟子。第二天袁枚则与女弟子会于宝石山庄湖楼。候明希哲画舫到来，遂与女弟子七人上画舫游湖。有关这次西湖诗会，《袁枚传》这样记述："袁枚与众闺秀听了大喜，再细看画舫，甚是宽敞，足可坐十余人，且颇为华丽，船舱两侧镶着七彩玻璃，在阳光下闪闪发光，舱内安放着桌椅，椅上铺着锦垫，桌上已摆满菜肴美酒、时鲜水果。……待闺秀们划船累得气喘吁吁，才进入舱内，围坐桌旁，品尝明知府设置的绮筵。闺秀先向袁枚敬酒，袁枚酒量不大，但对女弟子的敬酒仍不能不应酬。袁枚喝了半杯后说：'吾浙闺秀多诗人，足与江苏才女相颉颃。闺秀作诗多抒写真性情，以白描之笔取胜，不似有些人以考据为诗，堆砌典故，还自称"学人之诗"，却不知性灵为何物。此等人只好去作考据，何必为诗？吾浙闺秀诗人皆各有所长，难以绝对分高下。但若强排座次，当以孙碧梧夫人为冠，潘素心夫人居其后。此乃老夫妄加轩轾，不知诸位首肯否。'"[3] 于是命潘素心以"福与慧兼"之语作五言排律。潘素心作完之后，当场吟诵。袁枚当即评点。众人尽兴，回舟湖楼。

陈景钟在《清波小志补》中记载了一次西湖文人聚会。聚会的文人有徐逢

〔1〕（明）汪砢玉：《西子湖拾翠余谈》卷下，上海古籍出版社1999年版，第137页。

〔2〕袁枚：《随园诗话》，见陆鉴三选注：《西湖笔丛》，浙江人民出版社1981年版，第491页。

〔3〕王英志：《文采风流——袁枚传》，东方出版社2012年版，第145页。

吉、田世容[1]、赵湖友、莫柳亭等。徐逢吉隐居于黄雪斋中，时年八十四。长年足疾不出。这一天正是梅雨时节，陈景钟与赵湖友、莫柳亭等在学士桥头雇船，又邀请徐逢吉、田世容坐船游玩。众人饮酒作诗，非常尽兴。第二天，陈景钟仿元人笔法作图一幅，徐逢吉作序，其他诗人诗作以小册记之。这是一次文人的雅会。第二年，田守庐与徐逢吉便相继弃世，这一聚会便也有了纪念性的意义。

雅集一般由权贵赞助，以文坛首领为盟相邀。雅集之时，创作形式多样。有分韵作诗。元代钱惟善《陪吴叔巽诸君吴山小饮客有期不至者作诗贻之分得人字限十韵》即云："层峦郁孤翠，幽亭萃嘉宾。维时风日美，适目江山新。鸣弦调初夏，撷芳惜余春。息景生茂树，俯渊窥潜鳞。雍雍文字饮，楚楚樽俎陈。德馨幽兰佩，石润苍苔茵。清赏暂逍遥，素期非隐沦。黄鸟鸣我傍，嘤嘤若怀人。百年几良会，缅兹寂寞滨。披拂松云下，结庐行卜邻。"好酒与好诗相配，则相得益彰。

又如清代汪森《丙寅重九吴山雅集用昌黎人日城南登高韵》："吴山崛苍旻，烟霞手可弄。遇此风日晴，湖波未生冻。我曹居异郡，行藏同舍用。登眺亦偶然，琴书省俭从。松涛落清音，幽赏欣与共。觥筹迭手飞，萸菊聊目送。日落沙渚明，轻桡点菰蒻。乌桕经霜凋，秋鸿入云纵。明朝还惜别，人事苦倥偬。结交古所难，道义以为重。"诗中竟然有如此浓厚的怀旧与遁安之情，反映出清代杭州乃至江南文人普遍的心理倾向。

也有相互唱和的。陈景钟《清波三志》记："云居寺僧德言，字心学，通儒书，喜从士大夫游，与总河陈鹏年、少宰汤右曾、侍郎仇兆鳌往还唱和，有《跌翠楼》诗若干卷。尝与赵瑾叔客秀州，寻鸳湖诸胜；及归，赵赠之诗云：'肩拍洪崖醉倚楼，招携胜侣共吟秋。当门台殿迎青眼，入座湖山对白头。僧仿中峰遗履箑，客摹松雪古碑留。鸳湖一棹同归后，又选枫林作快游。'"

还有联句的。联句的特点是不限定参加人数，大家围绕一个主题，每人的句数可多可少。可以限韵，也可以不限韵。唐代大历年间，颜真卿在湖州为官时就参加过诗联唱的盛会。联唱的成员时多时少，而主题限定于日常生活，进行游戏式的联句。

另有随席作画的，尽兴而归。

---

[1] 据陈景钟辑《清波小志补》，"田世容，字书升，钱唐人，少失怙恃，家贫力学，博览群籍，不乐仕进。壮时遨游四方，最后依蒲蛮朱参戍住滇十余载，归里葬父母于九曜山阴，因筑室南屏之西，自号守庐。署联于堂云：'胡为乎万里归来，只剩得几卷残书，数茎白发；所就者一庐终守，未敢忘两行翠柏，半角青山。'绘《守庐图》，一时名士多为之题咏。乾隆二年，有司以孝行闻于朝，奉敕建旌孝坊于墓庐前以表之。五年夏六月，坊成，而先生即以是年闰六月十三日卒于墓庐"。

二、结社聚会

结社是文人创作的第二种形态，体现了文人的同声相求、同气相应。较之雅集，结社文人的聚会更具有竞争性，是各展才艺的尽兴之会。

一般结社，需要有一定的章程与接纳会员的标准。宋代的诗社，是序齿不序官，强调随意性。如洛阳耆英会的会约："朝夕食，各不过五味，菜果脯醢之类，各不过三十器。酒巡无算，深浅自斟，主人不劝，客亦不辞，逐巡无下酒时作菜羹不禁……"〔1〕

宋亡后，宋遗民汪元量从燕地南归，与李玉等组织西湖诗会。他的《唐律寄呈父凤山提举》（其九）有"遥忆武林社中友，下湖箫鼓醉红装"之句，其《疏影》词序云"西湖社友赋红梅，分韵得落字"，隐约透露出诗社的活动。

明代西湖的结社活动非常突出。经济繁华带来的是生活安适，"硕德重望，乡邦典型，酒社诗坛，太平盛事。吾杭士大夫之里居者，十数为群，选胜为乐，咏景赋志，优游自如"〔2〕。正德年间的诗社即有朱镛的归荣雅会、惠隆的五老归田会等。嘉靖年间，由于皇帝怠于政事，政治腐败，倭寇入侵沿海地区，忧患与失望使得文人退守到自然之边，士子借诗酒消愁。张文宿等的西湖书社、方九叙等的西湖社，茅坤等的大雅堂社，李奎等的湖南吟社、孤山吟社以及祝时泰等的西湖八社（包括紫阳诗社、湖心诗社、玉岑诗社、飞来诗社、月岩诗社、南屏诗社、紫云诗社、洞宵诗社），随之兴起。到了万历年间，党争不休，宦官炽烈，杭州成了文人逃禅的理想之地。张瀚等的怡老会，卓明卿等的南屏社，钱立等的怡老社，严武顺等的西湖月会，盛时龙等的香月社，闻启祥等的小筑社，还有读书社、登楼社等，纷纷开设。其主要内容就是诗酒唱酬而不言国事。〔3〕

明代的结社亦有规章，现将《西湖八社诗帖》摘录如下，可窥见结社之情形。此帖由钱塘童汉臣〔4〕拟定。

---

〔1〕（明）何良俊：《四有斋丛说》卷31，见上海古籍出版社：《明代笔记小说大观2》，上海古籍出版社2005年版，第1119页。

〔2〕（清）陈璚修、王棻纂，（清）屈映光续修、陆懋勋续纂，（清）齐耀珊重修、（清）吴庆坻重纂：《杭州府志》（民国铅印本）卷173《杂记》。

〔3〕 何宗美：《明代杭州西湖的诗社》，《中国文学研究》2002年第3期。

〔4〕 童汉臣，字仲良，号南衡，浙江钱塘人。嘉靖十四年（1535）进士。嘉靖三十二年（1553），以御史为泉州府知府。

　　　　紫云诗社，灵峰寺、玉泉寺、宝叔塔、无门洞、佛会寺、雷院、初阳台诸胜属焉，南衡主之。凡每会轮一人主之，肉食之豆三，蔬食之豆三，果饵随设无定。品酒数行，能饮者听之。会间清谈山水道艺外，如有语及尘俗事者，浮一大白。凡诗命题止，即景不取远拈；各集众思，要在古雅为贵。南衡山人记。[1]

　　作为发起人的童汉臣规定了诗社的基本物质准备："肉食之豆三，蔬食之豆三，果饵随设无定。品酒数行。"突出随意性。至于活动的内容，会员如果在南线活动，则在涌金城外候齐；若在北线活动，则在昭庆寺候齐，或买舟，或肩舆，随便。而对于内容，则要求不俗，流连于自然风景之中，主要不出三类：或是娱乐，或是宴游，或是逃禅。每个诗社将一些主要景点作为社游范围。有明一代，有 85 个景点被列在其中。明代诗社与宋代诗社不同的是，强调对国事的不议论。

　　明代诗人结社湖边的集体创作，成为失意、罢官或者隐居文人的自然选择，如茅坤所言："或谓予于文章颇多滂宕激昂，倘及驰骤睥睨古作者之林，而于诗歌之什则疲矣，稍稍低徊厌弃。"[2] 这种状态，符合那些抱膝而吟、栖窒而卧的社游活动的宗旨，使其能借得意兴，谐意而为。

　　值得一提的是诞生于杭州本土的女性诗人社团"蕉园诗社"。《杭郡诗辑》载："是时武林风俗繁侈，值春和景明，画船绣幕交映湖湄，争饰明珰翠羽、珠髻蝉縠，以相夸炫。季娴独漾小艇，偕冯又令、钱云仪、林亚清、顾启姬诸大家，练裙椎髻，授管分笺，邻舟游女望见，辄俯首徘徊，自愧弗及。"

　　主要的创作形式也是分韵作诗。茅坤的《白华楼续编》卷 11《大雅堂社》描写了结社赋诗的情形："其至也，分曹赋诗，大略仿兰亭故事，各镌句刻响，以求其至，而诗不成，饮以巨觥，约曰：'诗不成，无返；醉，无返；日暮，无返；风雨冰雪，无返；兴不尽，无返。'"用的是分韵诗的方式。诗人聚会，拈出一两句诗文，各自分里面的一个字（也有同时分两个字的）作为韵字，作诗，所作诗就叫分韵诗，也称拈韵诗。《清波小志补》中说毛稚黄先生有子鸠臣，"亦工吟咏，惜其集不传，无从恪诵。曾闻紫珊老人言，一日同泛湖分韵，鸠臣得句云：'绿水姓吹白，青山晚作红。'一时传诵，以为佳句"[3]。所以一句之佳，

　　〔1〕（清）周庆云：《灵峰志》卷 4 上，见（清）邱峻、（民国）佚名、（清）周庆云：《圣因接待寺志 招贤寺略记 灵峰志》，杭州出版社 2007 年版，第 126 页。
　　〔2〕（明）茅坤：《浙江文丛·茅坤集（一）》，浙江古籍出版社 2012 年版，第 3 页。
　　〔3〕（清）陈景钟：《清波三志》，见王国平主编：《西湖文献集成（第 8 册）·清代史志西湖文献专辑》，杭州出版社 2004 年版，第 158 页。

也能得诗名流传。为了分韵作诗，还有专门制作的"韵字箱"。《西湖志》卷 29《撰述》上崇祯海昌陈梁《韵史引》介绍了崔子五竺制"韵字箱"的雅事，"崔子五竺从其父使君征仲仕武林，结社圣湖，一时游仕武林者推洛阳才，重爱之"。[1] "使君制韵字箱，以平仄六十为一箱，从宾客赋诗不得逾此百二十字，此昔贤即席限字佳事也。"[2]

（一）陆小石灵峰雅集

灵峰位于西湖的西部山峦中，灵峰山下有青芝坞。后晋开运年间建有灵峰寺。古有翠薇阁、眠云堂、妙高台、洗钵池等。明万历初年，山寺败落僧飘散，仅存殿宇。清嘉庆间，浙江都卫莲溪重修灵峰寺，四周植梅花一百多株。

咸丰九年（1859）正月十七日，陆小石邀同陈觉翁、汪铁樵、魏滋，高饮江、罗镜泉、吴康甫、何方谷、吴雪隐、陈子馀、朱述庭、崔子厚、张藕舫，方外诺庵、慧闻、机宏、半颠、小集墨慎上人于灵峰寺赏梅。说明此次雅集，俗僧共聚，既有暂时脱离俗世的文生，也有说法逃禅的方外之士，主要是借酒来释放情感。

参加聚会的文人，多有记述。而酒就是催化剂，使身份各异的文人能够欢畅相聚。聚会中杨振藩作了《灵峰探梅图》，各家纷纷有题咏之作。杨振藩自题云："重造远公庐，敷坐就南荣。宾主两相忘，野服杂参缨。计年及千岁，眉寿齐笺彭。挥毫吐云烟，酣饮吸长鲸。暂息去来缘，止观即无生。逃禅非所慕，好爵岂要名。欢聚当及时，勿为来者萦。归途屡回顾，登览有余情。寥天发虚籁，万壑来松声。"[3] 陈春晓诗云："花发寒犹早，僧狂醉欲颠。隔年曾两到，香火证前缘。扶筇惟我老，吏隐慕高风。路入二三里，人来十八公。酒酣重启瓮，饭罢不闻钟。宛似无遮会，豪情陆士龙。"又云："群公吏隐尽风流，除却梅花莫与比。酒龙诗虎各称雄，说鬼谭禅性不同。"[4] 蒋坦诗云："朋酒成高会，南湖梦雨天。草堂人日后，春信早梅边。得句同何逊，论交有大颠。相逢须尽醉，文字此因缘。"[5] 陈春晓作题记，描述了灵峰雅集的情形："巡檐徙倚，群贤毕集。循吏风流，狂才脱略。惟陶元亮，礼不为拘。惟阮嗣宗，至期必醉。

---

〔1〕 徐建新：《茅坤传》，浙江人民出版社 2006 年版，第 100 页。

〔2〕 （清）李卫修、（清）傅王露等撰：《西湖志》卷 29《撰述》，清雍正刻本。

〔3〕 （清）周庆云：《灵峰志》卷 4 下，见（清）邱峻、（民国）佚名、（清）周庆云：《圣因接待寺志 招贤寺略记 灵峰志》，杭州出版社 2007 年版，第 154—155 页。

〔4〕 （清）周庆云：《灵峰志》卷 4 下，见（清）邱峻、（民国）佚名、（清）周庆云：《圣因接待寺志 招贤寺略记 灵峰志》，杭州出版社 2007 年版，第 155 页。

〔5〕 （清）周庆云：《灵峰志》卷 4 下，见（清）邱峻、（民国）佚名、（清）周庆云：《圣因接待寺志 招贤寺略记 灵峰志》，杭州出版社 2007 年版，第 131 页。

别有方外，生公说法，慧远逃禅。琴樽之盛，蔬笋之精。愧我前游，弥形孤寂。宛似坡翁，前后赤壁。日月几何，岩阿变色。日短风狂，苍然欲暝。酒阑人散，相率出山。北海豪情，西泠雅集。主斯会者，陆君小石。时咸丰己未，孟春既望，雅集寺中，凡十八人。杨蕉隐参军为小石绘图，诸吟侣各系以诗，余故乐为之记。"[1]

咸丰十年（1860）三月十九日，太平天国军队攻占杭州，此后的三四年中与清军拉锯进出杭城，干戈连年，灵峰梅花也惨遭摧残，而好事之诸老也生死流离。[2] 而陆小石因携长卷至东粤，所以得以保存。但由于"海隅卑湿，惜半残蚀，因改巨幅，张之壁上"。[3] 而乡人多有题跋。如张曰衔云："胜侣不可作，野梅空自香。惟余遗墨在，珍重比琳琅。"[4] 夏鸾翔云："钱塘高叟善为诗，醉后微吟几拈髭。领略梅花千万树，从来一字有余师。""画船载酒细论文，芝坞斜阳映练裙。更有暗香疏影外，一僧闲立话湖云。""文酒西湖是旧游，冷香如梦记勾留。瑶琴莫谱思归操，岁岁花开陌上头。莫恨天涯会晤难，客中同唱海漫漫。十年遗挂今重见，应作昭陵茧纸看。我亦天涯漂泊人，挑灯读画倍酸辛。何时重索巡檐笑，雪北香南续旧因。"[5] 这次聚会在战火绵延的背景下显得更有追忆的价值。30年之后，陆小石之子陆似珊回到家乡，又游灵峰，不胜感慨。于是将此图卷留于寺中，以证香火因缘。文人目睹此画，唤醒的不仅是对过去

〔1〕（清）周庆云：《灵峰志》，见王国平主编：《西湖文献集成（第21册）·西湖山水志专辑》，杭州出版社2004年版。

〔2〕程杰以丁丙《陆小石丈灵峰探梅图，成于庚申春日，同游胜侣，凤多旧识，杭垣再陷，诸老半罹浩劫，此图可作忠义录观，今似珊将供养灵峰，属僧守护，谨题四章志感》注称："探梅在庚申二月五日，越二十余日城即陷。方外谦谷闰三月八日重题，云其中怀抱悲欢之感，不啻霄壤。"（丁丙《松梦寮诗稿》卷5）推测大概咸丰九年（1859）雅集探梅初次起例，次年二月五日又有一次集会。见程杰：《中国梅花审美文化研究》，巴蜀书社2008年版，第237页。到底聚会几次，在何时，陆有壬（似珊）《灵峰探梅图跋》中并未提及。《灵峰志·艺文下》在丁丙诗夹注中称："探梅在庚申（1860）三月五日，越二十余日城即陷。方外谦谷闰三月八日重题，云其中怀抱悲欢之感，不啻霄壤。"与程杰所记日期有出入。释真默（谦谷）的诗跋中记，二月十三日他作了诗。是月二十七日，战火燃至杭城，陆小石居近城北，衣物均被抢掠，书画卷几为一空，仅此卷无恙。是年上巳，官军入城，太平军离城。释真默于咸丰十年（1860）三月八日又记此事。王斯恩在20多年后在图题跋中记提到"两年两度此门中，从古梅花属放翁"，戴有恒也在图题跋中记说"癸亥六月日维谷，故人示我巨横轴。云是灵峰探梅图，先人知己联三六。鸿篇巨制极时盛，两度清游留简牍"。太平军是1860年进攻杭州，那么癸亥（1863）六月戴有恒看到的是兵燹之后留下的半幅。

〔3〕（清）周庆云：《灵峰志》卷4上，见（清）邱峻、（民国）佚名、（清）周庆云：《圣因接待寺志 招贤寺略记 灵峰志》，杭州出版社2007年版，第146页。

〔4〕（清）周庆云：《灵峰志》卷4下，见（清）邱峻、（民国）佚名、（清）周庆云：《圣因接待寺志 招贤寺略记 灵峰志》，杭州出版社2007年版，第160页。

〔5〕（清）周庆云：《灵峰志》卷4下，见（清）邱峻、（民国）佚名、（清）周庆云：《圣因接待寺志 招贤寺略记 灵峰志》，杭州出版社2007年版，第161—162页。

岁月的记忆，更是对人世悲欢与民情难料的无奈之感。比如吴庆坻题曰："岩扉芝坞水云荒，酾酒寒梅吊国殇。"[1]与梅花共入记忆的，是深深的国殇，是烈酒驱不去的伤感。当时参与聚会的文人盛传均感叹道："人生百年驹隙驶，聚散悲欢偶然耳。披图循览半陈人，传物惟凭斜界纸。灵峰梅花霞盈绮，诗酒当年高会起。一十八公各呈技，图画春风论尺咫。春风惆怅劫飞灰，万花寂寞余尘埃。"接着笔锋一转，由沉郁而高亢："海南仙云拥护来，吉光之宝轻装回。士龙跌宕有替人，风流文采皆清新。西泠昔游宛然在，精魄摩荡洵有神。斯图付与诗僧守，鱼罄欢呼蒲牢吼。优昙出守亦偶然，笑起山灵齐点首。探梅人去图不朽，坐卧闲房罗左右。珍重故应比琼玖，君不见，永欣寺中缸面酒。"[2]虽然物非人去，但是因为有图不朽，所以艺术的精神可以不朽。30年后，当文人又聚会于灵峰时，重又高涨的，是诗酒的精神。

未曾与会的文人如丁丙、翁同龢等见到如此巨幅画作，都有诗题来反映这段史实。而他们的记述中，才华横溢的文人饮酒高会，呈现的半张残纸，记录的是人生短暂与世事难料的伤感。丁丙写道："来叩远公室，社同参白莲。冠簪与巾钵，十八东林贤。画梅杨补之，觅句陈无己。魏舒乐山居，汪伦契潭水。同访藐姑仙，更约参寥子。饮酒时中子，逃禅聊复尔。翳余皆素心，重公达尊齿。至言为心声，含宫忽变徵。大招半国殇，几人返乡里。叫绝梅花魂，高山空仰止。……诗好呈我佛，画更宝先友。诗爇海南香，勿贪缸面酒。三藏永流传，一卷寿长久。"[3]翁同龢感叹："吾生出入明光殿，惜与群贤未识面。"

陆小石的探梅雅集于此写上句号，但也成为另一次集会的因缘。

（二）周庆云东坡生日灵峰雅集[4]

宣统元年（1909），周庆云到灵峰，见莲溪长老出示《探梅图》，乃知"灵峰为咸、同朝胜流文宴之所。今梅径久芜，相与太息。是年二月，予遂有补梅之举"，植梅三百株，另筑补梅庵。周庆云自题诗云："𡼏彼灵峰寺，昔维翰墨场。名流倏已谢，梅径芜不芳。一卷蕉隐画，长留阅星霜。中有故相笔，文采何辉煌。先民恋湖山，雅意那可量。人事未百年，尘嚣沸如汤。清响邈尔绝，

---

[1]（清）周庆云：《灵峰志》卷4下，见（清）邱峻、（民国）佚名、（清）周庆云：《圣因接待寺志 招贤寺略记 灵峰志》，杭州出版社2007年版，第164页。

[2]（清）周庆云：《灵峰志》卷4下，见（清）邱峻、（民国）佚名、（清）周庆云：《圣因接待寺志 招贤寺略记 灵峰志》，杭州出版社2007年版，第165页。

[3]（清）周庆云：《灵峰志》卷4下，见（清）邱峻、（民国）佚名、（清）周庆云：《圣因接待寺志 招贤寺略记 灵峰志》，杭州出版社2007年版，第162—163页。

[4] 下引诗文均出自（清）周庆云：《灵峰志》卷4下，见（清）邱峻、（民国）佚名、（清）周庆云：《圣因接待寺志 招贤寺略记 灵峰志》，杭州出版社2007年版，第148—183页。

春声安足扬。岂要托风骚，乔木故国伤。一往篱幽情，缅言此回皇。平生腰脚顽，寻胜喜自将。辟径列梅株，开山写茅堂。非必还旧观，聊用寄壶觞。迹跋黄尘底，方知此兴长。寄言好事者，孤屿与康庄。"秦国璋记录此事："画中山色依然好，劫后梅花一树无。提倡风骚谁好事，灵峰重与补梅株。"而文人的参与，显然使得灵峰宁静的生活变得丰富多彩。灵峰补梅后，曾仿前人的灵峰探梅图绘灵峰补梅图，"石门吴激、归安包公超、仁和郑履征各绘四页，乌程谈麟书绘三页，安吉吴俊卿题篆书'灵峰补梅图'五字"。屠维屏记录了此事："曲径灵峰迤逦开，诛茅削竹出新裁。泉清掬得一轮月，亭好浑成两壑雷。载酒客从青坞去，骑驴人自白堤来。眼明萧寺留图画，不减南宗佛影台。……水边篱落影横斜，春色平分释子家。西去韬光观浴日，南来峻岭接栖霞。芒鞋未蹈峰间寺，画册先看笔吐葩。会向北山同选胜，与君樽酒对梅花。"补梅与题梅，成杭州雅士灵峰相会的理由。酒更是代诗文兴的良友。秦敏树记曰："书堂小辟灵峰边，压屋不嫌怪石凸。卷帘有客补新词，拨瓮邀朋醉明月。"周庆云春秋佳日辄约文友举行雅集，著名的一次便是苏东坡生日灵峰宴集，即宣统二年（1910）十二月十九日，一时名流云集，为当时一大盛事。

沈中《东坡生日灵峰宴集序》记："宣统二年，岁在庚戌，十二月十九日，梦坡先生邀集胜流，游宴灵峰。"此日为苏东坡的生日，于是众文人以此为由，"燕集群贤于此，不有诗歌，焉申雅意？酒醥高咏，固所宜也"。

此次宴集与当年陆小石己未雅集的规模相仿。据周庆云《〈东坡生日灵峰宴集图〉题咏》之序云："与会者为丹徒戴壶翁，余杭褚伯约、稚昭，秀州沈衡山，桐乡郑佩之，钱塘孙鏖才、戴肜轩，仁和郑遗孙、程光甫，海宁马绪卿，归安包迪先、沈君墨，同县俞康侯、张笃生及儿子。"其中沈衡山即是沈钧儒，沈君墨即是沈尹默，后来都成为著名人物。此次胜会作竟日之聚，因第二日有消寒之会，所以夜以继日，竟成通宵之欢。周庆云自云："遐缅到高贤，羁牵谢仆仆。竟日此婆娑，柴门无剥啄。茶烹洗钵池，酒饮山家漉。题诗耸吟肩，作画稿藏腹。相忘有春秋，一任闲云逐。"马绪卿则云："梅花三百手新种，南枝香暖酒盈盂。"戴壶翁云："方外留佳处，坐中无俗宾。红炉呼暖酒，斗室笑生春。"沈衡山描述了唱和的场景："首唱补梅诗，属和竟到仆。联兹翰墨缘，前定由饮啄。何须计工拙，有酒且须漉。"还有未曾到场的文人也献诗祝贺，如汤浚想象了聚会的场景："老坡若相招，形影恍在目。胜会集名家，杯盘交冠服。即席分吟笺，诗词累篇幅。主宾相唱酬，马工兼枚速。一曲鹤南飞，千载共庆祝。"李樵也遥祝胜会："一瓣心香祝老坡，联翩裙屐醉颜酡。风流韵事留名胜，庵外梅花补种多。"

秦敏树第二年在《〈东坡生日灵峰宴集图〉题咏》中写："突兀群峰围古刹，

书堂小辟补琼姿。岁寒却值坡仙诞，雅集同赓淮海词。绕屋暗香啼翠羽，隔林残雪耀晴曦。酒酣更上灵峰顶，招取胎禽舞柘枝。"生动地描述了文人聚会的场景。而此后余音不断，戴壶翁在宣统庚戌（1910）重九后二日游灵峰与周庆云邂逅，马上忆起这次聚会，两人仍有唱和。人世变化无常，旧游之中，亦有仙逝者，悲欢离合，只有一"愁"字相随。

第七章　杭州文人与酒品格的塑造

　　首先，我们应该注意到杭州是以文人的理性审美为特征的城市。文人的审美表现在社会生活的各个方面，如建筑的规划、园林的布置，乃至菜肴的烹制以及饮酒的风格。文人虽然追随市井风气，但其行为总是有意与市井风气拉开距离。读张岱的《七月半观月》，就能深刻地体会到这点。以此来审视文人与酒的关系，反映在饮食生活中，即是在奢华与朴素间找到平衡。文人对待酒的态度是耐人寻味的。宋代的文人中有不嗜酒但却喝酒与论酒的，比如苏轼不太会喝酒，但会酿酒；范成大不太会喝酒，但也会论酒。宋代的文人中也有关注酒的消极作用而从另一角度来审视酒的，如林洪《山家清供》中记录了醒酒汤。酒还从审美的媒介变成审美的对象，酒论著的产生就是一个明例。

　　另外，我们需要特别注意文人的精神气质。文人对杭州的影响颇大。当代学者注意到了宋代的美学特质，是回到精致、简淡的极简主义，但这种极简主义却生发出极致的华丽。应该说，这是一种由上而下的思想渗透，宋皇室起表率作用，而文人则是把这种思想加以放大，由此也奠定了杭州的城市气质。因此，本书将杭州的文人与酒品格另列一章，侧重于从文人与杭州城市品格的建构的角度做一点探究。

第一节　休闲文化角度下审视的文人与酒

　　有学者指出，南宋文人大臣的经济待遇是历史上最高的，这使得他们的生活出现另一种气象。同时，南宋时社会上出现了都市人群。这一人群，与原先生活的环境完全脱离，是依托城市的新型人群。比如李清照，在她的创作中，看不到生活最基本的底色。优裕的物质条件，保证了文人的较高的生活水准。而后，文人的生活状态更加多样化。张岱等文人依靠祖上的遗产就能维持不错的生活水平。而都市文化的发展，又使文人在城市中有安身立命之所。比如元代的曲作家就是为都市文化创作的群落。明末的陈继儒，以授馆与出版作为主要的生活内容。清代的厉鹗，既不出仕，又不劳作，以坐馆、接受亲友接济的方式延续着创作生涯。

　　但文人作品中的生活，已滤去生活常态，而执意抒发文人的理想与愿望。所以就其作品的主题来说，不外乎是杭州特有的游玩以及文人间的往来。雅集、酒会、访友、游玩，是对市井简单生活的享受。此处特立一节展开。

一、制舟游湖，饮酒为乐

　　西湖是杭州之眉目，杭州旅游最早以游湖为盛。白居易守杭州时，闲暇时，喜欢在西湖中邀妓游览，其诗《湖上招客送春泛舟》云："欲送残春招酒伴，客中谁最有风情？两瓶箬下新求得，一曲霓裳初教成。排比管弦行翠袖，指麾船舫点红旌。慢牵好向湖心去，恰似菱花镜上行。"白居易与元稹分守于钱塘两岸，两人分别夸赞自己的治州，其欣然自得之情，油然而见。从《早春西湖闲游……》中可看出白居易是如何游湖的：他与朋友骑着马，沿着湖边徜徉，后面跟着十多个随从和几个乐人。他们的穿戴十分便于野外郊游，脚着登山屐，带着漉酒巾。"逢花看当妓，遇草坐为茵。西日笼黄柳，东风荡白蘋。小桥装雁齿，轻浪媲鱼鳞。画舫牵徐转，银船酌慢巡。野情遗世累，醉态任天真。"一行人随意地坐于绿茵之上，或者荡舟于柳荫之处。

　　宋代文人也喜欢泛舟于湖面。《挥麈后录》中记载："有老姥自言故娼也，及事东坡先生。云公春时每遇休假，必约客湖上，早食于山水佳处，饭毕，每客一舟，令队长一人，各领数妓，任其所适。晡后，鸣锣以集之，复会望湖楼或竹阁之类，极欢而罢。至一二鼓，夜市犹未散，列烛以归。城内士女云集，夹道以观千骑之还，实一时之盛事也。"[1]《梁溪漫志》亦记："东坡镇余杭，游西湖，多令旌旗导从出钱塘门，坡则自涌金门从一二老兵，泛舟绝湖而来，饭于普安院，徜徉灵隐、天竺间。以吏牍自随，至冷泉亭，则据案判决，落笔如风雨，分争辨讼，谈笑而办。已，乃与僚吏剧饮，薄晚则乘马以归，夹道灯火，纵观太守。有老僧，绍兴末年九十余，幼在院为苍头，能言之。"[2]苏轼之办公，真是公私两便。

　　元代佚名画家所作的《扁舟傲睨图》（图7-1）描绘了文人泛舟的场景：画

〔1〕（宋）王明清：《挥麈录》，上海古籍出版社2012年版，第103页。
〔2〕（宋）费衮：《梁溪漫志》，三秦出版社2004年版，第107页。

面下方为近水坡岸，岸上老松盘曲、郁郁葱葱，岸边泊有扁舟一叶。舟船中间放着长方形的案几，上置墨砚和香炉。船头盘坐着一位白髯老者，其右手轻抚膝盖，左手缓缓摇动羽扇，神情肃穆。

图 7-1　元佚名《扁舟傲睨图》

　　文人多有泛舟湖上的行为，却很少有自己制舟游湖的。明代冯梦祯晚年制"桂舟"留下一段佳话。

　　冯梦祯是万历年间的进士，晚明文人士大夫的代表。他在远离官场之后，以九十两银子购地筑室于杭州西湖的孤山之麓，以为隐居养老之所。他请当时的名士王穉登帮他题写斋堂名。冯梦祯在《结庐孤山记》中有云："上梁于去岁嘉平某日，时积雪初晴，命之曰快雪堂。取晋帖《快雪时晴》语。"冯梦祯在当时浙东和苏南一带颇具名望，交游皆一时名流。仅列举一些今人较为熟悉的文坛艺苑名人，就可略窥一二：项元汴、董其昌、陈继儒、王穉登、屠隆、娄坚、李日华、沈德符、薛素素、潘之恒、丁观鹏等。另外，钱谦益云："蒲团接席，漉囊倚户。……四方学者日进，身执经卷，朱黄甲乙。……禅灯丈室，清歌洞房，海内望之以为仙真洞府。"冯梦祯在杭州的寓所成为文人聚会之地。冯梦祯似乎是当时杭嘉和苏南一带的"风雅教主"。[1] 他是当时著名高僧紫柏大师的"幅巾弟子"，也是当时著名文学家、鉴藏家和书画家李日华的业师。而作为一个前官员、文人、佛弟子、鉴藏家和名师，其风雅生活的一个重要内容就是载酒游湖，寄情山水。钱谦益所撰墓志铭中称其晚年"制桂舟，贮书画，遨游西湖，竟月不返"。而朱彝尊《静志居诗话》亦云："冯公儒雅风流，名高三席，归田之后，间娱情声伎，筝歌酒宴，望者目为神仙中人。"[2] 清代陆次云所著《湖壖杂记》中记有一则逸事，说冯梦祯经常带着家姬到湖上游玩，经常有轻薄少年群聚而观。船到桥头时，冯梦祯就会到船头说一声"老夫已进学士桥矣"，众哗而散。看上去真是过得神仙一般。

〔1〕　万君超：《快雪堂别记》，《上海书评》2010 年 4 月 11 日。
〔2〕　王火红：《从〈快雪堂日记〉看冯梦祯闲居生活的墨色书香》，《嘉兴学院学报》2013 年第 1 期。

　　但是这位"风雅教主"也并不是不食人间烟火的真神仙，他也面临着生活中的经济困境。其罢官之后，生活失去了稳定的来源，有时候也显得捉襟见肘。《快雪堂日记》中多次提到其归隐后窘迫的生活状况："今年岁事，赖妇能料理，贫而不困""此月贫甚，细君大是不堪""告家中明日绝粮，妇甚愁""连日橐中萧然""'囊空恐羞涩，留得一钱看'，千古一扑矣""旬日来索逋者甚烦，窘无以应，苦不可言"。[1] 可见其生活并不是锦衣玉食。在这样的情况下，他依然对艺术真品大方出手，对于生活的要求也并不降低，可见，风雅之于文人乃是一种态度，是区别于平庸生活的对美的追求。

　　万历年间进士黄汝亨[2]同样有结舟游湖心愿。其在南屏小蓬莱结庐，题曰"寓林"。《清波小志》记，其寓"飞楼窈窕，湖山俱在槛底。石径之侧，有垂丝海棠一树，花时予必过其下，持杯小坐，红露沾衣，殊多幽趣"[3]。《浮梅槛记》记载了他泛舟江上的奇思："客夏游黄山白岳，见竹筏行溪林间，好事者载酒从之，甚适。因想吾家西湖上，湖水清且广，雅宜此具，归而与吴德聚谋制之，朱栏青幕，四披之，竟与烟水云霞通为一席，泠泠如也。"[4] 他制竹舟的想法，更有新奇的出典。"按《地理志》云，有梅湖者，昔人以梅为筏，沉于此湖，有时浮出，至春则开花，流满湖面。友人周本音至，遂欣然题之曰'浮梅槛'。……予时与韵人禅衲，徜徉六桥，观者如堵，俱叹西湖千载以来未有，当时苏、白风流，意想不及此人情喜新之谈。夫我辈寥廓湛妙之观，岂必此具乃与梅湖仙人争奇哉？"[5]《遂昌杂录》中记，南宋时在孤山之阴，建有一亭，名曰"岁寒"。此亭周边皆为古梅，亭下即为水，建有一阁，为"挹翠阁"。梅花漂于水上，时人把酒临水。[6] 于是黄汝亨"用巨竹为泭，浮湖中，编篷屋其上，朱阑周遭设青幕障之，行则揭焉，支以小戟。其下用文木斫平若砥，布于泭上。中可容六七胡床，位置几席觞豆，旁及彝鼎、罍洗、茶铛、棋局之属。两黄头刺之而行。吴江周本音名之曰'浮梅槛'"[7]。明人虞淳熙《浮梅槛诗序》一文介

　　〔1〕（明）冯梦祯：《快雪堂日记》，丁小明点校，凤凰出版社 2010 年版。

　　〔2〕黄汝亨（1558—1626），字贞父，号泊玄居士、寓庸居士，浙江钱塘人。黄汝亨为黄棠之子，万历二十六年（1598）中进士，万历二十七年（1599）五月授江西进贤知县，又官清江知县。万历四十年壬子（1612），官南京工部尚书郎。官至江西布政司参议等。后谢病不复出。结庐于南屏小蓬莱，著文自娱。其斋名"寓林"，著有《寓林集》《寓庸游记》等。

　　〔3〕（清）徐逢吉辑：《清波小志》，中华书局 1985 年版，第 25 页。

　　〔4〕朱剑心：《晚明小品选注》，浙江人民美术出版社 2015 年版，第 165 页。

　　〔5〕朱剑心：《晚明小品选注》，浙江人民美术出版社 2015 年版，第 165 页。

　　〔6〕"半树梅花流水上，酒标挑出竹篱门。"见（清）厉鹗：《南宋杂事诗》，虞万里校点，浙江古籍出版社 1987 年版，第 46 页。

　　〔7〕（清）厉鹗：《湖船录》，见陆鉴三选注：《西湖笔丛》，浙江人民出版社 1981 年版，第 299 页。

绍:"湖舟具有楼名,而实无楼。春水登之,宛如天上坐也。"[1] 黄汝亨浮筏于西湖,"孤山梅英沾筏,筏与俱浮",后来有人配以《竹枝》《水调》歌词,使四时歌之,成为当时西湖"天壤韵事"之一。[2]《浮梅槛记》称"朱栏青幕,四披之,竟与烟水云霞通为一席,泠泠如也"。想象下,在碧水之中,一只竹筏,筏上铺起文木,上置六七只小椅。筏边以朱红的栏杆相围。上有篷屋,篷垂青幕。更特别的是,座位之边设置了供文人饮酒喝茶的一应设施,还有两个稚嫩小童在一旁服侍。一到春天,筏至湖上,落英缤纷,漂于筏上,随水沉浮,这"浮梅槛[3]"真是惬意极了。汪汝谦在《过黄贞父先生读书处》中想象了黄贞父的仙姿:"海内衣冠丧老成,重来如听读书声。湖边觞咏连宵得,塔畔登临把臂行。往事沧桑空在眼,衰年幽独转伤情。神仙幻影应难识,纵到蓬莱隔死生。"刻画了一个把酒临风的文人形象。而陈洪绶的《亢老饮予于贞父先生之园醉归赋此》也发出这样的感慨:"黄园何以寓林名,令我沉思澹世情。虽悟浮生如泡影,不知何事恋朝荣。画船良友秋湖约,冷雨香风烟水行。赋得数诗人未醉,主人可喜是吾兄。"反映的是对酒当歌的人生态度。而清代俞樾制"俞舫",也是仿"浮梅槛"之例。

在文人的影响下,西湖的游玩也变得极雅趣。清代梁章钜《浪迹丛谈》中有"西湖船名"条:

> 余举《曝书亭集》中一则示之曰:"西湖船制不一。以色名者为游红,申屠仲权诗'红船撑入水中去',释道原诗'水口红船是妾家'是也以形名者为龙头,白乐天诗'小航船亦画龙头'是也;为鹿头,杨廉夫诗'鹿头湖船唱赧郎'是也。有形色杂者,中为百花十样锦,钱复亭诗'又上西湖十锦魁'是也';有以姓名者,如黄船、董船、刘船,见吴自牧《梦粱录》。大者谓之车船,盖贾秋壑所造,棚上无人撑驾,但用车轮脚踏而行,其速如飞。小者谓之瓜皮船,欧阳彦诗'瓜皮船子送琵琶',张大本诗'瓜皮船小歌竹枝',周正道诗'瓜皮船小水中央'是也。今时最著者为总宜船,盖取东坡居士'淡妆浓抹总相宜'之语,李宗表诗'总宜船中载酒波',凌彦翀诗'几度涌金门外

[1] 欧明俊主编:《明清名家小品精华》,安徽文艺出版社 2007 年版,第 173 页。

[2] 欧明俊主编:《明清名家小品精华》,安徽文艺出版社 2007 年版,第 173 页。

[3] 汪汝谦,字然明,号松溪道人。据钱谦益所作墓志铭记载,其生于万历丁丑(1577),卒于顺治乙未(1655),徽州府歙县丛睦坊人。明末因仰羡西湖美景,遂移居武林,招集胜流,为湖山诗酒之会。其他事迹不详。汪汝谦有《绮咏》1 卷、《绮咏续集》1 卷,大抵为选歌征妓之作。参见陈虎:《汪汝谦研究综述》,《淮北职业技术学院学报》2012 年第 2 期。

望，居民犹说总宜船' 是也。"按此朱竹垞先生自录所见所闻，嗣厉樊榭先生又增广为《湖船录》，今则名目愈多，殆难究诘矣。[1]

有文人喜欢于湖中望山，也有文人喜欢在山上望湖。比如清代张潞，"性木质，爱闲静，独居螺峰，敝庐席户，枕袙不全，而啸歌自适，若不知贫"[2]。他的爱好，是每天早饭后都要上吴山观湖，写下诗作。其《咏菜花》诗脍炙人口："香遍春郊路不分，五陵车马杳难闻。千畦乱落淮南桂，十里平铺塞北云。细麦柔桑还结伴，妖红冶白讵同群。田翁昨日曾相约，拟把村醪醉夕曛。"

又如清代文人翁鼎业[3]，其《江楼晚坐》云："薄暮层楼上，登临望不穷。人烟秋水外，野艇乱流中。月吐江光白，霞分鸟道红。酒酣成独坐，搔首羡冥鸿。"独坐于吴山之上，一个人喝点小酒，遐思千里。

更有喜爱独自出行的文人，如清代袁文玉"喜山泽游，每独行湖堤，比游人出，则负杖回。恶闻箫鼓声，尝诵左思诗'山水有清音，何必丝与竹'。百有三岁，犹健行矍铄也。后中秋月下，举觞饮满而逝"[4]。

二、携酒游山玩水

唐以后，杭州得到开发；进入宋代，杭州的城市建设加快。优越的自然条件与政治条件，使杭州文人亲近自然的心性得到了满足。

从历代的诗词中可以梳理出文人在杭州的游玩线路：西湖之上；西湖周边的山峰；马塍与西溪一带。

白堤、苏堤、孤山、曲院，均是让人流连忘返之地，醉倒西湖更是文人的常态，比如明代皇甫涝《西湖歌寄方思道》云："玉缸春酒映江碧，几醉江边柳花白。"

辛弃疾《水调歌头》中云"说与西湖客，观水更观山"，山亦是值得一观的对象。西湖周边的山峰是文人行游的绝好去处。唐代时曾建有五亭，围绕于西湖之边。吴山一带有观潮亭，灵隐一带有冷泉亭。白居易最推崇杭州的西湖、三天竺与灵隐，他写了《冷泉亭记》，文云："吾爱其泉淳淳，风泠泠，可以蠲烦

〔1〕（清）梁章钜：《浪迹丛谈 续谈 三谈》，上海古籍出版社2012年版，第3—4页。
〔2〕（清）陈景钟：《清波三志》，见王国平主编：《西湖文献集成（第8册）·清代史志西湖文献专辑》，杭州出版社2004年版，第139页。
〔3〕翁鼎业，生卒年不详，字允大。耽风雅，著有《澄园诗集》。
〔4〕（清）陈景钟：《清波三志》，见王国平主编：《西湖文献集成（第8册）·清代史志西湖文献专辑》，杭州出版社2004年版，第141页。

析醒，起人心情。山树为盖，岩石为屏，云从栋生，水与阶平。坐而玩之者，可濯足于床下；卧而狎之者，可垂钓于枕上。"[1] 这些亭子，是文人游山时的驻足点，也是饮酒吟诗的地方。宋代范成大欣赏南北二高峰、秦少游推崇龙井，清代袁枚喜欢吴山，都是"爱山派"的代表。西湖周边的山色也不负人望。

南片，吴山是南宋文人观看西湖的最佳地点，江楼看落日与湖上孤帆。这一带也靠近南宋的皇城以及贵族的别院，南屏、净慈一带曾经是韩侂胄以及皇族行宫的所在，充满了人文气息。铁冶岭一带文化气息亦浓重，李渔[2]在此筑芥子园，毛稚黄也居此地，茅瓒裔孙也居铁冶岭。文人之间惺惺相惜，毛稚黄《饮茅雪鸿斋中》讲茅瓒几世文人气派，"才子两都称祭酒，曾孙四壁守遗书"。随后又笔锋一转，讲到他与茅瓒裔孙一起豪饮："最喜开樽荐芳菊，车螯浑不减鲈鱼。"而从学士桥到南屏山一带，小酒店众多，又是临水的景致，渔歌唱晚，野外闲景，赏完自然美景后随意进入一家小店畅饮也是非常令人愉悦的。清代厉鹗有曲云："黄妃塔颊如醉曳，大好残阳逗。浑疑劫烧馀，忽讶飞光候，渔村纲收人唤酒。"写了南片的风光。清代马如龙[3]《西湖十景》诗中记雷峰夕照："入云高塔挂残晖，小市家家落酒旗。灯光自满游湖舫，谁肯忙归来醉时。"是当时的风情。

西片，有禅院清泉，有野岭涧溪，可以洗涤心中尘埃，明朗心境，启发才思。杨万里《正月二十四日夜朱师古少卿招饮小楼看灯》云："南北高峰醒醉眸，市喧都寂似岩幽。君言去岁西湖雨，城外荷声尽入楼。"他是在城郊的小酒楼中欣赏灯市。

明代祝时泰有《紫阳洞秋霁》诗写游山探洞的情形："古洞美清旷，秋来苦霖积。长风卷浮云，霁景晃朝魄。良朋相携游，扪萝访遗迹。聊为一樽聚，班荆傍泉石。爽气扬襟期，岚翠染巾舄。徙倚情自怡，觞咏获所适。谷静烟霞深，迥与尘世隔。愿言卜幽栖，百年谢形役。"他是在探古访幽中寻找创作灵感。

俞樾《春在堂随笔》记录了文人游山饮酒作诗的情形："癸酉春日，杨石泉中丞招同彭雪琴侍郎，至云栖作竟日之游。是日，宿雨初霁，清谈极欢。侍郎左手持杯，右手执笔，即席赋诗四章。余因亦口占二绝句云：'篮舆屈曲入山行，天为清游特放晴。却好五云最深处，闲鸥威凤共联盟。''此来襟带有江湖，自

〔1〕（唐）白居易：《中国古代名家诗文集·白居易集（二）》，黑龙江人民出版社 2009 年版，第 434 页。

〔2〕 李渔（1611—1680），原名仙侣，字谪凡，号天徒，中年更名李渔，字笠鸿，号笠翁。浙江兰溪（今属金华市）人。明末曾在浙江多次应试，皆不第。1646 年清兵入浙时，原籍兰溪毁于战火，李渔自兰溪移家杭州，约住十年。

〔3〕 马如龙（1832—1891），清末云南临安（今建水县，在个旧市西北）人，回族。武秀才出身。

觉尊前诗胆粗。不及老彭豪更甚，右拈吟管左提壶。'侍郎和云：'昨宵风雨又天晴，结伴寻春款款行。一幅梅花无恙在，我来恰好证前盟。''廿载从征意气粗，而今小隐恋西湖。彭郎虽老狂犹在，一醉何妨酒百壶。'余诗率尔之作，不存集中，因有侍郎和作，聊记于此，存一时雅集也。"[1]一手提壶，一手提笔，酒助诗情，诗应酒气。

旧时武林门一带是外地游客进杭州的一个入口，武林门外有接待寺，招待旅客，且有香市，成为临时的商贸中心。武林门外有皇家养马场，为马塍，此带种植桃花、楝花等。元代，张雨曾在马塍一带建屋。张雨是半个方外人士，为一时的文士所仰慕。他的旧居，也成为后人寻迹的对象。

马塍向西，则有西溪，自泛洋湖一路至转塘留下一带，且溪边多有梅与竹等植物。《西湖梦寻》载："过岭（石人岭）为西溪，居民数百家，聚为村市。相传宋南渡时，高宗初至武林，以其地丰厚，欲都之。后得凤凰山，乃云：'西溪且留下。'后人遂以名。地甚幽僻，多古梅，梅格短小，屈曲槎枒，大似黄山松。"[2]高宗虽然没有把皇宫放置在西溪，却也看中其地理位置的重要与风光的野逸秀美，因此在定都后，在西溪驻扎军队十万多人。沿着西溪，有一眼泉水，即为梅花泉，泉水甘甜，旁边即设有西溪酒库，高宗还题写"不设酒税处"，为这里的旅游开了绿灯。陈文述《留下》诗中即有"凤岭开行宫，西溪且留下。留下与何人，桃花满村舍。不为酒税处，酒味美无价"之句，道出此地的风光。清吴模《复游西溪》（二首）中云："梅花下村子，重来听醉歌。"清丁澎[3]《西溪十首》云："下村沽酒回，野云随处有。"

但杭州的山湖景色并非只是自然的美景，它也带有过去的记忆，使文人不自觉地追寻那个繁华而浪漫的时代。但时过境迁，南宋旧迹，只剩残垣颓壁，草木萋萋。文人心中温柔敏感的一面被隐隐地触动了。而美丽的景色，又让仕途不顺、有意退隐的文人选择了出世。明清易代之际，南方乡绅也做了抵抗，他们中有人绝意不仕，成为世外高人。文人对于生命的价值、人生的意义较之前代有了更复杂的思索，其诗歌中增加了低婉沉郁的基调。酒不只是文人显示才情的工具，更是他们销蚀生命的方式，而最主要的，是能使生命显得不那样苍白。如清代陆进《念奴娇·清明后一日集吴山望西湖分韵呈同社诸人》所云："暂携嘉客，集吴山顶上，闲评今古。宿雨野云浑未散，一似情怀凄苦。宋室衣

〔1〕 陆鉴三选注：《西湖笔丛》，浙江人民出版社1981年版，第497—498页。
〔2〕 （明）张岱：《陶庵梦忆 西湖梦寻》，栾保群点校，浙江古籍出版社2012年版，第231页。
〔3〕 丁澎（1622—1686），字飞涛，号药园。明末清初诗人。浙江仁和（今属杭州）人，回族。明诗人丁鹤年之孙。

冠，钱王宫阙，试问归何处。惟余佳景，任他燕莺歌舞。　　况尔节届清明，浓云淡月，脉脉连平楚。玉笛双吹声更好，唤醒两峰眉妩。翠幕含山，虹梁压水，莫把芳年误。一尊常对，与君休叹迟暮。"清代陈洪绶《西爽阁诗》[1] 云："南山旧学地，战马何不停。山精画奇虎，不敢写图经。旧雨乏风流，吴山养修龄。寄语孙善老，钟磬许我听。其师孙南屏，茗碗谈穹冥。其徒曹大年，吹笙罄酒瓶。坐我西爽阁，正对湖心亭。水面尽北巘，深林穷南屏。诸菜得十品……头皮未星星。再来不再来，因缘问山灵。"无数的追问，无尽的回忆，都只为眼前的景象抹上悲怆的基调。

三、饮酒观月

诗中的月亮意象，既是文人的观赏对象，也是文人的自况与隐喻。

白居易在浔阳江头月下饮酒，听取琵琶之曲，苏轼八月在杭州城与市民共享尘世的快乐，把酒问月中多有深思。张岱的《西湖七月半》则展现了文人与市民的不同之处，标榜了自己的清高。他描写了各种看月之人。第一类是贵人，坐在有楼饰的游船上，吹箫击鼓，戴着高冠，穿着漂亮整齐的衣服，灯火明亮，优伶、仆从相随，乐声与灯光相错杂；名为看月而事实上并未看见月亮。第二类是富人，也坐在游船上，船上也有楼饰，带着有名的美人和贤淑有才的女子，还带着娈童，嬉笑中夹杂着打趣的啼哭，一行人在船台上团团而坐，左顾右盼；置身月下而事实上并不看月。第三类是闲人，也坐在船上，也有音乐和歌声，跟名妓、清闲僧人一起，慢慢喝酒，箫笛、琴瑟之乐轻柔细缓，丝竹声与歌声相互生发；也置身月下，也看月，而又希望别人看他们看月，显然有作秀之态。第四类是庸人，不坐船，不穿上衣不系头巾，喝足了酒吃饱了饭，叫上三五个人，成群结队地挤入人丛，在昭庆寺、断桥一带高声乱嚷喧闹，假装发酒疯，唱不成腔调的歌曲，月也看，看月的人也看，不看月的人也看，而实际上什么也没有看见。第五类是文人，乘着小船，船上挂着细而薄的帏幔，茶几洁净，茶炉温热，茶铛很快把水烧开，白色瓷碗轻轻地传递，约了好友与美人，请月亮和他们同坐，有的隐藏在树荫之下，有的去里湖逃避喧闹，尽管在看月，而人们看不到他们看月的样子，他们自己也不刻意看月。张岱自然是将自己归入其中的第五类。

于是到了庸人们唯恐城门关闭而争相入城之后，到了富贵者作秀尽兴而陆

---

[1] 陈洪绶在人生中最后的三年里，就居住在杭州的西爽阁。

续离湖之后，西湖才清静下来。"此时月如镜新磨，山复整妆，湖复颒面。"〔1〕
而那些细细品酒、慢声歌唱的人出来了，隐藏于树荫下的人也出来了，同道中
人就去和他们打招呼，拉来同席而坐；风雅的朋友来了，有名的妓女也来了，
杯筷安置，歌乐齐发……这时的西湖，完全属于文化人了，大家都忘记了时间
与空间，"月色苍凉，东方将白，客方散去。吾辈纵舟，酣睡于十里荷花之中，
香气拍人，清梦甚惬"〔2〕。天地之间，自然与花丛之中，是文人安放精神的最好
场所。

中秋是团圆之节，文人的感受却与俗者不同，他们极易在此间照见自己的
孤寂，从而有所感悟。如宋代吴儆有《减字木兰花·中秋独与静之饮》云："碧
梧秋老，满地琅玕纷不扫。门掩黄昏，惟有年时月照人。　　凄凉满眼，肯作
六年灯火伴。莫说凄凉，来岁如今天一方。"

月光之下，容易怀旧，容易相思，文人细腻的情感最易被拉扯而放大。宋
代卢祖皋《雨后得月小饮怀赵天乐》云："梅花此夜稀，嘉月弄光辉。不饮强呼
酒，欲眠重启扉。语高惊鹤睡，坐久见乌飞。想见湖居友，扁舟不肯归。"

而辛弃疾的游湖诗《念奴娇·西湖和人韵》是豪情万丈的："晚风吹雨，战
新荷、声乱明珠苍壁。谁把香奁收宝镜？云锦周遭红碧。飞鸟翻空，游鱼吹浪，
惯趁笙歌席。座中豪气，看君一饮千石。　　遥想处士风流，鹤随人去，已作
飞仙伯。茅舍竹篱今在否？松竹已非畴昔。欲说当年，望湖楼下，水与云宽窄。
醉中休问，断肠桃叶消息。"

清人陆次云所著《湖壖杂记》记载了两位雅士月下泛舟而苦于无酒的逸事。
书中说他某日在湖中小船上看到一书，上有诗一首。诗云："伤心此日有何春？
耐可相邀夜向晨。四海难逢磨镜客，扁舟还载抱琴人。须知角里终辞汉，独怪
金椎不避秦。玛瑙坡前投宿去，清泉重煮里湖莼。"问舟子，舟子云："昨将晚，
有客头戴毡帽，身著大布衣，随一后生，携琴一张，并笔砚等物，来雇船。复
有一客，戴细麻布巾，身披紫花布方袍，同至舱内，要我撑到湖心空阔去处。
候月上，戴毡帽人弹琴许久方住手，两人谈笑作诗，苦无酒饮，要我放船，到
玛瑙寺前愚庵去借宿，与我钱百文，回家已四更矣。"〔3〕鼓琴者为韩石耕，清代
琴家；方布袍者徐狷庵也。徐狷庵是晚明遗老。明亡后，终身冠孝巾。酒是文
人交友谈艺的良伴。

赏月是文人的特殊爱好，近代林纾所记的观月充满温情，虽然没有酒的陪

〔1〕（明）张岱：《陶庵梦忆 西湖梦寻》，栾保群点校，浙江古籍出版社2012年版，第91页。
〔2〕（明）张岱：《陶庵梦忆 西湖梦寻》，栾保群点校，浙江古籍出版社2012年版，第91页。
〔3〕（清）陆次云：《湖壖杂记》，中华书局1985年版。

伴，但多了女儿的箫声，漫步于湖堤之上，见月亮时隐时现，他想到了苏轼《赤壁赋》的意境，幽婉神秘。[1]

四、赏雪赏花

文人也喜欢在寒冬天气赏雪，或者应时出来赏花，他们从落雪与花开花落中窥知自然的变化。

白居易欣赏杭州各种鲜花甚至是不知名的小花。"乱花渐欲迷人眼，浅草才能没马蹄。"花是自然的赐予，也是美丽的象征。苏轼也喜欢看花，熙宁五年（1072）春，苏轼与太守沈立等在杭州吉祥寺欣赏牡丹，太守建议，所有官员府吏，无论老少，都簪花而归，作为此次赏花的纪念。苏轼赏花时见官民和谐，多饮了几杯，写下了《吉祥寺赏牡丹》："人老簪花不自羞，花应羞上老人头。醉归扶路人应亲笑，十里珠帘半上钩。"写出了官员夜月簪花、扶醉而行的场面。这一奇观引得路人争睹，以至于"十里珠帘齐上钩，争看风流太守头"。熙宁六年（1073），苏轼盛情邀请刚到杭州的太守陈述古观赏牡丹，陈太守应邀而来，并当即赋诗一首，苏轼和诗一首："仙衣不用剪刀裁，国色初酣卯酒来。太守问花花有语，为君零落为君开。"诗中有多重意思，既有对美丽牡丹的赞誉，又有对陈太守的真情流露。在陈述古离开杭州后，苏轼还写诗寄陈述古回忆观花的情形："国艳天娆酒半酣，去年同赏寄僧檐。但知扑扑晴香软，谁见森森晓态严。"苏轼不只赏花，还在吉祥寺写下了"观空"的阁名，又作《吉祥寺僧求阁名》一诗，表达他的佛家思想："过眼荣枯电与风，久长那得似花红。上人宴坐观空阁，观色观空色即空。"

南宋杭州有一段文坛佳话，即"中兴四大诗人"中三人的西园之会。淳熙十三年（1186）春，62岁的陆游应召来到临安，杨万里与陆游会面。在西子湖边，他们举杯畅饮，吟咏赋诗。三月初三上巳日，他们又和尤袤等人去张镃的西园赏海棠。陆游早年在蜀，因喜爱海棠，"市人唤作海棠癫"。此番观花，定是心潮起伏，于是他把酒对花，不能自持，醉卧海棠花下，醒来笔走如飞。杨万里则写下了《醉卧海棠图歌赠陆务观》，诗云："……海棠两岸秀帷裳，是间横着双胡床。龟蒙踞床忽倒卧，乌纱自落非风堕。落花满面雪霏霏，起来索笔手如飞。卧来起来都是韵，是醉是醒君莫问。好个海棠花下醉卧图，如今画手谁姓吴？"

杭州也有海棠花出售，但是在外乡人看来，花是故乡的象征之一。吴苜的

---

〔1〕应守岩：《西湖小品》，杭州出版社 2007 年版。

诗所表现的情感与陆游非常一致，其《见市上有卖海棠者怅然有感》诗云："连年踪迹滞江乡，长忆吾庐万海棠。想得春来增绝丽，无因归去赏芬芳。偶然担上逢人卖，犹记樽前为尔狂。何日故园修旧约，剩烧银烛照红妆。"

赏雪是杭州人的爱好，但文人赏雪，不只在赏景，也在达意。张岱记载大雪纷飞时去湖心亭看雪的经过，"大雪三日，湖上人鸟声俱绝"。天地之间一片雪白。冰清玉洁的西湖，灰色的线与点，线是长堤一痕，两点即是"湖心亭一点，与余舟一芥"。湖心亭面积大于阮公墩，小于三潭印月，史称湖心亭为"蓬莱"，三潭印月是"瀛洲"，阮公墩是"方丈"，三者合称为"蓬莱三岛"。湖心亭至明时已倾圮。明嘉靖三十一年（1552）又建亭。湖心亭上可望西湖，湖光皆收眼底，群山如列翠屏，在"西湖十八景"中称为"湖心平眺"。

张岱是雅士，雪日游湖，喜遇同道。到了湖心亭中，"有两人铺毡对坐，一童子烧酒，炉正沸。见余大喜，曰：'湖中焉得更有此人！'拉余同饮。余强饮三大白而别。问其姓氏，是金陵人，客此。及下船，舟子喃喃曰：'莫说相公痴，更有痴似相公者！'"[1] 借童子之口将自己褒奖了一番。

还有在冰湖之上泛舟的。明代高濂《四时幽赏录》中记："时操小舟，敲冰浪游，观冰开水路，俨若舟引长蛇，晶莹片片堆叠。家僮善击冰爿，举手铿然，声溜百步，恍若星流；或冲激破碎，状飞玉屑，大快寒眼。幽然此兴，恐人所未同。扣舷长歌，把酒豪举，觉我阳春满抱，白雪知音，忘却冰湖雪岸之为寒也。"[2] 真是别有乐趣。

明清以降的杭州本地文人，多有赏雪之作。如李噩[3] 有《吴山望雪》："正没寻诗处，登高雪满前。王维描不出，杜甫句难诠。百里山联玉，千门树化烟。谁能一樽酒，助我李青莲。"

现代的马一浮有《吴山望雪仍用前韵》一诗："题遍南湖渡头叶，又看西泠段家雪。枯权断道无旧蹊，凿冰不到横舟绝。我登吴山扫径开，危堞半缺幡竿折。……多谢农祥作醉歌，何苦铁衣冻生缬。不如解甲事春耕，束饷天生饼饵屑。……诗成佐以熟酒浇，鹤到共作尧年说。……"将赏雪的过程与心情描述得非常细腻。

〔1〕（明）张岱：《陶庵梦忆 西湖梦寻》，栾保群点校，浙江古籍出版社 2012 年版，第 42—43 页。

〔2〕陆鉴三选注：《西湖笔丛》，浙江人民出版社 1981 年版，第 497—498 页。

〔3〕李噩，字伯斋，号雪堂。幼习学，举业屡困，小试遂舍去。习青乌家术，自诩为杨救贫、赖布衣之亚。为人善诙谐，无城府。书法遒劲，为诗亦豪宕可喜。见（清）陈景钟：《清波三志》，见王国平主编：《西湖文献集成（第 8 册）·清代史志西湖文献专辑》，杭州出版社 2004 年版，第 139 页。

第二节 养生文化中体现的文人与酒

宋代文人似乎有一种本能，能将宇宙与自然道理融入生活的本体，将内心的追求与日常生活结合起来，从而使日常生活脱离了物质层面的束缚，而成为到达精神世界的一个起点。表现在饮食上，宋代文人不只是品味佳肴以解舌腹之欲，而是愿意将饮食作为一种修身养性的方式。

宋代文人还重视饮食菜谱的记录。陈达叟撰写的《本心斋疏食谱》是一部专门记载素食菜点的著作，具体介绍了 20 种素食品的烹制方法，是我国最早的保存完整的素食专著。《本心斋疏食谱》篇首描述了他独坐书斋的情形："本心翁斋居宴坐，玩先天易，对博山炉，纸帐梅花，石鼎茶叶，自奉泊如也。客从方外来，竟日清言，各有饥色，呼山童，供蔬馔，客尝之，谓无人间烟火气。问食谱，予口授二十品，每品赞十六字，与味道腴者共之。"[1] 他所记的二十品，除了米、麦做的糕点之外，还有笋、荠菜、莲、山药、豆腐、芋头、萝卜等蔬菜。林洪的《山家清供》记载了宋代以素食为主的山家菜谱，共有 100 多种菜点的烹制方法，并且展现了饮食场面。此外，沈括的《梦溪忘怀录》、赵希鹄的《调变类编》、傅肱的《蟹谱》、高似孙的《蟹略》、陈仁玉的《菌谱》、赞宁的《笋谱》、朱肱的《北山酒经》、王灼的《糖霜谱》等饮食类著作，从不同方面总结了宋代食品制作的经验。

宋代文人不只是爱好美食，而且还亲自烹制。苏轼就是其中之一。苏轼善于总结各地的烹饪经验，他于黄州酿"蜜酒"，于惠州酿"桂酒""松酒""真一酒""万家春"，于儋州酿"天门冬酒"等。其诗文如《酒经》《浊醪有妙理赋》《酒子赋》《洞庭春色赋》《中山松醪赋》等对酒有精彩描述。同时他又勤于亲自烹制美食，许多菜肴留传至今，如东坡肉、东坡鱼、东坡豆腐、东坡腿、炙东坡鱼等。陆游是山阴人，曾在四川做过多年地方官，晚年退居山阴，重素食养生。他是"南食""川食"的烹饪能手，他所赋诗词涉及菜肴的，有近 200 首，如炖牛尾、烧山猫、卤黄雀、糟白鹅、糖醉蟹、辣米菜等，做法都比较考究：牛尾要加冰糖炖成凝酥，醉蟹要选半斤以上的雌蟹糖醉后清蒸，等等。杨万里谈起自己的家酿酒来也头头是道："酸酒菡汤犹可尝，甜酒蜜汁不可当。老夫出奇酿二缸，生民以来无杜康。桂子香，清无底。此米不是云安米，此水只是建

---

〔1〕（宋）浦江吴氏、（宋）陈达叟：《吴氏中馈录 本心斋疏食谱（外四种）》，中国商业出版社 1987 年版，第 35 页。

郴水。瓮头一日绕数巡,自候酒熟不倩人。松槽葛囊才上榨,老夫脱帽先尝新。初愁酒带官壶味,一杯径到天地外。忽然玉山倒瓮边,只觉剑铓割肠里。杜撰酒法不是侬,此法来自太虚中。《酒经》一卷偶拾得,一洗万古甜酒空。酒徒若是尝侬酒,先挽天河濯渠手。却来举杯一中之,换君仙骨君不知。"酒系自己酿造,夸酒实乃夸自己。然所言不虚,因为个中情味,亦唯自己体察最为深细。

　　宋代文人还重视饮食理论,北宋诗人兼书法家黄庭坚就是其中之一。他撰写的《食时五观》从五方面总结饮食经验,将仕与礼的教育内化为饮食方面的自我修养。如第三条提出:"治心养性,先防三过:美食则贪,恶食则嗔;终日食而不知其食之所以来则痴。"[1] 南宋著名史学家郑樵,对烹饪理论素有研究,提出著名的"饮食六要"理论:其一,食品无务于淆杂,其要在于专简;其二,食味无务于浓醇,其要在于淳和;其三,食料无务于丰赢,其要在于从俭;其四,食物无务于奇异,其要在于守常;其五,食制无务于脍炙生鲜,其要在于蒸烹如法;其六,食物无务于厌饫口腹,其要在于饥饱处中。[2] 另外还有陈直撰写的《养老奉亲书》,这是一部老年医学食疗名著,仅一卷,但"自饮食调治至简妙老人备急方,分为十五篇、二百三十三条"[3]。该书对老年人的生理、病理、起居、嗜好、四时摄养、戒忌、食疗等做了介绍。

　　本节对文人饮食的两个重要面向进行梳理:一是素食主义与酒;二是精致主义与酒。

一、素食主义与酒

　　陈寅恪先生认为:"华夏民族之文化,历数千载之演进,而造极于赵宋之世。"饮食文化也如此。情趣化、精致化等宋代文化特点也渗入宋代的饮食文化。比较唐代韦巨源的《食谱》与宋代林洪的《山家清供》、陈达叟的《本心斋疏食谱》,可以发现,"唐代食谱中肉类比重居大,唐人偏重肥甘浓肥,而宋代食谱中,蔬菜、山菜名列珍馐,宋人讲究清淡雅洁"[4]。

　　素食主义兴于汉,发展于魏晋,成熟于唐宋。素食主义是宋人饮食文化中一个鲜明特征,与此相呼应的是以食佐酒的时尚以及对酒认识的转变。

　　讲到素食,有两大渊源:一是宗教思想;二是养生观。

〔1〕 (宋)黄庭坚:《食时五观》,引自(宋)浦江吴氏、(宋)陈达叟:《吴氏中馈录 本心斋疏食谱(外四种)》,中国商业出版社1987年版,第65页。

〔2〕 林正秋等:《中国宋代菜点概述》,中国食品出版社1989年版。

〔3〕 (宋)陈直:《养老奉亲书》,北京大学医学出版社2014年版,第386页。

〔4〕 俞香顺:《中国荷花审美文化研究》,巴蜀书社2005年版,第323页。

　　张骞通西域之后，更多的蔬菜瓜果引入中原，为食谱的扩大起到了积极的作用。而汉代佛教的引入以及本土道教的发展，使得素食观念普及起来。道家认为，只有清心寡欲，慈心万物，才得长生，才得成仙。在饮食方面，道教也恪守抱朴寡欲之基本义理。孙思邈撰《福寿论》对时人饮食奢靡之风提出强烈的批评："饮食之非分者，一食而须其水陆，一饮而聚其弦歌。其食也寡，其费也多。民之糠粃不充，此以膻腻有弃，纵其仆妾，委掷泥涂。此非分也。神已记之，人不知也。"[1]去除一切不必要的东西，保持清简的生活，保持淡泊的心态，这是道家修行的根本。恬淡之人生观与喜好清淡之饮食观有其内在理路。[2]

　　讨论佛家的素食主义，必须提到魏晋武帝时期推行的"断酒肉文"。在此之前，佛教并非以素食立身，而"断酒肉文"体现了宗教与政治之间的紧张关系。考察当时的社会情况就能发现，当时的佛教已经极为盛行，建康附近就有寺院五百多所，大多宏伟壮丽。僧尼人口众多，行为放逸，资产丰沃，且不受国家的税法约束。一般俗众，也纷纷趋佛，社会平民人口大减，国家财政受到影响。鉴于佛教律典中并没有对"断酒肉文"的说明，武帝与慧皎等撰写了一系列的资料如《梵网经》《地持经》，丰富了佛教典籍中关于酒与肉的论述[3]。

　　《梵网经》四十八轻戒的第二、三条明令禁断酒肉。"若佛子，故饮酒而生酒过失无量。若自身手过酒器与人饮酒者，五百世无手，何况自饮。不得教一切人饮，及一切众生饮酒，况自饮酒。若故自饮教人饮者，犯轻垢罪。""佛子故食肉，一切肉不得食，断大慈悲性种子。一切众生见而舍去，是故一切菩萨不得食一切众生肉，食肉得无量罪。若故食者，犯轻垢罪。"

　　"断酒肉文"实际上是对当时社会的一次约束，"断酒肉文"在中国南北方都有一定的影响，从《齐民要术》中多少也能看到其影响。"素食第八十七"篇中有11道菜点，"酥托饭"就是其中一例。素食的加工方式更为精细，制作也更为讲究。这也说明这一时期素食与荤食不再像先秦那样有明确的阶层指代，随着饮食资源的丰富，百姓对食物的选择更具有主动性，吃素食成为一种生活态度。

　　饮食与人的性情有非常密切的关系。科学实验也证明了肉食类动物一般豪放粗犷、性情彪悍、勇猛好斗，而素食类动物往往清心寡欲，性情平和、心态保守。此外，以素食为主的饮食结构更健康。孙思邈在《千金要方·养性》中说："嵇康云：穰岁多病，饥年少疾。信哉不虚！是以关中土地，俗好俭啬，厨膳肴馐，不过菹酱而已，其人少病而寿。江南岭表，其处饶足，海陆鲑肴，无

---

〔1〕　王福民：《药王山石刻集萃》，中国传媒大学出版社2009年版，第91页。

〔2〕　黄永锋：《道教饮食尚素的宗教学分析》，《宗教学研究》2011年第4期。

〔3〕　释法应：《梁武帝对中国佛教素食文化的影响》，《商情（教育经济研究）》2008年第4期。

所不备，土俗多疾而人早夭。北方仕子，游官至彼，遇其丰赡，以为福佑所臻，是以尊卑长幼，恣口食啖，夜长醉饱，四体热闷，赤露眠卧，宿食不消，未逾期月，大小皆病。……以至于死。"[1] 孙思邈认为正确的饮食应是："厨膳勿使脯肉丰盈，常令俭约为佳。"医家的理论与其行医实践相结合，使养生素食逐步摆脱道教素食理论的神秘氛围，贴近了人们的实际生活。

魏晋时期的士大夫对道教的推崇裹挟在对自然的崇拜之中。追求道，即是对世俗生活的反叛与封建礼教的反抗。

中国的士大夫与佛教的关系也很密切。慧远《维摩经疏》卷1说："居士有二。一，广积资财，居财之士，名为居士；二，在家修道，居家道士，名为居士。"智顗《观音义疏》也说："居士者，多积贿货，居业丰盈，以此为名也。"居士指的是士大夫中信仰佛教的人，一般也指士大夫阶层的上层人士。白居易就自称居士。

入宋以后，士大夫的参禅活动全面展开，从而形成了一种经久不衰的社会风气。宋代僧人归云如本的《丛林辨佞篇》中提到宋代士大夫中精通禅学的不在少数，这就从侧面展现了宋代士大夫的精神状态。在《居士传》中被列为"居士"的宋代著名官僚士大夫还有潘兴嗣、晁补之、陈瓘、李纲、张浚等人。潘兴嗣自号"清逸居士"，曾问道于黄龙慧南禅师。晁补之年二十余即归向佛法，深信因果。陈瓘自号"华严居士"，好华严学，后转向天台学。李纲初为松溪尉时，即与大中寺庆余禅师往还，究心佛法。张浚曾问法于圆悟克勤禅师，后又邀大慧宗杲入居径山。

南宋初，高宗曾对他的臣下说："朕见士大夫奉佛者多。"（《佛祖统纪》卷47）这是符合实际的。究其原因，一是所谓"儒门淡薄，收拾不住"。儒学的思想不能满足士大夫精神层面的追求，他们需要寻找新的思想亮点来刺激文化的发展与创作的更新，在此情形下，佛家学说特别是禅宗顿悟的思想受到士大夫阶层的欢迎。据大慧宗杲《宗门武库》载："王荆公一日问张文定公曰：'孔子去世百年，生孟子亚圣，后绝无人，何也？'文定公曰：'岂无人？亦有过孔孟者。'公曰：'谁？'文定曰：'江西马大师、坦然禅师、汾阳无业禅师、雪峰、岩头、丹霞、云门。'荆公闻举，意不甚解，乃问曰：'何谓也？'文定曰：'儒门淡薄，收拾不住，皆归释氏焉。'"这种参禅体验与士大夫群体所向往的精神生活十分合拍，故而很容易吸引两宋文人。琴棋书画、轻歌曼舞与参禅悟道成为宋代士大夫生活的两个侧面，他们既不放弃世俗的物质享受，又要追求高雅空灵的精神乐趣。他们通过参禅，丰富诗画艺术的题材和意境，寄托对世事变幻、人生苦痛的感慨。

---

〔1〕（唐）孙思邈：《孙思邈医学全书》，山西科学技术出版社2016年版，第486页。

苏轼曰："暂借好诗消永夜，每逢佳处辄参禅。"[1] 二是士大夫官场受挫后往往选择遁入空门。苏轼、欧阳修、王安石、黄庭坚等大多有官场受挫、党争失败的经历，因而也就不难理解他们热心参禅问道、与方外人士过从甚密的行为了。三是士大夫乐于与禅僧诗文相酬。宋代士大夫的活动中少不了名僧的身影，比如苏轼与辩才、佛印的交往成为文坛佳话。

《山家清供》特别能体现文人的素食主义风尚。其一，强调对食物本身口味的挖掘，保持食材原有的口味。《山家清供》中肴馔的调味多较简单，调味料品种亦不多，而对食物本来的味道及其保护非常重视，尤其是全素肴馔，并不因其口味清淡而用调味重染，充分尊重并发挥素食本味，让人从这种清淡中体会原料与众不同的天然滋味，从而补益身心、怡情养性。如真汤饼中讲述了翁瓜圃访凝远居士的故事，居士以沸汤泡油饼。其二，提出五味调和的主张，主张以简单的主料和多味的调料进行辅助来达到口味的丰富。其三，注重饮酒气氛。《山家清供》云："又有采花略蒸，曝干作香者，吟边酒里，以古鼎燃之，尤有清意。童用瑶师禹诗云：'胆瓶清气撩诗兴，古鼎余葩晕酒香。'可谓得此花之趣也。"[2]

在这种情形下，酒的烈度在文人眼里降了下来，文人不再一味追求通过酒来塑造另一个自我，而是关注自我与世界本原的关系，以清醒的自我来探究世界本原。酒伤身的一面被有意识地抵制了，酒怡情的一面被放大，酒养生甚至提神的一面也被强调。比如《山家清供》中所记胡麻酒便是让人清凉的酒："旧闻有胡麻饭，未闻有胡麻酒。盛夏，张整斋损招饮竹阁，正午，各饮一巨觥，清风飒然，绝无暑气。其法：渍麻子二升，略炒，加生姜二两，生龙脑叶一把，同入砂器细研，投以煮，酏五升，滤渣去，水浸饮之，大有所益。"[3] 而南宋的皇家菜谱中也有醒酒的菜肴，如"沆浆"，是以甘蔗、白萝卜切块，以水煮烂的一方醒酒汤。"醒酒汤"的开发，就是为了中和酒带来的伤害，而喝酒则是怡情养性的方式。

二、精致主义与酒

人们在评价杭州"销金锅"时，很容易将之理解为纯粹的酒肉世界，这其

---

[1] 潘桂明：《宋代居士佛教初探》，《复旦学报（社会科学版）》1990年第1期。

[2] 上海古籍出版社编：《饮食起居编》，上海古籍出版社1993年版，第309页。

[3] （宋）朱肱等：《北山酒经（外十种）》，任仁仁整理校点，上海书店出版社2016年版，第79页。

实是误解。看张俊招待宋高宗的菜单，甚至看《中馈录》的皇家菜单，不难发现都不是大荤之菜，而是精致的小菜。精致体现在对食材的高品质加工中。而南宋对器物品质的追求，对食物制作精益求精的要求，对饮食环境的修饰，是提升生活品质的表现，并不是显富，可以描述为风雅的奢侈。而文人的精致，与市俗之奢侈又有区别。笔者对精致主义界定如下：建立在简朴思想之上的对日常生活的有品格的提升。这种精致也不是空穴来风，而是以市俗为依托，其一是简朴思想的渗透，其二是情趣思想的渗透。

简朴是宋代美学思想的基础，也渗透在饮食之中。宋代盛行白羊酒。宋初王钦臣《甲申杂记》云：“初贡团茶及白羊酒，惟现任两府方赐之。”白羊酒是一种御酒，张能臣《酒名记》列宋末名酒两百余种，其中有“开封府羊羔”，可见当时的都城就有此酒。羊羔酒的流行，是因羊易饲养，繁殖快，而且羊全身均能利用。其皮可以制革，其肉可食。以羊代替牛用于祭祀，同时喝羊羔酒，就是简朴思想的体现。《东京梦华录》提到了白羊酒：“银瓶酒七十二文一角，羊羔酒八十一文一角。”[1] 南宋词人刘过《鹧鸪天》中有“一杯自劝羔儿酒，十幅销金暖帐笼”的描写。简朴思想还表现在宋人食材是对本地原料的开发利用。在宋代的菜肴中，可以看到江河鱼虾，这些都是江南一带的物产，也可以看到笋与荷，这也是江南一带的特产。同样的原料，却有不同的加工方法，使得菜肴的感观与味觉发生变化，这就是一种情趣。在张俊宴请宋高宗的菜单中，同样的食材蟹，可以烹制醉蟹、烹制签肉等，体现了食材加工的灵活与巧妙。

而情趣思想的渗透，则表现为食材加工方法与食用方式的出奇出巧。唐宋以来杭州就是荷的著名产地，北宋柳永在《望海潮》中有经典描述：“三秋桂子，十里荷花。”曲院有荷，白堤一侧亦有荷，荷也在饮食中得到发扬光大。《武林旧事》《梦粱录》等书记载南宋饮食文化时，涉及荷的地方非常多。《武林旧事》卷9云“绍兴二十一年十月，高宗幸清河郡王第，供进御筵，节次如后”，菜单中不少与荷有关：“乐仙干果子叉袋儿一行”，内有“香莲、莲子肉”；“切时果一行”，内有“春藕、生藕铤儿”；“时新果子一行”，内有“藕铤儿”；“香咸酸一行”，内有“香莲事件”；“劝酒果子库十番”，内有“对装春藕”。[2]《武林旧事》卷6记载了当时杭州的饮食种类，与荷有关的菜肴，“果子”类有“二色灌香藕”，“菜蔬”类有“藕鲊”，“犯鲊”类有“荷包旋鲊”“旋炙荷包”，“蒸作从食”类有“荷叶饼”。《梦粱录》卷13记载杭州的夜市小吃，“杭城大街，买卖昼夜不绝”，夜市中有“灌藕”出售。《东京梦华录》卷2“饮食果子”条有“召白藕”。

〔1〕（宋）孟元老：《东京梦华录》，中国商业出版社1982年版，第13页。

〔2〕（宋）周密：《武林旧事》，浙江人民出版社1984年版，第139—152页。

《山家清供》卷上有"莲房鱼包"的做法："将莲花中嫩房去穰截底，剜穰，留其孔。以酒、酱、香料加活鳜鱼块实其内。仍以底坐甑内蒸熟，或中外涂以蜜。出揲，用渔父三鲜供之。"[1] 由上引材料我们可以得出这样的结论：南宋时期，无论是宫廷还是市井，荷食品都是品种繁多、蔚为大观。

宋代文人爱荷，以荷自喻，宋诗中提到荷的诗歌数量远远大于唐诗。宋代文人在生活的层面精细地利用了荷的形、色与味。宋代文人以荷佐酒，因此酒与食的位置互换，诗成为佐饮的食物。比如杨万里《食莲子》诗中有："绿玉蜂房白玉峰，折来带露复含风。玻璃盆面水浆底，醉嚼新莲一百蓬。"张继先《题皇仙宝积观》有"围棋注酒餐莲实，聊复有无谈太初"之句。佐酒的莲直接食用而不加工，保持了其原有的味道。

以莲叶饮酒在当时文人中颇流行，称之为"碧筒酒"。"碧筒酒"是取"郑悫三伏之际率宾僚避暑于使君林，取大莲叶盛酒，以簪刺叶令与柄通，屈茎轮困，如象鼻焉，传吸之，名碧筒杯"[2] 之典故。以莲叶装酒，取其清雅之意。东坡诗云："碧碗犹作象鼻弯，白酒时带莲心苦。"就是喝"碧筒酒"的感受。陆文圭一口气作了 11 首"碧筒酒"诗。陆游也饮"碧筒酒"，其《桥南纳凉》云："碧筒莫惜颓然醉，人事还随日出忙。"陈宓称赞："最是碧筒杯，晚凉可以饮。"（《南康爱莲即事》）宋人刘辰翁也说："拍浮宜有酒，乱挽碧筒斟。"（《夏景·亭深到芰香》）

又如，宋代人有一种独特的饮酒方式：将鸡蛋打入酒中拌匀，再放在炭火上烧开，那黄灿灿的蛋液散开，就如同金丝一样，所以此酒就叫"火金丝酒"。宋人姜特立的《客至》一诗写道："冻云垂地寒嵯峨，故人访我邀晨烹。旋烧姜子金丝酒，却试苏公玉糁羹。"

文人的精致，体现在平民化之上的高雅化、大众化之上的士人化。杭州的文化由此而获得了立体而又有层次感的塑造，而文人的精致化影响了大众文化的品格。下面从两个方面展开对精致生活的描述：一是从文人的生活细节来展开；二是从以香侑宴的故实来说明。

（一）精致生活的核心内容

古代文人中，林洪、张镃、高濂、袁枚、李渔等都是一个时代精致生活的代表。

林洪的《山家清供》是南宋生活方式的一个缩影，其中透露出简致的生活

---

〔1〕 上海古籍出版社编：《饮食起居编》，上海古籍出版社 1993 年版，第 309 页。
〔2〕 （元）陆文圭：《墙东类稿》，《文渊阁四库全书》卷 18。

细节：访友、清谈、对月、供花等。作为文人，他的关注点是非常细微的，他的讲述是非常雅致的。郑余庆宴请亲朋，有一道菜为蒸葫芦，他一本正经地要求"煮烂去毛，勿拗折项"，使客人以为上的是蒸鸭子。杨万里的拿手菜是酥琼叶，只是蒸饼切片加蜜煎成的。张镃的"银丝供"索性不是一道菜，而是出琴一张，请琴师谈《离骚》一曲以招待客人。

杨万里给张镃写过一篇画像赞："香火斋祓，伊蒲文物，一何佛也；襟带诗书，步武琼琚，又何儒也；门有珠履，坐有桃李，一何佳公子也。冰茹雪食，凋碎月魄，又何穷诗客也。约斋子，方内欤？方外欤？风流欤？穷愁欤？老夫不知，君其问之白鸥。"〔1〕这里所描述的"集佛、儒、佳公子、穷诗客于一身，集'方内''方外''风流''穷愁'于一身的'多侧面'形象，说穿了，其实就是既富贵又高雅、既风流又脱俗的一个南宋士大夫文人的'典型'"〔2〕。或许可以说，张镃的精致生活是文人极度向往的"富贵闲人"的生活，生活条件优越，注重生活细节与情趣，且自身又多才多艺。

明人高濂，生活优越，博学多才。高濂认为，文人有七件宝——琴棋书画诗酒茶，而他样样精通。他"能度曲，每开樽宴会客，按拍高歌以为娱乐"〔3〕。他擅长鉴定版本，对宋元版本之鉴定了如指掌。他还长于漫游，所著《四时幽赏录》将杭州四时风物描绘得淋漓尽致：

春时幽赏：孤山月下看梅花；八卦田看菜花；虎跑泉试新茶；保俶塔看晓山；西溪楼啖煨笋；登东城望桑麻；三塔基看春草；初阳台望春树；山满楼观柳；苏堤看桃花；西泠桥玩落月；天然阁上看雨。

夏时幽赏：苏堤看新绿；东郊玩蚕山；三生石谈月；飞来洞避暑；压堤桥夜宿；湖心亭采莼；晴湖视水面流虹；山晚听轻雷断雨；乘露剖莲涤藕；空亭坐月鸣琴；观湖上风雨欲来；步山径野花幽鸟。

秋时幽赏：西泠桥畔醉红树；宝石山下看塔灯；满家弄赏桂花；三塔基听落雁；胜果寺月岩望月；水乐洞雨后听泉；资岩山下看石笋；北高峰顶观云海；策杖林园访菊；乘舟风雨听芦；保俶塔顶观海日；六和塔夜玩风潮。

冬时幽赏：湖冻初晴远泛；雪霁策蹇寻梅；三节山顶望江天雪霁；西溪道中玩雪；山头玩赏茗花；登眺天目绝顶；山居听人说书；扫雪烹茶玩画；雪夜煨芋谈禅；山窗听雪敲竹；除夕登吴山看松盆；雪后镇海楼看晚炊。

〔1〕（宋）杨万里：《张功父画像赞》，见（清）厉鹗：《宋诗纪事（三）》，上海古籍出版社 2013 年版，第 1439 页。

〔2〕（清）钱谦益：《牧斋初学集（中）》，（清）钱曾笺注，钱仲联标校，上海古籍出版社 2009 年版，第 1300—1301 页。

〔3〕齐森华、陈多、叶长海主编：《中国曲学大辞典》，浙江教育出版社 1997 年版，第 118 页。

高濂也精于美食。他知道"西溪竹林最多，笋产极盛"，于是"每于春中，笋抽正肥，就彼竹下，扫叶煨笋，至熟，刀截剥食。竹林清味，鲜美莫比"。[1] 酒之于高濂，是生活中不可少之物，观花以酒，论诗以酒，佐食亦以酒。《遵生八笺·酿造类》特别提到了 17 种酒的制法。

清代随园主人袁枚，与赵翼、蒋士铨合称为"乾隆三大家"，其诗在清代诗坛上占有极其重要的位置。袁枚是杭州人，其人潇洒，热爱生活，虽然最后定居于江苏，但杭州人的性情始终未变。好友钱宝意作诗颂赞他："过江不愧真名士，退院其如未老僧。领取十年卿相后，幅巾野服始相应。"他亦作对联一副："不作高官，非无福命只缘懒；难成仙佛，爱读诗书又恋花。"他虽然酒量不好，但品酒之功夫上佳。"酒似耆老宿儒，越陈越贵，以初开坛者为佳。"[2] 确实说到了黄酒的妙处。其《随园食单》也成为中国烹饪史上不可或缺的文献。在书中，他以一个行家的眼光，对菜肴的色、味，对器具的选择、搭配，对火候的把握，对上菜的次序等，多有精到的论述，表现出对生活的一丝不苟的追求。

芥子园主人李渔于康熙五年（1666）和康熙六年（1667）先后获得乔、王二姬，李渔在对她们进行悉心调教之后组建了以二姬为台柱的家庭戏班，常年巡回于各地为达官贵人作娱情之乐，收入颇丰，这也是李渔一生中生活最得意的一个阶段。《闲情偶寄》一书就是在这一阶段内完成并付梓的。光绪《兰溪县志》中说："……移居杭州西湖上，自喜结邻山水，因号'湖上笠翁'。题室楣云：'繁冗驱人，旧业尽抛尘市里；湖山招我，全家移入画图中。'性极巧，凡窗牖、床榻、服饰、器具、饮食诸制度，悉出新意，人见之莫不喜悦，故倾动一时。"[3] 尤侗为李渔书作序时羡慕地写道：

> 洎乎平章土木，勾当烟花，哺啜之事亦复可观，展履之间，皆得其任。虽才人三昧，笔补天工；而镂空绘影，索隐钓奇，窃恐犯造物之忌矣。乃笠翁不徒托诸空言，遂已演为本事。家居长干，山楼水阁，药栏花砌，辄引人著胜地。薄游吴市，集名优数辈，度其梨园法曲，红弦翠袖，烛影参差，望者疑为神仙中人。若是乎笠翁之才，造物不惟不忌，而且惜其劳、美其报焉。人生百年，为乐若不足也，笠翁何以得此于天哉！[4]

---

〔1〕（明）高濂：《遵生八笺》，甘肃文化出版社 2004 年版，第 84—85 页。

〔2〕（清）袁枚：《随园食单》，万卷出版公司 2016 年版，第 214 页。

〔3〕转引自俞为民：《李渔评传》，南京大学出版社 1998 年版，第 2 页。

〔4〕（清）李渔：《闲情偶寄》，万卷出版公司 2008 年版，第 2 页。

李渔显示了其在建筑、饮食等方面的卓越才能。李渔认为："食色性也，欲藉饮食养生，则以不离乎性者近是。"[1] 所以作为养生之饮食，贵在适量，"宁失之少，勿犯于多"[2]。在《闲情偶寄·饮馔部》中，李渔先列蔬食再列谷食，最后列肉食。

精致生活的内核，是以精神的娱乐为第一要义，摒弃行尸走肉般对于物质享乐的低层要求，以精神的快感来总领生活。落实在饮食上，精致的生活提倡在简朴中挖掘食材的本味，以素食为饮食的基础；对于饮酒，讲求酒品，并且将酒品与人品进行对照与比拟，从而升华自己的人格。

（二）香气养鼻养性

文人在饮食中广泛用香，而香也降低了酒的烈度，使酒的诗意更浓厚了。

首先是使用方式上出奇。比如谢益斋之"香圆杯"，就是学金章宗之"橙杯"，把香圆剖成两半，挖空盛酒；"碧筒杯"则是以莲盛酒。在使用方法上，文人不仅用焚，还喜用"隔火熏香"之法，即不直接焚香，而是在香炉内铺上厚厚一层具有保温作用的炉灰，拣一小块烧红的炭团（香炭）埋于炉灰的正中，再适当均匀地盖上一层薄薄的炉灰，用金片、银片或磨薄的陶片当作"隔火"，将各种香品放在上面熏炙，于是受热的香品香气自然舒发，没有烧火的焦味。其中讲究之处，不仅炉灰要特制精炼过，连香炭也不能用普通的木炭，而要使用特定的木材精制的炭团。[3] 南唐后主李煜所制"鹅梨香"，是以鹅梨制成容器，加入沉香，上火蒸制成香料使用。文人还喜欢以花作香。《山家清供》中"广寒糕"条云："又以采花略蒸，曝干作香者，吟边酒里，以古鼎燃之，尤有清意。童用琊师禹诗云：'胆瓶清气撩诗兴，古鼎余葩腻酒香。'可谓此花之趣也。"[4] 花趣、香趣与酒趣结合在一起，使用中追求用香的艺术性。比如张镃，不仅用香多，还讲究节奏，使其与宴会的歌舞活动相配。而蔡京则讲究"香之势"。"蔡京每焚香，先令小鬟密闭户牖，以数十香炉烧之，俟香烟满室，即卷正北一帘，其香蓬勃如雾，缭绕庭际；京语客曰：'香须如此烧，方有气势。'"[5]

其次是用香的态度，文人将用香作为人生的必要功课，他们的生活离不开香。李清照《醉花阴》云："薄雾浓云愁永昼，瑞脑消金兽。佳节又重阳，玉枕

〔1〕（清）李渔：《闲情偶寄》，万卷出版公司 2008 年版，第 244—245 页。
〔2〕（清）李渔：《闲情偶寄》，万卷出版公司 2008 年版，第 247 页。
〔3〕范纬主编：《香缘——天然香料的制作和使用》，文物出版社 2013 年版，第 16 页。
〔4〕上海古籍出版社编：《饮食起居编》，上海古籍出版社 1993 年版，第 309 页。
〔5〕（明）周嘉胄：《香乘》，雍琦点校，浙江人民美术出版社 2016 年版，第 447 页。

纱厨，半夜凉初透。　　东篱把酒黄昏后，有暗香盈袖。莫道不销魂，帘卷西风，人比黄花瘦。""瑞脑"指龙脑香，"金兽"指兽形铜香炉。把酒对花，连袖中飘出的也是淡淡的香味。蒋捷《一剪梅》云："一片春愁待酒浇，江上舟摇，楼上帘招。秋娘渡与泰娘桥，风又飘飘，雨又潇潇。　　何日归家洗客袍？银字笙调，心字香烧。流光容易把人抛，红了樱桃，绿了芭蕉。"用的是印香，喝的是愁酒，连思念也是有味道的。苏轼《书赠孙叔静》云："今日于叔静家饮官法酒，烹团茶，烧衙香，用诸葛笔：皆北归喜事。"把焚好香作为人生快事。而文人的理想之一则是"围炉熏香"："携佳人兮披重幄，援绮衾兮坐芳缛。燎熏炉兮炳明烛，酌桂酒兮扬清曲。"（谢惠连《雪赋》）马致远也有"花满蹊，酒满壶；风满帘，香满炉"的理想场景描述。

　　文人对香还有着审美与哲学层面的思考。其一，香以"养鼻"。苏轼《沉香山子赋》云："古者以芸为香，以兰为芬，以郁鬯为裸，以脂萧为焚，以椒为涂，以蕙为熏"，它从椒兰芬苣、萧芟郁艾开始，不是形式上的焚香，所以要讲香药选择与合香之法，要广罗香方、精心合香，"得之于药，制之于法，行之于文，成之于心"。[1] 明代陈继儒言："香令人幽，酒令人远，石令人隽，琴令人寂，茶令人爽，竹令人冷，月令人孤，棋令人闲，杖令人轻，水令人空，雪令人旷，剑令人悲，蒲团令人枯，美人令人怜，僧令人淡，花令人韵，金石鼎彝令人古。"[2] 要陶冶性情，需要挖掘出香与其他生活物品共通的本质。文震亨《香茗》云："香、茗之用，其利最溥。物外高隐，坐语道德，可以清心悦神。……坐雨闭窗，饭余散步，可以遣寂除烦。醉筵醒客，夜语蓬窗，长啸空楼，冰弦戛指，可以佐欢解渴。品之最优者，以沉香、岕茶为首，第焚煮有法，必贞夫韵士，乃能究心耳。"[3] 其二，在文人吃喝玩乐的场合中，香是引导文人"究心"的道具，所以香是关乎精神的。在高濂眼里，香又不仅仅是"芳香"，还是一种典雅、蕴藉的意境。香是不同的花相配合，所以有了"香之恬雅者""香之温润者""香之佳丽者""香之蕴藉者""香之高尚者"[4] 之别。

　　赞香、吟香之外，文人也自己制香，朋友间以香相赠，甚至撰写香论，比如范成大《桂海虞衡志》中的"志香"篇。

　　文学创作中心与政治经济中心的重叠是一个常见的现象。作为创作的主体，文人只有在政治中心才能获得抱负的施展。同时，作为非农业生产主体，文人

〔1〕 傅京亮：《中国香文化》，齐鲁书社 2008 年版，第 248 页。
〔2〕 郭超主编：《四库全书精华·集部》第 1 卷，中国文史出版社 1997 年版，第 371 页。
〔3〕 （明）文震亨：《长物志》，江苏文艺出版社 2015 年版，第 102 页。
〔4〕 《论香》，见（明）高濂：《遵生八笺》，甘肃文化出版社 2004 年版，第 397 页。

只有在经济中心才能得到谋生与成名的位置，柳永、关汉卿等均如是。杭州的条件十分优越，在南宋，它既是政治中心，又是经济中心，还是精致生活的创造中心，这给文人提供了广阔的空间。如果说魏晋时期，豪门贵族是以建康为政治中心，绍兴一带为休闲中心，而杭州只是中间的过渡地带的话，那么到了唐宋以后，杭州终于集两个中心于一体，成为东南一带首屈一指的都市。社会的转型与市民文化的兴起，让文化具有更大的包容性，更为文人造就了另一个天地。

从一定程度上说，酒业的发展催生了杭州词文化的发展。为什么这样说呢？因为词是供人宴前娱乐的小调，它并不起着教化与讽事的作用，而是一种析醒解酲、聊佐清欢的文体。从词的产生来看，它的创作是用来配乐的，而乐又主要是由酒楼的歌女来唱。"有井水饮处，即能歌柳词"，这样，词才能达到广泛传播的效果。从更加广阔的角度观察，只有在精致生活的培养下，在对物质的一定程度的占有条件下，人们才会对精雅词的创作产生激情。而反过来，词对宴饮也有着点缀、助兴作用。词以劝酒，词以伴舞，词以表情，词伴随并掌控了宴饮的进展。而词给了文人两面的人生态度，白天危襟严坐，据案决事，晚则布裘市廛，笑歌欢谑。文人的生活场所愈加扩大：贵门高第中，皇帝和宰辅大臣谈诗论文；青楼妓馆中，各色人等浅斟低唱、歌酒流连；芳郊园囿中，相公学士、歌姬美人相会宴欢。王国维说："天水一朝人智之活动与文化之多方面，前之汉唐，后之元明，皆所不逮也。"[1] 陈寅恪云："华夏民族之文化，历数千载之演进，造极于赵宋之世。"[2] 此话确然。

综上所述，杭州的城市品格形成于宋代，完善于明清。文人对城市品格的塑造功不可没。酒对城市的品格塑造也可圈可点。

---

〔1〕 王国维：《宋代之金石学》，见《王国维遗书》第5册，上海书店出版社1983年版，第70页。

〔2〕 陈寅恪：《邓广铭宋史职官志考证序》，见《金明馆丛稿二编》，上海古籍出版社1980年版，第245页。

参考文献

（战国）佚名：《黄帝内经》，中国医药科技出版社 2013 年版。

（战国）佚名：《黄帝内经·素问》，中国医药科技出版社 2016 年版。

（汉）班固：《汉书（上）》，上海古籍出版社 2003 年版。

（汉）郑玄注：《礼记正义（中）》，上海古籍出版社 2008 年版。

（晋）葛洪：《西京杂记》，周天游校注，三秦出版社 2006 年版。

（晋）张华等：《博物志（外七种）》，王根林等校点，上海古籍出版社 2012 年版。

（北魏）贾思勰：《〈齐民要术〉选注》，广西农学院注，广西人民出版社 1977 年版。

（北魏）郦道元：《水经注（下）》，史念林等注，华夏出版社 2006 年版。

（唐）白居易：《中国古代名家诗文集·白居易集（二）》，黑龙江人民出版社 2009 年版。

（唐）杜宝：《大业杂记辑校》，辛德勇辑校，三秦出版社 2006 年版。

（唐）杜牧：《中国古代名家诗文集·杜牧集》，黑龙江人民出版社 2009 年版。

（唐）杜佑：《通典》，上海古籍出版社 1988 年版。

（唐）段成式：《酉阳杂俎》，曹中孚校点，上海古籍出版社 2012 年版。

（唐）李贺：《李贺诗歌集注》，上海古籍出版社 1978 年版。

（唐）李林甫等：《唐六典》，陈仲夫点校，中华书局 1992 年版。

（唐）柳宗元：《柳河东全集》，北京燕山出版社 1996 年版。

（唐）释道世：《法苑珠林校注》，周叔迦、苏晋仁校注，中华书局 2003 年版。

（唐）孙思邈：《孙思邈医学全书》，山西科学技术出版社 2016 年版。

（唐）徐坚等辑：《初学记（下）》，京华出版社 2000 年版。

（后晋）刘昫等：《旧唐书》卷16《穆宗纪》，见黄永年主编：《二十四史全译·旧唐书》，汉语大词典出版社2004年版。

（宋）蔡襄：《蔡襄全集》，陈庆元等校注，福建人民出版社1999年版。

（宋）陈耆卿：《嘉定赤城志》卷37，见浙江省地方志编纂委员会：《宋元浙江方志集成》第11册，杭州出版社2009年版。

（宋）陈直：《养老奉亲书》，北京大学医学出版社2014年版。

（宋）陈直原著，（元）邹铉增补：《寿亲养老新书》，叶子、张志斌、张心悦校点，福建科学技术出版社2013年版。

（宋）窦苹：《酒谱》，黄山书社2016年版。

（宋）窦苹：《酒谱》，见王缵叔、王冰莹：《酒经·酒艺·酒药方》，西北大学出版社2008年版。

（宋）杜绾等：《云林石谱（外七种）》，王云、朱学博、廖莲婷整理校点，上海书店出版社2015年版。

（宋）范成大：《桂海酒志》，见（宋）朱肱等：《北山酒经（外十种）》，任仁仁整理校点，上海书店出版社2016年版。

（宋）费衮：《梁溪漫志》，三秦出版社2004年版。

（宋）高承：《事物纪原》，中华书局1985年版。

（宋）高晦叟：《珍席放谈》卷下，见金沛霖主编：《四库全书·子部精要（下）》，天津古籍出版社1998年版。

（宋）高斯得：《耻堂存稿》卷5《宁国府劝农文》，见曾枣庄、刘琳主编：《全宋文》第344册，上海辞书出版社2006年版。

（宋）洪迈：《容斋随笔（下）》，穆公校点，上海古籍出版社2015年版。

（宋）洪迈：《容斋随笔》，崇文书局2012年版。

（宋）洪迈：《夷坚志》，九州图书出版社1998年版。

（宋）胡寅：《斐然集 崇正辩》，岳麓书社2009年版。

（宋）胡仔：《苕溪渔隐丛话后集》，人民文学出版社1983年版。

（宋）胡仔：《苕溪渔隐丛话前后集（三）》，商务印书馆1937年版。

（宋）胡仔：《苕溪渔隐丛话前集》，见《笔记小说大观》第1册，江苏广陵古籍刻印社1983年版。

（宋）黄朝英：《靖康缃素杂记》，上海古籍出版社1986年版。

（宋）黄庭坚：《食时五观》，见（宋）浦江吴氏、（宋）陈达叟：《吴氏中馈录 本心斋疏食谱（外四种）》，中国商业出版社1987年版。

（宋）李昉：《太平广记》，中国文史出版社2003年版。

（宋）李昉：《太平御览》第4卷，夏剑钦、王巽斋校点，河北教育出版社

1994 年版。

（宋）李昉等：《太平广记（足本）》，团结出版社 1994 年版。

（宋）李观：《李观集》，中华书局 1981 年版。

（宋）李济翁：《资暇集》，中华书局 1985 年版。

（宋）李焘：《续资治通鉴长编》第 10 册，中华书局 2004 年版。

（宋）林洪：《山家清供》，见张宇光：《中华饮食文献汇编》，中国国际广播出版社 2009 年版。

（宋）刘辰翁：《须溪词》，刘宗彬等笺注，江西高校出版社 1998 年版。

（宋）楼钥：《攻愧集》，中华书局 1985 年版。

（宋）陆游：《老学庵笔记》，见王国平主编：《西湖文献集成（第 13 册）·历代西湖文选专辑》，杭州出版社 2004 年版。

（宋）陆游：《老学庵笔记》，三秦出版社 2003 年版。

（宋）陆游：《老学庵笔记》，上海书店 1990 年版。

（宋）罗大经：《鹤林玉露》，上海古籍出版社 2012 年版。

（宋）马廷鸾：《碧梧玩芳集》卷 13《家藏御制御书诗恭跋》，影印文渊阁《四库全书》本。

（宋）孟元老：《东京梦华录》，中国商业出版社 1982 年版。

（宋）孟元老：《西湖老人繁胜录》，中国商业出版社 1982 年版。

（宋）耐得翁：《都城纪胜》，中国商业出版社 1982 年版。

（宋）欧阳修：《有美堂记》，见郭预衡、郭英德主编：《唐宋八大家散文总集·欧阳修（一）》，河北人民出版社 2013 年版。

（宋）欧阳修：《中国古代名家诗文集·欧阳修集（卷一）》，黑龙江人民出版社 2005 年版。

（宋）欧阳修：《中国古代名家诗文集·欧阳修集（卷三）》，黑龙江人民出版社 2005 年版。

（宋）浦江吴氏、（宋）陈达叟：《吴氏中馈录 本心斋疏食谱（外四种）》，中国商业出版社 1987 年版。

（宋）钱易：《南部新书（壬卷）》，黄寿成点校，中华书局 2002 年版。

（宋）潜说友：咸淳《临安志》卷 38，见浙江省地方志编纂委员会：《宋元浙江方志集成》第 2 册，杭州出版社 2009 年版。

（宋）沈括：《梦溪笔谈》，施适校点，上海古籍出版社 2015 年版。

（宋）沈括：《梦溪笔谈全译》，金良年、胡小静译，上海古籍出版社 2013 年版。

（宋）司马光：《司马温公集编年笺注（五）》，巴蜀书社 2009 年版。

（宋）司马光：《资治通鉴》卷 272《后唐纪一》，吉林大学出版社 2009 年版。

（宋）苏轼：《东坡酒经》，见（宋）朱肱等：《北山酒经（外十种）》，任仁仁整理校点，上海书店出版社 2016 年版。

（宋）苏轼：《乞开杭州西湖状》，见高海夫主编：《唐宋八大家文钞校注集评·东坡文钞（上）》，三秦出版社 1998 年版。

（宋）苏轼：《中国古代名家诗文集·苏轼集（一）》，黑龙江人民出版社 2009 年版。

（宋）苏轼：《中国古代名家诗文集·苏轼集（三）》，黑龙江人民出版社 2009 年版。

（宋）苏轼：《中国古代名家诗文集·苏轼集（四）》，黑龙江人民出版社 2009 年版。

（宋）唐慎微：《证类本草》，尚志钧等校点，华夏出版社 1993 年版。

（宋）唐慎微：《重修政和经史证类备用本草（下）》，陆拯、郑苏、傅睿校注，中国中医药出版社 2013 年版。

（宋）陶谷：《清异录》，中国商业出版社 1985 年版。

（宋）田况：《儒林公议》，《丛书集成初编本》第 2793 册，商务印书馆 1937 年版。

（宋）王谠、（元）辛文房：《唐语林 唐才子传》，远方出版社、内蒙古大学出版社 2000 年版。

（宋）王谠：《唐语林校证（上）》，周勋初校证，中华书局 1987 年版。

（宋）王得臣、（宋）赵令畤：《麈史 侯鲭录》，上海古籍出版社 2012 年版。

（宋）王黼：《重修宣和博古图》，牧东整理，广陵书社 2010 年版。

（宋）王明清：《挥麈录》，上海古籍出版社 2012 年版。

（宋）王明清：《投辖录 玉照新志》，上海古籍出版社 2012 年版。

（宋）王辟之、（宋）陈鹄：《渑水燕谈录 西塘集耆旧续闻》，韩谷、郑世刚校点，上海古籍出版社 2012 年版。

（宋）王栐、（宋）张邦基：《燕翼诒谋录 墨庄漫录》，上海古籍出版社 2012 年版。

（宋）王栐：《燕翼诒谋录》，见上海古籍出版社：《宋元笔记小说大观 5》，上海古籍出版社 2007 年版。

（宋）吴曾：《能改斋漫录》，上海古籍出版社 1979 年版。

（宋）吴氏：《中馈录》，见民俗文化编写组：《食之语》，华龄出版社 2004 年版。

（宋）吴自牧：《梦粱录》，浙江人民出版社 1980 年版。

（宋）杨亿：《论龙泉县三处酒坊乞减额状》，见（宋）杨亿、（元）杨载：《武夷新集 杨仲弘集》，福建人民出版社 2007 年版。

（宋）岳珂：《桯史》卷 3，吴敏霞校注，三秦出版社 2004 年版。

（宋）张邦基：《墨庄漫录》，远方出版社 2006 年版。

（宋）真德秀：《潭州奏复酒税状》，见黄仁生、罗建伦校点：《唐宋人寓湘诗文集（二）》，岳麓书社 2013 年版。

（宋）周必大：《淳熙玉堂杂记》，中华书局 1991 年版。

（宋）周必大：《二老堂杂志》，中华书局 1985 年版。

（宋）周淙：《乾道临安志（附札记）》，中华书局 1985 年版。

（宋）周辉：《清波杂志》，见上海古籍出版社：《宋元笔记小说大观 5》，上海古籍出版社 2007 年版。

（宋）周密：《癸辛杂识》，上海古籍出版社 2012 年版。

（宋）周密：《齐东野语》，上海古籍出版社 2012 年版。

（宋）周密：《武林旧事》，浙江人民出版社 1984 年版。

（宋）周去非：《岭外代答》，屠友祥校注，上海远东出版社 1996 年版。

（宋）朱肱：《中华生活经典酒经》，中华书局 2012 年版。

（宋）朱肱等：《北山酒经（外十种）》，任仁仁整理校点，上海书店出版社 2016 年版。

（宋）庄绰、（宋）张端义：《鸡肋编 贵耳集》，上海古籍出版社 2012 年版。

（宋）庄绰：《鸡肋编》卷上，上海书店 1990 年版。

（元）戴表元：《戴表元集》，陈晓冬、黄天美点校，浙江古籍出版社 2014 年版。

（元）韩奕：《易牙遗意》，邱庞同注释，中国商业出版社 1984 年版。

（元）忽思慧：《饮膳正要译注》，张秉伦、方晓阳译注，上海古籍出版社 2014 年版。

（元）刘一清：《钱塘遗事》，见王国平主编：《西湖文献集成（第 13 册）·历代西湖文选专辑》，杭州出版社 2004 年版。

（元）马端临：《文献通考》，浙江古籍出版社 1988 年版。

（元）倪瓒：《云林堂饮食制度集》，邱庞同注释，中国商业出版社 1984 年版。

（元）陶宗仪：《南村辍耕录》，上海古籍出版社 2012 年版。

（元）陶宗仪：《陶南村辍耕录（下编）》，均益图书公司 1944 年版。

（元）脱脱等：《宋史》，中华书局 2000 年版。

（元）王祯：《农书译注（下）》，缪启愉、缪桂龙译注，齐鲁书社 2009 年版。

（元）无名氏：《居家必用事类全集》，邱庞同注释，中国商业出版社 1986 年版。

（元）张雨：《浙江文集·张雨集（下）》，彭尤隆点校，浙江古籍出版社 2015 年版。

（明）戴羲：《养余月令》，中华书局 1956 年版。

（明）冯梦龙：《喻世明言》，中国画报出版社 2014 年版。

（明）冯梦祯：《快雪堂日记》，丁小明点校，凤凰出版社 2010 年版。

（明）高濂：《遵生八笺》，巴蜀书社 1988 年版。

（明）高濂：《遵生八笺》，甘肃文化出版社 2004 年版。

（明）何良俊：《四有斋丛说》卷 31，见上海古籍出版社：《明代笔记小说大观 2》，上海古籍出版社 2005 年版。

（明）洪楩、（明）熊龙峰：《清平山堂话本 熊龙峰四种小说》，华夏出版社 1995 年版。

（明）洪楩等：《京本通俗小说 清平山堂话本 大宋宣和遗事》，岳麓书社 1993 年版。

（明）姜南：《蓉塘诗话》，见吴文治主编：《明诗话全编》第 8 册，江苏古籍出版社 1997 年版。

（明）李日华：《六研斋笔记 紫桃轩杂缀》，凤凰出版社 2010 年版。

（明）李时珍：《本草纲目》，山西科学技术出版社 2014 年版。

（明）凌濛初：《二刻拍案惊奇》，岳群标点，岳麓书社 2005 年版。

（明）陆楫：《古今说海·说纂部》，巴蜀书社 1996 年版。

（明）陆容：《菽园杂记》，见王国平主编：《西湖文献集成（第 13 册）·历代西湖文选专辑》，杭州出版社 2004 年版。

（明）吕震：《宣德彝器图谱》，浙江人民美术出版社 2013 年版。

（明）茅坤：《浙江文丛·茅坤集（一）》，浙江古籍出版社 2012 年版。

（明）释大善：《西溪百咏》，《中国风土志丛刊》第 51 册，广陵书社 2003 年版。

（明）宋起凤：《稗说》，见中国社会科学院历史研究所明史研究室：《明史资料丛刊》第 2 辑，江苏人民出版社 1982 年版。

（明）宋应星：《天工开物译注》，潘吉星译注，上海古籍出版社 2016 年版。

（明）田汝成：《西湖游览志》，东方出版社 2012 年版。

（明）田汝成：《西湖游览志》，上海古籍出版社 1998 年版。

（明）田汝成：《西湖游览志余》，浙江人民出版社 1980 年版。

（明）田汝成：《西湖游览志馀》，东方出版社 2012 年版。

（明）汪砢玉：《西子湖拾翠余谈》，上海古籍出版社 1999 年版。

（明）王士性：《广志绎》，中华书局 1981 年版。

（明）文震亨：《长物志》，江苏文艺出版社 2015 年版。

（明）萧良幹修，（明）张元忭、孙鑛纂：《万历〈绍兴府志〉点校本》，李能成点校，宁波出版社 2012 年版。

（明）解缙：《永乐大典》，大众文艺出版社 2009 年版。

（明）谢肇淛：《五杂俎》，上海古籍出版社 2012 年版。

（明）徐象梅：《两浙名贤录》第 5 册，浙江古籍出版社 2012 年版。

（明）姚可成汇辑：《食物本草（点校本）》，达美君、楼绍来点校，人民卫生出版社 1994 年版。

（明）佚名：《穷通宝鉴白话评注（上）》，（清）余春台整理，徐乐吾评注，世界知识出版社 2011 年版。

（明）袁宏道：《觞政》，见胡山源：《古今酒事》，上海书店 1987 年版。

（明）袁宏道：《徐文长传》，见（清）吴楚材、吴调侯选编：《古文观止》，长江文艺出版社 2015 年版。

（明）袁宏道：《袁中郎随笔》，中华工商联合出版社 2016 年版。

（明）张岱：《陶庵梦忆 西湖梦寻》，栾保群点校，浙江古籍出版社 2012 年版。

（明）张瀚：《松窗梦语》，中华书局 1985 年版。

（明）周嘉胄：《香乘》，雍琦点校，浙江人民美术出版社 2016 年版。

（明）周亮工：《读画录》，西泠印社出版社 2008 年版。

（清）褚人获：《坚瓠集（三）》，李梦生校点，上海古籍出版社 2012 年版。

（清）邓显鹤编纂：《沅湘耆旧集（三）》，岳麓书社 2007 年版。

（清）丁丙：《武林坊巷志》第 2 册，浙江人民出版社 1986 年版。

（清）丁丙：《武林坊巷志》第 4 册，浙江人民出版社 1987 年版。

（清）顾禄：《清嘉录》，王昌东译，气象出版社 2013 年版。

（清）顾炎武：《日知录集释（全校本）》，黄汝成集释，栾保群、吕宗力校点，上海古籍出版社 2013 年版。

（清）顾仲：《养小录》，邱庞同注释，中国商业出版社 1984 年版。

（清）胡渭：《禹贡锥指》，邹逸麟整理，上海古籍出版社 2006 年版。

（清）黄周星、（清）王岱：《黄周星集 王岱集》，岳麓书社 2013 年版。

（清）悔堂老人：《越中杂识》，见（元）杨维桢：《杨维桢诗集》，浙江古籍出版社 1994 年版。

（清）李渔：《闲情偶寄》，万卷出版公司 2008 年版。

（清）厉鹗：《湖船录》，见陆鉴三选注：《西湖笔丛》，浙江人民出版社 1981 年版。

（清）厉鹗：《南宋杂事诗》，虞万里校点，浙江古籍出版社 1987 年版。

（清）厉鹗：《宋诗纪事》，上海古籍出版社 2013 年版。

（清）梁绍壬：《两般秋雨庵随笔》，新疆人民出版社 1995 年版。

（清）梁绍壬：《两般秋雨盦随笔》，上海古籍出版社 2012 年版。

（清）梁廷楠：《东坡事类》，汤开建、陈文源点校，暨南大学出版社 1992 年版。

（清）梁章钜：《浪迹丛谈 续谈 三谈》，上海古籍出版社 2012 年版。

（清）陆次云：《湖壖杂记》，中华书局 1985 年版。

（清）陆以湉：《冷庐杂识》，上海古籍出版社 2012 年版。

（清）倪璠：《神州古史考》，齐鲁书社 1996 年版。

（清）钱谦益：《牧斋初学集（中）》，（清）钱曾笺注，钱仲联标校，上海古籍出版社 2009 年版。

（清）邱峻、（民国）佚名、（清）周庆云：《圣因接待寺志 招贤寺略记 灵峰志》，杭州出版社 2007 年版。

（清）阮葵生：《茶余客话》，上海古籍出版社 2012 年版。

（清）檀萃：《滇海虞衡志（附校勘记）》，商务印书馆 1936 年版。

（清）檀萃：《滇海虞衡志校注》，宋文熙、李东平校注，云南人民出版社 1990 年版。

（清）童岳荐：《调鼎集》，张廷年校注，中州古籍出版社 1991 年版。

（清）王同：《塘栖志》，浙江摄影出版社 2006 年版。

（清）王文清：《王文清集（二）》，黄守红校点，岳麓书社 2013 年版。

（清）吴本泰：《西溪梵隐志》，杭州出版社 2006 年版。

（清）吴楚材、吴调侯选编：《古文观止注评》，王英志等注，凤凰出版社 2015 年版。

（清）西周生：《醒世姻缘传》，华夏出版社 2013 年版。

（清）徐逢吉：《清波小志》，中华书局 1985 年版。

（清）徐逢吉等辑：《清波小志（外八种）》，上海古籍出版社 1997 年版。

（清）徐松辑：《宋会要辑稿》，刘琳、刁忠民、舒大刚校点，上海古籍出版社 2014 年版。

（清）严可均辑：《全上古三代秦汉三国六朝文》第 4 册，河北教育出版社 1997 年版。

（清）俞樾：《春在堂全书》第 5 册，凤凰出版社 2010 年版。

（清）虞兆漋：《天香楼偶得》，见秦含章、张远芬主编：《中国大酒典》，红旗出版社 1998 年版。

（清）袁枚：《随园诗话》，崇文书局 2012 年版，第 81 页。

（清）袁枚：《随园诗话》，见陆鉴三选注：《西湖笔丛》，浙江人民出版社 1981 年版。

（清）袁枚：《随园食单》，万卷出版公司 2016 年版。

（清）翟灏等：《湖山便览》，见王国平主编：《西湖文献集成（第 8 册）·清代史志西湖文献专辑》，杭州出版社 2004 年版。

（清）张潮：《虞初新志》，河北人民出版社 1985 年版。

（清）张璐：《本经逢源》，山西科学技术出版社 2015 年版。

（清）赵翼：《陔余丛考》，河北人民出版社 2007 年版。

（清）周庆云：《灵峰志》，见王国平主编：《西湖文献集成（第 21 册）·西湖山水志专辑》，杭州出版社 2004 年版。

（清）酌元亭主人：《照世杯》，中国戏剧出版社 2000 年版。

（民国）天台野叟：《大清见闻录（下）·艺苑志异》，中州古籍出版社 2000 年版。

（民国）许之衡：《饮流斋说瓷》，山东画报出版社 2010 年版。

［波斯］阿里·阿克巴尔：《中国纪行》，张至善编，生活·读书·新知三联书店 1988 年版。

［日］安居香山、中村璋八辑：《纬书集成（中）》，河北人民出版社 1994 年版。

白寿彝主编：《中国回回民族史（上）》，中华书局 2007 年版。

包伟民：《传统国家与社会：960—1279 年》，商务印书馆 2009 年版。

鲍新山：《试论元代杭州的旅游业》，《河北经贸大学学报（综合版）》2010 年第 3 期。

北京轻工业学院：《黄酒酿造》，轻工业部科学研究设计院 1960 年版。

边文刚、钱裕良、邱鑫江：《环太湖流域黄酒历史考证及酿造技术的发展》，见赵光鳌主编：《第七届国际酒文化学术研讨会论文集》，中国纺织出版社 2010 年版。

常振国、绛云编著：《历代诗话论作家（下）》，华龄出版社 2013 年版。

陈光新：《中国烹饪史话》，湖北科学技术出版社 1990 年版。

陈国灿：《宋代江南城市研究》，中华书局 2002 年版。

陈虎：《汪汝谦研究综述》，《淮北职业技术学院学报》2012 年第 2 期。

陈品：《体育娱乐》，中华书局 2013 年版。

陈万里：《陶瓷考古文集》，紫禁城出版社 1997 年版。

陈学文：《明代杭州北关夜市和湖墅》，见杭州市政协文史资料委员会、杭州文史研究会：《明代杭州研究（上）》，杭州出版社 2009 年版。

陈寅恪：《邓广铭宋史职官志考证序》，见《金明馆丛稿二编》，上海古籍出版社 1980 年版。

陈寅恪：《柳如是别传（上）》，生活·读书·新知三联书店 2015 年版。

成荫：《宋元时期名贤祠的特质——以杭州西湖三贤堂为例》，《西北师大学报（社会科学版）》2010 年第 4 期。

达美君、楼绍来点校：《食物本草》（点校本），人民卫生出版社 1994 年版。

戴均良主编：《中国城市发展史》，黑龙江人民出版社 1992 年版。

丁伟江口述：《乾昌黄酒轮缸酿制技艺》，见湖州市政协文史资料委员会：《守望：湖州市非物质文化遗产传承人纪事》，杭州出版社 2013 年版。

杜金鹏、焦天龙、杨哲峰：《中国古代酒具》，上海文化出版社 1995 年版。

杜亚泉：《博史——附乐客戏谱》，美成印刷公司 1933 年版。

杜泽逊、庄大钧译注：《韩诗外传选译》，凤凰出版社 2011 年版。

［意大利］鄂多立克：《鄂多立克东游录》，何高济译，中华书局 1981 年版。

范纬主编：《香缘——天然香料的制作和使用》，文物出版社 2013 年版。

范祖述：《杭俗遗风》，上海文艺出版社 1989 年版。

方心芳：《关于中国蒸酒器的起源》，《自然科学史研究》1987 年第 2 期。

傅京亮：《中国香文化》，齐鲁书社 2008 年版。

高丰：《中国设计史》，中国美术学院出版社 2008 年版。

葛金芳：《南宋手工业史》，上海古籍出版社 2008 年版。

葛振家主编：《崔溥漂海录研究》，社会科学文献出版社 1995 年版。

耿光怡：《〈闲情偶寄〉选注》，中国戏剧出版社 2009 年版。

顾希佳：《中国古代民间故事长编·宋元卷》，浙江大学出版社 2012 年版。

顾志兴：《略论明代杭州书坊刻书》，见杭州市政协文史资料委员会、杭州文史研究会：《明代杭州研究》（上），杭州出版社 2009 年版。

郭超主编：《四库全书精华·集部》第 1 卷，中国文史出版社 1997 年版。

杭州市地方志编纂办公室编印：《杭州地方资料（第一、二辑）：民国杭州市新志稿专辑》，内部资料，1987 年版。

杭州市地方志编纂委员会编：《杭州市志（第十卷）》，中华书局 1999 年版。

何宗美：《明代杭州西湖的诗社》，《中国文学研究》2002 年第 3 期。

胡小鹏：《中国手工业经济通史·宋元卷》，福建人民出版社 2004 年版。

华辰编：《天工开物 神农本草经》，远方出版社 2007 年版。

黄世泽：《余杭阿姥酒》，见中国人民政治协商会议浙江省余杭县委员会文史资料委员会：《余杭文史资料（第 7 辑）：余杭名产古今谈》，内部资料，1992 年版。

黄永锋：《道教饮食尚素的宗教学分析》，《宗教学研究》2011 年第 4 期。

黄卓越：《明清文人小品五十家（下）》，百花洲文艺出版社 1996 年版。

季元杰：《元代浙江杭州的对外往来——兼谈外国旅行家游记杭州评述》，见王松林主编：《徐霞客在浙江·续四》，中国大地出版社 2008 年版。

［日］加藤繁：《加国经济史考证》，台湾华世出版社 1981 年版。

剑矛、方昭远：《古董拍卖精华·瓷器》，湖南美术出版社 2012 年版。

金沛霖主编：《四库全书·子部精要》，天津古籍出版社、中国世界语出版社 1998 年版。

康瑞军：《宋代宫廷音乐制度研究》，上海音乐学院出版社 2009 年版。

乐承耀：《宁波经济史》，宁波出版社 2010 年版。

李春棠：《从宋代酒店茶坊看商品经济的发展》，《湖南师院学报（哲学社会科学版）》1984 年第 3 期。

李华瑞：《酒与宋代社会》，见孙家洲、马利清主编：《酒史与酒文化研究（第一辑）》，社会科学文献出版社 2012 年版。

李华瑞：《宋代酒的生产和征榷》，河北大学出版社 1995 年版。

李立新等编著：《艺术中国·器具卷》，南京大学出版社 2011 年版。

李杨：《"帝国梦"与"市井情"：〈清明上河图〉中的中国故事》，《海南师范大学学报（社会科学版）》2012 年第 2 期。

李有：《古杭杂记》，商务印书馆 1939 年版。

李知宴：《宋元瓷器鉴赏与收藏》，印刷工业出版社 2013 年版。

林蔚文：《中国百越民族经济史》，厦门大学出版社 2003 年版。

林正秋：《杭州西溪湿地史》，浙江古籍出版社 2013 年版。

林正秋等：《中国宋代菜点概述》，中国食品出版社 1989 年版。

刘初棠：《中国古代酒令》，上海人民出版社 1993 年版。

刘丽文：《奢华的大唐风韵——镇江丁卯桥出土的唐代银器窖藏（下）》，《收藏》2013 年第 5 期。

陆建伟：《走出封闭的世界——苕溪流域开发史研究》，吉林人民出版社 2004 年版。

陆鉴三选注：《西湖笔丛》，浙江人民出版社 1981 年版。

栾保群主编：《书论汇要（上）》，故宫出版社 2014 年版。

雒启坤、韩鹏杰主编：《永乐大典精编》第 4 卷，九州图书出版社 1998 年版。

缪钺：《诗词散论》，上海古籍出版社 1982 年版。

欧明俊主编：《明清名家小品精华》，安徽文艺出版社 2007 年版。

潘超、丘良任、孙忠铨等：《中华竹枝词全编（四）》，北京出版社 2007 年版。

潘桂明：《宋代居士佛教初探》，《复旦学报（社会科学版）》1990 年第 1 期。

潘明福：《茗雪诗音自古传——湖州诗词文化研究》，杭州出版社 2008 年版。

庞学铨：《品味西湖三十景》，杭州出版社 2013 年版。

彭吉象：《中国艺术学》，北京大学出版社 2007 年版。

彭万隆、肖瑞峰：《西湖文学史·唐宋卷》，浙江大学出版社 2013 年版。

齐森华、陈多、叶长海主编：《中国曲学大辞典》，浙江教育出版社 1997 年版。

齐士、赵仕祥：《中华酒文化史话》，重庆出版社 2002 年版。

钱君匋：《忆章锡琛先生》，见陈子善编：《钱君匋散文》，花城出版社 1999 年版。

钱茂竹、杨国军：《绍兴黄酒丛谈》，宁波出版社 2012 年版。

秦含章、张远芬主编：《中国大酒典》，红旗出版社 1998 年版。

［日］青木正儿：《中华名物考（外一种）》，范建明译，中华书局 2005 年版。

丘光明：《中国历代度量衡考》，科学出版社 1992 年版。

曲铁夫、刘喜峰、张波等主编：《古代小品精华》，吉林人民出版社 2005 年版。

冉万里：《唐代南方金银器的发现及特征》，《西北大学学报（哲学社会科学版）》1994 年第 4 期。

阮平尔：《浙江古陶瓷的发现与探索》，《东南文化》1989 年第 12 期。

沙海昂：《马可·波罗行纪》，冯承钧译，商务印书馆 2012 年版。

单金发：《西溪的水》，杭州出版社 2012 年版。

上海古籍出版社：《明代笔记小说大观 2》，上海古籍出版社 2005 年版。

上海古籍出版社编：《饮食起居编》，上海古籍出版社 1993 年版。

申万里：《理想、尊严与生存挣扎：元代江南士人与社会综合研究》，中华书局 2012 年版。

沈斌：《辣蓼草在传统绍兴酒药中的作用初探》，《华夏酒报》2010 年 5 月 7 日。

沈道初、荣翠琴、夔宁等：《中国酒文化应用辞典》，南京大学出版社 1994

年版。

沈柔坚主编：《中国美术辞典》，上海辞书出版社 1987 年版。

《生物学史专辑》编纂组：《科技史文集（第 4 辑）：生物史专辑》，上海科学技术出版社 1980 年版。

施奠东主编：《西湖志》，上海古籍出版社 1995 年版。

释法应：《梁武帝对中国佛教素食文化的影响》，《商情（教育经济研究）》2008 年第 4 期。

孙机：《中国古代的酒与酒具》，见董淑燕：《百情重觞：中国古代酒文化》，中国书店 2012 年版。

孙继民、魏琳：《南宋舒州公牍佚简整理与研究》，上海古籍出版社 2011 年版。

孙家洲、马利清主编：《酒史与酒文化研究（第一辑）》，社会科学文献出版社 2012 年版。

孙书安：《中国博物别名大辞典》，北京出版社 2000 年版。

孙忠焕主编：《杭州运河史》，中国社会科学出版社 2011 年版。

唐圭璋：《宋词四考》，江苏古籍出版社 1985 年版。

唐敬杲选注：《顾炎武文》，崇文书局 2014 年版。

唐启宇：《中国农业史稿》，农业出版社 1985 年版。

万君超：《快雪堂别记》，《上海书评》2010 年 4 月 11 日。

王谠：《唐语林》，古典文学出版社 1957 年版。

王飞鸿：《中国历代名赋大观》，北京燕山出版社 2007 年版。

王福民：《药王山石刻集萃》，中国传媒大学出版社 2009 年版。

王国平主编：《西湖文献集成（第 8 册）·清代史志西湖文献专辑》，杭州出版社 2004 年版。

王国平主编：《西湖文献集成（第 11 册）·民国史志西湖文献专辑》，杭州出版社 2004 年版。

王国平主编：《西湖文献集成（第 13 册）·历代西湖文选专辑》，杭州出版社 2004 年版。

王国维：《宋代之金石学》，见《王国维遗书》第 5 册，上海书店出版社 1983 年版。

王火红：《从〈快雪堂日记〉看冯梦祯闲居生活的墨色书香》，《嘉兴学院学报》2013 年第 1 期。

王稼句：《苏州山水名胜历代文钞》，上海三联书店 2010 年版。

王建革：《水乡生态与江南社会（9—20 世纪）》，北京大学出版社 2013

年版。

王昆吾：《唐代酒令艺术》，东方出版中心 1995 年版。

王庆：《西溪丛语》，杭州出版社 2012 年版。

王汝涛编校：《全唐小说》第 3 卷，山东文艺出版社 1993 年版。

王赛时：《唐代饮食》，齐鲁书社 2003 年版。

王赛时：《中国酒史》，山东大学出版社 2010 年版。

王书良等主编：《中国文化精华全集·艺术卷》，中国国际广播出版社 1992 年版。

王小盾：《唐代酒令与词》，见中华书局编辑部编：《文史》第 30 辑，中华书局 1988 年版。

王英志：《文采风流——袁枚传》，东方出版社 2012 年版。

王缵叔、王冰莹编著：《酒经·酒艺·酒药方》，西北大学出版社 1997 年版。

魏丕植：《解读诗词大家（三）：元代卷》，作家出版社 2013 年版。

吴国群：《醉乡记：中华酒文化》，杭州出版社 2006 年版。

吴维棠：《从新石器时代文化遗址看杭州湾两岸的全新世古地理》，《地理学报》1983 年第 2 期。

吴振华：《杭州古港史》，人民交通出版社 1989 年版。

萧元：《明清闲情美文》，湖南文艺出版社 1993 年版。

徐从法：《京杭大运河史略》，广陵书社 2013 年版。

徐建新：《茅坤传》，浙江人民出版社 2006 年版。

徐克谦译注：《南齐书选译》，凤凰出版社 2011 年版。

徐乾清主编，王向东等撰：《中国水利百科全书·地方水利分册》，中国水利水电出版社 2004 年版。

徐兴海主编：《食品文化概论》，东南大学出版社 2008 年版。

许嘉璐主编：《晋书》第 3 册，汉语大词典出版社 2004 年版。

许嘉璐主编：《旧唐书》第 5 册，汉语大词典出版社 2004 年版。

许有鹏等：《长江三角洲地区城市化对流域水系与水文过程的影响》，科学出版社 2012 年版。

闫艳：《"压酒"、"灰酒"诂训》，见《中国语言学报》编委会：《中国语言学报》第 15 期，商务印书馆 2012 年版。

杨海明：《张炎词研究》，齐鲁书社 1989 年版。

杨宽：《我国历史上铁农具的改革及其作用》，《历史研究》1980 年第 5 期。

杨万里：《宋词与宋代的城市生活》，华东师范大学出版社 2006 年版。

杨梓主编：《宁夏诗歌史》，阳光出版社 2015 年版。

叶羽晴川主编：《中华茶书选辑（二）·煎茶水记》，中国轻工业出版社2005年版。

印明善等：《应用微生物学》，甘肃科学技术出版社1989年版。

应守岩：《西湖小品》，杭州出版社2007年版。

游修龄、曾雄生：《中国稻作文化史》，上海人民出版社2010年版。

于谦研究会、杭州于谦祠：《于谦研究资料长编》，项文惠、钱国莲点辑，中国文史出版社2003年版。

余华青、张廷皓：《汉代酿酒业探讨》，《历史研究》1980年第2期。

余苾：《白居易与西湖》，杭州出版社2004年版。

余秋雨：《文化苦旅》，长江文艺出版社2014年版。

俞剑华：《中国古代画论类编（下）》，人民美术出版社2004年版。

俞为民：《李渔评传》，南京大学出版社1998年版。

俞香顺：《中国荷花审美文化研究》，巴蜀书社2005年版。

曾枣庄、刘琳主编：《全宋文》第265册，上海辞书出版社2006年版。

张国领、裴孝曾主编：《龟兹文化研究（四）》，新疆人民出版社2006年版。

张珩：《木雁斋书画鉴赏笔记》，文物出版社2014年版。

张建融：《杭州旅游史》，中国社会科学出版社2011年版。

张景明、王雁卿：《中国饮食器具发展史》，上海古籍出版社2011年版。

张婷：《明代西湖词曲研究》，浙江工业大学2013年硕士学位论文。

张章主编：《说文解字（上）》，中国华侨出版社2012年版。

赵宝穗：《仿绍酒》，见吴桑梓等：《湘湖文苑·湘湖民间传说》，浙江人民出版社2006年版。

赵伯陶主编：《中国文学编年史·明末清初卷》，湖南人民出版社2006年版。

赵匡华、周嘉华：《中国科学技术史·化学卷》，科学出版社1998年版。

赵睿才：《唐诗与民俗——时代精神与风俗画卷》，河北人民出版社2013年版。

赵雯：《渗透在越窑秘色瓷中的雕塑艺术》，景德镇陶瓷学院2011年硕士学位论文。

浙江省地方志编纂委员会编著：《宋元浙江方志集成》第2册，杭州出版社2009年版。

浙江省地方志编纂委员会编著：《宋元浙江方志集成》第6册，杭州出版社2009年版。

郑永标主编：《寻味江南：杭州乡土菜》，杭州出版社2014年版。

郑振铎：《中国俗文学史》，中央编译出版社2013年版。

政协杭州市上城区委员会：《品味南宋饮食文化》，西泠印社出版社 2012 年版。

《中华野史》编委会：《中华野史》卷 8《明朝卷中》，三秦出版社 2000 年版。

中国古陶瓷学会：《龙泉窑瓷器研究》，故宫出版社 2013 年版。

钟毓龙：《说杭州》，浙江人民出版社 1983 年版。

周峰：《元明清名城杭州》，浙江人民出版社 1990 年版。

周立平：《中国的米曲——乌衣红曲与红曲》，见赵光鳌主编：《第七届国际酒文化学术研讨会论文集》，中国纺织出版社 2010 年版。

周膺、吴晶：《杭州史前史》，中国社会科学出版社 2011 年版。

周膺、吴晶主编：《杭州丁氏家族史料》第 9 卷，当代中国出版社 2016 年版。

周应合：《景定建康志（二）》，南京出版社 2009 年版。

朱剑心：《晚明小品选注》，浙江人民美术出版社 2015 年版。

朱金坤主编：《南湖胜迹》，西泠印社出版社 2009 年版。

朱秋枫：《杭州运河歌谣》，杭州出版社 2013 年版。

朱世英、季家宏主编：《中国酒文化辞典》，黄山书社 1990 年版。

朱易安、傅璇琮主编：《全宋笔记：第一编（二）》，大象出版社 2003 年版。

朱易安等主编：《全宋笔记：第四编（五）》，大象出版社 2008 年版。

朱迎平：《永嘉巨子：叶适传》，浙江人民出版社 2006 年版。

铢庵：《人物风俗制度丛谈》，上海书店 1988 年版。

邹身城主编：《金砖四城：杭州都市经济圈解析》，杭州出版社 2013 年版。

邹同庆、王宗堂：《苏轼词编年校注》，中华书局 2002 年版。

索　引

后　记

　　本书从初稿完成到编入"杭州学人文库"，有一年多光景，从编入文库到拿到校样又有半年多光景，其间发生了一些事情，影响了我的学术视野与写作方向。因此当我看到校样时，竟然对自己从前的行文风格感到有些陌生了。

　　虽然写酒书，但我并不会喝酒。

　　记得最早的酒书是朋友孟祖平撺掇写就的。那时他在浙江省的一个商业组织内任职，与酒企业打交道。知道我一直在做传统文化的研究，有一天他打电话给我，希望我帮忙整理黄酒作坊的资料。我答应了。整理完这份资料之后，我觉得不过瘾，那么索性再深入一些。正好又有一位朋友策划一套"浙江文化研究文丛"，希望我能够负责其中一本。那么索性将浙江省的酒文化资料也整理一下吧。由此我认识了省内酒企业的几位技术专家。他们说这个内容很有意义，值得挖掘。有了专家的鼓励，我很兴奋，答应了朋友的建议，同时也申报了浙江省哲学社会科学规划课题。课题申报下来之后，写作就成了一件不得不完成的事情。坐下来查阅酒文化的相关作品时，还真有些茫然。洋洋大观的酒文化可以写得如此天马行空，没有地域的限制，也没有时间的演替，仿佛酒文化就是漫谈酒事，而严谨些的论述就交给了酿造史。

　　好在当时我已在浙江工商大学教授民俗课程与民艺课程，这些课程让我知道必须将研究对象置于历史与社会的原境中去理解。生活是一个整体，将研究对象从生活整体中剥离的企图是为了讲述的方便与研究的专精而已。而要写"文化"，就不能离生活实际太远，当然也不能漫无边际地任意发挥，将学术研究变成文学性的创作。在这样的思路下，我查阅了地方志、古人随笔以及许多的地方文化研究书刊，就酿造的问题访问了好几位专家，也跑了几个酒厂，艰难地完成了《天之美禄——浙江黄酒文化研究》的写作。该书得到了黄酒专家胡普信老师的肯定。

　　完成《天之美禄——浙江黄酒文化研究》后，又是机缘巧合，我接下了

《杭州酒文化研究》的写作任务。我知道这一任务的难度：地域越细，意味着资料会越做越少、问题越挖越深。我只好"再披战袍"。努力总是有回报的，在研究过程中，我阐明了宋代"以香侑宴"的习俗，撰写了一篇论文，获评杭州市社会科学界第一届学术年会优秀论文。另外，我还发现了宋代极简主义、素食主义与文人饮酒的关联，这对于探索当代杭州饮食文化品格的塑造是有意义的。

在我通读校样的这阵子，还发生了几件事：一是浙江省文化产业创新发展研究所（浙江工商大学文创智库，浙江省新型重点培育智库）正式成立，我也与事其中；第二是我为所在学院——浙江工商大学人文与传播学院写了好几份非遗研究所的申办报告。这使我更加坚信，中国传统文化的复兴，不是仅仅靠在博物馆里办展览，而是要进行传统的转译与现代的传递，这不只是学者的责任，也是政府应该关注的大事。因此，重新挖掘文化遗产的当代价值，让传统文化与现代文化接轨，是刻不容缓的课题。我将此书作为浙江省新型重点培育智库浙江省文化产业创新发展研究院成果，因为我希望它能为浙江酒文化的现代发扬起到一点作用。我认为杭州要传承"宋酒"并不是虚幻的事。浙江酒以黄酒为代表，这种"五味之酒"虽然不如白酒那样热烈，却真是"君子之酒"，自有其深沉与持久的品性。

最后要感谢中国饮食文化研究所的赵荣光教授，在百忙中为本书撰写了序言。感谢浙江大学出版社的陈翮编辑与她身后的编校团队，其敬业之心让人感动。同时也要感谢我的家人，徐程教授与徐逸扬同学，感谢他们的支持。

是为后记。

沈珉
乙亥皋月于戊亥斋